ÉLÉMENTS

DE

BOTANIQUE

II
BOTANIQUE SPÉCIALE

PAR

PH. VAN TIEGHEM

MEMBRE DE L'INSTITUT
PROFESSEUR AU MUSÉUM D'HISTOIRE NATURELLE

AVEC 312 GRAVURES DANS LE TEXTE

PARIS
LIBRAIRIE F. SAVY
77, BOULEVARD SAINT-GERMAIN, 77

—

1888

Tous droits réservés

ÉLÉMENTS

DE

BOTANIQUE

II
BOTANIQUE SPÉCIALE

PAR

PH. VAN TIEGHEM

MEMBRE DE L'INSTITUT
PROFESSEUR AU MUSÉUM D'HISTOIRE NATURELLE

DEUXIÈME ÉDITION
REVUE ET AUGMENTÉE

AVEC 332 GRAVURES DANS LE TEXTE

PARIS

LIBRAIRIE F. SAVY
77, BOULEVARD SAINT-GERMAIN, 77

—

ÉLÉMENTS

DE BOTANIQUE

TRAITÉ
DE BOTANIQUE

PAR

PH. VAN TIEGHEM

MEMBRE DE L'INSTITUT
PROFESSEUR AU MUSÉUM D'HISTOIRE NATURELLE

DEUXIÈME ÉDITION REVUE ET AUGMENTÉE

1891. — 2 VOLUMES GRAND IN-8 DE XXXII-1856 PAGES

AVEC 213 GRAVURES DANS LE TEXTE

Prix : 30 francs

Coulommiers. — Imp. PAUL BRODARD.

ÉLÉMENTS

DE

BOTANIQUE

II

BOTANIQUE SPÉCIALE

PAR

PH. VAN TIEGHEM

MEMBRE DE L'INSTITUT

PROFESSEUR AU MUSÉUM D'HISTOIRE NATURELLE

DEUXIÈME ÉDITION

REVUE ET AUGMENTÉE

AVEC 332 GRAVURES DANS LE TEXTE

PARIS

LIBRAIRIE F. SAVY

77, BOULEVARD SAINT-GERMAIN, 77

—

TABLE MÉTHODIQUE

DES MATIÈRES

DEUXIÈME PARTIE

BOTANIQUE SPÉCIALE

EMBRANCHEMENT I

THALLOPHYTES. 7

CLASSE I

CHAMPIGNONS. 8

ORDRE I. — **Myxomycètes.** 14

EMBRANCHEMENT II

MUSCINÉES 138

CLASSE I

HÉPATIQUES 139

ORDRE I. — **Jongermanninées.** 142

ORDRE II. — **Marchantinées.** 145

CLASSE II

MOUSSES 148

ORDRE I. — **Sphagninées.** 151

ORDRE II. — **Bryinées.** 153

EMBRANCHEMENT III

CRYPTOGAMES VASCULAIRES 156

CLASSE I

FILICINÉES 157

EMBRANCHEMENT IV

PHANÉROGAMES. 190

SOUS-EMBRANCHEMENT I

GYMNOSPERMES. 191

CLASSE I

GYMNOSPERMES. 192

SOUS-EMBRANCHEMENT II

ANGIOSPERMES. 205

CLASSE II

MONOCOTYLÉDONES. 206

DISTRIBUTION DES PLANTES A LA SURFACE DU GLOBE

§ 1. Distribution actuelle des plantes, ou Géographie botanique. 439

Influence des conditions de milieu, 439. — Influence de la lutte
pour l'existence, 440. — Influence de la répartition antérieure
et du mode de dissémination, 441. — Limites de végétation, 441.
— Aires des espèces, 443. — Espèces à aire très étendue, 443.
— Espèces à aire moyenne, 444. — Espèces à aire très restreinte,
446. — Relations entre les espèces qui ont la même aire. Flores
naturelles, 447. — Flore arctique, 448. — Flore des forêts boréales, 450. — Flores des steppes boréales, 453. — Flore méditerranéenne et flore californienne, 455. — Flore chino-japonaise, 457. — Flore du Sahara, 458. — Flores tropicales, 459. —
Flore des steppes australes, 464. — Flores du Cap et du Chili,
465. — Flore des forêts australes, 466. — Flores d'Australie, de
Madagascar et des autres îles océaniques, 467.

§ 2. Distribution des plantes pendant les diverses époques géologiques, ou Botanique fossile. . . 469

Période du Cambrien, du Silurien et du Dévonien, 469. — Période
du Carbonifère et du Permien, 470. — Périodes du Trias, du
Jurassique et du Crétacé, depuis le Wealdien jusqu'au Cénomanien, 471. — Période du Crétacé, depuis le Cénomanien jusqu'au
Tertiaire, 473. — Période de l'Éocène inférieur, 474. — Période
de l'Éocène moyen et supérieur, 475. — Période du Miocène,
475. — Période du Pliocène, 476. — Période du Quaternaire, 476.

DEUXIÈME PARTIE

BOTANIQUE SPÉCIALE

Classification. — Si l'on considère l'ensemble des individus
végétaux qui peuplent la Terre et de ceux qui l'ont habitée
depuis l'époque où elle est devenue accessible aux êtres vivants,
on voit facilement que certains d'entre eux, de tout point identiques, ne sont pas autre chose que les divers individus d'une
seule et même plante, issus l'un de l'autre par voie de reproduction monomère : marcottes, boutures, propagules, spores,
conidies, etc.; ce qui réduit d'autant le nombre des plantes
(voir I, p. 44). Pour celles-ci, soit par l'observation directe de
leur descendance, soit par l'existence de formes de transition,
soit enfin par les documents historiques, on acquiert la preuve
que, par voie de reproduction dimère et de variation, elles se
rattachent par groupes à autant de races, dont elles constituent
les représentants isolés ou les variétés (voir I, p. 504).

Cette nouvelle réduction opérée, on se trouve en face d'un
très grand nombre de portions de race plus ou moins différentes, dont l'origine demeure inconnue, dont le lien échappe,
par conséquent, et dont on ne peut que constater et estimer les
ressemblances et les différences. Le groupement par l'origine
commune dûment constatée, tel qu'on le pratique pour les
individus dans chaque plante, pour les plantes dans chaque
variété, pour les variétés dans chaque portion de race directement observable, seule classification vraiment rationnelle, n'y
est plus applicable et l'on se trouve réduit à une classification
empirique fondée sur la similitude. A partir de ces portions de

race directement observables, c'est, en effet, sur les divers degrés
de ressemblance qu'est basée toute la Classification des plantes
et que repose la définition des divers cadres qui la constituent.

Cadres de la Classification. — On nomme *espèce* la collection des variétés qui se ressemblent le plus; certaines de ces
variétés, ayant une origine commune dûment constatée, appartiennent à la même race; d'autres, d'origine inconnue, leur sont
adjointes seulement à cause de leur similitude, c'est-à-dire parce
qu'elles ne diffèrent pas plus de ces variétés que celles-ci ne diffèrent les unes des autres, et qu'en entrant dans la collection
elles n'en troublent pas l'homogénéité. L'espèce est donc une
collection mixte, fondée en partie sur l'origine, en partie sur la
similitude, en partie rationnelle, par conséquent, en partie
empirique. On nomme *genre* la collection des espèces qui se
ressemblent le plus; l'espèce dépassant déjà la portion de race
directement observable, le genre est tout entier une collection
empirique et il en est de même, à plus forte raison, des cadres
suivants. On nomme *famille* la collection des genres qui se ressemblent le plus, *ordre* la collection des familles qui se ressemblent le plus, *classe* la collection des ordres qui se ressemblent
le plus, *embranchement* la collection des classes qui se ressemblent le plus. Enfin le *règne* végétal, à son tour, n'est que la
collection des embranchements des êtres vivants qui se ressemblent le plus. Une espèce peut d'ailleurs se réduire à une seule
variété, un genre à une seule espèce, une famille à un seul
genre, etc., comme une variété peut ne comprendre qu'une
seule plante et une plante qu'un seul individu.

Ceci posé, c'est entre plantes de la même variété que la ressemblance est la plus étroite, la différence se réduisant à une
légère variation. La similitude est encore très grande entre
plantes de même espèce, et va diminuant de plus en plus quand
on passe au genre, à la famille, à l'ordre, à la classe, à l'embranchement, au règne. Pour fixer les idées, admettons qu'il y
ait dans la plante dix caractères ou groupes de caractères à comparer; représentons chacun de ces caractères par le chiffre 1
s'il est constant, par le chiffre 0 s'il est variable, et convenons
de ranger les signes de gauche à droite suivant la valeur décrois-
sante du caractère, le premier à gauche représentant le groupe
de caractères le plus important de tous, celui qui définit les êtres
vivants par rapport aux corps inorganiques, le dernier à droite

figurant le plus léger de tous, celui qui varie quand on passe d'une génération à l'autre dans la même variété. Nous pouvons alors résumer la définition des divers cadres de la Classification de la manière suivante :

```
Plante.. ......  ....................  1 1 1 1 1 1 1 1 1 1
Variété .............................  1 1 1 1 1 1 1 1 1 0
Espèce................... ... ........  1 1 1 1 1 1 1 1 0 0
Genre...............................  1 1 1 1 1 1 1 0 0 0
Famille...................... ........  1 1 1 1 1 1 0 0 0 0
Ordre ........................ ........  1 1 1 1 1 0 0 0 0 0
Classe................................  1 1 1 1 0 0 0 0 0 0
Embranchement.....................  1 1 1 0 0 0 0 0 0 0
Règne .......................•........ ...  1 1 0 0 0 0 0 0 0 0
Êtres vivants......................  1 0 0 0 0 0 0 0 0 0
```

Chacune des valeurs particulières que prennent les caractères variables définit une variété dans l'espèce, une espèce dans le genre, un genre dans la famille, etc.

Outre les cadres principaux qu'on vient de définir, il est souvent utile, surtout pour certaines régions particulièrement chargées de la Classification, d'avoir recours à des subdivisions. Ainsi l'on distingue, dans certaines variétés des *sous-variétés*, dans certaines espèces des *sous-espèces*, de même des *sous-genres*, des *sous-familles* nommées ordinairement *tribus*, des *sous-ordres*, des *sous-classes*, des *sous-embranchements*.

Pour représenter les divers degrés de similitude ou, comme on dit quelquefois, d'*affinité* des plantes, qui servent de base à la Classification, on fait souvent usage de diverses constructions graphiques. On dispose les cadres de même valeur qu'il s'agit de comparer en une série linéaire, qui ne permet d'indiquer que deux affinités directes, mieux en séries parallèles qui mettent en évidence quatre similitudes, mieux encore sur une carte, analogue aux cartes géographiques, ou sur une série de lignes divergentes à la façon d'un *arbre généalogique*, deux moyens qui permettent de mettre en relief un plus grand nombre de rapports.

Nomenclature. — D'une façon générale, on ne nomme que les cadres. Parfois cependant, quand une variation remarquable se produit sans être héréditaire, de manière à n'appartenir qu'à une seule plante et à ne se conserver que par marcottage, bouturage ou greffe, on donne un nom à cette plante unique (Poiriers, Tulipes, etc.). Au lieu de nommer tous les cadres par des substantifs, on a jugé économique de ne dénommer ainsi que le principal cadre moyen, le genre (Lis, Chêne, Pin, etc.). Pour nommer l'espèce, on qualifie le nom du genre en le faisant suivre soit d'un adjectif (Lis blanc, Chêne pédonculé, Pin silvestre, etc.), soit d'un substantif pris adjectivement (Lis martagon, Chêne liège, Pin pignon, etc.), soit d'un substantif précédé de la préposition *de* ou *à* (Lis de Chalcédoine, Chêne à galle, Pin de Lambert, etc.). Pour désigner la variété, on ajoute au nom de l'espèce un second adjectif qualificatif (Menthe silvestre commune, Menthe silvestre verte, etc.). Pour nommer un hybride, on associe par un trait d'union les deux qualificatifs d'espèce, en plaçant d'abord celui de l'espèce qui a fourni les gamètes mâles (Digitale jaune-pourpre, Digitale pourpre-jaune, etc.). Les noms de tribu, de famille, d'ordre, de classe et d'embranchement se tirent soit du nom du genre le plus important (tribu des Liliées, des Rosées, etc.; famille des Liliacées, des Rosacées, etc.; ordre des Liliinées, etc.), soit de quelque propriété spéciale commune à tous les représentants du groupe (famille des Ombellifères, des Composées, etc.; classe des Gymnospermes, etc.), soit enfin de quelque dénomination particulière consacrée par un long usage (classe des Champignons, des Algues, des Mousses, etc.).

Avant de décomposer le règne végétal comme il vient d'être dit, pour en étudier séparément les diverses parties, il convient de le considérer un instant dans son ensemble, en le comparant au règne animal pour savoir en quoi il lui ressemble, par où il en diffère et comment on arrive à définir les plantes par rapport aux animaux.

Caractères communs à tous les êtres vivants. — Considérons d'abord les ressemblances entre l'animal et la plante, c'est-à-dire les caractères communs à tous les êtres vivants. Ils sont de deux sortes, les uns morphologiques, les autres physiologiques.

Au point de vue morphologique, s'il s'agit de la forme extérieure, même diversité dans le contour du corps, qui tend à se différencier de plus en plus en membres distincts, en divisant dans une pareille mesure son travail externe : d'où résulte un même critère extérieur de perfection. S'il s'agit de la forme intérieure, même structure ordinairement cellulaire, avec cellules composées de la même manière d'un protoplasme, d'un noyau et d'une membrane, même mode de division du noyau, même multiplication consécutive des cellules par bipartition, même différenciation progressive des cellules en tissus et en appareils : d'où résulte une même division progressive du travail interne et, par conséquent, un même critère intérieur de perfection. Même composition chimique, aussi, celle du protoplasme, et même motricité, le protoplasme se montrant partout animé de mouvements divers.

S'il s'agit du développement de l'être, même croissance avec identité des caractères propres en tous les points du corps, et même multiplication possible par parties détachées de l'ensemble. S'il s'agit enfin de la formation et du développement de la race, même constitution de l'œuf par combinaison de deux gamètes plus ou moins différenciés, avec des conséquences semblables quand il y a métissage et hybridité ; même variation avec hérédité déterminant, sous l'influence de la même lutte pour l'existence, le même développement et le même isolement progressif des variétés.

Comme conséquence nécessaire de toutes ces ressemblances morphologiques, mêmes principes de Classification et mêmes règles de Nomenclature.

Au point de vue physiologique, les similitudes ne sont ni moins nombreuses, ni moins profondes. Mêmes conditions d'existence, en effet : radiation et aliment. Même action sur le milieu extérieur se traduisant par la respiration, la transpiration, l'absorption des liquides et des substances dissoutes comme base de l'alimentation, l'émission de liquides et notamment de liquides digestifs, avec digestion externe consécutive, l'assimilation du carbone chez ceux qui possèdent de la chlorophylle, le dégagement de chaleur et parfois de lumière, etc. Mêmes fonctions internes, les unes chimiques, comme l'assimilation, la désassimilation, la constitution des réserves et leur digestion ultérieure, la sécrétion ; les autres mécaniques, comme la protection, le soutien, le transport des liquides, etc.

En résumé, on voit qu'il existe un grand nombre de caractères, et précisément les plus importants, qui sont partagés par tous les êtres vivants, sans acception d'animal ou de plante. C'est ce fonds commun qui est le terrain propre de la Biologie, tige dont la Zoologie et la Botanique ne sont que les deux branches.

Caractères distinctifs des plantes. Définition du règne végétal. — Malgré cette ressemblance si profonde, il est facile de distinguer une plante d'un animal, toutes les fois qu'on s'adresse aux représentants élevés ou moyens des deux règnes. L'animal a un système nerveux, une cavité digestive, un appareil circulatoire pourvu d'un cœur, une faculté locomotrice : toutes choses dont la plante est dépourvue. En retour, la plante a des caractères qui manquent à l'animal : une membrane de cellulose autour de ses cellules et de la chlorophylle dans son protoplasme. C'est même l'existence d'une membrame de cellulose qui explique l'absence de système nerveux, de cœur, de faculté locomotrice, en les rendant inutiles. C'est aussi l'existence de la chlorophylle et le pouvoir de prendre directement à l'atmosphère le carbone, c'est-à-dire son aliment principal, qui affranchit la plante d'une cavité digestive.

Mais si l'on descend dans les étages inférieurs des deux règnes, toute limite s'efface peu à peu. Système nerveux, cœur, cavité digestive, enfin, disparaissent chez l'animal, qui acquiert quelquefois de la chlorophylle; membrane de cellulose et chlorophylle disparaissent chez la plante, qui reprend en même temps la faculté locomotrice. On arrive enfin à des êtres formés d'un corps protoplasmique nu, avec ou sans noyau, et dont on ne peut dire s'ils sont animaux ou plantes, question dès lors sans intérêt d'ailleurs : ce sont des êtres vivants, et voilà tout. Les deux mots animal et plante expriment donc des différences qui ne s'introduisent dans le corps de l'être vivant qu'à partir d'un certain degré de différenciation, au-dessous duquel ils n'ont pas de raison d'être.

Division du règne végétal en quatre embranchements. — Ainsi défini, le règne végétal comprend plus de quatre cent mille espèces actuellement vivantes, auxquelles il faut ajouter la masse innombrable des formes disparues, dont on ne connaît encore, dont on ne connaîtra jamais qu'une bien petite quantité. On le divise, comme on sait (l, p. 6), d'après les divers degrés de la différenciation externe du corps, en quatre groupes principaux, qui sont autant d'embranchements : les Thallophytes, les Muscinées, les Cryptogames vasculaires et les Phanérogames. Les deux premiers, reliés par bien des transitions, forment ensemble, comme on l'a vu (I, p. 8), le groupe ou sous-règne des plantes sans racines ou non vasculaires; les deux derniers, unis aussi par une série d'intermédiaires, constituent le sous-règne des plantes à racines ou vasculaires.

Nous allons étudier, dans autant de Chapitres distincts, ces quatre embranchements, en suivant l'ordre ascendant du perfectionnement, c'est-à-dire en partant des Thallophytes les plus inférieures pour nous acheminer peu à peu vers les Phanérogames les plus élevées.

EMBRANCHEMENT I

THALLOPHYTES

Caractères généraux. — L'embranchement des Thallophytes comprend tout un monde de plantes infiniment variées, où les différences, accusées à la fois dans la forme extérieure et dans la structure du corps, dans sa reproduction et dans son développement, acquièrent une grandeur qu'on ne retrouve dans aucun des trois autres embranchements. Aussi est-il impossible de s'étendre longuement sur les caractères généraux d'un groupe aussi hétérogène. Ce qui en a été dit (I, chap. IX, p. 485) a suffi pour en donner une première idée.

Bornons-nous à rappeler que la forme du thalle, à l'état adulte, est tantôt simple et tantôt plus ou moins abondamment ramifiée, tantôt homogène et tantôt plus ou moins profondément différenciée; la différenciation n'aboutit jamais à la formation d'une racine, mais elle parvient quelquefois à établir entre les diverses parties du thalle un contraste de même ordre et presque aussi grand que celui qui caractérise les tiges et les feuilles dans les trois autres embranchements. La structure y est quelquefois continue (Caulerpe, etc.); elle est le plus souvent cloisonnée, parfois en articles (Cladophore, etc.), ordinairement en cellules. La différenciation de la forme et le cloisonnement de la structure sont d'ailleurs deux phénomènes indépendants; il y a, en effet, des thalles à structure continue qui sont profondément différenciés (Caulerpe, I, p. 11, fig. 1), et des thalles cloisonnés suivant une, deux ou trois directions qui sont complètement homogènes (Oscillaire, Spirogyre, Ulve, Chorde, etc.). En étudiant (I, p. 486) la formation de l'œuf chez ces plantes, on a constaté tous les passages entre l'isogamie complète, procédé dont elles ont le monopole exclusif, et une hétérogamie tout aussi prononcée que dans les trois autres embranchements. Le développement de l'œuf en plante adulte (I, p. 495) a révélé aussi d'assez grandes différences entre les divers types. Enfin ces plantes se multiplient souvent par des spores (I, p. 498), quelquefois de plusieurs sortes (I, p. 501), dont elles ont le monopole presque exclusif.

Division en deux classes : Champignons et Algues. — Ceci posé, si l'on considère l'ensemble des Thallophytes, on y distingue deux sortes de plantes. Les unes, absolument privées de chlorophylle, empruntent, comme les animaux, leur carbone à des composés complexes formés par les végétaux verts : ce sont les *Champignons*. Les autres, pourvues de chlorophylle, prennent leur carbone à l'acide carbonique du milieu ambiant et vivent à la façon des plantes des trois autres embranchements : ce sont les *Algues*. L'embranchement des Thallophytes se divise donc en deux classes : les Champignons et les Algues. La présence de la chlorophylle étant un signe de différenciation plus avancée et par suite de perfection plus grande, on étudiera la classe des Algues après celle des Champignons.

CLASSE I

CHAMPIGNONS

Thalle. — Le thalle des Champignons est toujours fort simple. Il est quelquefois continu, sans cloisons; il peut être alors sphérique ou ovoïde (Chytride, etc.), mais ordinairement il s'allonge en un tube qui se ramifie à divers degrés et dont les branches s'entre-croisent dans toutes les directions (Mucor, etc.); les derniers rameaux se séparent quelquefois par une cloison basilaire, en formant autant d'articles dans la structure partout ailleurs continue (Mucor, etc.). Mais le plus souvent le thalle est cloisonné en cellules; le cloisonnement ayant toujours lieu dans une seule et même direction, perpendiculaire à l'axe de croissance, les cellules sont superposées en longs filaments grêles, à croissance terminale. Ces filaments sont toujours ramifiés, soit en dichotomie, soit latéralement et leurs branches se croisent en tous sens et s'enchevêtrent en un feutrage plus ou moins dense, ayant parfois la consistance d'une toile plus ou moins épaisse.

Le thalle se réduit souvent à un pareil lacis de filaments libres; il est alors homogène (Pénicille, Aspergille, Coprin, etc.). Mais souvent aussi l'on voit, en certains points du feutrage, les filaments se ramifier plus abondamment que partout ailleurs, serrer de plus en plus leurs branches et enfin les unir intimement en un massif compact de forme diverse, aplati en lame, arrondi en tubercule ou allongé en un cordon rameux plus ou moins épais; ce massif continue ensuite de croître par son bord, par toute sa surface ou par son sommet et peut atteindre une dimension considérable. Le thalle est alors hétérogène, différencié en une portion massive, qu'on nomme le *strome*, et une portion filamenteuse, précédant et produisant le strome, qu'on nomme le *mycèle*. Aux divers points de sa surface, le strome peut d'ailleurs émettre plus tard des filaments libres, qui s'enfoncent et se ramifient dans le milieu nutritif et dont l'ensemble forme ce qu'on appelle un *mycèle secondaire*.

Quelle que soit sa forme, le strome peut, à un certain moment, accumuler en lui toutes les réserves constituées par les filaments du mycèle, qui disparaît; il durcit alors, cutinise et colore en brun, en rouge ou en noir les membranes de ses cellules superficielles, se dessèche, passe à l'état de vie latente et constitue un corps de consistance cornée, auquel sa dureté a fait donner le nom de *sclérote* (Agaric tubéreux, Coprin stercoraire, Clavicèpe pourpre, etc.). Quand le sclérote s'allonge dans la terre sous forme d'un cordon rameux, il ressemble à une racine et on le nomme *rhizomorphe* (Armillaire de miel, Polypore amadouvier, etc.). Ailleurs la couche externe de la membrane des filaments qui composent le strome se gélifie, se gonfle, conflue avec les voisines et forme une masse gélatineuse homogène où serpentent les filaments; le strome est alors gélatineux (Trémelle, etc.).

Au lieu de devenir massif en soudant ses filaments, le thalle peut devenir pulvérulent en les désagrégeant. Il arrive, en effet, que les cellules des filaments s'isolent aussitôt après le cloisonnement, par dissolution de la lamelle moyenne de la cloison; le thalle se compose alors d'une poussière de cellules dissociées (Levure de bière, etc.). Ces cellules dissociées ont quelquefois leur membrane dépourvue de couche cellulosique et réduite à une pellicule albuminoïde; elles se déplacent alors en changeant de forme (Myxomycètes).

Quand il est continu, le thalle est revêtu d'une couche cellulosique qui bleuit directement par le chloro-iodure de zinc, et son protoplasme renferme de nombreux noyaux (Mucoracées, etc.). Quand il est cellulaire, à l'exception des Myxomycètes, comme il vient d'être dit, la couche externe des filaments et la lame moyenne des cloisons sont également formées de cellulose, mais cette cellulose ne bleuit par le chloro-iodure de zinc qu'après un traitement plus ou moins long par la potasse. Au point où deux filaments viennent à se toucher, on voit souvent les deux membranes se dissoudre, d'abord la couche cellulosique, puis la couche albuminoïde, et par l'orifice les deux protoplasmes des cellules correspondantes se fondre en un seul, en produisant un symplaste local (I, p. 24); si les membranes n'ont pas de couche cellulosique, la fusion est directe (la plupart des Myxomycètes). Une pareille fusion des protoplasmes peut se faire aussi d'ailleurs entre les diverses branches d'un thalle continu ramifié (Mortiérelle, Syncéphale, etc.). Que le thalle soit continu ou cloisonné, les matériaux de réserve qui s'y accumulent sont principalement des corps gras, des dextrines, notamment de l'amylodextrine que l'iode colore en rouge-brun, et des principes sucrés, notamment du tréhalose dans le jeune âge et plus tard de la mannite. L'amidon en grains ne s'y rencontre que d'une manière transitoire, par exemple dans les sclérotes en germination (Coprin, Clavicèpe, etc.).

Mode de vie. — Ainsi constitué, et incapable d'assimiler le carbone de l'acide carbonique, puisqu'il manque de chlorophylle (I, p. 283), le thalle des Champignons exige, pour se développer, la présence des composés carbonés complexes formés aux dépens de l'acide carbonique par les végétaux verts, notamment des hydrates de carbone. Ces composés, en particulier le glucose, il les puise tantôt dans les débris des animaux ou des végétaux morts dont il achève la destruction, qu'il fait *moisir*, comme on dit, tantôt directement dans le corps des animaux ou des végétaux vivants. Dans ce dernier cas, ou bien il s'associe intimement avec une plante verte et vit en symbiose avec elle (I, p. 55) (Lichens, Mycorhize), ou bien il attaque une plante verte dans laquelle il s'établit en parasite (I, p. 56). Ce parasitisme comporte d'ailleurs tous les degrés, depuis l'envahissement total et la mort rapide de l'hôte, comme lorsque le Phytophthore infestant attaque et tue la Morelle tubéreuse, jusqu'à de simples dégénérescences locales sans effet bien nuisible pour l'ensemble, comme lorsque l'Écide du Sapin provoque dans l'écorce de cet arbre la formation de ces buissons de rameaux adventifs qu'on nomme *balais de sorcière*. Parmi les Champignons qui vivent habituellement en moisissures, il en est qui peuvent, dans des circonstances favorables, se nourrir en parasites (Pénicille crustacé, etc.); de même, parmi ceux qui vivent ordinairement en parasites, il en est qui peuvent, dans des conditions convenables, se nourrir en moisissures (Armillaire de miel, etc.); il y a donc des moisissures nécessaires et des moisissures facultatives, des parasites nécessaires et des parasites facultatifs.

Une fois pourvu, d'une manière ou d'une autre, des hydrates de carbone qui lui sont nécessaires, et notamment du glucose, le thalle peut, en présence de l'air et de l'eau, et à l'aide de composés minéraux où figurent sous une forme assimilable l'azote, le phosphore, le soufre, le potassium, le magnésium, le silicium, le fer, le zinc et le manganèse, en tout douze corps simples, réaliser progressivement la synthèse des composés albuminoïdes du protoplasme et acquérir son complet développement. Il est donc facile, toutes les fois qu'il n'est pas parasite nécessaire, de le cultiver dans de l'eau distillée où l'on aura dissous en proportion convenable du glucose, du nitrate de potasse, du phosphate d'ammoniaque, des sulfates de magnésie, de fer, de zinc, de manganèse et du silicate de potasse. La lumière n'est pas nécessaire; beaucoup de Champignons parcourent toutes les phases de leur existence dans l'obscurité la plus profonde (Truffe, etc.). Pourtant, il en est qui exigent des radiations lumineuses pour former et mûrir leur appareil reproducteur (Coprin, etc.). Qu'il vive en moisissure ou en parasite, le thalle se développe tantôt à l'intérieur, tantôt à la surface du milieu nutritif. Dans ce dernier cas, il plonge dans le milieu certains de ses filaments, plus courts et plus rameux que les autres, qui jouent le rôle d'organes absorbants et parfois même digestifs, se comportant sous ces deux rapports comme les poils radicaux des plantes vasculaires.

Reproduction. — Parvenu à l'état adulte, le thalle produit toujours des spores qui le multiplient, quelquefois des œufs qui donnent naissance à de nouvelles plantes.

Les spores sont produites par une portion du thalle plus ou moins différenciée, de forme et de complication très diverses, qui constitue l'appareil sporifère; quand le thalle est divisé en mycèle et strome, c'est sur le strome que se développe l'appareil sporifère. Les spores naissent d'ailleurs, comme on sait, par deux procédés différents : elles sont endogènes ou exogènes (I, p. 499). Dans le premier cas, elles sont parfois dépourvues de membrane de cellulose et mobiles dans l'eau à l'aide de cils vibratiles, en un mot des *zoospores* (Chytridiacées, Saprolégniacées, etc.); mais le plus souvent, et toujours quand elles sont exogènes, elles sont munies d'une membrane cellulosique et immobiles, tantôt simples et unicellulaires, tantôt cloisonnées et pluricellulaires. Quand elles passent à l'état de vie latente, leur membrane cutinise et souvent colore sa couche externe, qui forme l'*exine*, tandis que la couche interne demeure cellulosique et constitue l'*intine*. Dans cette cutinisation de la membrane, il y a souvent une ou plusieurs places réservées, où l'exine manque, et qui sont des *pores*.

Suivant les conditions extérieures, le même thalle peut porter successivement, ou en même temps, dans ses diverses régions, plusieurs sortes de spores de forme, d'origine et de rôle différents; il peut y avoir, comme on dit, *polymorphisme* dans l'appareil sporifère (I, p. 501). Parmi ces diverses sortes de spores, il en est alors une qui ne manque jamais et qui conserve ses caractères dans toute l'étendue de chaque division considérée; c'est à elle seule que l'on réserve le nom de spores. Aux autres, qui manquent souvent et dont les caractères varient beaucoup dans des plantes très voisines, on donne collectivement le nom de *conidies*.

La plupart des Champignons ne forment que des spores. D'autres, outre les spores, produisent des œufs comme il a été dit en général (I, p. 486), tantôt par isogamie à gamètes captifs (Mucoracées, etc.), tantôt par hétérogamie sans anthérozoïdes (Péronosporacées, Saprolégniacées, etc.), ou même par hétérogamie avec anthérozoïdes (Monoblépharide).

Après la maturation des spores et des œufs, le thalle disparaît souvent, parce que toute sa substance protoplasmique a été consacrée à la formation des corps reproducteurs : il est *monocarpique*. Fréquemment aussi il ne consacre qu'une partie de sa substance à la formation des corps reproducteurs; le reste persiste et continue de croître, soit tout de suite, soit après un passage à l'état de vie latente : le thalle est alors *polycarpique* ou vivace.

Œufs, spores ou conidies renferment en général les matériaux de réserve nécessaires au premier développement ultérieur. Il suffit alors de leur donner de l'air, de l'eau et une température convenable, pour les voir germer. En un ou plusieurs points de la surface, la membrane tout entière si elle n'est pas cutinisée, l'intine seule s'il y a une exine, pousse au dehors en forme de tube, qui s'allonge par son sommet et ne tarde pas à se ramifier. Ce tube rameux reste quelquefois continu, mais le plus souvent il se cloisonne perpendiculairement à son axe, de la base au sommet, et devient un filament cellulaire. S'il est ensuite convenablement nourri, comme il a été dit plus haut, le jeune thalle ainsi formé continue de croître et devient enfin un thalle adulte, qui produit à son tour des spores et quelquefois des œufs. Quand il y a polymorphisme de l'appareil sporifère, il peut arriver que les conidies soient extrêmement petites et dépourvues de matériaux de réserve (Coprin, Agaric, etc.); pour germer, elles exigent alors, dès le début, non seulement de l'air, de l'eau et de la chaleur, mais encore une nourriture appropriée. Dans ces conditions, elles grossissent d'abord en se faisant une provision de réserves, et après seulement poussent un tube, début d'un nouveau thalle.

Division de la classe des Champignons en quatre ordres. — Chez certains Champignons, le thalle, cloisonné et dissocié après chaque cloisonnement, a ses cellules éparses dépourvues de couche cellulosique et par conséquent mobiles : ce sont les *Myxomycètes*. Tous les autres ont leur thalle revêtu d'une couche cellulosique et immobile. Quelquefois ce thalle est continu, dépourvu de cloisons, et produit des œufs par des procédés divers : ce sont les *Oomycètes*. Le plus souvent il est cloisonné, cellulaire, et ne produit pas d'œufs. Les Champignons qui présentent ce double caractère se partagent en deux groupes. Les uns ont en commun cette propriété de produire leurs spores à l'extérieur de cellules mères nommées *basides*, et sont réunis sous le nom de *Basidiomycètes*. Les autres forment, au contraire, leurs spores à l'intérieur de cellules mères nommées *asques*, et sont rapprochés sous le nom de *Ascomycètes*.

De là une division de la classe en quatre ordres, que nous allons étudier comme il suit : Myxomycètes, Oomycètes, Basidiomycètes et Ascomycètes.

ORDRE 1

Myxomycètes.

Caractères généraux. — Le thalle des Myxomycètes vit aux dépens des débris végétaux en voie de décomposition : feuilles mortes, tiges pourries, tannées, etc., dans les interstices desquels il s'insinue en rampant. On ne connaît pas d'œuf chez ces plantes; pour esquisser les traits généraux de leur développement, il faut donc partir de la spore.

En germant, la spore déchire la couche cellulosique de sa membrane et épanche au dehors son corps protoplasmique, revêtu de la couche albuminoïde. D'abord arrondi en sphère, celui-ci ne tarde pas à s'animer d'un mouvement amiboïde, devient ce qu'on appelle un *myxamibe* et rampe en croissant dans le milieu nutritif. Quand il a acquis une certaine dimension, il s'arrête, s'arrondit et se divise en deux moitiés, qui se séparent, se meuvent chacune de son côté, grandissent et se divisent bientôt à leur tour; cette bipartition répétée se poursuit jusqu'à épuisement du milieu nutritif. A ce moment, le thalle se trouve donc constitué par un très grand nombre de myxamibes isolés, errant en tous sens dans les interstices du support. C'est alors qu'il se dispose à former ses spores. A cet effet, les myxamibes épars se rapprochent en convergeant autour de certains centres et s'unissent progressivement les uns aux autres en amas de plus en plus considérables, nommés *plasmodes*. Finalement, ces plasmodes parviennent à la surface du milieu nutritif, s'élèvent dans l'air en prenant une forme déterminée, se différencient de diverses manières, produisent de diverses façons des spores entourées d'une membrane de cellulose, et constituent enfin autant d'appareils sporifères, dans lesquels toute la substance du thalle se trouve employée.

Les spores se disséminent ensuite et l'on se trouve ramené au point du départ.

A une phase quelconque de ce développement, si les circonstances deviennent tout à coup défavorables, sous l'influence de la sécheresse ou du froid par exemple, chaque myxamibe s'arrête, s'arrondit, s'entoure d'une membrane de cellulose et passe à l'état de vie latente, en formant ce qu'on appelle un *kyste*. Au retour de l'humidité et de la chaleur, le corps protoplasmique se réveille, perce sa membrane cellulosique, s'en échappe et reprend à la fois sa mobilité et sa croissance.

Division de l'ordre des Myxomycètes en trois familles. — La marche générale du développement que l'on vient d'esquisser subit, dans l'ordre des Myxomycètes, trois modifications qui caractérisent autant de familles.

Dans la grande majorité de ces plantes, l'union des myxamibes va jusqu'à la fusion complète de leurs protoplasmes, et chacun des amas qui en résulte est un symplaste : le plasmode y est fusionné. Mais il en est d'autres où cette union se réduit à une simple juxtaposition, sans aucun mélange des protoplasmes : le plasmode y est seulement agrégé. Ces derniers se groupent autour du genre Acrase et constituent la famille des *Acrasiées*. Parmi les Myxomycètes à symplaste, la plupart forment leurs spores par division à l'intérieur d'un sporange; ils composent la grande famille des *Endomyxées*. Les autres, en petit nombre, les produisent, au contraire, librement au sommet de pédicelles à la périphérie de l'appareil; ils appartiennent au genre Cérate et forment la famille des *Cératiées*.

Ainsi composé :

Plasmode	fusionné. Spores	internes......................	*Endomyxées.*
		externes	*Cératiées.*
	agrégé.......................................		*Acrasiées.*

l'ordre des Myxomycètes est assez hétérogène pour qu'il soit nécessaire d'étudier séparément chacune de ses familles, en commençant par la plus importante de toutes, celle des Endomyxées.

Endomyxées. — En germant (fig. 1), la spore des Endomyxées (1) ouvre sa couche cellulosique et épanche au dehors son corps protoplasmique, muni d'un noyau et d'une vacuole contractile (2, 3). Celui-ci ne tarde pas à s'allonger, pousse un cil vibratile à l'une de ses extrémités et prend la forme d'une zoospore (4, 5), qui tantôt nage en tournant autour de son axe et en se contractant en tous sens, tantôt rampe en se déformant à la façon d'un amibe. Plus tard, elle rétracte son cil et, les mouvements amiboïdes demeurant seuls possibles, elle devient un myxamibe (6, 7). Celui-ci grandit et se divise en deux myxa-

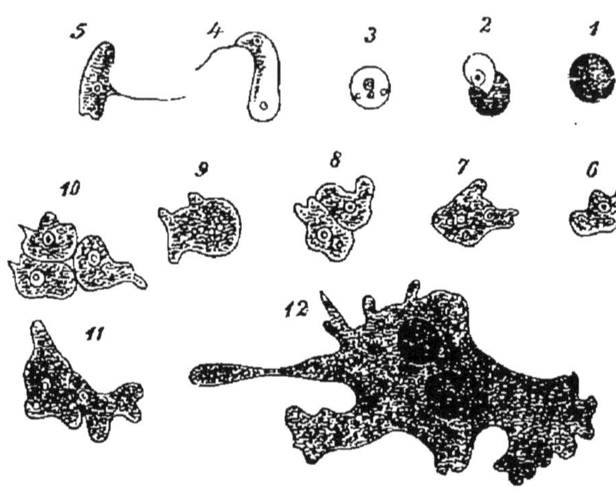

Fig. 1. — Chondrioderme difforme. 1, spore; 2, 3, sortie du corps protoplasmique avec son noyau nucléolé et sa vacuole; 4, 5, il devient une zoospore à un cil; 6, 7, il perd son cil et devient amiboïde; 8, il se divise en deux myxamibes qui se séparent (9); 10, 11, fusion progressive des myxamibes; 12, un jeune plasmode, ayant incorporé deux corps étrangers.

mibes (8), qui se séparent (9), grandissent et se segmentent à leur tour un grand nombre de fois, comme il a été dit plus haut. C'est la période de croissance, de bipartition et de dissociation. S'il arrive alors que deux myxamibes se rencontrent, ils glissent simplement l'un sur l'autre, puis se séparent de nouveau.

Quand le milieu nutritif est épuisé, au contraire, les myxamibes se rapprochent (10, 11) et se fusionnent en un symplaste (12), qui grossit longtemps par adjonction, soit de nouveaux myxamibes, soit d'autres symplastes. Le plasmode ainsi formé, où l'on compte autant de noyaux que d'éléments fusionnés, continue à être animé de ces mouvements à la fois externes et internes, étudiés en général (I, p. 15 et p. 21). Il prend en conséquence une forme réticulée (fig. 2) et se déplace sans cesse à l'intérieur du tan, du bois pourri, des feuilles mortes, etc., enveloppant de ses replis et englobant dans sa masse les particules solides qu'il rencontre sur son passage (fig. 1, 12), puis se rouvrant pour les mettre en liberté. On peut profiter de cette mobilité pour faire arriver le plasmode sur une feuille de papier humide, sur laquelle il s'étale en rampant; en coupant cette feuille avec des ciseaux, on taille le plasmode en morceaux réguliers qui jouissent de toutes les propriétés de l'ensemble et se prêtent aux essais les plus divers. Le plasmode est le plus souvent incolore, parfois coloré, en jaune (Fulige septique, Didyme serpule, Léocarpe fragile, etc.), en rouge (Lycogale épidendre, Physare perroquet, etc.), en violet (Cribraire, Dictyde, etc.); il renferme quelquefois des granules arrondis, brillants, à contour sombre, qui sont du carbonate de chaux (Fulige, Didyme, Physare, etc.); ailleurs il est, au contraire, dépourvu de calcaire (Stémonite, Trichie, Lycogale, etc.). Il peut mesurer plusieurs centimètres carrés d'étendue (Diachée, Léocarpe, etc.); dans le Fulige

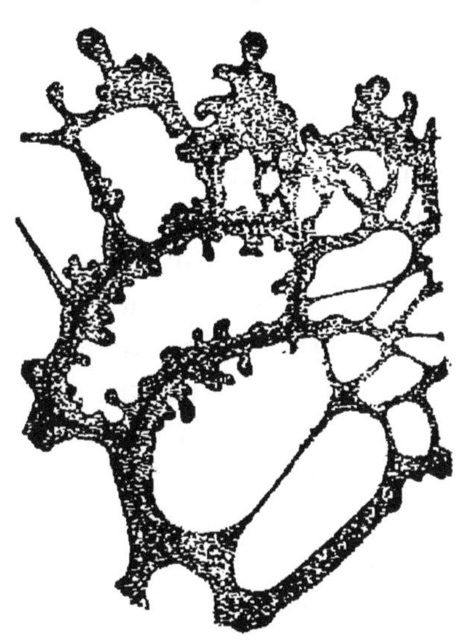

Fig. 2. — Portion du plasmode réticulé du Physare leucope, en voie de progression vers le haut.

septique, il forme à la surface du tan ces masses souvent larges de deux ou trois décimètres et épaisses de deux ou trois centimètres qu'on nomme vulgairement *fleurs du tan, tannée fleurie.*

Pendant la période de croissance, les cellules éparses, zoospores ou myxamibes, peuvent s'enkyster sous l'influence de la sécheresse, du froid, etc., comme il a été dit plus haut. Pareil enkystement peut se produire aussi plus tard sur les plasmodes, dans les mêmes conditions. La masse s'arrête alors, rentre tous ses prolongements, comble toutes ses mailles et s'arrondit; puis elle se divise en autant de cellules qu'elle renferme de noyaux, c'est-à-dire qu'elle contient de cellules fusionnées, et chaque cellule s'entoure d'une membrane de cellulose : en un mot, elle devient un kyste pluricellulaire, qui est une sorte de sclérote. Si l'enkystement porte sur de grands plasmodes achevés, on obtient de la sorte de gros tubercules de consistance cireuse ou cornée. Au retour des circonstances favorables, les membranes cellulosiques et albuminoïdes se dissolvent, les corps protoplasmiques se fusionnent de nouveau et le symplaste reconstitué reprend son mouvement amiboïde.

Au moment où il se dispose à fructifier, le plasmode vient se rassembler à la surface du milieu nutritif; il s'y déplace, rampe sur tous les corps voisins et s'éloigne souvent beaucoup de son lieu d'origine. S'il rencontre en route un support vertical, la tige d'une plante, par exemple, il grimpe à cette tige, monte le long de ses branches et vient en définitive s'étaler et s'arrêter sur ses feuilles; il peut s'élever de la sorte à plusieurs mètres de hauteur. Une fois stationnaire, il se ramasse sur lui-même, prend une forme déterminée pour chaque espèce, s'entoure d'une membrane cellulosique qui, s'épaississant et durcissant de bas en haut, sert de support à la partie supérieure encore molle, produit les spores dans son intérieur et devient enfin tout entier l'appareil sporifère de la plante. A sa base, cet appareil adhère fortement au support par sa membrane cellulosique, qui s'étale tout autour en un rebord plissé et irrégulièrement lobé. Il se compose essentiellement d'un sporange tantôt presque sessile (Arcyrie, fig. 3), tantôt plus ou moins longuement pédicellé (Didyme, fig. 4, etc.) : dans ce dernier cas, la cavité du pédicelle peut n'être pas séparée de celle du sporange (Trichie, Arcyrie, etc.) ou en être, au contraire, isolée par une cloison, souvent convexe vers le haut et qui s'élève plus ou moins dans l'axe du sporange en formant ce qu'on appelle la *columelle* (Didyme, fig. 4, etc.). Les sporanges sont solitaires, parce que chaque plasmode n'en produit qu'un (Didyme, etc.), ou groupés côte à côte, quoique distincts, parce que chaque plasmode en donne plusieurs (Licée, Tubuline, etc.), ou même intimement unis et plongés dans une masse commune, de manière à former un sporange composé (Fulige, Spumaire, etc.).

La membrane du sporange est tantôt incolore, tantôt diversement colorée en violet, en brun, en rouge ou en jaune; elle est quelquefois incrustée de carbonate de chaux, en granules arrondis (Physare) ou en petits cristaux (Didyme, fig. 4). Pour former les spores, la masse protoplasmique du sporange se cloisonne simultanément en autant de cellules qu'elle contient de noyaux; puis ces cellules s'isolent, s'arrondissent en sphères et se revêtent d'une membrane de cellulose, ordinairement colorée, en violet, en jaune, en rouge, souvent hérissée de verrues ou de bandelettes réticulées. Quelquefois toute la masse protoplasmique est ainsi employée et le sporange mûr ne renferme que des spores (Licée, Cribraire, etc.); mais le plus souvent, certaines portions du protoplasme se séparent de la masse générale et se condensent en filaments solides de diverse forme dont l'ensemble, entremêlé aux spores, a reçu le nom de *ca-*

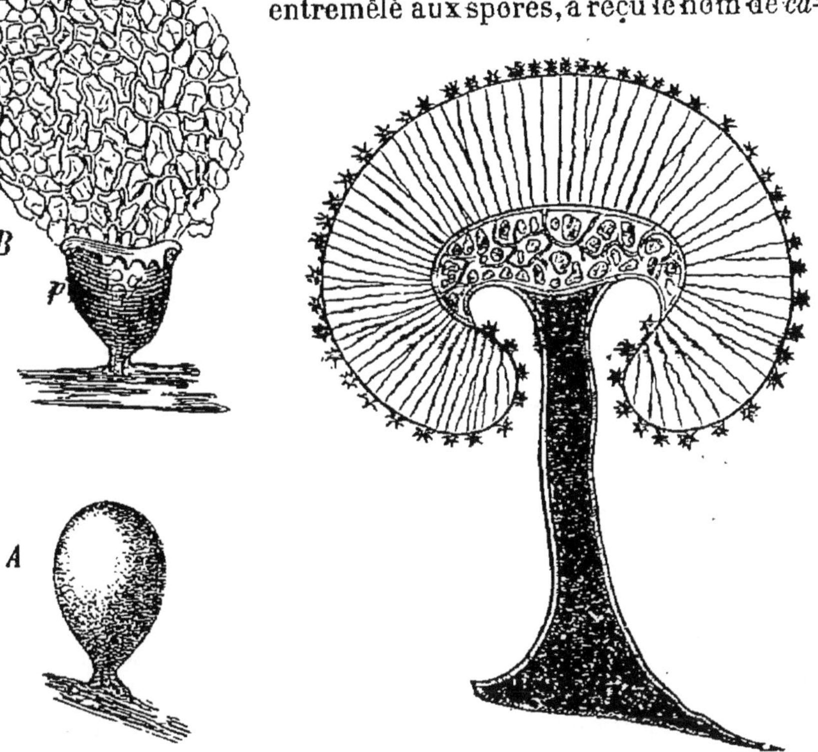

Fig. 3. — Arcyrie incarnate. *A*, appareil sporifère avec son sporange encore fermé; *B*, le même, avec sporange ouvert en pyxide *p* ayant laissé échapper le capillite à filaments creux et réticulés *cp*.

Fig. 4. — Didyme farineux, appareil sporifère en coupe longitudinale, sans les spores. Le sporange, muni d'une columelle, est traversé par les filaments rayonnants, pleins et dichotomes du capillite, et couvert de mâcles étoilées de carbonate de chaux.

pillite. Ces filaments sont tantôt des tubes creux, simples (Trichie), ou ramifiés et anastomosés en réseau (Arcyrie, fig. 3, *B*, etc.), tantôt des cordons pleins, ramifiés et anastomosés en réseau, reliés d'un côté à la face interne de la membrane, de l'autre à la columelle, quand il y en a une (Didyme, fig. 4, Stémonite, etc.). Creux ou pleins, ils ont même couleur et même composition chimique que la membrane; quand elle est incrustée de calcaire, ils le sont aussi. Ils sont fortement recourbés et pelotonnés sur eux-mêmes à l'intérieur du sporange; la dessiccation les déploie; l'humidité les pelotonne de nouveau. En se détendant à la maturité sous l'influence de la sécheresse, ils contribuent puissamment d'abord à déchirer et à ouvrir la membrane du sporange, ensuite à disséminer les spores (fig. 3, *B*). Le plus souvent, la déhiscence du sporange est irrégulière; en se desséchant, la membrane est devenue friable et au moindre contact elle se brise en petits fragments (Stémonite, Fulige, etc.); ailleurs elle se déchire au sommet (Lycogale, etc.), ou circulairement en forme de pyxide (Arcyrie, fig. 3, *B*, etc.).

Cette famille comprend une quarantaine de genres. En s'en tenant aux principaux, on peut les grouper de la manière suivante en cinq tribus, réunissant chacune, à côté de types à sporange simple *a*, des types à sporange composé *b* :

1. *Tubulinées.* — Spores claires, ni capillite, ni columelle, ni calcaire. — *a*. Bursulle, Licée, Tubuline, Dictyde. — *b*. Entéride, Lindbladie.
2. *Trichiées.* — Spores claires, capillite, ni columelle, ni calcaire. — *a*. Trichie, Arcyrie, Lachnobole, Périchène. — *b*. Lycogale, Réticulaire.
3. *Stémonitées.* — Spores violettes, capillite, columelle, pas de calcaire. — *a*. Stémonite, Comatric, Lamproderme. — *b*. Amaurochète.
4. *Physarées.* — Spores violettes, capillite, pas de columelle, calcaire. — *a*. Physare, Cratère, Léocarpe, Badhamie. — *b*. Fulige.
5. *Didymiées.* — Spores violettes, capillite, columelle, calcaire. — *a*. Didyme, Diachée, Chondrioderme. — *b*. Spumaire.

Cératiées. — La famille des Cératiées se réduit au seul genre Cérate, dont les deux espèces se développent sur le bois mort des Conifères. Le corps protoplasmique de la spore, après sa sortie de la membrane cellulosique, se partage par trois bipartitions successives en huit zoospores à un cil, qui plus tard passent à l'état de myxamibes. Ceux-ci croissent, se divisent jusqu'à épuisement du milieu nutritif et enfin se fusionnent en un plasmode réticulé, comme chez les Endomyxées; seulement les mailles du plasmode sont remplies ici par une gelée transparente.

Ce plasmode se rassemble à la surface du bois mort en un coussinet, sur lequel se dresse soit un buisson de petites tiges dichotomes (Cérate muqueux), soit une série d'alvéoles polygonales (Cérate porioïde). La substance protoplasmique ne fait que revêtir d'une couche mince la surface de ces petites tiges ou de ces alvéoles; tout le reste est formé par la gelée transparente qui remplissait les mailles du plasmode. Cette couche se partage ensuite en autant de portions polygonales qu'elle a de noyaux, et chacune de ces cellules devient une spore. A cet effet, elle pousse vers l'extérieur en son milieu un prolongement grêle qui se renfle à son extrémité; tout son protoplasme passe peu à peu dans ce renflement terminal, qui prend une forme ovoïde, se revêt d'une membrane de cellulose et constitue la spore. A la maturité, la plante se réduit donc à un corps gélatineux tout hérissé de pédicelles vides, transparents, terminés chacun par une spore, et ressemblant à un Hydne dans l'une des espèces, à un Polypore dans l'autre.

Acrasiées. — Les Acrasiées vivent principalement sur les excréments (crottin de cheval, bouse de vache, etc.), dans la levure de bière étalée sur une surface humide, sur les graines en putréfaction, etc. Le corps protoplasmique de la spore, échappé de la membrane cellulosique, y devient immédiatement, sans passer par l'état de zoospore, un myxamibe qui se divise un grand nombre de fois. Quand le milieu nutritif est épuisé, tous les myxamibes convergent vers certains centres, s'y juxtaposent sans se fusionner et y forment autant de plasmodes agrégés. Chacun de ceux-ci se dresse aussitôt perpendiculairement au support et, par le glissement de ses éléments, qui grimpent pour ainsi dire les uns sur les autres, il prend une forme déterminée et constitue un appareil sporifère. La longue et active période qui, dans les Myxomycètes à symplaste, sépare la réunion des myxamibes de l'édification de l'appareil sporifère, fait ici entièrement défaut.

La structure différente de l'appareil sporifère caractérise les cinq genres actuellement connus. Chez les Guttulines, c'est une petite masse sessile, sphérique ou ovoïde, dont chaque cellule s'entoure d'une membrane de cellulose et devient une spore. Chez les Acrases, les myxamibes se superposent en une file verticale, qui se différencie de la base au sommet; les cellules inférieures, plus grandes, cylindriques et fortement unies entre elles, prennent une membrane solide, se remplissent d'un liquide clair et constituent un pédicelle; les supérieures, plus petites, sphériques ou ovoïdes, forment dans le prolongement de ce pédicelle un chapelet de spores. Chez les Dictyostèles, les myxamibes s'entassent en une colonne cylindrique, qui devient un pédicelle plus ou moins épais, terminé par un renflement sphérique ou ovoïde dont les cellules constituent autant de spores. Dans le Polysphondyle, la colonne se ramifie et chacune de ses branches verticillées se termine, comme le tronc principal, par un groupe sphérique de spores. Dans la Cénonie, enfin, la colonne, simple ou ramifiée en verticilles, est fixée à la base par un crampon et se dilate au sommet en une cupule à bord denté qui supporte l'amas sphérique des spores.

ORDRE II

Oomycètes.

Caractères généraux. — Le principal caractère des Oomycètes, celui qui en même temps les distingue de tous les autres Champignons, est la propriété qu'ils ont de former des œufs. Ils emploient dans ce but les moyens les plus variés, depuis l'isogamie la plus complète jusqu'à l'hétérogamie la plus accusée, et c'est ce qui fait de leur étude spéciale l'un des chapitres les plus instructifs et les plus attachants non seulement de la Botanique, mais de la Biologie tout entière. En outre, leur thalle, qui prend d'ailleurs les formes les plus diverses, diffère de celui de tous les autres Champignons parce qu'il n'est pas cloisonné en cellules et, de plus, se distingue de celui des Myxomycètes parce qu'il est enveloppé d'une membrane de cellulose. Quelquefois l'apparition de cette membrane est tardive et jusque-là le thalle se montre animé de mouvements amiboïdes qui le font ressembler à un Myxomycète (certaines Chytridiacées).

Division de l'ordre des Oomycètes en sept familles. — Par la conformation diverse du thalle en rapport avec le mode de vie, mais surtout par le mode de formation des œufs et des spores, les Oomycètes se groupent en sept familles distinctes, de la manière suivante :

Œuf formé par			
isogamie.	Zoospores	se fusionnant....	*Vampyrellées.*
		ne se fusionnant pas	*Chytridiacées.*
	Spores	endogènes	*Mucoracées.*
		exogènes	*Entomophthoracées.*
hétérogamie	sans anthérozoïdes.	Spores exogènes.	*Péronosporacées.*
		Zoospores	*Saprolégniacées.*
	avec anthérozoïdes............		*Monoblépharidées.*

Vampyrellées. — Les Vampyrellées vivent en parasites sur les plantes aquatiques, notamment sur diverses Algues : Diatomacées, Desmidiées, Confervacées, Characées, etc. Dès qu'il s'est fixé sur la plante hospitalière, le plus souvent en en perçant la membrane, le thalle, nu jusque-là et mobile, entoure d'une membrane de cellulose son protoplasme rouge (Vampyrelle), jaune (Protomyxe) ou incolore (Protomonade). Il grandit ensuite, en absorbant dans sa masse et en digérant peu à peu la substance de la cellule nourricière. Cela fait, il se divise en certain nombre de zoospores, qui s'échappent par une ouverture de la membrane de cellulose, où elles laissent le résidu de la substance digérée; elles ont tantôt un seul cil (Protomyxe, Monadopse, Pseudospore, Aphélide), tantôt deux cils (Protomonade, Diplophysale, Gymnocoque), tantôt un grand nombre de cils (Vampyrelle). Plus tard, elles rétractent leurs cils et prennent un mouvement amiboïde. Viennent-elles à se rencontrer, elles se fusionnent en un symplaste plus ou moins volumineux. Leurs mouvements les amènent enfin au contact de la plante nourricière, où elles se fixent comme il a été dit. La formation des œufs y est encore inconnue.

Constituée actuellement par ces huit genres, la famille des Vampyrellées se relie d'une part aux Endomyxées par la forme amiboïde des zoospores et leur fusion en symplaste, de l'autre aux Chytridiacées.

Chytridiacées. — Les Chytridiacées vivent en parasites, le plus souvent sur des plantes aquatiques, notamment des Algues et des Champignons, ou sur des Infusoires ou des animaux aquatiques plus élevés, comme les Molgules (Néphromyce) et les Anguillules (Caténaire), plus rarement sur des végétaux terrestres (Synchytre de la Mercuriale, de l'Anémone, etc., Olpide du Chou, Plasmodiophore du Chou). En se développant dans les racines des Choux, le Plasmodiophore y provoque des excroissances très nuisibles à la plante: c'est la maladie connue sous le nom de *hernie.*

Les zoospores, sphériques ou ovales, sont munies d'un long cil attaché en arrière et doué de contractions saccadées (fig. 5 et fig. 6); aussi se meuvent-elles par sauts brusques; rarement elles sont réniformes avec deux cils attachés latéralement et dirigés l'un en avant, l'autre en arrière (Myzocyte, Lagénide). Arrivée au contact de la plante nourricière, la zoospore rétracte son cil, rampe sur la membrane à l'aide de mouvements amiboïdes et la perce en un point convenable. Les choses se passent ensuite de deux manières différentes suivant les genres.

Tantôt le corps de la zoospore demeure en dehors de la plante hospitalière. Après s'être entouré d'une membrane de cellulose, il pousse dans la cellule nourricière, soit seulement

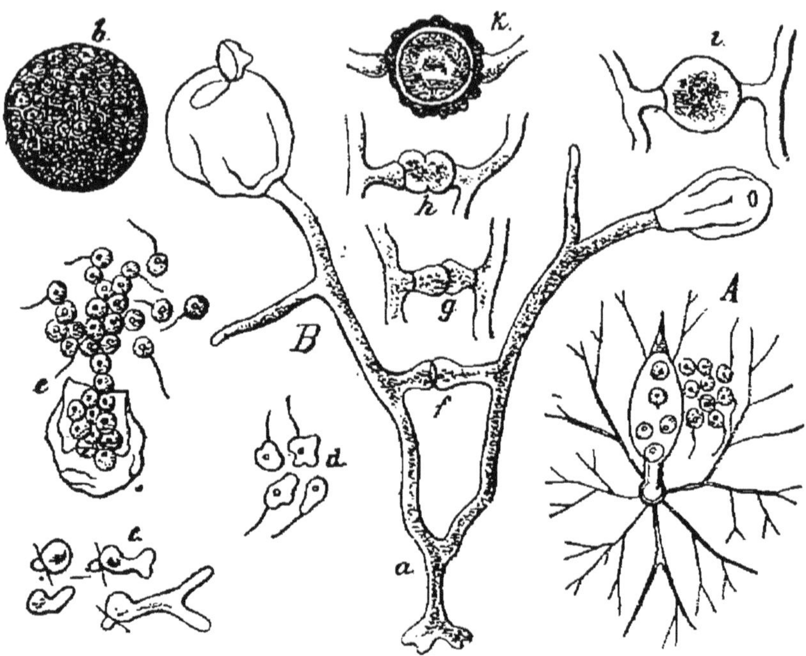

Fig. 5. *A*, Obélide mucroné, thalle avec ses rameaux dichotomes internes et son sporange externe laissant échapper ses zoospores par un orifice latéral. *B*, Zygochytre orangé : *a*, thalle externe avec son suçoir à la base, portant deux sporanges vidés et se disposant à produire un œuf en *f*; *b*, masse protoplasmique sortie du sporange et se divisant en zoospores; *c*, émission des zoospores; *d*, zoospores avec leur cil, leur noyau et leur déformation amiboïde; *e*, germination des zoospores à la surface de l'hôte; *g*, séparation des deux cellules destinées à produire l'œuf; *h*, fusion de ces deux cellules; *i*, grossissement de l'œuf; *k*, embryon ou zygospore, à l'état de vie latente, avec sa double membrane.

un court stylet suffisant pour en traverser la membrane (Phlyctide), soit un petit tube simple ou ramifié formant un suçoir (Chytride, Rhizophide), soit un tube qui s'allonge dans le corps de l'hôte et s'y ramifie suivant le mode penné (Rhizide) ou en dichotomies répétées (Obélide, fig. 5, *A*), formant de la sorte un thalle filamenteux plus ou moins étendu. D'autre part, il grandit dans le milieu extérieur en prenant la forme d'une ampoule (Chytride, Rhizophide, Phlyctide, Rhizide, Obélide, fig. 5, *A*), d'un tube dressé divisé en quatre branches (Zygo-chytre, fig. 5, *B*, Tétrachytre) ou d'un système rayonnant de minces filaments ramifiés en tous sens (Poly-phage).

Tantôt la zoospore passe tout entière à travers la membrane dans le protoplasme de la cellule nourricière, s'y entoure d'une membrane de cel-lulose et s'y développe, quelquefois en un filament rameux dont les branches percent les cloisons des cellules voisines (Cladochytre, Caté-naire), le plus souvent en un corps sphérique ou ovale qui demeure in-divis (Olpide, Olpidiopse, fig. 6, Ro-zelle), ou qui s'allonge davantage et se cloisonne en un certain nombre

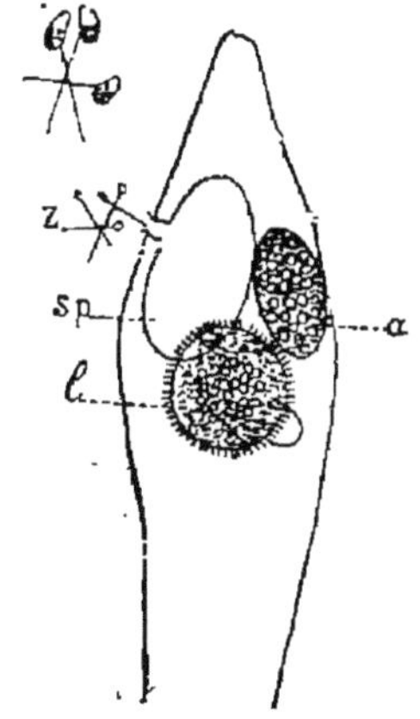

Fig. 6. Trois thalles internes d'Ol-pidiopse, parasites dans un Sa-prolègne : *sp*, zoosporange ayant émis ses zoospores *z*, grossies en haut ; *a*, zoosporange jeune ; *l*, kyste à membrane échinée.

d'articles quand il a terminé sa croissance (Synchytre, Voro-ninie, Myzocyte, fig. 7, Achlyogète, Lagénide, Ancyliste). Chez ces Chytridiacées internes, le thalle peut ne se recouvrir d'une membrane de cellulose qu'assez tard (Olpide, Rozelle, etc.), et même quand il a déjà terminé sa croissance (Ancy-liste) ; dans le Plasmodiophore, il ne s'en enveloppe même jamais et demeure par conséquent jusqu'à la formation des spores animé de mou-vements amiboïdes. De là une tran-sition vers les Myxomycètes.

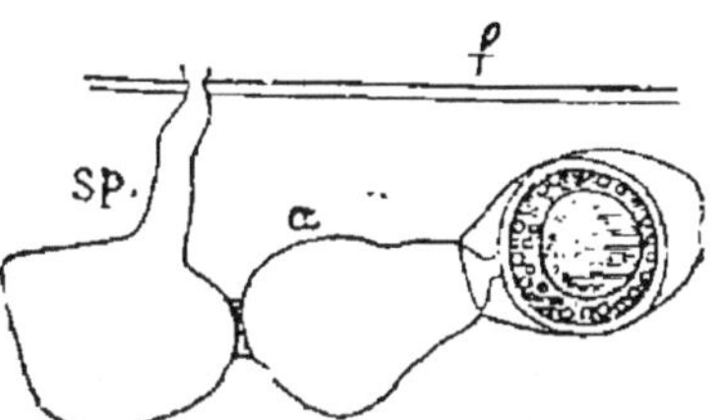

Fig. 7. Myzocyte globuleux, thalle parasite dans une cellule de Con-ferve dont on voit la membrane en *f* ; il est cloisonné en trois articles : celui de gauche a formé un zoosporange *sp*, qui s'est vidé au dehors ; celui du milieu *a* a déversé son protoplasme dans celui de droite, où il s'est formé un œuf contenant un globule oléagineux.

Quand le thalle est en plus ou moins grande partie extérieur, si la portion externe a la forme d'une ampoule, elle se divise tout entière pour former les zoospores, qui s'échappent par un orifice au sommet de la membrane (Phlyctide, Rhizide), par une (Obélide, fig. 5, *A*) ou plusieurs (Rhizophide) ouvertures latérales, ou par une fente circulaire qui détache un couvercle (Chytride). Si elle est tubuleuse, elle renfle en sphère soit l'extrémité de ses branches (Zygochytre, fig. 5, *B*, Tétrachytre), soit le centre d'où elles divergent (Polyphage), et cette sphère devient un zoosporange.

Quand le thalle est tout entier intérieur, s'il est filamenteux et ramifié, il renfle çà et là une portion de filament, qui se sépare du reste par deux cloisons pour devenir un zoosporange (Cladochytre, Caténaire); s'il est allongé en boudin, il se cloisonne et chaque article forme un zoosporange (Synchytre, Voroninie, Myzocyte, fig. 7, etc.); s'il est globuleux, il devient tout entier un zoosporange simple (Olpide, Olpidiopse, fig. 6, *sp*, Rozelle). Dans tous les cas, pour mettre les zoospores en liberté, le zoosporange pousse un tube qui perce la membrane de la cellule hospitalière et va s'ouvrir au dehors. Dans l'Ancyliste, chacun des tubes latéraux produits par les articles du thalle cloisonné s'allonge dans le liquide ambiant jusqu'à venir toucher par son sommet une nouvelle plante hospitalière, dont il perce la membrane et dans laquelle il déverse son protoplasme. Les zoospores sont donc supprimées dans cette plante, ce qui réduit beaucoup sa puissance de multiplication. Dans le Plasmodiophore, le thalle, sans se recouvrir d'une membrane de cellulose, divise son protoplasme en petites portions qui s'arrondissent, se revêtent chacune d'une membrane cellulosique et forment autant de spores, qui sont mises en liberté d'abord par la dissolution de la mince membrane albuminoïde du sporange, puis par la destruction du tissu de la plante hospitalière. En germant, chacune d'elles produit une zoospore à un cil, douée plus tard de mouvements amiboïdes.

On ne connaît encore la formation des œufs que dans un petit nombre de Chytridiacées. Elle s'y opère par isogamie, tantôt avec gamètes mobiles ressemblant à des zoospores, comme dans la Reesie et le Tétrachytre où l'œuf formé germe immédiatement, tantôt avec gamètes immobiles et passage de l'œuf à l'état de vie latente, comme dans le Zygochytre (fig. 5, *B*), le Myzocyte (fig. 7), etc. Dans ce second cas, il peut arriver que les gamètes fassent chacun la moitié du chemin et que l'isogamie soit complète (Zygochytre, fig. 5, *B*, *f*, *g*, *h*, *i*, *k*). Mais le plus souvent l'un d'eux se déverse dans l'autre qui reste en place, ce qui est une tendance marquée vers l'hétérogamie; le déversement a lieu soit d'un article à l'autre dans le même thalle (Myzocyte, fig. 7), soit entre deux thalles voisins (Lagénide, Ancyliste, Diplophyse, Urophlycte, Polyphage).

D'après le mode de végétation, on peut grouper les genres en deux tribus, de la manière suivante :

1. *Chytridiées.* — Thalle extérieur, tout au moins dans la partie sporifère : Phlyctide, Chytride, Rhizophide, Tétrachytre, Zygochytre, Polyphage, Novakovskie, Rhizide, Obélide.

2. *Olpidiées.* — Thalle tout entier intérieur : Olpide, Sphérite, Reesie, Olpidiopse, Diplophyse, Rozelle, Cladochytre, Caténaire, Synchytre, Micromyce, Voroninie, Myzocyte, Lagénide, Achlyogète, Ancyliste, Plasmodiophore.

Par le Plasmodiophore, dont le thalle ne s'enveloppe pas d'une membrane de cellulose et se résout en spores immobiles germant en zoospores, les Chytridiacées se rattachent aux Myxomycètes. Par les genres doués de zoospores réniformes à deux cils latéraux (Myzocyte, Lagénide), elles se relient aux Saprolégniacées, comme on le verra plus loin. Enfin, par leur mode de vie, elles ressemblent aux Vampyrellées.

Mucoracées. — Les Mucoracées vivent le plus souvent en moisissures, c'est-à-dire dans les matières végétales ou animales en voie de décomposition : fruits, excréments, etc.; plusieurs d'entre elles comptent même parmi les moisissures les plus vulgaires (Mucor moisissure, Rhizope noir, etc.). Quelquesunes pourtant sont parasites sur d'autres Mucoracées (Piptocéphale, Syncéphale, Chétoclade, etc.), sur des Champignons de grande taille, des Agarics par exemple (Sporodinie, Spinelle, etc.), ou sur des Phanérogames (Choanéphore, etc.).

Le thalle est un filament non cloisonné, qui se ramifie un grand nombre de fois, le plus souvent suivant le mode penné (Mucor, fig. 8, etc.), quelquefois en dichotomie (Mortiérelle, fig. 10, etc.). Toutes ses branches peuvent être semblables (Mortérielle, etc.), mais on y observe souvent une différenciation marquée; les branches principales portent çà et là sur leurs flancs des rameaux courts, divisés en un pinceau de ramuscules et fréquemment séparés du tronc par une cloison basilaire (Mucor, fig. 8, etc.) : ce sont des organes de digestion, d'absorption et de fixation; de bonne heure ils perdent leur protoplasme et se remplissent d'un liquide hyalin. Tantôt le thalle se développe dans l'air à la surface du milieu nutritif, dans lequel il n'enfonce que ses rameaux absorbants (Rhizope,

Spinelle, etc.); tantôt il se développe tout entier dans le milieu nutritif, ne poussant dans l'air que ses branches sporifères (Mucor, fig. 8, Pilobole, etc.); il exige alors une quantité d'oxygène beaucoup moindre que dans le premier cas. Si l'on vient à diminuer de plus en plus cette proportion, jusqu'à supprimer complètement l'oxygène, le thalle cesse ordinairement de croître et ne tarde pas à périr.

Quelques espèces cependant opposent à l'asphyxie une résis-

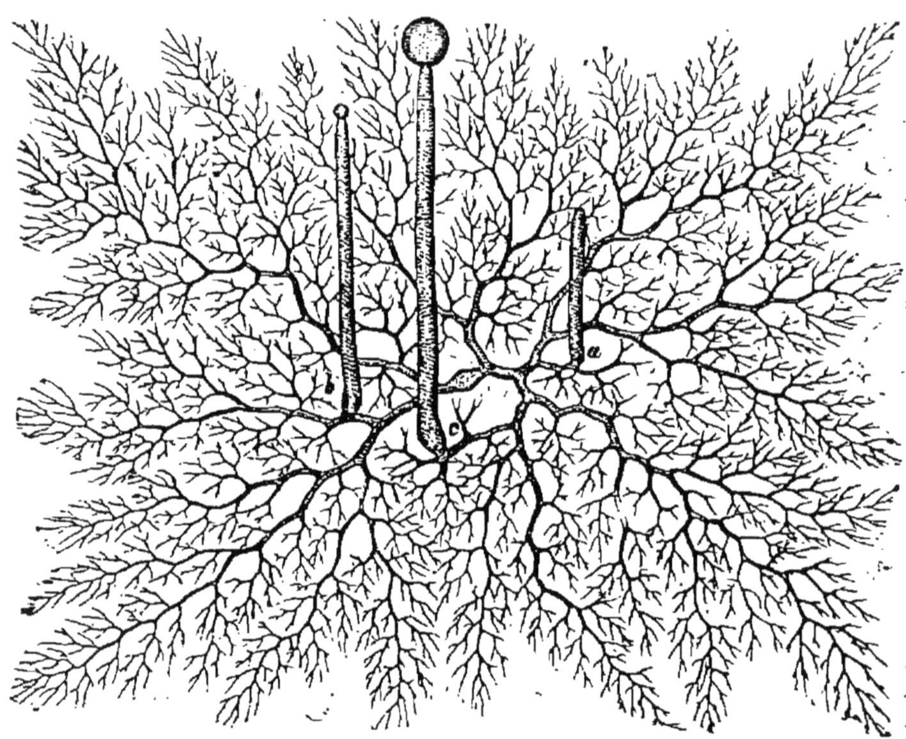

Fig. 8. Thalle du Mucor moisissure, constitué par un tube rameux à structure continue, muni latéralement de rameaux absorbants; *a, b, c*, branches dressées à extrémité renflée, origines d'autant d'appareils sporifères.

tance remarquable; en l'absence d'oxygène libre, leur thalle continue de croître pendant un certain temps, mais en subissant une singulière déformation. Les nouveaux rameaux se découpent par des cloisons transversales en articles courts, qui s'arrondissent et forment des chapelets, faciles à dissocier. Après leur séparation, les articles arrondis bourgeonnent en divers points; les bourgeons grossissent, se détachent, bourgeonnent à leur tour, et ainsi de suite. Il se constitue de la sorte un thalle émietté pareil à celui des Levures et notamment de la Levure de bière (Mucor à grappe, M. épineux, M. circinelloïde, etc.). La ressemblance ne s'arrête pas là. Si le milieu nutritif renferme du glucose, si c'est du moût de bière, par exemple, ce thalle dissocié décompose le glucose en alcool, acide carbonique et produits accessoires, en un mot y provoque, comme on dit, la *fermentation alcoolique*, tout aussi bien que la Levure de bière dans ces mêmes conditions; la bière ainsi obtenue avec le Mucor circinelloïde, par exemple, est d'une limpidité parfaite et d'une saveur agréable avec un léger goût de prune. La seule différence avec la Levure de bière est que ces divers Mucors n'invertissent pas comme elle le sucre de Canne et par conséquent ne le font pas fermenter; on en tire une méthode générale de séparation du sucre de Canne dans les mélanges sucrés.

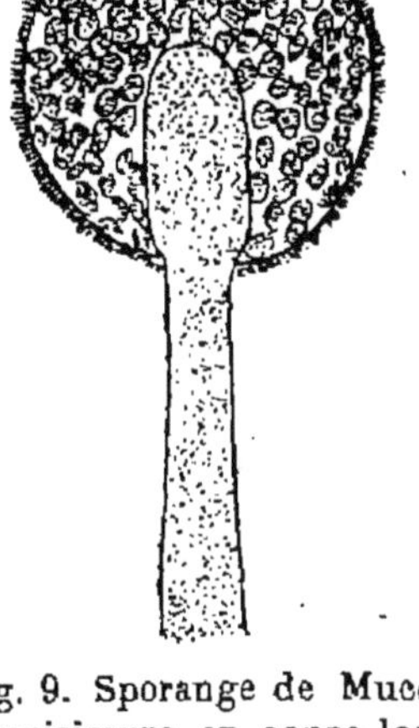

Fig. 9. Sporange de Mucor moisissure, en coupe longitudinale optique, montrant la membrane hérissée d'aiguilles d'oxalate de chaux, la columelle et les spores séparées par une matière gélatineuse.

Pour produire ses spores, le thalle dresse çà et là une de ses branches, qui se renfle au sommet (fig. 8); le renflement se sépare du reste de la branche par une cloison et devient un sporange, porté sur un pédicelle plus ou moins long qui peut atteindre quinze (Mucor moisissure) et jusqu'à trente centimètres de hauteur (Phycomyce brillant). Il ne tarde pas, en effet, à se cloisonner simultanément en autant de cellules qu'il contient de noyaux (fig. 9); la lamelle moyenne de chaque cloison se gélifie et les cellules, ainsi désunies, s'arrondissent, s'entourent d'une membrane de cellulose, constituent enfin autant de spores. La disposition des sporanges, solitaires ou diversement groupés, leur forme et celle de leur cloison basilaire, la manière dont ils s'ouvrent pour disséminer les spores, varient et servent à caractériser les genres.

Le sporange est le plus souvent sphérique (Mucor, fig. 9, Mortiérelle, etc.), allongé parfois en massue (Absidie), ou en étroit cylindre (Piptocéphale, Syncéphale). Dans les deux premiers cas, il produit d'ordinaire un grand nombre de spores

(Mucor, fig. 9, etc.), mais il peut être assez petit pour n'en renfermer que deux à quatre (Thamnide) ou même régulièrement une seule (Chétoclade); dans le troisième cas, il ne contient qu'une rangée de spores, qui se suivent en chapelet. Ordinairement tous les sporanges sont pareils; mais, dans quelques genres, il y en a de deux sortes : un grand, porté au sommet du filament dressé et de nombreux petits, ou sporangioles, terminant des rameaux latéraux diversement disposés (Thamnide, Chétostyle, Hélicostyle, etc.); les spores issues de ces deux sortes de sporanges sont d'ailleurs identiques. La cloison qui sépare le sporange du pédicelle s'établit d'ordinaire à la base même du renflement, quelquefois plus ou moins haut dans l'intérieur (Absidie, Rhizope). Elle est quelquefois plane (Mortiérelle, etc.), le plus souvent relevée plus ou moins fortement vers le haut en forme de columelle (Mucor, fig. 9, Pilobole, etc.). Quand le sporange est très petit (Chétoclade, sporangioles de Thamnide, etc.) ou très étroit (Syncéphale, etc.), la cloison est nécessairement plane. Pour ouvrir le sporange, la cellulose qui en constitue la membrane se transforme d'ordinaire dans toute son étendue en une substance soluble; il suffit alors d'une goutte d'eau pour la dissoudre et mettre les spores en liberté (Mucor, Mortiérelle, Syncéphale, etc.). Si la membrane était incrustée de petits cristaux d'oxalate de chaux (Mucor, fig. 9, Rhizope, etc.), les cristaux s'éparpillent. Ailleurs, la membrane se cutinise et se colore dans toute la moitié supérieure du sporange, ne devenant soluble que dans sa région inférieure, où la déhiscence s'opère circulairement, comme il vient d'être dit (Pilobole, Pilaire). Enfin elle persiste quelquefois dans toute son étendue et le sporange est indéhiscent; il tombe alors sur le sol, où plus tard seulement sa membrane se détruit (grands sporanges de certains Mucors, sporangioles de Thamnide, etc., sporanges monospores de Chétoclade).

Les spores ont un protoplasme ordinairement incolore, quelquefois coloré en jaune (Phycomyce, Pilobole, etc.); leur membrane demeure le plus souvent mince, lisse et tout entière cellulosique, mais parfois elle s'épaissit, cutinise sa couche externe et la relève de pointes ou de crêtes (Rhizope, diverses Mortiérelles, etc.). En germant, elles poussent un tube, qui ne tarde pas à se ramifier pour devenir le nouveau thalle.

Outre les spores, le thalle de quelques Mucoracées (Mortiérelle,

Choanéphore, Syncéphale), placé dans des conditions différentes, produit des conidies (fig. 10). A cet effet, il dresse dans
l'air de petits rameaux différenciés, isolés ou groupés, qui se
terminent chacun par une spore unique,
de forme et de propriétés différentes de
celles des spores endogènes, mais qui
germe de la même manière.

On sait déjà comment l'œuf se forme
chez les Mucoracées et comment il se développe aussitôt sur la plante mère en
un embryon arrondi et non cloisonné,
auquel on donne improprement le nom
de zygospore (I, p. 496, fig. 227). Cette

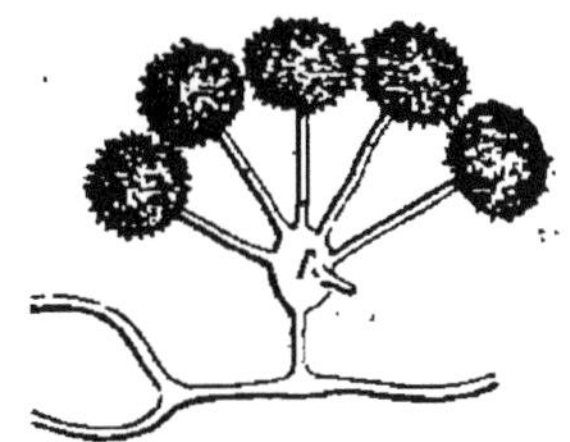

Fig. 10. Conidies en ombelle de la Mortiérelle polycé-phale.

formation a lieu dans l'air (Sporodinie, Absidie, etc.), à la
surface du milieu nutritif (Phycomyce, etc.) ou dans son intérieur (Mucor, Rhizope, etc.).
Tantôt les deux rameaux
renflés marchent l'un vers
l'autre en partant de directions opposées (Mucor, Rhizope, Absidie, Chétocladc,
etc.); tantôt, issus de points
voisins, ils cheminent parallèlement côte à côte avant
d'unir leurs sommets (Syncéphale, etc.); tantôt enfin,
et c'est un cas intermédiaire
entre les deux précédents,
ils sont juxtaposés à la base
puis s'écartent l'un de l'autre
en se courbant, pour se
réunir de nouveau au som-
met en forme de tenaille
(Phycomyce, I, fig. 227, Spinelle, Pilobole, Mortiérelle,

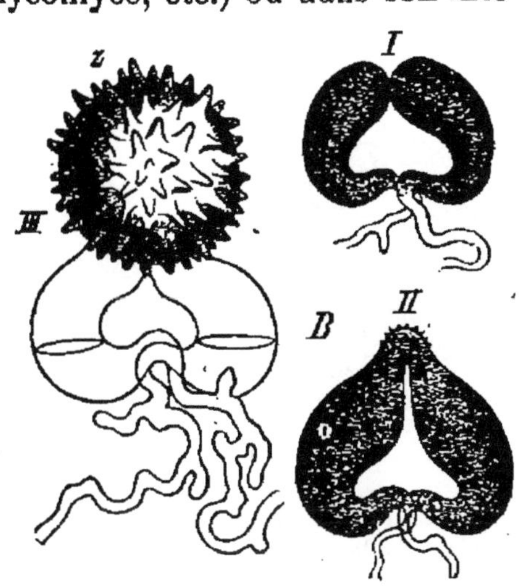

Fig. 11. Formation et développement de l'œuf du Piptocéphale de Frésénius.

I, contact des rameaux en pince; II, fusion des deux cellules et formation de l'œuf arqué en V; III, transport de la sub-stance au sommet pour former la zygo-spore ronde z.

fig. 12, Piptocéphale, fig. 11, etc.). Le plus souvent les deux
cellules qui se fusionnent sont de même grandeur; mais quelquefois l'une est constamment plus petite que l'autre, d'où
une tendance vers l'hétérogamie (Rhizope, Syncéphale, etc.).
Ordinairement elles sont discoïdes et l'œuf a la forme d'un ton-

neau; quand elles sont beaucoup plus longues que larges, si les
rameaux conjugués sont courbés en tenaille, l'œuf est arqué
en V (Piptocéphale, fig. 11, *II*); s'ils sont juxtaposés, il prend
la forme d'un U à branches très rapprochées (Syncéphale).

Une fois constitué, l'œuf grandit aussitôt. S'il a la forme d'un
tonneau, il se développe sur place en demeurant semblable à
lui-même (Mucor, Rhizope, Phycomyce, I, fig. 227, etc.), ou en
grandissant davantage du côté convexe de la tenaille qui l'en-
serre (Pilobole, Choanéphore). S'il est courbé en V ou en U
(fig. 11, *II*), son protoplasme se condense au sommet de la cour-
bure et y forme une protubérance sphérique de plus en plus
grande, où finalement il se rend tout entier en abandonnant le
tube arqué; d'un œuf courbé en fer à cheval procède ici un
embryon sphérique (Syncéphale, Piptocéphale, fig. 11, *III*). Les
deux rameaux qui ont formé l'œuf et qui le nourrissent se
bornent d'ordinaire à suivre sa croissance, en se renflant de
plus en plus (Mucor, Rhizope, Sporodinie, Pip-

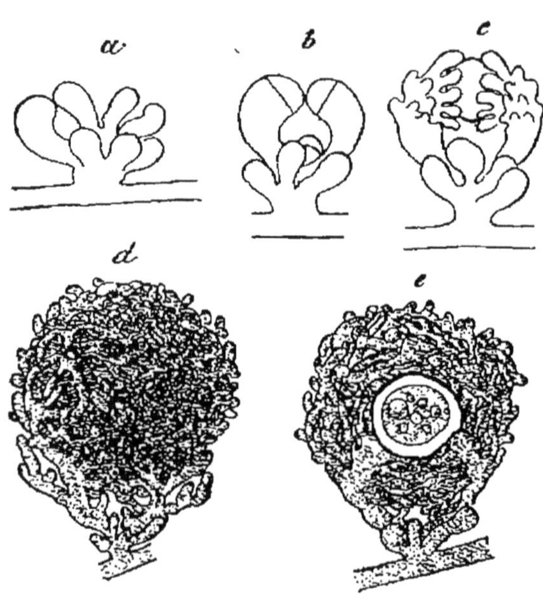

Fig. 12. Formation et développement de l'œuf de la
Mortiérelle noirâtre *a* et *b*, premiers états; *c*, l'œuf
formé commence   s'entourer de rameaux; *d*, tubercule massif renfermant la zygospore; *e*, le même
coupé, montrant au centre la zygospore.

tocéphale, fig. 11, etc.); mais quelquefois ils produisent des
ramuscules à membrane cutinisée et colorée, qui enveloppent
et protègent l'embryon (Absidie, Phycomyce, I, fig. 227, Mortiérelle, fig. 12). Parvenu au terme de sa croissance, celui-ci passe
à l'état de vie latente. Il demeure enveloppé par la membrane
des deux cellules conjuguées, fortement cutinisée et colorée
ordinairement en brun noir (Mucor, Rhizope, etc.), parfois en
jaune (Chétoclade, Syncéphale). Sa membrane propre est incolore, épaisse, cartilagineuse, souvent hérissée de verrues (Mucor,

Rhizope, Piptocéphale, fig. 11, etc.); son protoplasme, pourvu de nombreux noyaux, est riche en matières grasses de réserve.

Au retour des conditions favorables, il germe; sa membrane cartilagineuse se déchire et son protoplasme, enveloppé par une fine membrane de cellulose, s'allonge en tube au dehors. Si l'embryon est placé simplement dans l'air humide, le tube, utilisant la réserve accumulée, se dresse aussitôt et se termine par un sporange, dont les spores se disséminent et germent ensuite en produisant autant de nouveaux thalles. S'il est plongé dans un milieu nutritif, le tube se nourrit au contraire aussitôt, se ramifie et se développe directement en un thalle nouveau.

Les genres se groupent en quatre tribus, que l'on peut caractériser comme il suit :

1. *Pilobolées.* — Une columelle, pas de conidies, membrane du sporange cutinisée, excepté suivant un anneau basilaire, où elle est difflue : Pilobole, Pilaire. — Dans les Piloboles, le sporange est lancé au loin par une brusque rupture du pédicelle, renflé en boule au-dessous de la ligne d'insertion de la columelle.

2. *Mucorées.* — Une columelle, toutes les fois que le sporange est polyspore, pas de conidies, membrane du sporange totalement diffluente ou indéhiscente : Mucor, Phycomyce, Spinelle, Sporodinie, Rhizope, Absidie, Circinelle, Chétoclade, avec une seule sorte de sporanges; Chétostyle, Thamnide, Hélicostyle, avec deux sortes de sporanges.

3. *Mortiérellées.* — Pas de columelle, des conidies, sporanges sphériques et isolés : Mortiérelle, Choanéphore.

4. *Syncéphalées.* — Pas de columelle, des conidies, sporanges cylindriques et groupés en capitules : Syncéphale, Syncéphalastre, Piptocéphale.

Entomophthoracées. — Les Entomophthoracées sont parasites ordinairement sur divers insectes : mouches, chenilles, etc., qu'elles tuent rapidement (Empuse, Entomophthore, Basidiobole), plus rarement sur des plantes : prothalles de Fougères (Complétorie) ou appareils sporifères de Trémellacées (Conidiobole). Une fois développé dans le corps de l'insecte ou de la plante, le thalle pousse au dehors des branches simples (Empuse, Basidiobole, etc.) ou ramifiées (Entomophthore); chaque branche renfle son sommet, qui se sépare du reste par une cloison et devient une spore. Après quoi, le tube progressivement distendu se rompt brusquement et la spore est lancée en l'air, seule si la rupture a lieu avec déboublement de la cloison (Conidiobole, Entomophthore, Complétorie), avec un peu de la matière gélatineuse du tube si elle se produit directement au-dessous de la cloison (Empuse, Lamie), avec toute la portion renflée du tube si elle s'opère beaucoup plus bas (Basidiobole). Dans tous les cas, ce phénomène rappelle la projection du sporange chez les Piloboles. Ainsi projetées tout autour sur les insectes voisins, les spores s'y collent et y germent en poussant un tube qui perce la peau de l'animal et se développe en thalle dans son corps.

Les œufs se forment sur les rameaux du thalle, à l'intérieur du corps de l'insecte, par une isogamie qui ressemble beaucoup à celle des Mucoracées, avec cette différence pourtant qu'ici l'un des corps protoplasmiques fait tout le chemin pour s'unir à l'autre, qui reste en place (Basidiobole, etc.) : d'où une transition marquée vers l'hétérogamie.

Les genres sont groupés en deux tribus, d'après le mode de projection des spores :

1. *Entomophthorées.* — Spores projetées par dédoublement de la cloison : Entomophthore, Complétorie, Conidiobole.

2. *Empusées.* — Spores projetées par rupture du pédicelle sous la cloison : Empuse, Lamie, Basidiobole.

Péronosporacées. — Les Péronosporacées vivent en parasites dans le corps des Phanérogames et y provoquent des maladies redoutables. La maladie de la Pomme de terre, par exemple, est causée par le Phytophthore infestant, celle du Navet et de la Caméline par le Péronospore parasite, celle de la Vigne connue sous le nom de *mildiou* par le Plasmopare viticole, celle des Laitues connue sous le nom de *meunier* par la Brémie de la Laitue, celle des Crucifères connue sous le nom de *rouille blanche* par le Cystope blanc, etc.; de son côté, le Phytophthore des Cactées ravage les cultures les plus diverses (Cactées, Joubarbe, Passerage, Sarrasin, Clarkie, etc.). La connaissance de ces organismes est donc du plus haut intérêt pour l'agriculture.

Le thalle étend ses branches dans tous les espaces intercellulaires du corps de l'hôte, en perçant çà et là la membrane des cellules et y enfonçant, soit de petits suçoirs en forme de stylets terminés en boule (Cystope, Plasmopare, Brémie, etc.), soit des rameaux qui s'y divisent souvent au point de remplir la cavité (Péronospore, Phytophthore).

Plus tard, il pousse hors de la plante hospitalière, en divers points des tiges, des feuilles et des inflorescences, un appareil sporifère diversement conformé. Dans les Péronospores, une branche du thalle s'échappe par l'ouverture d'un stomate, s'allonge dans l'air perpendiculairement à l'organe, se dichotomise à plusieurs reprises et termine enfin chacun de ses rameaux par une spore. Il en est de même dans la Brémie, mais ici chaque dernière branche de la dichotomie se dilate en une large plaque, de laquelle partent les courts rameaux sporifères. Dans le Sclérospore et les Plasmopares, la ramification est latérale, et il en est de même dans les Phytophthores, à une différence près : sous chaque spore naît un rameau qui s'allonge en la rejetant de côté et se termine à son tour par une spore ; sous celle-ci se produit de nouveau un ramuscule qui la rejette de côté, et ainsi de suite : en un mot, la ramification, commencée en grappe, s'y poursuit en cyme unipare.

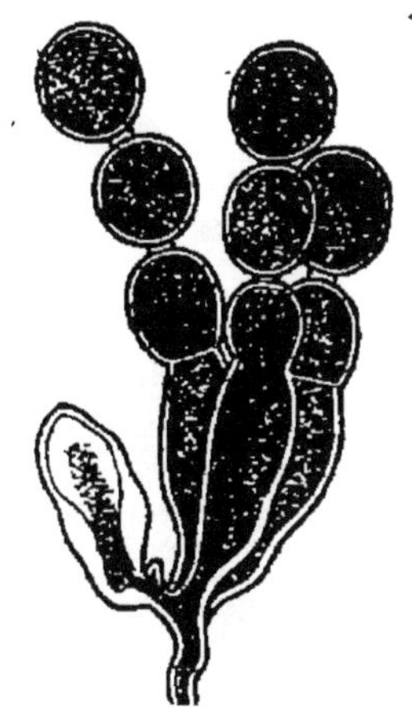

Fig. 13.

Rameaux sporifères du
Cystope blanc.

Dans les Cystopes, les branches émanées du thalle sont courtes, simples, serrées en grand nombre de manière à former une assise au-dessous de l'épiderme soulevé (fig. 13) ; chacune d'elles renfle son sommet en une spore, qui se sépare par une cloison ; elle s'allonge ensuite et forme une seconde spore sous la première, puis une troisième sous la seconde, etc., de manière à porter finalement un chapelet de spores ; pressé de plus en plus par la masse de ces spores, l'épiderme finit par se déchirer pour les mettre en liberté sous forme d'une poussière blanche.

Les spores germent d'une manière différente suivant les genres. Dans les Péronospores et la Brémie, elles poussent directement un filament, au sommet (Brémie) ou latéralement (Péronospore). Dans les Plasmopare, Phytophthore, Cystope, etc., elles produisent chacune un certain nombre de zoospores réniformes à deux cils, qui se fixent plus tard, s'entourent d'une membrane de cellulose et poussent un tube. Direct ou indirect, le tube germinatif pénètre dans les espaces intercellulaires de l'hôte, soit en perforant l'épiderme (Péronospore et Phytophthore), soit en passant par un pore stomatique (Cystope).

Les œufs se forment à l'intérieur de la plante hospitalière, par hétérogamie sans anthérozoïdes, suivant le mode étudié en général (I, p. 492, fig. 224) précisément chez un Péronosporé. L'oogone ne renferme qu'une seule oosphère (fig. 14, B); la portion de protoplasme que l'anthéridie déverse dans cette oosphère ne diffère du reste par aucun caractère appréciable. Protégé par la couche externe de sa membrane, qui est mamelonnée, cutinisée et colorée en brun (fig. 14, C et D), l'œuf passe l'hiver à l'état de vie latente et germe au printemps. Suivant les conditions extérieures, il produit alors soit directement un thalle rameux, soit un certain nombre de zoospores pareilles à celles qui donnent les spores ; ces zoospores se disséminent, se fixent et poussent un tube, qui pénètre dans la plante hospitalière comme il a été dit plus haut.

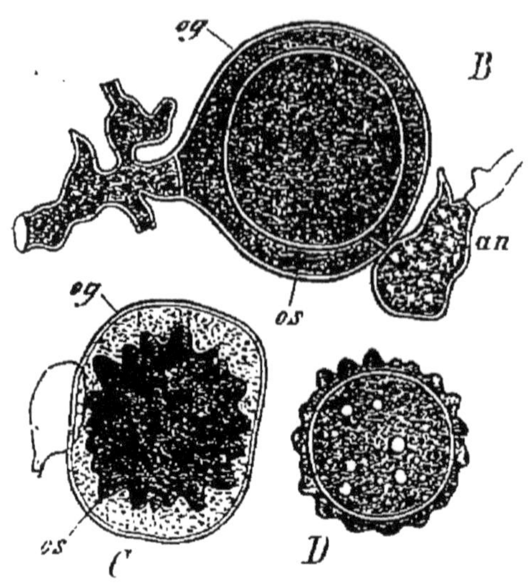

Fig. 14. Formation de l'œuf du Cystope blanc. B : og, oogone avec son oosphère os; an, anthéridie appliquée sur l'oogone et poussant jusqu'à l'oosphère un tube de déversement; C, oogone renfermant un œuf mûr, avec son exine tuberculeuse; D, section de l'œuf montrant l'exine et l'intine.

Les spores et surtout les zoospores sont tuées par le sulfate de cuivre. Aussi le meilleur moyen pour empêcher la propagation de ces parasites, notamment du Plasmopare de la Vigne, est-il d'asperger les feuilles avec une dissolution de sulfate de cuivre à 5 pour 100.

D'après la conformation et le mode de sortie de l'appareil sporifère, les genres se groupent, comme il suit, en deux tribus :

1. *Péronosporées.* — Spores solitaires : Péronospore, Brémie, Plasmopare, Sclérospore, Phytophthore.

2. *Cystopées.* — Spores en chapelet : Cystope.

Saprolégniacées. — La plupart des Saprolégniacées (Saprolègne, Achlye, etc.) vivent dans l'eau, sur les corps végétaux ou

animaux en voie de décomposition : bois, insectes, poissons, etc.,
ou dans les liquides chargés de substances organiques (Leptomite, etc.); quelques-unes s'attaquent aux plantes aériennes
(divers Pythes).

Le thalle plonge ses branches absorbantes çà et là dans le
milieu nutritif et développe les autres tout autour dans le liquide
ambiant; ce sont ces dernières qui produisent les spores et les
œufs. En conformité avec la vie aquatique, les spores ne sont
pas immobiles et exogènes comme chez les Péronosporacées,

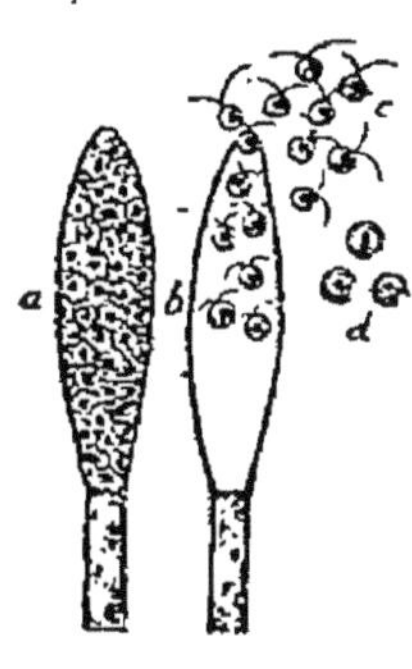

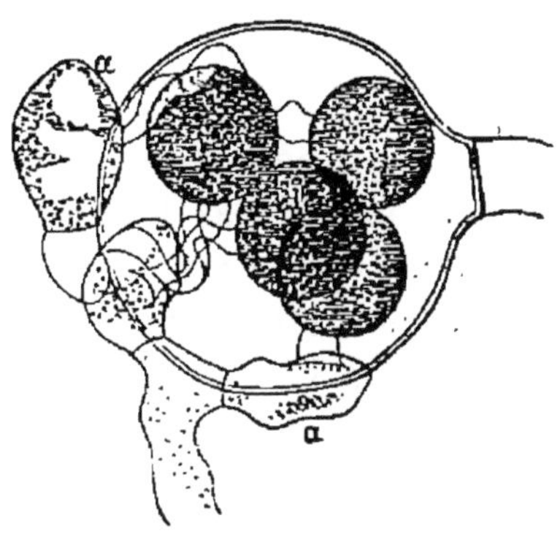

Fig. 15. Formation des zoospores d'un
Saprolègne : *a*, séparation du sporange et cloisonnement autour de
chaque noyau ; *b*, dissociation et
sortie des zoospores à deux cils
(*c*); *d*, zoospores revêtues de cellulose et immobiles.

Fig. 16. Formation des œufs dans l'Achlye
tordue : trois anthéridies *a*, produites
par la même branche du thalle, s'appliquent sur l'oogone et envoient un tube
de déversement à chacune de ses quatre
oosphères.

mais mobiles et endogènes comme chez les Chytridiacées. Pour
les produire, l'extrémité d'un filament de Saprolègne, par
exemple, se renfle en massue et se sépare par une cloison : c'est
le zoosporange (fig. 15). Celui-ci se cloisonne bientôt en autant
de petites cellules polyédriques qu'il y a de noyaux (*a*) ; sans
acquérir de membrane de cellulose, ces cellules se dissocient,
s'arrondissent, s'échappent par un orifice terminal et nagent
dans le liquide à l'aide de deux cils antérieurs : se sont les
zoospores (*b*). Elles se fixent bientôt, prennent une membrane
de cellulose (*d*) et germent soit en poussant directement un filament (Leptomite, Pythiopse), soit en produisant d'abord une
zoospore réniforme à deux cils latéraux, qui plus tard poussera
un filament (Saprolègne, Achlye, etc.). Le zoosporange des
Pythes donne directement naissance à des zoospores réniformes

à deux cils latéraux, celui des Aplanes à des spores immobiles qui germent sur place en filament.

Les œufs sont formés, comme chez les Péronosporacées, par hétérogamie sans anthérozoïdes, suivant le procédé général qui a été étudié et figuré (I, p. 492, fig. 224) précisément chez une Saprolégniacée, le Pythe grêle. L'oogone produit tantôt une seule oosphère (Pythe, I, fig. 224, Rhipide, etc.), tantôt plusieurs oosphères dont le nombre varie alors avec sa grosseur (Saprolègne, Achlye, fig. 16). La portion de protoplasme que l'anthéridie déversera dans l'oosphère et qui en occupe la région centrale est nettement séparée de la portion inactive qui en occupe la région pariétale (Pythe, etc.); ce qui est un progrès marqué sur les Péronosporacées, où une pareille différenciation n'a pas lieu. A l'abri de la couche externe de sa membrane, qui est cutinisée et faiblement colorée, tantôt lisse (Saprolègne, etc.), tantôt hérissée (Pythe, I, fig. 224, etc.), l'œuf passe à l'état de vie latente. Plus tard, il germe en produisant, suivant les conditions extérieures, soit directement un thalle, soit d'abord une génération de zoospores, qui se disséminent et forment autant de thalles nouveaux.

D'après l'unité ou la pluralité des oosphères, les genres peuvent être groupés en deux tribus :

1. *Pythiées.* — Une seule oosphère : Pythe, Rhipide, Leptomite, Aphanomycé, Leptolègne.

2. *Saprolégniées.* — Plusieurs oosphères : Saprolègne, Pythiopse, Achlye, Dictyuche, Aplane.

Les Saprolégniacées sont, comme on voit, très voisines des Péronosporacées, auxquelles elles se relient par les Pythiées, qui n'ont, comme les Péronosporacées, qu'une seule oosphère dans l'oogone. La différence principale est dans les spores, qui sont exogènes dans les Péronosporacées, endogènes dans les Saprolégniacées. Pareille différence a déjà été observée entre les Entomophthoracées, où les spores sont exogènes, et les Mucoracées, où elles sont endogènes.

Monoblépharidées. — Les Monoblépharides, qui jusqu'à présent composent seuls cette petite famille, se développent dans l'eau et se multiplient par zoospores endogènes, comme les Saprolégniacées. Mais les zoospores y sont ovales triangulaires, munies d'un cil unique postérieur pendant la locomotion et douées d'un mouvement saccadé, comme celles des Chytridiacées.

Les œufs s'y forment par hétérogamie avec anthérozoïdes. Dans le Monoblépharide sphérique, par exemple (fig. 17), l'extrémité d'un filament se renfle en sphère et se sépare par une cloison pour devenir un oogone, dont le protoplasme se condense en une oosphère et dont la membrane s'ouvre largement

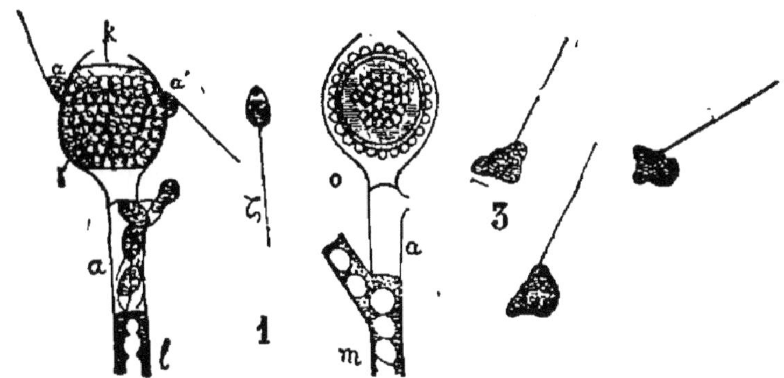

Fig. 17. — Formation de l'œuf du Monoblépharide sphérique. *l*, les anthérozoïdes sortent de l'anthéridie *a*, se meuvent librement (3), puis rampent sur l'oogone *α, α'*, pour pénétrer enfin dans l'oosphère γ par l'ouverture *k*; *m*, l'anthéridie est vide et l'oogone *o* renferme un œuf mûr à exine tuberculeuse.

au sommet. La portion du filament située sous l'oogone se sépare de son côté par une cloison et forme une anthéridie cylindrique; par cloisonnement suivi de dissociation, celle-ci produit un certain nombre d'anthérozoïdes doués d'un seul cil postérieur et de mouvement saccadé comme les zoospores, mais moitié plus petits, qui s'échappent par une ouverture latérale de la membrane (fig. 17, *l*, *a*). Après avoir nagé quelque temps dans le liquide, l'un d'eux arrive sur l'oogone, rampe à sa surface, y pénètre par l'orifice terminal et se combine à l'oosphère. L'œuf ainsi formé se contracte et s'entoure d'une membrane de cellulose qui s'épaissit, cutinise sa couche externe, la couvre de verrues et la colore en brun (fig. 17, *m*, *o*).

Un double intérêt s'attache aux Monoblépharides. D'une part, ils relient les Chytridiacées aux Saprolégniacées; de l'autre et surtout, ils occupent le rang le plus élevé dans le développement progressif de la différenciation sexuelle chez les Oomycètes; ils sont, en effet, les seuls représentants non seulement de cet ordre, mais de la classe des Champignons tout entière, qui possèdent des anthérozoïdes.

ORDRE III

Basidiomycètes.

Caractères généraux. — Les Basidiomycètes forment un ordre immense qui a pour types principaux les Trémelles, les Agarics, les Bolets, les Polypores, les Hydnes, les Lycoperdes, etc., plantes dont les fructifications de grande taille sont connues de tout le monde sous le nom de « Champignons » ou de « Champignons à chapeau ».

Le thalle vit ordinairement dans la terre riche en humus ou dans les corps végétaux en voie de décomposition : écorces, bois, feuilles mortes, etc., quelquefois dans les plantes vivantes où il s'établit en parasite (Ustilage, Tillétie, Puccinie, Uromyce, Exobaside, etc.). Il est formé de filaments cloisonnés et rameux, parfois anastomosés de branche à branche et même de cellule à cellule le long de chaque branche. Quelquefois il est composé tout entier de filaments libres (Coprin, etc.), mais souvent il se différencie en mycèle et strome, ce dernier pouvant passer à l'état de vie latente en formant un sclérote.

Une fois constitué, le thalle produit son appareil sporifère sur un filament s'il est tout entier filamenteux, sur le strome ou sur le sclérote quand il en existe un. A cet effet, une cellule ou un groupe de cellules voisines se ramifient abondamment; toutes les branches, pelotonnées et enchevêtrées, forment d'abord un tubercule de plus en plus dense, qui va grandissant, prend une forme déterminée et devient enfin un appareil sporifère. Celui-ci est ordinairement extérieur et c'est la seule partie de la plante qui se développe dans l'air; quelquefois cependant il se produit dans la terre et le Champignon est alors tout entier hypogé (Hyménogastrées).

Dans cet appareil sporifère, certaines cellules terminant les filaments bourgeonnent et poussent de petits rameaux grêles nommés *stérigmates*, au nombre de 2 à 8, le plus souvent de 4, qui renflent leur extrémité en autant de spores. Ces cellules mères des spores, ou *basides*, sont ordinairement rapprochées côte à côte en une assise continue, où elles sont entremêlées de cellules stériles, nommées *paraphyses*; cette assise est ce qu'on appelle l'*hymène*.

Au lieu de produire directement les basides et leurs spores comme il vient d'être dit, l'appareil sporifère d'un grand nombre

de Basidiomycètes parasites (Puccinie, Uromyce, Tillétie, Ustilage, etc.) donne naissance à des cellules spéciales qui se remplissent de matières de réserve en épaississant leur membrane ;
puis, aux dépens de ces réserves et sans plus rien emprunter au
thalle, ces cellules spéciales germent soit immédiatement après
leur maturité, soit le plus souvent après un passage à l'état de
vie latente et produisent alors aussitôt chacune une baside avec
ses spores. Il ne faut donc pas les confondre avec des spores,
puisque en germant elles donnent non un thalle mais simplement une baside ; elles sont comme un arrêt momentané dans
le développement, comme un enkystement des basides : nous
les nommerons des *probasides*. La formation des probasides
n'ayant lieu que chez des Basidiomycètes parasites, il semble
que le phénomène soit lié de quelque manière au parasitisme,
comme s'il s'agissait de rendre, dans tous les cas, la production
des spores indépendante de la vie parasitaire. Pourtant quelques Basidiomycètes parasites développent leurs basides directement sur le thalle (Exobaside, etc.).

Qu'elle naisse directement du thalle ou qu'elle procède d'une
probaside, la baside produit ses spores suivant deux modes distincts, qui offrent chacun deux aspects différents.

Tantôt la baside est renflée en massue et son noyau se divise
transversalement, d'ordinaire deux fois de suite à angle droit,
en formant côte à côte quatre noyaux en croix. Puis, s'il s'agit
d'un Agaric, par exemple, sans qu'il se fasse entre les noyaux
aucune cloison longitudinale, chaque fuseau de protoplasme
correspondant à un noyau, fuseau qui occupe toute la longueur
de la baside, mais seulement un quart de son pourtour, se
dirige vers le haut, pousse au bord de la face supérieure un
petit rameau, y passe avec son noyau et s'accumule au sommet
autour de lui pour former la spore, bientôt séparée par une
cloison basilaire du stérigmate et de la baside ainsi vidés. S'il
s'agit, au contraire, d'une Trémelle, par exemple, il se fait, perpendiculairement à la ligne des centres des noyaux, deux cloisons
longitudinales en croix qui rendent la baside quadricellulaire,
ce qui n'empêche pas les fuseaux protoplasmiques ainsi séparés
de se comporter ensuite exactement comme dans le premier
cas. Que la baside soit entière ou cloisonnée, les spores sont
donc toujours, dans ce premier mode, disposées en couronne à
son sommet ; en un mot, la baside est *acrospore*.

Tantôt la baside est cylindrique et son noyau se divise longi-tudinalement, d'ordinaire deux fois de suite en formant quatre noyaux superposés en file. Puis, s'il s'agit d'un Tylostome, par exemple, sans qu'il se fasse entre les noyaux aucune cloison transversale, chaque disque de protoplasme correspondant à un noyau, disque qui occupe tout le pourtour de la baside, mais seulement le quart de sa longueur, se dirige latéralement, pousse sur le flanc un petit rameau, y passe avec son noyau et s'amasse au sommet autour de lui pour former la spore, bientôt séparée par une cloison basilaire du stérigmate et de la baside ainsi vidés. S'il s'agit, au contraire, d'une Auriculaire, par exemple, il se fait, perpendiculairement à la ligne des centres des noyaux, trois cloisons transversales qui rendent la baside quadricellulaire, ce qui n'empêche pas les disques protoplas-miques ainsi séparés de se comporter ensuite exactement comme dans le premier cas. Que la baside soit entière ou cloi-sonnée, les spores sont donc toujours, dans ce second mode, disposées sur ses flancs à des hauteurs inégales : en un mot, la baside est *pleurospore*.

Acrosporées ou pleurosporées, entières ou cloisonnées, les basides peuvent être, au moment de la maturité des spores, externes, c'est-à-dire situées sur la surface libre de l'appareil sporifère, ou internes, c'est-à-dire disposées dans des cavités internes de cet appareil. La plante sera dite *gymnobaside* dans le premier cas, *angiobaside* dans le second.

Enfin, outre les spores proprement dites, portées par les basides, beaucoup de Basidiomycètes forment une ou plusieurs sortes de spores accessoires, qui sont des conidies. Ces conidies se rencontrent tout aussi bien chez ceux qui sont munis de probasides que chez ceux qui produisent directement leurs basides.

Division de l'ordre des Basidiomycètes en cinq familles. — En se fondant sur ce que, pour produire leurs spores, les basides partagent leur noyau tantôt transversalement, sont acrospores, tantôt longitudinalement, sont pleurospores, on divise d'abord l'ordre des Basidiomycètes en deux sous-ordres : les *Acrosporés* et les *Pleurosporés*. Puis, suivant que les basides sont entières ou cloisonnées, nées directement sur l'appareil sporifère ou précédées de probasides, externes ou internes, enfin suivant qu'elles forment leurs spores en nombre fixe ou

indéterminé, on partage le premier de ces sous-ordres en quatre
familles, le second en cinq, de la manière suivante :

```
                  ( entières,        ( directes,      ( internes..... Lycoperdacées.
         acrospores, (Holobasides).  (                ( externes .... Agaricacées.
         ACROSPORÉS (                ( avec probasides............... Tillétiées.
                  ( cloisonnées................................... Trémellées.
Basides  (          (Phragmobasides).
                  ( entières, directes, internes..................... Tylostomées.
         pleurospores, (Holobasides).
         PLEUROSPORÉS (                ( directes,     ( internes..... Ecchynées.
                  ( cloisonnées,       (               ( externes .... Auriculariées.
                  ( (Phragmobasides).  ( avec probasides. ( déterminé. Pucciniacées.
                                       ( Spores en nombre ( indéterminé. Ustilagées.
```

L'ordre tout entier se trouve divisé de la sorte en neuf familles.
Mais, au point de vue de l'enseignement, et aussi pour ne pas
rompre trop brusquement avec la tradition, il paraît préférable
de simplifier cette classification en se bornant à faire intervenir
d'abord la formation directe ou indirecte des basides, puis leur
structure entière ou cloisonnée, ensuite la disposition externe
ou interne de l'hymène au moment de la maturité, enfin le
nombre fixe ou indéterminé des spores. L'ordre des Basidiomycètes se trouve alors divisé en cinq familles, de la manière
suivante :

```
           ( formées directement, ( simples, hymène ( externe..... Agaricacées.
Basides    (                       (                 ( interne..... Lycoperdacées.
           (                       ( cloisonnées ................... Trémellacées.
           ( issues de probasides. Spores en nombre ( déterminé .. Puciniacées.
                                                     ( indéterminé. Ustilagacées.
```

Dans cette disposition simplifiée, que nous adopterons ici,
les Tylostomées se trouvent réunies aux Lycoperdacées, tandis
que les Trémellées, les Auriculariées et les Ecchynées forment
ensemble les Trémellacées, et que les Tillétiées avec les Ustilagées constituent les Ustilagacées.

Agaricacées. — La famille des Agaricacées, nommée aussi
Hyménomycètes parce que l'hymène s'y présente à nu au moment
de la maturité, est la plus nombreuse de la classe des Champignons : on y compte plus de trois mille espèces en Europe seu-

lement. Le thalle vit ordinairement dans la terre ou dans les débris végétaux ; il est quelquefois parasite sur les feuilles (Exobaside de l'Airelle), sur la tige (Polypore amadouvier, Polypore du Pin, etc.) ou sur la racine des arbres (Armillaire de miel, Hétérobaside ancien, etc.). Il forme souvent un strome étiré en cordons rameux plus ou moins gros, de couleur blanche (Psalliote champêtre, vulgairement Champignon de couche, où il constitue ce qu'on appelle le *blanc de Champignon*, etc.) ou brune (Armillaire de miel, etc., où il constitue ce qu'on appelle un rhizomorphe), aplati en lame solide de consistance coriacée ou même ligneuse (Polypore, Dédalée, etc.), ou renflé en tubercule (Agaric tubéreux, etc.). Ce strome est parfois phosphorescent (Armillaire de miel, Polypore amadouvier, Agaric tubéreux, etc.); plus tard il passe quelquefois à l'état de vie latente en constituant un sclérote tuberculeux (divers Agarics, Coprins, Typhules, Clavaires, etc.) ou allongé en cordon (Armillaire de miel, etc.).

L'appareil sporifère peut se réduire à un hymène, directement appliqué sur le thalle (Exobaside); ailleurs il forme, à la surface du milieu nutritif, une lame plus ou moins épaisse, membraneuse ou coriacée, dont la face supérieure est tapissée par l'hymène (Cortice, etc.). Mais d'ordinaire il se dresse perpendiculairement au support, quelquefois en une colonne simple ou abondamment ramifiée en buisson, toute couverte de basides (Clavaire, etc.), le plus souvent en un pied dilaté au sommet en un chapeau portant les basides seulement sur sa face inférieure (Agaric, Polypore, Hydne, etc.). La face supérieure stérile du chapeau est convexe à divers degrés, ou plane, ou concave et creusée en entonnoir. La face inférieure, revêtue par l'hymène, est quelquefois lisse (Cratérelle, etc.), le plus souvent munie de prolongements de formes diverses : pointes molles pendant comme des stalactites (Hydne), côtes saillantes (Chanterelle), lamelles perpendiculaires à la surface dirigées radialement de l'insertion du pied au bord du chapeau (Agaric) ou concentriquement (Cyclomyce), anastomosées en un réseau plus ou moins fin (Dédalée, Polypore) ou formant des tubes étroits serrés côte à côte, libres (Fistuline) ou soudés (Bolet). Quelle qu'en soit la forme, ces prolongements ont toujours pour résultat d'augmenter beaucoup la surface sporifère. Le chapeau est quelquefois dépourvu de pied ; il est alors semi-circulaire et attaché au support vertical par son bord plan, à la façon d'une console (beaucoup de Polypores, etc.).

Le plus souvent l'appareil sporifère ainsi conformé est nu à tout âge. Quelquefois il est enveloppé tout entier dans sa jeunesse par une couche de filaments plus ou moins épaisse, nommée *volve*. Quand elle est très mince, la volve s'émiette plus tard et disparaît (Agaric versicolore, Coprin stercoraire, etc.); quand elle est épaisse, elle se déchire, laissant subsister une gaine à la base du pied et des écailles à la face supérieure du chapeau (Amanite, etc.). Que l'appareil sporifère soit nu ou enveloppé, il peut se faire que pendant sa crois-

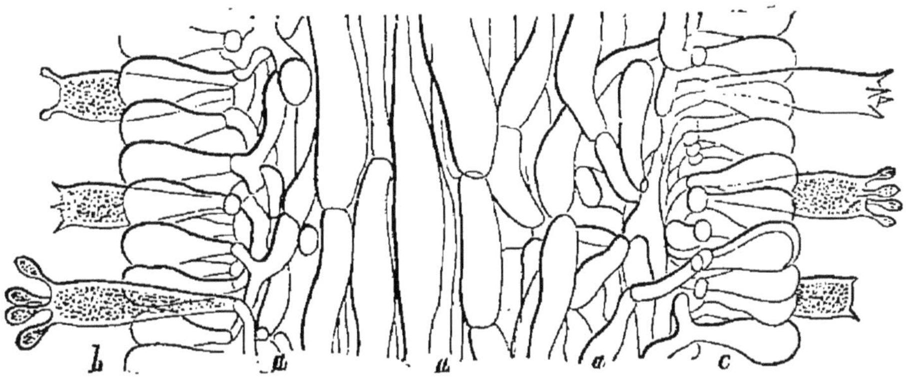

Fig. 18. Agaric chevelu, coupe transversale d'une lamelle : *a, a,* filaments de la lamelle ; *b,* basides offrant les spores à divers états de développement ; *c,* paraphyses.

sance le chapeau soude son bord au pied. Pour s'étaler plus tard, il devra rompre cette attache; il en résulte, suivant la manière dont la déchirure a lieu, soit des lambeaux irréguliers qui pendent au bord du chapeau (Cortinaire, etc.), soit une manchette annulaire, ou *anneau,* qui reste adhérente au pied (Armillaire de miel, etc., sans volve; Amanite aux mouches, etc., avec volve). Cette soudure est un phénomène accessoire, variable d'une espèce à l'autre dans le même genre, comme on le voit notamment chez les Agarics et les Coprins.

Quelle que soit la conformation de l'appareil sporifère, l'hymène y offre essentiellement la même structure (fig. 18). Il se compose toujours de cellules renflées en massue, étroitement serrées les unes contre les autres et perpendiculaires à la surface. Beaucoup de ces cellules demeurent stériles et sont des paraphyses (*c*); d'autres plus longues, proéminant au-dessus de la surface générale, sont des basides (*b*). Chaque baside produit ordinairement quatre spores, quelquefois deux (Psalliote champêtre, Clavarielle, Pistillaire, Dacryomitre, etc.), rarement six (Chanterelle tubiforme, etc.). Précédées par une division transversale du noyau, comme il a été dit plus haut, ces spores sont disposés en couronne autour du sommet de la baside vidée. La membrane de la spore demeure souvent homogène et incolore; quelquefois elle se différencie en une intine incolore et une exine diversement colorée, marquée d'un pore au sommet (Coprin, etc.). Parmi les paraphyses, il en est parfois qui s'allongent au-dessus des autres et même au-dessus des basides, en formant des poils d'aspect divers, nommés *cystides* (Coprin, Cortice, Lactaire, Bolet, etc.).

L'appareil sporifère est ordinairement charnu et très riche en substances azotées; aussi fournit-il souvent à l'homme un précieux aliment (Psalliote champêtre, Bolet comestible, etc.); malheureusement il contient aussi quelquefois des substances très vénéneuses (Amanite aux mouches, Bolet satan, etc.). Il peut renfermer des filaments plus gros que les autres, remplis d'un suc laiteux diversement coloré (Lactaire, Fistuline, etc.); il est quelquefois phosphorescent (Agaric phosphorescent, Ag. de feu, etc.). Ailleurs il subérise, durcit ses membranes et prend une consistance coriacée ou ligneuse; il jouit alors de la faculté de continuer pendant plusieurs années la croissance de son chapeau, tant en épaisseur qu'en surface (Polypore, Lenzite, etc.).

Outre les spores, beaucoup d'Agaricacées produisent des conidies. Celles-ci peuvent naître directement du thalle sous forme de fines baguettes cloisonnées, droites (Coprin, etc.), ou spiralées (Agaric changeant, Ag. tendre, etc.), dont les cellules en bâtonnets se séparent bientôt et se disséminent, ou sous forme de chapelets de cellules arrondies, qui se désarticulent (Polypore, Phlébie, etc.). Ailleurs, elles sont solitaires sur de courts pédicelles, et rapprochées en capitule au sommet renflé de filaments spéciaux dressés sur le thalle (Hétérobaside, etc.). Elles peuvent aussi se produire sur les filaments qui composent l'appareil sporifère, soit latéralement en petits capitules (Fistuline), soit en file sur le trajet des filaments (Ptychogastre, etc.); elles prennent alors une membrane propre, plus ou moins épaisse, qui les rend comparables aux chlamydospores des Mucoracées. Les Nyctales, qui sont parasites sur les Russules, produisent sur leur thalle à la fois des conidies en chapelet et des chlamydospores; à la face supérieure de leur chapeau, elles forment aussi de nombreuses chlamydospores.

Par la disposition diverse de l'hymène sur l'appareil sporifère et la consistance de cet appareil, la vaste famille des Agaricacées se divise en neuf tribus, de la manière suivante :

1. *Exobasidiées.* — Appareil sporifère réduit à l'hymène : Exobaside, Microstrome, etc.

2. *Dacryomitrées.* — Appareil sporifère gélatineux, basides bispores à longs stérigmates : Dacryomyce, Guépinie, Calocère, Dacryomitre, etc.

3. *Hypochnées.* — Appareil sporifère filamenteux : Hypochne, Hypochnelle, Tomentelle, etc.

4. *Clavariées.* — Basides recouvrant toute la surface lisse de l'appareil sporifère, ordinairement dressé en colonne simple ou rameuse : Pistillaire, Typhule, Clavaire, Clavarielle, Sparasse, etc.

5. *Théléphorées.* — Basides recouvrant une partie de la surface lisse de l'appareil sporifère, ordinairement étalé : tantôt la face supérieure : Cyphelle, Cortice, etc.; tantôt la face inférieure : Stérée, Théléphore, Cratérelle, etc.

6. *Hydnées.* — Basides recouvrant des pointes de forme diverse sur la face inférieure du chapeau : Radulier, Grandinie, Odontie, Hydne, Phéode, Phlébie, Sistotrème, etc.

7. *Polyporées.* — Basides recouvrant des lames anastomosées en réseau ou en tubes plus ou moins larges, à la face inférieure du chapeau : Mérule, Dédalée, Lenzite, Polypore, Hétérobaside, Ptychogastre, Phéopore, Fistuline, Bolet, etc.

8. *Cantharellées.* — Basides recouvrant des côtes dichotomes rayonnantes, à la face inférieure du chapeau : Leptote, Leptoglosse, Chanterelle, etc·

9. *Agaricées.* — Basides recouvrant des lames rayonnantes, à la face inférieure du chapeau.
   a. Fruit coriace, durable : Lentin, Pan, Marasme, Schizophylle, etc.
   b. Fruit charnu, éphémère : Coprin, Cortinaire, Paxille, Lactaire, Russule, Hygrophore, Gomphide, Nyctale, Agaric, Armillaire, Psalliote, Amanite, etc. — Cette tribu renferme près de 2 000 espèces pour l'Europe seulement; le genre Agaric (avec ses divers sous-genres) en contient plus de 1 200.

Lycoperdacées. — Le thalle des Lycoperdacées, nommées aussi *Gastéromycètes,* parce que l'hymène y tapisse des cavités internes, vit habituellement dans la terre, quelquefois dans le bois mort (Crucibule, Nidulaire), et produit souvent un strome en forme de cordon rameux, qui peut passer çà et là à l'état de sclérote allongé (Crucibule, etc.) ou tuberculeux (Tylostome). De ce strome dérive l'appareil sporifère, qui se développe tantôt

dans l'air (Lycoperde, etc.), tantôt dans la terre (Hyménogastre, etc.), tantôt d'abord dans la terre et plus tard dans
l'air (Tylostome, Géastre).

Il prend les formes les plus diverses et acquiert souvent une
très grande dimension (Globaire boviste). Il est toujours creusé
de cavités internes, ordinairement tapissées par l'hymène, parfois remplies par les filaments rameux que terminent les basides
(Scléroderme, Pisolithe, Mélanogastre, etc.), et sa surface externe
est stérile. Sa couche périphérique plus ou moins épaisse,
nommée *péride*, homogène (Hyménogastre, etc.) ou formée de
deux couches distinctes (Géastre, Lycoperde, etc.), se détruit
ou s'ouvre de diverses manières, pour mettre les spores en
liberté. Les cloisons qui séparent les cavités internes et qui
sont revêtues de chaque côté par l'hymène se comportent aussi
de différentes façons. Elles subsistent tout entières à la maturité (Hyménogastre, etc.); ou bien la partie médiane persiste,
tandis que l'hymène et la couche sous-jacente se détruisent en
agrandissant les cavités (Scléroderme); ou bien, au contraire,
c'est la portion moyenne qui se résorbe, tandis que l'hymène
et la couche sous-jacente subsistent et forment autour de
chaque cavité une enveloppe particulière nommée *péridiole*
(Nidulaire, Crucibule, etc.); ou bien enfin les cloisons se composent de deux sortes de cellules entremêlées, les unes à parois
minces qui se détruisent dans toute l'épaisseur en même temps
que l'hymène, les autres à membrane épaissie, très rameuses,
qui subsistent et forment une sorte de feutrage ou de capillite,
dont les interstices sont occupés par les spores et les débris des
cellules détruites (Lycoperde, Boviste, Géastre, Tylostome, etc.).

La formation des spores sur les basides, disposées côte à
côte en palissade (Lycoperde, Hyménogastre, etc.), ou portées
par des filaments ramifiés dans la cavité (Scléroderme, etc.),
s'opère ordinairement comme chez les Agaricacées; elles sont
donc disposées en couronne autour du sommet de la baside,
au nombre de 2 (Hyménogastre, etc.), de 4 (Lycoperde, etc.),
de 6 ou 8 (Géastre, Phalle, Rhizopoge, etc.). Les stérigmates
qui les portent sont tantôt très courts, presque nuls (Lycoperde,
Globaire, Géastre, Pisolithe, Phalle, etc.), tantôt longs, très
minces et se détachant avec les spores (Boviste, Lycoperde à
queue, etc.).

Dans les Tylostomes, les quatre spores sont précédées d'une

double bipartition du noyau dans le sens longitudinal et, par conséquent, elles sont insérées à des hauteurs différentes sur les flancs de la baside. En un mot, ces plantes sont pleurosporées, et par là diffèrent de toutes les autres Lycoperdacées.

Outre les spores, plusieurs Lycoperdacées produisent des conidies, naissant du thalle sous forme de rameaux grêles, enroulés en spirale, qui se découpent en nombreux bâtonnets; ceux-ci se séparent, se disséminent et germent dans des conditions de nutrition favorables (Cyathe, etc.).

D'après la structure de l'appareil sporifère et le mode très divers de dissémination des spores, on groupe les genres en cinq tribus, de la manière suivante :

1. *Lycoperdées.* — Péride double, à cavités tapissées par l'hymène, à cloisons se détruisant complètement à l'exception d'un capillite : Lycoperde Globaire, Boviste, Géastre, Plécostome, Myriostome, etc., sans pédicelle entre les deux couches du péride; Tylostome, Batarrée, Gyrophragme, etc., avec pédicelle poussant debors le péride interne ; Podaxe, Sécote, avec pédicelle prolongé jusqu'au sommet en une colonne axile.

2. *Hyménogastrées.* — Péride simple, à cavités tapissées par l'hymène, à cloison tout entière persistante, sans capillite; le fruit, ordinairement hypogé, demeure charnu et offre l'aspect de la Truffe : Gautiérie, Hyménogastre, Hydnange, Octavianie, Rhizopoge, Hystérange, etc.

3. *Sclérodermées.* — Péride simple, à cavités remplies par les filaments basidiophores ramifiés : Scléroderme, Mélanogastre, Pisolithe.

4. *Nidulariées.* — Péride simple, à cavités tapissées par l'hymène, à cloison se détruisant dans la partie moyenne, de manière à isoler autant de péridioles : Nidulaire, Crucibule, Cyathe, Sphérobole, etc.

5. *Phallées.* — Le tissu sporifère est entraîné hors du péride par la dilatation d'un corps caverneux en forme de réseau ou de cylindre : Clathre, Simble, Cole, Lysure, Aséroé, etc., avec corps caverneux externe ; Phalle, Mutin, Dictyophore, Kalchbrennère, etc., avec corps caverneux interne.

Trémellacées. — Les Trémellacées vivent presque toutes sur le bois mort, rarement en parasites sur les tiges ligneuses encore vivantes (Auriculaire, etc.), ou directement sur la terre (Sébacine, Gyrocéphale).

Leur appareil sporifère est ordinairement gélatineux ou cartilagineux. Les filaments qui le composent transforment, en effet, la couche externe de leur membrane en une gelée épaisse et confluente, à l'intérieur de laquelle ils serpentent et se ramifient. Quelquefois cette gélification n'a pas lieu et la consistance de l'appareil est sèche (Hélicobaside, Ecchyne) ou charnue et cireuse (Sébacine). Il affecte une forme très différente, suivant les genres, et peut atteindre de grandes dimensions.

Dans le Trémellode, c'est un disque semi-circulaire attaché par sa face plane ou prolongé de ce côté en un long pédicelle, muni d'appendices épineux sur sa face inférieure, qui est seule sporifère, à la manière d'un Hydne. Dans le Gyrocéphale, c'est une coupe ou un entonnoir pédicellé, de couleur rouge ou pourpre, portant les spores sur sa face inférieure. Dans les Exidies, c'est une coupe pédicellée (E. gélatineuse, E. tronquée) ou un disque sessile (E. glanduleuse, E. retroussée), velu et stérile sur la face inférieure, sporifère seulement sur la face supérieure. Dans les Auriculaires, c'est une lame concave, attachée au support par une région plus ou moins étroite de sa face inférieure convexe, sporifère seulement sur la face concave ; cette lame est repliée en pavillon d'oreille dans l'A. oreille-de-Judas, commune en hiver sur les tiges du Sureau. Dans les Trémelles et les Ulocolles, c'est aussi une lame contournée, cérébriforme, attachée au thalle par quelque point de sa face inférieure, mais cette lame est sporifère dans toute son étendue. Dans les Sébacines, Hélicobasides, etc., c'est une croûte à contour irrégulier, intimement appliquée dans toute sa largeur sur le milieu nutritif. Dans l'Ecchyne, enfin, c'est une sphère pédicellée qui, contrairement à tous les genres précédents, produit ses basides à une certaine distance au-dessous de la surface ; la couche superficielle s'y détruit plus tard pour mettre les spores en liberté. Quand l'appareil sporifère s'étale en une lame, il peut atteindre jusqu'à dix et douze centimètres de largeur (Ulocolle foliacée, Auriculaire oreille-de-Judas, A. mésentérique, Exidie retroussée, etc.).

Dans l'appareil sporifère ainsi conformé, les basides, produites par le renflement terminal de certaines branches périphériques, sont toujours cloisonnées ; mais, suivant les genres, le cloisonnement s'y fait de deux manières différentes.

Tantôt la baside est sphérique ou ovoïde et se divise, par deux cloisons longitudinales en croix, en quatre cellules juxtaposées (fig. 19, 1), qui poussent chacune au sommet un long stérigmate terminé par une spore (Trémelle, Exidie, Ulocolle, Gyrocéphale, etc.). La baside cloisonnée y est acrospore.

Tantôt la baside est grêle et allongée, prend trois cloisons transverses et se partage en quatre cellules superposées (fig. 19,

2); chacune de ces cellules pousse ensuite latéralement sous la cloison un rameau, qui s'allonge à travers la gelée et, parvenu au dehors, se renfle au sommet en une spore, qui se détache (Auriculaire, Platyglée, etc.). Si l'appareil sporifère n'est pas gélatineux, les stérigmates sont courts (Hélicobaside, Pilacrelle) et si, en outre, les basides sont internes, les spores sont sessiles (Ecchyne, fig. 19, 3). Dans tous les cas, la baside cloisonnée y est pleurospore.

Dans certaines conditions, le thalle des Trémellacées produit des conidies, de forme diverse suivant les genres. Elles naissent directement sur les filaments du thalle et sont cylindriques et droites dans l'Ulocolle, cylindriques et courbées en arc dans l'Exidie et l'Auriculaire, sphériques ou ovoïdes dans la Trémelle. Elles naissent dans des appareils spéciaux, précédant l'appareil sporifère, dans le Ditange. Enfin, chez la Sébacine, elles se forment dans l'appareil sporifère lui-même, sur des filaments rameux interposés aux basides dans l'hymène.

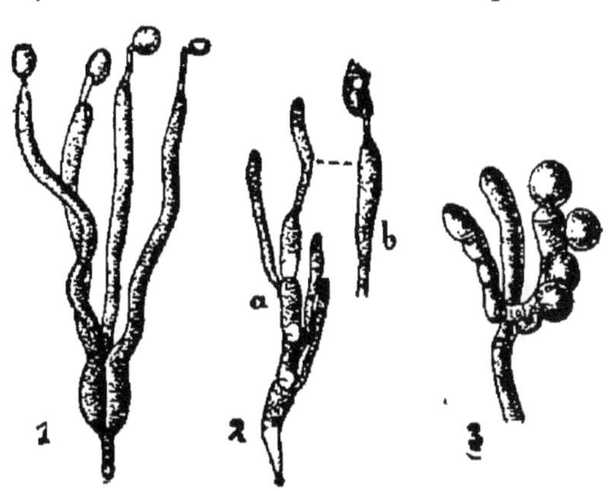

Fig. 19. 1, baside de Trémelle, cloisonnée longitudinalement, à longs stérigmates; 2, baside d'Auriculaire, cloisonnée transversalement, à longs stérigmates; a, stérigmates jeunes; b, extrémité d'un stérigmate mûr avec sa spore; 3, basides d'Ecchyne à trois états de développement, cloisonnées transversalement, à spores sessiles.

D'après le mode de cloisonnement des basides et d'après leur situation externe ou interne, on groupe les genres en trois tribus :

1. *Trémellées.* — Basides cloisonnées en long, externes : Trémelle, Exidie, Ulocolle, Ditange, Sébacine, Gyrocéphale, Trémellode.

2. *Auriculariées.* — Basides cloisonnées en travers, externes : Auriculaire, Platyglée, Hélicobaside, Pilacrelle.

3. *Ecchynées.* — Basides cloisonnées en travers, internes : Ecchyne.

C'est par les Trémellées, que les Trémellacées se rattachent aux deux familles précédentes; il suffit, en effet, d'y supprimer les deux cloisons longitudinales pour que la baside des Trémellées devienne la baside entière des Agaricacées et des Lycoperdacées. C'est, au contraire, par les Auriculariées qu'elles se relient aux deux familles suivantes.

Pucciniacées. — Les Pucciniacées sont parasites dans les végétaux terrestres et provoquent de graves maladies aussi bien dans les plantes cultivées, notamment dans les céréales, que dans les arbres des forêts. Les conidies, dont beaucoup d'entre elles sont abondamment pourvues, s'y forment sous l'épiderme, qu'elles déchirent pour se disséminer; colorées d'ordinaire en jaune rougeâtre, elles paraissent sur les feuilles et sur les tiges comme des taches de rouille : d'où le nom de *rouilles* donné dans les campagnes aux diverses maladies provoquées par ces parasites.

Le thalle se compose de filaments cloisonnés et ramifiés, qui ne s'étendent ordinairement que dans les méats intercellulaires, enfonçant çà et là dans les cellules de petits suçoirs arrondis en boule ou ramifiés en pinceau; aussi ne déforme-t-il pas sensiblement le corps de l'hôte. Il ne produit quelquefois qu'une seule sorte de cellules reproductrices, qui sont les probasides; mais le plus souvent, à mesure que se modifient autour de lui les conditions du milieu, il donne d'abord naissance à une, deux, ou trois sortes de conidies différentes, appropriées chaque fois à la multiplication la plus efficace dans les conditions nouvelles, et c'est seulement ensuite qu'il forme les probasides. S'il y a trois formes conidiennes successives, avec les probasides et les spores, cela porte à cinq le nombre des cellules reproductrices de la même plante. En un mot, il y a ici un polymorphisme très étendu dans l'appareil sporifère. Pour produire toutes les formes de conidies dont il est capable, le thalle doit quelquefois habiter alternativement deux hôtes différents.

L'exemple le plus frappant de ce polymorphisme avec changement d'hôte nous est offert par la Puccinie du gramen.

Pendant l'été, le thalle de cette plante produit par places, sous l'épiderme de la tige et des feuilles de diverses Graminées, notamment du Blé cultivé, un grand nombre de rameaux serrés, perpendiculaires à la surface (fig. 20, *III, ur*); chacun d'eux se renfle au sommet en une grosse conidie ovoïde, dont le protoplasme renferme des granules rouges et dont la membrane verruqueuse offre quatre pores sur son équateur. Il en résulte autant de bourrelets rougeâtres, étroits et allongés parallèlement aux nervures, le long desquels l'épiderme se

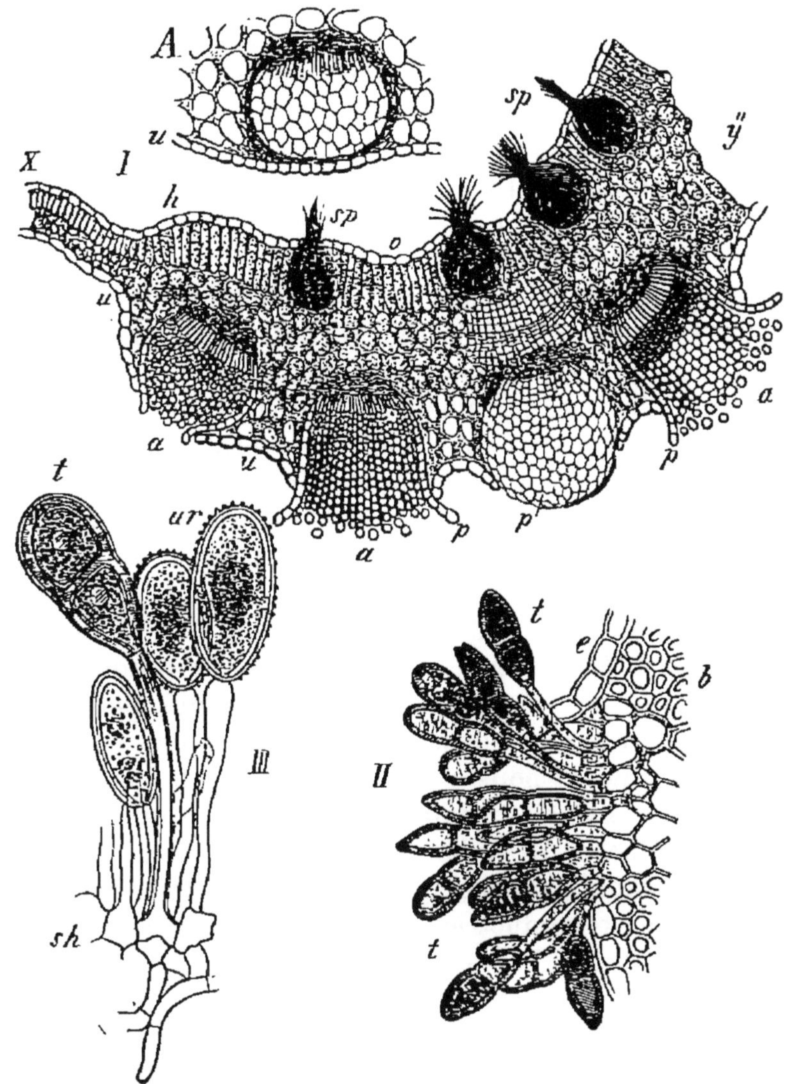

Fig. 20. Puccinie du gramen. *I*, section transversale de la feuille du Berbéride
vulgaire, avec des bouteilles conidifères *sp* sur sa face supérieure et des cupules
conidifères *a* sur sa face inférieure; *A*, une cupule jeune. *II*, amas de probasides bicellulaires et cutinisées *t* sur une feuille d'Agropyre rampant; *e*, épiderme déchiré. *III*, portion d'un amas de conidies unicellulaires *ur* sur une
feuille de la même plante, contenant déjà une probaside *t*; *sh*, thalle sous-
jacent.

déchire pour mettre à nu les conidies. Celles-ci se détachent
de leurs pédicelles, se dispersent et tombent sur les feuilles de

la même plante ou des plantes voisines de même espèce. Après quelques heures, elles germent en produisant à chaque pore équatorial (fig. 21, *D*) un tube qui s'enfonce par un ostiole stomatique dans les espaces intercellulaires, se cloisonne et se ramifie en un nouveau thalle. Au bout de six à dix jours, celui-ci achève sa croissance et pousse au dehors un nouveau bourrelet conidifère. Tout l'été durant, la Puccinie va se multipliant ainsi de proche en proche sur le Blé : c'est la *rouille orangée* des cultivateurs.

A l'automne, les rameaux serrés des bourrelets linéaires produisent à leur sommet (fig. 20, *II*) des cellules reproductrices allongées, divisées en deux par une cloison transversale, à membrane épaisse, fortement cutinisée, brune, munie d'un pore terminal pour chaque moitié, à protoplasme incolore, riche en matières de réserve, dont le pédicelle se cutinise aussi et qui ne s'en détachent pas : c'est alors la *rouille noire*. Ces cellules reproductrices (*t*) passent l'hiver à l'état de vie latente sur les tiges et les feuilles de la Graminée : ce sont les probasides.

Au printemps, en effet, elles germent dans l'air humide (fig. 21, *A* et *B*); chacune des deux moitiés produit un tube simple, bientôt arrêté dans sa croissance et qui, par trois cloisons transversales, se divise en quatre cellules superposées; chacune de celles-ci pousse latéralement sous la cloison un petit rameau grêle, bientôt terminé par une spore ovale et incolore, qui s'en détache. Le tube germinatif est donc une baside cloisonnée transversalement, comme celles des Auriculariées, et les cellules reproductrices qu'il produit sur ses flancs sont les vraies spores de la plante.

Très légères et soulevées par le vent, ces spores sont déposées sur les feuilles de toutes les plantes voisines; mais elles ne germent que si elles viennent à tomber sur les feuilles fraîchement épanouies du Berbéride vulgaire, communément Épine-Vinette. Elles poussent alors un tube grêle qui, même si la germination a lieu au voisinage d'un stomate (fig. 21, *C*), perfore la membrane externe, puis la paroi interne des cellules épidermiques, pour s'allonger et se ramifier dans tous les espaces intercellulaires du parenchyme. Ainsi établi sur le Berbéride, le thalle y produit, après quelques jours et successivement, des conidies de deux sortes, les premières sur la face supérieure du limbe, les secondes sur la face inférieure.

Du côte supérieur, les filaments, en se pelotonnant çà et là, forment des sortes de bouteilles dont la paroi, constituée par

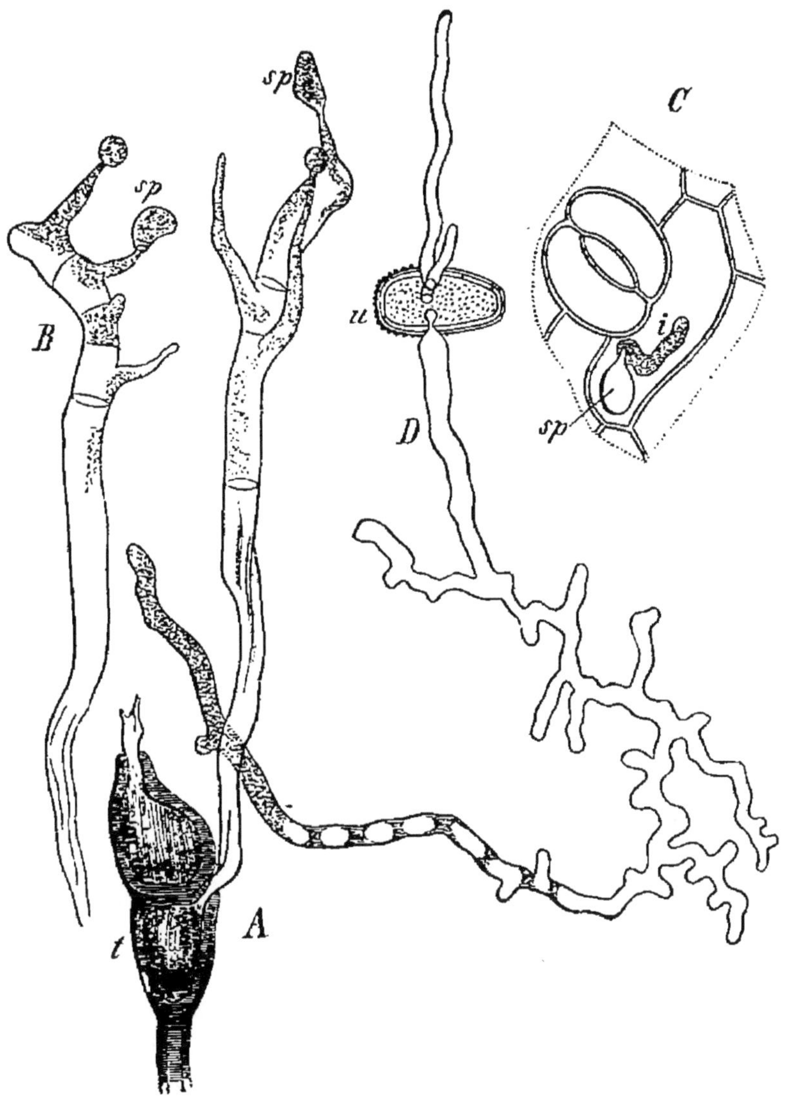

Fig. 21. Puccinie du gramen. A, probaside bicellulaire t, germant en une baside cloisonnée transversalement, qui produit les spores sp ; B, autre baside cloisonnée; C, fragment de l'épiderme de la feuille du Berbéride vulgaire, avec un spore sp, germant et enfonçant son tube en i dans l'épiderme ; D, une conidie du Blé germant par ses pores équatoriaux, après quatre heures.

une couche de filaments serrés, est tapissée en dedans par des poils (fig. 20, I, sp). Ces bouteilles percent l'épiderme et s'ouvrent au sommet, tandis que les poils qui en tapissent le col se

projettent au dehors en forme de pinceau. Le fond de la bouteille est tout couvert de rameaux serrés, plus courts que les
poils; chacun de ces rameaux forme à son sommet aminci une
très petite conidie ronde, puis une seconde sous la première,
puis une troisième sous la seconde, en un mot tout un chapelet
de conidies. Celles-ci se séparent bientôt, s'accumulent en très
grand nombre dans la cavité de la bouteille, puis enfin s'échappent par l'orifice terminal; le vent les enlève et, grâce à leur
excessive petitesse, les transporte à de grandes distances.
N'ayant en elles aucune réserve nutritive, elles ne peuvent
germer dans l'eau ou dans l'air humide; il leur faut tout de
suite un milieu nutritif convenable (p. 13). Dès qu'elles l'ont
trouvé, elles grossissent beaucoup en devenant ovoïdes, puis
bourgeonnent et forment des conidies secondaires, pourvues de
matériaux de réserve. Celles-ci à leur tour, parvenues sur les
feuilles du Berbéride, y germent sans doute en poussant un
filament, qui perce l'épiderme et se développe en un nouveau
thalle; mais on n'a pas encore jusqu'ici observé directement
cette pénétration. Le parasite va se multipliant ainsi de proche
en proche sur le Berbéride.

Sur la face inférieure de la feuille et plus tard, les filaments
se pelotonnent également et forment un nodule sphérique
(fig. 20, I, A), qui grandit, perce l'épiderme et s'ouvre largement au sommet en forme de coupe (fig. 20, I, a). Le fond de
cette coupe est occupé par une assise de cellules, terminée
chacune par un chapelet de conidies, nées progressivement du
sommet à la base, sphériques et contenant des granules orangés
dans leur protoplasme. Bientôt ces conidies se détachent, se
disséminent dans l'air et retombent çà et là sur les feuilles des
végétaux voisins. Mais elles ne donnent un thalle que si elles
viennent à se déposer sur une tige ou sur une feuille de Graminée, notamment de Blé. Elles produisent alors un tube, qui
pénètre par un pore stomatique pour s'allonger en se cloisonnant et se ramifier abondamment dans les espaces intercellulaires. Après six à dix jours, le thalle ainsi formé produit les
bourrelets linéaires à conidies orangées que nous avons décrits
tout d'abord. Nous sommes ainsi revenus à la saison d'été, et à
notre point de départ.

En résumé, le cycle annuel de végétation de la Puccinie du
gramen comprend, à partir des probasides formées à l'automne,

trois phases distinctes : 1° une phase de croissance libre sur le sol au premier printemps, courte et réduite à la formation, par chaque probaside bicellulaire et aux dépens de ses réserves, de deux basides pleurospores cloisonnées, produisant chacune quatre spores légères que le vent emporte et par lesquelles le parasite monte, pour ainsi dire, à sa plante nourricière ; 2° une phase parasitaire sur le Berbéride, où le Champignon forme au cours du printemps, d'abord, dans des bouteilles, des conidies de multiplication sur le Berbéride, puis, dans des cupules, des conidies de passage au Blé ; 3° une phase parasitaire sur le Blé, où le Champignon forme, d'abord pendant l'été des conidies de mutiplication sur le Blé, puis en automne des probasides bicellulaires qui lui permettent d'hiverner à l'état de vie latente. Tant qu'elle est parasite, la Puccinie du gramen se montre donc incapable de produire ses basides et ses spores véritables ; elle ne forme que des conidies de trois sortes, sans compter les conidies secondaires provenant de la germination des conidies des bouteilles sur le Berbéride, et en dernier lieu, sur la fin de sa vie parasitaire, des probasides. C'est seulement pendant sa courte période de vie indépendante, au premier printemps, qu'elle forme directement, aux dépens des réserves accumulées dans les probasides, ses basides et ses spores.

Le parasite ne pouvant revenir sur le Blé qu'après avoir passé le printemps sur le Berbéride, on voit qu'il résulte de la connaissance de son cycle de développement un moyen bien simple de le faire disparaître : c'est d'exclure le Berbéride des terres à Blé, exemple remarquable d'application de la science à l'agriculture.

Toutes les Puccinies qui ont, comme la P. du gramen, leur cycle de développement parasitaire coupé en deux tronçons, avec changement d'hôte au milieu, sont dites *hétéroïques*. Telles sont la Puccinie vraie-rouille, qui passe le printemps sur les Borraginées, l'été sur les Graminées, où elle est très répandue et où elle provoque une rouille très redoutée ; la P. couronnée, qui passe le printemps sur les Nerpruns, l'été sur l'Avoine et la Houque ; la P. sessile, qui passe le printemps sur l'Ail des ours, l'été sur le Brachypode et le Phalaride ; la P. des bois, qui passe le printemps sur le Séneçon et le Pissenlit, l'été sur les Laiches ; la P. obscure, qui passe le printemps sur la Pàquerette, l'été sur les Luzules, etc. Cette hétérœcie est un phénomène remarquable, mais qui n'est nullement nécessaire à la vie de toutes les Puccinies. D'autres espèces de ce genre développent, en effet, leurs trois sortes de conidies, dans le même ordre, et finalement leurs probasides, sur une seule et même plante nourricière. Il y a alors *autœcie* et ces Puccinies sont dites *autoïques*. Telles sont les Puccinies de l'Asperge, du Poireau, du Gaillet, de l'Hélianthe, de la Gentiane, de l'Epilobe, de la Violette, de la Menthe, du Silène, etc. La P. de l'Hélianthe ravage, depuis 1866, dans toute la Russie méridionale, les cultures de l'Hélianthe annuel, destinées à l'extraction de l'huile.

Dans ces Puccinies autoïques, le développement se simplifie quelquefois, se raccourcit par suppression d'une ou de plusieurs sortes de conidies. Ainsi la P. suave, qui vit sur le Cirse et la Centaurée, la P. de l'Epervière, la P. bulleuse, qui vit sur diverses Ombellifères, etc., ne forment pas de conidies dans des cupules. La P. du Salsifis, la P. des Liliacées, etc., ne produisent pas de conidies libres. Les P. de la Renouée, de la Tanaisie, du Prunier, de l'Oseille, de l'Iride, du Jonc, etc., n'ont ni conidies des bouteilles, ni conidies des cupules. Les P. de la Bétoine, de la Campanule, de l'Asaret, de la Saxifrage, etc., ne forment pas de conidies du tout, et n'ont que des probasides. Enfin, parmi ces Puccinies autoïques ultra-raccourcies, il en est dont les probasides, sans passer à l'état de vie latente et se disséminer, germent tout de suite sur la plante nourricière en y formant leurs basides et leurs spores. Celles-là n'ont plus pour se propager que leurs basidiospores. Telles sont les P. des Malvacées, de la Sabline, de la Véronique, de la Herniaire, de la Circée, etc.

Les autres genres de la famille ont un développement calqué sur celui des Puccinies, dont ils se distinguent surtout par la conformation de leurs probasides.

L'Uromyce a ses probasides unicellulaires, avec un pore germinatif terminal. Il compte des espèces hétéroïques, comme l'U. du Pois, qui passe le printemps sur les Euphorbes, l'été sur les Viciées, comme l'U. du Dactyle, qui passe le printemps sur les Renoncules, l'été sur le Dactyle et le Paturin. Mais il possède aussi des espèces autoïques, les unes à développement complet, comme les U. de la Fève, de la Renouée, du Silène, du Trèfle, de la Bette, etc., les autres à développement plus ou moins raccourci. Ainsi les U. de la Scrofulaire, du Sainfoin, etc., n'ont pas de conidies libres; les U. de l'Astragale, du Genêt, etc., n'ont ni bouteilles, ni cupules à conidies; les U. des Scilles, de l'Ornithogale, etc., n'ont que des probasides. Enfin, dans l'U. pâle, qui vit sur le Cytise capité, les probasides germent immédiatement sur la plante hospitalière, en y formant les basides et les spores.

Dans le Triphragme, les probasides ont trois cellules disposées en triangle, une en bas, deux en haut. Dans le Phragmide, elles ont quatre à onze cellules superposées en file, munies chacune de quatre pores germinatifs, excepté la terminale qui n'en a qu'un. Dans l'Endophylle, les probasides sont formées aussi d'un chapelet de cellules, mais qui se séparent avant de germer; de plus, elles sont d'abord enfermées dans une enveloppe sphérique, qui s'ouvre en cupule; par ces deux caractères, elles ressemblent aux conidies des corbeilles. Dans le Cronarte, les probasides forment encore de longs chapelets qui ne se dissocient pas, mais ces chapelets sont tous intimement soudés en une colonne massive, cupulée à la base comme chez l'Endophylle et séparée de la cupule par des conidies libres. Dans le Mélampsore, les probasides sont sessiles, unicellulaires et serrées côte à côte en forme de palissade ou de croûte, tantôt entre le parenchyme et l'épiderme (M. du Peuplier, du Bouleau, etc.), tantôt à l'intérieur même des cellules épidermiques (M. du Gaillet, de l'Airelle, etc.). Dans le Gymnosporange, les probasides, bicellulaires comme celles des Puccinies, sont unies par une matière gélatineuse provenant de la gélification de la membrane du pédicelle et forment toutes ensemble, sur les branches des Conifères où le parasite se développe, un amas de couleur brun jaunâtre, qui se gonfle par les temps humides et se contracte par les temps secs. Cette confluence gélatineuse des probasides s'opère aussi dans le Chrysomyxe, où elles sont formées de cellules superposées en chapelet.

Dans les Chrysomyxes et les Cronartes, les probasides germent immédiatement sur la plante hospitalière en y produisant leurs basides et leurs spores, comme on l'a vu chez certaines Puccinies et certains Uromyces.

Dans le Chrysopsore, genre exotique, les probasides sont bicellulaires, comme dans les Puccinies, et germent aussitôt après leur maturité. A cet effet, elles se divisent, par trois cloisons transversales, en quatre cellules superposées et chacune de celles-ci pousse latéralement un stérigmate terminé par une spore. En un mot, la baside demeure ici incluse dans la probaside, au lieu d'en sortir comme dans tous les genres précédents. Il en est de même dans le Trichopsore, autre genre exotique où les probasides, formées chacune d'un chapelet de cellules, sont soudées latéralement en une colonne comme dans les Cronartes. Il en est de même encore dans le Coléospore, genre indigène, où les probasides sont unicellulaires comme dans les Uromyces, avec cette différence qu'ici la probaside se divise en quatre cellules superposées, en un mot devient la baside, dès avant la maturité. Bientôt après, elle germe en poussant par chaque cellule un stérigmate terminé par une spore. La phase de probaside s'y raccourcit donc autant que possible et tend à la suppression.

D'après le mode de germination de la probaside, suivant que, par chaque cellule, elle pousse une baside, ou devient une baside, en d'autres termes, suivant que la baside se forme à l'extérieur ou à l'intérieur de la probaside, les genres se groupent en deux tribus :

1. *Coléosporiées.* — Probasides devenant, par chaque cellule, une baside : Coléospore, Trichopsore, Chrysopsore.

2. *Pucciniées.* — Probasides poussant, par chaque cellule, une baside : Uromyce, Puccinie, Triphragme, Pragmide, Endophylle, Cronarte, Mélampsore, Pragmopsore, Mélampsorelle, Calyptospore, Gymnosporange, Chrysomyxe, etc.

Par les Coléosporiées, et surtout par les Coléospores, où la phase de probaside est presque supprimée, la famille des Pucciniacées se relie directement aux Auriculariées et par elles aux autres Basidiomycètes.

Ustilagacées. — Les Ustilagacées sont aussi des parasites, qui se développent dans le corps des Phanérogames terrestres, notamment des Angiospermes et surtout des Graminées, et y provoquent diverses maladies connues sous le nom de *charbon* (Ustilage, etc.) et de *carie* (Tillétie, etc.). Quelquefois ils n'attaquent la plante hospitalière qu'en de certaines places limitées, comme les Entylomes qui forment çà et là de petites pustules sur les feuilles de la Ficaire, de la Renoncule rampante, du Souci, etc. Mais le plus souvent ils pénètrent dans la plante lors de la germination, grandissent dans son corps à mesure qu'il se développe, en se détruisant rapidement dans les parties qui cessent de croître pour se concentrer toujours dans le bourgeon terminal, et viennent enfin former leurs spores à certains endroits déterminés, ordinairement dans la fleur. L'organe où ils produisent leurs spores est toujours complètement détruit : tantôt c'est seulement l'ovule (Tillétie du Blé, etc.), ou l'ovaire (Ustilage du Maïs, etc.), ou les étamines (Ustilage violet des Caryophyllées); tantôt c'est la fleur tout entière (Ustilage des moissons, U. bromivore, U. du Salsifis, etc.).

Le thalle est formé de filaments rameux, cloisonnés en cellules, qui demeurent quelquefois localisés dans les espaces intercellulaires (Entylome, etc.), mais le plus souvent perforent aussi les membranes, soit pour enfoncer seulement des suçoirs dans les cellules (Tuburcinie, etc.), soit pour les traverser de part en part. Parvenu au terme de son développement, il forme, dans la profondeur du corps de l'hôte, des cellules reproductrices à membrane épaisse, pourvue d'une exine colorée en brun, en violet ou en noir : ce sont les probasides.

Chez les Tilléties, par exemple, les filaments qui remplissent l'ovaire de la Graminée infestée se couvrent d'innombrables rameaux courts et grêles, qui renflent leurs sommets gélifiés en autant de probasides sphériques à exine brune. Chez les Ustilages, les filaments se ramifient plus abondamment, se tortillent, gélifient leurs membranes et en même temps renflent toutes leurs cellules en autant de probasides à exine noirâtre. Plongées dans la substance gélatineuse, qu'elles font disparaître peu à peu en s'en nourrissant, ces probasides innombrables forment une masse qui, dans l'Ustilage du Maïs, peut atteindre la grosseur du poing. Cette masse gonfle d'abord, puis crève le corps de l'hôte, s'épanche au dehors, se dessèche et enfin dissémine les probasides comme une poussière charbonneuse. Ailleurs, les probasides sont unies deux par deux (Schizonelle, etc.) ou groupées en grand nombre de manière à former une masse solide, enveloppée dans le jeune âge par une couche de filaments stériles (Tolypospore, Tuburcinie, etc.), qui persiste quelquefois (Urocyste, Doassansie, Sphacélothèce).

Outre les probasides, la Tuburcinie et les Entylomes produisent dans l'air un appareil conidien. Certains filaments du thalle de la Tuburcinie, par exemple, traversent l'épiderme inférieur de la feuille du Trientale par les pores des stomates, s'allongent dans l'air et forment à leur sommet aminci une première conidie piriforme qui se détache, puis une seconde

qui tombe de même, et ainsi de suite. Ces conidies germent sur
la plante nourricière en y produisant un nouveau thalle.

Après un certain temps de vie latente, la probaside germe
dans l'air humide. Elle pousse un tube bientôt arrêté dans sa
croissance, qui est une baside; mais cette baside se comporte
suivant les genres d'une manière différente.

Tantôt elle prend trois cloisons transversales, qui la divisent
en quatre cellules superposées; puis chaque cellule pousse sous
la cloison un stérigmate terminé par une spore incolore, qui

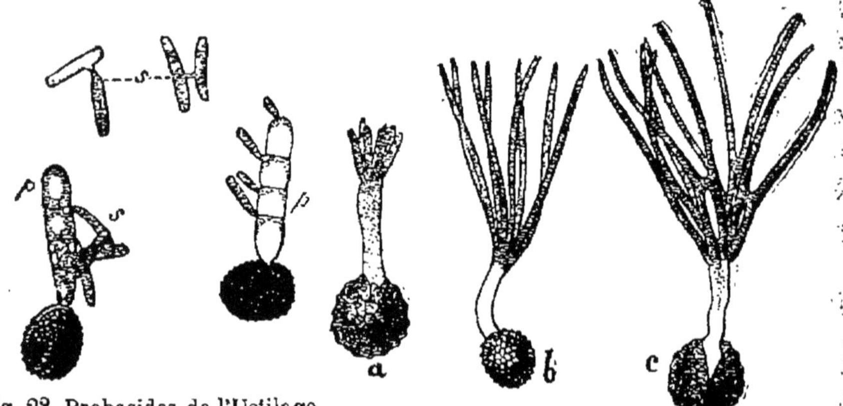

Fig. 22. Probasides de l'Ustilage
du Salsifis, germant en une
baside pleurospore et cloisonnée *p*, produisant latéralement des spores *s*, qui se détachent et s'anastomosent parfois deux par deux (en haut).

Fig. 23. Probasides de la Tillétie du Blé, germant
en une baside acrospore et entière; *a*, début
de la formation des spores au sommet; *b*,
spores filiformes entièrement développées; *c*,
les spores se sont unies deux par deux en
forme d'H.

s'en détache (fig. 22). La baside est donc pleurospore et cloisonnée, comme celle des Pucciniacées et des Auriculariées (Ustilage, Schizonelle, Tolypospore, Sphacélothèce, etc.). Il faut
remarquer toutefois que les cloisons transversales peuvent s'y
réduire à deux ou à une seule, et qu'au-dessous de la cloison,
chaque cellule peut produire côte à côte deux ou plusieurs
spores. Pour ces deux causes, le nombre des spores produites
par la baside est donc sujet à varier.

Tantôt le tube court issu de la probaside ne se cloisonne pas
et produit autour de son sommet un verticille de spores incolores, plus ou moins allongées et en nombre variable, de 4 à
12 par exemple dans les Tilléties (fig. 23). La baside est alors
acrospore et entière, comme chez les Agaricacées et les Lycoperdacées (Tillétie, Entylome, Urocyste, Tuburcinie, etc.). Il faut

remarquer toutefois que le nombre des spores n'y est pas fixe
et déterminé.

Qu'elles procèdent d'une baside entière ou d'une baside cloisonnée, les spores ont une tendance à s'unir deux par deux par
une anastomose transverse en forme d'H (fig. 22 et fig. 23, c).
Cette anastomose est de la même nature que celle qui unit fréquemment les cellules dans les filaments du thalle et que l'on
observe assez souvent aussi d'une cellule à l'autre dans les
basides cloisonnées.

Parvenues sur la plante hospitalière, pendant la première
phase de sa germination, les spores y germent en poussant un
filament qui perce le jeune épiderme notamment à l'endroit
du collet, puis s'allonge et se ramifie à l'intérieur à mesure que
la plante s'accroît, en se conservant seulement dans son bourgeon terminal, comme il a été dit plus haut. Semées dans un
liquide nutritif, les spores des Ustilages bourgeonnent activement et produisent des chapelets rameux de cellules promptement dissociées, analogues à ceux des Levures, notamment
de la Levure de bière; plus tard, ces cellules s'allongent en
filaments ramifiés; mais ceux-ci ne produisent jamais de probasides dans ces cultures. Dans les mêmes conditions, les
spores des Tilléties, etc., donnent un thalle rameux dont les
branches portent à leur sommet des conidies et qui plus tard
forment des probasides.

Les probasides conservent assez longtemps leur faculté germinative : jusqu'à sept ans et demi dans l'Ustilage des moissons
et huit ans et demi dans la Tillétie du Blé. Elles sont tuées par
une immersion de quelques heures dans une solution de sulfate de cuivre à un demi pour cent. Aussi, pour éviter le charbon et la carie, suffit-il de faire tremper les graines dans une
pareille dissolution pendant douze heures, en remuant de temps
en temps; on sème après dessiccation.

D'après la conformation des basides issues de la germination
des probasides, les genres peuvent être groupés en deux tribus :

1. *Ustilagées.* — Basides pleurospores cloisonnées : Ustilage, Sphacélothèce,
Schizonelle, Tolypospore, etc.

2. *Tillétiées.* — Basides acrospores entières : Tillétie, Urocyste, Entylome, Mélano-
tène, Tuburcinie, Doassansie, etc.

Par les Ustilagées, les Ustilagacées se rattachent directement aux Pucciniacées, et par elles aux Trémellacées. Par les Tillétiées, elles se relient aux Agaricacées et aux Lycoperdacées. Mais l'indétermination du nombre des spores portées par les basides, qu'elles soient entières ou cloisonnées, leur donne un caractère propre et fait de cette famille le représentant le plus inférieur de l'ordre des Basidiomycètes et, si l'on veut, l'origine commune à la fois des Holobasidiées (Agaricacées et Lycoperdacées) et des Phragmobasidiées (Trémellacées et Pucciniacées).

ORDRE IV

Ascomycètes.

Caractères généraux. — De tous les ordres de la classe des Champignons, celui des Ascomycètes est assurément le plus riche en formes variées, tant au point de vue du mode de végétation du thalle que sous le rapport de la structure et du polymorphisme de l'appareil reproducteur.

Le thalle, formé de filaments cloisonnés, rameux et souvent anastomosés, est tantôt composé tout entier de filaments libres, tantôt différencié en mycèle et strome, ce dernier pouvant passer à l'état de vie latente en constituant des sclérotes. Il se développe souvent dans les matières organiques en voie de décomposition; aussi beaucoup de ces plantes comptent-elles parmi les moisissures les plus vulgaires (Pénicille, Aspergille, Levure, etc.); ailleurs il vit dans la terre humide (Pézize, Morille, Helvelle, etc.), à l'intérieur de laquelle il produit même quelquefois son appareil sporifère (Truffe, etc.); ailleurs encore, il s'établit en parasite sur les végétaux vivants (Erysiphe, Clavicèpe, etc.), ou vit en symbiose avec des Algues inférieures pour constituer les Lichens.

Le thalle produit son appareil sporifère sur un filament s'il est tout entier filamenteux, sur le strome ou sur le sclérote quand il y en existe un. A cet effet, le filament produit quelquefois directement les asques à sa surface ou au sommet de ses rameaux (Levure, Endomyce, etc.); mais le plus souvent, il se ramifie d'abord abondamment, pelotonne et enchevêtre ses branches, et constitue un tubercule de plus en plus grand, qui prend une forme déterminée et devient l'appareil sporifère, nommé alors *périthèce.* Tantôt toutes les branches sont semblables au début, le tubercule est homogène et c'est assez tard que se différencient en lui les filaments dont les derniers rameaux constituent les asques. Tantôt, au contraire (fig. 24), la première branche (*c*) diffère de toutes les autres, qui l'enveloppent et forment la masse du tubercule (*p, r*); c'est d'elle seule alors que partent plus tard les filaments dont les derniers rameaux deviennent les asques (*a*) : aussi lui donne-t-on le nom d'*ascogone*.

Dans tous les cas, les asques une fois formés produisent dans leur intérieur (fig. 25), par division répétée du noyau (*b*) et condensatien du protoplasme autour de chaque nouveau noyau (*c*),

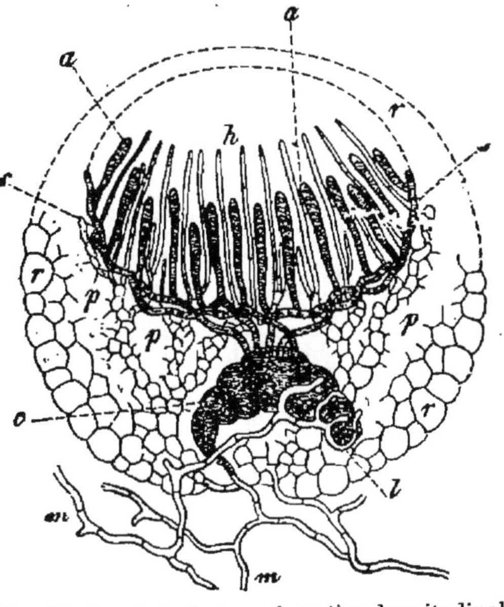

Fig. 24. Ascobole furfuracé, section longitudinale théorique du périthèce; *m*, thalle; *c*, branche ascogène courbée en arc (ascogone); sa cellule médiane se ramifie seule pour former les asques *a*; *p, r*, massif stérile du tubercule, d'abord fermé en haut, plus tard ouvert en disque, d'où procèdent les paraphyses *h*.

un certain nombre de spores libres. Quelquefois ce nombre est plus ou moins grand et indéterminé (Protomyce, Ascoïdée, etc.). Ordinairement il est déterminé, le plus souvent huit, quelquefois deux ou quatre, parfois aussi seize, trente-deux ou davantage, mais toujours un multiple de huit. Ces spores grandissent au détriment de la portion non employée du contenu de l'asque (*d, e*); ce résidu, nommé *épiplasme*, contient en effet des matériaux de réserve et notamment de l'amylodextrine, colorable en rouge ou en violet par l'iode. A la maturité (*f*), les spores sont mises en liberté, soit par la dissolution totale de la membrane de l'asque, soit par sa déhiscence qui a lieu tantôt par une déchirure irrégulière au sommet, tantôt par une fente circulaire qui détache un opercule; cette déhiscence s'opère souvent avec une grande force, qui projette au loin les spores.

Dans le périthèce, les asques sont quelquefois disposés en

grappe (Aspergille, etc.); mais d'ordinaire ils sont serrés côte à côte en une assise continue, nommée *hyméne* comme chez les Basidiomycètes, entremêlés le plus souvent de cellules stériles. qui sont, ici aussi, des *paraphyses*. Ils sont situés tantôt à la

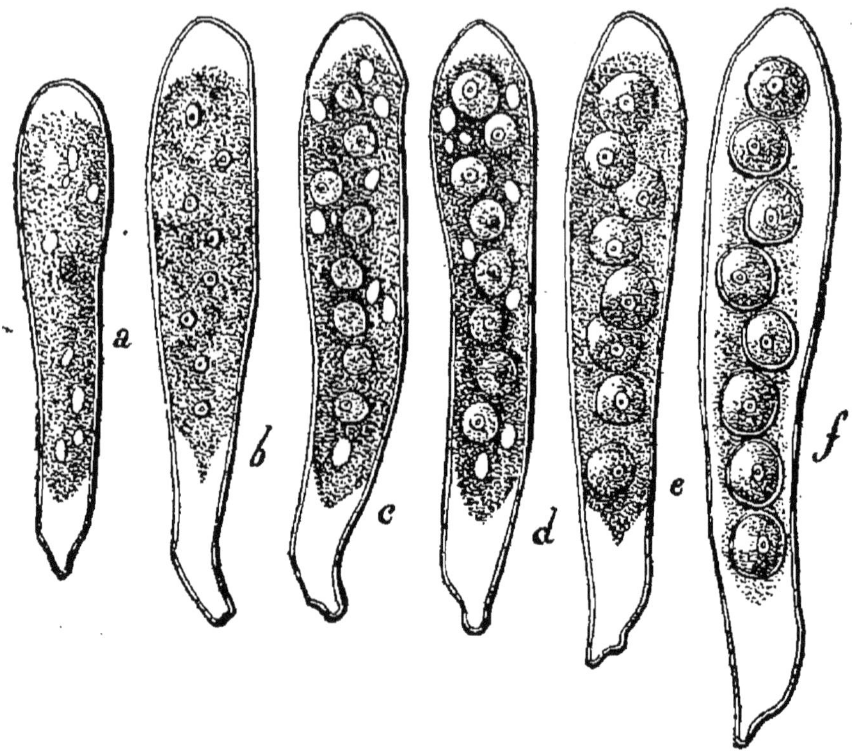

Fig. 25. Formation des spores dans l'asque d'une Pézize. *a*, le noyau, est encore indivis; *b*, il est divisé en huit par trois bipartitions successives; *c*, autour de chacun des huit noyaux s'est condensée une portion du protoplasme, qui s'entoure d'une fine membrane, et les spores sont formées; *d* et *e*, elles grandissent aux dépens de l'épiplasme; *f*, elles épaississent leur membrane et mûrissent, tandis que l'épiplasme a presque disparu.

surface du périthèce mûr, tantôt dans son intérieur, et alors celui-ci s'ouvre ou demeure indéhiscent : ces différences sont utilisées pour la caractérisation des familles.

Outre les ascospores, qui sont essentiellement des spores de conservation et qui ne manquent jamais, beaucoup d'Ascomycètes produisent, dans d'autres conditions de milieu, une, deux, trois et quelquefois quatre sortes de conidies, toujours formées à l'extérieur des filaments, c'est-à-dire exogènes, et adaptées à une propagation rapide dans des circonstances favorables (fig. 26). Il en résulte un polymorphisme reproducteur beaucoup plus marqué que chez la plupart des Basidiomycètes, et dont la richesse rappelle celui des Pucciniacées. Les conidies peuvent naître directement sur les filaments du thalle, ou être groupées dans des appareils distincts, qui sont tantôt des filaments libres et dressés (fig. 26), tantôt des tubercules massifs, pleins et portant les conidies à leur surface, ou creusés en forme de bouteille et tapissés à l'intérieur par les rameaux conidifères. Les conidies elles-mêmes sont tantôt assez grandes, ovales ou sphériques, et germant dans l'eau, tantôt très petites, étirées en bâtonnets, et ne germant que dans des milieux nutritifs appropriés.

Division de l'ordre des Ascomycètes en quatre familles. — D'après la structure du périthèce mûr, l'ordre des Ascomycètes est

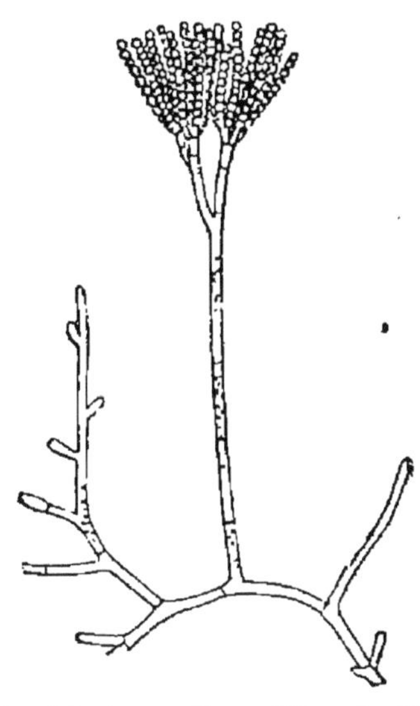

Fig. 26. Appareil conidien du Pénicille crustacé; les conidies forment un pinceau de chapelets.

divisé en quatre familles. Quand les asques sont, à la maturité, situés à l'extérieur du périthèce, qui prend alors le plus souvent la forme d'une coupe ou d'un disque tapissé par l'hymène sur sa face supérieure, c'est la famille des *Pézizacées*. Quand les asques sont intérieurs, si le périthèce s'ouvre au sommet pour disséminer les spores, c'est la famille des *Sphériacées*; si le périthèce ne s'ouvre pas, les spores ne devenant libres que par sa destruction, c'est la famille des *Périsporiacées*. A la rigueur, tous les Ascomycètes appartiennent à l'une ou à l'autre de ces trois familles; on en sépare pourtant tous ceux qui vivent en société avec des Algues, pour en former, à cause de la physionomie spéciale que leur imprime ce mode de vie, une famille distincte sous le nom de *Lichens*. Les Lichens sont donc une famille essentiellement physiologique, mais hétérogène au point de vue morphologique. En résumé :

Thalle	indépendant.	externe............................		*Pézizacées.*
	Hymène	interne.	s'ouvrant au sommet..	*Sphériacées.*
		Périthèce	indéhiscent............	*Périsporiacées.*
	vivant en symbiose avec des Algues...............			*Lichens.*

Pézizacées. — La famille des Pézizacées renferme à la fois les Ascomycètes où le périthèce se réduit à sa plus simple expression, comme les Levures, et ceux où il atteint son plus haut degré de complication et sa dimension la plus grande, comme les Pézizes, les Morilles et les Helvelles.

Le thalle vit dans la terre humide (Morille, Helvelle, Pézize, etc.), à la surface des fruits charnus et sucrés (diverses Levures, etc.) ou même en parasite dans les feuilles et les tiges des Phanérogames (Ascomyce, Exoasque, Hypoderme, Phacide, Rhytisme, diverses Pézizes, etc.) ou dans l'appareil sporifère de divers Agarics (Endomyce, etc.). Il arrondit quelquefois ses cellules et les dissocie promptement (Levure, fig. 27, Ascomyce, Exoasque, etc.). En outre, dans certaines Levures, il a la propriété de croître

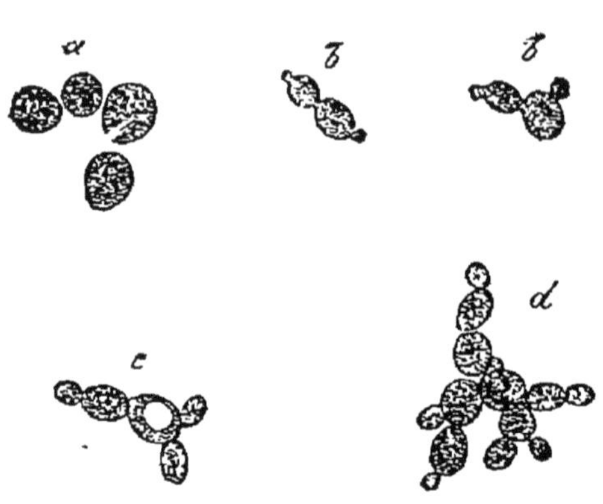

Fig. 27. Levure de bière. *a*, cellules dissociées du thalle ; *b*, *b*, *c*, croissance en chapelet et ramification progressive ; *d*, thalle rameux, qui se dissociera bientôt de nouveau.

pendant quelque temps sans oxygène libre dans un liquide renfermant du glucose ; il décompose alors le glucose en alcool, acide carbonique et divers produits accessoires, parmi lesquels la glycérine et l'acide succinique : en un mot, il constitue un *ferment alcoolique* (Levure de bière sous ses deux formes, *haute* et *basse*, Levure ellipsoïde ou Levure ordinaire du vin, Levure apiculée, etc.). D'autres Levures n'ont pas cette propriété (L. mycoderme ou *fleurs du vin*, L. blanche du *muguet*, etc.). Parmi les premières, les unes produisent de l'invertine et dédoublent le sucre de Canne (Levure de bière, etc.), tandis que d'autres ne l'invertissent pas (L. apiculée, etc.). On voit que les propriétés des Levures et leur utilité pour l'homme varient beaucoup suivant les espèces. Les Sclérotinies produisent sur leur thalle des sclérotes, d'où procèdent plus tard directement les périthèces (S. de Fuckel, S. tubéreuse, S. des sclérotes, etc.).

Le périthèce peut se réduire à un asque isolé (Levure, Ascomyce, Protomyce, Ascoïdée, Thélébole, Endomyce, Oléine, etc.) ou à un groupe d'asques serrés côte à côte et formant un

hymène directement appliqué sur le thalle (Exoasque, etc.).
Mais le plus souvent l'hymène, composé d'asques et de paraphyses (fig. 28), revêt la surface supérieure soit d'une coupe
sessile ou pédicellée (Ascobole, fig. 24 et 28, Pézize, etc.), soit
d'un corps massif de grande taille dont la
forme varie suivant les genres (Morille, Helvelle, etc.). L'origine de ce périthèce est
tantôt homogène (Pézize, Morille, etc.),
tantôt différenciée, c'est-à-dire pourvue
d'un ascogone (Ascobole, fig. 24, Pyro-
nème, etc.).

Quand les asques sont isolés, ils sont quelquefois de forme et de grandeur variables et
produisent aussi un nombre de spores indéterminé (Protomyce, Ascoïdée, Thélébole, etc.). Ils ressemblent alors aux sporanges des Mucoracées et des Saprolégniacées. Parmi ces Pézizacées inférieures, il en
est qui sont parasites et qui ne forment sur
la plante hospitalière que de grosses cellules reproductrices exogènes; en germant
plus tard à l'air libre, aux dépens de leurs
réserves, celles-ci produisent directement

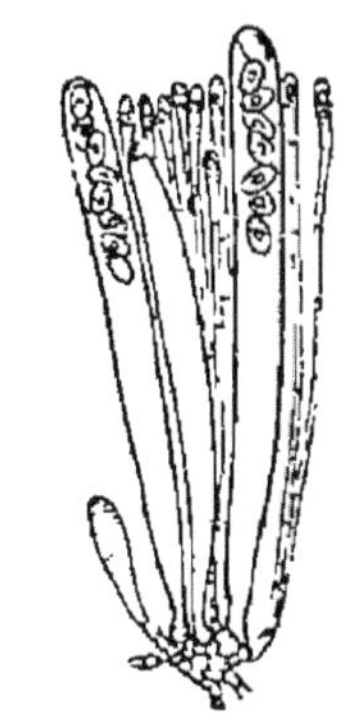

Fig. 28. Portion de l'hy-
mène d'un Ascobole,
avec deux asques octo-
spores commençant à
proéminer au-dessus des
paraphyses, et un troi-
sième qui s'est ouvert
par un opercule au som-
met, a lancé ses spores
et s'est rétracté au-des-
sous des paraphyses.

chacune un asque. Ce sont donc des *proasques*, analogues aux
probasides des Pucciniacées et des Ustilagacées. Il en est ainsi
notamment dans les Protomyces, dont une espèce vit sur les
Ombellifères, une autre sur les Composées Liguliflores.

Plusieurs Pézizacées ont, en outre, un appareil conidien très
développé (Pézize, Sclérotinie, Bulgaire, Cénange, etc.). Dans
la Sclérotinie de Fuckel, par exemple, qui, sous la forme coni-
dienne, est une des moisissures les plus répandues sur les
matières végétales en voie de décomposition : fleurs, feuilles,
fruits, etc., l'appareil se compose d'un filament dressé, cloisonné et ramifié, dont chaque branche produit autour du
sommet un capitule de conidies, puis se prolonge au-dessus,
forme un nouveau capitule, s'allonge de nouveau, et ainsi de suite.

Les genres se groupent en six tribus, comme il suit :

1. *Proascées*. — Asques isolés, issus de la germination d'autant de proasques :
        Protomyce, etc.

2. *Exoascées*. - · Périthèce réduit à l'hymène, lequel à son tour peut se réduire à un asque unique : Levure, Ascoïdée, Ascomyce, Endomyce, Oléiné, Exoasque, Podocapse, Ascotric, Ascodesme, Stictide, etc.

3. *Patellariées*. — Périthèce subéreux ou coriacé : Patellaire, Tympanide, Cénange, Dermatée, etc.

4. *Phacidiées*. — Périthèce corné, d'abord clos, puis s'ouvrant : Phacide, Rhytisme, Hypoderme, Hystère, etc.

5. *Ascobolées*. — Périthèce gélatineux, d'abord clos, puis ouvert; asques proéminant le plus souvent au-dessus des paraphyses : Ascobole, Ascophane, Ryparobe, Thélébole, Bulgaire, etc.

6. *Pézizées*. — Périthèce céracé ou charnu, toujours ouvert; asques ne dépassant pas les paraphyses : Pézize, Sclérotinie, Hélote, Géoglosse, Léotie, Mitrule, Verpe, Morille, Helvelle, etc.

Sphériacées. — Le thalle des Sphériacées vit ordinairement dans les matières organiques en voie de décomposition,

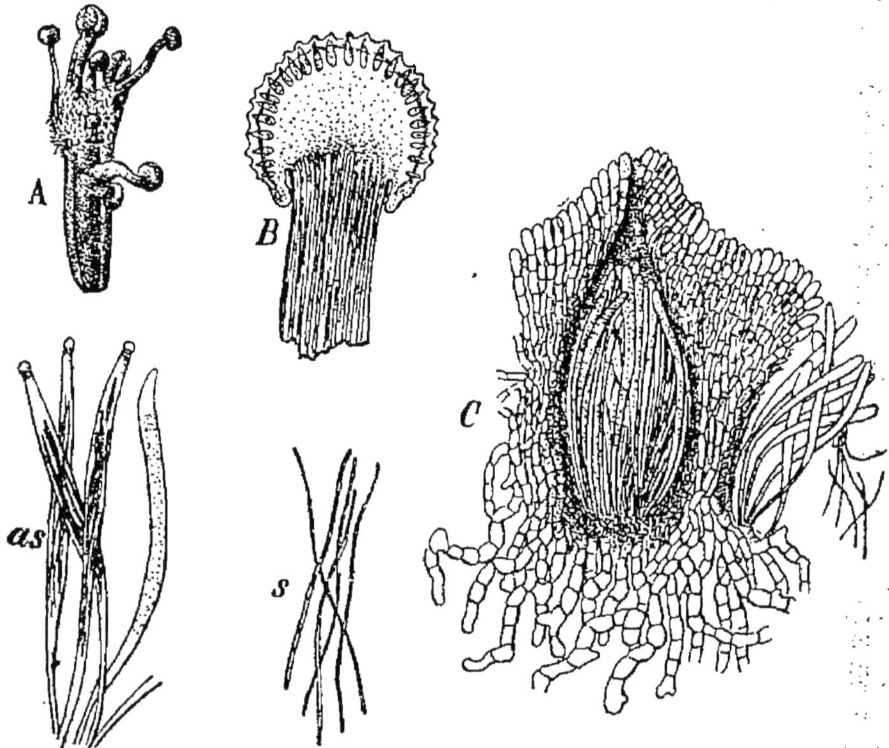

Fig. 29. Clavicèpe pourpre. *A*, sclérote (ergot de Seigle) germant et produisant plusieurs stromes en colonne; *B*, section longitudinale de la tête sphérique du strome, montrant les périthèces; *C*, section grossie d'un périthèce, montrant les asques; à droite, on voit les spores filiformes s'échapper d'un asque par une fente circulaire à la base; *as*, asques grossis avec leurs spores; *s*, forme des spores.

quelquefois en parasite sur les animaux, comme le Cordycèpe militaire qui attaque les chenilles, ou sur les plantes, comme le Clavicèpe pourpre qui s'établit dans l'ovaire de diverses Graminées, notamment du Seigle, et y forme un sclérote allongé qu'on nomme l'*ergot* (fig. 29, *A*).

Les périthèces sont toujours de petits conceptacles arrondis en sphère ou allongés en bouteille et percés d'un ostiole au sommet. Tantôt ils naissent directement des filaments du thalle, isolés ou rapprochés en troupe (Sphérie, Sordaire, Chétome, etc.). Tantôt le thalle forme d'abord un strome aplati en lame ou allongé en cordon (fig. 29), quelquefois rameux, qui peut atteindre 8 et 10 centimètres de longueur (Cordycèpe, etc.); c'est alors dans la zone périphérique de ce strome que les péri-thèces prennent naissance, pour venir s'ouvrir à la surface (Clavicèpe, fig. 29, *B*, Valse, Hypoxyle, etc.).

La paroi du périthèce est composée de deux couches : l'ex-terne dure, formée de cellules plus grandes à membrane cutinisée et colorée, projette souvent des poils vers l'extérieur; l'interne molle, formée de cellules plus petites à membrane mince et incolore, est tapissée, notamment à la base, par les paraphyses et les asques dont l'ensemble forme l'hy-mène. Ici aussi, l'origine du périthèce est, suivant les genres, homogène, sans asco-gone (Pléospore, Clavicèpe, etc.), ou diffé-renciée, avec un ascogone spiralé ou pelo-tonné (Sordaire, Chétome, etc.).

Les Sphériacées sont pourvues de coni-dies plus abondamment encore que les Pézizacées. On peut en distinguer de trois sortes : 1º des conidies sur des filaments libres, affectant les formes et les disposi-tions les plus variées (fig. 30); 2º des coni-dies ovales ou arrondies, isolées au som-met de rameaux simples et unicellulaires qui tapissent la paroi d'une bouteille; elles s'échappent librement par le col de la bou-teille et germent ordinairement dans l'eau;

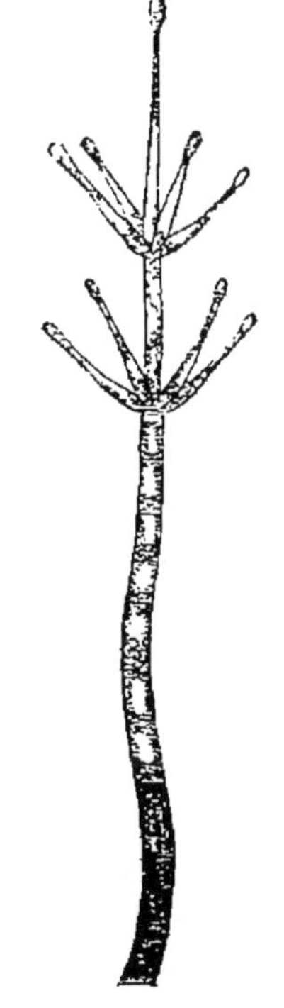

Fig. 30. Appareil conidien filamenteux d'une Sphé-riacée.

3º des conidies linéaires, disposées à la fois au sommet et sur les flancs de branches rameuses et cloisonnées tapissant la paroi d'une bouteille pareille à la précédente (fig. 31); elles en sortent en nombre immense, souvent empâtées dans une substance gélatineuse, sous forme d'un filet tortillé qui prend, en se desséchant, une consistance cireuse; elles ne germent que dans un liquide convenable, par exemple dans de l'eau contenant du sucre et du tannin. Le même thalle peut porter, outre les périthèces, ces trois sortes de conidies et leurs intermédiaires, en même temps (Pléospore des herbes, Fumagine du Saule, etc.), ou successivement et dans l'ordre suivant : conidies libres, bouteilles à conidies linéaires, bouteilles à conidies arrondies et enfin périthèces (Cucurbitaire, Mélancone, Dothidée, etc.). Cependant l'une ou l'autre de ces formes peut manquer, séparément ou à la fois; ainsi les Xylariées et la plupart des Nectriées n'ont que des conidies libres.

Les genres se groupent en quatre tribus, comme il suit :

1. *Sphériées.* — Périthèce simple : Sordaire, Hypocopre, Cératostome, Sphérie, Pléospore, Fumagine, Massaire, Cucurbitaire, etc.

2. *Valsées.* — Périthèce composé; strome corné, noir, le plus souvent recouvert par le liège de la branche où il se développe : Eutype, Polystigme, Dothidée, Valse, Mélancone, Diatrype, Quaternaire, etc.

3. *Nectriées.* — Périthèce composé; strome charnu, rose ou rouge, libre : Clavicèpe, Cordycèpe, Épichloé, Hypocrée, Hypomyce, Nectrie, etc.

4. *Xylariées.* — Périthèce composé; strome libre, dressé en stylet ou en buisson, ou aplati en coussinet ou en coupe : Hypoxyle, Ustaline, Poronie, Xylaire, etc.

Périsporiacées. — Le thalle des Périsporiacées se développe souvent dans les matières organiques en voie de décomposition, comme chez les Aspergilles, les Stérigmatocystes et les Pénicilles, dont les nombreuses espèces comptent parmi les moisissures les plus vulgaires; celui des Onygènes croît principalement sur la corne, les ongles, les plumes et les poils. Ailleurs, il s'étend en parasite à la surface des feuilles et des tiges des plantes terrestres, appliquant et enfonçant çà et là des rameaux en suçoirs dans les cellules épidermiques (Érysiphe, etc.). Quelquefois il se développe dans la terre, où il produit aussi son périthèce (Truffe, etc.).

A l'état moyen de son développement, le périthèce consiste toujours en un tubercule massif, arrondi, plus ou moins gros (fig. 31, *II*), pédicellé dans les Onygènes, souterrain dans les Truffes, à l'intérieur duquel les asques se forment en résorbant à mesure le tissu ambiant; ce qui reste se détruit aussi plus tard pour mettre les spores en liberté.

Suivant les genres, ce tubercule procède, soit d'une origine différenciée, avec un ascogone court et droit (Érysiphe, etc.) ou long et enroulé en spirale (Aspergille, Pénicille, etc.), soit au contraire d'une origine homogène, sans ascogone (Stérigmatocyste, etc.). Le périthèce ne contient quelquefois qu'un seul asque (Sphérothèce, fig. 31, etc.); les asques ne renferment parfois que quatre ou même deux spores (Truffe, fig. 32).

Outre leur périthèce, bon nombre de Périsporiacées produisent un appareil conidien; plusieurs d'entre elles se présentent même beaucoup plus souvent sous cette forme qu'avec leurs ascospores. Dans les Érysiphes (fig. 31, *I*), c'est un filament cloisonné, simple, terminé par un chapelet de conidies, qui se désarticulent et tombent. Dans les Pénicilles (fig. 26), le filament cloisonné termine aussi sa dernière cellule par un

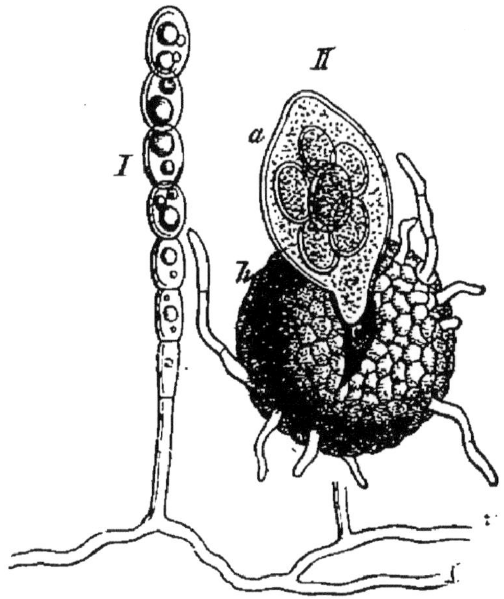

Fig. 31. Sphérothèce de Castagne. *I*, appareil conidien; *II*, périthèce mûr faisant sortir par une déchirure son asque unique *a*.

Fig. 33. Appareil conidien du Stérigmatocyste noir, en section longitudinale optique.

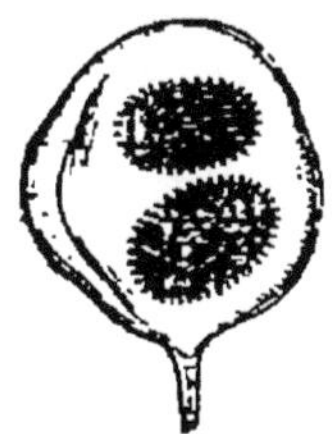

Fig. 32. Asque à deux spores de la Truffe mélanosperme.

chapelet de conidies; mais aussitôt, sous les dernières cloisons, il se forme des branches qui se terminent de même et s'appliquent contre le filament principal, de manière à réunir tous leurs chapelets en un pinceau. Les filaments principaux s'unissent parfois côte à côte en grand nombre, en une colonne massive terminée par tout autant de pareils pinceaux. Dans les Aspergilles, le filament n'est pas cloisonné et se renfle en tête au sommet; cette tête bourgeonne et se couvre de rameaux courts, terminés chacun par un chapelet de conidies. Il en est de même dans les Stérigmatocystes (fig. 33), avec cette différence que les premiers rameaux s'y ramifient à leur tour et se terminent par un verticille de ramuscules portant chacun un chapelet de spores. Des Érysiphes aux Stérigmatocystes, on voit donc croître de plus en plus le nombre des chapelets de conidies portés par un même filament.

Les genres peuvent être groupés, comme il suit, en quatre tribus :

1. *Périsporiées.* — Thalle non parasite, périthèce sessile : Aspergille, Stérigmatocyste, Pénicille, Gymnoasque, Périspore, etc.

2. *Érysiphées.* — Thalle parasite, périthèce sessile : Sphérothèce, Podosphère, Phyllactinie, Uncinule, Érysiphe, Apispore, Lasiobotryde, etc.

3. *Onygénées.* — Périthèce pédicellé : Onygène.

4. *Tubérées.* — Périthèce souterrain : Truffe, Élaphomyce, Hydnocyste, etc.

Lichens. — Le thalle des Lichens est différencié en un mycèle, enfoncé dans le milieu nutritif et qui n'offre rien de particulier, et un strome aérien qui emprisonne, comme on sait (I, p. 56), le thalle pourvu de chlorophylle d'une de ces Algues d'un vert pur ou d'un vert bleuâtre qui vivent dans l'air humide. La forme extérieure de ce strome lui est imprimée tantôt par l'Algue, tantôt par le Champignon, suivant que l'une ou l'autre plante y prédomine. Le premier cas s'observe quand l'Algue est formée d'une file de cellules, simple ou rameuse, recouverte par une mince couche de filaments de Champignon qui se moule sur elle, comme dans l'Éphèbe, qui emprisonne un Stigonème, et dans le Cénogone, qui enferme une Trentépohlie. Il en est de même encore quand l'Algue est un Nostoc, dans la masse gélatineuse duquel les filaments d'un Collème ou d'un Leptoge se ramifient et se feutrent, sans en

altérer beaucoup la forme, pour constituer un Lichen *gélatineux*.

Le second cas, où la masse du strome est formée par le tissu
compact du Champignon, emprisonnant çà et là dans ses
mailles les cellules vertes, isolées ou réunies par petits groupes,
dont l'ensemble constitue le thalle dissocié de l'Algue, est de
beaucoup le plus fréquent. Suivant les genres, la forme du
Lichen varie alors
beaucoup et peut se
rattacher à trois ty-
pes. Tantôt en effet,
il s'étale en forme
de croûte, étroite-
ment appliquée sur
les pierres et les
écorces crevassées,
ou intercalée entre
les feuillets du liège
desplantes ligneuses
et ne poussant au
dehors que les péri-
thèces : le Lichen
est dit alors *crustacé*
(Graphide, Lécidée,
Verrucaire, etc.).
Tantôt il forme une
lame membraneuse,
souvent ondulée et
plissée, parfois de
grande dimension
(Peltigère, Sticte,
etc.), étalée à la
surface de la terre,

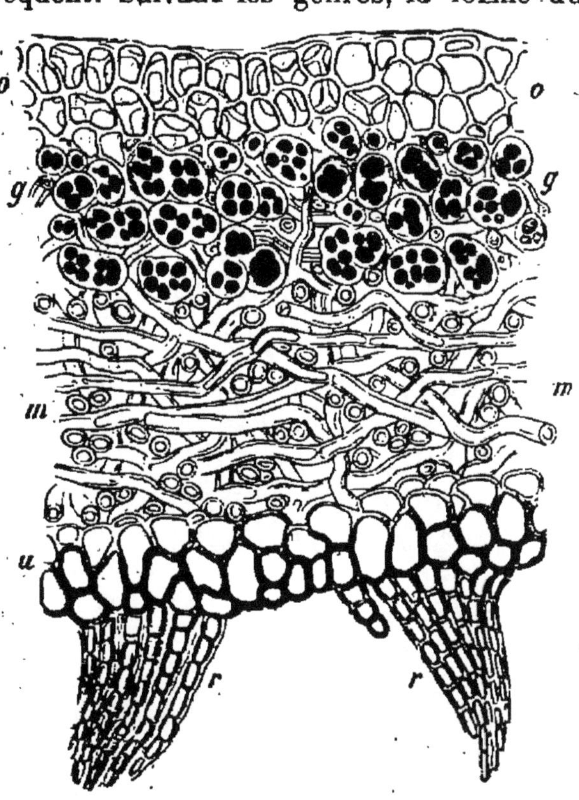

Fig. 34. Sticte fuligineux, Lichen foliacé, section transversale du thalle. *o*, couche corticale de la face supérieure ; *u*, celle de la face inférieure, avec les filaments
et cordons mycéliens *r*; *m*, couche médullaire ; *g*, couche
verte, logeant dans ses mailles les cellules de l'Algue.

des rochers, de la mousse, des écorces, etc., mais s'en détachant facilement par la rupture des quelques filaments mycéliens libres ou juxtaposés en cordons qui la relient çà et là
au support (fig. 34) : le Lichen est dit *foliacé* (Physcie, Parmélie, Peltigère, etc.). Ailleurs il n'est fixé au support que par
une base étroite, sur laquelle il se dresse dans l'air en se ramifiant fréquemment en forme de buisson : le Lichen est dit *fru-*

ticuleux (Cladonie, Roccelle, Usnée, Cénomyce, etc.). Dans ces trois cas, l'Algue est localisée dans une zone moyenne de l'épaisseur du strome, dite *couche verte* (*g*, fig. 34), laissant en dehors d'elle une couche incolore (*o*) dite *couche corticale* et en dedans d'elle une masse également incolore (*m*) dite *couche médullaire*. Les Lichens crustacés et foliacés n'ont de couche verte que du côté supérieur, éclairé (fig. 34); les fruticuleux en ont tout autour.

A chaque espèce, à chaque genre de Lichens ne correspond pas une espèce d'Algue différente. Il suffit, au contraire, d'un très petit nombre d'Algues pour alimenter l'immense multitude des Lichens; aussi la même Algue se retrouve-t-elle dans les Lichens les plus différents, comme le Protocoque vert, par exemple, qu'on observe dans un grand nombre de Lichens foliacés et fruticuleux. Par contre, des Lichens très voisins peuvent renfermer des Algues très différentes, comme on le voit pour les Stictes et les Stictines, pour les Omphalaires et les Arnoldies, et même pour l'Opégraphe variée et l'O. filicine. Bien plus, le même Lichen peut emprisonner à la fois plusieurs Algues de genres et même d'ordres différents, une Algue vert bleu par exemple avec une Algue vert pur.

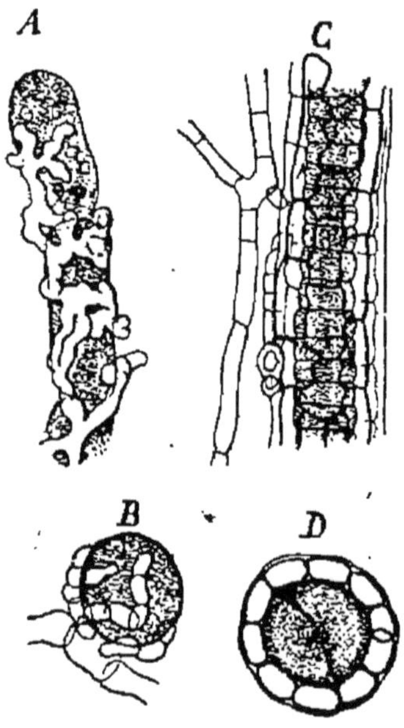

Fig. 35. Union de l'Algue (en pointillé) et du Champignon (en clair) dans le Lichen. *A* est pris dans le Byssocaule neigeux; *B*, dans la Cladonie fourchue; *C* et *D*, dans le Dictyonème rose. *D* est la section transversale de *C*.

Diversement associés dans le strome, comme il vient d'être dit, le thalle du Champignon et celui de l'Algue s'établissent sur de nombreux points en contact intime (fig. 35). Au voisinage des cellules de l'Algue, les filaments du Champignon poussent, en effet, des rameaux qui appliquent simplement leur sommet dilaté sur la cellule verte ou qui rampent à sa surface, en se ramifiant de manière à l'envelopper partiellement (fig. 35, *A* et *B*) ou même à l'emprisonner dans une assise cellulaire complète (*C* et *D*). Dans ce contact intime, les deux thalles agissent l'un sur l'autre; il s'opère entre eux par voie d'osmose un échange nutritif, le Champignon puisant dans l'Algue une partie des hydrates de carbone qu'elle produit sous l'influence de la lumière et de la chlorophylle et que lui-même est impuissant à former, l'Algue prenant au Champignon une partie des matières albuminoïdes qu'à l'aide de ces hydrates de carbone il sait créer plus rapidement qu'elle. Dans cet échange, le bénéfice est assurément plus grand pour le Champignon que pour l'Algue; mais si l'on ajoute que l'Algue trouve, en outre, dans le Champignon à la fois un abri contre la sécheresse, le vent et la pluie, ce qui lui permet de se maintenir toute l'année sur les rochers, la terre et les écorces, et un support grâce auquel elle peut s'étaler en lame ou se dresser en buisson, on comprendra que les avantages tendent à s'égaliser. L'union lichénique est donc bien une association à bénéfice réciproque, une symbiose.

C'est même uniquement par une pareille association que nous pouvons comprendre et que nous voyons, en effet, se manifester la première apparition durable de la vie végétale à la surface d'un sol stérile, d'un récif émergé, par exemple, d'un rocher éboulé, d'une pierre extraite de la carrière, d'une tige recouverte de liège, etc. Ce rocher reçoit les germes de toutes les plantes voisines, mais ni les graines des Phanérogames, ni les spores des Cryptogames vasculaires ou des Muscinées ne peuvent y développer ces plantes, faute d'un sol nutritif, ou enfoncer leurs racines et leurs poils absorbants. Les Champignons ne peuvent pas davantage y croître, faute de principes hydrocarbonés; seules, certaines Algues inférieures ont la faculté d'y vivre aux dépens de l'air, de l'humidité et de la lumière. Elles commenceront donc à s'y établir pendant les jours humides, et de fait, dans toutes les régions du globe on voit le rocher se couvrir de Protocoques, de Nostocs, de Scytonèmes, etc.; mais leur vie sera de courte durée; viennent la sécheresse et la chaleur, elles disparaîtront, pour reparaître plus tard et s'évanouir de nouveau. A moins que, pendant leur végétation éphémère, elles n'aient reçu les spores de certains Ascomycètes qui, germant à la surface ou dans leur voisinage, les enveloppant de leurs filaments, en même temps qu'ils se nourrissent d'elles, les protègent et en assurent la permanence.

Sous cette forme d'association, de Lichen, une végétation
durable peut donc s'établir et s'établit en effet, l'Algue décom-
posant pour elle et pour le Champignon l'acide carbonique de
l'air et faisant la synthèse des composés hydrocarbonés, le
Champignon désorganisant la roche à l'aide de ses filaments
et y puisant pour lui et pour l'Algue les sels nécessaires à la
synthèse rapide des matières albuminoïdes à l'aide des hydrates
de carbone. Plus tard, à mesure qu'ils meurent, les débris des
Lichens s'accumulent avec les particules de roche désorganisée
et le tout forme un sol, où pourront se développer les Muscinées; puis, sur ce sol, rendu plus épais et plus fécond, pourront croître des plantes à racines, Cryptogames vasculaires et
Phanérogames. Répandus partout, les Lichens sont donc partout les créateurs du sol.

Le périthèce est souvent ouvert largement à la maturité et
étale son hymène en forme de coupe ou de disque, comme
chez les Pézizacées : le Lichen est dit *gymnocarpe*. Ailleurs il ne
s'ouvre que par un pore terminal et garde la forme d'une bouteille immergée, comme chez les Xylaires et en général chez les
Sphériacées à périthèce composé : le Lichen est dit *angiocarpe.*
Dans l'un et l'autre cas, sa structure est exactement celle
qui appartient à la famille correspondante des Ascomycètes
ordinaires et son développement s'opère aussi de la même
manière; il n'y a donc pas à y revenir. Disons seulement que
les cellules de l'Algue nourricière, ou n'entrent pas du tout
dans la composition du périthèce, ou n'y jouent qu'un
rôle accessoire. Pourtant, chez certains Lichens angiocarpes,
elles pénètrent dans l'hymène, entre les asques et de là dans
la cavité du périthèce; elles sont alors projetées en même
temps que les spores et se fixent à côté d'elles. Il en résulte
que, dès le début de la germination, les filaments, trouvant
à côté d'eux les cellules nourricières, les saisissent aussitôt
et reconstituent le Lichen. Grâce à cette dissémination simultanée, l'association des deux êtres ne se trouve pour ainsi dire
jamais rompue.

Comme les Pézizacées et les Sphériacées, les Lichens sont
abondamment pourvus de conidies. Rarement libres, elles naissent le plus souvent en grand nombre à l'intérieur de conceptacles en forme de bouteille, sont ordinairement linéaires et
ne germent que sur un milieu approprié (fig. 36). Ces bou-

teilles conidiennes précèdent habituellement les périthèces.

La plupart des Lichens se multiplient abondamment à l'aide de corpuscules particuliers nommés *sorédies*, où les deux thalles sont représentés à la fois, de façon que dès le début l'association est toute faite. Une sorédie se compose d'une ou de plusieurs cellules vertes de l'Algue nourricière, enveloppées par une couche de filaments du Champignon ; le tout se détache du strome et, s'accroissant au dehors, produit immédiatement un thalle nouveau : c'est une bouture. Elles prennent naissance naturellement dans la couche verte et finissent par s'y accumuler au point de déchirer la couche corticale, pour s'éparpiller ensuite au dehors comme une fine poussière, condensée quelquefois en masses arrondies.

La vaste famille des Lichens renferme plus de 1 400 espèces réparties en 190 genres. Plusieurs sont alimentaires : la Cétraire d'Islande fournit une farine aux habitants des contrées pauvres et un médicament précieux ; la Lécanore comestible, ramassée sur elle-même en morceaux de la grosseur d'une noisette, est emportée par le vent à de grandes distances et retombe sur le

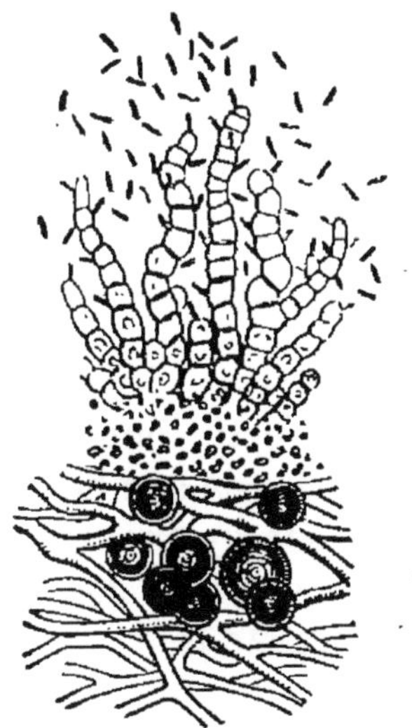

Fig. 36. Physcie des murs. Portion de la partie interne d'une bouteille à conidies linéaires, montrant en haut les poils producteurs des bâtonnets, en bas le thalle avec ses filaments de Champignon et ses cellules d'Algue.

sol comme une pluie de *manne*, dont l'homme se nourrit. La Cladonie des rennes constitue, dans les contrées septentrionales de l'Europe, un pâturage excellent pour les rennes. Le Sticte pulmonaire remplace dans certains pays le houblon dans la fabrication de la bière. D'autres Lichens sont employés en teinture : ainsi la Roccelle tinctoriale fournit l'*orseille* et la Parmélie pâle la *parelle*.

Les genres se groupent en deux sections d'après la forme du périthèce et en cinq tribus d'après la conformation du strome, comme il suit :

	I. GYMNOCARPES. (Pézizacées-Lichens.)	II. ANGIOCARPES. (Sphériacées-Lichens.)
1. Strome ramifié par l'Algue	Cénogone, Cystocolée, etc......	Éphèbe, Éphébelle.
2. Strome gélatineux.	Omphalaire, Synalisse, Physme, Collème, Leptoge, etc.	Lichine, Porocyphe, etc.
3. Strome crustacé...	Graphide, Opégraphe, Calyce, Lécidée, Lécanore, Urcéolaire, Pannaire, etc.	Pertusaire, Verrucaire, Pyrénule, etc.
4. Strome foliacé.....	Ombilicaire, Parmélie, Sticte, Imbricaire, Physcie, Peltigère, Solorine, etc.	Endocarpe, etc.
5. Strome fruticuleux.	Cétraire, Évernie, Ramaline, Usnée, Roccelle, Stéréocaule, Cladonie, etc.	Sphérophore, etc.

Un petit nombre de Basidiomycètes vivent de la même manière en symbiose avec des Algues et constituent des Lichens. Ils sont gymnocarpes et se rattachent à la famille des Agaricacées, tribu des Théléphorées (Core, Rhipidonème, Dictyonème, etc.).

CLASSE II

ALGUES

Thalle et mode de vie. — Les Algues sont, comme on sait, des Thallophytes pourvus de chlorophylle (p. 8). La chlorophylle y est quelquefois seule, comme chez les Phanérogames, et le thalle est d'un vert pur. Mais le plus souvent il s'y ajoute un autre principe colorant, qui diffère de la chlorophylle par sa solubilité dans l'eau et son insolubilité dans l'alcool et l'éther : ce pigment surnuméraire est bleu, c'est la *phycocyanine*, jaune brun, c'est la *phycophéine*, ou rouge, c'est la *phycoérythrine*. Suivant la proportion où il se développe, il masque plus ou moins le vert de la chlorophylle, et le thalle se montre d'un vert plus ou moins bleu, d'un brun plus ou moins sombre, d'un rouge plus ou moins foncé. Associée à la phycocyanine, la chlorophylle imprègne toujours uniformément le protoplasme de la cellule ; pure, au contraire, ou mélangée à la phycophéine et à la phycoérythrine, elle est toujours localisée sur des chromoleucites de forme variée, qui se multiplient par division. Les chloroleucites produisent très fréquemment des grains d'amidon; les phéoleucites et les érythroleucites n'en renferment pas.

Les Algues vivent presque toujours submergées dans l'eau, où leur thalle est tantôt libre, tantôt fixé au fond par des crampons, parfois soutenu à la surface à l'aide de flotteurs. A part quelques Monocotylédones et divers Champignons parasites, on peut dire que la population végétale de la mer est tout entière composée d'Algues. Comme elles ont besoin de lumière, elles ne peuvent vivre dans la mer au-dessous d'une certaine profondeur, les radiations lumineuses étant, comme on sait, promptement absorbées par l'eau; à 100 mètres elles sont déjà rares, à 400 mètres on n'en trouve plus. Dans la zone habitable, elles se répartissent par niveaux, d'après leur besoin spécifique de lumière, et cette zone se subdivise en quatre couches : la supérieure affectée aux Algues bleuâtres, la seconde aux vertes, la troisième aux brunes, l'inférieure aux rouges; aussi voit-on à marée basse le rivage bordé des quatre bandes concentriques correspondantes. Quelques Algues vivent dans l'air, mais seulement dans les lieux très humides et à condition d'y être de temps en temps humectées; quelques autres se développent à l'intérieur d'organismes étrangers, soit en symbiose, comme on l'a vu pour les Lichens, soit en parasites plus ou moins destructeurs, comme les diverses Bactériacées qui attaquent les animaux.

Le thalle affecte les formes les plus variées : il est simple ou abondamment ramifié, doué de croissance intercalaire ou de croissance terminale; il est homogène ou profondément différencié, parfois au point de rappeler le corps des plantes vasculaires avec sa tige, ses feuilles et ses racines. Quand il est simple et homogène, il est assez souvent doué de locomotion, et cette motricité s'observe tout aussi bien s'il est vert (Desmidiées, etc.), bleuâtre (Oscillariées, etc.) ou brun (Diatomacées, etc.). Il est quelquefois dépourvu de cloisons (Vauchérie, Caulerpe, Hydrodicte, etc.), ou cloisonné en articles (Cladophore, etc.); mais le plus souvent il est cloisonné en cellules, dans une seule direction s'il est filamenteux (Conferve, etc.), dans les deux directions du plan s'il est membraneux (Porphyre, etc.), dans les trois directions s'il est massif (Laminaire, Varec, etc.). Quand le thalle renferme de la phycocyanine, le protoplasme manque de noyaux, comme il manque de chromoleucites, et la cellule présente par conséquent sa structure la plus simple. Partout ailleurs, il est pourvu de noyaux en même temps que de chromoleucites, et, s'il est cellulaire, la cellule y atteint souvent un haut degré de différenciation interne. La membrane gélifie fréquemment sa couche externe; quand cette gélification porte aussi sur la lame moyenne des cloisons, il arrive souvent que les cellules s'isolent à mesure qu'elles se divisent et que le thalle est dissocié. Le cloisonnement est d'ailleurs sans rapport nécessaire avec la différenciation externe. Il y a des thalles continus qui sont très profondément différenciés (Caulerpe, etc.), et des thalles cellulaires qui sont tout à fait homogènes (Ulve, etc.). Tout ce qu'on peut dire, c'est que le cloisonnement, en soutenant le thalle, lui permet d'acquérir une dimension plus grande et offre ainsi un champ plus vaste à la différenciation.

Reproduction. — Parvenu à l'état adulte, le thalle produit quelquefois seulement des spores qui multiplient la plante (Nostoc, Bactérie, etc.), quelquefois seulement des œufs qui donnent naissance à autant de plantes nouvelles (Spirogyre, Varec, etc.), ordinairement à la fois des spores et des œufs.

Les spores sont parfois exogènes, le plus souvent endogènes. Dans ce dernier cas, elles peuvent être dès le début enveloppées d'une membrane de cellulose et immobiles (Floridées, Bactériacées, etc.); mais d'ordinaire elles sont nues et se meuvent dans l'eau à l'aide de cils vibratiles, en un mot ce sont des zoospores (I, p. 500). Au bout d'un certain temps, ces zoospores perdent leurs cils, se fixent par l'extrémité qui était antérieure pendant le mouvement et qui se dilate en crampon, se revêtent d'une membrane de cellulose et enfin s'allongent par leur extrémité postérieure en un thalle nouveau. Contrairement à ce qu'on a observé si fréquemment chez les Champignons, les Algues n'ont qu'une seule sorte de spores; on n'y observe pas de conidies, partant pas de polymorphisme.

Les œufs se forment tantôt par isogamie, suivant l'un des deux modes signalés (I, p. 493), tantôt par hétérogamie, suivant l'un des quatre types étudiés (I, p. 486). Leur germination s'opère soit tout de suite (Fucacées, Floridées, etc.), soit après un temps de repos plus ou moins long (Conjuguées, etc.); dans le premier cas, ils se développent quelquefois sur la plante mère et à ses dépens (Floridées); ils produisent alors non pas directement un thalle, mais un sporogone avec des spores de passage, qui sont mises en liberté et développent autant de thalles nouveaux (I, p. 495).

Division de la classe des Algues en quatre ordres. — La nature du pigment qui colore le thalle est de la plus haute importance, puisque c'est elle qui règle l'assimilation particulière de la plante et sa ditribution dans les eaux suivant la profondeur. Il convient donc de la prendre pour caractère ordinal. La classe des Algues se partage ainsi en quatre ordres : les Algues vertes ou *Chlorophycées*, les Algues bleues ou *Cyanophycées*, les Algues brunes ou *Phéophycées* et les Algues rouges ou *Rhodophycées*, nommées plus ordinairement *Floridées*. Par l'absence de noyaux et de chromoleucites, l'ordre des Cyanophycées réalise le degré le plus simple de l'organisation des Algues, c'est donc par lui que nous en commencerons l'étude; nous traiterons ensuite des Chlorophycées, puis des Phéophycées et en dernier lieu des Floridées. En un mot, nous considérerons ces quatre groupes dans l'ordre même où ils s'étagent suivant la profondeur de l'eau.

ORDRE I

Cyanophycées.

Caractères généraux. — Répandues partout à profusion, dans la mer, dans les eaux douces, sur la terre humide, où plusieurs entrent dans la composition des Lichens, les Cyanophycées sont toujours dépourvues de noyaux et de chromoleucites. Le mélange de chlorophylle et de phycocyanine qui les colore en vert bleu, parfois nuancé de brun, de pourpre, de violet ou de noir, imprègne uniformément le protoplasme. Bon nombre sont, au contraire, dépourvues de chlorophylle, incapables par conséquent de décomposer l'acide carbonique, et dans la nécessité de se nourrir, comme les Champignons, avec des matières organiques en voie de décomposition ou aux dépens d'organismes vivants.

Le thalle, toujours simple dans sa forme, est cloisonné en cellules ordinairement dans une seule direction et filamenteux, quelquefois dans deux directions et membraneux, ou dans trois directions et massif. La membrane gélifie souvent sa couche externe. Filamenteux, le thalle peut, en se recourbant et se pelotonnant sur lui-même, prendre un aspect membraneux ou massif; il peut, au contraire, en gélifiant la lame moyenne des cloisons, se dissocier en baguettes plus ou moins longues, ou même en cellules isolées. Le filament, les baguettes ou les cellules isolées sont tantôt mobiles, tantôt immobiles.

Ces plantes se conservent et se multiplient à l'aide de spores; on ne leur connaît pas d'œufs. Les spores sont tantôt exogènes, tantôt endogènes. Dans le premier cas, ce sont des cellules ordinaires du thalle qui grandissent, changent de couleur, épaississent leur membrane et passent à l'état de vie latente; ce sont plutôt des kystes que des spores. Dans le second, elles naissent une à l'intérieur de chaque cellule du thalle, s'enveloppent d'une membrane de cellulose assez épaisse, passent à l'état de vie latente et sont enfin mises en liberté par la destruction de la cellule mère.

Division de l'ordre des Cyanophycées en deux familles. — D'après ce mode de reproduction, les Cyanophycées peuvent se répartir en deux familles. Les unes se conservent par des spores exogènes ou kystes : ce sont les *Nostocacées*; elles sont toujours pourvues de chlorophylle. Les autres produisent des spores endogènes : ce sont les *Bactériacées*; elles sont le plus souvent dépourvues de chlorophylle.

En résumé :

Spores	exogènes ou kystes. De la chlorophylle...............	*Nostocacées.*
	endogènes. Ordinairement pas de chlorophylle.........	*Bactériacées.*

Nostocacées. — Qu'il soit cloisonné suivant une, deux ou trois directions, le thalle des Nostocacées offre dans toutes ses cellules une structure caractéristique. Le protoplasme y est homogène, sans noyaux ni leucites, uniformément imprégné par la chlorophylle et la phycocyanine. La membrane se compose d'une couche cellulosique très mince, intimement appliquée sur le protoplasme, et d'une couche gélatineuse dont la consistance, la couleur, la structure et la composition varient suivant les genres.

Tantôt cette couche gélatineuse ne se développe que sur les faces libres des cellules, de manière à entourer le thalle d'une gaine continue, à l'intérieur de laquelle les cellules demeurent intimement unies par leurs minces cloisons cellulosiques mitoyennes. Cette gaine est quelquefois très mince (Oscillaire, fig. 37, etc.); ailleurs elle est épaisse, mais mucilagineuse et sans contour limité (Anabène, etc.); le plus souvent, elle est épaisse, de consistance ferme et nettement limitée au dehors (Nostoc, fig. 39, Rivulaire, Lyngbie, etc.).

Tantôt la couche gélatineuse se forme non seulement sur les faces libres, mais encore de très bonne heure dans la ligne

Fig. 37. Oscillaire. *a*, extrémité d'un filament; *b*, fragment pris dans la région moyenne d'un filament.

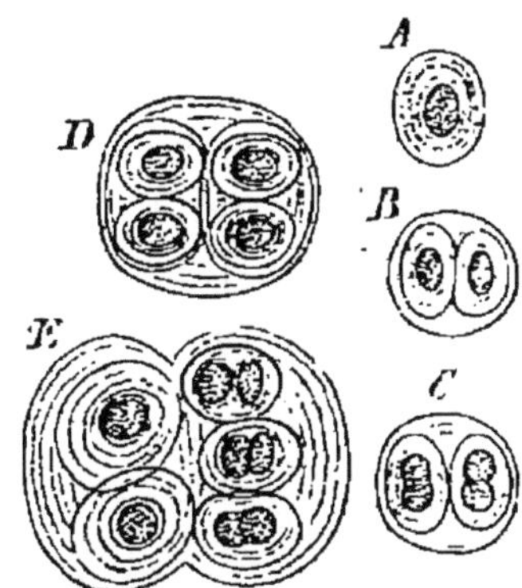

Fig. 38. Gléocapse, cloisonnement successif dans les trois directions, avec gaine de gélatine.

moyenne de chaque cloison, qu'elle dédouble en deux minces feuillets cellulosiques, de manière à envelopper complètement chaque cellule et à dissocier dans une masse gélatineuse toutes les cellules du thalle (Chroocoque, Aphanothèce, Gléocapse, fig. 38, etc.).

Dans le premier cas, où le thalle demeure associé, on voit toujours, à certains moments, un disque gélatineux brillant se former çà et là dans l'épaisseur d'une cloison transversale. Les tronçons ainsi séparés sont mobiles et sortent successivement de la gaine (Nostoc, Rivulaire, etc.). A ces filaments mobiles qui, après s'être mus quelque temps, s'arrêtent, s'enveloppent d'une nouvelle gaine gélatineuse et s'accroissent en autant de thalles nouveaux, on a donné le nom de *hormogonies*. C'est une multiplication régulière par boutures.

Dans le second cas, les cellules isolées qui composent le thalle sont simplement de temps en temps mises en liberté par la déchirure ou la destruction de la masse gélatineuse qui les tenait unies; mais cette dissémination n'est accompagnée d'aucune mobilité (Chamésiphon, Gléocapse, fig. 38, etc.).

Cette double différence dans la structure du thalle et dans son mode de multiplication sera utilisée pour le groupement des genres.

Les Nostocacées sans hormogonies se cloisonnent quelquefois dans une seule direction (Synéchocoque, Aphanothèce, Gléothèce, Chamésiphon, etc.), rarement dans deux directions (Mérismopédie), le plus souvent suivant trois directions (Clathrocyste, Gléocapse, fig. 38, Chroocoque, Aphanocapse, etc.).

Les Nostocacées à hormogonies se cloisonnent le plus souvent dans une seule direction, constituant ainsi de longs filaments droits (Oscillaire, fig. 37, Rivulaire, etc.), spiralés (Spiruline) ou reployés en tous sens dans l'épaisse gaine gélatineuse (Anabène, Nostoc, fig. 39, etc.). Quelquefois au cloisonnement trans-

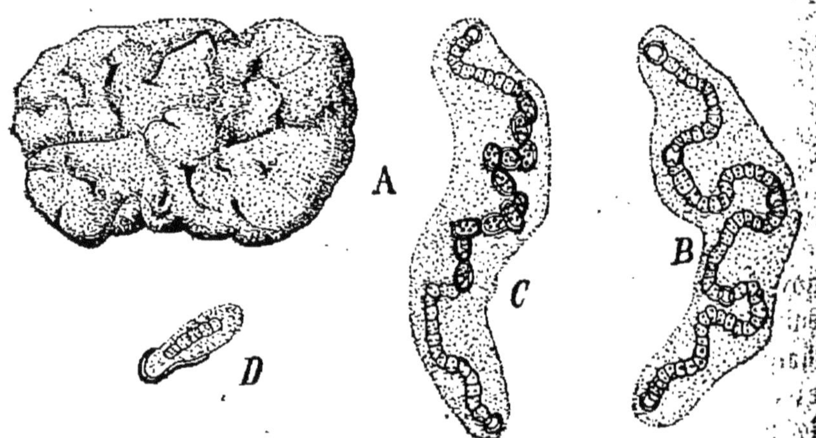

Fig. 39. Nostoc verruqueux : *A*, thalle gélatineux cérébriforme; *B*, filament onduleux avec ses hétérocystes et sa gaine de gélatine; *C*, formation des spores en série dans l'intervalle des hétérocystes; *D*, spore germant.

versal s'ajoute un cloisonnement longitudinal dans les deux directions rectangulaires, ce qui rend le thalle massif (Stigonème, etc.).

Chez certaines de ces Nostocacées à hormogonies, toutes les cellules du thalle ont même forme, même structure et même croissance indéfinie (Oscillaire, fig. 37, Spiruline, Lyngbie, Microcolée, etc.). Chez d'autres, certaines cellules, isolées sur le trajet des filaments, se différencient en cellules singulières nommées *hétérocystes*, plus grandes que les autres, qui ne

divisent pas, perdent leur protoplasme et épaississent leur
membrane, qui se colore le plus souvent en jaune; le rôle en
est encore inconu (Nostoc, fig. 39, Rivulaire, Scytonème, etc.).

Tantôt toutes les cellules qui séparent les hétérocystes sont
pourvues également de croissance intercalaire et de bipartition;
il en résulte un pelotonnement de plus en plus grand des filaments dans la gaine gélatineuse (Nostoc, fig. 39, B, Anabène, etc.).
Tantôt les cellules terminales du filament, allongées et amincies
en un poil incolore, se montrent dépourvues de croissance
intercalaire (Rivulaire, Calotriche, etc.). Tantôt enfin, c'est au
contraire dans la cellule terminale du filament que se concen-
trent la croissance intercalaire et le cloisonnement (Scytonème, etc.).

Il s'opère quelquefois dans le filament une ramification apparente, provenant par exemple d'une rupture en un point et du
développement oblique du tronçon inférieur le long du tronçon
supérieur (Rivulaire, Calotriche, etc.).

Certaines Nostocacées à thalle filamenteux, associé et homogène, comme les Oscillaires et les Spirulines, conservent indéfiniment la mobilité que toutes ces plantes possèdent à l'état
d'hormogonies; c'est de là que le premier de ces deux genres a
reçu son nom.

Les spores se forment quelquefois aux dépens de toutes les
cellules du thalle (Nostoc, fig. 39, C, etc.); mais quand il y a
des hétérocystes, elles se localisent assez souvent et ne se produisent qu'une par une contre les hétérocystes (Gléotrichie,
Cylindrosperme, etc.).

En se fondant, d'abord sur le mode d'association des cellules
et sur le mode de multiplication qui en résulte, puis sur la différenciation des cellules et sur la localisation de la croissance,
on groupe les genres en sept tribus :

I. Thalle dissocié, sans hormogonies.
    1. *Chroococcées.* — Kystes dans toutes les cellules, division régulière : Syné-
        chocoque, Aphanothèce, Gléothèce, etc., avec une direction de cloison-
        nement; Mérismopédie, avec deux directions de cloisonnement: Chroo-
        coque, Aphanocapse, Gléocapse, Entophysale, Placome, Polycyste,
        Clathrocyste, etc., avec trois directions de cloisonnement.
    2. *Chamésiphonées.* — Kystes dans des cellules spéciales, à division irrégu-
        lière : Dermocapse, Cyanocyste, Cyanoderme, Chamésiphon, Hyelle, etc.
II. Thalle associé, à hormogonies.
    3. *Oscillariées.* — Cellules toutes semblables : Oscillaire, Spiruline, Phormide,
        Lyngbie, Trichoderme, Microcolée, Hyphéotriche, etc.

4. *Nostocées*. — Hétérocystes, croissance uniforme : Cylindrosperme, Anabène, Nostoc, etc.

5. *Scytonémées*. — Hétérocystes, croissance localisée au sommet : Scytonème, Tolypotriche, Desmonème, etc.

6. *Stigonémées*. — Hétérocystes, croissance au sommet, cloisonnement longitudinal : Mastigocolée, Sirosiphon, Stigonème, etc.

7. *Rivulariées*. — Hétérocystes, sommet dépourvu de croissance : Calotriche, Polytriche, Rivulaire, Gléotrichie, etc.

Bactériacées. — Qu'il se cloisonne suivant une, deux ou trois directions, le thalle des Bactériacées est toujours formé de cellules toutes semblables et d'ordinaire extrêmement petites. Sous ce rapport, ces plantes correspondent donc aux Nostocacées les plus inférieures, notamment aux Oscillariées, quand leurs cellules demeurent associées en un long filament (Beggiate, Leptotriche, etc.), et aux Chroococcées, quand leurs cellules se dissocient aussitôt dans la gelée (Bactérie, Hyalocoque, Leucocyste, etc.). Au contraire, par la formation de spores endogènes, elles se montrent supérieures à toutes les Nostocacées.

Les cellules sont sphériques (Microcoque, fig. 40, *a*, Leuco-

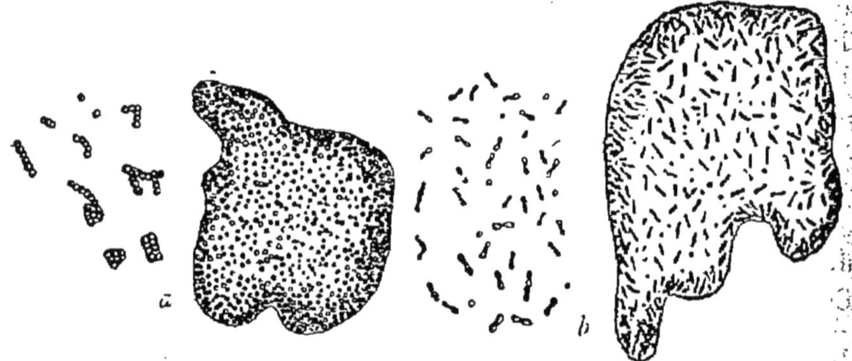

Fig. 40. *a*, Microcoque, libre à gauche, dans la gelée à droite ; *b*, Bactérie, libre à gauche, dans la gelée à droite.

nostoc, etc.), elliptiques (Bactérie, fig. 40, *b*, etc.) ou cylindriques ; dans ce dernier cas, elles sont droites (Bacille, fig. 41, Leptotriche, Beggiate, etc.), ou enroulées en spirale (Vibrion, fig. 41, Spirille, fig. 41, Spirochète, fig. 42, Myconostoc, etc.). Leur membrane cellulosique est enveloppée d'une couche gélatineuse plus ou moins épaisse, qui prend parfois une forte consistance et forme une gaine à contour ferme (Crénotriche, Leuconostoc, etc.). Tantôt cette gélification n'envahit pas les cloisons et les cellules demeurent intimement unies (Streptocoque, Leptotriche,

Beggiate, Crénotriche, etc.). Tantôt elle s'opère aussi suivant la ligne médiane des cloisons, ce qui dissocie les cellules dans le liquide externe ou dans la gelée plus ou moins cohérente (Micrococoque, fig. 40, *a*, Hyalocoque, Bactérie, fig. 40, *b*, Bacille, fig. 41, Vibrion, fig. 41, etc.). Toutefois ce caractère est ici

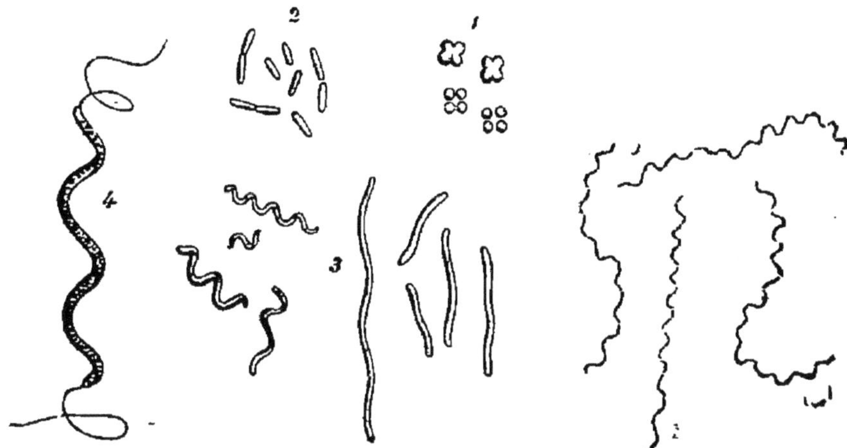

Fig. 41. Quelques formes de Bactériacées. 1, Mériste ; 2, Bactérie ; 3, Bacille et Vibrion à droite, Spirille à gauche ; 4, Spirille grossi, muni de deux prolongements gélatineux en forme de cils.

Fig. 42. Spirochète, coloré à l'aniline, montrant les cloisons transverses.

plus variable et n'a pas la même importance que chez les Nostocacées. Dans tous les cas, lorsque la gelée offre assez de cohérence pour ne pas se dissoudre dans le liquide, ou lorsque la plante se développe sur un milieu solide, l'ensemble du thalle gélatineux parvenu à l'état adulte affecte une forme, une consistance, une couleur différentes, suivant les espèces et les genres, et qui peuvent servir à les caractériser.

Quand les cellules demeurent unies en filament, celui-ci est toujours simple, sans vraie ramification ; mais il s'y opère parfois des ramifications apparentes, dues ici, comme chez les Nostocacées, à ce qu'il se rompt en un point et à ce que le tronçon inférieur continue de s'allonger en glissant à côté du tronçon supérieur (Cladotriche, Sphérotile, etc.) ; ces fausses branches sont quelquefois renflées au sommet (Actinomyce).

Les filaments, tronçons ou cellules isolées sont tantôt immobiles (Micrococoque, Leuconostoc, Leptotriche, Cladotriche, divers Bacilles et Bactéries, etc.), tantôt mobiles (Beggiate, Spirille, divers Bacilles et Bactéries, etc.). Dans ce dernier cas, les

tronçons ou les cellules isolées entraînent parfois, à l'une des
extrémités ou aux deux bouts, un fin prolongement gélatineux
provenant de l'étirement de la lame moyenne gélifiée de la cloison (fig. 41, 4, et fig. 43, *B*). Ces prolongements, entièrement pas-

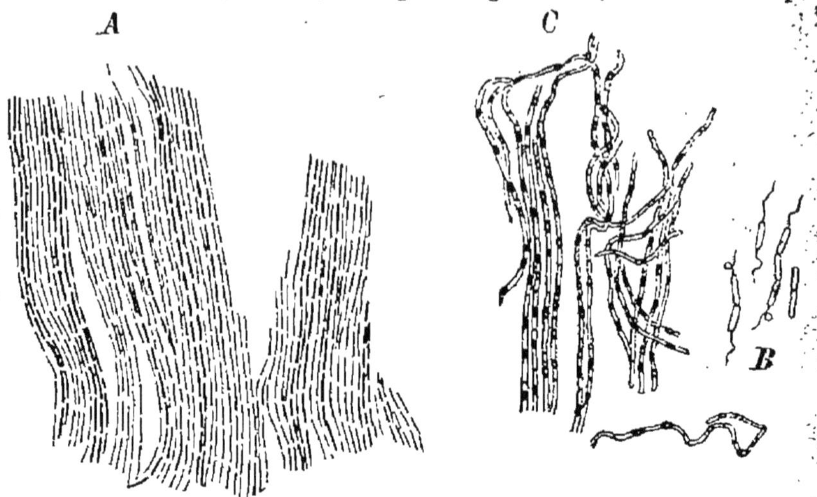

Fig. 43. Bacille subtil. *B*, état dissocié, mobile dans le liquide. *A*, état associé
immobile dans le voile superficiel. *C*, spores dans les filaments du voile.

sifs dans le mouvement, ont été pris à tort pour des cils vibratiles. La même plante peut d'ailleurs être d'abord mobile et
plus tard immobile, comme on le voit notamment dans le
Bacille subtil (fig. 43).

Le plus souvent, le cloisonnement n'a lieu que dans une seule
et même direction. Quelquefois il
s'opère suivant les deux directions
du plan, sans gaine de gélatine (Mériste, fig. 41) ou avec gaine gélatineuse (Lampropédie, etc.). Ailleurs il
a lieu dans les trois directions de
l'espace, en formant soit des amas
cubiques (Sarcine, fig. 44), soit des
sphères creuses (Lamprocyste, etc.).

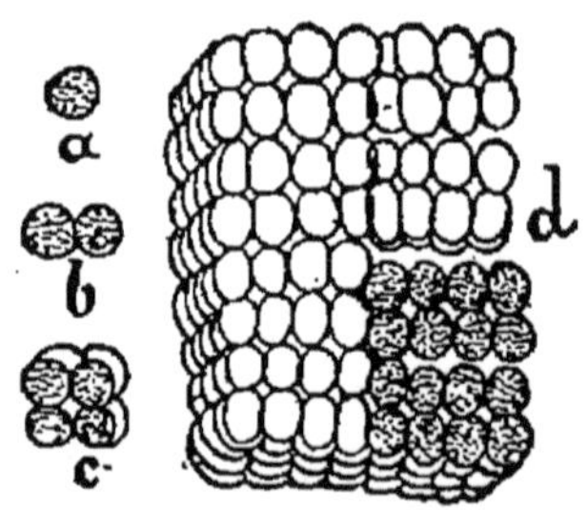

Fig. 44. Sarcine de l'estomac;
a, b, c, d, états successifs de la
division.

Plusieurs des différences que l'on
vient de signaler entre les genres,
notamment la forme des cellules, l'épaisseur de la couche
gélatineuse qui les entoure, leur degré d'adhérence et leur
mobilité, peuvent se rencontrer dans le cours du développement d'une seule et même espèce, quand les conditions de

milieu varient autour d'elle, comme on le voit, par exemple
dans le Cladotriche dichotome. Il est donc nécessaire, ici plus
encore que partout ailleurs, de suivre les diverses espèces dans
toutes les phases de leur développement et de les cultiver à
l'état de pureté dans les conditions de milieu les plus variées
pour arriver à les définir exactement et à circonscrire nettement les genres qu'elles constituent.

Quelques Bactériacées possèdent de la chlorophylle à l'état
d'imprégnation homogène dans le protoplasme : tels sont, par
exemple, la Bactérie verte, le Bacille verdissant, etc. Ces plantes
décomposent l'acide carbonique à la lumière, effectuent la synthèse des hydrates de carbone; en un mot, leur nutrition est
directe, comme celle de tous les autres végétaux verts.

D'autres absolument privées de chlorophylle, ont leur protoplasme uniformément coloré par une matière rouge plus ou
moins foncée, virant parfois au bleu ou au brun, la *bactério-pur-
purine*; tels sont, notamment : le Chromate d'Oken, le Bacille
photométrique, la Bactérie rouge, le Spirille sanguin, etc.,
avec une direction de cloisonnement, la Thiopédie rose, avec
deux directions de cloisonnement, le Lamprocyste rose, le
Thiocyste violet, etc., avec trois directions de cloisonnement.
La bactériopurpurine est insoluble dans l'eau, l'alcool, le chlo-
roforme, etc. Elle absorbe, dans la lumière incidente, trois
groupes de radiations, le premier et le plus fort dans le vert
bleuâtre, le second dans le jaune, le troisième dans l'infrarouge.
A l'aide de ces radiations, aussi bien des obscures que des
lumineuses, les Bactéries pourpres décomposent l'acide carbonique, dégagent de l'oxygène, réalisent ainsi, en dehors de la
chlorophylle, la synthèse des hydrates de carbone, en un mot,
assimilent le carbone.

Les Bactériacées qui ne sont ni vertes, ni pourpres, c'est-à-dire
la très grande majorité de la famille, sont incapables d'assimiler le carbone de l'acide carbonique et vivent par conséquent
aux dépens des matières organiques. On les cultive facilement
dans des liquides ou sur des solides appropriés. La plupart exigent pour se développer le contact de l'air, elles sont aérophiles
(Bacille subtil, etc.); quelques-unes ne se développent, au contraire, qu'en l'absence de l'oxygène libre, elles sont aérophobes
(Bacille amylobacter, etc.). Les décompositions que ces Bactériacées incolores provoquent nécessairement dans les diverses

substances dont' elles se nourrissent se traduisent parfois par
des phénomènes remarquables, que l'on peut grouper en sept
catégories. Tantôt elles produisent et déposent dans leur protoplasme une substance analogue à l'amidon soluble, ou bien des
granules de soufre : elles sont *amylogènes*, ou *thiogènes*. Tantôt
elles émettent, par tous les points de leur protoplasme, une
lumière plus ou moins vive : elles sont *photogènes*. Tantôt elles
produisent et rejettent aussitôt en dehors d'elles, dans le milieu
nutritif, des substances colorantes ou des diastases : elles sont
chromogènes, ou *diastasigènes*. Tantôt elles provoquent dans le
milieu nutritif des décompositions rapides, qui ne sont pas
sous la dépendance des diastases, dont le mécanisme est encore
inconnu et qu'on nomme des *fermentations* : elles sont *ferments*.
Tantôt, enfin, elles se développent en parasites dans le corps
de l'homme, des animaux ou des plantes, et y engendrent des
maladies : elles sont *pathogènes*. Citons quelques exemples de
ces sept sortes d'actions.

Quelques Bactériacées incolores ont leur protoplasme
imprégné par un corps amorphe, bleuis-
sant par l'iode, voisin de l'amidon par
conséquent, et qu'on nomme *amyloïde*. Il
en est ainsi, par exemple dans le Bacille
amylobacter (fig. 45) et le Spirille amyli-
fère, qui doivent à cette propriété leur
nom spécifique; il en est de même dans
le Bacille de Pasteur, le Leptotriche buccal, etc. C'est surtout dans la période qui
précède la formation des spores que l'amyloïde apparaît et s'accumule progressivement dans les cellules des *amylobacté-
ries*. Pendant la formation des spores, il
diminue peu à peu et enfin disparaît; les
spores n'en renferment pas. Cette substance joue donc le rôle d'une réserve
accumulée en vue de la formation des
corps reproducteurs et se comporte, sous

Fig. 45. Bacille amylo-
bacter. Bâtonnets mo-
biles, les uns sans spo-
res, les autres avec
spores; la partie teintée
se colore en bleu par
l'iode; *s*, spore isolée.

ce rapport, comme l'amylodextrine qui imprègne l'épiplasme
dans l'asque des Ascomycètes (p. 65).

Les diverses Bactériacées rouges et assimiliatrices dont il a été
question plus haut renferment habituellement, dans leur proto-

plasme coloré, des granules opaques et brillants, solubles dans
le sulfure de carbone, et qui sont du soufre. Mais, en outre, de
pareils granules se rencontrent abondamment chez plusieurs
Bactéraciées incolores (Beggiate, Thiotriche, fig. 45, Spirille
tournant, etc.). Le groupe des Bactériacées thiogènes, ou *sulfobactéries*, est donc purement physiologique et renferme les
formes les plus diverses. Toutes ont besoin pour vivre de pouvoir emmagasiner du soufre dans leur protoplasme et elles ne

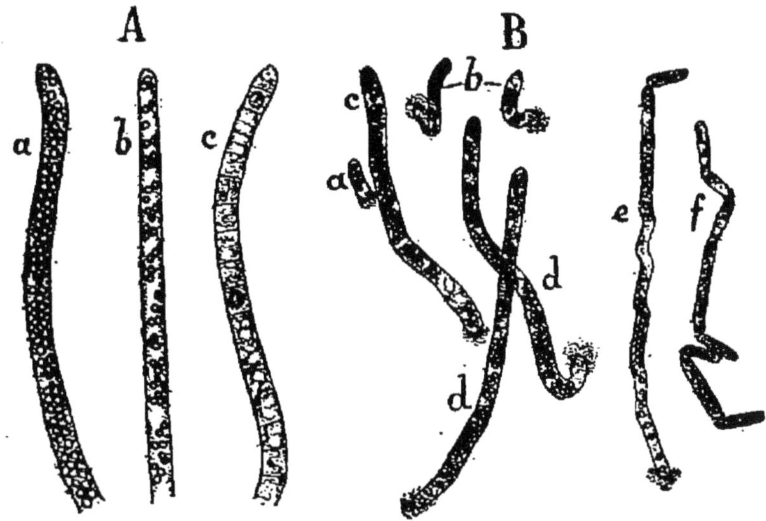

Fig. 46. Sulfobactéries incolores. *A*, Beggiate blanche; *a*, dans une eau riche en
acide sulfhydrique; *b*, après vingt-quatre heures dans une eau privée d'acide
sulfhydrique; *c*, après quarante-huit heures, le soufre a disparu, et les cloisons apparaissent nettement. *B*, Thiotriche neigeux; *a*, *b*, *c*, *d*, filaments de plus
en plus longs fixés à la base; *e*, *f*, filaments se rompant en baguettes mobiles.

peuvent se procurer ce soufre que par l'oxydation de l'hydrogène sulfuré, en sorte que ce dernier composé leur est indis-
pensable. Elles font subir à l'hydrogène sulfuré un premier
degré d'oxydation, qui met du soufre en liberté; puis, dans un
second degré d'oxydation, elles transforment ce soufre en acide
sulfurique, lequel est éliminé à l'état de sulfate, principalement
de sulfate de chaux. Sans hydrogène sulfuré, elles ne tardent
pas à périr. Dans la nature, elles pullulent dans les sources
sulfureuses, où on les connaît sous le nom de *sulfuraires* ou de
barégines, et aussi dans tous les milieux où du sulfate de chaux
est associé à des matières putrescibles. L'action réductrice qui
accompagne la putréfaction transforme le sulfate en sulfure,

lequel, sous l'influence des acides, dégage de l'hydrogène sulfuré, et dès lors le liquide se trouve propre au développement
des sulfobactéries.

La phosphorescence de la mer est souvent due au développement de certaines Bactériacées; ce sont de courts Bacilles,
dont on a réuni les diverses espèces dans un genre spécial, sous
le nom de Photobactérie. La Photobactérie phosphorescente est
la plus commune et c'est celle aussi qui rend le poisson phosphorescent. Toutes exigent pour se développer un milieu neutre
ou légèrement alcalin, contenant 3 à 3, 5 pour 100 de sel marin.
Dans ces conditions, elles offrent des états mobiles et émettent
des radiations lumineuses formées de jaune, de vert et de bleu.
Cette phosphorescence est liée nécessairement à la présence de
l'oxygène libre; elle est un des effets de la combustion respira-
toire. Une trace d'acide dans le milieu nutritif suffit pour la
faire disparaître.

Les Bactériacées chromogènes sont nombreuses. Les divers
principes colorants qu'elles produisent au contact de l'air ont,
dans l'ensemble de leurs réactions et dans leurs propriétés
optiques, une remarquable analogie avec les couleurs d'aniline; la substance rouge du Micrococque miraculeux, par exemple,
ressemble à la fuchsine. Ils se forment et sont contenus, non
dans le protoplasme, mais bien plutôt dans la membrane d'où,
s'ils sont solubles dans l'eau, ils se répandent tout autour
dans le milieu nutritif; s'ils sont insolubles, ils restent con-
finés dans la gaine gélatineuse. La couleur est rouge dans le
Bacille sanguin, ainsi que dans le Micrococque miraculeux qui
se développe fréquemment sur les matières féculentes cuites
(pain, hosties, pomme de terre, empois, etc.) et dans le lait
en produisant le *lait rouge*. Elle est orangée ou jaune dans le
Micrococque orangé, ainsi que dans le Bacille jaune qui fait le
lait jaune; elle est verte dans le Micrococque vert, bleue dans
le Bacille pyocyanique qui fait le *pus bleu* et dans le Bacille
bleu qui se développe fréquemment dans le lait et fait le *lait
bleu*, violette dans le Bacille violet, noire, enfin, dans le Bacille
mélanospore.

Aux Bactériacées chromogènes on peut rattacher celles de
ces plantes qui, comme le Crénotriche polyspore, le Leptotriche ochracé, etc., vivent dans les sources ferrugineuses; la gaine
gélatineuse de leurs filaments s'y imprègne, en effet, de sesqui-

oxyde de fer, qui les colore en jaune rouille. Pour se développer, elles ont besoin de sels de protoxyde de fer, qu'elles absorbent dans leur protoplasme; là, ces sels sont oxydés, transformés en sels de sesquioxyde, qui sont sécrétés ensuite par la cellule et qui imprègnent la membrane et sa gaine gélatineuse. Ces Bactériacées ferrugineuses, ou *ferrobactéries*, jouent un rôle important dans la nature. C'est à leur action qu'il faut attribuer les puissants dépôts de minerai de fer limoneux connus sous le nom de « minerais de marais, de lac, de prairie, de gazon, etc. ».

Diverses Bactériacées incolores produisent de l'invertine, qu'elles émettent dans le liquide ambiant; nourries avec du sucre de Canne, elles l'hydratent par conséquent et le dédoublent en un mélange à poids égaux de glucose et de lévulose (Bacille amylobacter, Leuconostoc mésentéroïde, etc.). D'autres sécrètent de l'amylase, qui hydrate et dédouble l'amidon à l'état d'empois ou même à l'état de grains, en le transformant en glucose (divers Microcoques, diverses Bactéries, Bacille amylobacter, etc.). Quelques-unes sécrètent de la cellulase, qui attaque la cellulose, la dissout et la transforme en glucose. Tel est, notamment, le Bacille amylobacter, qui détruit les tissus végétaux vivants plongés dans l'eau, surtout les parenchymes, en isolant les tissus morts (vaisseaux, fibres, etc.), la cuticule, le liège, etc., et qui se montre ainsi l'agent le plus actif de la macération et du rouissage. Quelques autres produisent de l'u-

Fig. 47.
Microcoque de
l'urée.

rase, qui hydrate l'urée et la dédouble en ammoniaque et acide carbonique. Tel est surtout le Microcoque de l'urée (fig. 47), qui se développe dans l'urine et qui, dans le monde entier, transforme chaque jour en carbonate d'ammoniaque toute l'urée sécrétée par l'homme et les animaux. D'autres sécrètent des diastases qui hydratent et dédoublent les matières albuminoïdes en les transformant en peptones. Ainsi le Tyrothriche ténu et les espèces voisines, qui se développent dans le lait et sont les agents de la fabrication des fromages, sécrètent de la caséase, qui hydrate, dédouble et peptonise la caséine. Bon nombre d'espèces appartenant aux genres les plus divers produisent de la trypsine et par conséquent hydratent, dédoublent et peptonisent la gélatine et l'albumine (Microcoque miraculeux, Bactérie terme, Bacille subtil, B. amylobacter, B. du charbon,

Photobactérie indienne, etc.). Une même espèce peut d'ailleurs
sécréter à la fois plusieurs diastases, comme on le voit, par
exemple, pour le Bacille amylobacter, qui produit en même
temps de l'invertine, de l'amylase, de la cellulase, de la lactase
et de la trypsine.

Les fermentations provoquées par les Bactériacées sont très
diverses, mais peuvent être rapportées à trois types. Ce sont, en
effet, tantôt des phénomènes d'oxydation, tantôt des phénomènes de réduction, tantôt des phénomènes de dédoublement.

Parmi les ferments oxydants, il faut citer tout d'abord le Bacille du vinaigre (fig. 48), qui se développe à la surface des liquides alcooliques : vin, bière, etc., où il forme un voile muqueux
continu ; il oxyde l'alcool et le convertit en acide acétique : c'est
l'agent de la fabrication du vinai-gre. Le Microcoque nitrifiant pullule dans le sol, dont il oxyde les matières organiques azotées
en formant de l'acide nitrique : il est l'agent de la nitrification.
D'après ce qui a été dit plus haut, les Bactériacées thiogènes,
ainsi que les Bactériacées ferru-

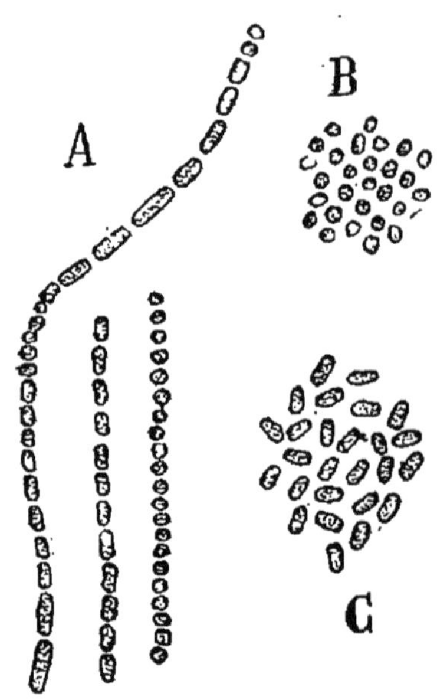

Fig. 48. Bacille du vinaigre. *A*, filaments normaux, à cellules plus ou
moins longues. *B*, amas de cellules
courtes dissociées. *C*, amas de cellules longues dissociées.

gineuses, doivent être considérées aussi comme des ferments
d'oxydation.

Parmi les ferments réducteurs, il faut placer en première
ligne le Bacille amylobacter, qui vit en l'absence d'oxygène libre
et décompose les matières ternaires les plus diverses : amidon
soluble, dextrines, glucoses, mannite, glycérine, etc., en acide
butyrique, acide carbonique, hydrogène et autres produits
accessoires : c'est, comme on dit, le ferment butyrique. Bon
nombre d'autres Bactériacées aérophobes réduisent directement
les nitrates dans la terre végétale et dans les liquides de culture, les uns en les ramenant simplement à l'état de nitrites,
les autres, comme la Bactérie dénitrifiante, en dégageant du

protoxyde d'azote ou de l'azote pur. L'Ascocoque de Billroth réduit aussi les nitrates, en dégageant de l'ammoniaque. D'autres enfin, qui vivent dans le fumier, réduisent les matières ternaires, en particulier la cellulose, et produisent des carbures d'hydrogène, notamment du formène, gaz qui se dégage, comme on sait, en abondance de la vase des marais où pullulent ces Algues.

Enfin, parmi les ferments dédoublants, il faut citer le Bacille lactique, qui se développe dans le lait et dédouble le lactose en acide lactique, sans dégagement de gaz. Le Bacille du Caucase, qui contribue avec la Levure kéfir à la transformation du lait en *kéfir*, y opère le même dédoublement sur une partie du lactose; l'autre partie est d'abord hydratée et dédoublée en galactose par la lactase sécrétée par la Levure, puis ce galactose est, à son tour, décomposé par cette Levure en alcool et acide carbonique. Deux ferments, appartenant à deux classes différentes, une Algue et un Champignon, vivent ici en symbiose et collaborent à la fabrication du kéfir.

Les Bactériacées pathogènes, qui vivent en parasites dans le corps des animaux et des plantes, sont depuis quelques années l'objet des recherches les plus actives. Ce sont, en très grande majorité du moins, des parasites facultatifs. On peut, en effet, les cultiver, en dehors des organismes, dans des milieux appropriés et on les rencontre dans la nature à l'état indépendant. Les maladies qu'ils provoquent paraissent dues à l'action nocive de certaines substances solubles, qu'ils produisent et émettent au dehors, de la même manière que d'autres produisent et émettent au dehors des diastases et des matières colorantes.

Citons d'abord quelques exemples de Bactériacées parasites des animaux. Le Bacille du charbon, aérophile et immobile, en se développant dans le sang des animaux, enlève l'oxygène aux hématies, noircit le sang et provoque cette maladie rapidement mortelle qu'on nomme le *charbon*. On connaît aussi le Bacille septique, de la septicémie, le B. de la tuberculose, le B. de la lèpre, le B. typhique, de la fièvre typhoïde, le B. de la diphthérie, la Bactérie du choléra des poules, le Micrococque du rouget du porc, le Streptocoque de l'érysipèle, le Spirochète d'Obermeier, de la fièvre récurrente, le Leptotriche buccal, de la carie des dents, la Microspire-virgule, du choléra asiatique, la Sarcine de l'estomac, etc. Presque toutes les maladies de l'homme et des animaux ont, de la sorte, une origine bactérienne. En les cultivant dans de certaines conditions, on réussit à atténuer la virulence de ces diverses Bactériacées pathogènes. Ainsi le Bacille du charbon, cultivé à la température de 42°-43° dans du bouillon neutralisé, ou à la température de 35° dans du bouillon additionné de 1/600 d'acide phénique ou de 1/2000 de bichromate de potasse, perd progressivement sa virulence et conserve ensuite dans toutes les cultures ultérieures cette virulence atténuée ; inoculé, il ne provoque plus alors chez l'animal qu'une maladie légère. Il en est de même pour le Micrococque du rouget du porc, pour la Bactérie du choléra des poules, etc. Ces maladies légères, provoquées par l'inoculation des Bactéries atténuées, suffisent cependant pour préserver, au moins pendant un certain temps, contre le développement des mêmes Bactéries virulentes. De là, une méthode générale de vaccination, due aux beaux travaux de M. Pasteur.

Parmi les Bactériacées parasites des végétaux, citons le Bacille radicicole, qui s'introduit dans les jeunes radicelles des Légumineuses, bientôt arrêtées dans leur croissance et renflées en tubercules. Il pullule d'abord dans le protoplasme des cellules, puis chacun de ses bâtonnets grandit en prenant une forme bizarre, bifurquée en Y, palmée, etc., et finalement meurt après s'être rempli de matières albuminoïdes qui le rendent opaque. Corrélativement à cette végétation maladive, qui conduit à la mort, ce Bacille est le siège d'un phénomène très remarquable et jusqu'ici sans exemple. Il absorbe, en effet, combine dans sa matière albuminoïde et assimile l'azote gazeux du sol et de l'atmosphère. Cette matière albuminoïde du Bacille mort peut ensuite servir de réserve à la Légumineuse et lui permettre de se développer dans un sol pauvre en azote ou même entièrement dépourvu d'azote combiné. Elle peut aussi, si les tubercules se détruisent dans la terre, enrichir le sol en substances organiques azotées ou le doter de ces substances s'il en était dépourvu. Ainsi se trouve justifié et expliqué ce fait, depuis longtemps reconnu dans la pratique agricole, que les Légumineuses sont des plantes *améliorantes*.

Quels que soient leur mode de vie et leurs propriétés particulières, lorsque le milieu nutritif est épuisé et que la croissance du thalle s'arrête, beaucoup de Bactériacées produisent des spores endogènes (fig. 49). Dans les Bacilles, par exemple (A, a), les cellules grossissent et se remplissent d'une matière de réserve, qui est de l'amyloïde dans le Bacille amylobacter, etc., du sucre dans la plupart des autres espèces. Puis, dans chaque cellule, le protoplasme se condense autour d'un centre en une petite masse sphérique ou ovale, qui s'entoure d'une membrane de cellulose et constitue la spore (*b*); en même temps, la substance de réserve disparaît et ne laisse, entre la spore et la membrane mère, qu'un liquide hyalin ; enfin, cette membrane se dissout à son tour et la spore est mise en liberté (*c*). Ces spores résistent à la dessiccation et à une température plus ou moins élevée suivant les espèces. Celles du Bacille subtil (fig. 43, *C*), par exemple,

supportent une ébullition prolongée et même une température de 105°; pour les tuer, il est nécessaire de les maintenir au moins pendant une heure à 110° dans l'eau ; dans l'air sec, il faut une température plus élevée. Il en est de même dans le B. amylobacter. Pour stériliser complètement à sec un vase de verre destiné à des cultures de Bactériacées, il est donc nécessaire

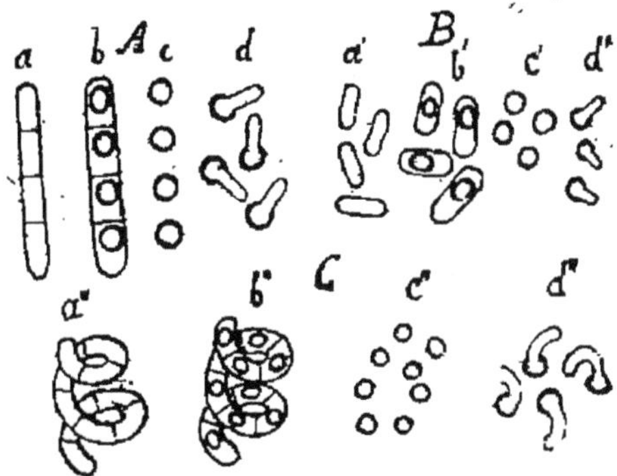

Fig. 49. Formation et germination des spores : *A*, dans un Bacille ; *B*, dans une Bactérie ; *C*, dans un Spirille.

d'en porter les parois pendant quelque temps vers 120°. Les spores du Bacille du charbon sont moins résistantes ; une ébullition de quatre heures les tue.

La spore germe en déchirant son exine plus ou moins épaisse et en s'allongeant en filament (fig. 49, *d*, *d'*, *d''*). L'allongement a toujours lieu dans le sens du grand axe de la spore, quand elle est ovoïde, et par suite dans la direction du filament qui a produit la spore.

D'après la forme et le degré d'union des cellules, les principaux genres peuvent être groupés en trois tribus de la manière suivante :

1. *Micrococcées*. — Cellules sphériques, toujours immobiles : Microcoque, Streptocoque, Hyalocoque, Leucocyste, Ascocoque, Leuconostoc, etc., avec une direction de cloisonnement ; Lampropédie, Mériste, etc., avec deux directions de cloisonnement ; Lamprocyste, Sarcine, Thiocyste, etc., avec trois directions de cloisonnement.

2. *Bacillées*. — Cellules cylindriques, se dissociant en tronçons plus ou moins
   longs : Bactérie, Chromate, Rhabdochromate, Bacille, Vibrion, Spirille, Microspire, Spirochète, Myconostoc, Ascobactérie, Cysto-
   bacter, etc.

3. *Leptotrichées*. — Cellules cylindriques, associées en longs filaments : Leptotriche, Crénotriche, Beggiate, Thiotriche, Cladotriche, Sphérotile,
   Actinomyce, etc.

Avec leurs cellules intimement associées en longs filaments,
qui se rompent çà et là en tronçons mobiles comme des hormogonies, les Leptotrichées se rattachent aux Nostocacées à
thalle associé et pourvu d'homogonies, notamment aux Oscillariées. Avec leurs cellules promptement dissociées, les deux
autres tribus se rattachent aux Nostocacées à thalle dissocié,
notamment aux Chroococcées. D'autre part, les espèces pourvues de chlorophylle ou de purpurine relient aussi les Bactériacées aux Nostocacées. Ces deux familles de l'ordre des Cyanophycées sont donc, sous tous les rapports, intimement unies.

ORDRE II

Chlorophycées.

Caractères généraux. — La plupart des Chlorophycées habitent les eaux douces, quelques-unes la mer; d'autres vivent
dans l'air humide, sur la terre, les rochers, les écorces, comme
ces formes inférieures qui entrent, on l'a vu (p. 74), dans la
composition des Lichens. Leur thalle est quelquefois continu,
le plus souvent cloisonné. Continu, tantôt il s'allonge en un tube
ordinairement ramifié (Siphonées), tantôt il demeure microscopique, soit qu'il reste libre (Protococcacées), soit qu'il s'associe
à d'autres pour former une colonie (Cénobiées). Cloisonné, il
l'est habituellement dans une seule direction et s'allonge en un
filament simple ou rameux (Confervées, etc.), quelquefois dans
deux (Monostrome) ou trois directions (Ulve, etc.); il dissocie
parfois ses cellules en gélifiant la lame moyenne des cloisons
(Desmidiées, etc.).

Il y a d'ordinaire une multiplication par des spores, qui sont
le plus souvent des zoospores, et toujours une reproduction par
des œufs, qui sont produits de manières très diverses. L'œuf se
développe indépendamment de la plante mère, d'ordinaire
après un passage à l'état de vie latente, quelquefois tout de

suite (Acétabulaire, Hydrodicte, etc.). Il donne soit directement
un thalle nouveau (Conjuguées, Characées, etc.), soit d'abord
un certain nombre de zoospores, qui se disséminent et produisent plus tard autant de thalles nouveaux (Œdogone, Coléochète, etc.).

Division de l'ordre des Chlorophycées en sept familles. —
D'après la structure du thalle et le mode de reproduction, on
divise l'ordre des Chlorophycées en sept familles, de la manière
suivante :

1. Thalle cloisonné, filamenteux, simple, à croissance intercalaire uniforme. Pas
de spores. Œuf formé par isogamètes immobiles. *Conjuguées.*

2. Thalle continu, tubuleux, ordinairement ramifié. Zoospores.
Œuf formé par isogamètes mobiles, ou par oosphère
et anthérozoïde...................................... *Siphonées.*

3. Thalle continu, à croissance limitée, s'associant à d'autres
pour former une colonie, ou cénobe. Zoospores.
Œuf formé par isogamètes mobiles, ou par oosphère
et anthérozoïde...................................... *Cénobiées.*

4. Thalle continu, à croissance limitée, unicellulaire et libre.
Zoospores. Œuf formé par isogamètes mobiles.... *Protococcacées.*

5. Thalle cloisonné en cellules dans une, deux ou trois directions, mais les cellules se dissocient après chaque
cloisonnement. Zoospores. Œuf formé par isoga-
mètes mobiles.. *Palmellacées.*

6. Thalle cloisonné dans une, deux ou trois directions, à cellules
associées. Zoospores. Œuf formé par isogamètes
mobiles, ou par oosphère et anthérozoïde........ *Confervacées.*

7. Thalle cloisonné. Pas de spores. Œuf formé par oosphère
et anthérozoïde...................................... *Characées.*

Conjuguées. — Les Conjuguées sont toutes des Algues
d'eau douce; les Zygogones vivent sur la terre humide. Leur
thalle est un filament simple, transversalement cloisonné en
cellules toutes semblables, s'allongeant indéfiniment par la
croissance intercalaire et la bipartition simultanée de toutes
ses cellules, analogue par conséquent à celui de la plupart des
Nostocacées et des Bactériacées. Çà et là, une cloison se fend
en deux lamelles et le filament se sépare en tronçons plus ou
moins longs; chez beaucoup de plantes de la tribu des Desmidiées, la gélification de la lamelle moyenne des cloisons s'opère
même constamment et de bonne heure, de sorte que les cellules s'isolent aussitôt formées et se meuvent dans le liquide

(Clostère, Pène, Pleurotène, etc.) : c'est encore un point de ressemblance avec les Chroococcées et beaucoup de Bactériacées.

Mais ce qui place les Conjuguées beaucoup au-dessus de toutes les Cyanophycées filamenteuses, c'est la profonde différenciation interne de leurs cellules. Il y a toujours ici un noyau et des chloroleucites, dans lesquels se forment des grains d'amidon; les chloroleucites y prennent même souvent des formes très compliquées et très remarquables : rubans pariétaux, droits (Clostère, etc.) ou spiralés (Spirogyre, I, fig. 225, Spirotène), corps étoilés disposés par paire (Zygnème, Zygogone, etc.), plaque axile (Mésocarpe, etc.), plusieurs plaques rayonnantes se coupant suivant l'axe (Pène), etc. A chaque extrémité de la cellule, on observe quelquefois une vacuole pulsatile, dont le suc contient de petits cristaux de sulfate de chaux en état de trépidation continuelle (Pleurotène, Clostère, etc.).

Pendant la nuit, chaque cellule divise son noyau et forme en son milieu une cloison, qui apparaît d'abord comme un anneau à la périphérie, puis s'avance progressivement jusqu'au centre, où elle se ferme. Les cellules sont ordinairement cylindriques; mais chez bon nombre de genres de la tribu des Desmidiées, elles prennent une forme différente : tantôt renflées au milieu, en forme de tonneau si elles demeurent unies (Bambousine), ou de fuseau si elles se séparent (Clostère, etc.); tantôt, et le plus souvent (fig. 51, *a*), étranglées au milieu et divisées par un isthme plus ou moins étroit en deux moitiés symétriques (Pleurotène, Cosmare, etc.), qui, à leur tour, peuvent se découper et se lober symétriquement (Micrastérie, Staurastre, etc.). Après chaque cloisonnement médian, la cellule, réduite à l'une de ses moitiés, se complète alors en produisant contre la cloison une nouvelle moitié, symétrique de la première; il en résulte que les deux moitiés d'une cellule sont toujours d'âge différent...

Les Conjuguées sont dépourvues de spores et se reproduisent par des œufs, qui résultent de la fusion de deux gamètes semblables, captifs et immobiles, comme il a été expliqué pour les Zygogones et les Spirogyres (I, p. 493, fig. 225). La fusion peut s'opérer tout aussi bien entre deux cellules consécutives du même filament qu'entre cellules en regard de deux filaments voisins (fig. 50, *C* et *D*). Dans les Desmidiées (fig. 51), la fusion a toujours lieu entre cellules libres ou préalablement dissociées, qui se rapprochent deux par deux en se disposant soit parallèlement (Clostère), soit perpendiculairement (Staurastre, fig. 51, Cosmare, etc.). L'isogamie est souvent complète (Zygogone,

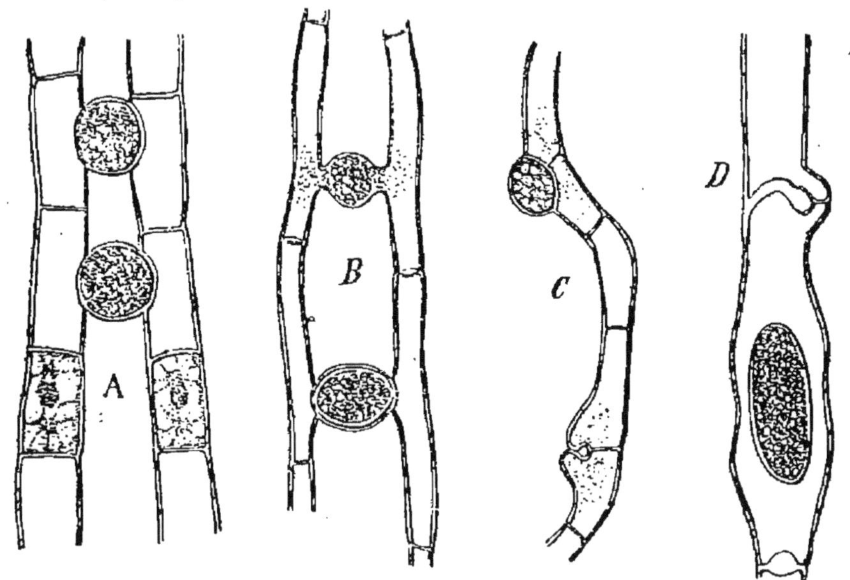

Fig. 50. Formation de l'œuf des Conjuguées : *A*, dans le Zygogone pectiné ; *B*, dans le Mésocarpe parvule; *C*, dans le Mésocarpe pleurocarpe; *D*, dans la Spirogyre carrée.

fig. 50, *A*, Mésocarpe, fig. 50, *B*, Desmidiées, fig. 51) : mais elle offre quelquefois une tendance très marquée vers l'hétérogamie (Spirogyre, I, fig. 225 et fig. 50, *D*, Zygnème, Sirogone, etc.). Chaque gamète est formé le plus souvent par le contenu tout entier de la cellule mère, demeuré adhérent à la membrane (Desmidiées, fig. 51) ou préalablement contracté au centre (Zygnémées, fig. 50, *A* et *D*); mais quelquefois il ne prend, pour se for-

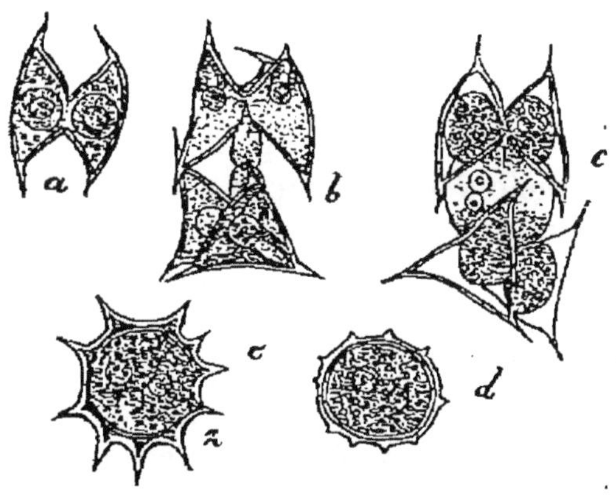

Fig. 51. Formation de l'œuf du Staurastre négligé : *a*, une cellule isolée; *b*, deux cellules disposés perpendiculairement, émettent leurs protubérances, qui se fusionnent; *c*, épanchement des deux protoplasmes dans le canal, qui se gonfle; *d*, œuf, séparé des deux membranes des cellules mères; *e*, œuf mûr, avec son exine *z* munie de pointes.

mer, qu'une partie de ce contenu, le reste demeure sans emploi

(Mésocarpe, fig. 50, *B* et *C*). L'œuf passe à l'état de vie latente, en cutinisant la couche externe de sa membrane (fig. 51, *c* et *d*). Plus tard, il germe en déchirant cette couche cutinisée, et s'allonge directement en un thalle nouveau (Zygnème, Spirogyre, Mésocarpe, etc.), ou bien il se divise d'abord en deux moitiés, qui se développent en deux thalles distincts (Desmidiées).

En résumé, d'après la structure du thalle et le mode de germination de l'œuf, les genres se groupent en deux tribus :

1. *Zygnémées.* — Filament, dépourvu de sulfate de chaux. OEuf donnant un seul thalle : Zygogone, Mougeotie, Spirogyre, Zygnème, Sirogone, Mésocarpe, Cratérosperme, Staurosperme, Gonatomène, etc.

2. *Desmidiées.* — Filament ou cellules dissociées, pourvus de sulfate de chaux ordinairement en cristaux. OEuf donnant deux thalles : Desmide, Bambousine, Pène, Spirotène, Clostère, Pleurotène, Cosmare, Euastre, Micrastérie, Staurastre, etc.

Siphonées. — La plupart des Siphonées habitent la mer, quelques-unes les eaux douces ou même la terre humide (Botryde granuleux, Vauchérie terrestre, etc.); plusieurs sont parasites des végétaux vivants (Phyllobe, Phyllosiphon, etc.). Le thalle (I, p. 11, fig. 1) y est toujours continu, sans cloisons, avec un protoplasme renfermant un grand nombre de noyaux et de chloroleucites (I, p. 12, fig. 2, et p. 16, fig. 3). Il est quelquefois réduit à un petit sac sphérique ou ovoïde, aminci et fixé à la base (Valonie, I, fig. 1, *A*, Codiole, etc.), où il se prolonge quelquefois dans le sol en un crampon incolore et rameux (Botryde); mais le plus souvent il s'allonge en un tube ou siphon, ordinairement ramifié (Vauchérie, Derbésie, etc.), forme d'où la famille tout entière tire son nom.

Les branches principales portent quelquefois des rameaux à croissance limitée, pennés dans les Bryopses, dichotomes dans les Pinceaux, étalés en lame foliacée dans les Caulerpes (I, fig. 1, *C*), verticillés dans les Acétabulaires, où ils sont simples et soudés entre eux en forme de parasol, et dans les Dasyclades, Cymopolies, etc., où ils sont ramifiés en ombelles. Ailleurs, la ramification du tube est tellement abondante que toutes les branches se serrent, s'enchevêtrent et se soudent en un thalle d'apparence massive et souvent de grande dimension, arrondi en sphère (Code bourse), ramifié en cordon (Code tomenteux), aplati en feuille (Udotée, I, fig. 1, *B*), ou alternativement étranglé et dilaté à la façon d'une Oponce (Halimède). Pour se soutenir, ce thalle incruste assez souvent sa membrane de carbonate de chaux (Acétabulaire, Cymopolie, Pinceau, Halimède, etc.), ou bien la membrane envoie d'une face à l'autre, à travers le protoplasme, des cordons de cellulose anastomosés en réseau (Caulerpe, I, p. 22, fig. 8).

La multiplication s'opère quelquefois par des spores immobiles (Botryde vivant dans l'air, Phyllosiphon), le plus souvent par des zoospores munies d'un cil (Botryde dans l'eau), d'une couronne de cils en avant (Derbésie) ou de cils très nombreux couvrant toute la surface, où ils sont rapprochés deux par deux en face de chaque noyau (Vauchérie, fig. 52); dans ce dernier cas, la zoospore, qui est très grosse et qui se forme isolément dans l'extrémité d'une branche séparée par une cloison, peut être considérée comme une colonie de zoospores à deux cils.

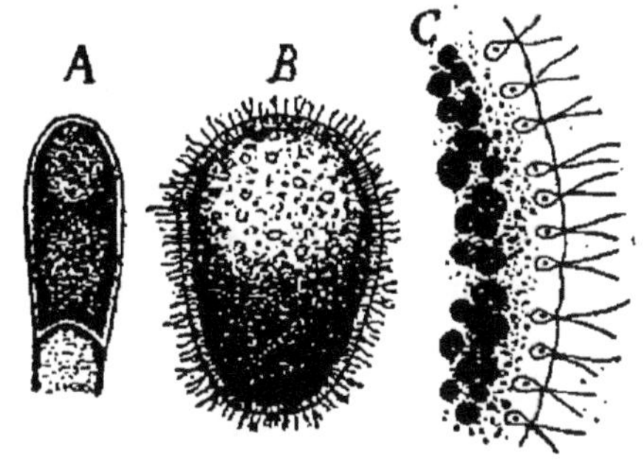

Fig. 52. Vauchérie sessile. *A*, formation de la zoospore dans l'extrémité d'une branche, séparée du reste par une cloison; *B*, zoospore libre, toute couverte de cils; *C*, une portion de sa périphérie, plus fortement grossie, montrant les nombreux noyaux nucléolés et, en face de chaque noyau, deux cils vibratiles.

La formation des œufs s'opère le plus souvent par isogamie avec gamètes mobiles à deux cils (Botryde, I, p. 43, fig. 18, *A*, Acétabulaire, Bryopse, Code, Dasyclade, Phyllobe, etc.), quelquefois par hétérogamie avec une oosphère très grosse, solitaire dans l'oogone, et de très petits anthérozoïdes à deux cils attachés latéralement et dirigés l'un en avant, l'autre en arrière, produits en grand nombre dans chaque anthéridie (Vauchérie). L'œuf formé passe à l'état de vie latente en cutinisant sa membrane et germe plus tard en produisant un nouveau thalle.

D'après le mode de ramification du thalle et le mode de formation des œufs, les genres se groupent en cinq tribus, comme il suit :

1. *Botrydiées.* — Thalle simple, isogame : Codiole, Valonie, Botryde, etc.

2. *Bryopsidées.* — Thalle rameux, à ramification latérale ou dichotome, non massif, isogame : Phyllobe, Phyllosiphon, Derbésie, Bryopse, Chlorodesme, Pinceau, Caulerpe, etc.

3. *Dasycladées.* — Thalle rameux à ramification verticillée, non massif, isogame;
Dasyclade, Halicoryne, Néoméride, Cymopolie, Acétabulaire, etc.

4. *Codiées.* — Thalle rameux, massif, isogame : Code, Udotée, Halimède, etc.

5. *Vauchériées.* — Thalle rameux, non massif, hétérogame : Vauchérie.

Cénobiées. — Les Cénobiées habitent exclusivement les eaux douces. Leur thalle demeure très petit et ne se cloisonne pas. Un plus ou moins grand nombre de ces petits thalles s'unissent de bonne heure par contiguïté, soudent leurs membranes (fig. 53) et constituent une association intime, une colonie de forme déterminée; ce thalle composé, ce *cénobe*, comme on dit, fonctionne désormais comme un thalle simple : d'où le nom donné à la famille.

La multiplication s'opère à l'aide de zoospores (fig. 53, A).

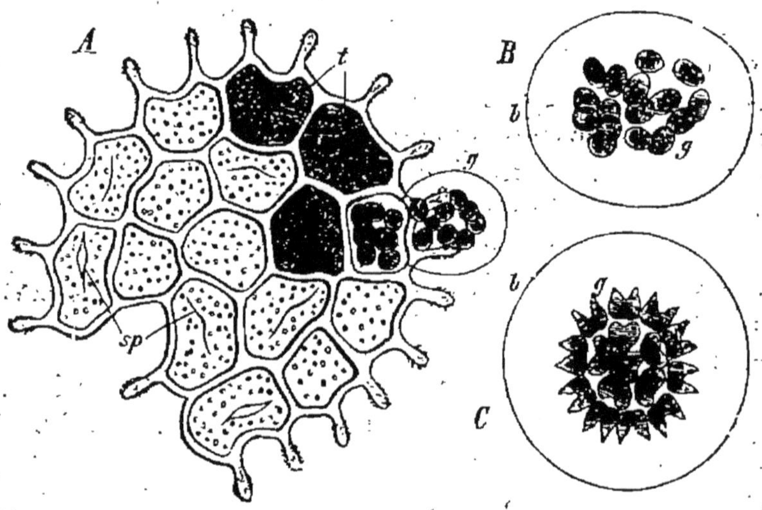

Fig. 53. Pédiastre granuleux. *A*, cénobe immobile, composé de petits thalles continus, soudés en disque; ces thalles forment en *t* et expulsent en *g*, par une fente *sp*, des zoospores que l'on voit, en *B*, à l'état de mouvement à l'intérieur d'une mince membrane albuminoïde *b*; *C*, ces zoospores se sont fixées, accrues et soudées en un disque perforé, qui n'a plus qu'à grandir pour devenir pareil à *A*.

Celles-ci s'entourent bientôt d'une membrane de cellulose et s'unissent, en se groupant de diverses manières, pour former le thalle : en une série linéaire en forme de palissade (Scénédesme), en un disque plein (Gone, fig. 54) ou troué (Pédiastre, fig. 53, C), en une sphère compacte (Sorastre, Stéphanosphère, Pandorine), ou creuse à surface tantôt pleine (Eudorine, Volvoce), tantôt percée à jour (Cœlastre), en un sac irrégulier à larges mailles en

réseau (Hydrodicte). En s'associant de la sorte, les zoospores
tantôt perdent les deux cils qu'elles portent à leur extrémité antérieure, de façon que le thalle est immobile (Pédiastre, fig. 53,
Scénédesme, Hydrodicte, etc.), tantôt les conservent, de sorte
que la colonie est indéfiniment
mobile (Gone, fig. 54, Pandorine,
Stéphanosphère, Volvoce, etc.).

La formation des zoospores a
lieu tantôt par la division simultanée du protoplasme de chaque
thalle autour de chacun des nombreux noyaux qu'il renferme,
comme dans l'Hydrodicte, où le
nombre des zoospores varie entre
7000 et 20 000 par thalle, tantôt
par une bipartition répétée, comme dans le Volvoce, où leur nombre peut aussi s'élever jusqu'à
12 000. C'est à l'intérieur même
du thalle que les zoospores, après
s'être mues librement pendant
quelque temps, s'unissent comme
il vient d'être dit, de sorte que

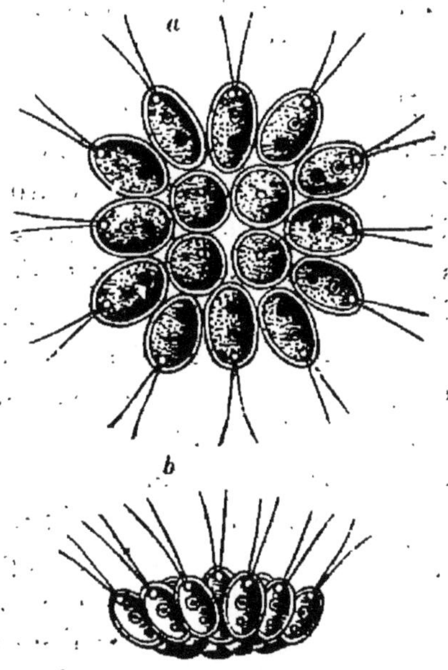

Fig. 54. Gone pectoral. *a*, cénobe vu
de face; *b*, vu de profil.

la colonie nouvelle s'échappe toute formée du thalle ancien
(Hydrodicte, Volvoce, etc.).

Les œufs se forment tantôt par isogamie avec des gamètes
mobiles biciliés, plus petits que les zoospores et nageant isolément dans le liquide ambiant (Hydrodicte, Pandorine, Stéphanosphère, Gone, etc.), tantôt par hétérogamie avec de grosses
oosphères vertes et de petits anthérozoïdes jaunes, munis d'un
bec incolore allongé et contractile, de deux cils et d'un point
rouge (Eudorine, Volvoce). Dans les deux cas, l'œuf passe à
l'état de vie latente, en cutinisant sa membrane. En germant,
il donne soit directement, par bipartitition répétée de son corps
protoplasmique, une colonie nouvelle (Volvoce, etc.), soit
d'abord des zoospores qui s'échappent et se meuvent librement
dans le milieu extérieur, puis se fixent, grandissent et produisent chacun une colonie nouvelle (Hydrodicte, Stéphanosphère, etc.).

Suivant que les thalles élémentaires en s'unissant perdent ou conservent leurs cils vibratiles, les genres se groupent en deux tribus :

1. *Hydrodictyées.* — Cénobe immobile : Scénédesme, Pédiastre, Cœlastre, Sorastre, Hydrodicte, etc.
2. *Volvocées.* — Cénobe mobile : Gone, Stéphanosphère, Pandorine, Eudorine, Volvoce, etc.

Protococcacées. — Le thalle des Protococcacées est et demeure unicellulaire, la cellule qui le constitue ne se cloisonnant pas. C'est seulement au moment et en vue de la reproduction, que le noyau et le protoplasme s'y divisent pour produire des cellules nouvelles, qui s'échappent de la membrane primitive et sont soit des spores ou zoospores, soit des gamètes.

La cellule constitutive du thalle est tantôt immobile, parce que la phase de zoospore est courte, tantôt mobile à l'aide de cils vibratiles, parce que la phase de zoospore y dure très longtemps. Dans le premier cas, elle est parfois libre, sphérique (Protocoque, Scotinosphère, Chlorochytre, Endosphère, etc.), cylindrique et courbée en spirale (Ophiocyte), ou polyédrique à sommets plus ou moins saillants (Polyèdre), parfois fixée à la base, cylindrique et droite (Sciade), ou dilatée en massue au sommet (Charace). Dans le second cas, elle est toujours libre, ovoïde (Hématocoque, Chlamydomonade, Chlorogone, etc.), aplatie en lentille (Phacote) ou renflée en tonneau (Pithisque), elle a le plus souvent deux cils en avant (Hématocoque, Phacote, etc.), quelquefois quatre (Pithisque, Tétraselme, etc.) ; elle est parfois dépourvue de chlorophylle (Polytome, etc.), parfois aussi munie d'une matière colorante rouge qui masque la chlorophylle (Hématocoque).

Les zoospores ont habituellement deux cils en avant, quelquefois un seul (Sciade, Ophiocyte). Elles s'échappent tantôt par un orifice latéral (Charace, Hématocoque, etc.), tantôt par une fente circulaire détachant soit un couvercle terminal (Sciade, Ophiocyte), soit deux valves (Phacote, Pithisque, etc.). Dans le Protocoque vert, qui vit dans l'air humide, les cellules reproductrices s'entourent d'une membrane de cellulose à l'intérieur de la membrane primitive ; elles forment donc des spores immobiles, non des zoospores.

L'œuf se fait par l'union de deux gamètes ayant le même nombre de cils que les zoospores, mais plus petits (Endosphère, Chlamydomonade, Chlorogone, Polytome, Hématocoque, etc.).

Les Protococcacées qui vivent à l'air (Protocoque vert, etc.) entrent fréquemment en association avec des Champignons pour constituer des Lichens (voir p. 74).

D'après la durée, inversement longue, de l'état de repos et de l'état de mobilité du thalle, les genres se groupent en deux tribus, de la manière suivante :

1. *Protococcées.* — Thalle habituellement immobile : Protocoque, Scotinosphère, Chlorochytre, Endosphère, Polyèdre, Charace, Ophiocyte, Sciade, etc.

2. *Hématococcées.* — Thalle habituellement mobile : Hématocoque, Chlamydomonade, Chlamydocoque, Chlorogone, Phacote, Pithisque, Tétraselme, Chlorange, Coccomonade, Polytome, etc.

Palmellacées. — Le thalle des Palmellacées est toujours cloisonné en cellules; mais, comme la lamelle moyenne de chaque cloison se gélifie peu de temps après sa formation, les cellules se trouvent bientôt isolées, soit totalement, soit en demeurant d'abord réunies par petits groupes dans la gelée, si celle-ci est assez consistante; en un mot, le thalle y est dissocié. Le cloisonnement des cellules du thalle s'opère tantôt suivant une seule direction (Rhaphide, Stichocoque, Cosmoclade, etc.), tantôt suivant deux directions (Staurogénie, Tétraspore, etc.), tantôt suivant trois directions (Pleurocoque, Palmelle, Gléocyste, Botrydine, etc.).

Certaines de ces plantes vivent dans l'air humide, sur l'écorce des arbres, sur les rochers, etc., et dans ces conditions entrent fréquemment en symbiose avec des Champignons pour constituer des Lichens (Pleurocoque, Stichocoque, Palmelle, etc.). Elles sont quelquefois dépourvues de chlorophylle (Astasie, etc.), ou munies d'une matière colorante rouge qui masque la chlorophylle (Porphyride, etc.). Les chloroleucites forment parfois de l'amidon (Diselme, Chlorastre, etc.), ou bien le protoplasme renferme des grains de paramylon (Euglène, etc.).

A un moment donné, chaque cellule du thalle produit une ou plusieurs zoospores, qui s'échappent de la membrane, se meuvent dans le liquide pendant un temps très court (Pleurocoque, Tétraspore, etc.) ou au contraire pendant un temps très long (Diselme, Pyramimonade, Euglène, Astasie, etc.) et finalement se fixent en s'entourant d'une nouvelle membrane cellulosique. Ephémères ou durables, ces zoospores ont tantôt deux cils (Cosmoclade, Pleurocoque, Tétraspore, Diselme, etc.), tantôt quatre cils

(Pyramimonade, etc.) ou cinq cils (Chlorastre, etc.), tantôt un seul cil (Euglène, Phace, Astasie, etc.). Quand la phase de zoospore est durable, la cellule subit, pendant cette phase, des divisions répétées. On n'y a pas jusqu'à présent observé d'œufs.

D'après la durée inverse de la période de repos et de mobilité et d'après le nombre des cils des zoospores, les genres peuvent être groupés en trois tribus :

1. *Palmellées.* — Zoospores éphémères, sans division : Rhaphide, Stichocoque, Pleurocoque, Hormospore, Cosmoclade, Staurogénie, Tétraspore, Porphyride, Palmelle, Botrydine, Gléocyste, etc.

2. *Diselmées.* — Zoospores durables, avec division, à plusieurs cils égaux ; amidon dans les chloroleucites : Diselme, Pyramimonade, Chlorastre, Dimystace, etc.

3. *Euglénées.* — Zoospores durables, avec division, à un seul cil ; paramylon dans le protoplasme : Euglène, Colace, Phace, Ascoglène, Astasie, Hétéronème, etc.

En somme, les Diselmées et les Euglénées ensemble sont aux Palmellées dans la famille des Palmellacées, ce que les Hématococcées sont aux Protococcées dans la famille des Protococcacées; ce que les Volvocées sont aux Hydrodictyées dans la famille des Cénobiées. Il en résulte que les Diselmées et les Euglénées sont liées aux Hématococcées et aux Volvocées aussi intimement que les Palmellées aux Protococcées et aux Hydrodictyées. Les quatre premières tribus jouissent ensemble d'une habituelle mobilité, dont les trois autres sont ensemble dépourvues. C'est ce caractère, regardé à tort comme l'apanage exclusif de l'animalité, qui a fait longtemps et fait encore parfois aujourd'hui regarder les plantes de ces quatre tribus toutes ensemble comme des animaux.

On voit aussi que, par la structure du thalle dissocié, les Palmellées rappellent les Chroococcées parmi les Nostocacées : le Stichocoque, par exemple, correspond au Synéchocoque et l'Homospore à l'Aphanothèce, la Tétraspore à la Mérismopédie, le Pleurocoque au Chroocoque, la Palmelle à l'Aphanocapse, et le Gléocyste au Gléocapse.

Confervacées. — La plupart des Confervacées habitent les eaux douces, quelques-unes la mer (Ulve, Entéromorphe, etc.) ou la terre humide (Trentépohlie, Schizogone); on y trouve quelques parasites (Céphaleure sur les feuilles du Camélier, Trichophile sur les poils des Paresseux, etc.). Leur thalle est cloisonné en cellules, quelquefois en articles à nombreux noyaux (Cladophore, Sphéroplée, etc.). Le cloisonnement n'a lieu le plus souvent que dans une seule direction, et le thalle est un filament quelquefois simple (Œdogone, Sphéroplée, Schizogone, etc.), ordinairement ramifié. La ramification est parfois si abondante que toutes les branches, ou bien se soudent entre elles dans le même plan en formant un réseau (Microdicte) ou une lame pleine (Anadyomène, Coléochète), ou bien s'enchevêtrent en tous sens en une masse compacte de forme sphérique, pouvant atteindre plusieurs décimètres de diamètre (Cladophores de la section Egagropile). La membrane se gélifie parfois assez fortement pour englober toutes les branches dans une masse solide (Chétophore, Stigéoclone, Draparnaudie, etc.). Ailleurs, le cloisonnement s'opère suivant les deux directions du plan (Monostrome, Prasiole), ou même se complique d'une nouvelle division parallèle au plan (Ulve) ; les deux assises superposées peuvent alors s'isoler, excepté sur les bords, en formant un tube (Entéromorphe, etc.).

La multiplication s'opère quelquefois par des spores immobiles (Prasiole, Draparnaudie, etc.), ordinairement par des zoospores, munies de deux (Coléochète), le plus souvent de quatre cils (Chétophore, fig. 55, Cladophore, Schizogone, etc.), parfois d'une couronne de cils (Œdogone, fig. 56). Elles peu-

Fig. 55. Zoospores du Chétophore élégant.

Fig. 56. Zoospores de l'Œdogone vésiqueux.

vent naître isolément aux dépens du contenu tout entier de la cellule mère (Œdogone, fig. 57, Chétophore, Coléochète) ; mais ordinairement elles procèdent en plus ou moins grand nombre soit d'une division simultanée du protoplasme autour de chaque noyau préexistant, s'il s'agit d'un article (Cladophore, etc.), soit d'une bipartition répétée du noyau et du protoplasme, s'il s'agit d'une cellule (Schizogone, Ulve, etc.). Dans tous les cas, elles sont mises en liberté, le plus souvent par un orifice latéral ou terminal de la membrane (Cladophore, Ulve, Coléochète, etc.), quelquefois par un déboîtement circulaire (Œdogone, fig. 57, Microspore, etc.).

La formation des œufs s'opère tantôt par isogamie avec gamètes mobiles à deux cils, comme il a été expliqué pour les Schizogones et les Monostromes (I, p. 494) (Schizogone, Hormiscie, Cladophore, Trentépohlie, Monostrome, fig. 58, Ulve, etc.), tantôt par hétérogamie avec oosphère et anthérozoïde, comme il a été dit pour les Œdogones et les Sphéroplées (I, p. 486, fig. 221)

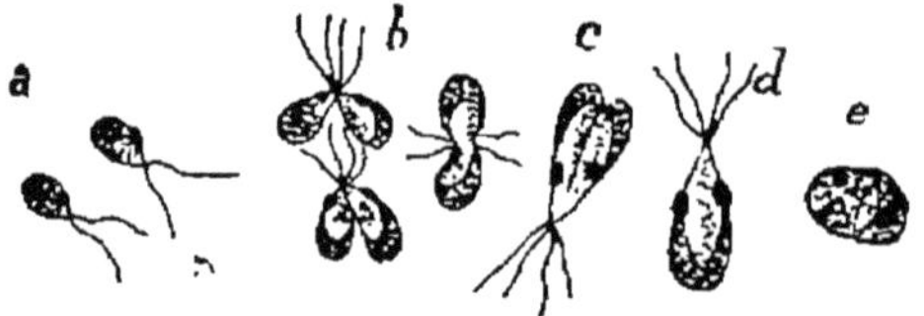

Fig. 57. Sortie de la zoospore d'un Œdogone, par déboîtement circulaire de la cellule mère.

Fig. 58. Formation de l'œuf du Monostrome bulleux.

(Œdogone, Bulbochète, Sphéroplée, Coléochète, etc.). Dans le second cas, l'oogone et l'anthéridie peuvent ressembler aux cellules ordinaires et produire plusieurs anthérozoïdes (Sphéroplée, fig. 59), ou bien être nettement différenciés et ne former qu'une seule oosphère et qu'un seul anthérozoïde (Œdogone, I, fig. 221, Coléochète, etc.). L'œuf passe à l'état de vie latente en cutinisant sa membrane (fig. 59, E); dans les Coléochètes, l'oogone se recouvre en même temps d'une assise de cellules polyédriques à membrane cutinisée. A la germination, l'œuf produit un certain nombre de spores immobiles (Coléochète) ou de zoospores (Œdogone, Sphéroplée, etc.), qui se développent bientôt en autant de thalles nouveaux.

En tenant compte à la fois de la structure du thalle et du mode de formation des œufs, on peut grouper les genres en quatre tribus, de la manière suivante :

1. *Cladophorées.* — Thalle articulaire, isogame : Siphonoclade, Chétomorphe, Rhizoclone, Cladophore, Gomontie, Microdicte, Anadyomène, etc.

2. *Sphéropléées.* — Thalle articulaire, hétérogame : Sphéroplée.

3. *Confervées.* — Thalle cellulaire, isogame : Schizogone, Hormiscie, Conferve, Microspore, Chétophore, Draparnaudie, Trentépohlie, Trichophile,

Entocladie, Céphaleure, Phycopelte, etc., avec une direction de cloisonnement ; Monostrome, Prasiole, etc., avec deux directions de cloisonnement ; Ulve, Entéromorphe, Dermatophyte, etc., avec trois directions de cloisonnement.

4. *Œdogoniées*. — Thalle cellulaire, hétérogame : Cylindrocapse, OEdogone, Bulbochète, Coléochète, etc.

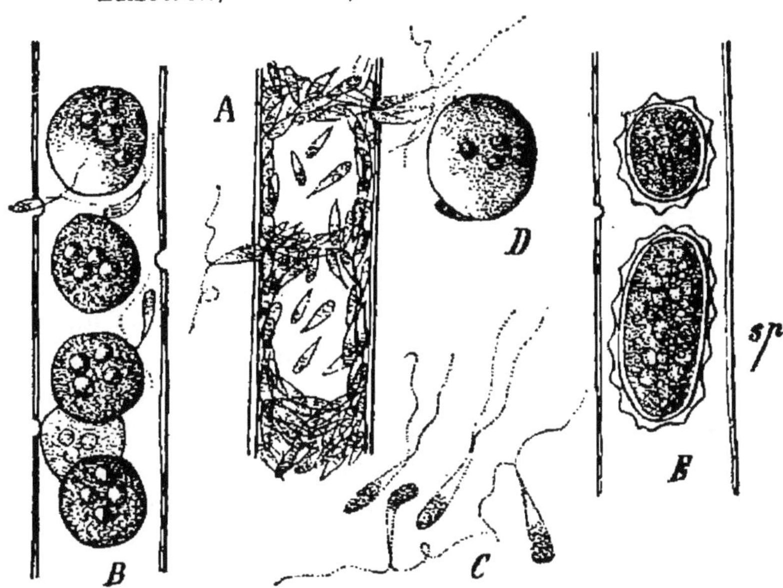

Fig. 59. Sphéroplée annelée, formation des œufs. *A*, portion d'une anthéridie, dont les anthérozoïdes s'échappent par des orifices latéraux. *B*, portion d'un oogone avec plusieurs oosphères, où les anthérozoïdes s'introduisent par des orifices latéraux. *C*, anthérozoïdes libres. *D*, fusion d'un anthérozoïde avec une oosphère ; *E*, œufs mûrs à l'intérieur de l'oogone.

Par les plantes à thalle articulaire, les Confervacées se rattachent directement aux Siphonées. Ainsi les Cladophorées, qui sont isogames, ressemblent aux Botrydiées et aux Bryopsidées, qui sont également isogames ; les Siphonoclades, par exemple, se relient aux Valonies par une série de transitions. De même les Sphéropléées, qui sont hétérogames, se rattachent aux Vauchériées, qui sont également hétérogames.

Characées. — Les Characées habitent les eaux douces ou saumâtres ; elles ne comprennent que les deux genres Charagne, ou Chara, et Nitelle, avec deux autres moins importants, Lychnothamme et Tolypelle. Leur thalle filamenteux, ramifié en verticilles, fixé à la base et dressé dans l'eau, mesure jusqu'à un mètre de hauteur, pour un à deux millimètres seulement d'épaisseur ; il prend quelquefois de la solidité en incrustant ses mem-

braues de carbonate de chaux. Le tronc principal croît indéfiniment par son sommet. Ses rameaux verticillés (fig. 60, *A*),
qui naissent successivement dans chaque verticille et alternent d'un verticille à l'autre, ont au contraire une croissance
limitée; à l'aisselle du plus âgé (Charagne) ou des deux plus
âgés (Nitelle), se voit un bourgeon, qui s'allonge plus tard en
une branche toute pareille au tronc principal.

A leur tour, ces rameaux portent un certain nombre de verticilles de ramuscules, mais qui, au lieu d'alterner, se superposent exactement; dans chacun d'eux, le ramuscule le plus âgé
et le plus grand est toujours situé au milieu de la face supérieure du rameau, et les autres vont diminuant de grandeur à
droite et à gauche. Il en résulte que le rameau tout entier, avec
ses ramuscules, n'est symétrique que par rapport au plan qui
contient son axe et celui du tronc. Tous ces caractères : croissance terminale limitée, faculté de produire des bourgeons axillaires, disposition sur le tronc en verticilles alternes, symétrie
par rapport à un plan, arrangement des ramuscules en verticilles superposés, ont fait comparer avec raison ces rameaux à
des feuilles et leurs ramuscules à des folioles ; aussi les nomme-
t-on habituellement des *feuilles* et donne-t-on par conséquent
le nom de *tige* au tronc qui les porte. C'est la première ébauche
de la différenciation du corps en tige et feuilles, qui n'arrive,
comme on sait, à sa pleine expression que dans les Muscinées.

La tige et les branches sont composées de cellules superposées en file, qui sont de deux sortes et alternent régulièrement :
les unes s'allongent beaucoup en se tordant en hélice, jusqu'à
acquérir 10 à 15 centimètres de longueur, ne se cloisonnent pas
et forment les entre-nœuds; les autres demeurent très courtes
et se divisent par des cloisons longitudinales, de manière à constituer un anneau de cellules périphériques entourant deux cellules internes : le tout forme un nœud. En s'allongeant vers
l'extérieur, les cellules périphériques du nœud produisent tout
autant de feuilles, constituées comme la tige par une alternance
de longues cellules internodales et de disques nodaux, qui à leur
tour développent leurs cellules périphériques en autant de
folioles.

Dans les Charagnes, le nœud basilaire de chaque feuille
allonge de très bonne heure sa cellule périphérique supérieure
en un tube qui s'applique intimement sur l'entre-nœud supé-

rieur, et sa cellule périphérique inférieure en un tube qui s'applique de même sur l'entre-nœud inférieur; tous ces tubes se soudent latéralement, et ceux qui montent finissent aussi par se souder à mi-chemin avec ceux qui descendent; en même temps, ils se cloisonnent. Il en résulte que chaque grande cellule internodale de la tige est de bonne heure enveloppée complètement par une couche de petites cellules, dite corticale, qui suit son allongement ultérieur et sa torsion en hélice.

Le nœud inférieur de la tige principale développe ses cellules externes en longs tubes hyalins ramifiés, çà et là cloisonnés, qui se dirigent obliquement vers le bas et s'enfoncent dans le sol, où ils fixent le thalle : ce sont les *rhizoïdes.*

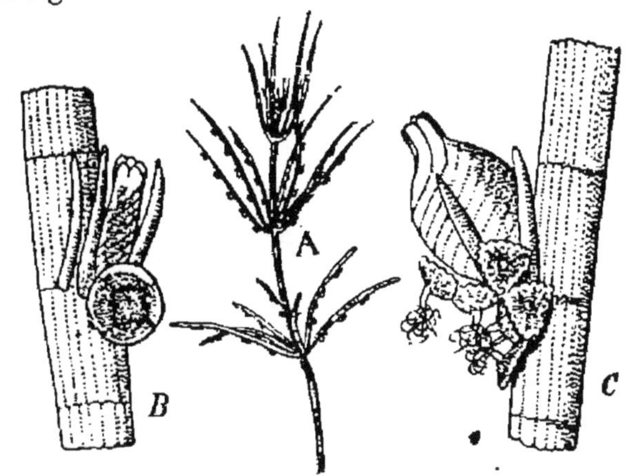

Fig. 60. Charagne fragile. *A*, un rameau dont les feuilles portent les oogones et les anthéridies ; *B*, portion de feuille montrant l'oogone sur sa face supérieure et l'anthéridie au-dessous ; *C*, la même avec l'oogone fécondé et l'anthéridie ouverte.

Les Characées sont dépourvues de spores. Les œufs s'y forment par la fusion d'un anthérozoïde et d'une oosphère, dont la différenciation est poussée plus loin que dans toutes les autres Chlorophycées. Les anthéridies et les oogones naissent sur les feuilles et côte à côte dans les espèces monoïques (fig. 60, *A*). L'anthéridie est une sphère colorée d'abord en vert, puis en rouge. Sa paroi est composée de huit cellules aplaties, dont quatre, disposées autour du pôle supérieur libre de la sphère, sont triangulaires, tandis que les quatre autres, disposées autour de la base, sont tronquées pour laisser passer la cellule qui porte l'anthéridie (fig. 60, *D* et *C*). Du milieu de la paroi interne de chaque cellule aplatie, part une cellule cylindrique qui se dirige vers l'intérieur à peu près jusqu'au centre de la cavité sphérique, où elle se termine par une cellule hyaline, arrondie en forme de tête (fig. 60 et fig. 61, 1). Toutes ensemble, ces 25 cellules constituent la charpente de l'anthéridie. Chaque tête porte en son milieu six cellules plus petites, ou têtes secon daires, de chacune desquelles procèdent ensuite, par une double dichotomie, quatre filaments longs et grêles, plusieurs fois enroulés sur eux-mêmes et qui remplissent toute la cavité de l'anthéridie (fig. 61, 1). Chacun de ces filaments, au nombre de 192, est cloisonné transversalement en une série de petites cellules discoïdes et incolores, dont le nombre varie entre 100 et 200 (fig. 61, 2). Dans chacune de ces 20 000 à 40 000 cellules

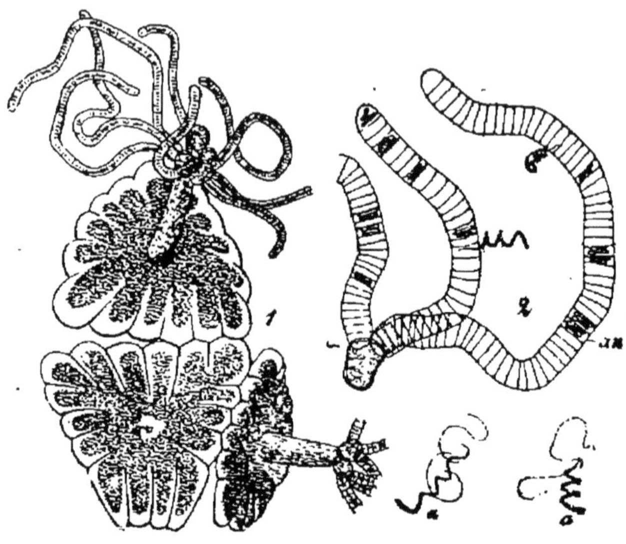

Fig. 61. Charagne fragile, structure de l'anthéridie : 1, trois cellules pariétales d'une anthéridie ouverte, montrant les filaments quatre par quatre sur les six têtes secondaires disposées au sommet de chaque cellule rayonnante; 2, sortie des anthérozoïdes de leurs cellules mères *an*; *a, a*, anthérozoïdes libres.

naît un anthérozoïde; il est constitué par un filament grêle et brillant, enroulé en spirale, provenant du noyau étiré et courbé de la cellule mère, épaissi en arrière et portant à son extrémité antérieure effilée deux cils vibratiles provenant du protoplasme de la cellule mère (fig. 61, 2, *a, a*). A la maturité, les huit cellules périphériques se séparent et ouvrent l'anthéridie (fig. 60, *C*); les anthérozoïdes quittent leurs cellules mères, dont la membrane se dissout dans l'eau, et nagent activement dans le liquide ambiant (fig. 61, 2).

L'oogone est ovoïde et se compose d'une cellule centrale, qui est l'oogone proprement dit, étroitement enveloppée par cinq tubes enroulés en spirale (fig. 60, *B* et *C*). Issus d'une cellule nodale située sous l'oogone et qui est elle-même rattachée à la feuille par une cellule basilaire, ces tubes dépassent le sommet de la cellule centrale et ce prolongement en forme de couronne est composé, dans les Charagnes et Lychnothamnes, de cinq cellules, dans les Nitelles et Tolypelles de cinq paires de cellules plus petites. Au moment de la fécondation, les tubes s'écartent latéralement dans la partie inférieure de la couronne, et c'est par les fentes ainsi produites que les anthérozoïdes pénètrent dans l'oogone, dont la membrane s'est alors gélifiée au sommet, et se fusionnent avec l'oosphère qu'il contient.

L'œuf ainsi formé s'entoure d'une membrane propre et passe à l'état de vie latente, tandis que la paroi interne des tubes se lignifie et se colore en noir; plus tard, la paroi externe des tubes et la couronne se détruisent, ne laissant adhérer à la surface de l'œuf que la paroi interne lignifiée et les parois latérales, qui y dessinent autant de crêtes spirales. A la germination, l'œuf se divise, par une cloison transversale voisine de l'extrémité qui correspond à la couronne, en une grande cellule inactive qui sert de réservoir nutritif et une petite cellule qui rompt en cinq valves l'enveloppe dure et s'allonge au dehors pour produire le thalle.

Les quatre genres se groupent en deux tribus :

1. *Nitellées.* — Tubes spiralés de l'oogone tricellulaires, pas de cortication : Nitelle, Tolypelle.

2. *Charées.* — Tubes spiralés de l'oogone bicellulaires, presque toujours cortication : Charagne, Lychnothamne.

ORDRE III

Phéophycées.

Caractères généraux. — La plupart des Phéophycées sont marines ; quelques-unes habitent les eaux douces (Pleurocladie, Hydrure, etc., diverses Péridiniacées, beaucoup de Cryptomonadées, de Chromulinées, Diatomacées, etc.). Parfois unicellulaire, sans cloisonnement (Péridiniacées), leur thalle est ordinairement cloisonné en cellules, quelquefois dans une seule direction en forme de filament simple ou rameux (Ectocarpe, etc.), le plus souvent dans les trois directions en forme de massif plus ou moins épais, simple (Chorde, etc.) ou diversement ramifié (Varec, etc.). Dans ce dernier cas, il se différencie parfois profondément, offrant à la base un crampon rameux qui fait fonc-

7.

tion de racine, au milieu des parties longues et cylindriques analogues à des tiges, au sommet des parties aplaties et minces semblables à des feuilles, et d'autres renflées en boule et pleines d'air, jouant le rôle de flotteurs (Sargasse, Macrocyste, etc.); il peut acquérir alors une dimension considérable, plusieurs centaines de mètres de longueur (Macrocyste, etc.). Les cellules sont munies d'un noyau et de phéoleucites, mais dépourvues d'amidon. Elles gélifient souvent la couche externe de leur membrane; d'ordinaire la gelée est résistante et les cellules demeurent unies; mais quelquefois les cloisons se gélifient et se liquéfient dans leur lame moyenne aussitôt après leur formation, de façon que les cellules s'isolent à mesure qu'elles se divisent et que le thalle est à toute époque composé de cellules libres (la plupart des Cryptomonadacées et des Diatomacées). On retrouve donc ici les divers états dissociés déjà rencontrés parmi les Cyanophycées, chez les Chroococcées, et parmi les Chlorophycées, chez les Palmellacées.

La multiplication a lieu quelquefois par spores immobiles (Dictyotacées, Diatomacées, etc.), le plus souvent par zoospores munies parfois d'un seul cil (Hydrurées, Chromulinées) ou de deux cils antérieurs (Cryptomonadées), plus fréquemment de deux cils attachés latéralement et dirigés l'un en avant, en manière de rame, l'autre en arrière, en forme de gouvernail. Les Fucacées sont dépourvues de spores.

L'œuf est produit tantôt par isogamie avec gamètes immobiles (Diatomacées, etc.) ou mobiles (Ectocarpe, Laminaire, etc.), tantôt par hétérogamie avec gamètes immobiles tous les deux (Dictyote, etc.) ou avec anthérozoïde et oosphère (Varec, etc.). Sans passer à l'état de vie latente, il germe directement en un nouveau thalle.

Division de l'ordre des Phéophycées en six familles. — D'après la conformation du thalle et le mode de reproduction, l'ordre des Phéophycées se divise, comme il suit, en six familles :

	non cloisonné, unicellulaire................		*Péridiniacées.*
	cloisonné en cellules	dissociées, à membrane { non silicifiée	*Cryptomonadacées.*
Thalle		silicifiée...........	*Diatomacées.*
		associées. { Zoospores	*Phéozoosporées.*
		Spores immobiles...	*Dictyotacées.*
		Pas de spores.......	*Fucacées.*

Péridiniacées. — La plupart des Péridiniacées vivent dans la mer, à la surface de l'eau, et plusieurs sont phosphorescentes (Hirondinelle fuseau, H. trépied, etc.). Divers genres sont pourtant représentés dans les eaux douces, mais aucune des espèces d'eau douce n'est douée de phosphorescence (Glénodine, Péridine, etc.). Leur thalle est et demeure unicellulaire, la cellule ne se cloisonnant pas; sous ce rapport, il ressemble à celui des Protococcacées parmi les Chlorophycées. Il ressemble surtout à celui des Hématococcées, parce que la cellule y est habituellement mobile à l'aide de cils vibratiles.

Il y a deux cils, mais disposés tout autrement que chez les Hématococcées. Ils sont attachés latéralement (fig. 62); l'un se dirige en arrière dans un court sillon longitudinal; l'autre s'infléchit latéralement dans un sillon transversal et ses vibrations produisent l'effet d'une ceinture de cils. La membrane est cellulosique, tantôt lisse et fine au point de paraître faire défaut (Glénodine, fig. 62, Gymnodine, etc.), tantôt au contraire épaisse et pourvue d'une sculpture en réseau (Péridine, Hirondinelle, etc.).

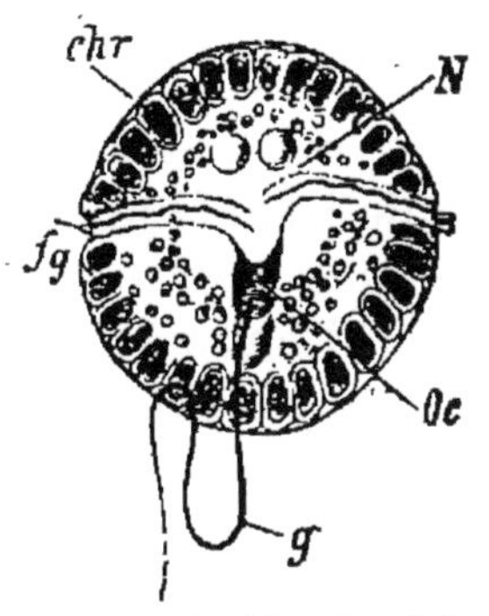

Fig. 62. Glénodine à ceinture; *fg*, cil du sillon transversal; *g*, cil du sillon postérieur; *oc*, point rouge; *ch*, phéoleucites; *n*, noyau.

Sous la membrane, le protoplasme renferme une couche de petits phéoleucites jaune brun, et à la base des cils un point rouge. Mais on trouve aussi çà et là, dans divers genres, des espèces incolores (Péridine divergent, Diplopsale lenticulé, etc.).

De temps à autre, la cellule s'arrête, perd ses cils, divise d'abord transversalement son noyau, puis longitudinalement son protoplasme et produit ainsi deux zoospores, qui s'échappent successivement par une ouverture de la membrane.

On y a observé aussi une fusion deux par deux de cellules ciliées, produisant une cellule sphérique, entourée d'une épaisse membrane de cellulose et dont le contenu est brun foncé. Cette cellule est un œuf formé par isogamie. D'après la structure de la membrane, les genres sont groupés en deux tribus :

1. *Glénodiniées.* — Membrane mince et lisse : Glénodine, Gymnodine, Amphidine, Hémidine, etc.

2. *Péridiniées.* — Membrane épaisse et sculptée : Péridine, Hirondinelle, Goniodome, Diplopsale, etc.

Cryptomonadacées. — Le thalle des Cryptomonadacées est cloisonné en cellules; mais de bonne heure la lamelle moyenne de chaque cloison se dissout ou se gélifie, de manière à séparer les cellules dans le liquide ambiant ou dans une substance gélatineuse; en un mot, le thalle y est dissocié. Sous ce rapport, ces plantes ressemblent donc aux Palmellacées parmi les Chlorophycées. Les cellules sont quelquefois dépourvues à la fois de chlorophylle et de phycophéine (Chilomonade).

La multiplication s'y opère par des zoospores à un cil (Hydrure, Chromophyte, Chromuline, Microglène, etc.), ou à deux cils antérieurs (Cryptomonade, Hyménomonade, Synure, Chilomonade, etc.). Quelquefois la phase de zoospore dure peu et le thalle est habituellement immobile (Hydrure, Chromophyte, etc.) Le plus souvent la phase de zoospore est durable et le thalle est ordinairement mobile (Chromuline, Cryptomonade, etc.).

On n'y a pas jusqu'à présent observé d'œufs.

En tenant compte de la durée de la mobilité des zoospores et du nombre de leurs cils, on groupe les genres en trois tribus, comme il suit :

1. *Hydrurées.* — Thalle habituellement immobile : Hydrure, Chromophyte, Zooxanthelle, etc.

2. *Cryptomonadées.* — Thalle habituellement mobile, avec deux cils : Cryptomonade, Hyménomonade, Néphroselme, Synure, Syncrypte, Chilomonade, etc.

3. *Chromulinées.* — Thalle habituellement mobile, avec un cil : Chromuline, Microglène, Epipyxide, Dinobrye, Uroglène, etc.

De même que les Péridiniacées correspondent aux Hématococcées parmi les Protococcacées, de même les Hydrurées répondent aux Palmellées, les Cryptomonadées aux Diselmées, les Chromulinées aux Euglénées et, par conséquent, la famille tout entière des Cryptomonadacées à la famille tout entière des Palmellacées parmi les Chlorophycées.

Diatomacées. — Les Diatomacées vivent en nombre immense au fond des eaux douces, saumâtres ou salées, et aussi sur la terre humide, couvrant toutes les surfaces d'une couche brune et gélatineuse. Toujours cloisonné dans une seule direction, leur thalle conserve quelquefois ses cellules unies en un filament simple (Mélosire, Fragilaire, etc.); mais le plus souvent il les dissocie après chaque cloisonnement, de sorte que les cellules vivent isolées dans le liquide, ordinairement libres (Navicule, Pinnulaire, etc.), parfois fixées sur un pédicelle gélatineux (Gomphonème, Lycmophore, etc.) ou enveloppées complètement dans une gangue gélatineuse solide qui peut se développer en cordons régulièrement ramifiés, mesurant parfois plus d'un décimètre de longueur (Schizonème, Encyonème, etc.). Sous tous ces rapports, le thalle n'est pas sans analogie avec celui des Desmidiées. Comme chez les Desmidiées aussi, quand elles sont isolées et libres, les cellules sont mobiles; elles rampent sur les corps solides, sans organes moteurs visibles. Mais, contrairement aux Desmidiées, les cellules isolées ont ici leur plus grande dimension perpendiculaire au filament idéal dont elles font partie, c'est-à-dire au sens du cloisonnement; cette dimension peut atteindre jusqu'à 2 (Coscinodisque) et même 3 millimètres (Synèdre, Thallothriche). La plus petite dimension est toujours dirigée dans l'axe du filament. Vue suivant l'axe du filament, la forme des cellules varie d'ailleurs beaucoup : circulaire (Actinocycle, Coscinodisque, etc.), elliptique allongée (Pinnulaire, fig. 63); en losange (Navicule, etc.), courbée en S (Pleuro-

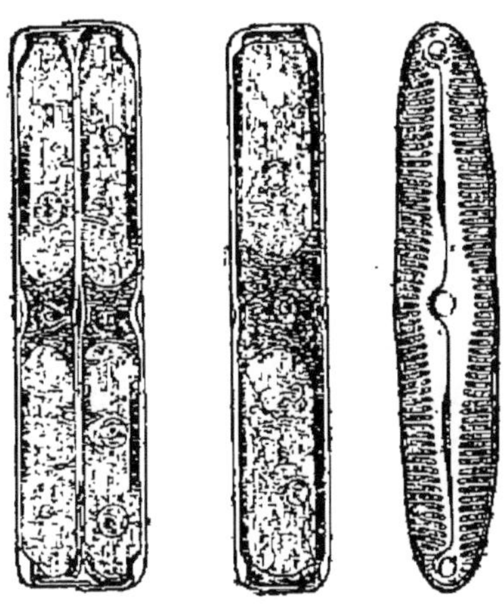

Fig. 63. Pinnulaire verte. A droite, la cellule est vue de face, montrant la sculpture de sa membrane; au milieu, de profil, montrant son protoplasme, son noyau, ses leucites et ses deux valves emboîtées; à gauche, de profil aussi, mais après le cloisonnement qui la divise en deux cellules à valves emboîtées.

sigme), triangulaire (Tricérate), quadrangulaire (Amphitétrade), parfois avec ses sommets étirés en quatre longues cornes (Chétocère), fortement allongée avec extrémités arrondies ou pointues (Synèdre).

Souvent ornée des sculptures les plus élégantes et les plus variées (fig. 63), la membrane des cellules est toujours fortement silicifiée, incapable de croître par conséquent une fois formée et se conservant indéfiniment après la mort ou même après l'incinération. C'est là le caractère le plus original de ces plantes, par où elles se distinguent non seulement des

autres Thallophytes, mais de tous les autres végétaux. Grâce
à lui, elles jouent un rôle important dans la constitution des
dépôts sédimentaires qui s'accumulent au fond des mers, des
estuaires et des lacs. Ce rôle, elles l'ont joué aussi dans les
temps anciens et l'on rencontre aujourd'hui dans l'écorce terrestre des couches d'une grande surface et d'une grande épaisseur, composées en majeure partie et quelquefois exclusivement de membranes siliceuses de Diatomacées : ceux de Berlin
et de Kœnigsberg sont d'origine récente; ceux de Richmond,
aux États-Unis, de Caltanisetta, en Sicile, d'Oran, en Algérie,
remontent à l'époque tertiaire; ces roches pulvérulentes servent
à polir les métaux; on les nomme *tripoli*. Quand le dépôt est
exclusivement formé de carapaces de Diatomacées, il est blanc
et son homogénéité le rend précieux pour entrer, sans danger
d'explosion, en mélange avec la nitroglycérine dans la composition de la *dynamite*.

Malgré cette silicification et la rigidité qui en résulte, il est
nécessaire que la cellule puisse se contracter et se dilater dans
une certaine mesure; aussi la membrane siliceuse est-elle
divisée en deux moitiés ou valves, étroitement emboîtées, qui
peuvent jouer l'une sur l'autre comme une boîte dans son
couvercle (fig. 63). Le mouvement de reptation a toujours lieu
sur la face des valves, jamais sur les côtés emboîtés. Quand la
cellule se dispose à se cloisonner, elle se dilate, l'emboîtement
diminue jusqu'à ce que les bords du couvercle et de la boîte
arrivent au même niveau; puis le noyau se divise et entre les
deux nouveaux noyaux se forme, parallèlement aux valves,
une cloison dont les deux couches externes se replient en sens
inverse sur le pourtour, tandis que la couche moyenne se gélifie
et se dissout, séparant ainsi les deux nouvelles cellules (fig. 63).
Il résulte de là que, dans toute cellule, la boîte est plus jeune
que le couvercle, et que les cellules, à mesure qu'elles se divisent, deviennent de plus en plus petites.

Quand elles sont parvenues de la sorte à un certain minimum
de grandeur, chacune d'elles produit une ou deux spores. A cet
effet, elle sépare et rejette latéralement ses deux valves sili-
cifiées, puis s'entoure d'une fine membrane de cellulose et
constitue une spore. Celle-ci s'accroît d'abord jusqu'à atteindre
une certaine dimension maximum, ce qui lui a valu le nom
d'*auxospore*; puis, sous la membrane de cellulose qui ne tarde

pas à se détruire, elle produit une membrane silicifiée, formée de deux moitiés successives emboîtées l'une dans l'autre; après quoi le cloisonnement recommence, jusqu'à ce que la dimension des cellules soit redescendue au minimum de grandeur où s'opère une nouvelle formation de spores (Cocconéide, Cyclotelle, Mélosire, Coscinodisque, etc.). Quelquefois, au moment de se dépouiller de sa membrane silicifiée, la cellule se divise en deux cellules filles, qui s'isolent, se revêtent d'une membrane cellulosique et constituent deux auxospores, produisant plus tard deux thalles distincts (Rhabdonème, Achnanthe, etc.).

Dans quelques-unes de ces plantes, après avoir rejeté leur enveloppe siliceuse et avant de s'être revêtus de leur membrane cellulosique, les protoplasmes de deux cellules voisines s'unissent et se fondent l'un dans l'autre; puis, le tout s'enveloppe d'une membrane de cellulose et constitue un œuf, qui grandit et donne naissance à un nouveau thalle, comme s'il s'agissait d'une simple spore. L'œuf s'y produit donc par isogamie avec gamètes immobiles (Surirelle, Cymatopleure, Épithémie, Amphore, etc.).

En se fondant sur le nombre et la disposition des phéoleucites, ainsi que sur la symétrie des valves, on groupe les genres en six tribus :

I. — Phéoleucites en grains nombreux.

> 1. *Mélosirées.* — Valves centriques : Mélosire, Coscinodisque, Eupodisque, Biddulphie, Cyclotelle, etc.
> 2. *Fragilariées.* — Valves bilatérales : Fragilaire, Tabellaire, Diatome, Méride, Licmophore, etc.

II. Phéoleucites en une ou deux plaques.

> 3. *Cocconéidées.* — Une plaque valvaire : Cocconéide, etc.
> 4. *Gomphonémées.* — Une plaque latérale : Nitchie, Amphore, Cocconème, Cymbelle, Gomphonème, etc.
> 5. *Surirellées.* — Deux plaques valvaires : Eunotie, Synèdre, Surirelle, Cymatopleure, etc.
> 6. *Amphipleurées.* — Deux plaques latérales : Amphipleure, Plagiotrope, Navicule, Pinnulaire, Achnanthe, Pleurosigme, Stauronéide, etc.

Phéozoosporées. — A quelques exceptions près (Pleurocladie, Lithoderme, Phéothamne, etc.), toutes les Phéozoosporées sont marines. Le thalle n'est quelquefois cloisonné que dans une seule direction et se compose d'un filament ramifié, dont les branches sont tantôt libres et nues (Ectocarpe, Tiloptéride, etc.), tantôt enchevêtrées et soudées en un corps massif (Myriacte, Élachistée, Mésoglée, etc.), tantôt revêtues seulement d'une couche corticale plus ou moins épaisse, formée par des rameaux enchevêtrés et soudés (Desmarétie, Arthrocladie, etc.). Le plus souvent, il est cloisonné dans les trois directions, massif et prenant les formes les plus diverses; suivant les genres, sa croissance s'opère alors uniformément par toute la surface (Ponctaire, Aspérocoque, etc.), par le bord (Cutlérie, etc.), par le sommet à l'aide d'une grande cellule terminale (Sphacélaire, Stypocaule, etc.), ou par une zone intercalaire (Laminaire, Lessonie, etc.). Dans ce dernier cas, le thalle peut acquérir une très grande dimension; celui des Lessonies mesure plus de 4 mètres de haut avec environ 0^m,20 de largeur à la base; celui des Macrocystes est grêle, mais dépasse 200 mètres de longueur. Sa forme générale est celle d'une feuille longuement pétiolée, fixée aux rochers par un crampon rameux; le pied est simple dans les Laminaires, dichotome dans les Lessonies, ramifié latéralement dans les Macrocystes, où chaque rameau est renflé à la base en un flotteur piriforme. Au point d'union du pied et de la lame, se trouve la zone de croissance intercalaire, qui produit chaque année vers le bas un tronçon cylindrique s'ajoutant au pied ancien qui est vivace, vers le haut une lame nouvelle soulevant la lame ancienne qui se détache et tombe.

Toutes les Phéozoosporées se multiplient par des zoospores piriformes, munies d'un point rouge et de deux cils attachés latéralement en face de ce point rouge et dirigés l'un en avant, l'autre en arrière (fig. 64). Elles naissent en plus ou moins grand nombre dans des cellules mères, ou zoosporanges, et s'en échappent par une ouverture de la membrane, ordinairement terminale. Quand le thalle est filamenteux, les zoosporanges occupent le plus souvent le sommet soit de branches ordinaires, soit de courts rameaux différenciés à cet effet dès le début (Ectocarpe, Mésoglée, etc.). Quand il est massif, ce sont certaines cellules périphériques qui se développent en zoosporanges, également répandus sur toute la surface (Phyllite, etc.), ou localisés en certaines places (Ponctaire, Laminaire, etc.). Quelquefois ces cellules ne diffèrent en rien des cellules ordinaires (Phyllite, Ponctaire, etc.); ailleurs, au contraire, elles s'élèvent au-dessus de la surface en forme de poils cylindriques (Zanardinie, fig. 64, Cutlérie, etc.), ou renflés en sphère (Laminaire, Aspérocoque, etc.), entremêlés de poils stériles ou paraphyses.

La formation des œufs s'opère, suivant les genres, de trois manières différentes, savoir : par isogamie avec gamètes mobiles (Ectocarpe, Scytosiphon, etc.); par hétérogamie avec anthérozoïde et oosphère mobiles tous les deux (Zanardinie, fig. 65, Cutlérie, etc.); par hétérogamie avec anthérozoïde mobile et oosphère immobile (Tiloptéride, etc.).

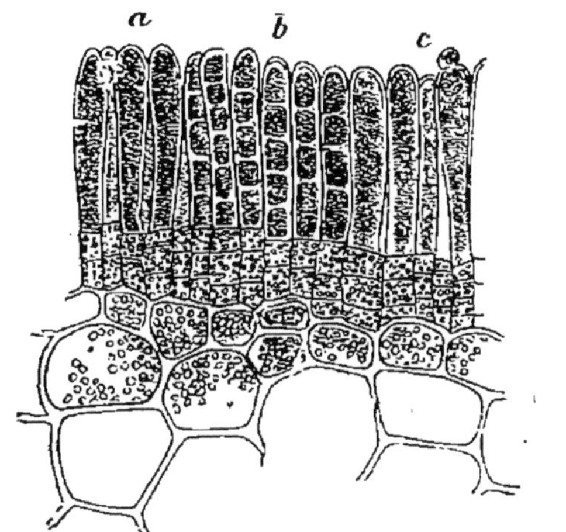

Fig. 64. Zanardinie à collier, formation des zoospores; *a*, zoosporanges jeunes; *b*, division en zoospores unisériées; *c, c,* sortie des zoospores et zoospores libres, en haut.

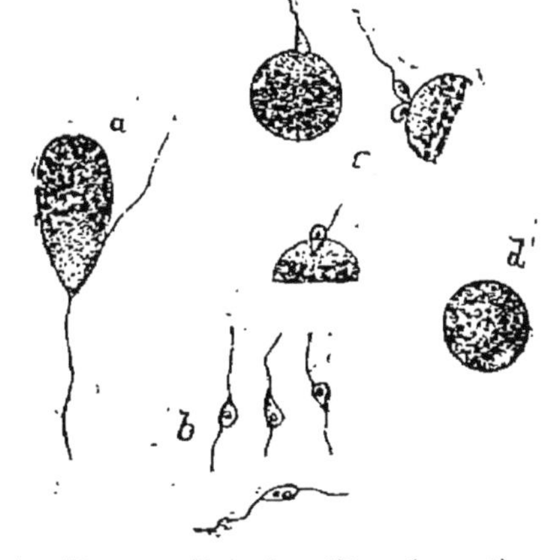

Fig. 65. Zanardinie à collier, formation de l'œuf; *a*, oosphère ciliée ; *b*, anthérozoïdes ciliés; *c*, pénétration de l'anthérozoïde dans l'oosphère, qui a préalablement perdu ses cils; *d*, œuf.

Dans le premier cas, les gamètes naissent dans des cellules qui, au lieu de rester simples comme les zoosporanges, se cloisonnent d'abord; puis chaque logette produit par division un certain nombre de gamètes à deux cils, tout semblables aux zoospores, mais plus petits. Pour les mettre en liberté, la membrane se perce ordinairement au sommet et les cloisons des logettes se dissolvent progressivement de haut en bas. Ils s'unissent ensuite deux par deux pour produire les œufs.

Dans le second cas (fig. 65), les gamétanges sont également pluriloculaires, mais il y en a de deux sortes : les uns, à logettes plus petites et plus nombreuses, sont des anthéridies et produisent ordinairement huit anthérozoïdes par cellule; les autres, à logettes plus grandes et moins nombreuses, sont des oogones et ne forment qu'une seule oosphère par cellule. Anthérozoïdes et oosphères s'échappent par autant d'ouvertures qu'il y a de logettes et se meuvent d'abord de la même manière (a, b), puis les oosphères s'arrêtent et c'est seulement alors qu'un anthérozoïde pénètre dans chacune d'elles (c) et s'y unit pour former l'œuf (d).

Enfin dans le troisième cas, la différenciation des gamétanges est poussée plus loin encore, car les oogones sont uniloculaires et ne forment qu'une seule et grande oosphère, immobile à tout âge, qui est expulsée par une ouverture de la membrane.

Partout, l'œuf germe tout de suite sans passer à l'état de vie latente.

En tenant compte à la fois du mode de formation des œufs et du mode de croissance du thalle, on groupe les genres de cette vaste famille en six tribus :

I. — Isogamie à gamètes mobiles.
    1. *Ectocarpées.* — Thalle filamenteux : Ectocarpe, Desmarétie, Arthrocladie, Mésoglée, Myriacte, Élachistée, etc.
    2. *Sphacélariées.* — Thalle massif à croissance terminale : Sphacélaire, Chétoptéride, Stypocaule, Cladostèphe, etc.
    3. *Ponctariées.* — Thalle massif à croissance superficielle uniforme : Ponctaire, Phyllite, Scytosiphon, Aspérocoque, etc.
    4. *Laminariées.* — Thalle massif à croissance intercalaire : Laminaire, Alaire, Macrocyste, Lessonie, etc.

II. — Hétérogamie avec oosphère mobile.
    5. *Cutlériées.* — Thalle membraneux à croissance marginale : Cutlérie, Zanardinie.

III. — Hétérogamie avec oosphère immobile.
    6. *Tiloptéridées.* — Thalle filamenteux à croissance intercalaire : Tiloptéride, Haplospore, etc.

Dictyotacées. — Les Dictyotacées sont une petite famille de Phéophycées marines, composée seulement de six genres. Toujours cloisonné dans les trois directions, leur thalle est aplati en lame mince (Zonaire, Padine) ou en ruban (Dictyote, Phycoptéride, etc.), et se ramifie en dichotomie dans un seul et même plan.

Les spores sont immobiles, naissent par quatre dans des

sporanges formés par la croissance de certaines cellules périphériques qui proéminent au-dessus de la surface, et s'en
échappent par un orifice terminal.

Les œufs se forment par hétérogamie avec gamètes libres et
immobiles. Anthéridies et oogones naissent sur le thalle à la
façon des sporanges, mais l'anthéridie produit et met en liberté
un grand nombre de petits anthérozoïdes incolores et immobiles, tandis que l'oogone ne donne et n'expulse qu'une seule
grosse oosphère brune, comme dans les Tiloptéridées. La fusion
d'un anthérozoïde et d'une oosphère produit l'œuf, qui germe
aussitôt sans passer par l'état de vie latente.

Fucacées. — Toujours cloisonné dans les trois directions et
fixé aux rochers par un crampon rameux, le thalle des Fucacées tantôt prend dans toute son étendue la forme d'un cordon
ou d'un ruban dichotome, comme dans les Varecs ou Fucus,
tantôt possède à la fois des parties cylindriques analogues à
des tiges et des parties aplaties semblables à des feuilles, comme
dans les Sargasses. Dans tous les cas, sa couche corticale est
creusée de cryptes pilifères arrondies, communiquant au dehors
par un étroit orifice. Elle est, en outre, chez plusieurs de ces
plantes, munie de vésicules closes pleines d'un gaz qui paraît
être de l'azote pur et qui jouent le rôle de flotteurs; quand le
thalle est peu différencié, elles se forment çà et là à des places
indéterminées (Varec vésiculeux, Ascophylle noueux, etc.):
quand il est fortement différencié, au contraire, ce sont toujours de petits rameaux spécialisés qui se renflent en vésicules
et les flotteurs ressemblent à des fruits pédicellés (Sargasse
baccifère, etc.). C'est grâce à ces flotteurs que s'accumulent
peu à peu à la surface de l'eau, notamment dans la moitié
septentrionale de l'océan Atlantique, ces grands amas de thalles
du Sargasse baccifère, sortes de prairies flottantes, qui portent
le nom de *mers de Sargasse.*

Totalement dépourvues de spores, les Fucacées ne se reproduisent que par des œufs, formés par hétérogamie avec anthérozoïdes mobiles, comme il a été expliqué pour les Varecs
(I, p. 489, fig. 222). Anthéridies et oogones sont souvent réunis
côte à côte dans le même conceptacle (Halidre, Pelvétie, Carpoglosse, Myriodesme, Cystosire, Varec platycarpe, etc.), quelquefois séparés dans des conceptacles distincts situés dans des
thalles différents, c'est-à-dire avec diœcie (Himanthalie, Asco-

phylle, Varec denté, V. vésiculeux, etc.). Les conceptacles sont répartis uniformément sur toute la surface (Durvillée, Myriodesme, etc.), ou localisés sur les extrémités renflées et charnues du thalle (Varec, Ascophylle, Pelvétie, etc.); quelquefois les segments fertiles se différencient davantage et prennent la forme d'une gousse (Halidre, etc.), ou se ramifient en une sorte de grappe composée (Anthophyce). L'anthéridie produit toujours de nombreux anthérozoïdes, mais l'oogone forme tantôt une seule oosphère (Himanthalie, Cystosire, etc.), tantôt deux (Pelvétie), quatre (Ascophylle) ou huit oosphères (Varec).

D'après la répartition uniforme ou localisée des conceptacles sur le thalle, les genres se groupent en deux tribus :

1. *Myriodesmées.* — Conceptacles répartis uniformément : Durvillée, Myriodesme, Himanthalie, etc.
2. *Fucées.* — Conceptacles localisés au sommet des branches : Cystosire, Varec, Ascophylle, Pelvétie, Halidre, Sargasse, Anthophyce, etc.

ORDRE IV

Floridées.

Caractères généraux. — Les Floridées sont en très grande majorité marines; quelques-unes seulement vivent dans les eaux douces à cours très rapide (Batrachosperme, Lémanée, etc.). Toujours fixé par sa base, le thalle est toujours cloisonné en cellules, tantôt dans une seule direction en forme de filament, simple (Bangie) ou très rameux (Callithamne, Griffithie, etc.) et s'enveloppant parfois d'une couche corticale (Batrachosperme, Cérame, etc.), tantôt dans les deux directions du plan en une simple assise de cellules (Porphyre), le plus souvent dans les trois directions de l'espace en une lame massive, plus ou moins épaisse, entière (Schizyménie, etc.) ou diversement découpée (Delessérie, Calophyllite, etc.), ou en un cordon ordinairement ramifié soit en dichotomie (Furcellaire, Chondre, Polyide, etc.), soit suivant le mode penné (Gigartine, Gélide, Laurencie, etc.), parfois développé en sympode (Plocame, Dasie, etc.).

Dans ce dernier cas, les branches se différencient quelquefois : les unes s'allongent indéfiniment, les autres ont une croissance limitée. Celles-ci sont distribuées régulièrement sur les premières, soit en verticilles, soit isolément avec des divergences comme $\frac{1}{2}$, $\frac{1}{3}$, $\frac{2}{5}$, $\frac{3}{8}$, etc. (Polysiphonie, etc.); elles sont quelquefois aplaties perpendiculairement à l'axe cylindrique qui les porte (Constantinée, etc.); elles produisent quelquefois à leur base un rameau axillaire (Chondriopse, diverses Polysiphonies, etc.). Sous tous ces rapports, elles ont avec les feuilles des plantes supérieures une ressemblance analogue à celle qui a été rencontrée chez les Characées; si on leur donne le nom de feuilles, l'axe qui les porte sera une tige. Quelque compliquée que soit sa forme, le thalle n'atteint que d'assez petites dimensions; il dépasse rarement quelques décimètres.

Toujours munies d'un noyau et d'érythroleucites sans amidon, les cellules forment dans leur protoplasme des grains ayant la forme, la structure et les propriétés optiques des grains d'amidon, mais ne bleuissant pas par l'iode; ce réactif leur communique une teinte jaune rougeâtre, acajou plus ou moins foncé : on peut les regarder comme des grains d'amylodextrine. Les membranes gélifient d'ordinaire leur couche externe, quelquefois très fortement (Chondre, Gigartine, Gléopelte, etc.); dans l'eau bouillante, le thalle se convertit alors en une gelée épaisse et nutritive, connue sous le nom de *gélose* ou d'*agar-agar*. Parfois, au contraire, les membranes s'incrustent de carbonate de chaux et le thalle prend l'aspect et la dureté du corail (Coralline, Mélobésie, etc.). Les cloisons séparatrices des cellules portent ordinairement à leur centre une ponctuation criblée qui facilite les échanges diffusifs.

La multiplication a lieu par des spores qui naissent habituellement par quatre dans une cellule et sont nommées *tétraspores* (fig. 66). A cet effet, la cellule mère, ou *tétrasporange*, se divise en quatre soit simultanément (*a*), soit par deux bipartitions successives; puis les cloisons se gélifient, la membrane de la cellule mère se perce au sommet (*b*), et les quatre spores s'échappent sans se mouvoir (*c*); elles s'enveloppent bientôt d'une membrane cellulosique propre et germent tout de suite en autant de nouveaux thalles. Dans les Floridées filamenteuses, ce sont les cellules terminales de courts rameaux latéraux qui se développent en tétrasporanges (Callithamne, fig. 66, Griffithie, Dudresnaie, etc.). Dans les Floridées massives, les tétrasporanges se forment le plus souvent à l'intérieur de la couche corticale; quelquefois ils tapissent le fond d'un conceptacle en forme de bouteille (Coralline, etc.).

La formation de l'œuf des Floridées par hétérogamie avec

Fig. 66. Callithamne à corymbe, formation des tétraspores : *a,* cloisonnement de la cellule; *b,* sortie des spores *c.*

anthéroïdes immobiles et son développement sur la plante mère en un sporogone, c'est-à-dire en un corps embryonnaire produisant des spores de passage dont la germination immédiate donne autant de thalles nouveaux, ont été décrits dans leurs traits généraux (I, p. 490, fig. 223, et p. 495). Pour les distinguer des tétraspores, qui sont les vraies spores, ces spores de passage, qui ne sont pour ainsi dire que la monnaie de l'œuf, peuvent être nommées *protospores.*

Le développement de l'œuf en sporogone est souvent direct, c'est-à-dire que l'œuf bourgeonne à sa surface pour produire les filaments générateurs des protospores : c'est le cas le plus simple, étudié (I, p. 495, fig. 223, B et C). Mais fréquemment aussi le sporogone ne procède pas directement de l'œuf; au voisinage de l'œuf, on trouve alors une cellule prédestinée pour servir de nourrice à l'œuf lors de son développement. C'est la cellule *auxiliaire.* L'œuf se borne à pousser un tube de longueur suffisante pour atteindre la cellule auxiliaire, s'anastomoser avec elle et y déverser tout son contenu. Après quoi, la cellule auxiliaire, qui a reçu en elle le corps de l'œuf et y a ajouté sa propre substance, bourgeonne comme fait l'œuf lui-même dans le premier cas et produit le sporogone.

Que son développement soit direct ou indirect, la forme et le mode de nutrition du sporogone varient aussi suivant les genres. Ici, c'est un buisson de rameaux peu divergents, qui ne se nourrit que par le point de contact de l'œuf ou de l'auxiliaire avec le thalle sous-jacent (I, fig. 223, B et C). Là, ce sont des branches divergentes et rampantes qui, partant de l'œuf ou de l'auxiliaire, s'enfoncent dans le thalle, s'y ramifient en tous sens, s'anastomosant çà et là avec les cellules végétatives (fig. 67) et produisant, autour de chacun de ces centres de nutrition, d'abord de nouvelles branches rampantes, puis un rameau dressé, fertile. De sorte que, dans sa végétation rampante et parasitaire, le même sporogone produit un grand nombre de massifs de protospores, espacés les uns des autres.

Dans tous les cas, les protospores naissent solitaires dans les cellules du sporogone, s'échappent de la cellule mère par la déchirure de la membrane, se revêtent bientôt d'une membrane cellulosique propre et germent aussitôt. D'ordinaire elles donnent directement un nouveau thalle; mais quelquefois elles développent d'abord un système de filaments rameux, comparable au protonème des Mousses, d'où procèdent plus tard, par bourgeonnement, un ou plusieurs thalles définitifs (Lémanée, Batrachosperme, etc.).

Enfin dans quelques genres de Floridées, l'œuf ne grandit pas sensiblement. Il se borne à se cloisonner dans les trois directions et à produire une spore dans chacune des cellules ainsi formées (Bangie, Porphyre). Le sporogone s'y réduit à un sporange.

Division de l'ordre des Floridées en cinq familles. — D'après le mode de formation direct ou indirect de l'œuf, et

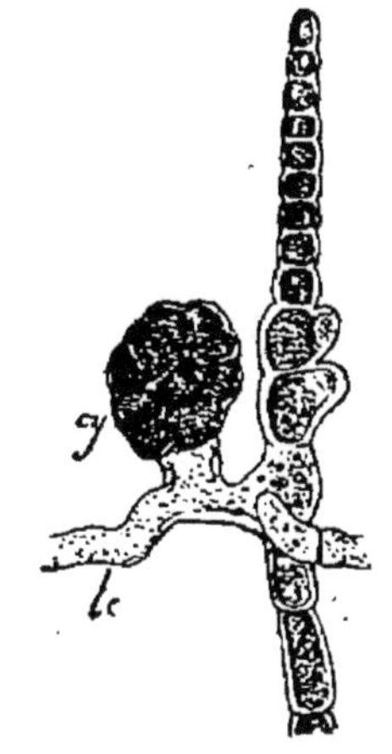

Fig. 67. Polyide rond; *tc*, l'un des rameaux grêles du sporogone, s'anastomosant avec une cellule végétative et produisant à droite un nouveau rameau rampant, à gauche un rameau dressé portant un amas de protospores *cy*.

d'après la structure du sporogone, suivant qu'il se réduit à un sporange ou qu'il se développe en un appareil filamenteux à spores exogènes et dans ce dernier cas, suivant qu'il est simple, c'est-à-dire ne produit qu'un seul amas sporifère, ou composé, c'est-à-dire donne naissance à plusieurs amas sporifères séparés, l'ordre des Floridées se divise en cinq familles :

	en un sporange			*Bangiacées.*
OEuf se développant	en un sporogone à protospores exogènes,	directement. Sporogone formant	un seul groupe de protospores	*Némaliacées.*
			plusieurs groupes de protospores..	*Cryptonémiacées.*
		indirectement. Sporogone formant	un seul groupe de protospores	*Rhodyméniacées.*
			plusieurs groupes de protospores.	*Gigartinacées.*

Bangiacées. — Les Bangiacées, réduites aux deux genres Bangie et Porphyre, sont de toutes les Floridées celles dont l'organisation est le plus simple. Leur thalle, en effet, se compose de cellules disposées soit bout à bout en un filament simple (Bangie), soit côte à côte en une assise formant une lame à contour irrégulier (Porphyre). Dans ce filament ou dans cette lame, toutes les cellules sont semblables, elles grandissent et se cloisonnent en même temps. Les Porphyres sont toutes marines, mais plusieurs Bangies habitent les eaux douces à cours rapide, notamment les chutes de moulins. Les tétraspores se forment dans les cellules ordinaires du thalle.

Pour devenir une anthéridie, une cellule ordinaire du thalle se borne à se décolorer, puis se divise dans les trois directions en un massif de petites cellules, qui s'isolent par la dissolution des cloisons et sont autant d'anthérozoïdes. Pour devenir un oogone, une cellule ordinaire se borne à pousser au dehors une petite proéminence en forme de papille, qui est un trichogyne rudimentaire. Une fois formé, l'œuf, sans changer de forme ni de dimension, se cloisonne dans les trois directions et produit 8 (Porphyre) ou 16-32 cellules (Bangie), qui s'isolent et constituent autant de protospores; le sporogone est donc réduit ici à sa région sporifère.

Némaliacées. — Plusieurs Némaliacées vivent dans les eaux douces à cours rapide, notamment aux chutes naturelles, aux barrages des écluses, aux vannes des moulins (Batrachosperme, Lémanée, etc.); toutes les autres sont marines. Leur thalle est filamenteux et abondamment ramifié. Les filaments demeurent parfois libres et nus (Chantransie, etc.); ailleurs ils sont encore libres, mais les rameaux qu'ils portent les enveloppent d'une couche corticale, directement appliquée (Batrachosperme, Gélide, etc.), ou située à quelque distance (Lémanée, etc.). Le plus souvent ils s'associent parallèlement, en plus ou moins grand nombre, en un faisceau axile, produisant latéralement des rameaux filamenteux ramifiés qui le recouvrent d'une couche corticale (Némale, Helminthore, Liagore, Scinaie, etc.).

Les Chantransies et les Batrachospermes produisent des spores solitaires; elles sont par quatre dans les Liagore, Gélide, Caulacanthe, etc.; elles manquent dans les Lémanée, Némale, Helminthore, etc.

Les anthéridies naissent par petits bouquets à l'extrémité

des filaments librés (Chantransie, Batrachosperme, etc.) ou au sommet des branches rayonnantes qui forment la couche corticale (Némale, I, p. 491, fig. 223, Lémanée, etc.). Les oogones occupent le sommet des filaments libres (Chantransie, Batrachosperme) ou l'extrémité de courts ramules enfoncés dans la couche corticale et attachés latéralement sur les filaments rayonnants (Lémanée, Némale, I, fig. 223, etc.); le trichogyne est d'ordinaire étiré en un long poil (Némale, I, fig. 223, Chantransie, etc.), quelquefois renflé en massue (Batrachosperme, Lémanée).

L'œuf bourgeonne directement (I, fig. 223, *B*) et les branches de premier ordre, ramifiées ensuite plusieurs fois en fausse dichotomie, forment un buisson qui transforme en spores quelquefois toutes ses cellules (Lémanée, Scinaie), le plus souvent ses cellules terminales seulement (I, fig. 223, *C*). Le sporogone ainsi constitué est ordinairement extérieur, quelquefois intérieur au tissu du thalle (Gélide, Naccaire, etc.).

D'après la structure du thalle et la situation externe ou interne du sporogone, les genres se groupent en trois tribus :

1. *Batrachospermées*. — Thalle formé d'un simple filament, nu ou cortiqué; sporogone extérieur : Chantransie, Balbianie, Batrachosperme, Lémanée, Thorée, etc.

2. *Helminthocladiées*. — Thalle formé d'un faisceau de filaments, cortiqué; sporogone extérieur : Némale, Helminthocladie, Helminthore, Liagore, Scinaie, etc.

3. *Gélidiées*. — Thalle formé d'un simple filament, cortiqué; sporogone intérieur : Gélide, Ptérocladie, Caulacanthe, Naccaire, Wrangélie, etc.

Cryptonémiacées. — Certaines Cryptonémiacées ont un thalle massif, tantôt aplati en feuille simple (Schizyménie, etc.), ou diversement découpée (Halyménie, Cryptonémie, etc.), tantôt ramifié soit en dichotomie (Furcellaire, Polyide, etc.), soit suivant le mode penné (Dumontie, Grateloupie, etc.). Il est composé quelquefois d'un simple filament, cortiqué par des branches rayonnantes (Dudresnaie, Calosiphonie, etc.), le plus souvent d'un faisceau de filaments à croissance terminale indépendante, revêtu à son tour d'une couche corticale.

Chez d'autres, le thalle s'étend sur les supports en forme de croûte, de membrane, de feuille, quelquefois de ruban dichotome (Rhizophyllite) et y adhère plus ou moins intimement; il s'incruste alors parfois de carbonate de chaux (Peyssonélie). Il se compose d'une assise cellulaire profonde, sur laquelle se dressent verticalement des filaments simples ou rameux, soudés ensemble ou du moins réunis par une gangue gélatineuse commune.

D'autres encore ont leurs membranes cellulaires si fortement incrustées de carbonate de chaux, que le thalle acquiert la dureté de la pierre et, quand il est rameux, l'aspect d'un corail (fig. 68). Par ce caractère, ces plantes se distinguent nettement de toutes les autres Floridées, si l'on met à part les Peyssonélies. Les organes reproducteurs seuls échappent à l'incrustation. Dans les Mélobésies et les Lithophylles, le thalle est une lame mince, arrondie, fortement appliquée sur le support et à croissance périphérique; dans les Lithothamnes, cette lame va s'épaississant beaucoup, au point de recouvrir les conceptacles saillants qui renferment les corps reproducteurs; il en résulte autant d'excroissances obtuses (fig. 68). Le thalle des Corallines, des Janies, etc., est au contraire dressé sur un crampon, cylindrique et ramifié suivant le mode penné; l'incrustation calcaire n'ayant pas lieu le long de certaines zones régulièrement espacées, il en résulte des articulations très nettes qui permettent au thalle de s'infléchir en divers sens.

Fig. 68. Thalle calcifié du Lithothamue à grappe.

Les tétraspores sont quelquefois superposées en chapelet (Cruorie, Mélobésie, Coralline, etc.), et les tétrasporanges occupent parfois le fond de conceptacles en forme de bouteille (Mélobésie, Coralline, Lithothamne, etc.).

Les anthéridies naissent d'ordinaire au sommet des filaments corticaux, tandis que les oogones sont situés dans la couche corticale. Les uns et les autres sont parfois disposés au fond de conceptacles, pareils à ceux qui renferment les tétrasporanges (Hildbrandtie, Mélobésie, Lithophylle, Coralline, etc.).

L'œuf, plongé dans la couche périphérique du thalle, bourgeonne directement et pousse une ou plusieurs branches grêles, qui tantôt divergent tout de suite et se répandent dans la couche corticale (Calosiphonie, Dumontie, etc.), tantôt s'anastomosent d'abord avec une des cellules du ramuscule qui porte l'oogone, ou avec une des cellules voisines (Pétrocèle, Coralline, Mélobésie, etc.), pour s'allonger ensuite et se ramifier avec plus de vigueur (Dudresnaie, Polyide, etc.). Dans tous les cas, ces filaments rampants et diffus s'anastomosent en de nombreux points avec les cellules du thalle (fig. 67). La portion anastomosée du filament se sépare du reste par des cloisons et se renfle en une ampoule, de laquelle part une branche, origine d'un système sporifère. Cette branche demeure quelquefois simple et ne forme qu'un chapelet de protospores (Coralline, Mélobésie, etc.). Le plus souvent, elle bourgeonne tout autour et produit une masse de petits rameaux, serrés en un tubercule arrondi (fig. 67); finalement ces rameaux produisent des protospores, dans toutes leurs cellules (Calosiphonie, etc.), dans quelques-unes de leurs cellules périphériques, disposées en courts chapelets (Dudresnaie, Halyménie, etc.), ou dans les cellules terminales seulement (Polyide, etc.).

Grâce à ce mode de végétation rampante, qui rappelle celui d'un Fraisier, le sporogone produit ici un grand nombre de massifs sporifères séparés et constitue un sporogone composé. Ordinairement ces massifs sporifères sont disséminés dans l'épaisseur du thalle, qui les enveloppe et dont la couche périphérique s'ouvre à la maturité au-dessus de chacun d'eux pour mettre les protospores en liberté. Quand l'œuf se forme au fond d'un conceptacle, ils sont à nu dans le conceptacle.

D'après la structure et le mode de végétation du thalle, les genres sont groupés en trois tribus :

1. *Cryptonémiées.* — Thalle massif libre, non incrusté de calcaire : Gléopelte, Gléosiphonie, Halyménie, Grateloupie, Cryptonémie, Dumontie, Dudresnaie, Constantinée, Calosiphonie, Schizyménie, Furcellaire, Némastome, Polyide, etc.

2. *Squamariées.* — Thalle membraneux appliqué, ordinairement sans calcaire : Rhizophyllite, Pétrocèle, Cruorie, Peyssonélie, Hildbrandtie, etc.

3. *Corallinées.* — Thalle appliqué ou libre, incrusté de calcaire ; conceptacles : Mélobésie, Lithophylle, Lithothamne, Coralline, Janie, etc.

Rhodyméniacées. — Le thalle de certaines Rhodyméniacées est filamenteux et abondamment ramifié ; les filaments demeurent le plus souvent nus, mais quelquefois ils se recouvrent de bonne heure d'une couche corticale directement appliquée (Cé-

rame, etc.), ou située à quelque distance (Ptilote, Gléosiphonie, etc.).

Ailleurs il est massif et s'accroît par une seule cellule terminale,
qui découpe une (Polysiphonie, etc.), deux (Nitophylle, etc.)
ou trois séries de segments (Gracilaire, etc.). Il se ramifie alors
latéralement en formant soit des branches pareilles à l'axe qui
les porte, soit des rameaux à croissance limitée, régulièrement
dichotomes, formés d'une simple série de cellules, disposées
suivant une des divergences $\frac{1}{2}$, $\frac{1}{3}$, $\frac{2}{5}$, etc., produisant quelquefois des feuilles à leur aisselle (Polysiphonie, Chondrie, etc.),
méritant enfin le nom de *feuilles* qu'on leur donne.

L'oogone est accompagné d'une cellule auxiliaire, avec laquelle
l'œuf s'anastomose aussitôt formé, par un tube assez long (Gléosiphonie), par une courte papille (Callithamne) ou même par
contact direct (Lejolisie, Cérame, etc.), suivant le degré de
rapprochement des deux cellules; il se vide dans l'auxiliaire et
c'est elle ensuite qui bourgeonne pour produire le sporogone.

Dans les Rhodyméniacées filamenteuses, tantôt le sporogone
conserve libres ses branches de divers ordres et prend la forme
d'un buisson plus ou moins serré (Spermothamne, etc.), tantôt
les serre fortement et les unit en un tubercule massif entouré
par une couche gélatineuse (Callithamne, Griffithie, Cérame, etc.).

Dans les Rhodyméniacées à thalle massif, le sporogone condense ses branches en un tubercule ou un buisson serré, enveloppé soit par un tégument bivalve qui existe déjà autour de
l'oogone (Polysiphonie, Chondrie, etc.), soit par un tégument
tardif pourvu d'un orifice terminal (Gracilaire, Rhodyménie,
Plocame, etc.), ou entièrement clos (Chylocladie).

Les protospores se forment soit dans les cellules périphériques
seules (Spermothamne, Bornétie, Chycloladie, Chondrie, etc.),
soit dans plusieurs des cellules supérieures de chaque branche
en formant de courts chapelets (Gléosiphonie, Dasie, Gracilaire, etc.), soit enfin dans toutes les cellules, excepté l'auxiliaire et le premier rameau issu d'elle et qui forme l'axe du
sporogone (Cérame, Callithamne, etc.).

D'après la structure du thalle et la conformation de l'oogone,
les genres se groupent en trois tribus :

1. *Céramiées.* — Thalle filamenteux : Cérame, Spyridie, Antithamne, Ptilote,
    Plumaire, Callithamne, Monospore, Bornétie, Griffithie, Spermo-
    thamne, Sphondylothamne, Lejolisie, etc.

2. *Rhodomélées.* — Thalle massif, oogone à tégument bivalve : Polyzonie, Dictyure, Dasie, Polysiphonie, Chondrie, Rytiphlée, Laurencie, Rhodomèle, etc.

3. *Rhodyméniées.* — Thalle massif, oogone sans tégument : Bonnemaisonie, Gléocladie, Chylocladie, Rhodyménie, Plocame, Chrysyménie, Nitophylle, Delessérie, Sphérocoque, Gracilaire, Hypnée, Chondryménie, etc.

Gigartinacées. — Le thalle des Gigartinacées est massif, de consistance charnue ou cartilagineuse, et sa structure est analogue à celle des Rhodyméniacées.

L'oogone et l'auxiliaire sont aussi disposés de même, mais ici l'auxiliaire produit sur toute sa surface des filaments rayonnants, qui s'enfoncent et se ramifient dans le tissu du thalle, en s'anastomosant çà et là avec les cellules végétatives et produisant, à chaque point de nutrition, un rameau renflé, bientôt cloisonné et ramifié. En un mot, le sporogone est intérieur et forme un plus ou moins grand nombre de massifs sporifères séparés, comme chez les Cryptonémiacées. Tantôt ce sporogone composé est diffus et sans contour défini (Gigartine, Chondre, etc.); tantôt il demeure condensé autour de l'auxiliaire agrandie, en forme de sphère creuse (Rhodophyllite, Soliérie, etc.). Ce second cas fait transition vers le sporogone simple des Rhodyméniacées.

Tantôt chaque cellule des ramuscules forme une protospore (Chondre, etc.); tantôt la cellule terminale seule de chaque ramuscule produit une protospore (Soliérie, etc.). Les amas de protospores s'accusent au dehors par autant de protubérances plus ou moins fortes; celles-ci s'ouvrent plus tard au sommet pour mettre les protospores en liberté.

D'après la formation du sporogone composé, les genres se groupent en deux tribus :

1. *Gigartinées.* — Sporogone composé diffus : Endocladie, Chondre, Iridée, Gigartine, Callyménie, etc.

2. *Rhodophyllitées.* — Sporogone composé en forme de sphère creuse : Rissoelle, Cystoclone, Rhodophyllite, Soliérie, etc.

EMBRANCHEMENT II

MUSCINÉES

Caractères généraux. — Les Floridées nous mènent directement aux Muscinées. Seules, en effet, parmi les Thallophytes, elles développent leur œuf, sur la plante mère et à ses dépens, en un embryon sporifère dont les spores engendrent ensuite autant de thalles nouveaux. Le développement de la plante y est coupé en deux tronçons, un petit tronçon sur la plante mère, à partir de l'œuf jusqu'aux protospores, et un grand tronçon dans le milieu extérieur, à partir de la prostospore jusqu'à l'état adulte et aux œufs nouveaux. Or, c'est précisément ce mode de développement qui est le caractère le plus général des Muscinées, comme il a été dit (I, p. 480). D'autre part, bon nombre des Muscinées ont, comme les Algues, un véritable thalle et l'on y peut suivre pas à pas la transition entre le thalle et la tige feuillée, telle qu'on la rencontre dans les représentants les plus élevés de l'embranchement, c'est-à-dire chez les Mousses.

La tige et les feuilles des Mousses ont été étudiées dans leur structure et leur mode de formation (I, p. 174, p. 176, p. 271). La formation de l'œuf à l'aide d'une anthéridie et d'un oogone un peu plus compliqué auquel on a donné le nom d'archégone, son développement en sporogone, la germination des spores en protonème, la formation des tiges feuillées sur ce protonème, enfin le mode de multiplication de la plante adulte par des propagules, ont été décrits dans leurs traits essentiels (I, p. 477 et suiv.). Les caractères généraux de cet embranchement sont donc bien connus, et il est inutile d'y revenir.

Division en deux classes : Hépatiques et Mousses. — Il se divise en deux classes, les *Hépatiques* et les *Mousses*, que l'on peut définir comme il suit.

Dans les Hépatiques, la spore forme un protonème rudimentaire, d'où procède le corps végétatif adulte. Celui-ci est tantôt un thalle rampant aplati et dichotome, tantôt une tige rampante à deux ou trois rangs de feuilles et à symétrie bilatérale. Le sporogone demeure, jusqu'à la maturité des spores, inclus dans l'archégone ; à ce moment, celui-ci est déchiré par l'allongement du pied du sporogone, dont le sporange s'ouvre de diverses manières pour disséminer les spores.

Dans les Mousses, la spore produit un protonème très développé, pourvu de chlorophylle, composé soit de filaments rameux, soit d'une lame membraneuse, d'où le corps végétatif adulte procède par bourgeonnement adventif. Celui-ci est toujours une tige feuillée, dressée et à symétrie radiaire. Le sporogone ne reste que peu de temps inclus dans l'archégone ; il le déchire de bonne heure et le soulève à son sommet en forme de coiffe. C'est seulement alors qu'il se différencie en deux portions, le sporange et le pied. Le sporange, recouvert d'un épiderme et pourvu de stomates dans sa région inférieure, s'ouvre habituellement par une fente circulaire pour mettre les spores en liberté.

En résumé :

Appareil végétatif { rampant, sans protonème. Sporogone inclus.. *Hépatiques.*
{ dressé, avec protonème. Sporogone libre..... *Mousses.*

CLASSE I

HÉPATIQUES

Appareil végétatif et mode de vie. — Les Hépatiques vivent dans les lieux humides et ombragés. Leur appareil végétatif rampe sur le sol, sur les murs humides, sur l'écorce des arbres, etc., et se fixe au support par des poils unicellulaires ; sa face supérieure, éclairée, est autrement conformée que sa face inférieure, obscure : il en résulte une symétrie bilatérale très nettement exprimée. On y observe toutes les transitions entre un thalle homogène et une tige feuillée. Dans les Anthocères et les Pellies, le thalle est une lame arrondie à bord lobé ; dans les Aneures et les Metzgéries, cette lame s'allonge, s'épaissit suivant sa ligne médiane en une côte saillante, et se ramifie en dichotomie dans son plan. Dans les Riccies, Lunulaires, Marchanties, etc., le ruban dichotome porte sur sa face inférieure une série de lamelles transversales, qui ressemblent à de petites feuilles. Dans les Blasies, on voit en outre le ruban découper ses deux bords en segments, qui forment sur la côte médiane comme deux séries de feuilles parallèles à l'axe. Enfin dans les Radules, Frullanies, Jongermannies, etc., c'est une tige filiforme et rampante portant trois rangs de feuilles, deux sur les flancs, le troisième sur la face inférieure.

Dans les Hépatiques feuillées, les feuilles sont réduites à un seul plan de cellules, sans nervure, et la tige, dénuée d'épiderme différencié, est constituée par un parenchyme homogène. Dans les Hépatiques à thalle, la différenciation interne peut être poussée plus loin; ainsi les Marchanties ont un épiderme bien caractérisé et pourvu d'orifices en forme de stomates. Qu'il s'agisse d'un thalle ou d'une tige feuillée, la croissance s'opère par les cloisonnements d'une cellule terminale en forme de coin dans le premier cas, de pyramide triangulaire à base bombée dans le second.

Reproduction. — La multiplication a lieu fréquemment à l'aide de propagules (fig. 69). Ce sont quelquefois les cellules marginales qui se séparent tout simplement pour devenir autant de propagules (Madothèce, etc.). Ailleurs il se forme, sur la face supérieure éclairée du thalle, des conceptacles particuliers en forme de bouteille (Blasie), de corbeille (Marchantie, fig. 69) ou de croissant (Lunulaire); du fond de ces conceptacles s'élèvent des papilles dont la cellule terminale se développe en un corps pluricellulaire aplati, de grande dimension, qui

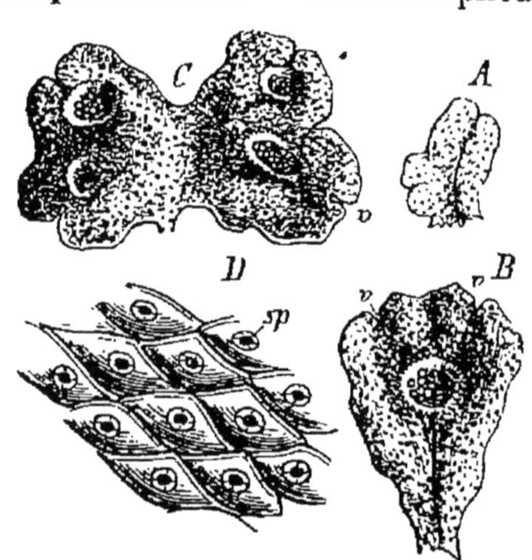

Fig. 69. Propagules de la Marchantie polymorphe : *A*, jeune branche du thalle ; *B*, branche plus âgée portant une corbeille à propagules ; *C*, thalle provenant d'un propagule et portant quatre corbeilles ; *D*, épiderme de la face supérieure : *sp*, orifices en forme de stomates au centre de chaque plage en losange.

constitue un propagule. Ces propagules sont expulsés et germent aussitôt en un thalle nouveau (fig. 69, *C*).

Les anthéridies et les archégones, diversement disposés suivant les genres, comme il sera dit plus loin, se forment et produisent l'œuf comme dans les Mousses (I, p. 477). L'œuf se développe en sporogone à l'intérieur du ventre de plus en plus dilaté de l'archégone, qui porte, à partir de ce moment, le nom de *coiffe*. La forme et la structure du sporogone complètement développé varient suivant les groupes. Dans les Anthocérées, c'est une longue silique, insérée à sa base sur le thalle et s'ouvrant en deux valves. Dans les Ricciées, c'est une capsule à paroi mince, entièrement remplie de spores et enfoncée avec sa coiffe dans l'épaisseur du thalle. Dans les Marchantiacées, c'est une sphère à court pédicelle qui, outre les spores, renferme encore de longues cellules fusiformes dont la membrane mince et incolore porte sur sa face interne une à trois bandes d'épaississement spiralées de couleur brune; ces cellules qui, par leur hygroscopicité, jouent dans la dissémination des spores un rôle analogue à celui du capillite chez les Myxomycètes, sont des *élatères* (fig. 70, *b*). Après avoir percé sa coiffe, ce sporogone s'ouvre soit par une déchirure irrégulière, soit par une fente circulaire qui détache un opercule. Dans les Jongermanniacées enfin, le sporogone mûrit encore à l'intérieur de la coiffe, mais il la perce ensuite et se développe au dehors en une sphère portée par un long pédicelle; cette sphère renferme aussi, outre les spores, des élatères; mais elle s'ouvre en quatre valves, à la face interne desquelles les élatères demeurent suspendues.

Nées quatre par quatre dans les cellules mères, comme il a été dit pour les Mousses (I, p. 481), les spores ont ordinairement leur membrane différenciée en une exine cutinisée brune et une intine cellulosique incolore; quelquefois l'exine est très mince et la spore contient de la chlorophylle (Pellie, Fégatelle, etc.). En germant, la spore donne un protonème très simple, rudimentaire, lequel produit ensuite latéralement ou à son sommet l'appareil végétatif.

Division de la classe des Hépatiques en deux ordres. — La classe des Hépatiques se divise en deux ordres : les *Jongermanninées*, où la déhiscence du sporange est longitudinale, et les *Marchantinées*, où elle est apicale, transversale ou nulle. Ainsi :

Sporange s'ouvrant { en long.. *Jongermanninées.*
{ en travers ou au sommet............. *Marchantinées.*

ORDRE I

Jongermanninées

L'ordre des Jongermanninées renferme à la fois toutes les Hépatiques à tige feuillée et bon nombre de formes à thalle. D'après la conformation du sporogone mûr, il se subdivise en deux familles :

Sporange { pédicellé, s'ouvrant en quatre valves, avec élatères. *Jongermanniacées.*
{ sessile, s'ouvant en deux valves, sans élatères.... *Anthocérées.*

Jongermanniacées. — La famille des Jongermanniacées est de beaucoup la plus nombreuse et la plus répandue. On y rencontre, à côté de formes à thalle homogène (Metzgérie, Aneure, Pellie), des formes de transition où le thalle porte une rangée de feuilles sur sa face inférieure (Diplolène), deux séries de feuilles latérales (Fossombronie), ou même trois rangées de feuilles, deux sur ses flancs et une sur sa face inférieure (Blasie). Mais la majorité des genres ont une tige filiforme, pourvue de feuilles sessiles à large insertion (fig. 70, a) ; ces feuilles ne forment quelquefois que deux séries rapprochées sur la face su-

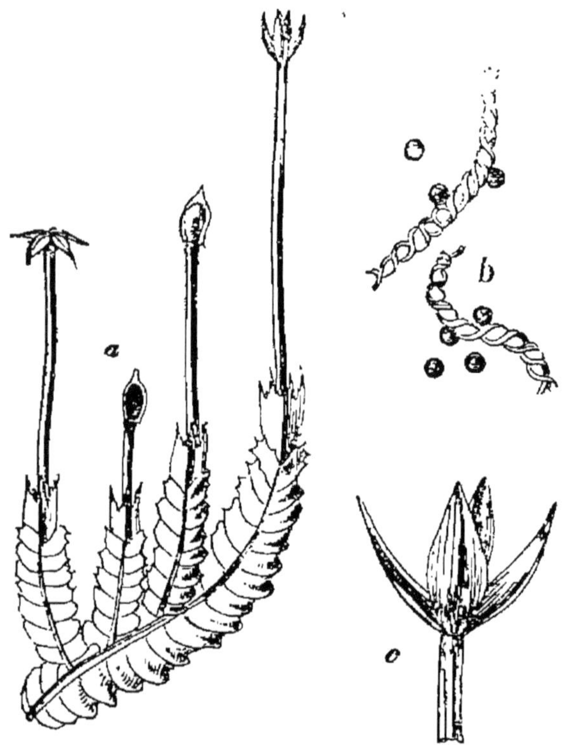

Fig. 70. Jongermannie ; *a*, la plante entière avec ses sporogones en voie d'allongement au milieu, mûrs et ayant ouvert leurs sporanges en quatre valves à droite et à gauche ; *b*, spores et élatères ; *c*, sporange ouvert en quatre valves.

périeure de la tige (Radule, Scapanie, Plagiochile, etc.) ; mais normalement il y a trois rangs de feuilles, parce que, outre les deux séries dorsales, il s'en fait une troisième sur la face ventrale de la tige (Frullanie, Madothèce, Jongermannie, etc.) : ces feuilles ventrales sont souvent nommées *amphigastres*. Thalle ou tige feuillée, l'appareil végétatif rampe sur le support et sa symétrie est bilatérale; l'Haplomitre de Hooker, avec sa tige dressée portant trois rangs de feuilles insérées transversalement, fait seul exception à la règle.

Les thalles croissent par une cellule terminale cunéiforme et se ramifient en dichotomie dans leur plan. Les tiges feuillées croissent par une cellule terminale en forme de pyramide triangulaire et se ramifient latéralement (fig. 70, *a*); leurs branches sont de deux sortes : les unes naissent au côté inférieur des feuilles dorsales et sont exogènes; les autres procèdent de l'aisselle des feuilles ventrales et sont endogènes.

Anthéridies et archégones sont disposés tantôt sur la même plante, tantôt sur des plantes différentes. Dans les formes à thalle, ils naissent sur la face dorsale des branches, protégés par une enveloppe qui est produite soit par le reploiement de la branche elle-même (Metzgérie) ou de ses bords, soit par des excroissances particulières du tissu voisin (Pellie, Blasie, etc.). Dans les formes feuillées, ils naissent au sommet des branches principales (fig. 71) ou de petits rameaux particuliers produits par voie endogène sur la face ventrale; les anthéridies sont axillaires, isolées ou groupées; les archégones sont enveloppés par les feuilles voisines, qui forment autour d'eux un involucre appelé *périchèze*; en outre, il se produit habituellement autour des archégones une sorte de repli membraneux, qui a reçu le nom de *périanthe* (fig. 72).

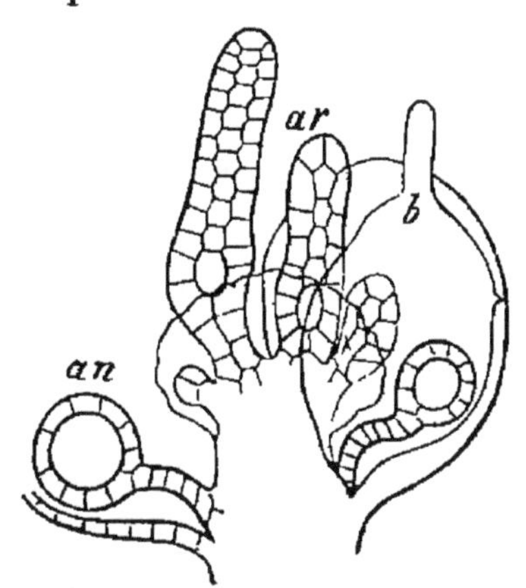

Fig. 71. Radule aplatie, extrémité d'une branche portant les anthéridies *an* à l'aisselle des feuilles *b* et un groupe d'archégones *ar* au sommet.

Le sporogone en voie de développement (fig. 72) renfle en toupie sa partie basilaire et l'enfonce dans le tissu de la tige, aux dépens de laquelle il se nourrit et qui l'enveloppe d'une gaine nommée *vaginule*. Il produit dans son intérieur les spores et les élatères (fig. 72); puis son pédicelle, jusque-là fort court, s'allonge fortement en déchirant la coiffe au sommet (fig. 70, *a*).

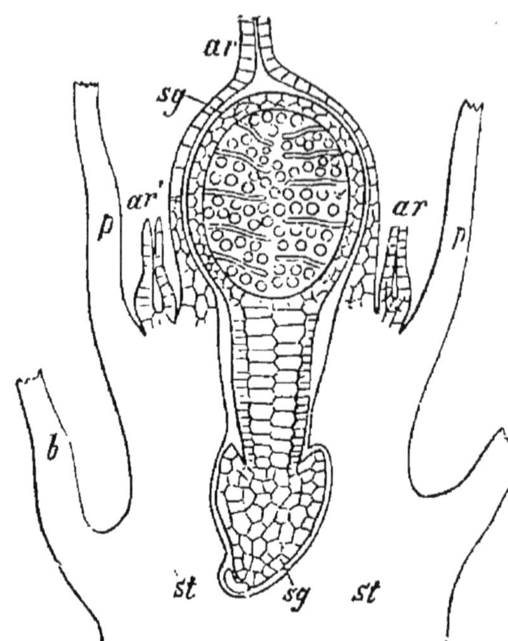

Fig. 72. Jongermannie bicuspidée, section longitudinale du sporogone *sg* en voie de développement : *ar*, coiffe ; *ar'*, archégones non fécondés ; *p*, périanthe ; *b*, feuilles du périchèze ; *st*, sommet de la tige formant vaginule autour de la base renflée du sporogone ; le sporange contient déjà les spores et les élatères.

Ainsi soulevé dans l'air, le sporange sphérique ne tarde pas à ouvrir sa paroi en quatre valves longitudinales, qui se rabattent en étoile en entraînant les élatères et disséminant les spores (fig. 70, *a*, *b*, *c*).

Les genres se groupent en deux tribus :

1. ***Metzgériées***. — Un thalle : Metzgérie, Aneure, Pellie, Blasie, Blyttie.

2. ***Jongermanniées***. — Une tige feuillée : Fossombronie, Lejeunie, Frullanie, Radule, Madothèce, Lépidozie, Mastigobrye, Géocalice, Jongermannie, Scapanie, Plagiochile, Haplomitre, Gymnomitre, etc.

Anthocérées. — Les Anthocérées ont un thalle aplati en ruban dichotome, dont les cellules ne contiennent qu'un seul chloroleucite englobant un grain d'amidon et enveloppant le noyau.

Les anthéridies sont enfermées à l'origine dans des cavités closes, dont le sommet se déchire plus tard pour permettre à l'anthéridie de s'ouvrir et de disséminer ses anthérozoïdes. Les archégones sont, au contraire, extérieurs, mais pourtant leur col ne proémine pas au-dessus de la surface.

Le sporogone s'enfonce dans le thalle par sa base élargie, dont les cellules se prolongent en poils absorbants ; en même temps, le thalle se développe tout autour de lui et forme une sorte d'involucre, qu'il percera plus tard en s'allongeant. Le tissu central du sporange demeure stérile et forme une columelle ; les cellules mères des spores sont disposées en une simple

assise en forme de cloche entre cette columelle et la couche
pariétale. Il ne se fait pas d'élatères et le sporange s'ouvre
progressivement de haut en bas en deux valves. En même
temps, il continue pendant longtemps à s'allonger à la base
par croissance intercalaire, de manière à former une sorte de
baguette de 15 à 20 millimètres de longueur.

Cette famille ne contient que les trois genres Anthocère, Den-
drocère et Notothyle.

ORDRE II

Marchantinées.

L'ordre des Marchantinées ne renferme que des Hépatiques
à thalle. D'après la conformation du sporogone, il se divise en
deux familles :

Sporogone { sans pédicelle, ni élatères .... *Ricciées.*
{ avec pédicelle et élatères .... *Marchantiacées.*

Ricciées. — Les Ricciées ont un thalle aplati, dichotome,
portant à sa face inférieure une rangée de lamelles transversales, qui se déchirent plus tard au milieu de leur longueur et
forment deux séries; entre elles se développent un grand nombre de poils absorbants, dont la membrane présente sur sa
face interne des épaississements coniques. La face supérieure
du thalle offre çà et là des enfoncements produits par le développement prédominant des parties voisines, en un mot des
cryptes aérifères; plus tard ces cryptes sont recouvertes par
la dilatation de l'épiderme, mais de façon qu'il subsiste ordinairement au centre du toit un ostiole analogue à un stomate.

Anthéridies et archégones naissent au fond de cryptes de
même origine que les cryptes aérifères; le tissu du thalle forme
autour d'eux une sorte d'involucre. Le sporogone sphérique se
réduit à un sporange, sans pédicelle, différencié en une couche
pariétale et en cellules mères des spores, sans mélange d'élatères.

Cette famille ne renferme que les cinq genres Riccie, Sphéro-
carpe, Oxymitre, Corsinie et Boschie.

Marchantiacées. — Les Marchantiacées ont un thalle aplati
en ruban dichotome (fig. 69, *A*), portant sur la face intérieure
deux séries de lamelles transversales (fig. 73), qui ne proviennent pas ici de la déchirure d'une seule série, comme dans les
Ricciées; en outre, on y remarque deux sortes de poils absorbants, les uns sans sculpture, les autres munis d'épaississements internes situés sur un sillon spiralé du tube. La face

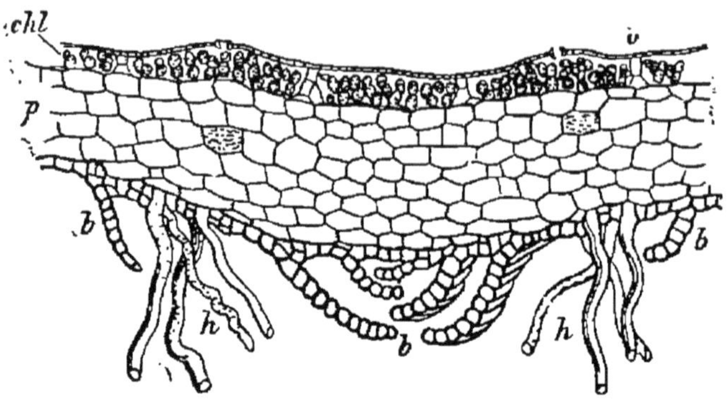

Fig. 73. — Marchantie polymorphe, section transversale du thalle; *b*, feuilles;
h, poils absorbants; *p*, parenchyme incolore; *chl*, poils rameux à chlorophylle
dans les cryptes aérifères; o, épiderme percé d'un pore au-dessus de chaque
crypte.

supérieure est creusée de cryptes aérifères, au-dessus de chacune desquelles l'épiderme est percé d'un ostiole en forme de
stomate (fig. 73, o, et fig. 69, *D*). Du fond de ces cryptes, parfois
aussi des parois latérales et du toit, partent des poils cloisonnés
et unisériés dont les cellules renferment des chloroleucites, tandis
que tout le reste du thalle est dépourvu de chlorophylle et de
méats aérifères (fig. 73, *p*). C'est sur la face supérieure du thalle
que se développent les propagules, dans une corbeille chez les
Marchanties (fig. 69, *B* et *C*), dans un rebord en forme de croissant chez les Lunulaires.

Anthéridies et archégones sont diversement groupés, sur le
même thalle ou sur des thalles différents. Dans les Marchanties,
par exemple, le groupement a lieu sur des branches différenciées, dressées verticalement sur le thalle et dilatées en disque
au sommet (fig. 74 et 75). La face supérieure du disque mâle
porte les anthéridies, nichées dans autant de cryptes (fig. 74, *B*).
Les archégones naissent aussi à la face supérieure du disque
femelle, mais plus tard ils sont refoulés, par la croissance du
disque, sur la face inférieure et tournent leur col en bas ou en

dehors (fig. 75). Le sporogone, très brièvement pédicellé (*f*),

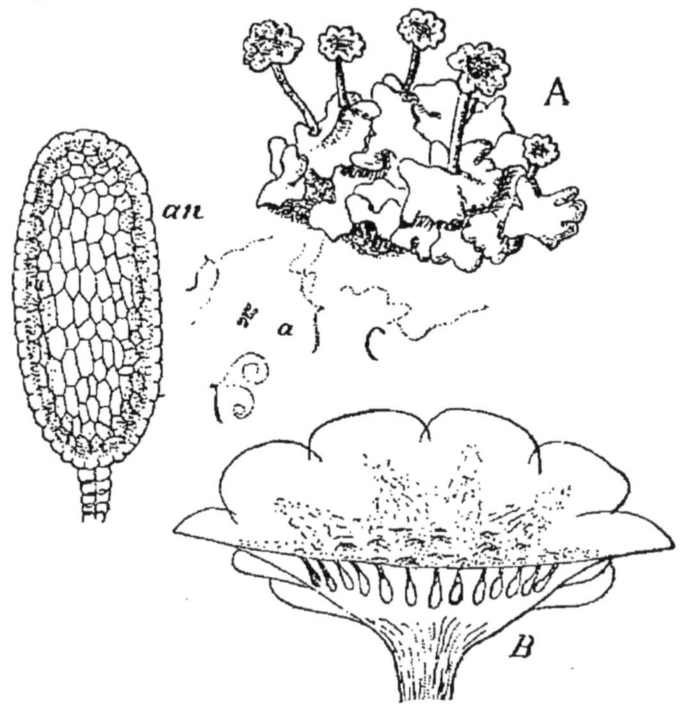

Fig. 74. Marchantie polymorphe; *A*, thalle portant les chapeaux mâles; *B*, section d'un chapeau mâle montrant les anthéridies nichées dans autant de cryptes en forme de bouteilles; *an*, anthéridie extraite de la crypte; *a*, anthérozoïdes libres.

produit dans son sporange à la fois des spores et des élatères qui rayonnent de la base vers la périphérie; à la maturité, sa paroi se déchire soit au sommet en un grand nombre de dents, soit en quatre valves, soit par une fente circulaire qui détache un couvercle.

D'après la disposition des archégones et plus tard des sporogones, les genres se groupent en trois tribus :

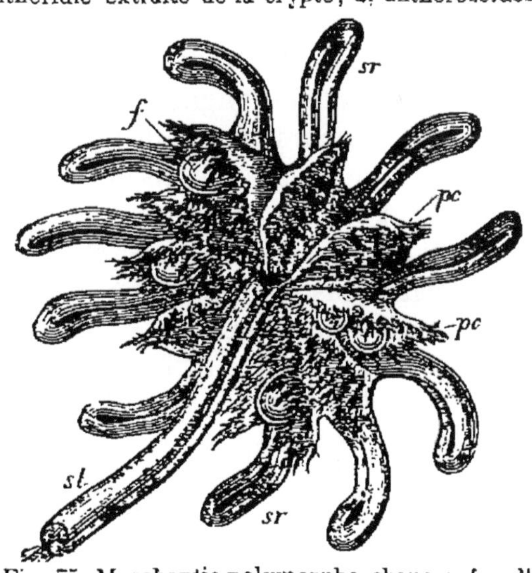

Fig. 75. Marchantie polymorphe, chapeau femelle vu de dessous; *st*, pédicelle; *sr*, lobes rayonnants du disque; *pc*, périchèze; *f*, sporogone.

1. *Targioniées.* — Sporogones solitaires sur le thalle : Targionie, etc.

2. *Marchantiées.* — Sporogones groupés à la face inférieure d'un chapeau pédicellé : Marchantie, Fégatelle, Preissie, Fimbriaire, Grimaldie, Reboulie, etc.

3. *Lunulariées.* — Sporogones groupés au sommet d'un long rameau dressé : Lunulaire, Plagiochasme, etc.

CLASSE II

MOUSSES

Appareil végétatif et mode de vie. — Les Mousses vivent en tapis serré, dans les conditions les plus diverses, quelquefois dans les eaux courantes (Fontinale, etc.), stagnantes (divers Hypnes, etc.) ou marécageuses (Sphaigne, etc.), quelquefois, au contraire, dans les lieux secs, sur les toits et les rochers (Grimmie, Audrée, etc.), le plus souvent sur la terre humide ou les écorces des arbres, dans les forêts et dans les montagnes, où quelques-unes s'élèvent jusqu'à la limite des neiges éternelles.

L'appareil végétatif est toujours une tige feuillée, fixée à la base par des poils absorbants et verticalement dressée (I, p. 481, fig. 218); il est toujours symétrique par rapport à son axe. La tige est quelquefois simple et très courte, mesurant à peine un millimètre de longueur (Éphémère, certains Phasques, etc.); souvent elle est abondamment ramifiée et peut atteindre alors plusieurs pieds de longueur (Fontinale, Sphaigne, Spirident, etc.). Elle est toujours très mince, ne dépassant guère un millimètre d'épaisseur; aussi son tissu est-il dense, solide, élastique et opposant une longue résistance à la putréfaction. Elle est quelquefois annuelle (Phasque, etc.), le plus souvent vivace; dans ce dernier cas, elle se détruit à la base pendant qu'elle croît et se ramifie au sommet. Grâce à cette lente destruction, les Mousses déposent sur leur support une couche d'humus de plus en plus épaisse; quand elles sont marécageuses, comme les Sphaignes, cet humus constitue la tourbe. La structure de la tige a été étudiée (I, p. 175, fig. 65); sa croissance par le cloisonnement d'une cellule terminale, cunéiforme dans le Fissident, partout ailleurs en forme de pyramide triangulaire, a été décrite (I, p. 177, fig. 66).

Sa ramification est latérale et s'opère en rapport avec les

feuilles, mais au-dessous d'elles et non pas à leur aisselle comme chez les Phanérogames; la branche naît en effet, tantôt au-dessous de la ligne médiane de la feuille (Fontinale, etc.), tantôt latéralement au-dessous de la moitié de la feuille tournée dans le sens de la spire foliaire (Sphaigne, etc.). Il s'en faut pourtant qu'à chaque feuille corresponde une branche : les Sphaignes, par exemple, forment une branche par chaque quatrième feuille; dans les Hypnes, les Neckères, etc., les branches sont souvent sur deux rangs, tandis que les feuilles sont disposées suivant $\frac{2}{5}$ ou $\frac{3}{8}$. C'est dans les Mousses vivaces, où l'archégone et, plus tard, le sporogone se développent au sommet des branches latérales et où la tige poursuit indéfiniment sa croissance, Mousses dites *pleurocarpes*, que la ramification est la plus abondante. Quand l'archégone et le sporogone terminent, au contraire, la tige et en arrêtent la croissance, dans les Mousses dites *acrocarpes*, si la tige est annuelle, elle ne se ramifie ordinairement pas; si elle est vivace, une ou deux branches latérales poursuivent la croissance, en formant dans le premier cas une cyme unipare avec sympode, dans le second une cyme bipare. Ces branches latérales réparatrices, nommées *innovations*, s'affranchissent plus tard par la destruction de la tige; si l'affranchissement a lieu de bonne heure, il en résulte l'apparence d'une tige simple.

Les feuilles, toujours sessiles et largement insérées, sont isolées, quelquefois distiques (Fissident, Distiche, Conomitre, etc.), le plus souvent disposées suivant $\frac{1}{3}$ (Fontinale, etc.), $\frac{2}{5}$ (Sphaigne, etc.), $\frac{3}{8}$ (Funaire, I, fig. 218, etc.) ou même $\frac{5}{18}$ et $\frac{13}{34}$ (divers Polytrics), le plus souvent rapprochées et étroitement imbriquées. Au voisinage des organes sexués, elles se serrent ordinairement en rosette et prennent parfois une forme et une couleur particulières. Leur structure et leur mode de croissance ont été indiqués (I, p. 271 et p. 272).

Les poils absorbants, ou *rhizoïdes*, s'échappent en grand nombre des cellules périphériques de la tige, surtout à sa base, et souvent ils la revêtent d'un feutrage épais de couleur rouge brun. Ils sont cloisonnés transversalement en cellules superposées, s'allongent par croissance intercalaire, se ramifient sous chaque cloison et forment dans le sol un feutrage inextricable. A l'état adulte, les Sphaignes et les Hypnes des eaux stagnantes sont seuls dépourvus de ces poils absorbants.

Reproduction. — Les Mousses se multiplient avec profusion par marcottage naturel, par formation de bourgeons sur les rhizoïdes, par production sur la tige et les feuilles de filaments protonémiques, qui à leur tour engendrent des bourgeons. En outre, elles développent souvent, au sommet de la tige (Tétraphide, Aulacomne, etc.) ou sur les feuilles, des propagules qui germent ensuite en un protonème (I, p. 484).

La formation de l'œuf des Mousses a été décrite dans ses traits essentiels (I, p. 477 et suiv., fig. 215 et 216). Anthéridies et archégones y sont groupés, comme on sait, dans un involucre au sommet de la tige dans les Mousses acrocarpes, à l'extrémité des branches dans les Mousses pleurocarpes. Quand il est hermaphrodite ou femelle, l'involucre est nommé *périchèze*, comme chez les Hépatiques; quand il est mâle, il reçoit le nom de *périgone*. Dans ce dernier cas, les anthéridies, portées à l'aisselle des feuilles, peuvent laisser libre le sommet de la tige, qui continue parfois sa croissance après la fécondation, en traversant le périgone (Polytric).

Le développement de l'œuf en sporogone a été étudié (I, p. 480, fig. 217, 218 et 219). Dans le sporange, les cellules mères des spores forment une assise, qui est tantôt continue en haut et recouvrant la columelle en forme de cloche (Sphaigne, etc.), tantôt ouverte en haut comme en bas et entourant la columelle en forme de tonneau (Brye, etc.). Dans le premier cas, le pédicelle demeure très court et le sporogone reste tout entier inclus, jusqu'à sa maturité, dans l'archégone distendu; au-dessous de lui, la portion terminale de la tige s'allonge beaucoup et forme un faux pédicelle, nommé *pseudopode*. Dans le second, le sporogone se développe en longueur, déchire bientôt l'archégone à la base et entraîne la coiffe à son extrémité, puis se différencie en un pédicelle et un sporange. Le sporange mûr s'ouvre presque toujours par une fente circulaire détachant un opercule, rarement par quatre fentes longitudinales (Andrée).

On a vu (I, p. 482, fig. 220) comment la spore germe en un protonème très développé, sur lequel bourgeonnent ensuite les tiges feuillées. Le plus souvent ce protonème est éphémère et se détruit en affranchissant les tiges qu'il a produites; mais quand ces tiges sont très petites et de courte durée (Phasque, Pottie, etc.), il continue à végéter, même après que la tige feuillée a produit son œuf et mûri son sporogone, et l'on voit coexister les trois états successifs du développement de la plante. Ordinairement filamenteux, le protonème forme quelquefois une lame à bord lobé (Sphaigne) ou même ramifiée en buisson (Andrée).

Division de la classe des Mousses en deux ordres. — La classe des Mousses se divise en deux ordres : les *Sphagni-* *nées*, où, dans un sporange à pédicelle très court soulevé sur un pseudopode, les cellules mères des spores forment une assise en cloche, et les *Bryinées*, où, dans un sporange à long pédicelle, les cellules mères des spores forment une assise en tonneau. Ainsi :

Sporange { sessile sur un pseudopode, assise sporifère en cloche. *Sphagninées.*
{ pédicellé, assise sporifère en tonneau................ *Bryinées.*

ORDRE I

Sphagninées.

L'ordre des Sphagninées renferme toutes les Mousses à sporogone brièvement pédicellé, soulevé sur un pseudopode. Il se divise en deux familles, d'après le mode de déhiscence du sporange :

Sporange s'ouvrant { circulairement........................... *Sphagnacées.*
{ en quatre valves....................... *Andréacées.*

Sphagnacées. — La famille des Sphagnacées ne contient que le seul genre Sphaigne.

Dans l'eau, les spores des Sphaignes développent en germant un protonème filamenteux ordinaire; sur un support solide, au contraire, elles produisent une lame à bord fortement lobé. Dans les deux cas, la tige feuillée se fixe d'abord par des rhizoïdes, qui disparaissent plus tard, et dont la plante adulte est dépourvue. Les deux à quatre premières feuilles de la tige ont une structure homogène; ce n'est que dans les feuilles suivantes qu'apparaît et se caractérise de plus en plus la différenciation du tissu en deux sortes de cellules, les unes vertes et vivantes, les autres incolores, mortes, à membrane perforée, signalée (I, p. 271). La tige, dont la croissance terminale est indéfinie, produit au-dessous et à côté de chaque quatrième feuille, une branche, bientôt ramifiée à plusieurs reprises. La couche corticale externe de la tige et des branches est formée, comme on sait (I, p. 175), de grandes cellules mortes à membrane perforée. Jointes aux cellules semblables des feuilles, elles constituent tout autour de la plante un appareil capillaire, à travers lequel l'eau du marécage où elle vit est élevée progressivement jusque dans les parties terminales émergées.

Certaines branches portent latéralement, une à côté de chaque feuille, des anthéridies sphériques et longuement pédicellées, qui s'ouvrent au sommet par des fentes en plusieurs valves recourbées vers le bas, tandis que les anthérozoïdes s'échappent directement de leurs cellules mères. D'autres branches portent à leur sommet des archégones rassemblés dans un périchèze. Le développement de l'œuf en sporogone s'opère tout entier à l'intérieur de l'archégone, dilaté en coiffe et inclus dans le périchèze (fig. 76, A); lorsqu'il est terminé, l'extrémité de la branche s'allonge entre le périchèze et lui en un pseudopode, qu'il faut se garder de confondre avec le pédicelle du sporogone des Mousses ordinaires, bien qu'il joue le même rôle pour faciliter la dissémination des spores (fig. 76, B). Le pédicelle du sporogone est ici très court, élargi et implanté dans l'extrémité du pseudopode, creusée en vaginule (fig. 76, A, v).

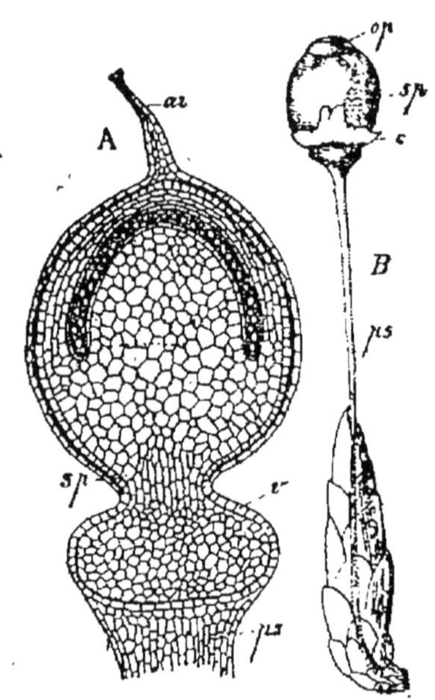

Fig. 76. Sphaigne squarreux. A, section longitudinale du sporogone sp, encore inclus dans la coiffe ar; v, vaginule entourant le pédicelle dilaté du sporogone; ps, extrémité du pseudopode. B, sporogone mûr porté par le pseudopode ps, ayant déchiré la coiffe c et s'apprêtant à détacher son opercule op.

L'assise des cellules mères des spores a la forme d'une calotte recouvrant une columelle hémisphérique (fig. 76, A). A la maturité, sans que le pédicelle s'allonge, la mince coiffe qui enveloppe le sporogone se déchire irrégulièrement (fig. 76, B, c); puis le sporange s'ouvre circulairement par la disjonction d'un couvercle (op), qui se distingue du reste de la surface par sa plus grande convexité.

Les Sphaignes jouent un rôle considérable dans la nature. Ce sont les plantes les plus importantes des marais tourbeux, et leurs restes plus ou moins altérés forment aussi la partie principale de la tourbe. Elles peuvent vivre cependant, dans l'atmosphère humide des montagnes, sur un sol assez sec.

Andréacées. — Les Andrées, qui composent seules cette petite famille, se distinguent immédiatement des Sphaignes par leur port et par leur mode de végétation. Ce sont de petites Mousses noirâtres, abondamment feuillées et ramifiées, qui vivent sur les rochers.

Les anthéridies y occupent, mêlées de paraphyses, l'extrémité des branches mâles, comme les archégones l'extrémité des branches femelles; à la maturité, elles expulsent par l'ouverture terminale toute la masse des cellules mères des anthérozoïdes. Dans le sporogone, l'assise des cellules mères des spores prend, comme dans les Sphaignes, la forme d'une cloche recouvrant une columelle hémisphérique. Le pédicelle demeure aussi très court, mais le sporange s'allonge, déchire la coiffe à sa base et l'entraîne à son sommet, comme dans les Mousses ordinaires. La tige ne s'en développe pas moins, entre le périchèze et le sporogone, en un pseudopode, comme dans les Sphaignes. A la maturité, le sporange s'ouvre, par quatre fentes longitudinales, en quatre valves, qui demeurent unies au sommet et à la base; ces valves s'écartent quand il fait sec, pour disséminer les spores, et se rapprochent quand le temps est humide. Enfin les spores germent en un protonème membraneux, nouvelle ressemblance avec les Sphaignes.

On voit que les Andrées relient les Sphaignes aux Mousses ordinaires, en même temps que, par la déhiscence du sporange, elles rattachent les Mousses aux Hépatiques.

ORDRE II

Bryinées.

L'ordre des Bryinées comprend toutes les Mousses à sporogone muni d'un long pédicelle et dépourvu de pseudopode. D'après la conformation du sporange, qui est tantôt indéhiscent, tantôt déhiscent circulairement, on y distingue deux familles :

Sporange { indéhiscent... *Phascacées.*
{ à déhiscence circulaire............................... *Bryacées.*

9.

Phascacées. — Les Phascacées sont de petites Mousses dont les courtes tiges, le plus souvent annuelles, demeurent insérées sur le protonème vivace jusqu'après la maturité des spores. Elles se distinguent de toutes les autres Mousses par ce caractère que leur sporange ne s'ouvre pas et que les spores ne sont mises en liberté que par la destruction de sa paroi. Dans le Phasque, l'Éphémère, la Voitie, etc., le sporange a la même structure que chez les Bryacées. Dans l'Archide, la columelle est résorbée par les cellules mères des spores, qui remplissent tout le sporange; en outre, le pédicelle y demeure très court et le sporogone reste jusqu'à la maturité inclus dans la coiffe, comme dans les Sphaignes : c'est une forme de transition.

Bryacées. — Les Bryacées renferment la très grande majorité des Mousses, et c'est à elles que s'appliquent tous les caractères généraux étudiés (I, p. 476 et suiv., fig. 215 à 220). Le sporogone y est longuement pédicellé et surmonté d'une coiffe conique (Conomitre, etc.) ou fendue d'un côté (Funaire, I, fig. 218, B, Pottie, fig. 77, B, etc.). Le pédicelle, ou soie, est cylindrique, quelquefois renflé en apophyse sous le sporange (Polytric, Splachne, etc.), et terminé en bas par une pointe obtuse

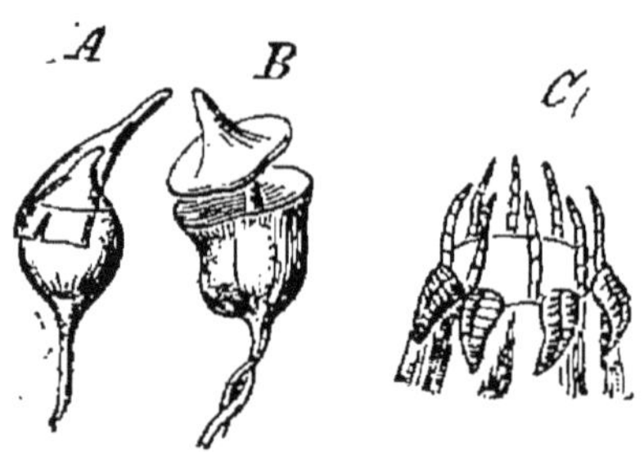

Fig. 77. A, sporange fermé d'une Pottie, avec sa coiffe fendue d'un côté; B, le même détachant son opercule; C, péristome double d'un Zygode.

encastrée dans le sommet de la tige, creusé en vaginule (I, fig. 217). Le sporange, ou capsule, s'ouvre toujours par une fente circulaire détachant l'opercule de l'urne (fig. 77, B, voir aussi I, fig. 218, C, et fig. 219). A cet effet, ou bien une zone annulaire de cellules épidermiques conserve simplement ses parois minces et se déchire plus tard en se desséchant; ou bien il se forme, entre l'urne et l'opercule, une couche annulaire de cellules spéciales qu'on nomme l'*anneau* (I, fig. 218, C, a); ces cellules épaississent leurs parois et les gonflent, ce qui détache l'anneau et sépare l'opercule de l'urne.

Après la déhiscence, le sac sporifère, qui a la forme d'un tonneau traversé de part en part par la columelle (I, fig. 218, C), demeure habituellement fermé par un péristome simple ou double (fig. 77, C), dont les dents sont au nombre de 4 ou d'un multiple de 4, souvent 16 (Brye, Hypne, etc.), et jusqu'à 64 (beaucoup de Polytrics) (l, fig. 219). Le péristome interne forme quelquefois une membrane plissée (Buxbaumie, etc), ou un réseau (Fontinale, I, fig. 219, etc.); quelques genres en sont dépourvus (Gymnostome, Hyménostome, etc.). Le péristome est quelquefois formé par une couche de cellules épaissies qui se fend en quatre lobes (Tétraphide) ou par des faisceaux de cellules longues et épaissies, courbés en fer à cheval, les branches diri- gées vers le haut de deux faisceaux voisins formant ensemble une des 32 ou des 64 dents (Polytric). Mais le plus souvent (fig. 78), il est constitué par une assise transversale de cellules différenciées, qui épaississent et colorent leur paroi sur la face supérieure seulement, ou en même temps sur la face supérieure et sur la face inférieure (a, i), en la détruisant partout ail- leurs; ces portions épaissies de membrane forment les dents du péristome, qui est

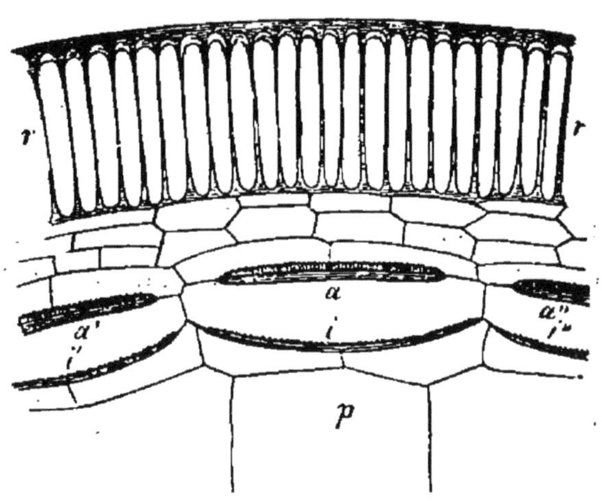

Fig. 78. Funaire hygrométrique, portion de la sec- tion transversale de l'opercule avant la maturité ; r, épiderme ; a, i, régions épaissies et colorées des membranes de l'assise péristomique, devenant plus tard les dents du péristome double ; p, tissu qui se détruit.

simple dans le premier cas, double dans le second (fig. 78), et qui compte un nombre de dents en rapport avec celui des cellules de l'assise transversale. Le rôle du péristome, qui se rabat et ferme le sporange sous l'influence de l'humidité, qui se redresse au contraire et l'ouvre sous l'influence de la séche- resse, est d'empêcher la sortie des spores par les temps humides et de les protéger en même temps contre l'humidité, de permettre au contraire leur dissémination par les temps secs.

D'après la disposition latérale ou terminale des archégones et plus tard des sporogones, les genres se groupent en deux tribus :

1. *Hypnées* ou *Pleurocarpes*. — Archégones latéraux : Hypne, Fabronie, Neckère, Hookérie, Fontinale, etc.

2. *Bryées* ou *Acrocarpes*. — Archégones terminaux : Brye, Mnie, Aulacomnie, Bartramie, Polytric, Atric, Barbule, Trichostome, Cératodon, Pottie, Dicrane, Leucobrye, Fissident, Orthotric, Buxbaumie, Splachne, Schistotège, Tétraphide, Funaire, Grimmie, etc.

EMBRANCHEMENT III

CRYPTOGAMES VASCULAIRES

Caractères généraux. — Les plantes qui composent l'embranchement des Cryptogames vasculaires ont en commun deux caractères importants, tirés l'un du système végétatif, l'autre du mode de formation de l'œuf et de la marche du développement.

Le système végétatif est différencié en tige, feuille et racine. La présence d'une racine, destinée à absorber les liquides du sol, exige celle d'une canalisation intérieure, transportant les liquides absorbés dans toute l'étendue du corps; cette canalisation doit comprendre des tubes d'aller, portant aux feuilles le liquide du sol, c'est-à-dire des vaisseaux, dont l'ensemble constitue le bois, et des tubes de retour, amenant aux racines les substances assimilées par les feuilles, c'est-à-dire des tubes criblés, dont l'ensemble constitue le liber. En un mot, l'existence d'une racine entraîne celle d'un système libéroligneux. Ces plantes pourraient donc être appelées également bien *Cryptogames à racines* ou *Cryptogames libéroligneuses*. Les vaisseaux étant la partie du système libéroligneux qui a été aperçue la première, c'est le nom de Cryptogames vasculaires qui a prévalu.

Le mode de formation de l'œuf et la marche du développement de ces plantes ont été étudiés, sur les Fougères prises comme exemple (I, p. 465 et suiv.). En les comparant ensuite à ce qui se passe chez les Muscinées (I, p. 484), on a vu comment le développement, interrompu des deux côtés par une formation de spores de passage, l'est de deux manières très

différentes et pour ainsi dire complémentaires. Chez les Muscinées, les spores de passage se forment sur le petit tronçon et
l'œuf sur le grand, tandis que chez les Cryptogames vasculaires,
les spores de passage naissent sur le grand tronçon et l'œuf sur
le petit.

Introduits tout à coup, sans aucune transition actuellement
connue, ces deux caractères généraux établissent entre les
Muscinées et les Cryptogames vasculaires une séparation tranchée, dont rien n'est venu jusqu'à présent diminuer la profondeur. On a vu, au contraire (p. 138), qu'entre les Thallophytes et les Muscinées le passage est graduel, tant pour la
différenciation du système végétatif que pour la marche du
développement. On sait aussi qu'il existe bien des transitions
entre les Cryptogames vasculaires et les Phanérogames (I,
p. 472). Comme il a été dit au début de ces *Éléments* (I, p. 8),
et répété plus tard (II, p. 7), le règne végétal se partage donc
d'abord en deux sous-règnes : les plantes sans racines ou non
vasculaires, comprenant les Thallophytes et les Muscinées, dont
nous avons achevé l'étude; et les plantes à racines ou vasculaires, comprenant les Cryptogames vasculaires et les Phanérogames, dont nous devons nous occuper maintenant.

**Division en trois classes : Filicinées, Équisétinées et
Lycopodinées.** — L'embranchement des Cryptogames vasculaires comprend trois classes distinctes. Les Fougères (en latin
Filices) et les familles voisines ont les feuilles très développées,
avec une ramification latérale isolée, et composent la classe
des *Filicinées*. Les Prêles (en latin *Equisetum*) ont les feuilles
rudimentaires, avec une ramification verticillée, et forment la
classe des *Equisétinées*. Les Lycopodes et les plantes analogues
ont les feuilles petites, avec une ramification dichotomique, et
constituent la classe des *Lycopodinées*.

CLASSE 1

FILICINÉES

Caractères généraux. — Les Filicinées ont une tige peu ou
point ramifiée, pourvue à la fois de grandes feuilles isolées et
de nombreuses racines latérales produisant des radicelles. La
tige, la racine et la feuille croissent au sommet par une cellule

mère unique. Les radicelles sont disposées dans la racine vis-à-vis des faisceaux ligneux, même quand le nombre de ceux-ci se réduit à deux. Elles naissent aux dépens d'une cellule de l'endoderme; leur origine est donc corticale.

Les sporanges sont situés en grand nombre sur des feuilles ordinaires ou différenciées, le plus souvent rapprochés par petits groupes ou sores. Chacun d'eux provient ordinairement d'une seule cellule épidermique, quelquefois d'un groupe de cellules épidermiques (Marattie, Ophioglosse, etc.); partout, il a la valeur morphologique d'un poil. Le tissu sporifère y procède toujours d'une seule cellule mère. La plupart de ces plantes produisent des spores d'une seule sorte, qui donnent naissance à autant de prothalles doués d'une végétation indépendante, comme on l'a vu chez les Fougères (I, p. 466). Pourtant quelques-unes (Pilulaire, Salvinie, etc.) ont deux sortes de spores: les unes plus grandes, ou *macrospores*, produisant des prothalles femelles, les autres plus petites, ou *microspores*, formant des prothalles mâles; les deux sortes de prothalles sont alors rudimentaires et sortent peu de la spore.

Division de la classe des Filicinées en trois ordres. — D'après la neutralité ou la différenciation sexuelle des spores, et dans le premier cas d'après le mode de formation du sporange, on divise la classe des Filicinées d'abord en deux sous-classes, puis en trois ordres, de la manière suivante :

I. FILICINÉES ISOSPORÉES. — Sporanges d'une seule sorte; prothalles monoïques indépendants.
    1. *Fougères.* — Sporange issu d'une seule cellule épidermique.
    2. *Marattinées.* — Sporange issu d'un groupe de cellules épidermiques.

II. FILICINÉES HÉTÉROSPORÉES. — Sporanges de deux sortes; prothalles unisexués inclus.
    3. *Hydroptérides.* — Sporanges enveloppés dans une cavité close.

ORDRE I

Fougères.

Caractères généraux. — Les Fougères sont quelquefois de petites plantes délicates, qui ne dépassent pas beaucoup la dimension des plus grandes Muscinées (Hyménophyllées); le plus souvent ce sont des végétaux en partie ligneux; certaines espèces des tropiques et de l'hémisphère austral prennent même la dimension et le port des Palmiers : ce sont les Fougères dites *arborescentes*. La tige rampe dans la terre ou à sa surface (Polypode, Ptéride aquiline, etc.), grimpe le long des arbres et des rochers, ou s'élève librement, mais obliquement dans l'air (Aspide fougère-mâle, etc.); dans les Fougères arborescentes, elle se dresse en une colonne verticale. Elle est fixée au sol par de nombreuses racines latérales qui, dans les Fougères arborescentes, descendent en s'appliquant le long de sa surface et la recouvrent tout entière d'une enveloppe épaisse et serrée. Quand elle rampe ou grimpe, elle allonge plus ou moins ses entre-nœuds et son extrémité dépasse quelquefois beaucoup le point d'insertion de la feuille la plus jeune; en d'autres termes, il n'y a pas de bourgeon terminal (Polypode vulgaire, Ptéride aquiline, etc.). Quand elle se dresse en colonne, au contraire, ses entre-nœuds demeurent très courts ou même nuls, et son sommet reste caché au centre d'un bourgeon.

Dans tous les cas, le sommet est occupé par une cellule mère, rarement cunéiforme à faces latérales et découpant deux séries de segments (Ptéride aquiline, etc.), ordinairement en forme de pyramide triangulaire et découpant trois séries de segments. Elle se ramifie par formation de bourgeons latéraux disposés au-dessus, au-dessous ou à côté des feuilles, quelquefois à leur aisselle (Hyménophyllées, etc.); dans les Fougères arborescentes, il ne se fait ordinairement pas de bourgeons latéraux et la tige ne se ramifie pas.

Dans sa région inférieure grêle, issue de l'œuf, la tige est formée d'un épiderme, d'une écorce et d'un cylindre central très étroit dépourvu de moelle. Quand elle demeure très mince, elle conserve cette structure dans toute sa longueur (Hyménophylle, Trichomane, Gleichénie, Lygode, etc.). Quelquefois elle la conserve aussi en s'élargissant, avec cette différence que le cylindre central, à mesure qu'il se dilate, prend une moelle de plus en plus volumineuse (Osmonde, etc.). Mais ordinairement, à mesure qu'elle s'allonge et s'épaissit en forme de cône renversé, le cylindre central se divise, par dichotomie répétée, en deux, quatre, huit, etc., cylindres centraux, ou stèles, semblables à lui, c'est-à-dire très grêles et sans moelle, disposées en un cercle unique dans l'écorce commune qui les réunit et dont la région interne simule une moelle (fig. 79). En un mot, la structure devient polystélique (voir I, p. 174). Dans leur course longitudinale, ces stèles, qu'il faut bien se garder de confondre avec des faisceaux libéroligneux, s'anastomosent latéralement en un réseau à mailles plus ou moins larges, correspondant aux feuilles; quelquefois les mailles sont très petites et, dans la majeure partie de leur longueur, les stèles sont fusionnées latéralement en un étui continu, entouré d'un endoderme sur son bord interne comme sur son bord externe et emprisonnant complètement la région centrale de l'écorce à la façon d'une

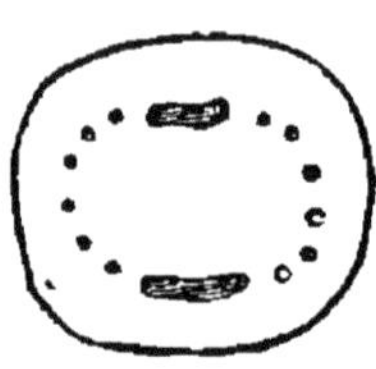

Fig. 79. Aspide coriace, section transversale du rhizome, montrant les multiples stèles disposées en cercle; la supérieure et l'inférieure sont plus grosses que les autres.

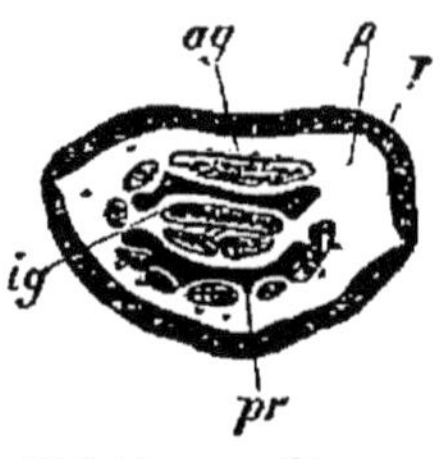

Fig. 80. Ptéride aquiline, section transversale du rhizome, montrant les multiples stèles disposées en deux cercles, concentriques *ag*, *ig*; *pr*, bande de sclérenchyme, entre les deux cercles.

moelle (Microlépie, Ptéride dorée, Polypode de Wallich, etc.). La structure polystélique est dialystèle dans le premier cas, gamostèle dans le second (I, p. 174). Ailleurs la bifurcation des stèles se poursuit plus longtemps et elles deviennent trop nombreuses pour pouvoir se placer sur un cercle unique; elles se disposent alors sur deux ou plusieurs cercles (fig. 80) et même se disséminent sans ordre dans toute l'épaisseur de l'écorce commune (divers Ptérides, Cyathées, Saccolomes, etc.).

Quels que soient leur nombre et leur disposition, les stèles ont leur bois formé principalement ou exclusivement de vaisseaux fermés, dont les plus étroits et les premiers nés sont annelés et spiralés, les autres de plus en plus larges et scalariformes; dans la Ptéride aquiline, ces derniers ont leurs cloisons obliques perforées. L'appareil de soutien de la tige se constitue tout entier aux dépens de l'écorce, dont certaines parties se différencient en couches, rubans ou cordons de sclérenchyme très dur et noirâtre, indépendants des stèles (Ptéride aquiline, fig. 80, etc.) ou enveloppant chacune des stèles d'une gaine continue (Fougères arborescentes, etc.).

Toujours enroulées en crosse d'arrière en avant dans le bourgeon, pétiolées et poursuivant longtemps leur croissance terminale, les feuilles des Fougères parviennent à de grandes dimensions et à des formes très compliquées. Elles mesurent quelquefois jusqu'à 3 et 6 mètres de longueur (Ptéride aquiline, Alsophile, Cibote, etc.), et leur limbe est ordinairement lobé, séqué, composé à plusieurs degrés. Elles sont toujours isolées, quelquefois distiques (Ptéride aquiline, divers Polypodes, etc.), le plus souvent disposées suivant des divergences plus compliquées, $\frac{8}{21}$ par exemple (Aspide fougère-mâle, etc.). Elles développent quelquefois des bourgeons adventifs sur leur limbe, le long des nervures, sur la face supérieure (Doradille fourchue, D. vivipare, etc.), sur la face inférieure (Doradille bulbifère, etc.), aux angles rentrants du bord (Cératoptéride thalictroïde, etc.) ou au sommet (Chrysode flagellifère, Woodwardie radicante, etc.). Le pétiole, inséré sur la tige, en face d'une maille du réseau stélique, reçoit, du fond et des bords de la maille, une ou plusieurs des stèles qui la composent; celles-ci se ramifient progressivement dans le limbe et s'y résolvent en faisceaux libéroligneux ordinaires à liber inférieur et bois supérieur.

A mesure qu'elle s'allonge, la tige produit incessamment, de la base au sommet, de nouvelles racines latérales. Elles naissent très près de l'extrémité, aux dépens d'une cellule de l'endoderme actuel, comme il a été dit (I, p. 184, fig. 71). Elles croissent au sommet par le cloisonnement d'une cellule mère unique, comme il a été dit (I, p. 97, fig. 33). Leur structure se rattache au type général étudié (I, p. 81 et suiv.); le cylindre central ne renferme ordinairement que deux faisceaux libériens et deux faisceaux ligneux. Elles produisent leurs radicelles aux dépens d'une cellule mère située dans l'endoderme en face d'un faisceau ligneux, comme on l'a vu (I, p. 103, fig. 36). Il en résulte que, dans une racine mère binaire, les radicelles sont disposées en deux séries longitudinales, et non pas en quatre séries comme chez les Phanérogames. De plus, la bande diamétrale formée par les deux faisceaux ligneux de la radicelle est perpendiculaire au faisceau ligneux d'insertion et à l'axe de la racine mère (fig. 81), au lieu de coïncider avec lui comme chez les Phanérogames.

Enfin ni la tige, ni la racine, ni la feuille des Fougères

n'acquièrent de tissus secondaires; la structure en reste indéfiniment à l'état primaire.

La disposition des sporanges sur la feuille, leur structure, leur formation et la naissance des spores ont été décrites d'une façon générale (I, p. 466 et suiv., fig. 209 et 210). On sait aussi comment la spore germe et développe un prothalle produisant des anthéridies et des archégones, comment sur ce prothalle l'œuf se forme aux dépens d'un anthérozoïde et d'une oosphère, enfin comment l'œuf formé se développe en une jeune plante, qui n'a plus qu'à grandir pour devenir une Fougère adulte (I, p. 468 et suiv., fig. 211, 212, 213 et 214). Ce qui varie suivant les genres, c'est la disposition des sporanges et leur conformation, notamment la présence d'un anneau complet longitudinal ou transversal, d'un anneau incomplet longitudinal ou transversal, ou d'un anneau polaire.

Fig. 81.

Division de l'ordre des Fougères en six familles. — D'après ces différences, l'ordre des Fougères, qui renferme plus de 3500 espèces appartenant en grande majorité aux contrées chaudes et humides du globe, surtout aux côtes et aux îles des mers tropicales, se divise en six familles, comme il suit :

Anneau	transversal	Sporanges	complet.	à l'extrémité de la feuille.....	*Hyménophyllées.*
				sur la face inférieure de la feuille.	*Gleichéniées.*
		latéral..................................			*Schizéacées.*
		polaire			*Osmondacées.*
	longitudinal	complet.....................................			*Cyathéacées.*
		incomplet			*Polypodiacées.*

Hyménophyllées. — La tige des Hyménophyllées, qui ne comprennent que trois genres, est souvent rampante, habituellement très grêle et pourvue d'un cylindre central unique, très étroit et sans moelle. Le limbe de la feuille est ordinairement formé d'une seule assise de cellules et, par suite, dépourvu de stomates; le Loxsome seul a sa feuille composée de plusieurs épaisseurs de cellules et munie de stomates. Les racines manquent chez certains Trichomanes; ce sont alors des branches souterraines de la tige qui, s'allongeant et se ramifiant beaucoup, pendant que leurs feuilles demeurent très petites et à peine visibles, portent les poils radicaux et ressemblent à des racines, dont elles remplissent la fonction.

Les sporanges ont un anneau complet transversal et s'ouvrent, par conséquent, au moyen d'une fente longitudinale. Ils sont insérés sur un prolongement de la nervure fertile au delà du bord de la feuille, et sont entourés d'une indusie cupuliforme, à bord entier (Trichomane) ou bilobé (Hyménophylle); ce prolongement de nervure s'allonge par croissance intercalaire à la base et produit de nouveaux sporanges au-dessous des anciens, en direction basipète. Ces sporanges sont disposés en spirale autour de la nervure, sessiles et biconvexes; l'anneau, qui sépare les deux faces convexes, est le plus souvent oblique. Dans le Loxsome, les sporanges sont piriformes et pédicellés; par là, ce genre fait transition vers les Cyathéacées.

Gleichéniées. — La tige des Gleichéniées, qui habitent la région tropicale et les contrées chaudes de l'hémisphère austral (Gleichénie, Mertensie, Platyzome), est un mince rhizome, ne contenant qu'un seul cylindre central axile. Elle porte des feuilles dont le limbe croît indéfiniment au sommet avec des alternatives d'activité et de repos, de manière à produire chaque année une nouvelle paire de folioles.

Les sporanges sont sessiles et réunis par 3 ou 4 seulement, en sores nus, sur la face inférieure de feuilles ordinaires; ils ont un anneau complet transversal et leur déhiscence est longitudinale.

Schizéacées. — La plupart des Schizéacées (Schizée, Lygode, Aneimie, Mohrie) habitent l'Amérique tropicale. Leur tige mince ne renferme souvent qu'un seul cylindre central axile, et leurs feuilles ressemblent, dans les Lygodes, à des tiges volubiles; elles ont une croissance terminale indéfinie et peuvent atteindre plus de 10 mètres de longueur.

Dans la Mohrie, les sporanges sont situés près du bord de la feuille, qui se recourbe au-dessus d'eux en fausse indusie; partout ailleurs, les segments fertiles sont contractés en grappe ou en épi, comme dans l'Osmonde. Dans les Schizées et les Lygodes, les sporanges sont disposés sur deux rangs à la face inférieure de segments très étroits; chacun d'eux est enveloppé, dans les Lygodes, par une indusie en forme de poche. Dans les Aneimies, les deux folioles inférieures de la feuille forment de longues grappes sans parenchyme, dont les dernières ramifications portent les sporanges, développés successivement de la base au sommet. Partout, les sporanges, ovoïdes ou piriformes, sont sessiles et ont leur sommet occupé par une calotte de cellules particulières, qui est un anneau polaire; aussi leur déhiscence est-elle longitudinale.

Osmondacées. — Les Osmondacées (Osmonde, Todée) diffèrent de toutes les autres Fougères par leur tige monostélique à large cylindre central pourvu d'une moelle.

Dans l'Osmonde, les sporanges sont situés sur des segments de feuille modifiés et dépourvus de parenchyme, occupant la région supérieure de la feuille composée pennée. Dans la Todée, les feuilles fertiles sont, au contraire, semblables aux feuilles stériles. Les sporanges, brièvement pédicellés, arrondis et dissymétriques, portent latéralement un petit groupe de cellules de conformation spéciale, qui est une portion d'un anneau transversal; aussi la déhiscence a-t-elle lieu du côté opposé, par une fente longitudinale. Dans le prothalle, le coussinet à archégones règne dans toute la ligne médiane, où il forme une sorte de nervure. Si aucun de ces archégones n'est fécondé, ce prothalle continue à s'allonger en ruban, demeure vivant pendant plusieurs années et atteint une longueur de plus de 4 centimètres; il ressemble alors à un thalle d'Hépatique, de Pellie, par exemple.

Cyathéacées. — Les Cyathéacées (Cyathée, Cibote, Dicksonie, Hémitélie, Alsophile, etc.) sont des Fougères presque toujours arborescentes, dont la grosse tige dressée, simple, souvent recouverte d'innombrables racines et qui peut dépasser 15 mètres de hauteur, porte au sommet une rosette de grandes feuilles finement découpées. Cette tige contient un plus ou moins grand nombre de stèles, souvent aplaties en rubans, disposées sur un ou plusieurs cercles ou même disséminées dans l'écorce commune. La plupart habitent la zone tropicale et les contrées chaudes de l'hémisphère austral.

Les sporanges sont pédicellés et possèdent un anneau complet, longitudinal, un peu excentrique et oblique pour laisser le pédicelle libre; ils s'ouvrent, en conséquence, par une fente transversale. Ils sont rapprochés, sur une proéminence souvent assez forte du tissu de la feuille, en sores nus (Alsophile) ou entourés d'une indusie soit bivalve (Cibote, Dicksonie), soit cupuliforme (Cyathée), constituant parfois une capsule close.

Polypodiacées. — Les Polypodiacées sont de tout l'ordre des Fougères la famille la plus nombreuse, puisqu'elle compte à elle seule environ 2800 espèces. Les sporanges sont pédicellés et pourvus d'un anneau longitudinal incomplet, avec déhiscence transversale; ils sont disposés en grand nombre à la face inférieure de feuilles le plus souvent non modifiées. Les genres principaux s'y répartissent dans les cinq tribus suivantes :

1. *Acrostichées.* — Sores recouvrant à la fois le parenchyme et les nervures de la face inférieure ou même des deux faces de la feuille, ou situés sur un épaississement qui longe les nervures; pas d'indusie : Acrostic, Polybotrie, Chrysode, etc.

2. *Polypodiées.* — Sores occupant soit le cours longitudinal des nervures, soit certaines de leurs anastomoses, soit le dos, soit l'extrémité épaissie des nervures; ils sont nus, rarement pourvus d'une indusie latérale : Polypode, Gymnogramme, Capillaire, Ptéride, Allosure, Parkérie, Cératoptéride, etc.

3. *Aspléniées.* — Sores suivant d'un côté le cours des nervures, recouverts par une indusie latérale, rarement nus; ou dépassant au sommet le dos des nervures et enveloppés par une indusie émanée d'elles; ou occupant des anastomoses particulières des nervures et recouverts d'un côté par une indusie libre du côté de la nervure : Doradille, Scolopendre, Blechne, Platycère, etc.

4. *Aspidiées.* — Sores dorsaux avec indusie, rarement terminaux sans indusie : Aspide, Phégoptéride, Cystoptéride, Struthioptéride, etc.

5. *Davalliées.* — Sores terminaux ou dans les dichotomies des nervures, avec indusie; ou situés sur un arc anastomotique intramarginal et recouverts par une indusie cupuliforme libre sur sa face externe : Davallie, Néphrolépide, etc.

ORDRE II

Marattinées.

Caractères généraux. — Outre le mode de formation du sporange signalé plus'haut, les Marattinées ont en commun plusieurs autres caractères. Leur tige s'allonge très peu, ne forme pas d'entre-nœuds et ne se ramifie pas. Elle est dépourvue, tout aussi bien que les feuilles, de ce sclérenchyme à parois brunes qui caractérise les Fougères. Les racines y sont épaisses et charnues, peu nombreuses et se forment sur la tige très près du sommet. Les anthéridies sont complètement enfoncées dans le tissu du prothalle, et c'est à peine si les archégones font proéminer leur col au-dessus de sa surface.

Division de l'ordre des Marattinées en deux familles. — Par la disposition différente des sporanges, l'ordre des Marattinées se sépare en deux familles : les *Marattiacées*, où les sporanges sont extérieurs, et les *Ophioglossées*, où ils sont plongés dans le tissu de la feuille. Ainsi :

Sporanges { externes .... *Marattiacées.*
{ internes .... *Ophioglossées.*

Marattiacées. — La tige des Marattiacées est ordinairement courte, épaisse, dressée et terminée par un bouquet de très grandes feuilles pennées, longuement pétiolées, enroulées en crosse dans le bourgeon comme celles des Fougères; dans la Kaulfussie, c'est un rhizome horizontal produisant deux rangées de feuilles palmées. Elle croît au sommet par une cellule mère unique et offre plus tard la structure polystélique.

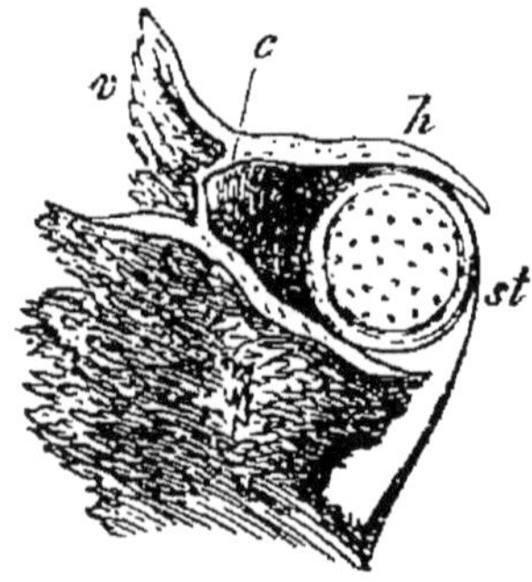
Fig. 82. Base d'un pétiole d'Angioptéride, coupée transversalement *st*; *c*, commissure des stipules; *v*, gouttière supérieure; *h*, gouttière inférieure.

Le pétiole porte à sa base deux stipules (fig. 82), réunies ensemble au-dessus de lui par une commissure longitudinale, qui sépare deux gouttières: dans la gouttière inférieure (*h*), la feuille, enroulée en spirale, est tout entière cachée dans le jeune âge, tandis que les gouttières supérieures (*v*) enveloppent les feuilles plus jeunes. La chute de la feuille a lieu au-dessus de la base du pétiole, qui reste adhérente à la tige avec ses deux stipules.

Les racines sont beaucoup moins nombreuses et plus épaisses que chez les Fougères, pouvant atteindre un centimètre d'épaisseur; aussi le cylindre central y compte-t-il un grand nombre de faisceaux libériens et ligneux, disposés autour d'une large moelle. Elles croissent au sommet par une seule cellule mère.

Les sporanges naissent en grand nombre sur la face inférieure des feuilles ordinaires, rapprochés çà et là de chaque côté d'une nervure en une double rangée formant un sore (fig. 83); chacun d'eux procède d'un groupe de cellules épidermiques et correspond par conséquent à un poil massif. Libres dans l'Angioptéride, les sporanges sont soudés partout ailleurs, dans chaque rangée et d'une rangée à l'autre, en un corps pluriloculaire, dont les loges sont bisériées dans la Marattie (fig. 83) et dans la Danée, disposées en cercle dans la Kaulfussie. A la maturité, chaque loge s'ouvre par une fente longitudinale (fig. 83, C), comme le sporange libre de l'Angioptéride ; dans la Danée, l'ouverture a lieu par un pore terminal. Les spores produisent des prothalles munis d'une côte médiane comme dans l'Osmonde, à végétation très lente, formant leurs premières anthéridies seulement après quatre ou cinq mois, leurs archégones seulement après dix mois et plus. Anthéridies et archégones sont profondément enfoncés dans l'épaisseur de la côte médiane du prothalle.

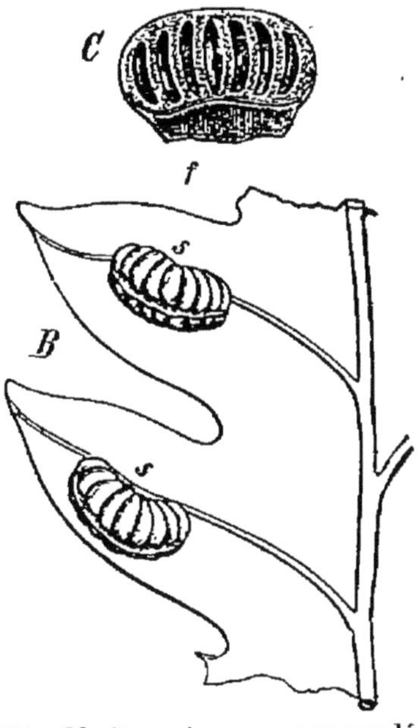
Fig. 83. Sores à sporanges soudés s d'une Marattie ; C, moitié d'un de ces sores, après la déhiscence.

Les quatre genres, appartenant tous aux contrées chaudes, se groupent en trois tribus :

1. *Angioptéridées.* — Sporanges libres, à déhiscence longitudinale : Angioptéride.

2. *Marattiées.* — Sporanges soudés, à déhiscence longitudinale : Marattie, Kaulfussie.

3. *Danéées.* — Sporanges soudés, à déhiscence poricide : Danée.

Ophioglossées. — La tige des Ophioglossées est courte, souterraine, dressée dans l'Ophioglosse et le Botryche, horizontale dans l'Helminthostachide. Chaque année elle pousse dans l'air un certain nombre de feuilles pétiolées engainantes disposées suivant $\frac{2}{5}$ et dans la terre un pareil nombre de racines semblablement disposées, une au-dessous de chaque feuille.

La tige est dépourvue de cylindre central, elle est astélique (I, p. 173). Le cylindre central, qui existe dans la région inférieure issue de l'œuf, s'y rompt, en effet, de bonne heure en cinq secteurs, ou *méristèles*, formés chacun d'un faisceau libéroligneux et d'une gaine conjonctive, et entourés chacun d'un endoderme particulier. Cette structure peut-être dite *schizostélique*. Dans l'Ophioglosse, les cinq méristèles demeurent distinctes et l'écorce interne communique entre elles avec l'écorce externe; la structure schizostélique y est *dialyméristèle*. Chez les Botryche et Helminthostachide, elles sont fusionnées latéralement en un anneau, tapissé d'un endoderme général en dehors et en dedans, et l'écorce interne ainsi séquestrée simule une moelle; la structure schizostélique y est *gamoméristèle*. En outre, dans ces deux derniers genres, l'anneau libéroligneux est le siège d'une formation peu abondante de liber et de bois secondaires, due à l'activité d'une assise génératrice intercalée au liber et au bois primaires, comme chez les Dicotylédones. La racine et la tige croissent au sommet par une seule cellule tétraédrique.

Les sporanges sont localisés sur un lobe de la feuille fertile, qui se détache, à la façon d'une ligule, plus ou moins haut sur sa face interne, soit sur le pétiole (Botryche rutifolié, etc.), soit sur le limbe (Ophioglosse vulgaire, etc.). Dans l'Ophioglosse, le segment fertile est ordinairement simple et entier, comme le limbe; dans le Botryche, il est découpé à divers degrés,

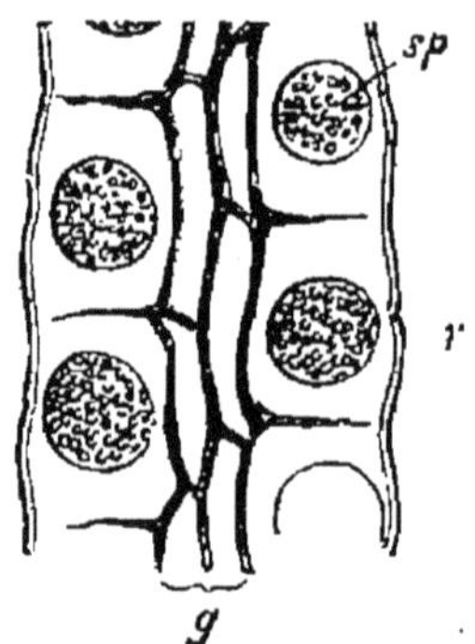

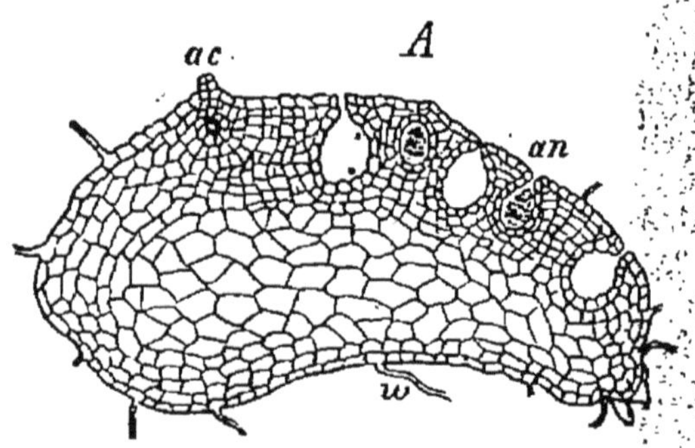

Fig. 84. Ophioglosse vulgaire, portion d'une coupe longitudinale du lobe fertile, montrant les sporanges *sp*, s'ouvrant plus tard en *r*; *g*, faisceaux libéroligneux.

Fig. 85. Botryche lunaire, section longitudinale du prothalle tuberculeux; *ac*, un archégone; *an*, anthéridies; *w*, poils absorbants.

comme le limbe et parallèlement à lui. Les sporanges sont disposés en deux rangées alternes sur le segment fertile simple (Ophioglosse, fig. 84) ou sur chaque lobe du segment fertile divisé (Botryche). Ils sont plongés dans le parenchyme de la feuille, sans faire saillie au dehors (Ophioglosse, fig. 84, *sp*) ou en proéminant en forme de bosses arrondies (Botryche), et s'ouvrent par autant de fentes transversales dans l'épiderme. La spore développe un prothalle massif souterrain, dépourvu de chlorophylle, vermiforme dans l'Ophioglosse, tuberculeux dans le Botryche (fig. 85), portant à la fois les anthéridies et les archégones complètement enfoncés dans la couche périphérique.

La famille des Ophioglossées ne renferme que les trois genres Ophioglosse, Botryche et Helminthostachide, ce dernier localisé dans l'Asie tropicale.

ORDRE III

Hydroptérides.

Caractères généraux. — L'ordre unique formé par les Filicinées hétérosporées ne comprend que quatre genres; il doit son nom à la propriété commune qu'ont ces plantes de vivre dans des lieux très humides, ou même de flotter à la surface des eaux dormantes. La tige y est toujours rampante et bilatérale, portant sur sa face dorsale les feuilles normales, sur sa face ventrale les racines quand il y en a (Pilulaire, Marsilie, Azolle) ou des feuilles absorbantes quand il n'y a pas de racines (Salvinie).

Les sporanges procèdent, comme chez les Fougères, d'une seule cellule épidermique de la feuille; ce sont des sacs ovoïdes dont la paroi, formée d'une simple assise de cellules, est dépourvue d'anneau. Ils sont, comme on sait, de deux sortes, les uns formant des spores femelles ou macrospores, les autres des spores mâles ou microspores. La portion différenciée des feuilles qui produit les sporanges se reploie autour d'eux et les enveloppe dans une capsule entièrement close que, pour abréger, on nomme *sporocarpe*. La macrospore forme en germant un petit prothalle femelle, pourvu de chlorophylle, qui demeure en relation intime avec elle. La microspore donne un prothalle tout à fait rudimentaire et dépourvu de chlorophylle.

Division de l'ordre des Hydroptérides en deux familles. — L'ordre des Hydroptérides se divise en deux familles : les *Salviniacées*, où les sporocarpes, uniloculaires et ne renfermant qu'un seul sore, sont de deux sortes, les uns mâles, les autres femelles; les *Marsiliacées*, où les sporocarpes, pluriloculaires et renfermant plusieurs sores, contiennent à la fois des macrosporanges et des microsporanges. De ces deux familles, c'est celle des Salviniacées qui se rapproche le plus des Filicinées isosporées. En résumé :

Sporocarpes { uniloculaires et de deux sortes................... *Salviniacées.*
{ pluriloculaires et d'une seule sorte .... *Marsiliacées.*

Salviniacées. — La famille des Salviniacées ne renferme que les deux genres Salvinie et Azolle.

La tige nageante de la Salvinie a ses feuilles verticillées par trois à chaque nœud (fig. 86, *A*); les deux supérieures, vertes, ovales et brièvement pétiolées (*l*), s'étalent dans l'air à la surface de l'eau; l'inférieure plonge verticalement et se divise en un buisson d'étroits segments dépourvus de chlorophylle (*w*), munis de longs poils absorbants, prenant ainsi l'aspect et remplissant aussi le rôle d'une racine avec ses radicelles. Cette

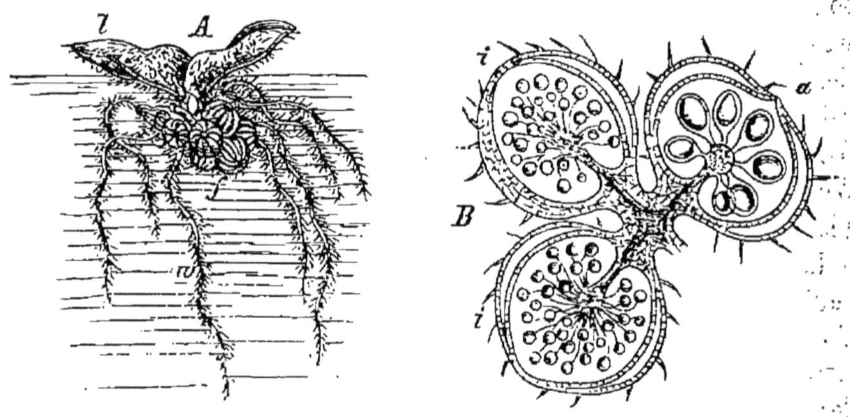

Fig. 86. Salvinie nageante; *A*, portion de tige avec un verticille de feuilles : deux aériennes *l*, une submergée et divisée *w* portant plusieurs sporocarpes *f*. *B*, section longitudinale à travers trois sporocarpes, deux à microsporanges *i*, le troisième à macrosporanges *a*.

plante est, en effet, entièrement dépourvue de racines. Comme les verticilles alternent, la face dorsale de la tige porte quatre rangs de feuilles aériennes, vertes, assimilatrices, et sa face ventrale deux rangs de feuilles aquatiques, incolores, absorbantes. Dans les Azolles, la tige, également nageante, porte sur sa face dorsale deux rangs de feuilles bilobées, isolées et alternes, sur sa face ventrale deux séries de racines non ramifiées et à coiffe caduque. Partout, la tige se ramifie par la formation

de bourgeons sur ses flancs, au niveau des feuilles et à côté
d'elles; partout aussi, elle se compose d'un cylindre central
très grêle et sans moelle, avec une écorce parcourue par de
larges canaux aérifères. Elle croît au sommet par une cellule
mère cunéiforme découpant deux séries de segments, tandis
que la cellule terminale de la racine est tétraédrique.

Les sporocarpes sont portés, dans la Salvinie au nombre de
4 à 8 vers la base de chaque feuille submergée (fig. 86, A, f),
dans les Azolles au nombre de 2 à 4 sur le lobe inférieur plongé
dans l'eau de la première feuille de chaque branche. Ce sont
des capsules sphériques un peu aplaties, brièvement pédicellées,
uniloculaires, du fond desquelles s'élève jusque vers le centre
une colonne renflée en massue qui porte les sporanges au
sommet (fig. 86, B). La même feuille porte à la fois des capsules à microsporanges (i) et des capsules à macrosporanges
(a) (fig. 86, B); dans les Azolles, ces dernières ne renferment
qu'un seul macrosporange. Les microsporanges contiennent
64 microspores englobées dans une substance gélatineuse, les

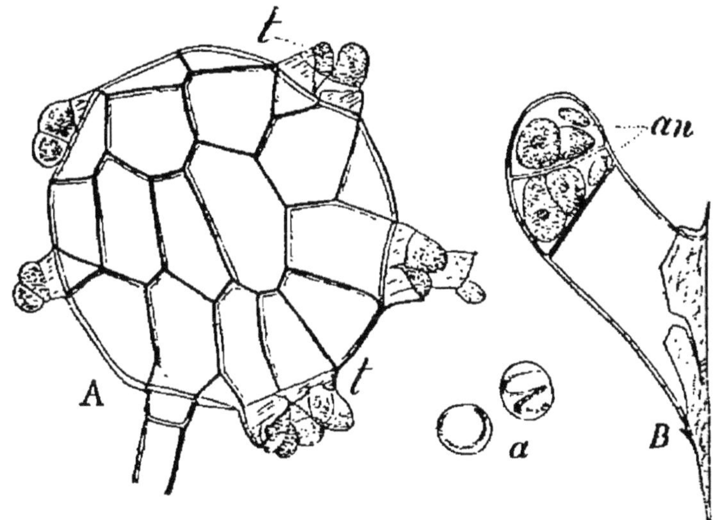

Fig. 87. Salvinie nageante; A, germination des microspores à l'intérieur du
microsporange; t, prothalles mâles en forme de tube sortant par la déchirure
de la paroi; B, l'un de ces tubes, ayant formé dans sa cellule terminale l'anthéridie an; a, anthérozoïdes en mouvement, encore attachés à leurs vésicules.

macrosporanges une seule très grosse macrospore enveloppée
aussi d'une couche gélatineuse. La paroi du sporocarpe est une
dépendance de l'épiderme de la feuille, qui se développe

d'abord en coupe autour des jeunes sporanges, puis, continuant à croître au-dessus d'eux en rétrécissant de plus en plus son orifice, finit par les envelopper dans une cavité close (fig. 86, *B, a*); en un mot, cette paroi a la même valeur que l'indusie des Fougères, et le sporocarpe n'est pas autre chose qu'un sore à indusie close.

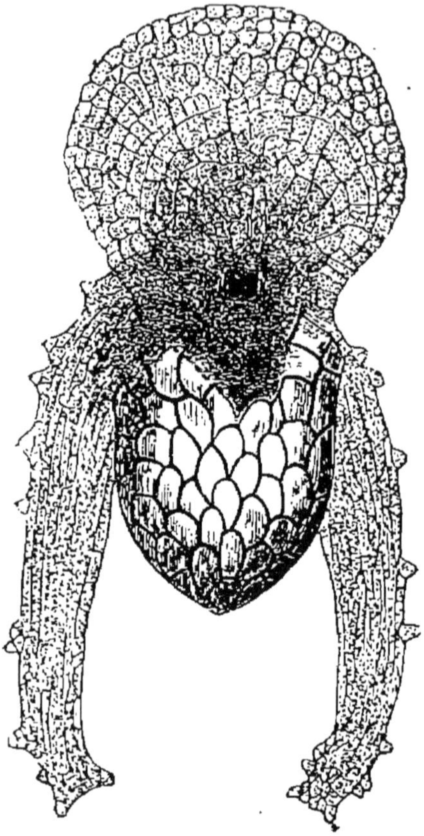

Les sporocarpes, rendus libres à l'automne par la mort de la plante, détruisent leur paroi pendant l'hiver et mettent les sporanges en liberté. Au printemps, la microspore de la Salvinie germe dans la gelée, à l'intérieur du microsporange clos (fig. 87, *A*); elle pousse un tube qui traverse la gelée, perce la membrane du sporange et prend une cloison transversale au voisinage de son extrémité libre; la cellule terminale ainsi formée est l'anthéridie, et produit par trois bipartitions successives huit anthérozoïdes spiralés, mis en liberté par la déchirure de la membrane (fig. 87, *B*); le reste du tube est la partie végétative du prothalle mâle.

Fig. 88. Salvinie nageante, prothalle femelle, issu de la macrospore, avec ses deux cornes descendantes; on y voit, au milieu, le premier archégone.

En germant, la macrospore rompt d'abord, au sommet et en trois valves, son exine, sa couche gélatineuse et la paroi du macrosporange; sous le sommet ainsi mis à nu, se trouve le gros noyau, entouré d'une couche de protoplasme en forme de calotte. Cette calotte se sépare d'abord du reste de la cavité par une cloison en ménisque; la petite cellule supérieure ainsi formée produit seule en se cloisonnant le prothalle femelle, l'autre ne fait que le nourrir de ses réserves. Le prothalle est pourvu de chlorophylle, même quand il se développe à l'obscurité; il est triangulaire et ses deux angles latéraux s'allongent plus tard en pointes, qui descendent sur les flancs de la macrospore (fig. 88); une de ses cellules superficielles, située sur la ligne médiane, se cloisonne comme il a été dit chez les Fougères et produit un archégone. Dans la Salvinie, après ce premier archégone, il s'en forme d'autres à droite et à gauche.

L'œuf se divise aussi, comme chez les Fougères, en quatre quartiers; dans les Azolles, l'inférieur d'arrière donne le pied et le supérieur d'arrière la première racine, pendant que l'inférieur d'avant forme la tige et le supérieur d'avant la première feuille; dans la Salvinie, les deux postérieurs forment ensemble le pied et la plante manque de racines.

Marsiliacées. — Les deux genres Marsilie et Pilulaire, qui composent à eux seuls cette petite famille, habitent les lieux marécageux. Leur tige grêle et rameuse porte sur sa face ventrale des racines et sur sa face dorsale deux rangs de feuilles isolées, distiques et enroulées en crosse dans le jeune âge comme celles des Fougères. Les feuilles des Marsilies ont un long pétiole terminé par un limbe à quatre folioles, étalées le jour, redressées l'une contre l'autre la nuit, et munies de nervures dichotomes; celles des Pilulaires sont filiformes, atténuées en pointe au sommet et semblent réduites à leur pétiole. La ramification de la tige s'opère par la formation de bourgeons latéraux sur ses flancs, au niveau des feuilles, mais à côté d'elles: elle est extraaxillaire. La tige et la racine croissent au sommet par une cellule mère tétraédrique. La tige ramifie habituellement son cylindre central grêle et dépourvu de moelle; elle produit de la sorte cinq stèles, disposées en cercle autour de la région centrale de l'écorce et fusionnées latéralement en un anneau libéroligneux à double liber, à double péricycle et à double endoderme, comme on l'a vu chez certaines Fougères (p. 160). En un mot, sa structure est polystélique gamostèle (I, p. 174).

Le sporocarpe a une structure plus compliquée et une valeur morphologique tout autre que celui des Salviniacées; ce n'est plus un simple sore à indusie close, mais un segment de feuille, portant plusieurs sores et recourbé autour de ces sores pour les envelopper tous ensemble dans une cavité close dont l'épaisse paroi, parcourue par des faisceaux libéroligneux, n'est autre chose que le limbe foliaire lui-même. Dans les Pilulaires (fig. 89),

10.

c'est une capsule arrondie, velue, brièvement pédicellée, insérée
sur la face ventrale de la feuille à sa base même, de manière à
paraître attachée directement sur la tige au-dessus de la feuille;
elle représente un segment fertile de la feuille, analogue à celui
des Ophioglossées. Cette capsule est creusée de deux (Pilulaire
menue), trois (P. américaine) ou quatre loges (P. globulifère,

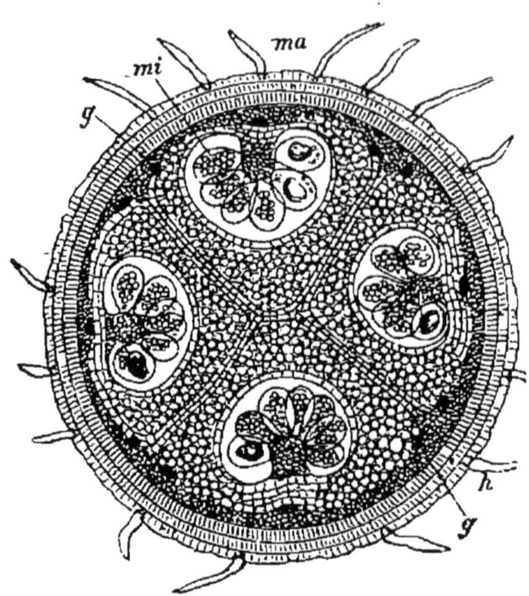

Fig. 89. Pilulaire globulifère, section transversale
du sporocarpe, passant vers le centre, où les
macrosporanges *ma* et les microsporanges *mi*
sont mélangés dans chaque sore; *h*, poils; *g*, faisceaux libéroligneux.

fig. 89); chaque loge
porte sur sa face exter-
ne, en face d'un fais-
ceau libéroligneux, un
bourrelet longitudinal
où sont insérés de
nombreux sporanges:
c'est un sore mixte,
qui contient en bas
principalement des ma-
crosporanges, en haut
exclusivement des mi-
crosporanges. Chaque
sore est recouvert, laté-
ralement et en dedans,
par une couche paren-
chymateuse compara-
ble à une industrie et ces
couches, en se rencon-
trant et se compri-
mant, sans se fusion-
ner toutefois, forment les cloisons et la masse centrale du sporocarpe (fig. 89).

Dans les Marsilies, le sporocarpe, aplati latéralement et plus
ou moins longuement pédicellé, s'attache sur la face ventrale
du pétiole de la feuille, plus ou moins haut suivant les
espèces.

Il renferme deux rangées de logettes transversales et, dans
chaque logette, s'étend transversalement un bourrelet qui porte
des macrosporanges sur sa crête et des microsporanges sur ses
flancs, qui forme par conséquent un sore mixte. Ce sore est
recouvert de tous côtés par une couche de parenchyme, qui est
une industrie close, et toutes ces couches, en se rencontrant et
en se pressant, forment les petites cloisons horizontales qui

séparent les logettes et la grande cloison longitudinale qui occupe le milieu du sporocarpe.

Les microsporanges contiennent chacun 64 microspores; les macrosporanges ne renferment qu'une seule grosse macrospore. La mise en liberté des sporanges a lieu par la déhiscence du sporocarpe, en quatre valves à partir du sommet dans la Pilulaire globulifère, en deux valves par une fente ventrale dans les Marsilies. En même temps, le parenchyme des cloisons se gélifie et la gelée s'échappe au dehors en entraînant avec elle les sporanges; ceux-ci déchirent leurs membranes et mettent en liberté les spores, qui entrent aussitôt en germination. La microspore se divise d'abord par une cloison en deux cellules très inégales : la petite est stérile et constitue la partie végétative du prothalle; la grande se divise en deux cellules qui, à leur tour, par bipartition répétée, forment chacune seize cellules mères d'anthérozoïdes. Puis la spore rompt d'abord son exine, ensuite son intine renflée en papille et met les anthérozoïdes en liberté; ceux-ci sont spiralés avec 4-5 (Pilulaire) ou 12-13 tours de spire (Marsilie) et de nombreux cils.

La macrospore a son sommet prolongé en une papille arrondie, au-dessus de laquelle la couche externe, épaisse et gélatineuse de l'exine offre un pore en entonnoir. C'est dans cette papille qu'est le noyau, enveloppé d'une masse protoplasmique finement granuleuse, tandis que tout le reste de la cavité est rempli par des grains d'amidon, des gouttes d'huile et des corps albuminoïdes. A la germination, une membrane en forme de ménisque vient tout d'abord, comme dans les Salviniacées, séparer la masse protoplasmique supérieure et le noyau d'avec les matériaux de réserve sous-jacents. Cette petite cellule se cloisonne seule et produit deux assises cellulaires qui constituent un petit prothalle femelle pourvu de chlorophylle; par la déchirure de la couche interne de l'exine, celui-ci apparaît à nu au fond de l'entonnoir; après quoi, la cellule centrale de l'assise supérieure produit un archégone, en se cloisonnant comme il a été dit pour les Fougères.

L'œuf se divise aussi, comme chez les Fougères, en quatre quartiers produisant l'inférieur d'arrière le pied, l'inférieur d'avant la tige, le supérieur d'arrière la première racine, le supérieur d'avant la première feuille.

CLASSE II

ÉQUISÉTINÉES

Caractères généraux. — La tige des Équisétinées porte de petites feuilles verticillées et se ramifie en verticille à chaque nœud. Les racines s'échappent également en verticille au-dessous de chaque nœud et se ramifient plus tard en formant des radicelles. Les sporanges naissent plusieurs côte à côte sur de petites feuilles modifiées, rapprochées en épi terminal; leur membrane est formée d'une seule assise cellulaire et leurs spores procèdent d'une seule cellule mère primordiale. Tantôt ils sont tous semblables et leurs spores produisent en germant soit des prothalles monoïques, soit indifféremment des prothalles mâles et femelles; tantôt, au contraire, ils sont de deux sortes, les uns mâles renfermant des microspores, les autres femelles contenant des macrospores.

Division de la classe des Équisétinées en deux ordres. — De ce dernier caractère résulte la division de la classe des Équisétinées en deux ordres : celui des *Équisétinées isosporées* et celui des *Équisétinées hétérosporées*.

ORDRE I

Équisétinées isosporées.

L'ordre des Équisétinées isosporées ne renferme qu'une seule famille, celle des *Équisétacées*.

Équisétacées. — La famille des Équisétacées ne comprend aujourd'hui que le seul genre Prêle ou Équisétum. Répandues dans toutes les contrées du globe à l'exception de l'Australie, les Prêles, dont on compte vingt-cinq espèces, ont un port tout particulier qui les distingue immédiatement des autres Cryptogames vasculaires. Leur tige vivace se compose d'un rhizome, qui rampe dans le sol humide ou vaseux à une profondeur de 0^m,60 à 1 mètre et souvent davantage. Çà et là, ce rhizome dresse verticalement certains de ses rameaux, qui viennent à l'air et à la lumière et qui peuvent s'élever à 1^m,50 (Prêle telmatée) et jusqu'à 8 et 9 mètres (Prêle géante) au-dessus du sol.

Souterraine ou aérienne, la tige porte de très petites feuilles, disposées en verticilles alternes; dans chaque verticille, les feuilles sont concrescentes latéralement en une gaine appliquée contre la base de l'entre-nœud suivant et ne sont libres que par leurs pointes, qui forment autant de dents au bord de la gaine. De pareilles feuilles sont peu propres à l'assimilation du carbone, qui s'opère chez ces plantes par l'écorce des rameaux aériens abondamment pourvue de chlorophylle. La ramification de la tige a lieu par la formation à chaque nœud de bourgeons en même nombre que les feuilles et alternes avec elles. Ces bourgeons sont exogènes, comme partout ailleurs; mais de bonne heure la gaine foliaire se soude au-dessus d'eux avec la surface de la tige, de manière à les envelopper dans une cavité close, et ils paraissent endogènes. Pour s'allonger, ils percent horizontalement la gaine. Suivant les espèces, ils se développent tous en rameaux régulièrement verticillés (Prêle des champs, P. telmatée, etc.), ou bien ils ne s'allongent pas et les branches dressées demeurent simples (Prêle d'hiver, etc.). Les racines naissent en verticilles aux nœuds, une à six sous chaque bourgeon. C'est du bourgeon même et dès son tout jeune âge que la racine procède; il ne s'en fait pas sur les branches développées. Les Prêles n'ont donc que des racines gemmaires (I, p. 189). Ces racines sont exogènes par rapport aux bourgeons qui les produisent; mais, comme ces bourgeons, elles paraissent endogènes.

La tige croît au sommet par une cellule mère tétraédrique découpant trois séries de segments (I, p. 177); sa surface est marquée de sillons longitudinaux, en même nombre que les feuilles et alternant avec elles. L'épiderme, fortement silicifié, ne possède de stomates que dans les sillons. Le long des côtes saillantes, il est solidifié par un faisceau de sclérenchyme sous-jacent; au-dessous de chaque sillon, au contraire, l'écorce est creusée d'une lacune aérifère (fig. 90). Le cylindre central qui existe dans la tige jeune issue de l'œuf ne tarde pas à se rompre en un plus ou moins grand nombre de secteurs ou méristèles, disposées en cercle, formées chacune d'un faisceau libéroligneux et d'une gaine conjonctive, et entourées chacune d'un endoderme particulier; en un mot, la structure est astélique (I, p. 173) ou mieux schizostélique (p. 167). La région centrale de l'écorce, qui simule une moelle, se détruit de bonne heure en laissant

une large lacune aérifère (*h*), interrompue aux nœuds, comme
celles de l'écorce externe, par un plancher continu. Le rhizome
a la même structure que la tige aérienne, mais sans canne-
lures, sans stomates et sans faisceaux de sclérenchyme (fig. 90).
Suivant les espèces, les méristèles demeurent séparées aussi
bien dans la tige aérienne que dans le rhizome, laissant com-

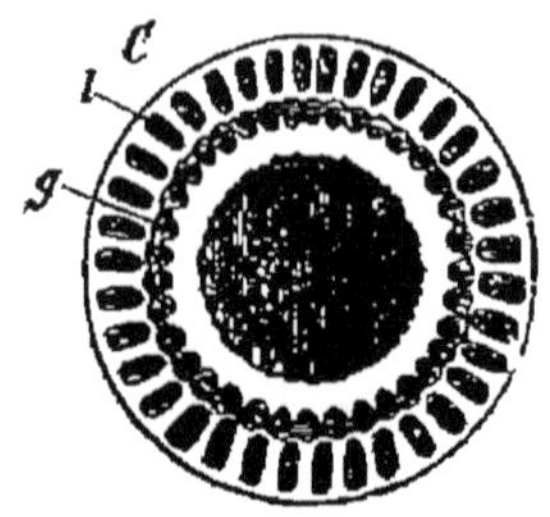

Fig. 90. Section transversale
d'un rhizome de Prêle telmatée : *l*, lacunes de l'écorce
externe ; *h*, lacune de l'écorce
centrale ; *g*, méristèles fusionnées en anneau par leur gaine
conjonctive.

muniquer entre elles les deux régions
de l'écorce (P. des bourbiers, P. littorale, P. géante, etc.). Ou bien, séparées dans le rhizome, elles s'unissent
latéralement par leur gaine conjonctive dans la tige aérienne, de manière
à former un anneau bordé d'un endoderme en dehors et en dedans et sé-
questrant la région centrale de l'écorce
(P. d'hiver, P. très rameuse, etc.). Ou
bien cette fusion latérale des gaines
conjonctives s'opère à la fois dans le
rhizome et la tige aérienne (P. des
bois, P. des champs, P. telmatée, fig.

90, etc.). Dans ce dernier cas, il arrive que l'endoderme général
interne perd ses plissements lignifiés dans les entre-nœuds,
de façon qu'au premier abord cette structure schizostélique
gamoméristèle pourrait être prise pour une structure monostélique (P. des champs, P. telmatée, fig. 90, etc.).

La racine croît au sommet par une cellule tétraédrique,
comme chez les Fougères. Elle est, comme on sait (I, p. 92),
dépourvue de péricycle ; mais l'endoderme y subit un dédoublement en dedans de ses plissements et les radicelles s'y forment,
en face des faisceaux ligneux, aux dépens d'une cellule de la
moitié interne de cet endoderme dédoublé.

Les sporanges des Prêles prennent naissance sur des feuilles
différenciées, disposées en verticilles nombreux et rapprochés
au sommet des branches aériennes (fig. 91). Chacune de ces
feuilles se compose d'un pétiole étroit et d'un limbe dirigé perpendiculairement au pétiole, et prenant, par suite de la compression des feuilles voisines, la forme d'un écusson hexagonal.
C'est sur la face interne de l'écusson, tournée vers la tige, que
naissent les sporanges au nombre de cinq à dix. Les spores ont
leur exine différenciée en deux couches ; la couche externe se

détache de l'interne, excepté en un point, et s'épaissit en deux rubans spiralés, qui ne tardent pas à se séparer (fig. 92). Dans un milieu sec, ces rubans spiralés se déroulent et forment une croix à quatre bras, car ils sont réunis en leur milieu et attachés en ce point à la couche interne de l'exine ; sous l'influence de l'humidité, ils se reploient de nouveau en spirale autour de la spore, pour se dérouler encore par la dessiccation. Quand ces alternatives de sécheresse et d'humidité se succèdent rapidement, quand par exemple on insuffle l'haleine sur les spores, on les voit, grâce aux rapides inflexions de leurs rubans, animées de soubresauts très vifs. A la maturité, le sporange s'ouvre par une fente longitudinale du côté qui regarde le pétiole ; à ce moment, les cellules de la paroi ont acquis des bandes d'épaississement, semblables à celles de la paroi des sacs polliniques des Phanérogames et qui jouent le même rôle dans la déhiscence.

Fig. 92. Spore mûre de Prêle des bourbiers ; l'exine *e* s'est détachée de l'intine et fendue en deux rubans spiralés.

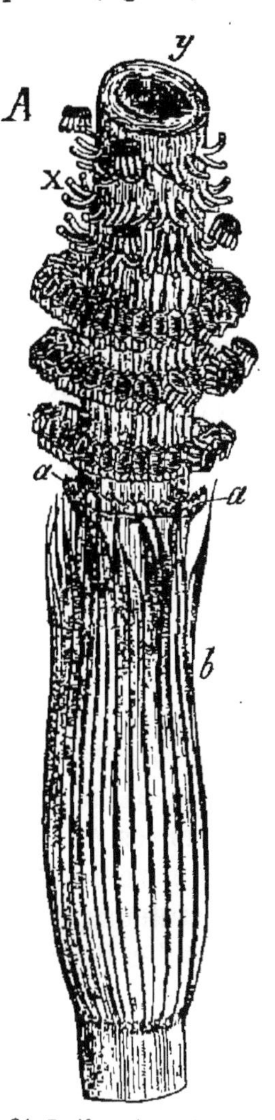

Fig. 91. Prêle telmatée, portion supérieure d'une tige fertile comprenant la moitié inférieure de l'extrémité sporifère ; *b*, dernière gaine foliaire ; *a*, anneau stérile ; *x*, pétioles des feuilles sporifères coupées.

La spore germe sur la terre humide et donne un prothalle vert en forme de ruban, à bord plus ou moins profondément découpé en segments. Il y a d'ordinaire diœcie. Les prothalles mâles sont plus petits, atteignant seulement quelques millimètres de longueur; les prothalles femelles sont beaucoup plus grands, plus abondamment ramifiés et mesurent un à deux centimètres de longueur. Les anthéridies naissent au sommet ou au bord des lobes les plus grands du prothalle mâle; leurs cellules terminales se dissocient pour laisser sortir les anthérozoïdes au nombre de 100 à 150, encore contenus dans leurs cellules mères; ils sont spiralés, à deux ou trois tours de spire dont les premiers portent de nombreux cils vibratiles, et plus grands que dans les autres Cryptogames vasculaires. Les archégones procèdent aussi du bord d'un segment du prothalle femelle et, contrairement à ceux des Fougères, dirigent leur col vers le haut.

L'œuf se divise, comme chez les Fougères, en quatre quartiers, dont les postérieurs donnent le pied et la première racine, tandis que les antérieurs forment la tige et la première feuille.

ORDRE II

Équisétinées hétérosporées.

L'ordre des Équisétinées hétérosporées ne renferme qu'une seule famille, aujourd'hui éteinte, les *Annulariées*.

Annulariées. — Les Annulariées, comprenant notamment les genres Annulaire et Astérophyllite, se montrent dès le dévonien et remontent jusque dans le permien. Leur tige, articulée et fistuleuse, porte des feuilles verticillées et uninerves comme celles des Prêles, mais qui, au lieu d'être concrescentes en gaine à la base, sont entièrement libres; les rameaux, verticillés dans les Astérophyllites, sont distiques dans les Annulaires, parce qu'à chaque verticille il ne s'en fait que deux diamétralement opposés.

Les épis sporifères sont composés d'une alternance régulière de verticilles stériles et de verticilles fertiles. Chaque feuille fertile porte quatre sporanges, fixés à la face inférieure d'un écusson, pelté (Astérophyllite) ou terminé en pointe (Annulaire). Sur les verticilles inférieurs, ce sont des macrosporanges, contenant chacun une seule macrospore. Sur les verticilles supérieurs, ce sont des microsporanges à nombreuses microspores.

CLASSE III

LYCOPODINÉES

Caractères généraux. — La classe des Lycopodinées diffère des deux précédentes par la conformation de l'appareil végétatif : des Filicinées par le port, dû, à deux exceptions près (Isoète, Phylloglosse), au développement et à la ramification de la tige, dont les feuilles sont très petites et très simples ; des Équisétinées par la ramification latérale solitaire de la tige, simulant parfois une dichotomie ; des deux à la fois, par la ramification toujours dichotome des racines. Ce dernier caractère assure à la classe des Lycopodinées une place à part parmi les plantes vasculaires.

Division de la classe des Lycopodinées en deux ordres. — Les sporanges, ordinairement solitaires, naissent à la base et sur la face supérieure des feuilles, et procèdent d'une émergence du parenchyme. Ils sont tantôt d'une seule sorte, leurs spores développant des prothalles monoïques, tantôt de deux sortes, produisant les uns des microspores qui germent en prothalles mâles rudimentaires, les autres des macrospores qui forment des prothalles femelles également inclus. De là une division de la classe en deux ordres : les *Lycopodinées isosporées* et les *Lycopodinées hétérosporées*.

ORDRE I

Lycopodinées isosporées.

L'ordre des Lycopodinées isosporées ne comprend qu'une seule famille, les *Lycopodiacées*.

Lycopodiacées. — La famille des Lycopodiacées ne renferme que les quatre genres Lycopode, Phylloglosse, Psilote et Tmésiptéride.

La tige des Lycopodes est grêle, ramifiée en fausse dichotomie, couverte de petites feuilles étroites et souvent allongées, tantôt verticillées, tantôt isolées avec de petites divergences, comme $\frac{2}{7}$, $\frac{2}{9}$, $\frac{2}{11}$, etc. ; elle porte des racines, ramifiées en fausse dichotomie dans des plans alternativement rectangulaires et dépourvues de radicelles, qui descendent quelquefois dans

l'épaisseur de son écorce (Lycopode sélage, L. aloïfolié, etc.).
Les Psilotes, qui habitent les régions tropicales, dressent dans
l'air une tige grêle, verte, un grand nombre de fois dichotome,
pourvue de feuilles extrêmement petites, isolées et très espacées, et enfoncent dans la terre un rhizome rameux couvert de
poils absorbants, qui joue le rôle des racines dont la plante est
absolument dépourvue. Dans le Tmésiptéride et le Phylloglosse,
plantes d'Australie, les feuilles sont plus grandes, disposées
isolément le long d'une tige grêle dans le premier genre, rapprochées en rosette à la base d'une tige munie d'un tubercule
dans le second.

La tige croît au sommet par une seule cellule mère. Sa structure est monostélique. Dans les Lycopodes, le cylindre central
dépourvu de moelle est formé par un plus ou moins grand
nombre de faisceaux ligneux rayonnants ayant leurs vaisseaux
les plus étroits et les premiers nés situés en dehors, dont le
développement est centripète. Ces faisceaux ligneux, qui confluent au centre en forme de bandes, sont séparés par autant de
faisceaux libériens, également centripètes et confluents. Le tout
est entouré par un péricycle composé de plusieurs assises et
offre une structure pareille à celle d'une racine.

La racine des Lycopodes croît au sommet, comme celle des
Phanérogames, par un groupe de petites cellules mères; le
cylindre central, l'écorce et l'épiderme ont, en effet, des initiales
distinctes et superposées. En exfoliant ses assises externes
pour former la coiffe, l'épiderme garde son assise interne adhérente à l'écorce, où elle devient l'assise pilifère. Les choses s'y
passent, par conséquent, comme chez les Dicotylédones et les
Gymnospermes (I, p. 101).

Dans le tronc principal de la racine, le cylindre central a le
plus souvent la structure ordinaire, mais à chaque dichotomie
le nombre des faisceaux y diminue, jusqu'à se réduire finalement à deux; à la bifurcation suivante, chaque branche emporte
avec elle un faisceau ligneux et deux moitiés de faisceaux
libériens qui s'unissent en forme d'arc. De là une structure
anomale, qui se retrouve désormais dans toutes les bifurcations ultérieures et qui a été déjà signalée (I, p. 94). Dans le
Lycopode sélage et le L. inondé, le tronc principal, qui est
déjà binaire, offre la même anomalie que certains Ophioglosses
(I, p. 94, fig. 32); le faisceau libérien inférieur y fait défaut

et, par suite, la bande ligneuse diamétrale est refoulée en bas
contre la périphérie, recourbée en forme de gouttière de manière
à enfermer dans sa concavité le faisceau libérien supérieur.
La racine des Lycopodes se distingue encore par une forte
croissance intercalaire, qui écarte de plus en plus les dichotomies.

Les sporanges sont insérés sur la face supérieure des feuilles;
ils sont sessiles, plus gros que ceux des Fougères et des Prêles,
et contenant un grand nombre de petites spores. Dans les
genres Lycopode et Phylloglosse, ils sont solitaires à la base
de feuilles plus petites que les autres et rapprochées en plus ou
moins grand nombre en un épi plus ou moins long; ils s'ouvrent par une fente transversale. Dans les deux autres genres,
ils sont groupés et soudés par deux (Tmésiptéride) ou trois
(Psilote), et insérés plus haut sur la feuille fertile; le sporange
biloculaire ou triloculaire ainsi constitué s'ouvre par une seule
fente transversale (Tmésiptéride) ou par trois fentes en étoile
(Psilote).

La spore des Lycopodes produit en germant un prothalle
qui porte à la fois les anthéridies et les archégones. Ce prothalle est tantôt privé de chlorophylle, tuberculeux et souterrain comme celui des Ophioglossées (L. annuel), ou en forme de
cordon rameux sous-cortical (L. phlegmaire, L. hippuride, etc.),
tantôt foliacé, aérien et vert comme celui des Fougères (L. penché). Les anthérozoïdes ont un corps spiralé, muni en avant
de deux cils vibratiles et ressemblent à ceux des Mousses.

Les quatre genres sont groupés en deux tribus :

1. *Lycopodiées*. — Sporanges solitaires et libres : Lycopode, Phylloglosse.

2. *Psilotées*. — Sporanges groupés et soudés : Psilote, Tmésiptéride.

ORDRE II

Lycopodinées hétérosporées.

L'ordre des Lycopodinées hétérosporées comprend trois familles, les *Isoétées*, les *Sélaginellées* et les *Lépidodendracées*, ainsi
caractérisées :

Tige	simple...	*Isoétées.*
	dichotome, à feuilles { opposées......................	*Sélaginéllées.*
	isolées ou verticillées........	*Lépidodendracées.*

Isoétées. — La famille des Isoétées se compose du seul genre Isoète, dont les nombreuses espèces, terrestres, aquatiques ou amphibies, sont répandues par toute la Terre, mais abondent surtout dans la région méditerranéenne.

La tige épaisse et courte, presque tout entière souterraine, s'accroît très lentement sans se ramifier jamais; elle porte à son extrémité une rosette de grandes feuilles, composées d'une gaine et d'un limbe entier terminé en pointe, et sur les flancs, au fond de deux ou trois sillons longitudinaux, autant de séries de racines, ramifiées en dichotomie dans des plans perpendiculaires. Elle croît au sommet par une seule petite cellule mère. Son cylindre central, d'abord très étroit et dont le bois centripète se rejoint au centre sans laisser de moelle, s'élargit bientôt par la formation dans le péricycle d'une assise génératrice qui produit en dehors une couche épaisse de parenchyme, en dedans une couche mince de bois et de liber. De là une croissance en épaisseur, que nous rencontrons ici pour la seconde fois chez les Cryptogames vasculaires.

La racine croît au sommet, comme celle des Lycopodes, par un groupe de petites cellules mères où le cylindre central, l'écorce et l'épiderme ont leurs initiales propres et superposées (I, p. 99). Comme chez les Lycopodes aussi, l'épiderme garde son assise interne adhérente à l'écorce pour former l'assise pilifère (I, p. 101). Au moment où elle s'échappe de la tige, la racine a déjà perdu l'un de ses deux faisceaux ligneux et acquis ainsi une symétrie bilatérale, comme il a été dit (I, p. 94), symétrie bilatérale qui se conserve ensuite dans toutes les

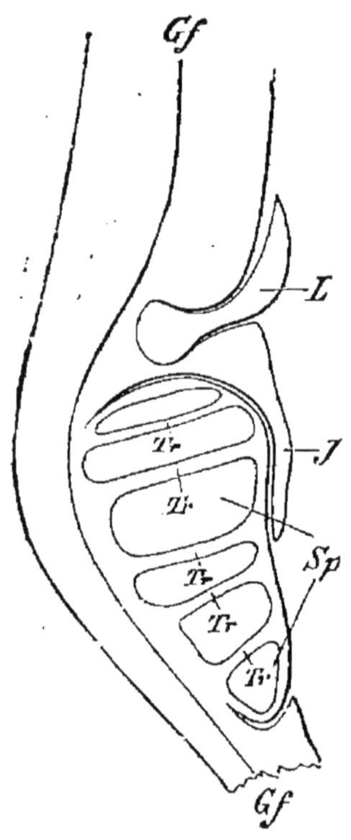

Fig. 93. Isoète lacustre, coupe longitudinale de la région inférieure sporifère de la feuille; *sp*, sporange avec ses trabécules *tr*; *i*, indusie; *l*, ligule.

bifurcations successives.

Les sporanges sont insérés isolément dans la gaine des feuilles végétatives. Chaque année, il se fait d'abord un certain nombre de feuilles à macrosporanges, puis un nombre un peu plus grand de feuilles à microsporanges, enfin un nombre moindre de feuilles stériles. La gaine des feuilles fertiles est creusée sur sa face supérieure d'une fossette où est niché le sporange (fig. 93), recouvert plus ou moins, suivant les espèces, par les bords membraneux de la fossette, formant une sorte d'indusie (*i*). Les sporanges des deux sortes sont divisés en loges incomplètes par des lames transverses de tissu stérile, ou *trabécules* (*tr*); aussi ne s'ouvrent-ils pas et est-ce seulement par la désorganisation de la paroi que les spores sont mises en liberté. Les macrosporanges renferment de nombreuses macrospores.

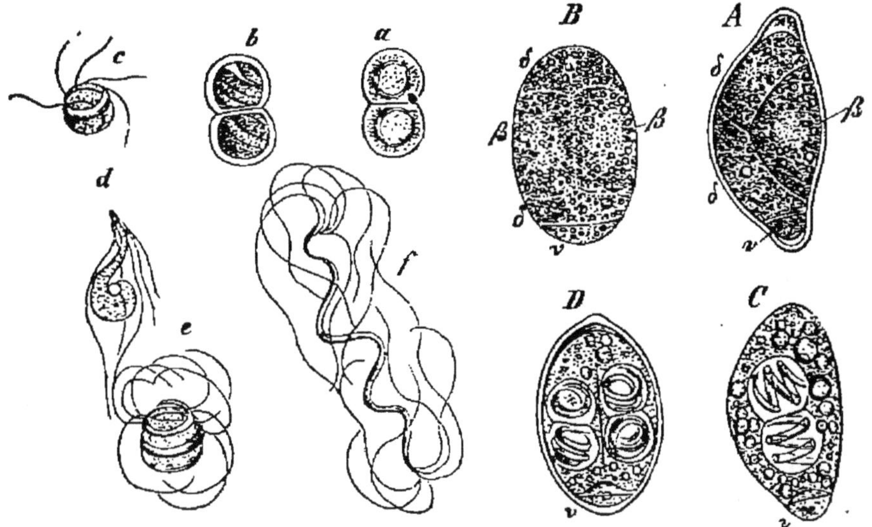

Fig. 94. Isoète lacustre, germination des microspores; *A* et *C*, vues de côté; dans *C*, les cloisons séparatrices des cellules pariétales ne sont pas marquées; *B* et *D*, vues de dessous; *v*, cellule stérile; δ, cellules de la face dorsale; β, cellules de la face ventrale, n'ayant pas encore pris la cloison tangentielle qui sépare les cellules pariétales des cellules mères; *a-e*, états successifs de la formation de l'anthérozoïde; *f*, anthérozoïde anomal, double, avec deux sommets pourvus de cils.

Au printemps, la microspore germe (fig. 94) et produit une petite cellule stérile et une anthéridie, comme il a été dit (I, p. 472). Celle-ci, composée de quatre cellules externes constituant la paroi et de deux cellules centrales, forme dans chacune de ces dernières deux anthérozoïdes spiralés, longs et minces, portant à l'extrémité antérieure amincie un pinceau de cils vibratiles (*a-e*). La macrospore produit de même un prothalle femelle inclus (fig. 95), en se cloisonnant dans toute son étendue, comme il a été dit (I, p. 472); à son sommet, mis à nu par la déchirure de l'exine, celui-ci forme ensuite un archégone (*a*), comme il a été expliqué chez les Fougères. L'œuf se divise en quatre quartiers, qui deviennent le pied, la tige, la première racine et la première feuille, comme chez les Fougères.

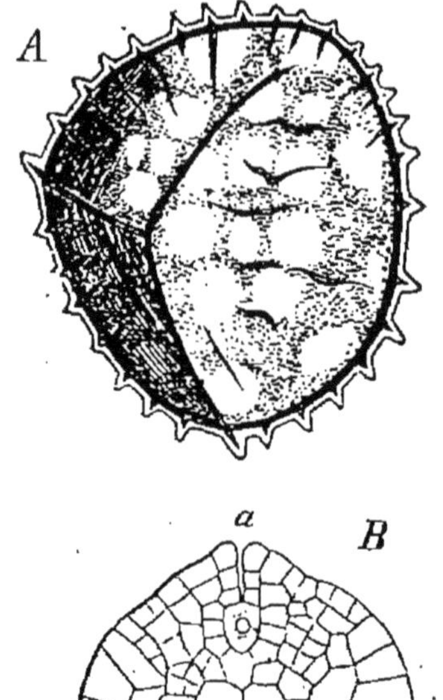

Fig. 95. Isoète lacustre : *A*, macrospore; *B*, section longitudinale du prothalle qui la remplit après la germination; *a*, archégone.

Sélaginellées. — La famille des Sélaginellées ne renferme que le genre Sélaginelle, dont les nombreuses espèces habitent pour la plupart les forêts humides des tropiques.

La tige grêle s'accroît rapidement et se ramifie dans un seul et même plan en fausse dichotomie; elle porte, disposées le plus souvent par paires, en quatre séries longitudinales, un grand nombre de petites feuilles, entières, élargies à la base, pointues au sommet. A chaque ramification et de chaque côté de la branche, la tige produit de très bonne heure une racine, qui est exogène, comme les racines gemmaires des Crucifères. Quelquefois ces deux racines se développent avec la même vigueur (S. viticuleuse, S. de Martens, etc.); mais d'ordinaire l'une d'elles se développe seule, tantôt l'inférieure (S. cuspidée, S. stolonifère, etc.), tantôt la supérieure (S. ombreuse, S. denticulée, etc.). La racine se ramifie par une suite de dichotomies, qui sont d'abord rapprochées, mais qui s'écartent plus tard par une croissance intercalaire.

La tige, qui croît au sommet par une cellule mère unique, ne renferme souvent dans toute sa longueur qu'un seul cylindre central à deux faisceaux ligneux centripètes, unis au centre sans laisser de moelle : elle est monostélique. Quelquefois ce cylindre central, toujours unique à la base, ne tarde pas à se

bifurquer une ou plusieurs fois à l'intérieur de l'écorce, comme
on l'a vu dans la majorité des Fougères, et la tige renferme
deux (Sélaginelle de Krauss, S. de Lyall, etc.), trois (S. inéqualifoliée, S. lisse, etc.) et jus-
qu'à dix ou douze stèles diversement disposées : elle
est polystélique.

La racine croît au sommet
par une cellule tétraédrique.
Considéré dans le tronc primaire issu de la tige, son
cylindre central est formé
d'un faisceau ligneux en
éventail et de deux faisceaux
libériens confluents en arc.
Sa symétrie est donc bilatérale, comme chez les Isoètes,
mais autrement que chez les
Ophioglosses et les Lyco-
podes. Cette symétrie bilatérale se conserve ensuite
dans toutes les branches des
dichotomies successives.

Les sporanges sont insérés
à la base de feuilles plus
petites que les feuilles végétatives, disposées en paires
croisées et serrées en grand
nombre au sommet des
branches, de manière à former un épi quadrangulaire
(fig. 96, *A*). Plusieurs des
feuilles inférieures de l'épi
portent chacune un macro-
sporange jaunâtre, renfermant ordinairement quatre

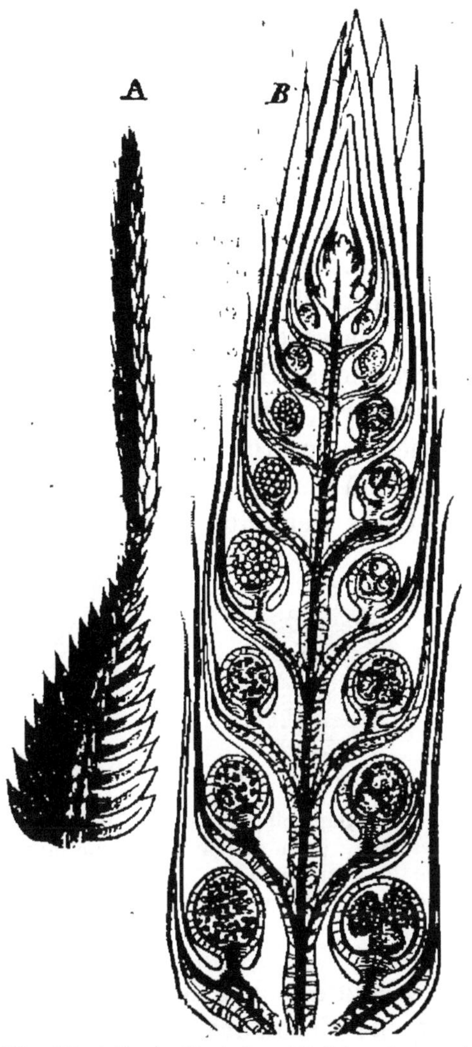

Fig. 96. Sélaginelle inéqualifoliée. *A*, extrémité d'une branche terminée par un épi
sporifère. *B*, section longitudinale de l'épi,
portant à droite des macrosporanges, à
gauche des microsporanges.

macrospores; les autres feuilles portent chacune un microsporange rougeâtre, contenant un grand nombre de microspores
(fig. 96, *B*). A la maturité, les sporanges s'ouvrent au sommet
par une fente.

En germant, la microspore se partage d'abord par une cloison en deux cellules très inégales (fig. 97) : la petite demeure stérile (*v*), l'autre forme l'anthéridie. A cet effet, elle se divise d'abord en huit cellules externes formant la paroi et en deux ou quatre cellules internes, dont le cloisonnement ultérieur produit les cellules mères des anthérozoïdes. Ceux-ci sont courts, renflés en arrière, pointus en avant où ils ne portent que deux longs

Fig. 97. Sélaginelle caulescente, germination de la microspore ; *v*, cellule stérile.

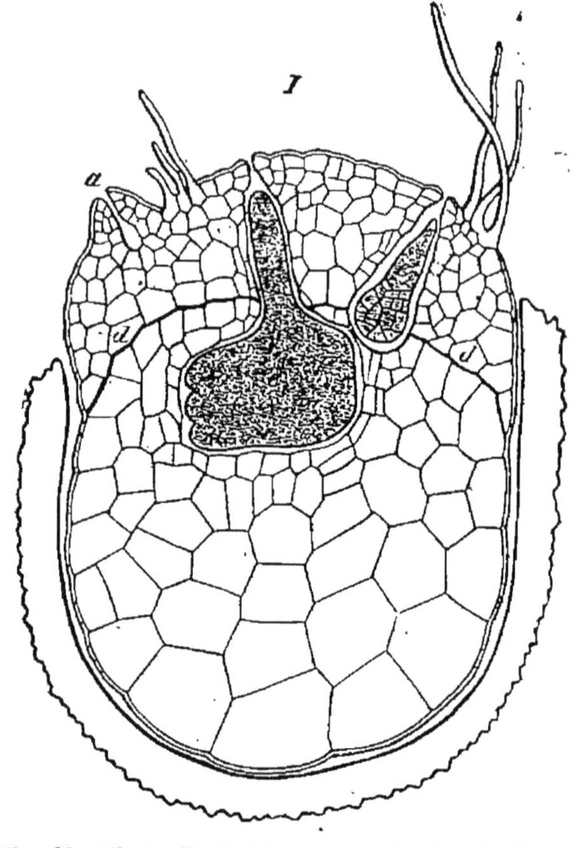

Fig. 98. Sélaginelle de Martens, section longitudinale d'une macrospore remplie par le prothalle (en haut) et le tissu nutritif (en bas) ; elle contient un archégone non fécondé *a* et deux embryons en voie de développement ; *d*, cloison primitive.

cils, comme chez les Lycopodes ; ils s'échappent de la spore par une déchirure de la membrane. La macrospore se divise d'abord en deux cellules fort inégales (fig. 98) ; la petite se cloisonne aussitôt pour former une calotte de parenchyme, qui est le prothalle femelle, au centre duquel se développent bientôt plusieurs archégones, rendus accessibles aux anthérozoïdes par la déchirure de la membrane ; la grande demeure d'abord indivise, mais plus tard elle se remplit à son tour d'un tissu de grandes cellules pleines de matériaux de réserve, destiné à alimenter les premiers développements de l'œuf.

L'œuf prend d'abord une cloison transversale par rapport au col de l'archégone (fig. 99, *I*); la cellule supérieure s'allonge beaucoup et se cloisonne dans sa région inférieure pour former un suspenseur, comme chez la plupart des Phanérogames; la cellule inférieure seule produit la plante nouvelle. Elle est poussée en bas par l'allongement du suspenseur et enfoncée d'abord dans le prothalle femelle, puis dans le tissu nutritif inférieur (fig. 98), qu'elle digère et aux dépens duquel elle se développe en embryon. A cet effet, elle se divise d'abord par une cloison longitudinale en deux moitiés (fig. 99, *II*) qui se cloisonnent ensuite en divers sens pour former l'une le pied et une des deux premières feuilles (*b*), l'autre la tige (*s*) et la seconde des deux premières feuilles (*b*). La première racine n'apparaît que plus tard entre le pied et le suspenseur. On voit que le développe-

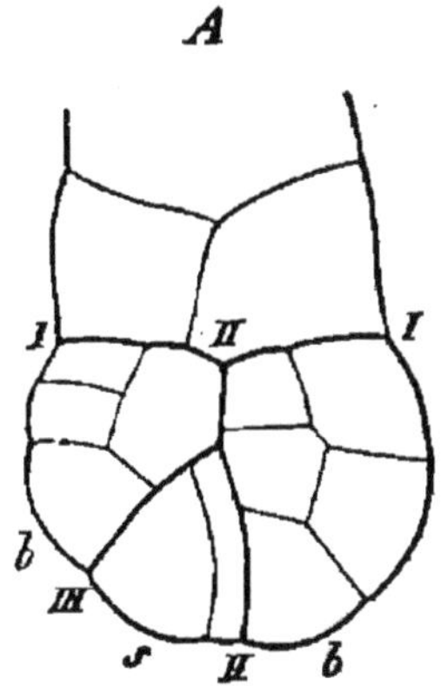

Fig. 99. Sélaginelle de Martens, développement de l'œuf; *I*, cloison primitive séparant le suspenseur de l'embryon.

ment de l'œuf des Sélaginelles diffère en plusieurs points de celui des autres Cryptogames vasculaires, notamment par la constitution d'une sorte d'albumen à côté du prothalle femelle et par la formation d'un suspenseur, deux caractères par où ces plantes se rapprochent des Phanérogames.

Lépidodendracées. — Complètement éteinte aujourd'hui, la famille des Lépidodendracées comprend un grand nombre de genres qui, apparus dès le silurien supérieur, ont atteint leur plein développement dans le terrain houiller inférieur, pour disparaître vers le milieu du permien.

Les Lépidodendres ont un rhizome rameux, sur lequel se dresse une tige aérienne arborescente, ramifiée en dichotomie dans un plan, toute couverte de petites feuilles entières, isolées et serrées les unes contre les autres, qui laissent après leur chute des cicatrices en losange. Les Sigillaires ressemblent aux Lépidodendres; leur tige mesure jusqu'à 8 mètres de haut avec un diamètre de $1^m,70$; elles formaient, à l'époque houillère, de grandes forêts qui, mises à jour çà et là par les travaux de mines ou les tranchées de chemin de fer, ont montré leurs arbres encore debout et enracinés. Les Sphénophylles ont une tige rameuse articulée, renflée aux nœuds et cannelée, avec des feuilles lobées, disposées en verticilles à chaque nœud.

Partout, le cylindre central de la tige comprend un plus ou moins grand nombre de faisceaux libéroligneux à bois centripète, disposés en cercle; mais tantôt les bois confluent au centre (Sphénophylle, certains Lépidodendres et Sigillaires), tantôt, au contraire, ils y laissent une large moelle (divers Lépidodendres et Sigillaires). Dans les Lépidodendres, le cylindre central conserve cette structure primaire; dans les Sigillaires et les Sphénophylles, au contraire, il s'épaissit en produisant, entre le liber et le bois primaire, un cercle de faisceaux libéroligneux secondaires à bois centrifuge. La racine des Sigillaires se ramifie en dichotomie et possède une structure bilatérale, comme celle des Isoètes et des Sélaginelles.

Les sporanges des Lépidodendres et des Sphénophylles sont portés à la base de feuilles plus petites que les feuilles ordinaires, serrées en grand nombre en forme d'épi cylindrique à l'extrémité des rameaux. Les feuilles inférieures portent chacune un macrosporange avec un petit nombre de macrospores isolées, les supérieures chacune un microsporange avec un grand nombre de microspores réunies par quatre. Les sporanges s'ouvrent par une fente longitudinale pour disséminer les spores.

D'après la structure de la tige et la disposition des feuilles, les genres se groupent en trois tribus :

1. *Lépidodendrées*. — Pas de bois secondaire : Lépidodendre, Psilophyte, Lépidophlée, Ulodendre, Bothrodendre, Halonie, Knorrie, etc.

2. *Sigillariées*. — Bois secondaire; feuilles isolées : Sigillaire, Sigillariopse, Poroxyle, etc.

3. *Sphénophyllées*. — Bois secondaire; feuilles verticillées : Sphénophylle, etc.

EMBRANCHEMENT IV

PHANÉROGAMES

Caractères généraux. — C'est aux Cryptogames vasculaires hétérosporées que les Phanérogames se rattachent, comme on sait (I, p. 472), directement. On a étudié avec détail, dans la première partie de ces *Éléments*, la morphologie, la physiologie et le développement des Phanérogames; chemin faisant, on a précisé les différences qu'elles présentent par rapport aux Cryptogames vasculaires dans la racine, la tige et la feuille, ainsi que dans la formation de l'œuf et dans son développement en une plante adulte. Les caractères généraux de cet embranchement sont donc bien connus.

Division en deux sous-embranchements : Gymnospermes et Angiospermes. — On sait aussi que, dans la fleur de certaines Phanérogames, le carpelle se réduit à un ovaire sans style, ni stigmate, et que cet ovaire se borne à porter et à nourrir les ovules, sans se reployer autour d'eux pour les protéger; les grains de pollen y tombent donc directement sur l'ovule et germent au sommet du nucelle. Tandis que chez la plupart de ces plantes, au contraire, le carpelle porte un stigmate sur lequel tombent et germent les grains de pollen, et son ovaire, ou bien se reploie et se ferme autour de ses propres ovules, ou bien, s'il reste ouvert, s'associe bord à bord aux autres carpelles de la fleur pour envelopper tous les ovules dans une cavité close; d'une manière ou de l'autre, les ovules, et plus tard les graines, y sont protégés. De là, cette division de l'embranchement des Phanérogames en deux sous-embranchements : les *Gymnospermes* et les *Angiospermes*, indiquée dès les premières pages de la première partie de cet Ouvrage (1, p. 9), et qui s'est par la suite accusée de plus en plus (I, pp. 353, 358, 379, 387, 416). Les Gymnospermes se rapprochant beaucoup plus des Cryptogames vasculaires que les Angiospermes, comme on l'a vu (1, p. 472), c'est par ce sous-embranchement que, dans notre marche ascendante, nous devons commencer l'étude spéciale des Phanérogames.

SOUS-EMBRANCHEMENT I

GYMNOSPERMES

Le caractère tiré du nombre des cotylédons n'étant pas applicable aux Gymnospermes (I, p. 9), on comprend toutes ces plantes dans une seule classe, que l'on désigne par ce même nom : les *Gymnospermes*.

CLASSE 1

GYMNOSPERMES.

Caractères généraux. — Les Gymnospermes sont des plantes ligneuses dont la tige et la racine s'épaississent en produisant dans leur cylindre central, à l'aide d'une assise génératrice intercalée au liber et au bois primaires, du liber et du bois secondaires, à la manière des arbres dicotylédonés. La racine terminale y est durable et s'allonge en un pivot abondamment ramifié suivant le mode latéral; cette racine et ses radicelles de divers ordres sont munies d'une coiffe épidermique très épaisse au sommet, qui s'exfolie progressivement à l'exception de son assise la plus interne, laquelle demeure adhérente à l'écorce et forme l'assise pilifère, comme chez les Dicotylédones.

On a vu comment leurs grains de pollen ou microspores se divisent par une cloison cellulosique en deux cellules très inégales; la grande se développe en un tube pollinique où se rend son noyau; mais c'est la petite, ici comme chez les Angiospermes, qui joue le rôle le plus important dans la formation de l'œuf. Sous ce rapport, les recherches les plus récentes nous conduisent à rectifier ce qui a été dit I, p. 353 et p. 416. Cette petite cellule, en effet, grossit en faisant saillie dans la grande, vers le moment où celle-ci s'allonge en tube (fig. 100). Puis, elle se divise par une cloison parallèle à la première en deux cellules superposées. L'externe, plus petite et surbaissée, ne tarde pas à résorber sa membrane, mettant ainsi en liberté l'interne, plus grande et arrondie, qui pénètre dans le tube pollinique. Le noyau de la cellule externe persiste cependant, entre aussi dans le tube pollinique et y devance même la cellule interne, en se mettant au voisinage du noyau propre du tube, dont il se distingue par sa dimension plus petite. Il y a donc, au sommet du tube pollinique en voie de croissance, deux noyaux libres et un peu en arrière une grosse cellule sphérique. Lorsque ce sommet arrive en contact avec la rosette du corpuscule, les deux noyaux libres se détruisent, la grosse cellule se divise en deux et c'est l'une de ses moitiés, quelquefois beaucoup plus grande que l'autre (If, etc.), qui pénètre dans l'oosphère pour s'y combiner protoplasme à protoplasme, noyau à noyau, et constituer l'œuf. Des deux cellules du grain de pollen, c'est donc, ici comme chez les Angiospermes, la petite qui produit le gamète mâle, qui est génératrice, tandis que la grande fournit le tube qui transporte le gamète mâle à son but, est végétative. Il y a seulement cette différence que, chez

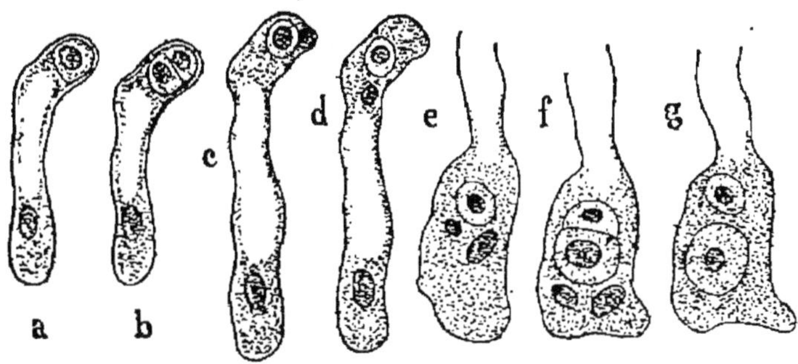

Fig. 100. Grain de pollen d'If, à divers états de germination ; *a*, la grande cellule est allongée en tube, la petite est encore indivise; *b*, la petite cellule s'est divisée en une cellule externe et une interne; *c*, la cellule externe a résorbé sa membrane en mettant en liberté la cellule interne; *d*, la cellule interne passe dans le tube, précédée par le noyau de la cellule externe; *e*, extrémité dilatée du tube avec la cellule interne et les deux noyaux; *f*, la cellule interne a grossi et s'est divisée en deux moitiés inégales; *g*, les deux noyaux ont disparu, et la plus grande des deux cellules, qui est le gamète mâle, va traverser la membrane pour pénétrer dans l'oosphère.

les Angiospermes, c'est la petite cellule tout entière qui s'isole et produit les deux gamètes mâles, tandis qu'ici elle découpe d'abord une cellule stérile dont la destruction isole l'autre moitié. Sous ce rapport, les Gnétacées se comportent déjà comme les Angiospermes.

Chez quelques Gymnospermes (Cycade, Pin, Sapin, Mélèze, Ginkgo, etc.), le grain de pollen prend successivement plusieurs cloisons parallèles, qui découpent dans la grande cellule plusieurs, souvent trois, petites cellules superposées (voir plus loin fig. 102, *B*). Les premières de ces cellules s'oblitèrent alors et c'est seulement la dernière formée et la plus interne qui se comporte comme la petite cellule unique des autres Gymnospermes.

On sait comment, dans l'ovule des Gymnospermes, toujours orthotrope et unitégumenté, le nucelle, qui est le macrosporange, donne naissance à la cellule mère des macrospores ou sac embryonnaire; comment, la formation des macrospores étant supprimée, le sac embryonnaire produit directement un prothalle femelle ou endosperme, qui le remplit complètement (I, p. 379 et 387); comment, dans ce prothalle, se forment les archégones, ou corpuscules, avec leur col, leur cellule de canal et leur oosphère (I, p. 379 et 387). On a vu comment la fécondation s'opère et produit l'œuf (I, p. 416) et l'on vient de dire d'où le gamète mâle tire son origine.

On sait, enfin, comment l'œuf se développe en embryon, pendant que l'ovule devient une graine renfermant, à côté de l'embryon, une partie de l'endosperme non consommé, et pendant que le carpelle devient un fruit (I, p. 428 et 442).

Les caractères généraux de cette classe sont donc suffisamment connus.

Division de la classe des Gymnospermes en trois familles. — Elle ne renferme que trois familles, caractérisées par l'origine et la disposition des carpelles. Dans les *Cycadacées*, un grand nombre de carpelles ouverts procèdent directement des flancs du rameau femelle et forment tous ensemble une fleur femelle. Dans les *Conifères*, les carpelles ouverts naissent, au contraire, deux par deux à l'aisselle des bractées du rameau femelle; concrescents par un de leurs bords, ils sont les deux premières feuilles du rameau axillaire de cette bractée; chaque pistil ainsi constitué forme à lui seul une fleur femelle; le rameau femelle est donc une inflorescence en épi. Dans les *Gnétacées*, enfin, chaque pistil est encore axillaire d'une bractée, mais il est fermé et enveloppe son unique ovule; il demeure néanmoins dépourvu de style et de stigmate, et c'est toujours sur l'ovule, dont le tégument pousse au dehors son tube micropylaire, que le pollen tombe et germe. Il n'en est pas moins vrai que, par son ovaire clos, comme par tous ses autres caractères, cette dernière famille établit une transition vers les Angiospermes. En résumé :

$$
\text{Ovaire}
\begin{cases}
\text{ouvert. Carpelles}
\begin{cases}
\text{de même degré que les étamines.... } \textit{Cycadacées.} \\
\text{d'un degré supérieur aux étamines... } \textit{Conifères.}
\end{cases} \\
\text{clos.. } \textit{Gnétacées.}
\end{cases}
$$

Cycadacées. — Les Cycadacées ont une tige épaisse qui s'élève lentement, sans se ramifier, en une colonne dépourvue d'entre-nœuds, couverte d'écailles coriaces et couronnée par un bouquet de grandes feuilles composées pennées, qui peut atteindre jusqu'à dix mètres de hauteur (Cycade). La tige contient dans son écorce et dans sa moelle, les feuilles dans leur parenchyme, un grand nombre de canaux sécréteurs gommifères, dont la racine est dépourvue. Dans la feuille, les faisceaux libéroligneux ont leur bois composé de deux parties, l'interne centripète, l'externe centrifuge, exception unique dans le règne végétal (I, p. 263). La tige des Cycades et de l'Encéphalarte produit, dans son péricycle et de dedans en dehors, des faisceaux libéroligneux surnuméraires, disposés en cercles concentriques dont chacun exige plusieurs années pour se constituer (I, p. 213).

Les fleurs sont unisexuées et dioïques. Dans les Cycades, la fleur femelle est formée par une rosette de feuilles, plus petites que les feuilles vertes, mais de forme analogue; les folioles inférieures y sont seulement remplacées par autant d'ovules qui, dès avant la fécondation, atteignent la grosseur d'une prune. La fleur mâle se compose également d'une rosette de feuilles plus petites et plus nombreuses, dépourvues de folioles et portant sur toute leur face inférieure, groupés en sores par deux à six, un grand nombre de microsporanges ou sacs polliniques.

Dans les autres Cycadacées, la fleur, mâle ou femelle, est allongée en cone et son axe porte, étroitement serrés sur ses flancs, un très grand nombre d'étamines ou de carpelles (fig. 101). L'étamine, amincie à la base, est ordinairement aplatie en une sorte de limbe, terminé par une (Macrozamie) ou deux pointes courbes (Cératozamie), quelquefois dilatée perpendiculairement à sa direction en une sorte d'écusson pelté (Zamie, fig. 100, B); les nombreux sacs

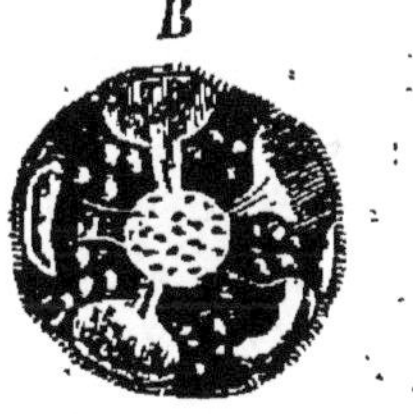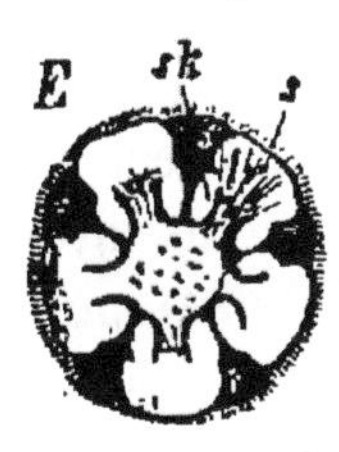

Fig. 101. Zamie muriquée; *B*, section transversale de la fleur mâle, montrant les sacs polliniques massés sur les deux bords du limbe pelté des étamines; *E*, section transversale de la fleur femelle, montrant les deux ovules pendants *sk* au bord du limbe pelté des carpelles.

polliniques qu'elle porte sur sa face inférieure, dans toute l'étendue (Cératozamie, etc.), ou seulement sur les bords (Zamie, fig. 101, B), sont groupés en sores par deux à six, comme dans les Cycades. Le carpelle, aminci à la base, se dilate au sommet perpendiculairement à sa direction et prend la forme d'un T, dont chaque branche porte à sa face inférieure un ovule pendant (fig. 101, *E*); l'écusson ovulifère est tantôt plan (Zamie, fig. 101, *E*), tantôt terminé en une (Macrozamie) ou deux pointes courbes (Cératozamie).

Les sacs polliniques, attachés par une base étroite ou même pédicellés (Zamie), sont arrondis et s'ouvrent par une fente longitudinale. La grande cellule du grain de pollen se cloisonne de nouveau une et même deux fois parallèlement à la direction primitive (I, p. 353, fig. 162), c'est la plus interne des deux ou trois petites cellules ainsi formées qui produit le gamète mâle, comme il a été dit plus haut (p. 193). L'ovule est orthotrope; son unique et épais tégument, concrescent avec le nucelle dans sa moitié inférieure, se prolonge en tube au sommet, au-dessus de la chambre pollinique.

Pendant la transformation de la fleur femelle en fruit, les carpelles des Cycades restent indépendants, de sorte que les ovules, en grandissant pour devenir des graines, demeurent exposés aux influences nuisibles du milieu extérieur. Il n'en est pas de même dans les autres genres, où les écussons des carpelles se rapprochent et se soudent à la surface du cone, de manière à enfermer les ovules dans une cavité close; à la maturité, ils se séparent de nouveau pour disséminer les graines. Ici la gymnospermie est compensée; elle ne l'est pas chez les Cycades. La graine mûre est volumineuse; son tégument est différencié en une couche externe charnue et une couche interne scléreuse, ce qui lui donne l'aspect d'une drupe. Elle est pourvue d'un abondant albumen oléagineux, reste de l'endosperme primitif. Dans l'embryon, le nombre des cotylédons n'est pas fixe; chez une même espèce, on en trouve un, deux ou trois, suivant les graines étudiées (Zamie spirale, etc.); quand il n'y en a qu'un, il est engainant comme chez les Monocotylédones (Cératozamie). A la germination, les cotylédons demeurent sous terre, enfermés dans l'endosperme, qu'ils digèrent et absorbent peu à peu.

Les Cycadacées comprennent environ 90 espèces en 10 genres, confinées dans les climats tropicaux et subtropicaux. D'après le nombre et la disposition des ovules sur les carpelles, ces genres se groupent en deux tribus :

1. *Cycadées.* — Ovules insérés latéralement, plusieurs de chaque côté, sur un carpelle penné : Cycade.

2. Zamiées. — Ovules au nombre de deux, pendant à la face inférieure d'un carpelle pelté : Zamie, Macrozamie, Cératozamie, Dion, etc.

Les Cycadacées sont de toutes les Phanérogames celles qui se rapprochent le plus des Cryptogames vasculaires, et c'est avec les Filicinées que leurs rapports semblent le plus directs.

Conifères. — Les Conifères ont une tige ligneuse, très ramifiée, qui peut atteindre 150 mètres de hauteur (Wellingtonie géante). Les feuilles sont ordinairement petites, sessiles ou brièvement pétiolées, à limbe entier, uninerve, étroit, parfois même aciculaire (Pin, Pesse, etc.), quelquefois plus élargi (Podocarpe, Agathide, Araucarie, etc.); celles du Ginkgo ont un long pétiole avec un large limbe échancré. Elles sont quelquefois verticillées par deux (Cyprès, Thuier, etc.), ou par trois à cinq (Genévrier), le plus souvent isolées (Pin, Sapin, If, etc.). Elles sont presque toujours persistantes; aussi ces plantes sont-elles souvent désignées sous le nom d'*arbres verts*; cependant elles tombent quelquefois à l'automne, seules dans le Mélèze et le Ginkgo, avec le rameau qui les porte dans le Taxode distique, vulgairement Cyprès-chauve. Dans les Pins et le Sciadopite, la tige principale et les branches longues ne portent que de petites écailles privées de chlorophylle, mais munies de bourgeons. Chez les Pins, ceux-ci produisent un certain nombre de feuilles vertes, mais dépourvues de bourgeons, cinq (Pin cembra, etc.), trois (Pin de Sabine, etc.), deux (Pin silvestre, P. maritime, etc.) ou même une seule (Pin monophylle), et avortent après les avoir formées, de manière à demeurer très courts (I, p. 145). Chez le Sciadopite, il en est de même, mais les deux feuilles vertes produites par chaque bourgeon sont concrescentes bord à bord du côté postérieur et forment ensemble une lame à sommet bifide, tournant sa face supérieure en bas, sa face inférieure en haut.

A l'exception de l'If, la racine, la tige et la feuille renferment des canaux sécréteurs résinifères diversement disposés. Dans les Sapins, les Cèdres, etc., la racine a un canal sécréteur dans l'axe de sa moelle; dans les Pins, les Pesses, les Mélèzes, etc., elle a un canal sécréteur dans son péricycle en face de chaque faisceau ligneux; dans les Araucaries, Agathides et Stachycarpes, elle a plusieurs canaux sécréteurs dans son péricycle en dehors de chaque faisceau libérien; partout ailleurs elle en est dépourvue. La tige des Céphalotaxes a un canal sécréteur au centre de sa moelle circulaire, celle du Ginkgo un canal sécréteur à chacun des deux foyers de sa moelle elliptique; celle des Pius a des canaux sécréteurs dans le bois primaire; celle des Pins, Sapins, Pesses, etc., a dans le péricycle un canal sécréteur en face de chaque faisceau réparateur; celle des Podocarpes, etc., a dans le péricycle un canal sécréteur en face de chaque faisceau foliaire; celle des Cyprès, Thuiers, Genévriers, etc., a dans l'écorce des canaux sécréteurs prolongeant plus ou moins loin vers le bas les canaux de la feuille. Enfin, dans la feuille, les canaux sécréteurs sont situés tantôt dans le bois primaire (Pin), tantôt dans la portion inférieure, péricyclique du péridesme (Podocarpe, etc.), tantôt dans l'écorce un de chaque côté du faisceau (Pin, Sapin, Pesse, etc.) ou bien un seul au-dessous de la nervure (Céphalotaxe, Genévrier, Cyprès, etc.).

Le bois secondaire est toujours composé de vaisseaux fermés à section quadrangulaire, munis sur leurs faces latérales d'une rangée de ponctuations aréolées (I, p. 208, fig. 82); il renferme quelquefois des canaux résinifères (Pin, Pesse, Mélèze, etc.); le liber secondaire âgé en est aussi quelquefois pourvu (Araucarie, Cyprès, Thuier, etc.).

Les fleurs sont unisexuées, le plus souvent monoïques (Pin, Sapin, Thuier, Cyprès, etc.), quelquefois dioïques (If, Ginkgo, etc.).

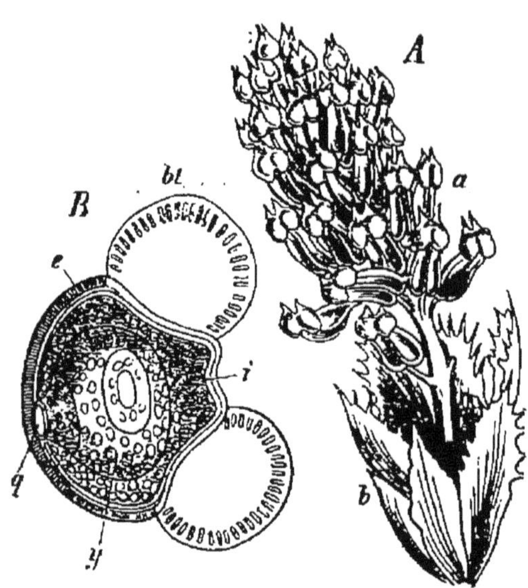

Fig. 102. Sapin pectiné. A, une fleur mâle; b, écailles du bourgeon formant une sorte de périanthe; a, étamines à deux sacs polliniques. B, un grain de pollen; e, exine formant latéralement deux ballonnets bl; i, intine; y, cellule mère des gamètes, qui est la plus interne des trois petites cellules produites successivement dans le grain; q, la première de ces petites cellules, maintenant oblitérée.

La fleur mâle (fig. 102) se compose d'un grand nombre d'étamines, disposées en spirale ou en verticilles, dont le limbe, souvent dilaté en forme d'écusson perpendiculairement à la base rétrécie, porte sur sa face inférieure des sacs polliniques au nombre de 2 (Sapin, fig. 102, Pin, Pesse, Ginkgo), de 3 à 4 (Genévrier, Cyprès, etc.), de 5 à 8 (If, etc.), de 8 à 15 (Agathide), de 6 à 20 (Araucarie), attachés tantôt par toute leur longueur (Pin, Sapin, fig. 102, etc.), tantôt par un point seulement et pendants (Ginkgo, Araucarie, Agathide), et qui s'ouvrent par une fente ordinairement longitudinale, quelquefois transversale (Sapin, etc.). Les grains de pollen sont quelquefois munis de deux vésicules pleines d'air, provenant du décollement local de l'exine et de l'intine (Sapin, fig. 102, *B*, Pin, Pesse, Podocarpe, etc.).

La fleur femelle naît à l'aisselle d'une bractée (fig. 103, *A*), rarement d'une feuille verte (Ginkgo). Le plus souvent les bractées mères des fleurs sont insérées en plus ou moins grand nombre, en spirale ou en verticilles, le long d'un court rameau : l'inflorescence est en épi (Pin, Sapin, Cyprès, etc.); quelquefois elles sont en petit nombre et une seule est fertile : l'inflorescence est solitaire (If, etc.). Le ramuscule floral ne produit que deux feuilles et avorte au-dessus d'elles : ces deux feuilles constituent le pistil. Plus rapprochées en arrière qu'en avant, elles sont concrescentes par leurs bords voisins dans toute leur longueur, de manière à former une écaille unique (fig. 103, *A*, *s*) tournant sa face ventrale en bas, c'est-à-dire vers la bractée mère, sa face dorsale en haut, c'est-à-dire vers l'axe de l'épi, en un mot conformée et orientée comme la double feuille verte des Sciadopites; entre ce double carpelle ouvert et la bractée mère, se trouve situé le sommet avorté du rameau floral. Ainsi constitué, le pistil est tantôt indépendant de la bractée mère (Sapin, fig. 103, Pin, Pesse, Cèdre, Mélèze, etc.) ou de la feuille mère (Ginkgo), tantôt concrescent avec la bractée dans la plus grande partie de sa longueur (Cyprès, Thuier, Genévrier, Taxode, Araucarie, etc.), différence du même ordre que celle qu'on observe chez les Angiospermes entre l'ovaire supère et l'ovaire infère. Dans tous les cas, il porte les ovules sur sa face supérieure ou dorsale; ceux-ci sont orthotropes et leur unique tégument, concrescent avec le nucelle dans sa région inférieure, se prolonge plus ou moins longuement en tube au sommet, au-dessus de la chambre pollinique (I, p. 416, fig. 195, *B*).

Ce qui varie suivant les genres, c'est le nombre des ovules, leur lieu d'insertion sur le carpelle et leur direction. Quand il n'y en a qu'un seul, il est inséré tantôt à la base du carpelle et dressé (Genévrier commun), tantôt vers le milieu et horizontal (Dacryde), tantôt vers l'extrémité et pendant sur le dos du carpelle, soit librement (Agathide, etc.), soit en contractant une concrescence dans toute sa longueur avec le carpelle, qui se développe autour de lui et l'entoure d'une sorte de poche (Araucarie, Podocarpe); tantôt enfin, il est terminal, dressé au sommet même du carpelle, qui est alors extrêmement court, de façon à paraître situé à l'aisselle même de la bractée

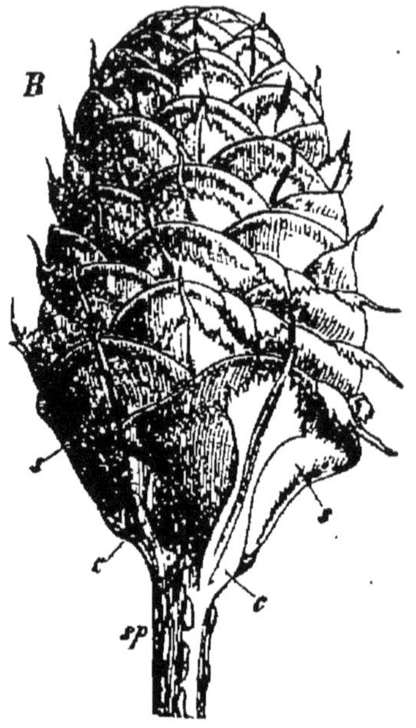

Fig. 103. Sapin pectiné. *A*, bractée mère *c* détachée du rameau femelle, avec le double carpelle *s* portant les deux ovules *sk*. *B*, portion supérieure du cone dont *sp* est l'axe dénudé en bas; *c*, bractées mères, débordées par les péricarpes *s*. *C*, un péricarpe mûr avec ses deux graines *sa*, ailées en *f*.

mère (Phylloclade). Dans ce dernier cas, si la bractée mère est elle-même la dernière feuille de l'épi, l'ovule paraîtra terminer le rameau (If, Torreyer). Souvent il y a deux ovules côte à côte, insérés soit à la base du carpelle et dressés (Thuier, Biote, etc.), soit au milieu et horizontaux (Taxode), soit vers l'extrémité, pendants et en partie concrescents avec le pistil (Sapin, fig. 103, Pin, Pesse, etc.), soit enfin dressés au sommet même du double carpelle, qui est tantôt étroit et long (Ginkgo), tantôt au contraire extrêmement court (Céphalotaxe); dans ce dernier cas, les deux ovules sessiles paraissent axillaires de la bractée mère. Quelquefois il y a trois ovules collatéraux, fixés à la base du carpelle et dressés (Callitre, I, p. 416, fig. 195, *B*) ou vers le sommet et pendant librement (Cunninghamie). Ailleurs on en compte un plus grand nombre, six à huit, ou davantage, attachés à la base du carpelle et dressés (Cyprès, fig. 104, etc.), vers le milieu et horizontaux (Séquoier) ou vers l'extrémité et pendants (Sciadopite). Enfin les carpelles sont quelquefois tout couverts, de la base au sommet, de très nombreux ovules (Frénèle).

Le péricarpe consiste en une écaille plus ou moins développée (fig. 102, *C*, *B*), quelquefois allongée en pétiole (Ginkgo), ordinairement ligneuse, portant sur sa face supérieure ou dorsale, ou à son extrémité (Ginkgo), autant de graines que le double carpelle d'où elle provient avait d'ovules; quelquefois il est très court et le fruit se réduit à une ou deux graines sessiles (If, Torreyer, Céphalotaxe, etc.). Quand les fleurs sont solitaires, les fruits le sont aussi (If, etc.); mais même quand elles sont grou-

Fig. 104. Pistil du Cyprès.

pées en épis pauciflores, toutes les fois que le péricarpe est très court (Céphalotaxe, Podocarpe) ou au contraire étiré en un long pétiole (Ginkgo), les fruits sont isolés et distincts. Il en est autrement quand les fleurs sont groupées en épis multiflores, ou même pauciflores, si les carpelles en mûrissant grandissent beaucoup en tous sens, de manière à déborder de tous côtés les bractées mères qui restent petites, s'ils en sont indépendants (fig. 102, *B*), ou à les forcer à suivre au moins en partie leur propre croissance, s'ils sont concrescents avec elles. Les péricarpes sont alors étroitement imbriqués (Sapin, fig. 102, *B*, Cèdre, Pesse, etc.), souvent même soudés par leurs bords fortement épaissis (Pin, I, p. 253, fig. 96, Cyprès, etc.), et tous ensemble ils constituent un fruit composé, de forme plus ou moins longuement conique si le nombre en est considérable (Pin, Pesse, fig. 102, *B*, etc.), de forme globuleuse si le nombre en est petit (Cyprès, Thuier, Genévrier, etc.), qu'on appelle dans tous les cas un *cone*, caractère dont la famille a tiré son nom. Le cone est en général de consistance ligneuse; celui des Genévriers est charnu et simule une baie.

Quand il y a ainsi formation d'un cone, les graines se trouvent en réalité, pendant toute la durée de leur développement, enveloppées par les péricarpes et souvent même enfermées dans des logettes complètement closes, protégées par conséquent tout aussi efficacement que les graines des Angiospermes

dans leur ovaire clos. L'inconvénient qui résulte de la gymnospermie est alors corrigé, ou même supprimé. A la maturité, les
péricarpes se disjoignent, s'écartent et le cone s'ouvre pour
disséminer les graines. Dans les Sapins, les Cèdres, etc., ils se
détachent même complètement à la base et tombent avec les
graines (fig. 103, *B, sp*) : le cone s'émiette. Dans les Genévriers,
au contraire, le cone bacciforme est indéhiscent et se détache
tout entier; c'est alors par destruction de la pulpe charnue que
les graines sont mises en liberté.

Quand il n'y a pas formation d'un cone, les graines demeurent exposées aux intempéries pen-
dant toute la durée de leur développement et c'est alors seulement que
la plante est tout à fait gymnosperme.
Aussi les genres qui offrent ce caractère d'infériorité dans la lutte pour
l'existence sont-ils en voie de disparaître de la surface du globe (If, Ginkgo,
Podocarpe, etc.). Il est pourtant jusqu'à un certain point remédié à cet
inconvénient par diverses dispositions. Dans l'If, par exemple
(fig. 105), un arille enveloppe la graine d'un sac largement ouvert
au sommet, qui devient charnu et se colore en rouge vif à la
maturité. Dans le Ginkgo, c'est la couche externe du tégument,
qui s'épaissit beaucoup et devient charnue à la maturité, tandis
que la couche interne est ligneuse; il en résulte que la graine
prend l'aspect d'une drupe.

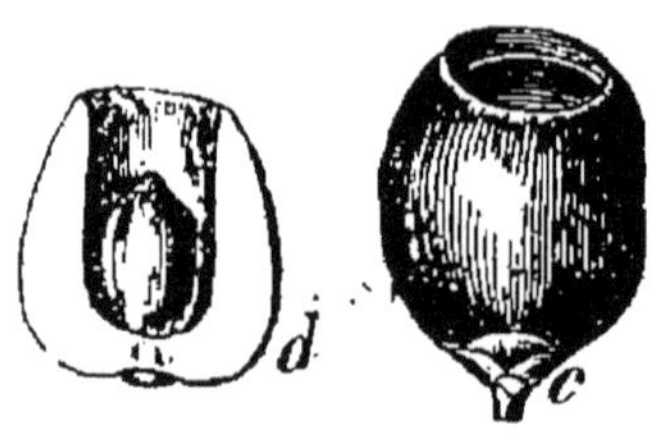

Fig. 105. If à baies, graine entourée d'un arille charnu, entière *c* et coupée en long *d*.

Ordinairement ligneux ou membraneux, le tégument de la
graine est quelquefois muni d'une ou deux ailes latérales provenant soit du développement des ailes que portait déjà le
tégument de l'ovule (Séquoier, Callitre, I, fig. 195, etc.), soit
d'une lame de tissu appartenant à la face dorsale du carpelle,
qui se détache en même temps que la graine (Pin, Pesse,
Sapin, fig. 103, *C, f*, etc). L'embryon est droit, enveloppé d'un
épais endosperme oléagineux (fig. 106). Il a souvent deux cotylédons (Cyprès, Séquoier, If, Araucarie, etc.); ce nombre est alors
assez constant. Ailleurs le nombre des cotylédons est toujours
supérieur à deux et très variable d'une graine à l'autre dans la
même espèce (Pin, Sapin, Pesse, Cèdre, Mélèze, fig. 106, etc.);
ces variations sont comprises entre trois et quinze. A la germi-

nation, la tigelle s'allonge presque toujours et les cotylédons, qui verdissent sans avoir besoin de lumière, sont épigés; pourtant le Ginkgo et les Araucaries de la section Colymbée ont les cotylédons hypogés.

La famille des Conifères comprend environ 300 espèces réparties dans 40 genres. Elles sont répandues par toute la Terre et quelques-unes s'avancent, tant en latitude qu'en altitude, jusqu'à la limite de la végétation arborescente; la plupart habitent la zone tempérée de l'hémisphère boréal et plusieurs y forment de grandes forêts; les espèces tropicales vivent principalement sur les hautes montagnes. Elles nous donnent des bois de construction précieux par leur incorruptibilité, des résines, des essences, des gou-

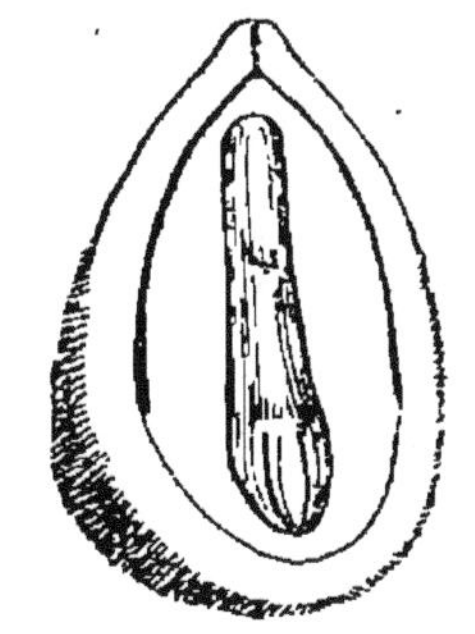

Fig. 106. Graine de Mélèze, coupée en long.

drons; quelques-unes produisent des graines comestibles (Araucarie, Pin pignon, Pin cembra).

En se fondant à la fois sur la présence d'un cone ou son absence, qui entraîne ordinairement la présence d'un arille, sur l'indépendance ou la concrescence du pistil avec la bractée mère, et sur la disposition des bractées mères, on peut grouper les genres en quatre tribus comme il suit :

I. — Un cone; pas d'arille.
> 1. *Abiétinées.* — Pistil indépendant de la bractée mère : Pin, Pesse, Mélèze, Sapin, Cèdre, Tsuge, etc.
> 2. *Araucariées.* — Pistil concrescent avec la bractée mère. Bractées mères spiralées : Araucarie, Agathide, Séquoier, Cryptomérie, Taxode, etc.
> 3. *Cupressées.* — Pistil concrescent avec la bractée mère. Bractées mères verticillées : Cyprès, Thuier, Genévrier, Callitre, Frénèle, etc.

II. Pas de cone; presque toujours un arille.
> 4. *Taxées.* — Pistil indépendant de la bractée mère : If, Torreyer, Céphalotaxe, Ginkgo, Phylloclade, Podocarpe, etc.

Par la structure de l'appareil végétatif et surtout par l'organisation de la fleur femelle, les Conifères diffèrent profondément des Cycadacées et s'éloignent beaucoup plus qu'elles des Cryptogames vasculaires.

Gnétacées. — La famille des Gnétacées ne renferme que trois genres, nettement caractérisés par leur appareil végétatif.

Les Éphèdres, de nos pays, sont des arbrisseaux à port de Prêle, dont les branches longues et grêles, à écorce verte, portent à chaque nœud deux petites feuilles opposées, écailleuses, concrescentes en une gaine à deux dents. Les Gnètes, de l'Asie et de l'Amérique tropicales, sont des plantes ligneuses volubiles, dont les feuilles, encore opposées, sont grandes, pétiolées, à limbe coriace et penninerve. Enfin la Welwitschie (fig. 107), de la côte sud-ouest de l'Afrique, sur sa tige très courte et très épaisse ne porte que deux larges feuilles opposées, sessiles, persistantes, croissant indéfiniment à la base et acquérant une dimension énorme, qui s'étalent à la surface du sol et se divisent en lanières par les progrès de l'âge; c'est la paire de feuilles située au-dessus des deux cotylédons et en croix avec eux qui se développe de la sorte. Partout le bois secondaire possède, à côté de vaisseaux fermés aréolés, des vaisseaux ouverts plus larges, différenciation qui rapproche les Gnétacées des Angiospermes. En outre, la tige de certains Gnètes et de la Welwitschie produit dans son péricycle, et de dedans en dehors, une série d'anneaux libéroligneux surnuméraires (I, p. 213, fig. 85).

Les fleurs sont unisexuées, monoïques (Gnète, Welwitschie) ou dioïques (Éphèdre), groupées en épis (Éphèdre, Gnète) ou en grappes d'épis (Welwitschie). La fleur mâle des Éphèdres commence par deux bractées concrescentes à la base, au-dessus desquelles le rameau se prolonge et se termine plus haut par un certain nombre de petites étamines, deux à huit suivant l'espèce, portant chacune deux sacs polliniques qui s'ouvrent par un pore au sommet. Les Gnètes ont deux étamines à un seul sac pollinique, la Welwitschie six étamines à trois sacs polliniques.

Pour former la fleur femelle, le rameau produit deux écailles opposées concrescentes bord à bord dans toute leur longueur, en forme de bouteille, et avorte au-dessus d'elles; c'est à la base de cette double écaille close et sur sa face interne, qu'est inséré un ovule orthotrope, dont l'unique tégument se prolonge en un tube qui traverse l'ouverture du sac et se dilate en entonnoir à son extrémité. Les deux carpelles concrescents forment donc ici un ovaire clos, dépourvu de style et de stigmate : d'où un progrès qui rapproche les Gnétacées des Angiospermes. Dans la Welwitschie, les cellules mères des archégones ne se cloisonnent pas et deviennent directement autant d'oosphères; de plus, la petite cellule du grain de pollen, sans se cloisonner, se détache et devient directement la cellule génératrice, comme chez les Angiospermes.

Le fruit est un akène; dans la Welwitschie, les akènes sont

Fig. 107. Welwitschie admirable, plante entière avec ses deux grandes feuilles et ses fleurs en grappes d'épis.

ailés et rapprochés en grand nombre à l'aisselle de leurs bractées, de manière à former un cone qui se colore en rouge à la maturité. La graine est pourvue d'un endosperme charnu et son embryon a deux cotylédons. A la germination, la tigelle s'allonge et les cotylédons sont épigés.

Par leur bois secondaire différencié et leur ovaire clos, ainsi que par la réduction de l'archégone à une simple oosphère et le décollement direct de la petite cellule du grain de pollen dans la Welwitschie, les Gnétacées nous mènent directement aux Angiospermes.

SOUS-EMBRANCHEMENT II

ANGIOSPERMES

En traçant, dans la première partie de cet Ouvrage, l'étude générale de la plante, considérée dans sa forme, dans sa structure, dans son développement et dans le développement de sa race, c'est principalement aux Angiospermes, comme au groupe le plus vaste, le plus répandu et le plus important du règne végétal, que nous avons attaché notre attention et emprunté nos exemples.

Aussi l'organisation générale de ces plantes nous est-elle bien connue. Ajoutons seulement qu'en ce qui concerne la germination du pollen et le développement du tube pollinique, les recherches les plus récentes apportent une correction à ce qui a été dit à la p. 353, à la p. 358 et à la p. 414 de la première partie de ces *Éléments*. Dans les Angiospermes, comme chez les Gymnospermes, la grande cellule du grain de pollen s'allonge et produit le tube pollinique, tandis que son noyau finalement disparaît. Mais ici la petite cellule, sans se diviser, se sépare de la membrane du grain, passe tout entière dans le tube, à l'extrémité duquel elle se divise pour donner deux gamètes ; un de ces gamètes pénètre ensuite dans l'oosphère et s'y combine protoplasme à protoplasme et noyau à noyau, pour constituer l'œuf. Les Angiospermes ne diffèrent donc, sous ce rapport, des Gymnospermes que par la suppression d'un cloisonnement dans la cellule génératrice des gamètes.

On sait déjà que ce sous-embranchement comprend deux classes distinctes : les *Monocotylédones* et les *Dicotylédones*, qu'il convient d'étudier séparément.

CLASSE II

MONOCOTYLÉDONES

Caractères généraux. — Un seul cotylédon à l'embryon, quand il est différencié, cotylédon dont le plan médian coïncide toujours avec le plan de symétrie du tégument de la graine, mais en sens contraire, de manière à établir entre la dernière feuille de l'être ancien et la première feuille de l'être nouveau une divergence de 180 degrés ; production de l'assise pilifère de la racine par l'assise externe de l'écorce, l'épiderme s'exfoliant tout entier avec les calottes de la coiffe (I, p. 101) ; faible durée de la racine terminale ; absence de tissus secondaires issus d'une assise génératrice intercalée au liber et au bois primaires : tels sont les seuls caractères connus qui appartiennent en commun à toutes les Monocotylédones. Encore faut-il remarquer que le premier seul peut entrer dans la définition de la classe, parce qu'il ne se retrouve pas chez les Dicotylédones; les trois autres doivent en être exclus, parce qu'on les rencontre, comme on le verra plus tard, chez quelques-unes de ces plantes. On voit par là combien sont voisines les deux classes du sous-embranchement des Angiospermes, et combien peu était fondée l'opinion des anciens botanistes, qui considéraient les Monocotylédones et les Dicotylédones comme deux groupes primordiaux du règne végétal, comme deux embranchements.

A côté de ces caractères généraux, plusieurs autres méritent d'être signalés, parce que, tout en étant sujets à exception, ils sont assez fréquemment réalisés pour donner à l'ensemble une physionomie spéciale. Le plus souvent, les feuilles sont isolées, engainantes, dépourvues de stipules, prennent à la tige de nombreux faisceaux libéroligneux et ont la nervation parallèle. Le plus souvent, pour suffire aux besoins des feuilles, les faisceaux libéroligneux de la tige sont très nombreux et disposés dans le cylindre central en plusieurs cercles concentriques; les déviations qu'ils éprouvent alors pendant leur course verticale, tant suivant le rayon que suivant la tangente, font que, sur une section transversale, ils paraissent disséminés sans ordre. Le plus souvent, la tige et la racine ne prennent aucune formation libéroligneuse secondaire et ne s'épaississent pas. Le plus souvent, la fleur est construite sur le type trois. Le plus souvent, quand le périanthe est double, les deux verticilles qui le composent sont semblables, tous deux colorés ou tous deux incolores. Le plus souvent, à l'intérieur des quatre sacs polliniques que porte habituellement chaque étamine, les grains de pollen naissent dans leurs cellules mères par deux bipartitions successives.

Division de la classe des Monocotylédones en quatre ordres. — D'autres caractères varient davantage et servent à définir les ordres. C'est d'abord l'existence ou l'absence de la corolle, et, quand il y en a une, sa nature pétaloïde ou sépaloïde. C'est ensuite la concrescence des verticilles floraux, qui peut n'avoir pas lieu ou ne s'étendre qu'au calice, à la corolle et à l'androcée, en laissant le pistil libre ou supère, mais qui peut aussi envahir toute la fleur, en rendant l'ovaire adhérent ou infère (I, p. 373).

En tenant compte de ces deux différences, on divise la classe des Monocotylédones en quatre grands ordres, de la manière suivante :

<table>
<tr><td rowspan="4">MONOCOTYLÉDONES. — Corolle</td><td>nulle ......</td><td>Ovaire supère....</td><td>*Gramininées.*</td></tr>
<tr><td>sépaloïde..</td><td>Ovaire supère....</td><td>*Joncinées.*</td></tr>
<tr><td rowspan="2">pétaloïde..</td><td>Ovaire supère....</td><td>*Liliinées.*</td></tr>
<tr><td>Ovaire infère.....</td><td>*Iridinées.*</td></tr>
</table>

Pour continuer la marche ascendante qui a été suivie jusqu'ici dans la seconde partie de cet Ouvrage, on étudiera ces ordres en commençant par celui des Gramininées, où l'organisation florale est le plus simple, pour finir par celui des Iridinées, où elle est le plus compliquée.

ORDRE I

Gramininées.

Caractères généraux et division en familles. — L'ordre des Gramininées tire son nom de la famille des Graminées, qui est la plus répandue et, après celle des Orchidacées, la plus nombreuse de toute la classe des Monocotylédones. C'est chez lui que l'organisation florale offre sa plus grande simplicité. Les fleurs y sont très petites, peu apparentes, mais en revanche rapprochées en grand nombre sur des épis simples, composés, ou groupés en grappe. Non seulement la corolle y fait habituellement défaut, mais le calice lui-même y manque très souvent et la fleur est nue; quand il y a des sépales, ils sont très peu développés et indépendants des verticilles internes, ce qui laisse l'ovaire dans tous les cas supère. En outre, l'androcée et le pistil y sont souvent séparés dans des fleurs unisexuées.

Ce qui varie davantage, c'est l'albumen, qui est amylacé, charnu ou nul; c'est la forme des ovules, qui sont fréquemment anatropes, parfois orthotropes; c'est la répartition des fleurs unisexuées dans l'épi, où elles sont tantôt entremêlées, tantôt séparées, les femelles en bas, les mâles en haut, tantôt isolées sur des épis différents, monoïques ou dioïques; c'est enfin la nature du fruit. Ces différences permettent de diviser l'ordre des Gramininées en neuf familles, définies comme il suit :

GRAMININÉES. Albumen	amylacé. Plantes	terrestres. Ovules	anatropes.	Caryopse. *Graminées.*
				Akène ... *Cypéracées.*
			orthotropes	*Centrolépidées.*
		aquatiques nageantes.........		*Lemnacées.*
	nul.........			*Naïadacées.*
	charnu. Fleurs mâles et femelles dans	le même épi,	séparées	*Aracées.*
			entremêlées	*Cyclanthées.*
		des épis différents,	monoïques	*Typhacées.*
			dioïques.............	*Pandanées.*

Étudions ces familles dans l'ordre indiqué, en commençant par la plus importante de toutes, celle des Graminées.

Graminées. — Les Graminées sont des plantes ordinairement herbacées, annuelles comme le Blé, ou vivaces comme le Chiendent à l'aide d'un rhizome qui dresse dans l'air des branches latérales; rarement elles deviennent ligneuses, comme les Roseaux et les Bambous, et peuvent atteindre alors jusqu'à trente mètres de hauteur. La tige aérienne est souvent simple ou seulement ramifiée à la base, mais quelquefois aussi très rameuse, comme dans les Bambous; elle est cylindrique et habituellement creuse dans les entre-nœuds, renflée au contraire et toujours pleine aux nœuds, d'où partent, dans la région inférieure, de nombreuses racines latérales; dans le Maïs, la Canne, le Sorgho, etc., la moelle persiste, et c'est en elle que s'accumulent les réserves sucrées, notamment le sucre de Canne. Les feuilles sont distiques, composées d'une gaine à bords libres et d'un limbe étroit, rubané, rectinerve, dont le bord est rendu coupant par la silicification de l'épiderme; la gaine se prolonge au-dessus du limbe ou une ligule membraneuse plus ou moins développée. Les feuilles ont souvent à leur aisselle plusieurs bourgeons collatéraux, pouvant se développer en autant de branches divergentes. La racine a son écorce creusée de lacunes entrecoupées radialement; le péricycle y est souvent interrompu ou peu développé en face des faisceaux ligneux, ce qui entraîne la naissance et la disposition des radicelles en face des faisceaux libériens (I, p. 108 et p. 92, fig. 30).

Les fleurs sont presque toujours rapprochées en petits épis ou *épillets*, groupés à leur tour en épi comme dans le Blé, ou en grappe comme dans l'Avoine. Au-dessous de chaque épillet, sessile ou pédicellé, la bractée mère avorte ordinairement.

Chaque épillet commence par deux bractées bien développées, mais stériles, qui l'enveloppent dans le jeune âge comme d'un involucre et qui prolongent quelquefois leur nervure médiane en forme d'arête (Phléole, Orge, etc.). Puis viennent, continuant la disposition distique des premières, un certain nombre de bractées plus petites, mais fertiles, au-dessus desquelles le rameau se termine; plus fréquemment que les deux premières, les bractées fertiles se prolongent en une arête insérée au sommet (Fétuque, Blé, etc.), au-dessous du sommet (Brome, etc.), au milieu (Avoine) ou même presque à la base (Canche). Souvent une seule de ces bractées porte à son aisselle une fleur bien conformée, les autres, situées tantôt au-dessus de la première (Millet, Phléole, Agrostide, etc.), tantôt au-dessous (Panic, Sétaire, etc.), ne formant que des fleurs incomplètes ou rudimentaires. Ailleurs, l'épillet renferme deux bractées à fleurs bien conformées (Canche, Houque, Arrhénathère, etc.), ou même un grand nombre de pareilles bractées (Paturin, Fétuque, Brome, etc.).

Le ramuscule floral commence par une bractée postérieure, comprimée dans le jeune âge entre la bractée mère et l'axe de l'épillet et devenue, par suite de cette compression, bicarénée et bifide (fig. 108). Elle est suivie d'une seconde bractée en avant, beaucoup plus petite, mais conformée de la même manière; seulement, sous l'influence d'une compression plus forte, sa partie médiane ne s'est pas développée, et elle n'est représentée que par deux petites écailles latérales. Au-dessus de cette seconde bractée vient la fleur proprement dite. Elle est dépourvue de périanthe, ordinairement hermaphrodite, rarement unisexuée (Maïs, Larmille, etc.). L'androcée se compose de trois étamines, une en avant, deux en arrière; leurs filets, longs et grêles, portent, attachées vers le milieu du connectif, des anthères introrses dont les quatre sacs polliniques très allongés dépassent le connectif en haut et en bas et divergent en forme d'X après la déhiscence, qui est longitudinale. Il n'y a que deux étamines dans la Flouve, une seule dans le Nard; il y en a, au contraire, six en deux verticilles ternaires dans le Riz et le Bambou, un plus grand nombre et jusqu'à quarante dans la Luziole et la Pariane.

Le pistil est constitué par un seul carpelle fermé, tournant en bas sa ligne dorsale, en haut sa suture ventrale marquée d'un sillon, superposé par conséquent à l'étamine antérieure. L'ovaire est globuleux et se termine quelquefois par un long style entier (Maïs, Nard, etc.) ou divisé au sommet en trois branches stigmatiques, une antérieure et deux latérales (Phare, etc.); ailleurs, le style est plus court (Larmille, etc.); enfin, dans la grande majorité des cas, il est nul et les bran-ches stigmatiques sont sessiles sur l'ovaire. Ces trois branches sessiles sont parfois également développées (Bambou, Arondi-naire), mais d'ordinaire la médiane se réduit à une petite pointe (Riz, Phragmite, etc.), ou même avorte complètement, de sorte que l'ovaire paraît surmonté de deux stigmates latéraux (fig. 108). Les branches du stigmate sont ordinairement fili-formes et toutes couvertes de longs poils qui les rendent plumeuses. A l'intérieur de l'ovaire, sur la suture ventrale, se trouve largement inséré un ovule anatrope ou semi-anatrope

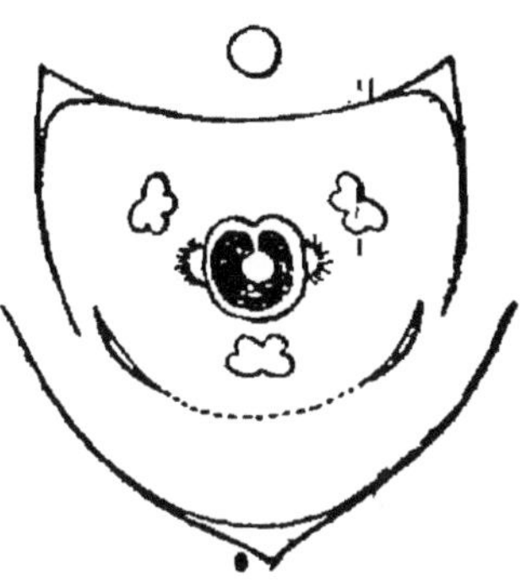

Fig. 108. Diagramme de la fleur dans la plupart des Graminées.

à deux téguments, ascendant à raphé ventral, qui remplit toute la cavité. La formule florale peut donc s'écrire : $F = 3E + C$.

Le fruit est un caryopse (I, p. 444), à péricarpe ordinairement membraneux, parfois ligneux (Larmille, Bambou, etc.). Dé-pourvue de tégument (I, p. 431), la graine se compose d'un abondant albumen amylacé dont l'assise externe, nettement différenciée, est dépourvue d'amidon (fig. 109). A la base et en dehors de l'albumen, sur la face antérieure et convexe du fruit, se trouve situé l'embryon, dont le plan médian coïncide à la fois avec le plan de symétrie de l'ovule et du pistil et avec le plan médian de la fleur (fig. 109). Cet embryon est profondément différencié. Sur sa face postérieure, du côté du raphé, sa tigelle porte un large cotylédon qui descend le long de son extrémité inférieure et en même temps se reploie en avant de manière à envelopper tout le reste de l'embryon comme d'un manteau. En bas, elle renferme une racine terminale endogène, solitaire (Maïs; fig. 109, Riz, Ivraie, etc.) ou accompagnée de plusieurs racines latérales (Blé, I, p. 124, fig. 46, Orge, Avoine, etc.). En haut, elle porte, immédiatement au-dessus du cotylédon et en superposition avec lui, une gaine membraneuse binerve qui n'est autre chose que la ligule du cotylédon; puis vient une seconde feuille diamétralement opposée au cotylédon, suivie à son tour de plusieurs feuilles dans l'ordre distique : le tout constitue une gemmule fortement développée.

A la germination, la racine terminale, ainsi que les racines latérales quand il en existe, percent la poche qui les contient pour s'échapper au dehors. Le cotylédon demeure en place dans la graine où, sans s'accroître, à l'aide des diastases émises par son épiderme palissadique, il digère l'albumen; sa ligule s'allonge, au contraire, au dehors en une gaine blanche, plus tard percée au sommet par les feuilles vertes de la gemmule (I, fig. 46, A).

Très vaste et pourtant très homogène et très nettement circonscrite, la famille des Graminées comprend plus de 3200 espèces, réparties dans 300 genres. Elles sont abondamment répandues par toute la Terre, aussi bien dans les régions arctiques et alpines que dans les contrées les plus chaudes et les

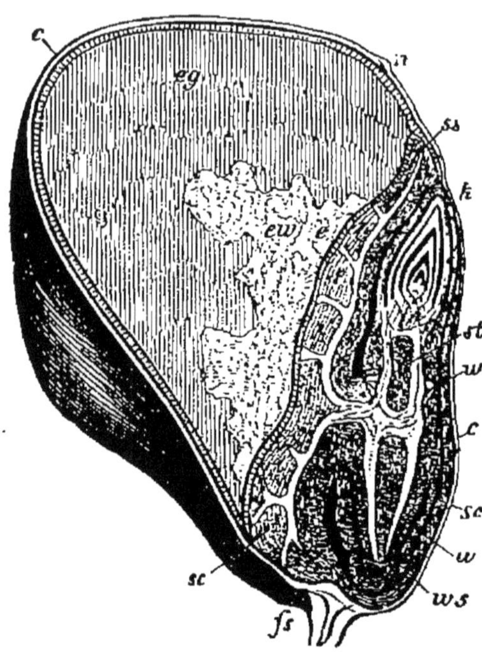

Fig. 109. Section longitudinale du caryopse du Maïs; *c*, péricarpe; *n*, cicatrice du style; *fs*, pédicelle; *eg*, portion jaunâtre et dure de l'albumen, entourée par l'assise périphérique non amylacée; *ew*, portion blanche et molle du même; *ss*, *sc*, cotylédon enveloppant tout l'embryon; *e*, son épiderme palissadique en contact avec l'albumen; *st*, tige; *w*, radicule endogène dans sa poche *ws*; *k*, gemmule; *w'*, premières racines latérales. Les cordons blancs sont les futurs faisceaux libéroligneux.

plus arides de la zone équatoriale. Plusieurs nourrissent de leurs graines l'homme et les animaux et sont cultivées depuis les temps les plus anciens; on les réunit sous le nom de *céréales*. Ce sont, au premier rang, les Blés, les Orges, le Seigle, les Avoines, le Maïs et le Riz; au second rang, les Panics, les Sorghos, les Éleusines, le Paturin d'Abyssinie, le Phalaride des Canaries, etc. D'autres sont cultivées pour leur moelle sucrée, comme la Canne et le Sorgho ; pour leurs principes odorants, comme le Barbon muriqué, qui donne le *vétiver* ; pour leur tige dure et ligneuse, comme le Roseau et les Bambous ; pour leurs feuilles résistantes servant à faire des ouvrages de sparterie, comme le Lygée spart et surtout le Macrochle tenace, vulgairement Alfa. Un grand nombre enfin sont fourragères et varient beaucoup suivant les pays et la nature du sol.

Les principaux genres peuvent être groupés, comme il suit, en deux grandes tribus, les Phalaridées, ainsi nommées à cause du genre Phalaride, et les Poées, qui tirent leur nom du genre Paturin, en latin *Poa* :

1. *Phalaridées.* — Une seule fleur presque terminale, rarement terminale, *au-dessous* de laquelle se trouve quelquefois une fleur mâle ou rudimentaire ; épillet ordinairement articulé avec son pédicelle à la base : Panic, Sétaire, Larmille, Maïs, Riz, Léersie, Bardanette, Canne, Barbon, Sorgho, Phalaride, Flouve, Vulpin, etc.

2. *Poées.* — Une ou plusieurs fleurs, *au-dessus* desquelles on trouve un certain nombre de bractées stériles ou portant des fleurs rudimentaires : épillet non articulé avec son pédicelle à la base : Stipe, Millet, Phléole, Agrostide, Calamagrostide, Canche, Houque, Avoine, Chiendent, Éleusine, Gynère, Roseau, Phragmite, Mélique, Dactyle, Brize, Paturin, Glycérie, Fétuque, Brome, Brachypode, Ivraie, Seigle, Blé, Nard, Orge, Bambou, etc.

Cypéracées. — Les Cypéracées sont des herbes ordinairement vivaces à l'aide d'un rhizome rameux végétant en sympode (I, p. 144), rarement annuelles, qui abondent dans les lieux humides ou marécageux, où elles se substituent souvent aux Graminées. Les branches du rhizome se renflent quelquefois en tubercules pleins d'amidon (divers Souchets ou Cypérus). Les extrémités dressées des branches du rhizome ont leurs entre-nœuds inférieurs et souterrains très courts ; l'entre-nœud supérieur, au contraire, s'allonge beaucoup et forme toute la portion aérienne et florifère de la tige, qui paraît en conséquence dépourvue de nœuds. Cette tige aérienne est tantôt prismatique triangulaire (Laiche, Souchet, etc.), tantôt cylindrique (Scirpe, Clade, etc.) ; sa large moelle, d'abord pleine, se creuse souvent plus tard. Les feuilles sont tristiques et ont la même forme que celles des Graminées, avec cette différence que les bords de la gaine y sont presque toujours concrescents dans toute leur longueur en un tube fermé. La racine a les lacunes de son écorce entrecoupées tangentiellement ; souvent le péricycle manque ou est peu développé en face des faisceaux ligneux, de sorte que les radicelles prennent naissance en face des faisceaux libériens (I, p. 92 et p. 108).

Les fleurs, le plus souvent hermaphrodites (fig. 110), quelquefois unisexuées (Laiche, fig. 111, etc.), sont disposés en

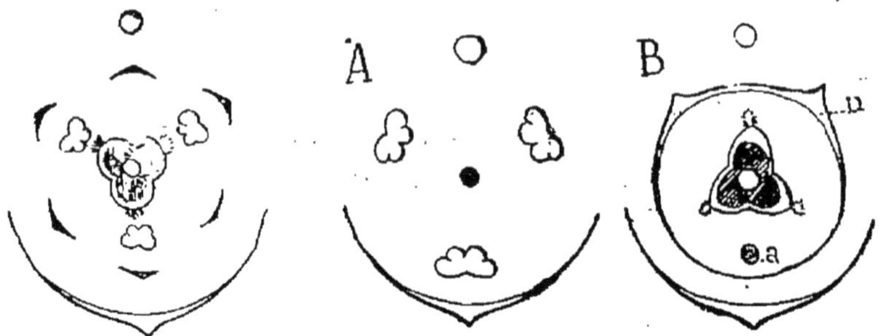

Fig. 110. Diagramme de la fleur du Scirpe des bois.

Fig. 111. Diagramme des fleurs de la Laiche panicée : *A*, fleur mâle ; *B*, fleur femelle ; elle est de seconde génération et procède du rameau avorté *a*, à l'aisselle de la bractée mère *u*, qui l'enveloppe : c'est l'*utricule*.

petits épis ordinairement groupés à leur tour en épi, en grappe simple ou composée, en ombelle, etc.; chaque épillet naît à l'aisselle d'une bractée bien développée, d'où une différence avec les Graminées.

La fleur est tantôt dépourvue de toute trace de périanthe (Laiche, fig. 111, Souchet, Choin, Clade, etc.), tantôt pourvue à la base de quelques filaments soyeux, parfois au nombre de six (fig. 110), que l'on regarde comme un périanthe rudimentaire (Scirpe, Linaigrette, Héléocharide, Rhynchospore, etc.). L'androcée se compose de trois étamines, une en avant et deux en arrière, à anthères basifixes, introrses, munies de quatre sacs polliniques et à déhiscence longitudinale; l'antérieure avorte dans les Clades. Le pistil est formé de trois carpelles superposés aux étamines, ouverts et concrescents en un ovaire uniloculaire, surmonté d'un style terminé par trois stigmates; cet ovaire renferme, attaché vers la base de sa suture postérieure, un ovule anatrope à deux téguments, dressé, à raphé postérieur. Il n'y a quelquefois que deux carpelles latéraux. La formule florale peut s'écrire : $F = 3E + (3C^o)$.

Le fruit est un akène. La graine contient un albumen amylacé et un petit embryon lenticulaire ou en forme de toupie.

Répandue dans toutes les régions du globe, la famille des

Cypéracées comprend plus de 2200 espèces réparties dans
61 genres; on compte plus de 800 Laiches et plus de 700 Souchets. Plusieurs produisent des tubercules amylacés et alimentaires (Souchet comestible, etc.); d'autres servent, par leurs
tiges aériennes, à confectionner des paillassons (Scirpe lacustre)
ou des chaises (Laiche nerveuse, etc.); c'est avec les tiges
aériennes du Souchet à papier, découpées en tranches, que les
anciens fabriquaient leur papier.

D'après l'hermaphrodisme ou l'unisexualité des fleurs, les
genres se groupent en deux tribus :

1. *Scirpées*. — Fleurs hermaphrodites : Souchet, Héléocharide, Scirpe, Linaigrette, Rhynchospore, Choin, Clade, etc.
2. *Caricées*. — Fleurs unisexuées : Laiche, Sclérie, etc.

Les Cypéracées se rapprochent beaucoup des Graminées, tant
par la conformation de l'appareil végétatif que par l'organisation florale. Elles en diffèrent pourtant très nettement par leur
tige aérienne sans nœuds et souvent anguleuse, la disposition
tristique des feuilles, la concrescence en tube des gaines foliaires, le développement des bractées mères sous les épillets,
l'absence de bractées et notamment de bractée adossée sur le
ramuscule floral, les anthères basifixes, la structure du pistil,
ternaire ou binaire avec carpelles ouverts, enfin la nature du
fruit.

Centrolépidées. — Les Centrolépidées sont de petites herbes
annuelles ou vivaces à port de Cypéracée. Dans la racine, le
péricycle fait défaut en face des faisceaux ligneux, comme chez
la plupart des Graminées et des Cypéracées.

Les fleurs sont unisexuées, monoïques, dépourvues de périanthe, et de la structure la plus simple. La fleur mâle se
réduit, en effet, à une seule étamine, dont l'anthère oscillante
et introrse ne porte que deux sacs polliniques et s'ouvre par
une seule fente longitudinale. La fleur femelle se réduit aussi
à un seul carpelle clos, terminé par un style et un stigmate filiformes, renfermant un seul ovule orthotrope à deux téguments,
pendant au sommet de l'ovaire.

Le fruit est sec et s'ouvre par une fente dorsale. La graine
contient un albumen amylacé et un petit embryon lenticulaire.

Les quatre genres Centrolépide, Aphélie, Trithurie, Gaimar-
die, qui forment cette petite famille, comprennent environ

30 espèces, presque toutes australiennes. Elles diffèrent des Graminées et des Cypéracées surtout par l'ovule orthotrope pendant et la déhiscence du fruit.

Lemnacées. — Les Lemnacées sont des plantes aquatiques nageantes, dont la tige se réduit à une petite lame verte, arrondie ou ovale, ramifiée dans son plan, avec prompte dissociation des branches successives; elle est quelquefois entièrement dépourvue de racines et de feuilles (Wolffie), tantôt munie seulement d'une racine sur sa face inférieure (Lemne, Telmatophace), tantôt pourvue à la fois de plusieurs racines et d'une feuille engainante (Spirodèle); c'est seulement dans ce dernier genre que les vaisseaux achèvent leur différenciation.

Les fleurs sont unisexuées, groupées par deux ou trois en épillets monoïques (fig. 112, a), et nues. La fleur mâle se réduit à une étamine portant quatre sacs polliniques, quelquefois deux (Wolffie). La fleur femelle se réduit à un carpelle clos contenant, dressés au fond de l'ovaire, tantôt un seul ovule orthotrope (Lemne, Wolffie), tantôt 2 ovules anatropes (Spirodèle), tantôt 2 à 7 ovules anatropes (Telmatophace, fig. 112, b).

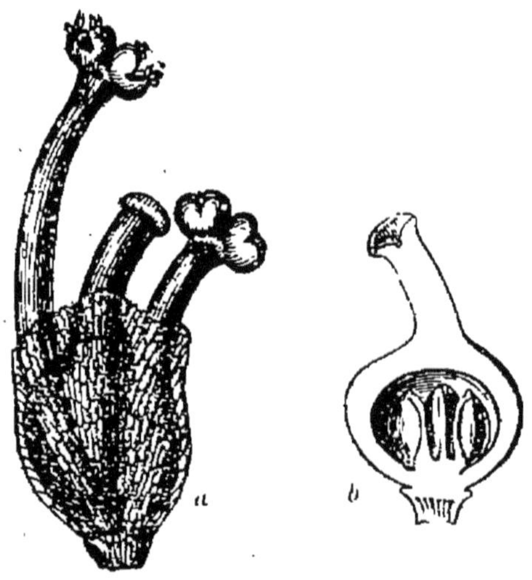

Fig. 112. Telmatophace gibbeux; a, épillet formé de deux fleurs mâles et d'une fleur femelle; b, pistil ouvert montrant les ovules.

Le fruit est un akène et la graine contient un albumen amylacé, très mince dans la Wolffie.

Répandue dans les eaux douces et stagnantes de toutes les régions du globe, cette petite famille ne compte que quatre genres avec vingt et une espèces. A l'extrême simplicité de l'organisation florale, joignant l'extrême dégradation du système végétatif, elle occupe une place à part dans la classe des Monocotylédones.

Naïadacées. — Les Naïadacées sont des plantes aquatiques submergées, à feuilles supérieures quelquefois nageantes (Aponogète, Potamot nageant, etc.), annuelles (Naïade) ou vivaces

avec un rhizome, parfois tuberculeux (Aponogète, Ouvirandre);
les unes habitent les eaux douces (Naïade, Zannichellie, Potamot, etc.), les autres la mer (Zostère, Posidonie, Cymodocée, etc.). Les feuilles sont distiques, engainantes, souvent
munies de deux stipules ou d'une ligule axillaires (Zostère,
Potamot, etc.), quelquefois pétiolées (Potamot nageant, P. lui-
sant, etc.), à limbe ordinairement rubané, parfois très long
(Zostère); dans l'Ouvirandre, le parenchyme fait défaut et le
limbe se réduit à son réseau de
nervures.

Les fleurs, solitaires (Naïade,
Zannichellie, etc.) ou groupées en
épis (Zostère, Potamot, etc.), sont
tantôt hermaphrodites (Potamot,
Posidonie, Aponogète, etc.), tantôt
unisexuées avec monœcie (Naïade,
Zostère, Zannichellie, etc.), ou
diœcie (Cymodocée, etc.), toujours
dépourvues de périanthe. La fleur
hermaphrodite du Potamot (fig.
113) a quatre étamines à anthères

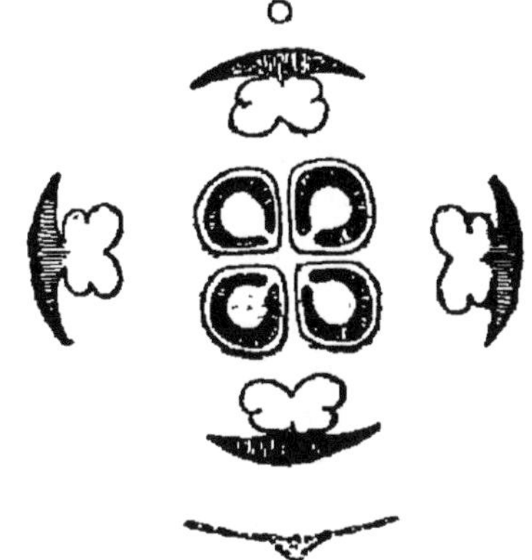

Fig. 113. Diagramme de la fleur
du Potamot nageant.

sessiles, extrorses, munies d'un appendice dorsal qui simule un
sépale, et quatre carpelles libres, alternes avec les étamines, terminés par un stigmate sessile et
renfermant un ovule campylotrope
courbé vers le bas; sa formule florale peut s'écrire : $F = 4\,E + 4\,C$.
Celle de la Ruppie n'a que deux
étamines; celle de l'Aponogète en
a six et chaque carpelle y renferme
plusieurs ovules anatropes, dressés
à raphé ventral. La fleur mâle de
la Cymodocée se réduit à deux
étamines, celle des Naïades, Zostères, Zannichellies, etc., à une
seule étamine. La fleur femelle
des Naïades et des Zostères a un
seul carpelle avec un ovule, qui
est anatrope dressé dans le premier genre, orthotrope pendant

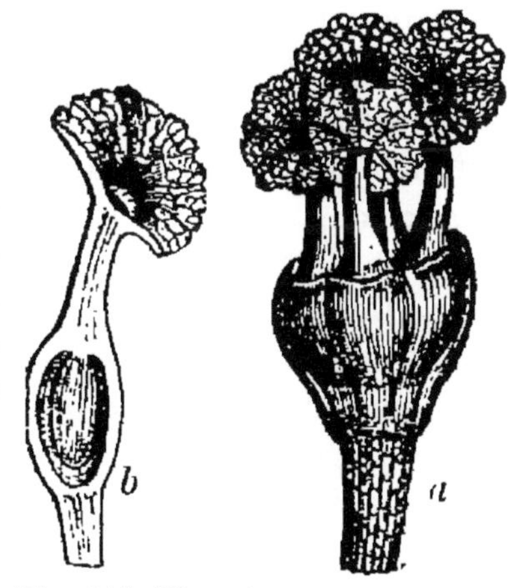

Fig. 114. Fleur femelle de la Zannichellie palustre (a); b, un carpelle
coupé en long montrant l'ovule
orthotrope pendant.

dans le second; elle a deux

carpelles dans la Cymodocée, trois dans l'Althénie, quatre dans la Zannichellie (fig. 114).

Le fruit est ordinairement un akène, quelquefois un follicule (Aponogète, Ouvirandre) ou une baie (Posidonie, etc.). La graine, dépourvue d'albumen, renferme un embryon ordinairement courbé dans son plan médian, quelquefois droit (Naïade, Aponogète, Ouvirandre), à tigelle plus développée que le cotylédon.

Cette famille renferme 103 espèces en 13 genres, répandues dans les eaux douces et salées de toutes les régions du globe; à part quelques Hydrocharidées, c'est à elle qu'appartient toute la végétation phanérogamique de la mer. On groupe les genres en quatre tribus, comme il suit :

I. — Fleurs unisexuées.

    1. *Naïadées*. —- Un ovule anatrope dressé : Naïade.

    2. *Zostérées*. — Un ovule orthotrope pendant : Zostère, Cymodocée, Zannichellie, Althénie, etc.

II. — Fleurs hermaphrodites.

    3. *Potamées*. — Un ovule campylotrope pendant : Posidonie, Potamot, Ruppie, etc.

    4. *Aponogétées*. — Plusieurs ovules anatropes dressés : Aponogète, Ouvirandre.

Par la simplicité des fleurs, nues et souvent réduites à une étamine et à un carpelle, comme par la végétation aquatique, les Naïadacées se rattachent aux Lemnacées et, par elles, aux Centrolépidées et aux Cypéracées. Elles diffèrent des quatre familles précédentes par l'absence d'albumen.

Aracées. — Les Aracées offrent les modes de végétation les plus divers : elles sont terrestres avec un rhizome tuberculeux (Gouet ou Arum, Serpentaire, etc.), ou avec une grosse tige dressée à courts entre-nœuds (Colocase, etc.); marécageuses, avec un rhizome horizontal rameux (Acore, Calle, etc.); aquatiques nageantes, avec une rosette de feuilles sur une tige très courte (Pistie); grimpantes et épidendres, avec une tige ligneuse et ramifiée, à longs entre-nœuds, souvent dorsiventrale, produisant des racines aériennes aux nœuds et parfois sur toute sa surface inférieure (Philodendre, Monstère, etc.). Les feuilles, engainantes, quelquefois rubanées (Acore), sont ordinairement pétiolées avec un large limbe à nervation palmée ou pennée, entier ou diversement découpé, quelquefois percé de trous

(Monstère, Tornélie, etc., etc.). On y trouve des cellules oléifères (Acore), des cellules laticifères en files indépendantes (Gouet, Richardie, etc.) ou anastomosées en réseau (Colocase, Ca-lade, etc.) et des canaux sécréteurs oléifères (Philodendre, Homalo-nème, etc.). D'autres ont le paren-chyme traversé et soutenu par des poils scléreux internes (Monstère, Spathiphylle, etc.).

Les fleurs sont disposées en un épi muni d'une spathe diversement conformée et colorée (fig. 115); l'axe de l'épi se prolonge quelque-fois au-dessus des fleurs en un appendice de forme variée (Gouet, fig. 115, Serpentaire, etc.).

Fig. 115. Spathe du Gouet maculé, coupée en avant pour laisser voir l'épi portant en bas les fleurs fe-melles, plus haut les fleurs mâles.

Fig. 116. Diagramme de la fleur de l'Acore calame.

Toujours dépourvues de bractées mères, les fleurs sont con-stituées, suivant les genres, d'après trois types différents : elles sont nues et unisexuées, disposées dans le même épi, les femelles en bas, les mâles en haut (Gouet, fig. 115, etc.), nues et her-maphrodites (Calle, etc.), périanthées et hermaphrodites (Acore, fig. 116, etc.). Elles sont dimères (Anthure, etc.) ou trimères (Acore, fig. 116, etc.). Quand la fleur est complète (fig. 116), le périanthe se compose de deux verticilles alternes de petites écailles sépaloïdes, l'androcée de deux verticilles alternes d'étamines libres, le pistil d'un verticille de carpelles concrescents, ouverts (Colocase, Pistie, etc.) ou fermés (Calade, Anthure, Acore, fig. 116, etc.), contenant des ovules dont le nombre, la forme et l'insertion varient beaucoup suivant les genres; sa formule peut s'écrire : $F = 3S + 3P + 3E + 3E'$ + (3C). Dans la fleur mâle, le nombre des étamines se montre très variable; elles sont souvent concrescentes et s'ouvrent fréquemment par des pores terminaux (Colocase, Richardie, Philodendre, etc.).

Le fruit est une baie. La graine a le plus souvent un albumen charnu; elle en est quelquefois dépourvue (Monstère, Pothe, etc.).

La famille des Aracées comprend environ 900 espèces en 98 genres, abondamment répandues dans la zone tropicale des deux continents, plus rares dans les régions tempérées. Plusieurs sont recherchées et cultivées pour leur tige amylacée et alimentaire (Colocase des anciens, Arisème utile, etc.), pour leurs jeunes pousses, mangées sous le nom de *chou caraïbe* (Xanthosome sagittifolié), pour leurs fruits comestibles et parfumés (Tornélie parfumée, etc.). On groupe les genres en trois tribus :

1. *Arées.* — Fleurs nues unisexuées : Pistie, Gouet, Serpentaire, Amorphophalle, Colocase, Calade, Philodendre, Richardie, etc.

2. *Callées.* — Fleurs nues hermaphrodites : Calle, Monstère, Scindapse, etc.

3. *Acorées.* — Fleurs périanthées hermaphrodites : Oronte, Lasie, Spathiphylle, Anthure, Acore, Pothe, etc.

Par les Arées, les Aracées touchent aux Lemnacées et aux Naïadées; par les Callées, elles se rapprochent des Potamées; par les Acorées, qui ont une corolle sépaloïde, elles tendent vers l'ordre des Joncinées.

Typhacées. — Les Typhacées sont des herbes aquatiques ou marécageuses, vivaces à l'aide d'un rhizome rameux qui produit chaque année des branches dressées, à feuilles distiques, engainantes et rubanées.

Les fleurs, unisexuées et monoïques, sont disposées en épis cylindriques (Massette ou Typha), ou en capitules (Rubanier), les uns mâles, les autres femelles. La fleur mâle (fig. 117, *A*), dépourvue de bractée mère, a trois étamines, une en avant, deux en arrière, libres (Rubanier) ou concrescentes (Massette). La fleur femelle (fig. 117, *B*), munie d'une bractée mère, n'a qu'un carpelle postérieur, renfermant un ovule anatrope pendant à raphé ventral.

Le fruit des Massettes est sec et déhiscent, celui des Ruba-
niers est une drupe. La graine renferme un abondant albumen
amylacé.

Composée de ces deux seuls genres, avec 16 espèces, la petite famille des Typhacées se relie d'une
part aux Cypéracées, notamment
aux Caricées, de l'autre aux Aracées et surtout aux Arées.

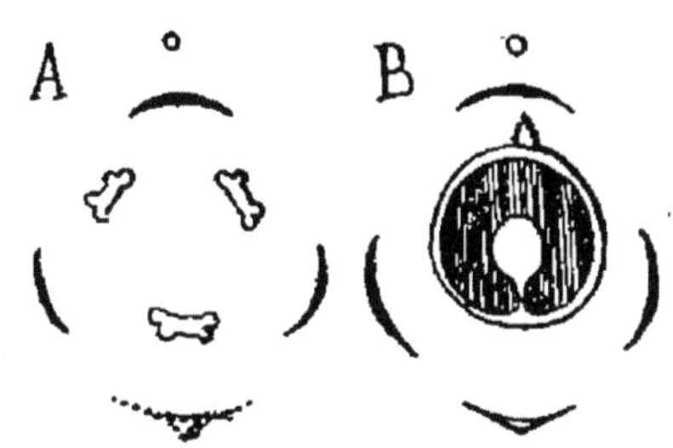

Fig. 117. Diagramme des fleurs de
Rubanier; *A*, fleur mâle; *B*, fleur
femelle.

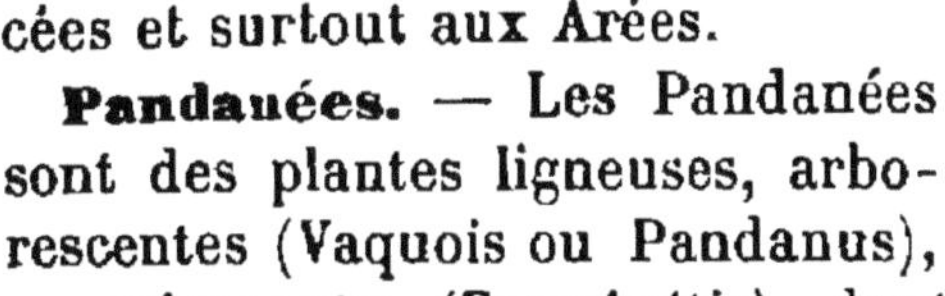

Pandauées. — Les Pandanées
sont des plantes ligneuses, arborescentes (Vaquois ou Pandanus),
ou grimpantes (Freycinétie), dont la tige se soutient par un
étui de fortes racines latérales et porte à son extrémité un bouquet de feuilles tristiques, rubanées, engainantes, épineuses sur
les bords et le long de la nervure médiane.

Les fleurs, unisexuées et dioïques, sont disposées en épis,
dépourvues de bractées mères et nues. La fleur mâle est formée
d'un grand nombre d'étamines, la fleur femelle d'un nombre
indéterminé de carpelles, tantôt ouverts et concrescents en un
ovaire uniloculaire à placentes pariétaux portant un grand
nombre d'ovules anatropes (Freycinétie), tantôt fermés et contenant chacun un seul ovule anatrope basilaire (Vaquois).

Les fruits sont des baies (Freycinétie) ou des drupes (Vaquois),
soudées en un fruit composé. La graine renferme un volumineux albumen charnu.

Formée de ces deux genres, comprenant ensemble 30 espèces
environ, cette petite famille est localisée dans la région tropicale et sub-tropicale. Elle se rattache intimement aux Typhacées et aux Aracées, notamment aux Arées.

Cyclanthées. — Les Cyclanthées sont des plantes herbacées
à rhizome, ou ligneuses grimpantes et épidendres à racines
aériennes; leurs feuilles sont pétiolées à limbe flabelliforme
entier (Ludovie), bifide ou bipartit (Carludovice, Cyclanthe).

Les fleurs unisexuées sont disposées en un épi monoïque, où
elles sont régulièrement entremêlées : tantôt chaque fleur
femelle est entourée de quatre fleurs mâles (Carludovice, etc.);
tantôt les fleurs mâles et femelles forment des cycles alternants
(Cyclanthe). La fleur mâle est formée d'un grand nombre d'étamines dans un périanthe multidenté (Carludovice, etc.) ou de

six étamines sans périanthe (Cyclanthe). La fleur femelle se compose de quatre sépales, auxquels sont superposés autant de staminodes en forme de longs filaments, et de quatre carpelles alternes, ouverts et concrescents en un ovaire uniloculaire à quatre placentes pariétaux portant un grand nombre d'ovules anatropes.

Les fruits sont des baies, soudées en un fruit composé; la graine a un albumen charnu.

Cette petite famille comprend quatre genres avec 35 espèces, habitant toutes l'Amérique tropicale. Elle est très voisine des Aracées et des Typhacées. Les feuilles du Carludovice palmé, fendues en lanières étroites, séchées et blanchies, servent à fabriquer les chapeaux de paille dits de Panama.

ORDRE II

Joncinées.

Caractères généraux et division en familles. — L'ordre des Joncinées tire son nom de la famille des Joncacées, où l'organisation florale se montre la plus complète. On y trouve toujours non seulement un calice, mais encore une corolle, peu développée, il est vrai, et sépaloïde, qui laisse la fleur presque aussi petite et aussi peu apparente que chez les Gramininées. En même temps, les caractères floraux y acquièrent une plus grande fixité.

En tenant compte à la fois de la présense et de la nature de l'albumen, de l'inflorescence et de la conformation du fruit, on divise l'ordre des Joncinées en cinq familles, ainsi définies :

		Épillet	*Restiacées.*
	amylacé.....	Capitule.............	*Ériocaulées.*
JONCINÉES. — Albumen	nul		*Triglochinées.*
	charnu......	Fruit charnu..........	*Palmiers.*
		Capsule	*Joncacées.*

Restiacées. — Les Restiacées sont des herbes vivaces, à rhizome rameux dur, dont les branches aériennes, rigides, portent à leur base des feuilles réduites à des gaines ouvertes.

Les fleurs, ordinairement unisexuées, sont disposées en épillets diversement groupés. Le périanthe, sépaloïde, se compose de trois sépales, dont un antérieur, et de trois pétales alternes. La fleur mâle a trois étamines épipétales, pourvues le plus souvent de deux sacs polliniques. Dans la fleur femelle, le pistil se compose de trois carpelles épisépales, fermés et concrescents en un ovaire triloculaire surmonté de trois styles filiformes à stigmate plumeux; chaque loge renferme, fixé à son angle supérieur, un ovule orthotrope pendant. On a donc : $F_m = 3 S + 3 P + 3 E$ et $F = 3 S + 3 P + (3 C)$.

Le fruit est tantôt un akène, parce que deux des loges avortent (Élégie, Hypolène, etc.), tantôt une capsule loculicide (Restie, Anarthrie, etc.). La graine renferme un abondant albumen amylacé.

Cette famille comprend 230 espèces en 20 genres, habitant la plupart l'Afrique australe et l'Australie. Par le port et l'inflorescence, elles ressemblent aux Cypéracées, par le double verticille du périanthe, aux Joncacées ; mais elles diffèrent des Cypéracées par les gaines foliaires ouvertes, des Joncacées par la nature de l'albumen, et de ces deux familles à la fois par les ovules orthotropes pendants.

Ériocaulées. — Les Ériocaulées sont des plantes marécageuses, vivaces, dont la tige courte porte à sa base une rosette de feuilles charnues, étroites et parfois fistuleuses. Dans la racine, le péricycle manque le plus souvent en face des faisceaux ligneux et les radicelles naissent en face des faisceaux libériens (I, p. 92 et p. 108).

Les fleurs sont unisexuées, groupées en capitules monoïques munis d'un involucre. Le périanthe est formé de trois sépales libres et de trois pétales sépaloïdes concrescents en tube (fig. 118). Les étamines forment deux verticilles ternaires alternes (Ériocaule, fig. 118,

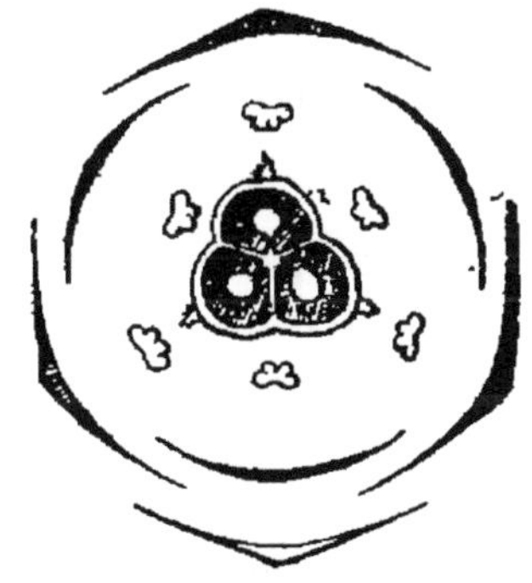

Fig. 118. Diagramme d'une fleur d'Ériocaule, supposée hermaphrodite.

Mésanthème, etc.), ou un seul (Pépalanthe, Lachnocaule, etc.). Le pistil se compose de trois carpelles épisépales, fermés et concrescents en un ovaire triloculaire dont chaque loge renferme un ovule orthotrope pendant; le style court est terminé par trois stigmates plumeux. On a donc pour les Ériocaules : $F_m = 3 S + 3 P + 3 E + 3 E'$ et $F_f = 3 S + 3 P + (3 C)$.

Le fruit est une capsule loculicide. La graine a un tégument coriace et ailé; elle contient un albumen amylacé.

Cette petite famille renferme 6 genres avec 25 espèces, la plupart tropicales, répandues surtout en Amérique et en Australie.

Triglochinées. — Les Triglochinées sont des herbes marécageuses à port de Jonc, dont la tige courte produit une rosette de feuilles à limbe cylindrique, attaché par une longue gaine ouverte.

Les fleurs, disposées en épi ou en grappe terminale, sont tantôt hermaphrodites (Scheuchzérie, Trocart ou Triglochin, fig. 119), tantôt unisexuées avec monœcie (Lilée) ou diœcie (Tétronce). Le périanthe comprend trois sépales et trois pétales alternes, concolores et sépaloïdes; l'androcée six étamines en deux verticilles alternes, à filets courts et anthères extrorses; le pistil six carpelles fermés, dont les épipétales avortent parfois complètement (Scheuchzérie); chaque carpelle contient soit un seul ovule anatrope dressé à raphé ventral (Trocart, Tétronce, Lilée), soit deux pareils ovules (Scheuchzérie). La formule est donc pour le Trocart : $F = 3\,S + 3\,P + 3\,E + 3\,E' + 3\,C + 3\,C'$. Le Tétronce a des fleurs dimères, avec quatre étamines et quatre carpelles.

Fig. 119. Diagramme de la fleur du Trocart maritime.

Le fruit est formé d'autant de follicules que de carpelles; c'est un akène dans la Lilée. La graine, dépourvue d'albumen, renferme un embryon droit à cotylédon très développé.

Cette petite famille comprend 4 genres avec 17 espèces. Elle se relie aux Joncacées par le périanthe, aux Naïadacées par la végétation aquatique, l'indépendance des carpelles et l'absence d'albumen.

Palmiers. — Les Palmiers sont des plantes ligneuses, souvent de grands arbres s'élevant jusqu'à 80 mètres de hauteur. Leur tige se dresse d'ordinaire en forme de colonne simple, supportée par un faisceau conique de racines latérales et couronnée par un bouquet de grandes feuilles. Elle est quelquefois courte et renflée (Sabal, Rhapide, etc.); ailleurs, au contraire, elle est très grêle, grimpante, enlace en tous sens les arbres

des forêts, qu'elle rend impénétrables, et peut atteindre jusqu'à
500 et 600 mètres de longueur (Calame, Plectocomie, etc.). Les
feuilles sont pétiolées, à limbe entier dans le jeune âge et plissé
dans le bourgeon, penninerve (Phénice, Cocotier, etc.) ou palminerve (Chamérope, Latanier, etc.), se déchirant plus tard en
segments pennés ou palmés; elles sont souvent énormes, pouvant mesurer jusqu'à 10 et 12 mètres de longueur.

Les fleurs sont petites et réunies en très grand nombre, quelquefois jusqu'à 200 000, en épis axillaires, ordinairement
groupés en grappe, munis d'une spathe générale quelquefois
énorme et très dure, avec ou sans spathes secondaires. Elles
sont rarement hermaphrodites (Coryphe, Sabal, Livistone, etc.)
ou polygames (Chamérope), ordinairement unisexuées avec
monœcie (Arec, Bactride, Cocotier, etc.) ou diœcie (Phénice,
Chamédore, Borasse, etc.). Le périanthe comprend trois sépales
et trois pétales sépaloïdes alternes (fig. 120); l'androcée six étamines, en deux verticilles alternes, à anthères dorsifixes introrses; le pistil trois carpelles épisépales, fermés, quelquefois
libres (Phénice, Chamérope, etc.), ordinairement concrescents
en un ovaire à trois loges (fig. 120),
surmonté de trois stigmates sessiles
et contenant dans chaque loge, attaché près de la base, un ovule anatrope
ascendant; l'ovaire porte quelquefois
à sa surface des émergences écailleuses, recourbées vers le bas. Pour un
Coryphe ou un Chamérope, on a donc :
$F = 3S + 3P + 3E + 3E' + 3C$. Si les
carpelles sont libres, deux d'entre eux
avortent ordinairement pendant la
transformation du pistil en fruit (Phénice, etc.); quelquefois tous les trois
se développent (Chamérope). S'ils sont

Fig. 120. Diagramme de la fleur
d'un Chamédore, supposée
hermaphrodite.

concrescents, deux des loges avortent ordinairement avec leurs
ovules (Chamédore, Calame, Arec, etc.); parfois toutes les trois
se développent avec leurs graines (Borasse, etc.).

Le fruit est une baie ou une drupe renfermant une seule
graine, rarement trois (Borasse, etc.). La baie est parfois cui-
rassée d'écailles (Calame, etc.); dans la drupe, la zone externe
est plus ou moins résistante, tantôt fibreuse (Cocotier, etc.),

tantôt oléagineuse (Eléide, etc.); la zone interne, ordinairement très dure, laisse parfois à la base de la loge un orifice arrondi par où la radicule de l'embryon s'échappe à la germination (Cocotier, Borasse, etc.). Les drupes des diverses fleurs se soudent quelquefois en un fruit composé (Nipe, Phytéléphant). La graine contient un volumineux albumen charnu (Cocotier, etc.) ou corné (Phénice, Phytéléphant, etc.), plein ou creusé d'une cavité remplie d'un liquide laiteux (Cocotier), homogène ou ruminé (Arec, Calame, etc.). A la germination, le pétiole cotylédonaire s'allonge beaucoup vers le bas, de manière à enterrer profondément la radicule et la base de la tige.

La famille des Palmiers comprend environ 1100 espèces réparties dans 132 genres, presque toutes tropicales, croissant la plupart en Amérique, très rares en Afrique; le Chamérope nain est celui qui remonte le plus vers le Nord en Europe; il croît encore spontanément à Nice. Les usages des Palmiers sont aussi nombreux que variés. Les uns sont comestibles par leurs fruits comme le Phénice dattier et l'Hyphène de Thèbes, par leurs graines comme le Cocotier à noix, par leur bourgeon terminal qui est le *chou palmiste* (Oréodoxe potager, Euterpe potager). D'autres fournissent, par leur parenchyme féculent, le *sagou* (divers Métroxyles); par leur sève sucrée, du sucre de Canne et par conséquent du vin et de l'eau-de-vie (Arenge saccharifère, Mauritie vinifère, etc.); par leur péricarpe, de l'huile dite de *palme* (Eléide de Guinée); par leur albumen corné, de *l'ivoire végétal* (Phytéléphant); par leurs feuilles, de la cire (Céroxyle des Andes, Copernicie cérifère, etc.), des fibres textiles, du papier; par leur tige ligneuse, enfin, des bois de construction, et quand elle est grimpante et flexible, comme celle du Calame rotang, des cannes, des meubles treillissés, etc.

On répartit les genres en cinq tribus, comme il suit :

1. *Coryphées.* — Carpelles libres : Coryphe, Sabal, Chamérope, Copernicie, Phénice, etc.

2. *Lépidocaryées.* — Carpelles concrescents, écailleux : Calame, Plectocomie, Métroxyle, Raphie, Mauritie, Lépidocare, etc.

3. *Borassées.* — Carpelles concrescents et nus, feuilles palmées : Borasse, Lodoïcée, Latanier, Hyphène, etc.

4. *Cocosées.* — Carpelles concrescents et nus, feuilles pennées, drupe à noyau perforé : Bactride, Éléide, Cocotier, Attalée, etc.

5. *Arécées.* — Carpelles concrescents et nus, feuilles pennées, drupe à noyau fermé : Arec, Céroxyle, Chamédore, Arenge, Caryote, Nipe, Phytéléphant, etc.

Les Palmiers forment une famille nettement circonscrite, qui ne se relie directement à aucune des précédentes. C'est avec la famille suivante des Joncacées qu'ils ont les affinités les plus certaines et c'est par son intermédiaire qu'ils se rattachent ensuite à toutes les précédentes.

Joncacées. — Les Joncacées sont des plantes presque toujours vivaces à l'aide d'un rhizome, tantôt rampant et produisant à l'aisselle de ses écailles des branches aériennes herbacées à moelle spongieuse, qui ne se ramifient pas et portent des feuilles cylindriques et lisses (Jonc), ou rubanées et velues (Luzule), tantôt se redressant en une tige ligneuse, simple ou ramifiée (Xanthorrhée, Dasypoge, etc.), qui grimpe parfois avec la nervure médiane de ses feuilles prolongée en vrille (Flagellaire).

Dans les Joncs et les Luzules, la racine manque de péricycle en face des faisceaux ligneux et produit ses radicelles en face des faisceaux libériens (I, p. 92 et 108); d'où une ressemblance avec les Graminées, les Cypéracées, les Centrolépidées et les Eriocaulées.

Les fleurs sont ordinairement groupées au sommet de la tige en grappe composée (Jonc, Luzule, Flagellaire, etc.), quelquefois en épi (Xanthorrhée) ou en capitule (Dasypoge, etc.). Elles sont le plus souvent hermaphrodites, et formées de cinq verticilles ternaires (fig. 121). Calice et corolle sont concolores et sépaloïdes; rarement ils deviennent pétaloïdes (Flagellaire, Calectasie). Les six étamines ont les anthères introrses, dorsifixes (Xanthorrhée, Dasypoge, etc.) ou basifixes (Jonc, Luzule, etc.). Les trois carpelles sont concrescents en un

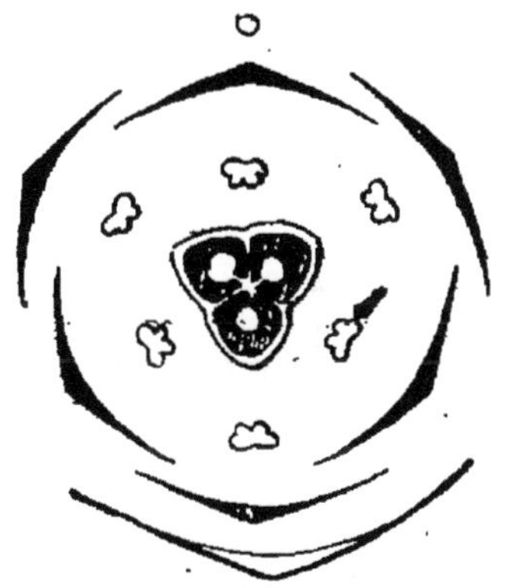

Fig. 121. Diagramme de la fleur du Jonc lamprocarpe.

ovaire surmonté d'un style unique, court, terminé par trois stigmates filiformes; ils sont ouverts et munis chacun à la base d'un seul ovule anatrope dressé (Luzule, Dasypoge, Calectasie), ou fermés et l'ovaire a trois loges uniovulées (Xérote, Flagellaire, Kingie, etc.), ou pluriovulées (Xanthorrhée, etc.). Dans les Joncs, ils sont, suivant les espèces, ouverts, fermés (fig. 121), ou fermés dans le bas et ouverts dans le haut; de plus, ils portent sur chaque bord un rang d'ovules anatropes. On a donc : $F \doteq 3S + 3P + 3E + 3E' + (3C)$.

Le fruit est tantôt une capsule à déhiscence loculicide, renfermant trois graines (Luzule, Xérote), ou trois rangs de graines (Jonc, Xanthorrhée, etc.), tantôt un akène par avortement de deux des ovules (Dasypoge, Kingie, Calectasie), tantôt une drupe (Flagellaire, etc.). Les graines sont petites, à albumen charnu, rarement amylacé (Flagellaire, etc.).

La famille des Joncacées comprend environ 250 espèces en 17 genres. Les Joncs et les Luzules sont seuls indigènes; les autres genres appartiennent presque tous à l'hémisphère austral. On peut les grouper en quatre tribus, comme il suit :

I. — Capsule ou akène. Albumen charnu.
    1. *Joncées.* — Anthères basifixes, style trifide : Jonc, Luzule, Distichie, etc.
    2. *Calectasiées.*— Anthères basifixes, style simple : Kingie, Calectasie, etc.
    3. *Xérotées.* — Anthères dorsifixes : Xérote, Xanthorrhée, Dasypoge, etc.
II. — Drupe. Albumen amylacé.
    4. *Flagellariées.* — Flagellaire, Suse, etc.

Ainsi comprise, la famille des Joncacées est assez hétérogène et tient le milieu entre les Cypéracées et les Liliacées. Elle se relie aux Restiacées par son périanthe, aux Palmiers par la nature habituellement charnue de son albumen.

ORDRE III

Liliinées.

Caractères généraux et division en familles. — C'est dans l'ordre des Liliinées que le type floral des Monocotylédones acquiert son développement le plus complet et le plus régulier. La fleur y comprend, en effet, normalement cinq verticilles réguliers et alternes, presque toujours ternaires, savoir : trois sépales, trois pétales alternes, trois étamines épisépales, trois étamines épipétales et trois carpelles épisépales fermés, portant sur chaque bord un rang d'ovules anatropes horizontaux, qui deviennent autant de graines albuminées. Le diagramme (I, p. 393, fig. 181) a déjà représenté cette organisation générale et la formule qui l'exprime s'écrit : $F = 3S + 3P + 3E + 3E' + 3C$. Non seulement la corolle est pétaloïde, mais le calice est lui-même presque toujours coloré, ce qui donne à la fleur un plus grand éclat.

Ce type général se modifie d'ailleurs de diverses manières. La corolle est seule pétaloïde, ou bien le calice et la corolle le sont tous les deux et également. Les carpelles sont libres ou concrescents. L'albumen est amylacé, charnu, ou nul. Ces différences permettent de diviser l'ordre des Liliinées en cinq familles, que l'on peut définir comme il suit :

LILIINÉES.	Calice sépaloïde, corolle pétaloïde. Albumen	nul		*Alismacées.*
		amylacé. Ovule	orthotrope.	*Commélinacées.*
			anatrope ..	*Xyridacées.*
	Calice et corolle pétaloïdes. Albumen	amylacé		*Pontédériacées.*
		charnu		*Liliacées.*

Alismacées. — Les Alismacées sont des plantes aquatiques ou marécageuses, vivaces, à feuilles disposées en rosette et souvent de deux sortes : les unes dressées dans l'air, pétiolées, à large limbe cordiforme. ou sagitté, muni de nervures réticulées, les autres submergées, sessiles, rubanées et à nervures parallèles (Sagittaire, etc.). Tige et feuilles ont leur parenchyme traversé non seulement par de larges canaux aérifères, mais encore par d'étroits canaux sécréteurs oléorésineux.

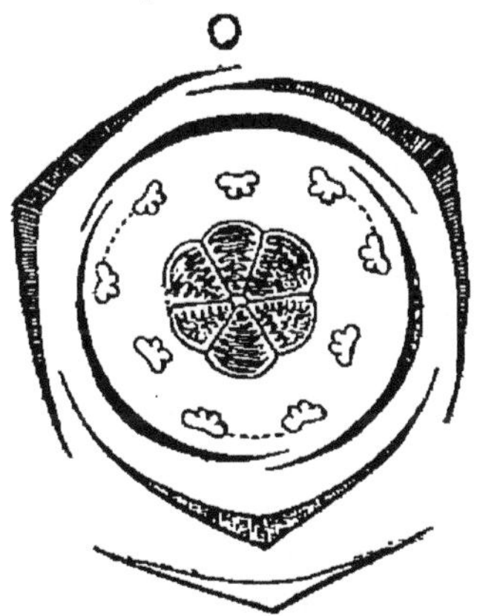

Fig. 122. Diagramme de la fleur du Butome à ombelle.

Fig. 123. Diagramme de la fleur du Fluteau plantain.

Les fleurs diversement groupées sont hermaphrodites, rarement unisexuées monoïques (Sagittaire, etc.). Le périanthe se compose de trois sépales verts et de trois pétales colorés (fig. 122 et 123). L'androcée comprend six étamines superposées deux par deux aux sépales (Fluteau ou Alisma, fig. 123, Damasone, etc.), ou neuf, parce qu'aux précédentes s'en ajoute un second verticille de trois superposées aux pétales (Butome, fig. 122, etc.), ou un plus grand nombre et jusqu'à 30 (Limnocharide, Échinodore, Sagittaire, etc.); elles sont introrses (Butome, fig. 122, etc.), ou extrorses (Fluteau, fig. 123, etc.). Le pistil est formé d'au moins six carpelles, superposés aux sépales et aux pétales (Butome, fig. 122, Damasone, etc.); mais le plus souvent il y a multiplication, comme dans l'androcée, et l'on trouve neuf carpelles ou un nombre plus grand et indéterminé de carpelles (Fluteau, fig. 123, Sagittaire, etc.). Ces carpelles sont libres et renferment un seul ovule anatrope basilaire (Fluteau, fig. 123, Sagittaire, etc.), deux ovules superposés (Damasone) ou un grand nombre d'ovules insérés sur toute l'étendue des faces latérales des carpelles, anatropes (Butome, fig. 122, etc.) ou campylotropes (Hydroclée, Limnocharide, etc.). La formule est donc, pour les Butomes : $F = 3S + 3P + 3 \times 2E + 3E' + 3 \times 2C$, et pour les Fluteaux : $F = 3S + 3P + 3 \times 2E + \infty\, C$.

Le fruit est un polyakène, quand les carpelles sont nombreux et uniovulés; il se compose de follicules, quand ils sont peu nombreux et multiovulés. La graine est dépourvue d'albumen et l'embryon est recourbé, rarement droit (Butome).

Cette famille renferme 12 genres avec environ 60 espèces, répandues dans les eaux douces de toutes les régions du globe, à l'exception des pays froids. Les genres y sont groupés en deux tribus :

1. *Alismées.* — Ovule solitaire, basilaire; akène : Fluteau, Sagittaire, Échinodore, Damasone, etc.

2. *Butomées.* — Ovules nombreux, pariétaux; follicule : Butome, Hydroclée, Limnocharide, etc.

Par l'indépendance des carpelles, l'absence d'albumen et la végétation aquatique, les Alismacées se relient intimement aux Triglochinées et aux Naïadacées. Elles sont dans l'ordre des Liliinées ce que les Triglochinées sont dans celui des Joncinées, ce que les Naïadacées sont dans celui des Gramininées.

Commélinacées. — Les Commélinacées sont des plantes à tige ordinairement herbacée, cylindrique, renflée aux nœuds, souvent rampante, à feuilles isolées, engainantes, sessiles, à limbe mou, entier, rectinerve. Les faisceaux libéroligneux sont disposés dans la tige sur deux cercles concentriques.

Les fleurs, souvent groupées en cymes unipares héliçoïdes, sont tantôt régulières (Tradescantie, fig. 124, etc.), tantôt irrégulières (Comméline, etc.). Le calice est vert, la corolle colorée; le pétale antérieur avorte dans les Commélines. L'androcée comprend six étamines en deux verticilles alternes (Tradescantie, fig. 124, etc.); les trois étamines postérieures sont stériles dans les Commélines. Le pistil est formé de trois carpelles épisépales concrescents jusqu'au sommet des styles, fermés et contenant chacun soit de nombreux ovules, soit un ou deux ovules toujours orthotropes.

Le fruit est d'ordinaire une capsule loculicide, quelquefois un akène ou une baie. La graine a un abondant albumen amylacé et un petit embryon en forme de toupie à radicule endogène.

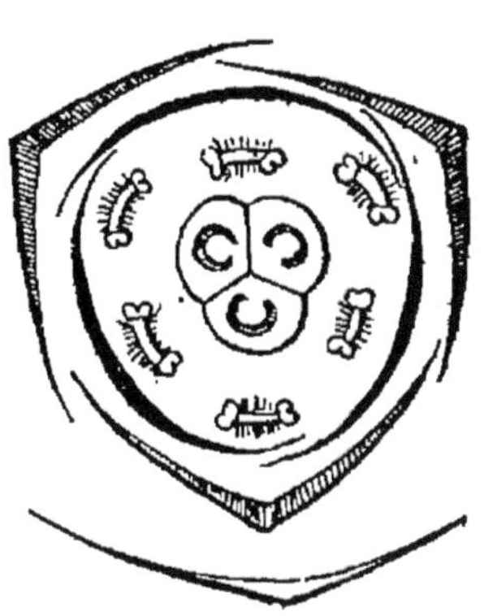

Fig. 124. Diagramme de la fleur de la Tradescantie de Virginie; les étamines sont barbues, à large connectif.

Cette famille renferme 25 genres avec environ 300 espèces, appartenant presque exclusivement aux régions tropicales et subtropicales. On groupe les genres en trois tribus :

1. *Polliées.* — Fruit indéhiscent, sec ou charnu : Pollie, Palisote, etc.
2. *Commélinées.* — Capsule loculicide; trois étamines fertiles : Comméline, Polyspathe, Aneilème, etc.
3. *Tradescantiées.* — Capsule loculicide; six étamines fertiles : Tradescantie, Spironème, Callisie, Zébrine, etc.

Cette famille ne se relie étroitement à aucune autre. Par ses ovules orthotropes et son albumen amylacé, elle se rapproche des Restiacées; par son périanthe nettement différencié et sa corolle pétaloïde, elle ressemble aux Alismacées.

Xyridacées. — Les Xyridacées sont des plantes terrestres (Xyride, etc.), marécageuses (Rapatée, etc.) ou même submergées (Maïace, etc.), dont la tige courte porte une rosette de feuilles rubanées et spiralées (Abolbode, etc.), ou ensiformes et distiques (Xyride, Philydre, etc.). Chez les Xyrides, Abolbodes et Maïaces, la racine se montre fréquemment dépourvue de péricycle en face de ses faisceaux ligneux et produit ses radicelles en dehors de ses faisceaux libériens, comme chez les Joncées (I, p. 92 et p. 108).

Les fleurs, ordinairement groupées en capitules, comprennent cinq verticilles ternaires alternes. Le calice est vert; parfois le sépale médian est plus grand et pétaloïde (Xyride, Philydre, etc.). La corolle est colorée. L'androcée, parfois complet (Rapatée), avorte souvent en partie et peut même se réduire à une seule étamine (Philydre, etc.); les anthères y sont introrses (Maïace, Rapatée) ou extrorses (Xyride, Abolbode, etc.), et s'ouvrent soit en long (Philydre, Xyride), soit par un pore terminal (Maïace, Rapatée). Le pistil a son ovaire triloculaire (Rapatée, etc.) ou uniloculaire (Xyride, Maïace, Philydre, etc.); il renferme de nombreux ovules orthotropes (Xyride, Maïace, etc.), ou anatropes (Philydre, Rapatée, etc.).

Le fruit est une capsule loculide. La graine a un albumen amylacé (Rapatée, Maïace, Xyride, etc.), ou charnu (Philydre, etc.).

Ainsi comprise, cette famille comprend 80 espèces, réparties en 12 genres qui se groupent en quatre tribus :

1. *Rapatéées.* — Calice sépaloïde, étamines toutes fertiles, ovule anatrope : Rapatée, Stégolépide, etc.

2. *Maïacées.* — Calice sépaloïde, trois étamines fertiles, ovule orthotrope : Maïace.

3. *Xyridées.* — Calice pétaloïde, trois étamines fertiles, ovule orthotrope : Xyride, Abolbode.

4. *Philydrées.* — Calice pétaloïde, une étamine fertile, ovule anatrope : Philydre, Pritzélie, etc.

Les plantes des deux premières tribus sont américaines, celles de la troisième australiennes.

Les Xyridacées sont essentiellement, on le voit, une famille de transition. Par les genres qui ont les ovules orthotropes, l'albumen amylacé et le calice sépaloïde, notamment le Maïace, elles se rattachent aux Commélinacées. Par ceux qui ont les ovules anatropes et l'albumen charnu (Philydre, etc.), elles se relient aux Joncacées. En outre, les genres qui ont le calice pétaloïde marquent une transition vers les familles suivantes.

Pontédériacées. — Les Pontédériacées sont des herbes aquatiques ou marécageuses, dont le rhizome ou la tige rampante porte des feuilles pétiolées, engainantes, à limbe ovale ou cordiforme, pourvu de nervures arquées.

Les fleurs, groupées en épis ou en grappes terminales, comprennent ordinairement cinq verticilles ternaires alternes et sont nettement zygomorphes (fig. 125). Le calice et la corolle sont pétaloïdes et concrescents en un tube bilabié. Il y a deux rangs d'étamines ; l'externe avorte dans l'Hétéranthère. Le pistil a trois carpelles concrescents et fermés, contenant un grand nombre d'ovules anatropes ; dans la Pontédérie, deux carpelles avortent et le troisième ne contient qu'un seul ovule (fig. 125).

Le fruit est ordinairement une capsule loculicide ; c'est un akène dans la Pontédérie. La graine a un albumen amylacé.

Fig. 125. Diagramme de la fleur de la Pontédérie crassipède.

Cette petite famille contient 4 genres avec environ 35 espèces, confinées dans les eaux douces des régions chaudes du globe, surtout en Amérique. On les groupe en deux tribus :

1. *Eichhorniées.* — Capsule : Eichhornie, Hétéranthère, Monochorie.

2. *Pontédériées.* — Akène : Pontédérie.

Les Pontédériacées se rattachent aux Rapatéées, dont elles ne diffèrent que par le calice pétaloïde et zygomorphe. Elles font une transition très nette entre les groupes précédents et la grande famille des Liliacées, que nous allons maintenant étudier.

Liliacées. — La tige des Liliacées prend, suivant les genres, bien des aspects différents. Il y a souvent un bulbe (I, p. 257), écailleux dans le Lis, ordinairement tuniqué (Ail, Tulipe, Jacinthe, etc.), ou bien la tige elle-même se renfle en tubercule à sa base (Colchique, Bulbocode, etc.). Ailleurs, c'est un rhizome horizontal sympodique (I, p. 144) (Muguet, Polygonate, Vératre, etc.). Ailleurs encore, la tige se dresse tout entière et se ramifie dans l'air en demeurant herbacée (Asperge, etc.), ou en devenant ligneuse. Dans ce dernier cas, elle peut, conformément à la règle ordinaire, ne pas s'épaissir (Fragon, Smilace, etc.) ; mais assez souvent elle s'épaissit au moyen d'une assise génératrice péricyclique, qui produit de dedans en dehors des faisceaux libéroligneux secondaires avec du parenchyme interposé (I, p. 213) (Yuque, Aloès, Dragonnier, Cordyline, etc.) ; c'est grâce à cet épaississement lent, mais continu, que les Dragonniers

deviennent de grands arbres dont la tige peut dépasser 20 mètres
de hauteur et 15 mètres de tour. La tige est quelquefois volubile, à droite (Stémone, Boviée, diverses Asperges) ou à gauche
(Lapagérie); ou bien elle grimpe soit par la nervure médiane
de la feuille prolongée en vrille (Glorieuse), soit à l'aide de deux
vrilles latérales émanées du pétiole (Smilace). Les feuilles sont
presque toujours isolées, parfois distiques (Phorme, Smilace, etc.); elles sont verticillées par deux dans le Maïanthème,
par trois dans le Trille, par quatre dans la Parisette. Elles sont
ordinairement sessiles, à limbe rubané et rectinerve plus ou
moins engainant, épais et charnu dans l'Aloès, cylindrique et
creux dans l'Ail. Il y a un pétiole dans la Funkie, et dans le
Smilace où il porte de chaque côté une stipule différenciée en
vrille. Dans l'Asperge et le Fragon, les feuilles sont réduites à
de petites écailles, à l'aisselle de chacune desquelles se développent, dans l'Asperge plusieurs rameaux verts en forme
d'aiguilles réduits à leur premier entre-nœud, dans le Fragon
un seul rameau qui produit aussitôt en arrière une large
feuille verte et avorte au-dessus d'elle.

Les fleurs, parfois solitaires terminales (Tulipe, Trille, Parisette, etc.), sont ordinairement groupées en épis ou en grappes
simples (Jacinthe, Muscare, Ornithogale, etc.), ou composées
(Yuque, Aloès, Vératre, etc.), quelquefois en grappe d'épis
(Dragonnier) ou en ombelle (Smilace); ailleurs ce sont des
cymes unipares scorpioïdes groupées en ombelle (Ail, Aga-
panthe, etc.), ou en grappe (Gagée, Hémérocalle, Phorme, etc.).
Dans les Fragons, le pédicelle commun est concrescent avec sa
large feuille basilaire, de façon que le groupe floral paraît
s'insérer sur la face inférieure et ventrale de cette feuille.

La fleur se compose de cinq verticilles ternaires alternes et
réguliers (fig. 126); elle est dimère dans le Maïanthème, le
Stémone, etc., tétramère dans la Parisette et l'Aspidistre.
Calice et corolle sont concolores et pétaloïdes, quelquefois un
peu différents (Parisette, Trille, etc.), parfois munis d'une couronne (Gilliésie, Miersie). Les étamines des deux rangs ont leurs
anthères ordinairement introrses, quelquefois extrorses (Colchique, Bulbocode, Vératre, etc.), le plus souvent basifixes,
parfois oscillantes (Lis, Fritillaire, Ail, Colchique, etc.). Leurs
filets sont tantôt libres (Tulipe, Lis, Asphodèle, Yuque, Smilace, Vératre, etc.), tantôt concrescents chacun avec le sépale

ou le pétale superposé (Endymion, Bulbocode), ou tous ensemble avec les sépales et les pétales eux-mêmes réunis, de façon que les quatre verticilles externes forment un tube (Jacinthe, Muscare, Hémérocalle, Aloès, Muguet, Asperge, Colchique, etc.). Dans l'Asperge, le Fragon et le Smilace, les étamines avortent; la fleur devient femelle et comme cet avortement frappe toutes les fleurs d'une plante, il y a diœcie.

Le pistil se compose de trois carpelles épisépales fermés, concrescents en un ovaire triloculaire (fig. 126, voir aussi I, p. 369, fig. 173, *b* et *c*), surmonté quelquefois de trois styles libres (Colchique, Vératre, etc.), le plus souvent d'un style composé terminé par trois stigmates; ce style peut être très court, ce qui rend les stigmates sessiles (Tulipe, Smilace); les cloisons de l'ovaire sont souvent creusées de glandes septales dont on connaît l'origine (I, p. 371) et la fonction (p. 389). Chaque bord carpellaire porte ordinairement une rangée d'ovules (fig.126), quelquefois un seul ovule (Asphodèle, Muguet, Maïanthème, Asperge, Fragon, etc.); cet ovule peut même avorter sur l'un des bords

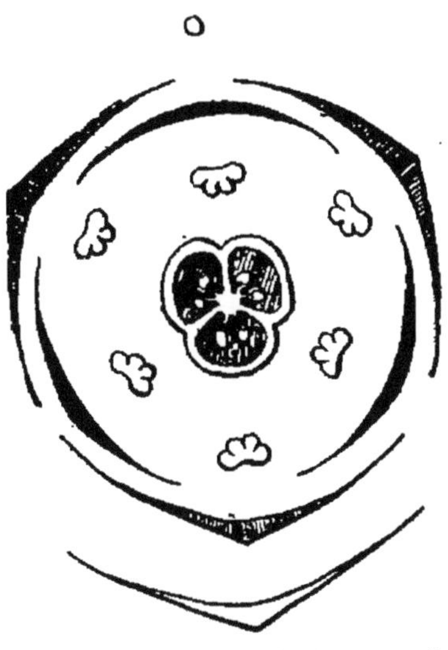

Fig. 126. Diagramme de la fleur de l'Ornithogale à ombelle.

et le carpelle est uniovulé (Aphyllanthe, Dragonnier, la plupart des Smilaces). Les ovules sont presque toujours anatropes, quelquefois orthotropes (Smilace, Fragon), toujours bitégumentés; nombreux, ils sont horizontaux à raphés contigus (fig. 126); réduits à deux ou à un seul, ils sont horizontaux (Polygonate, etc.), ascendants (Dragonnier) ou pendants (Smilace).

D'après ce qui précède, on voit que la formule florale prend deux expressions différentes chez les Liliacées : si les quatre verticilles externes sont libres, comme dans la Tulipe, $F = 3S + 3P + 3E + 3E' + (3C)$; s'ils sont concrescents, comme dans la Jacinthe, $F = (3S + 3P + 3E + 3E') + (3C)$.

Le fruit est le plus souvent une capsule, contenant autant de graines que le pistil avait d'ovules; toujours longitudinale, la déhiscence de cette capsule est ordinairement loculicide, parfois septicide (Colchique, Vératre, etc.). Ailleurs le fruit est une baie (Asperge, Fragon, Muguet, Smilace, Dragonnier, etc.). La graine a un tégument membraneux et pâle (Tulipe, etc.) ou ligneux et noir (Ail, etc.), couvert de poils dans l'Ériosperme; elle contient un volumineux albumen, charnu ou corné.

La famille des Liliacées renferme 190 genres avec environ 2110 espèces, répandues dans toutes les contrées tempérées et chaudes du globe, mais particulièrement abondantes dans la région méditerranéenne, en Australie et au Cap. C'est surtout pour la beauté de leurs fleurs qu'elles sont recherchées et cultivées. Pourtant, quelques-unes sont alimentaires, par leurs bulbes (divers Ails, Scille comestible, etc.), ou par leurs jeunes pousses (Asperge); d'autres sont médicinales, par leur rhizome (Vératre blanc) ou leur tubercule (Colchique), par leurs feuilles (divers Aloès), par leurs racines (divers Smilaces) ou par leurs graines (Vératre officinal); d'autres enfin fournissent des fibres textiles (Phorme tenace, vulgairement Lin de la Nouvelle-Zélande).

En tenant compte à la fois de la nature du fruit et de son mode de déhiscence quand il est capsulaire, on groupe les genres en trois grandes tribus, subdivisées chacune, d'après l'indépendance ou la concrescence des verticilles floraux externes, en deux sections, elles-mêmes partagées en sous-sections d'après la forme de l'appareil végétatif, de la manière suivante :

1. *Liliées*. — Capsule loculicide. Anthères introrses. Styles concrescents.
    A. Sépales, pétales et étamines libres.
        a. Bulbe : Tulipe, Gagée, Fritillaire, Lis, Ail, Scille, Ornithogale, Gilliésie, etc.
        b. Rhizome : Asphodèle, Bulbine, Ériosperme, Anthéric, Aphyllanthe, etc.
        c. Tige arborescente : Yuque, Dasylire, Beaucarnée, etc.
    B. Sépales, pétales et étamines concrescents.
        a. Bulbe : Endymion, Jacinthe, Muscare, etc.
        b. Rhizome : Agapanthe, Funkie, Hémérocalle, Phorme, etc.
        c. Tige arborescente : Aloès, Lomatophylle, etc.

2. *Colchicées*. — Capsule septicide. Anthères extrorses. Styles libres.
    A. Sépales, pétales et étamines libres.
        a. Tubercule : Bulbocode, Mérendère, etc.
        b. Rhizome : Vératre, Mélanthe, Tofieldie, etc.
    B. Sépales, pétales et étamines concrescents.
        a. Tubercule : Colchique, Synsiphon, etc.
        b. Rhizome : Uvulaire, Glorieuse, Tricyrte, etc.

3. *Asparagées.* — Baie.
  A. Sépales, pétales et étamines libres.
    a. Rhizome : Pariselte, Maïanthème, Smilacine, Trille, etc.
    b. Tige ligneuse : Smilace, Asperge, Dianelle, Lapagérie, etc.
    c. Arbre : Cordyline.
  B. Sépales, pétales et étamines concrescents.
    a. Rhizome : Polygonate, Muguet, Aspidistre, etc.
    b. Tige ligneuse : Fragon, etc.
    c. Arbre : Dragonnier, etc.

Par l'ensemble de leurs caractères, les Liliacées occupent le sommet de l'ordre des Liliinées et en même temps forment le noyau central de la classe des Monocotylédones. Elles se rattachent intimement aux Pontédériacées et par elles aux familles précédentes. Leur affinité avec les Joncacées est aussi très étroite; elles ne sont, pour ainsi dire, que des Joncacées à périanthe pétaloïde.

ORDRE IV

Iridinées.

Caractères généraux et division en familles. — L'ordre des Iridinées tire son nom de la famille des Iridacées, qui en réalise l'organisation florale moyenne. Comme les Liliinées, il a la corolle et presque toujours le calice pétaloïdes; il en diffère par l'ovaire infère, caractère non encore observé jusqu'ici. Il suffit pourtant, pour obtenir ce résultat, que dans la fleur des Jacinthes, par exemple, des Hémérocalles ou des Aloès, la concrescence qui a joint ensemble les quatre verticilles externes et qui a uni entre eux les trois carpelles dans le pistil, relie le pistil lui-même aux parties externes dans toute la longueur de l'ovaire; en un mot, il suffit d'un pas de plus dans une voie que les Liliacées ont déjà longuement parcourue. La formule florale devient alors F = (3S + 3P + 3E + 3E′+ 3C), à supposer que la fleur demeure formée de cinq verticilles, et telle est, en effet, la formule typique dans l'ordre des Iridinées.

En se fondant sur l'organisation florale, complète ou incomplète, régulière ou zygomorphe, sur la nature du fruit et sur l'albumen qui peut être charnu, amylacé ou nul, on distingue dans l'ordre des Iridinées huit familles, définies de la manière suivante :

<table>
<tr><td rowspan="10">IRIDINÉES.
Albumen</td><td rowspan="4">charnu. Fleurs</td><td>à 6 étamines introrses,</td><td>hermaphrodites. Amaryllidacées.</td></tr>
<tr><td></td><td>unisexuées..... Dioscoréacées.</td></tr>
<tr><td colspan="2">à 3 étam. épisépales extrorses. Iridacées.</td></tr>
<tr><td colspan="2">à 3 étam. épipétales introrses. Hémodoracées.</td></tr>
<tr><td rowspan="2">amylacé. Fleur</td><td colspan="2">régulière .... Broméliacées.</td></tr>
<tr><td colspan="2">zygomorphe .... Scitaminées.</td></tr>
<tr><td rowspan="2">nul. Fleur</td><td colspan="2">zygomorphe.................. Orchidacées.</td></tr>
<tr><td colspan="2">régulière .... Hydrocharidacées.</td></tr>
</table>

Amaryllidacées. — La tige des Amaryllidacées offre à peu près les mêmes variations que celle des Liliacées : bulbe (Galanthe, Amaryllide, Narcisse, etc.), rhizome plus ou moins tuberculeux (Polianthe, Hypoxide, Curculige, etc.), tige dressée, courte avec une rosette de feuilles charnues (Agave), allongée avec feuilles tout le long (Alstrémère, etc.), charnue et colorée avec feuilles réduites à des écailles de même couleur (Burmannie), arborescente et terminée par un bouquet de feuilles (Fourcroyer, Vellosie, etc.), volubile enfin (Bomarée).

La fleur se compose de cinq verticilles ternaires alternes (fig. 127). Le calice et la corolle sont pétaloïdes et réguliers,

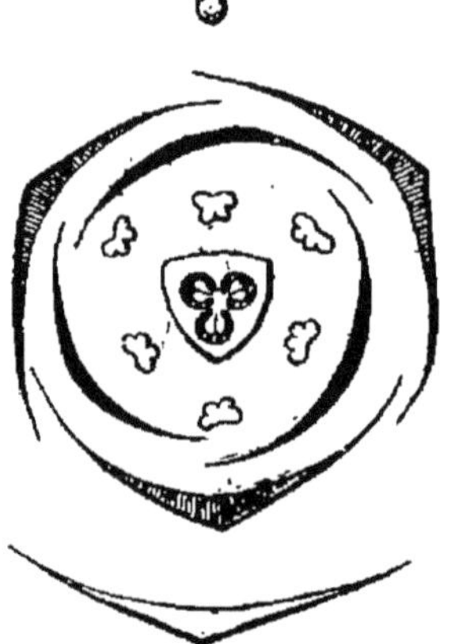

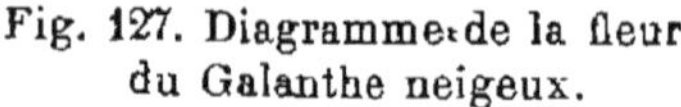

Fig. 127. Diagramme de la fleur du Galanthe neigeux.

Fig. 128. Fleur de Narcisse, avec sa spathe et sa couronne.

rarement zygomorphes (Alstrémère, Bomarée); ils portent une couronne dans les Narcisses (fig. 128). Les six étamines ont ordinairement les anthères introrses, oscillantes et s'ouvrant en long; dans la Nivéole et le Galanthe, elles sont basifixes et s'ouvrent au sommet; dans le Pancrais, les filets demeurent unis latéralement. Les étamines épisépales avortent quelquefois

(Burmannie, etc.); ailleurs, au contraire, toutes se dédoublent une ou plusieurs fois (Vellosie, etc.). Les trois carpelles sont fermés et concrescents en un ovaire triloculaire surmonté d'un style unique, contenant dans chaque loge deux rangs d'ovules anatropes horizontaux à raphés contigus, rarement deux (Hémanthe, etc.) ou un seul (Calostemme) et dont les cloisons sont creusées de glandes septales qui s'ouvrent à la base du style; ils sont quelquefois ouverts (Curculige, Taque, etc.). La formule florale s'écrit : $F = (3S + 3P + 3E + 3E' + 3C)$.

Le fruit est une capsule loculicide, quelquefois une baie (Clivie, Hémanthe, Taque, etc.), rarement une pyxide (Hypoxide) ou un akène (Pauridie). La graine, sous son tégument membraneux et pâle (Galanthe, etc.) ou ligneux et noir (Narcisse, Agave, etc.), contient un albumen charnu ; l'embryon peut se réduire à un petit globule homogène (Burmannie, etc.).

Ainsi comprise, la famille des Amaryllidacées comprend 76 genres avec environ 715 espèces répandues dans toutes les contrées chaudes et tempérées, surtout dans la région méditerranéenne. Elles sont recherchées pour la beauté de leurs fleurs. L'Agave américain, ou *maguey*, est cultivé au Mexique pour sa sève sucrée qui donne, après fermentation, une boisson alcoolique, le *pulqué*, d'où l'on extrait par distillation une eau-de-vie, le *mescal*; ses feuilles fournissent une filasse très résistante.

Les genres se groupent en six tribus, comme il suit :

1. *Amaryllidées.* — Bulbe : Galanthe, Nivéole, Crin, Amaryllide, Clivie, Narcisse. Pancrais, etc.

2. *Agavées.* — Rhizome ou tige dressée : Alstrémère, Fourcroyer, Polianthe, Agave, etc.

3. *Vellosiées.* — Plus de six étamines : Vellosie, Barbacénie.

4. *Hypoxidées.* — Rhizome tuberculeux : Curculige, Hypoxide, etc.

5. *Taccées.* — Placentation pariétale : Taque, etc.

6. *Burmanniées.* — Embryon rudimentaire : Burmannie, Dictyostégie, etc.

Les Amaryllidacées se rattachent directement aux Liliées, dont elles ne diffèrent que par l'ovaire infère. Ce sont, pour ainsi dire, des Liliacées à ovaire infère, à peu près comme les Liliacées sont des Joncacées à périanthe pétaloïde.

Dioscoréacées. — Les Dioscoréacées ont une tige plus ou moins ligneuse et volubile, où les faisceaux libéroligneux sont disposés en un seul cercle ; dans le Tamier et la Testudinaire, son premier entre-nœud se renfle en un gros tubercule ; dans la Dioscorée, à l'aisselle d'une feuille inférieure, il se forme une branche souterraine sans feuilles, qui se gonfle en un tubercule en forme de massue. Les feuilles sont distiques, pétiolées, à limbe entier ou palmilobé, à nervation palmée ; à leur aisselle, les bourgeons se renflent quelquefois en tubercules (Dioscorée bulbifère, etc.).

Les fleurs sont très petites, unisexuées et dioïques par avortement, rarement hermaphrodites (Once, Sténoméride, etc.). Dans la fleur mâle, le périanthe est concrescent en tube avec les six étamines ; dans la fleur femelle, il est concrescent avec le pistil, dont l'ovaire infère a trois loges, contenant chacune deux ovules anatropes pendants et superposés (fig. 129.)

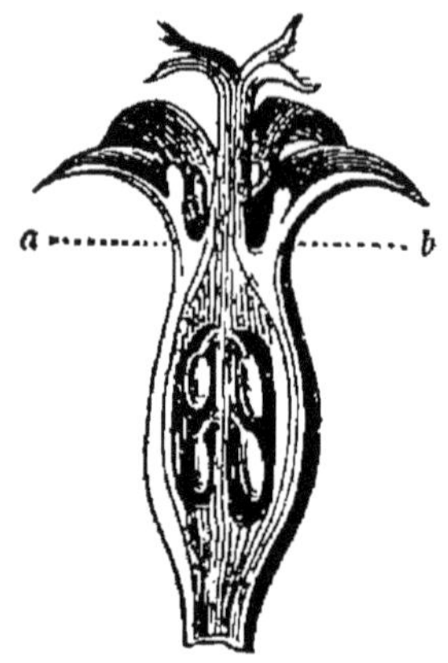

Fig. 129. Section longitudinale de la fleur femelle du Tamier commun ; *ab*, base apparente de la fleur.

Le fruit est une baie dans le Tamier, une capsule loculicide dans la Dioscorée et la Testudinaire. La graine, ronde dans la baie, ailée dans la capsule, est pourvue d'un albumen charnu.

La famille des Dioscoréacées contient 8 genres avec 160 espèces, répandues dans les régions chaudes. Plusieurs Dioscorées (D. cultivée, D. ailée, D. batate, etc.) sont cultivées dans les contrées tropicales pour leurs tubercules alimentaires, qui peuvent peser jusqu'à 20 kilogrammes. Les genres se groupent en deux tribus :

1. *Dioscoréées.* — Fleurs dioïques : Tamier, Testudinaire, Discorée, etc.

2. *Sténoméridées.* — Fleurs hermaphrodites : Sténoméride, Once, etc.

Les Dioscoréacées sont très voisines des Amaryllidacées, dont elles diffèrent surtout par la diœcie des genres normaux. Elles se rattachent aux Liliacées aussi directement que les Amaryllidacées ; seulement c'est plutôt aux Asparagées, notamment aux Smilaces, qu'elles se relient.

Iridacées. — La tige aérienne des Iridacées procède ordinairement d'un rhizome, qui est horizontal et rameux dans les Irides, vertical et renflé en tubercule dans les Safrans et les

Glaïeuls; ailleurs elle est dépourvue de rhizome, herbacée (Sisyrinque) ou ligneuse (Witsénie, etc.). Les feuilles sont distiques, engainantes et équitantes, sessiles, à limbe entier rectinerve, souvent en glaive.

Les fleurs, solitaires terminales dans le Safran, le plus souvent groupées en épi (Glaïeul, etc.) ou en grappe d'épis, ne se composent que de quatre verticilles ternaires (fig. 130), concrescents dans toute la longueur de l'ovaire, qui est infère; la formule s'écrit donc $F = (3S + 3P + 3E + 3C)$.

Le calice et la corolle, semblables (Safran, Sisyrinque, etc.) ou différemment conformés (Iride, etc.), sont concolores, pétaloïdes et réguliers, rarement zygomorphes (Glaïeul). Les trois étamines sont superposées aux sépales et représentent le verticille externe de l'androcée des Liliacées et des Amaryllidacées; les étamines épipétales avortent constamment. Les filets, concrescents avec le tube du périanthe, sont libres entre eux après leur séparation (Iride, Glaïeul, etc.) ou

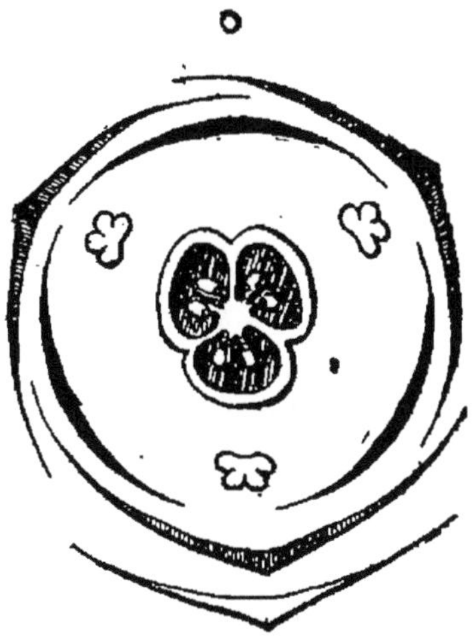

Fig. 130. Diagramme de la fleur de l'Iride pseudacore.

demeurent unis en tube (Tigridie, Sisyrinque, Galaxie, etc.); les anthères sont extrorses (fig. 130), basifixes (Safran, Iride, etc.) ou oscillantes (Sisyrinque, etc.). Le pistil est formé de trois carpelles épisépales, fermés et concrescents en un ovaire triloculaire contenant dans chaque loge deux rangs d'ovules anatropes horizontaux à raphés contigus, quelquefois ascendants (Safran, etc.) ou pendants (Glaïeul, etc.). Les styles, concrescents à la base, se séparent plus haut et prennent un grand développement, se dilatant en un entonnoir à bord frangé, comme dans les Safrans, ou s'étalant en une lame pétaloïde, comme dans les Irides; ils correspondent tantôt au dos des loges (Iride, Morée, Tigridie, etc.), tantôt aux cloisons parce que chacun d'eux s'est bifurqué et que les branches voisines se sont unies deux par deux (Safran, Sisyrinque, Ixie, etc.).

Le fruit est une capsule loculicide; la graine contient un albumen charnu ou corné (Safran, etc.).

La famille des Iridacées renferme 57 genres avec environ 700 espèces répandues dans toutes les régions tropicales et tempérées, surtout dans la région méditerranéenne et au Cap. Les Safrans sont cultivés pour la matière colorante jaune renfermée dans leurs styles. On groupe les genres en trois tribus :

1. *Iridées.* — Styles épisépales : Iride, Morée, Tigridie, etc.

2. *Sisyrinchiées.* — Styles alternisépales; fleurs solitaires terminales : Safran, Galaxie, Romulée, Sisyrinque, Witsénie, etc.

3. *Ixiées.* — Styles alternisépales, fleurs en épi ou en grappe : Ixie, Sparaxide Glaïeul, Watsonie, etc.

Les Iridacées se rattachent directement aux Amaryllidacées, dont elles ne diffèrent que par l'avortement de trois étamines du rang interne et la disposition extrorse des anthères; ce sont, pour ainsi dire, des Amaryllidacées à trois étamines extrorses.

Hémodoracées. — Les Hémodoracées sont des plantes vivaces à l'aide d'un rhizome souvent tuberculeux, dont la tige porte à sa base des feuilles ordinairement distiques, engainantes et en glaive, comme celles de beaucoup d'Iridacées. Les Alètres épaississent leur tige, comme il a été dit plus haut pour les Dragonniers (I, p. 213).

Les fleurs, groupées en épis ou en grappes, sont ordinairement régulières, quelquefois zygomorphes (Anigozanthe, Cyanelle, etc.). Le calice et la corolle sont pétaloïdes. Il y a tantôt six étamines (Alètre, Anigozanthe, Conanthère, etc.), tantôt trois seulement superposées aux pétales (Hémodore, Xiphide, etc.); les anthères sont introrses à déhiscence longitudinale, quelquefois poricide (Conanthère, Cyanelle, etc.). Le pistil a trois carpelles épisépales fermés, concrescents en un ovaire triloculaire renfermant dans chaque loge un (Wachendorfie, etc.), deux (Hémodore, Ophiopoge, etc.), ou un grand nombre d'ovules anatropes ou semi-anatropes (Xiphide, Cyanelle, Conanthère, etc.). Tantôt il est supère (Wachendorfie, Xiphide, Sansèviérie, etc.); tantôt il est concrescent avec l'ensemble des verticilles externes, à la base seulement (Hémodore), jusqu'au milieu de la longueur de l'ovaire (Alètre, Conanthère, Cyanelle, etc.) ou jusqu'à la base du style, ce qui rend l'ovaire tout à fait infère (Dilatre, Anigozanthe, Ophiopoge, etc.).

Le fruit est une capsule loculicide; la graine a un albumen charnu.

La famille des Hémodoracées renferme environ 120 espèces en 21 genres, toutes exotiques. On y distingue quatre tribus :

1. *Hémodorées.* — 3 étamines épipétales : Hémodore, Wachendorfie, Dilatre, Xiphide, etc.

2. *Conostylées.* — 6 étamines, carpelles multiovulés : Conostyle, Anigozanthe, Alètre, etc.

3. *Ophiopogées.* — 6 étamines, carpelles biovulés : Péliosanthe, Ophiopoge, Sanséviérie, etc.

4. *Conanthérées.* — Anthères poricides : Conanthère, Cyanelle, etc.

Les Hémodoracées se rattachent aux Liliacées par les genres qui ont l'ovaire supère, aux Amaryllidacées par ceux qui ont l'ovaire infère avec six étamines, aux Iridacées par ceux qui ont l'ovaire infère avec trois étamines et aussi par leurs feuilles distiques et en glaive; elles diffèrent pourtant des Iridacées par la position épipétale de ces trois étamines et par les anthères introrses. En même temps, elles relient entre elles ces trois familles et c'est l'intérêt propre de leur étude.

Broméliacées. — Les Broméliacées sont des plantes ordinairement épidendres, dont la tige, souvent très courte, porte une rosette de feuilles engainantes, sessiles, à limbe étroit et long, canaliculé, fréquemment bordé de dents épineuses et couvert d'écailles grises ou blanches.

Les fleurs sont groupées en épi ou en grappe, à l'aisselle de bractées souvent vivement colorées en rouge ou en jaune, parfois distiques (Tillandsie, etc.); dans l'Ananas, la tige se prolonge au-dessus de l'épi et se termine par un bouquet de feuilles.

Fig. 131. Diagramme de la fleur de la Bilbergie agréable.

La fleur est formée de cinq verticilles ternaires, alternes et réguliers (fig. 131). Le calice est sépaloïde, la corolle pétaloïde. Les six étamines ont les anthères introrses et s'ouvrant en long. Les trois carpelles, fermés et concrescents en un ovaire triloculaire contenant dans chaque loge deux rangs d'ovules anatropes horizontaux, sont tantôt indépendants du périanthe et de l'androcée (Tillandsie, Dyckie, etc.), tantôt concrescents avec le périanthe et l'androcée dans la moitié (Pitcairnie) ou

dans la totalité de la longueur de l'ovaire (Bilbergie, Bromélie, etc.).

Le fruit est une baie (Ananas, Echmée, etc.) ou une capsule
(Dyckie, Pitcairnie, etc.). La graine renferme un albumen amylacé, et non charnu comme dans les familles précédentes. Le
fruit comestible et parfumé de l'Ananas se compose non seulement des baies de l'épi, mais encore de l'axe d'inflorescence et
des bractées mères des fleurs, le tout devenu charnu et intimement soudé pendant le développement.

La famille des Broméliacées renferme environ 350 espèces
en 27 genres, toutes américaines et vivant la plupart dans les
forêts tropicales, sur les arbres ou les rochers, rarement sur la
terre. On groupe les genres en deux tribus :

1. *Tillandsiées.* — Ovaire supère, capsule : Tillandsie, Dyckie, Pitcairnie, etc.

2. *Broméliées.* — Ovaire infère, baie : Bilbergie, Echmée, Ananas, Bromélie, etc.

Les Broméliacées se rattachent aux Hémodoracées; elles ont
les mêmes variations dans la concrescence de l'ovaire, mais
avec une plus grande fixité dans l'androcée. Elles diffèrent
surtout des Hémodoracées, comme de toutes les familles précédentes, par leur port spécial, leur calice sépaloïde et leur
albumen amylacé.

Scitaminées. — Les Scitaminées sont des plantes herbacées
de grande taille, atteignant cinq à six mètres, ordinairement
vivaces, avec un rhizome quelquefois tuberculeux (Curcume, etc.).
La tige aérienne, tantôt très courte mais prolongée en apparence
par les gaines foliaires emboîtées (Bananier ou Musa, Héliconie, etc.), tantôt s'élevant jusqu'à cinq mètres de hauteur
(Alpinie, etc.), est simple et porte de grandes feuilles engainantes, à large limbe penninerve, sessile ou longuement
pétiolé.

Les fleurs sont zygomorphes (fig. 132, 133 et 134). Les trois
sépales sont égaux, verts ou faiblement colorés. Tantôt les trois
pétales aussi sont égaux, libres (Héliconie, fig. 132, etc.) ou
concrescents en tube (Gingembre, Alpinie, etc.); tantôt les deux
latéraux sont plus développés que le médian et unis entre eux
en une gaine bilobée (Strélitzie), ou concrescents avec les trois
sépales en une gaine à cinq lobes fendue en arrière (Bananier).
L'androcée est très diversement conformé. Il a quelquefois six

étamines fertiles (Ravénale, etc.); ailleurs, il n'y a que cinq étamines fertiles, la postérieure se réduisant à un staminode écailleux (Héliconie, fig. 132, *s*, etc.) ou avortant même com-

Fig. 132. Diagramme de la fleur de l'Héliconie métallique: *s*, staminode simple.

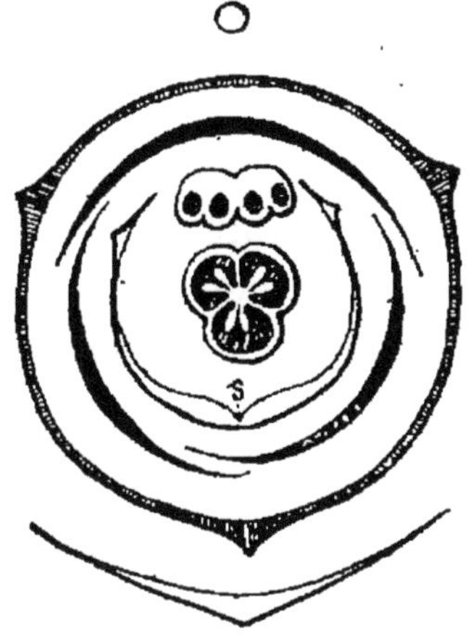

Fig. 133. Diagramme de la fleur d'une Rénéalmie; *s*, staminode composé pétaloïde.

plètement (Strélitzie, etc.); ailleurs, au contraire, l'étamine postérieure se développe seule, les cinq autres se réduisant à autant de staminodes, dont les trois externes, plus grands, sont libres (Hédyque, etc.) ou unis en une large gaine pétaloïde fendue en arrière (Alpinie, Rénéalmie, fig. 133, *s*, etc.); ailleurs enfin, l'étamine fertile elle-même se pétalise dans une de ses moitiés, et la fleur n'a plus qu'une demi-anthère à deux sas polliniques (Balisier ou Canna, fig. 134, Calathée, Marante, etc.).

Le pistil, toujours concrescent avec les verticilles externes

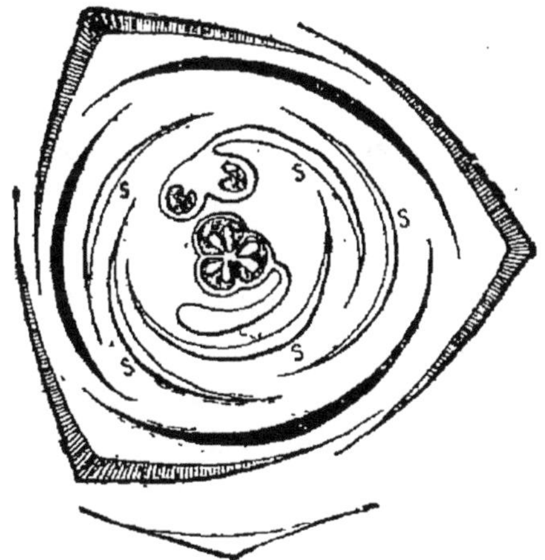

Fig. 134. Diagramme de la fleur du Balisier indien ; *s, s*, staminodes pétaloïdes.

jusqu'à la base du style, se compose de trois carpelles épisépales, fermés et concrescents en un ovaire triloculaire surmonté d'un style unique, pétaloïde dans le Balisier (fig. 134), renfermant dans chaque loge deux rangs d'ovules anatropes horizontaux (fig. 133 et 134), rarement un seul ovule dressé anatrope (Héliconie, fig. 132) ou campylotrope (Calathée, etc.).

Le fruit est parfois une baie (Bananier, Marante, etc.),,le plus souvent une capsule loculicide (Balisier, Strélitzie, Hédyque, etc.). La graine, souvent pourvue d'un arille charnu (Gingembre, Marante, etc.), contient tantôt un albumen amylacé abondant (Bananier, Héliconie, etc.), tantôt un petit albumen amylacé et un volumineux périsperme charnu ou corné (Gingembre, Alpinie, etc.), tantôt seulement un périsperme corné sans trace d'albumen (Balisier, etc.).

La famille des Scitaminées contient 36 genres avec environ 450 espèces, presque toutes tropicales. Les baies du Bananier, ou bananes, sont comestibles et jouent un grand rôle dans l'alimentation de l'homme dans tous les pays chauds. Le rhizome de quelques Curcumes et surtout celui du Marante arondinacé fournissent une fécule très estimée, l'*arrow-root*. Le rhizome de divers Curcumes renferme une matière colorante jaune et sert à la teinture; celui du Gingembre, ainsi que le fruit des Amomes, est aromatique et employé comme condiment. Les genres se groupent en trois tribus :

1. *Musées.* — Cinq étamines fertiles (fig. 132). Un albumen amylacé; pas de périsperme : Ravénale, Strélitzie, Bananier, Héliconie, etc.

2. *Zingibérées.* — Une étamine fertile (fig. 133). Un albumen amylacé et un périsperme charnu : Alpinie, Coste, Gingembre, Amome, Curcume, Hédyque, etc.

3. *Marantées.* — Une demi-étamine fertile (fig. 134). Pas d'albumen; un périsperme corné : Balisier, Calathée, Phryne, Thalie, Marante, etc.

Les Scitaminées forment une famille très nettement caractérisée par la zygomorphie de la fleur et les altérations de son androcée. Par les Musées, elles se rattachent aux Amaryllidacées, ou mieux aux Broméliacées dont l'albumen est amylacé; par les Zingibérées et les Marantées, elles se relient aux deux familles suivantes, où l'albumen est nul.

Orchidacées. — Les Orchidacées sont des plantes herbacées vivaces, terrestres ou épidendres. Terrestres, elles ont un rhizome rameux, quelquefois sans racines (Corallorhize, Épipoge), ordinairement pourvu de racines filiformes (Listère) ou charnues (Néottie); ou bien elles se maintiennent d'une année à l'autre à l'aide d'un tubercule entier ou digité (fig. 135), formé d'un faisceau de racines concrescentes (I, p. 79) (Ophryde, Orchide, etc.); ou bien encore elles renflent en tubercule la base même de leur tige (Liparide). Épidendres, elles sont abondamment pourvues de racines aériennes, munies d'un voile (I, p. 69 et p. 88); leur tige renfle souvent en tubercules ses entre-nœuds inférieurs; quelquefois elle les allonge beaucoup et s'élance en grimpant (Vanille, etc.). Les feuilles sont engainantes, à limbe entier, rubané ou ovale, quelquefois charnu ou coriace, à nervation parallèle.

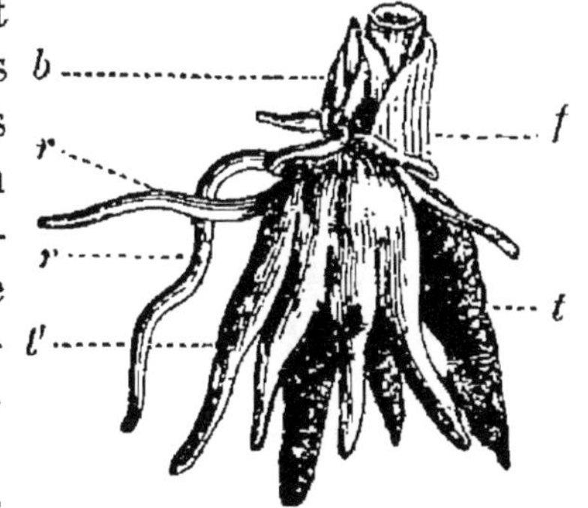

Fig. 135. Gymnadénie blanche; t, tubercule ancien dont le bourgeon a produit la tige feuillée f; t', tubercule nouveau issu du bourgeon b; r, r, racines ordinaires.

Les fleurs, solitaires dans les Cypripèdes, sont ordinairement groupées en épi ou en grappe; elles sont zygomorphes et tournent tout d'abord en avant leur sépale médian (fig. 136); mais leur pédicelle subit le plus sou-

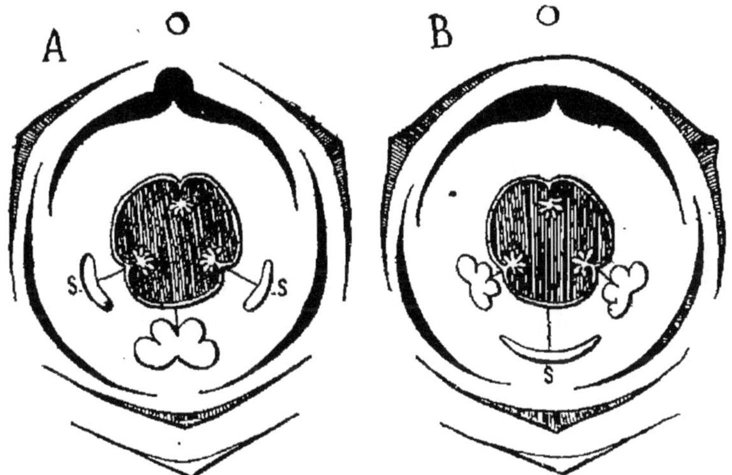

Fig. 136. Diagramme de la fleur, supposée non tordue; A, dans les Orchidacées ordinaires (Orchide, etc.); une seule étamine fertile et deux staminodes s. B, dans les Cypripèdes; deux étamines fertiles et un staminode s.

vent une torsion de 180 degrés, qui reporte en arrière ce sépale médian.

Le calice a trois sépales colorés, sensiblement égaux; les deux latéraux sont concrescents en arrière dans les Cypripèdes (fig. 136, B). La corolle a presque toujours son pétale médian, nommé *labelle*, autrement conformé et beaucoup plus développé que les deux autres, qui ressemblent d'ordinaire aux sépales. L'androcée comprend deux verticilles ternaires alternes; presque toujours l'étamine antérieure, diamétralement opposée au labelle, et qui est la médiane du verticille externe, est seule fertile (fig. 136, *A*); les deux voisines, qui sont les latérales du verticille interne, sont réduites à leurs filets (fig. 136, *A*, *s*); les trois autres, situées en arrière du côté du labelle, sont plus ou moins complètement avortées. Quelquefois ce sont, au contraire, les deux latérales du verticille interne qui sont fertiles (fig. 136, *B*), tandis que la médiane du verticille externe se réduit à un staminode (fig. 136, *B*, *s*) (Cypripède, Apostasie, etc.); ou bien encore les étamines antérieures sont toutes les trois fertiles (Neuviedie). L'anthère est introrse, à déhiscence longitudinale, ordinairement à quatre, quelquefois à huit sacs polliniques (Calanthe, etc.), contenant des grains de pollen libres (Cypripède, etc.), groupés en tétrades (Néottie, etc.) ou réunis plus ou moins intimement en 2, 4, 6 ou 8 pollinies (Orchide, Ophryde, etc.).

Le pistil se compose de trois carpelles épisépales ouverts, concrescents en un ovaire uniloculaire à trois placentes pariétaux, portant un grand nombre de très petits ovules anatropes (fig. 136); il est concrescent avec les verticilles externes dans toute la longueur de l'ovaire, qui est infère. Au-dessus de la séparation du calice et de la corolle, la concrescence continue entre les étamines, fertiles ou stériles, et le style jusqu'à l'insertion de l'anthère; il en résulte un gynostème (I, p. 374). Le style est terminé par un stigmate trilobé dont le lobe antérieur, correspondant à l'étamine fertile, est plus développé et est nommé *rostelle*. Il est parfois relié aux pollinies par deux filets gommeux nommés *caudicules*; ces filets aboutissent, dans la substance du rostelle, à une ou à deux pelotes de tissu gélifié formant le *rétinacle*. C'est alors l'ensemble formé par les pollinies, les caudicules et le rétinacle qui est emporté par les insectes (I, p. 409). Pour les Orchidacées ordinaires (fig. 136, *A*), la formule florale s'écrit : $F = (3S + 3P + E \times 3C^o)$.

Le fruit est une capsule, très allongée et charnue dans la Vanille, s'ouvrant en long ordinairement de chaque côté des placentes, en six valves, qui demeurent unies en bas par le pédicelle, en haut par le gynostème persistant. Les graines, très nombreuses et très petites, contiennent un petit embryon homogène, ovoïde ou sphérique, sans trace d'albumen.

La famille des Orchidacées est la plus nombreuse de la classe des Monocotylédones; elle renferme en effet 334 genres, avec environ 5000 espèces, répandues dans toutes les contrées tempérées et chaudes du globe; les épidendres habitent les forêts tropicales, surtout celles d'Amérique; l'Europe ne possède que des espèces terrestres. Elles sont cultivées pour la beauté de leurs fleurs, et donnent peu de produits utiles. Les tubercules radicaux de divers Orchides (O. mâle, O. morio, etc.) sont alimentaires à la fois par l'amidon et la gomme qu'ils renferment : c'est le *salep* des Orientaux. Les feuilles aromatiques de l'Angrec odorant sont employées en tisane sous le nom de *thé Bourbon*. Les capsules charnues et parfumées de la Vanille sont recherchées comme condiment.

On groupe les genres en cinq tribus :

1. *Épidendrées*. — Une anthère; pollinies cireuses, libres : Pleurothalle, Malaxide, Liparide, Corallorhize, Dendrobe, Phaje, Calanthe, Épidendre, etc.

2. *Vandées*. — Une anthère; pollinies cireuses, attachées au rostelle : Cymbide, Cyrtopode, Catasète, Maxillaire, Oncide, Phalénopse, Vande, Angrec, etc.

3. *Néottiées*. — Une anthère; pollinies granuleuses, pulvérulentes ou sectiles, libres : Vanille, Néottie, Listère, Spiranthe, Épipoge, Limodore, Céphalanthère, Épipacte, etc.

4. *Orchidées*. — Une anthère; pollinies granuleuses, attachées au rostelle : Orchide, Ophryde, Acérate, Sérapie, Habénaire, etc.

5. *Cypripédiées*. — Deux ou trois anthères : Cypripède, Sélénipède, Apostasie, Neuviedie.

Les Orchidacées se rattachent directement aux Scitaminées par la zygomorphie des fleurs, l'avortement partiel de l'androcée et l'absence de l'albumen, qui manque aussi, comme on l'a vu, dans les Marantées. Elles s'en distinguent nettement par leur gynostème, la conformation habituelle du pollen, la placentation pariétale, l'homogénéité de l'embryon, et constituent de la sorte une famille bien limitée.

Hydrocharidacées. — Les Hydrocharidacées sont des plantes aquatiques à tige tantôt courte, portant une rosette de feuilles submergées (Vallisnérie, Stratiote, etc.), tantôt allongée, ramifiée et couverte de feuilles espacées, nageantes (Hydrocharide, etc.) ou submergées (Élodée, etc.).

Les fleurs, ordinairement unisexuées et dioïques, ont un

calice ternaire sépaloïde et une corolle ternaire pétaloïde (fig. 137); dans la fleur mâle de la Vallisnérie, les deux pétales postérieurs avortent (fig. 137, *A*). L'androcée comprend un nombre variable de verticilles ternaires et alternes d'étamines à anthères introrses, rarement extrorses (Hydrocharide) : un seul (Vallisnérie, fig. 137, *A*, Hydrille, etc.), deux ou trois (Élodée, etc.), trois à cinq (Limnobe, Hydrocharide, etc.); quelquefois les étamines du rang externe se dédoublent (Stratiote, etc.), ou bien celles du rang interne sont stériles (Hydrocharide, etc.); dans la Vallisnérie, l'étamine postérieure se réduit à un staminode (fig. 137, *B*, *s*). Le pistil, concrescent avec les verticilles externes, ce qui rend l'ovaire infère, se compose de trois (Élodée, Vallisnérie, fig. 137, *B*, etc.) ou six (Hydrocharide, Stratiote, etc.) carpelles ouverts, unis en un ovaire uniloculaire à trois ou six placentes pariétaux, portant plusieurs ovules anatropes, rarement orthotropes (Élodée, etc.), surmonté d'autant de styles que de carpelles. On sait de quelle façon remarquable la pollinisation s'opère dans la Vallisnérie (I, p. 409).

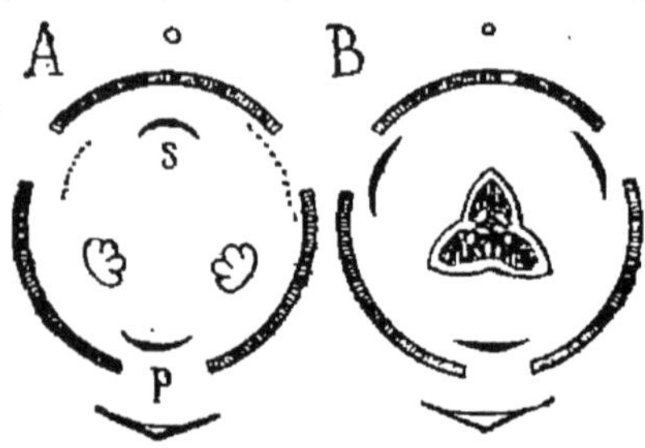

Fig. 137. Diagramme des fleurs de la Vallisnérie spirale : *A*, fleur mâle; *p*, pétale unique; *s*, staminode; *B*, fleur femelle.

Le fruit est une baie. La graine ne renferme qu'un embryon droit, sans trace d'albumen.

La famille des Hydrocharidacées renferme 14 genres avec environ 40 espèces répandues la plupart dans les eaux douces, quelques-unes propres à la mer des Indes. On peut grouper les genres en quatre tribus :

1. *Hydrillées*. — Plantes d'eau douce. Tige allongée, à petites feuilles submergées : Hydrille, Élodée, Lagarosiphon.

2. *Vallisnériées*. — Plantes d'eau douce. Tige courte, à longues feuilles submergées : Vallisnérie, Blyxe, etc.

3. *Hydrocharidées*. — Plantes d'eau douce. Tige courte, à feuilles nageantes : Limnobe, Hydrocharide, Ottélie, Stratiote, etc.

4. *Thalassiées*. — Plantes marines : Thalassie, Enhale, Halophile.

TABLEAU

RÉSUMANT LA DIVISION DE LA CLASSE DES MONOCOTYLÉDONES EN ORDRES ET FAMILLES

ORDRES   FAMILLES

```
Corolle
│
├ nulle. Ovaire supère.   GRAMININÉES. Albumen
│     ├ amylacé. Plantes
│     │     ├ terrestres. Ovule
│     │     │     ├ anatrope ........ ┤ Caryopse ... Graminées.
│     │     │     │                   ┤ Akène...... Cypéracées.
│     │     │     └ orthotrope ................... Centrolépidées.
│     │     └ aquatiques nageantes ................ Lemnacées.
│     ├ nul ....................................... Naïadacées.
│     └ charnu. Fleurs mâles et femelles dans
│           ├ le même épi ..... ┤ séparées.... Aracées..
│           │                   ┤ entremêlées. Cyclanthées.
│           └ des épis différents ┤ monoïques.. Typhacées.
│                                 ┤ dioïques.... Pandanées.
│
├ sépaloïde. Ovaire supère.   JONCINÉES.   Albumen
│     ├ amylacé. Fleurs en ┤ épi ......... Restiacées.
│     │                    ┤ capitule..... Eriocaulées.
│     ├ nul ................................ Triglochinées.
│     └ charnu. Fruit...... ┤ charnu ...... Palmiers.
│                          ┤ sec ......... Joncacées.
│
└ pétaloïde. Ovaire
      ├ supère. LILIINÉES.  Calice
      │     ├ sépaloïde. Albumen
      │     │     ├ nul ......................... Alismacées.
      │     │     └ amylacé. Ovule ┤ orthotrope.. Commélinacées.
      │     │                      ┤ anatrope.... Xyridacées.
      │     └ pétaloïde. Albumen
      │           ├ amylacé ................... Pontédériacées.
      │           └ charnu.................... Liliacées.
      │
      └ infère. IRIDINÉES.   Albumen
            ├ charnu..... Fleur à
            │     ├ 6 étam. introrses. Fleurs ┤ hermaphrod. Amaryllidacées.
            │     │                            ┤ unisexuées.. Dioscoréacées.
            │     ├ 3 étam. épisépales extrorses.... Iridacées.
            │     └ 3 étam. épipétales introrses.... Hémodoracées.
            ├ amylacé..... Fleur ┤ régulière..... Broméliacées.
            │                    ┤ zygomorphe.... Scitaminées.
            └ nul.......... Fleur ┤ zygomorphe.... Orchidacées.
                                  ┤ régulière..... Hydrocharidacées.
```

Par l'ovaire infère, la placentation pariétale et l'absence d'albumen, les Hydrocharidacées se rattachent directement aux Orchidacées, dont elles diffèrent surtout par la régularité de la fleur. Elles s'éloignent, au contraire, beaucoup des Naïadacées et des Alismacées, auxquelles elles ressemblent par la végétation aquatique et par l'absence d'albumen. Elles sont, pour ainsi dire, dans l'ordre des Iridinées ce que sont les Alismacées dans celui des Liliinées, les Triglochinées dans celui des Joncinées et les Naïadacées dans celui des Gramininées.

CLASSE III

DICOTYLÉDONES

Caractères généraux. — Deux cotylédons à l'embryon, quand il est différencié : tel est le seul caractère connu qui, appartenant en commun à toutes les Dicotylédones tandis qu'aucune Monocotylédone ne le partage, puisse entrer dans la définition de la classe, comme il a été dit page 207.

Plusieurs autres méritent pourtant d'être signalés, parce que, tout en étant sujets à exception, ils sont assez fréquemment réalisés pour donner à l'ensemble une physionomie spéciale, différente de celle des Monocotylédones. Le plus souvent, l'assise pilifère de la racine dérive de l'épiderme, qui, après s'être cloisonné pour former les calottes de la coiffe et les avoir exfoliées, laisse son assise interne adhérente au corps de la racine ; il n'y a d'exception que chez les Nymphéacées, qui se comportent sous ce rapport comme les Monocotylédones. Le plus souvent, les feuilles ne prennent à la tige qu'un petit nombre de faisceaux libéroligneux et ont la nervation pennée ou palmée. Le plus souvent, les faisceaux libéroligneux de la tige sont peu nombreux et disposés en un seul cercle à la périphérie du cylindre central. Le plus souvent, la racine et la tige s'épaississent par la formation d'un cercle de faisceaux libéroligneux secondaires ou d'une couche libéroligneuse continue, situés au bord interne du liber primaire dans la racine, intercalés au liber et au bois primaires dans la tige, comme il a été expliqué (I, p. 197). Le plus souvent, la fleur est construite sur le type cinq. Le plus souvent, quand le périanthe est double, les deux verticilles qui le composent sont différenciés et adaptés à des fonctions différentes. Le plus souvent, à l'intérieur des quatre sacs polliniques que porte habituellement chaque étamine, les grains de pollen naissent dans leurs cellules mères simultanément, par une quadripartition.

Division de la classe des Dicotylédones en six ordres. — D'autres caractères varient davantage et servent à partager la classe en un certain nombre de grandes divisions, qu'on peut regarder comme des ordres. C'est d'abord l'existence ou l'absence d'une corolle et, quand il y en a une, l'indépendance des pétales, qui forment une corolle dialypétale, ou leur concrescence, qui rend la corolle gamopétale. De là trois grands groupes ou sous-classes : les *Apétales*, les *Dialypétales* et les *Gamopétales*. C'est ensuite l'indépendance du pistil par rapport à l'ensemble des verticilles externes, qui laisse l'ovaire supère, ou sa concrescence avec l'ensemble des verticilles externes dans toute la longueur de l'ovaire, qui rend l'ovaire infère. Cette seconde différence est indépendante de la première et se rencontre dans chacun des trois groupes précédents, qu'elle sert à dédoubler. Il en résulte une division très simple de la classe des Dicotylédones en six ordres qui, suivant la marche ascendante de la complication et du perfectionnement de l'organisme floral, se rangent ainsi : les Apétales à ovaire supère, les Apétales à ovaire infère, les Dialypétales à ovaire supère, les Dialypétales à ovaire infère, les Gamopétales à ovaire supère, les Gamopétales à ovaire infère.

Les caractères ordinaux sur lesquels nous venons de nous appuyer sont, comme il convient, de même valeur que ceux qui nous ont servi chez les Monocotylédones. Il y a toutefois une différence, qui va nous conduire à modifier un peu la forme de notre exposé. La classe des Monocotylédones ne renfermant que 27 familles, les ordres y étaient assez homogènes et il a été possible d'étudier avec un certain détail toutes les familles qui les composent. Il ne saurait en être de même pour la classe des Dicotylédones, où le nombre des familles admises dans cet Ouvrage est de 147, c'est-à-dire plus que quintuple, la variation des caractères beaucoup plus étendue et, par conséquent, les ordres beaucoup plus vastes et plus hétérogènes. Nous devrons prendre ici dans chaque ordre un certain nombre de familles principales, que nous étudierons avec soin et auxquelles nous rattacherons les familles moins importantes, objets d'une description plus sommaire. Pour la classe tout entière, il nous suffira de considérer de la sorte 21 familles types.

Suivant la marche ascendante adoptée dans la seconde partie de ces *Éléments*, on commencera par les Apétales à ovaire supère, pour finir par les Gamopétales à ovaire infère. En procédant ainsi, on ne pourra pas s'empêcher de rompre en bien des points le réseau des affinités, ce qui est de toute manière inévitable dans l'exposition continue d'un livre. Pour exprimer plus fidèlement les rapports, il suffira au lecteur de disposer les six ordres en deux séries parallèles dans un tableau à double entrée.

ORDRE I

Apétales supérovariées.

L'ordre des Apétales supérovariées est celui de tous où l'organisation florale est la plus simple. Avec les limites qu'on lui assigne ici, il renferme vingt et une familles; nous en choisirons cinq parmi les plus importantes, pour les étudier en détail en y rattachant toutes les autres. Ces cinq familles types sont : les *Urticacées*, les *Pipéracées*, les *Polygonacées*, les *Chénopodiacées* et les *Protéacées*; on peut les caractériser d'un mot comme il suit :

Fleurs	unisexuées...			*Urticacées.*
	hermaphrodites.	Pas de calice...................		*Pipéracées.*
		Un calice. Ovule	orthotrope	*Polygonacées.*
			campylotrope.	*Chénopodiacées.*
			anatrope......	*Protéacées.*

Urticacées. — La famille des Urticacées renferme beaucoup d'arbres comme l'Orme, le Micocoulier, le Mûrier, le Figuier, l'Artocarpe, etc., mais aussi des herbes comme le Chanvre, l'Ortie, la Pariétaire, etc., et quelques plantes vivaces à tige volubile vers la gauche comme le Houblon. Les feuilles, ordinairement isolées et spiralées, quelquefois distiques (Orme, Mûrier, etc.), plus rarement opposées (Ortie, Houblon, Chanvre, etc.), sont pétiolées et stipulées, à limbe entier ou diversement lobé, penninerve ou palminerve, rarement charnu (Thélygone). Les stipules, persistantes (Houblon, Chanvre, etc.) ou caduques (Orme, Figuier, etc.), rarement avortées (Pariétaire), sont tantôt latérales et distinctes (Orme, Mûrier, Chanvre, Ortie, etc.), tantôt concrescentes, soit dans la même feuille, de manière à envelopper comme dans un étui l'extrémité de la branche (Figuier, Artocarpe, etc.), soit d'une feuille à l'autre quand elles sont opposées (Houblon). Beaucoup de ces plantes possèdent des tubes laticifères indéfiniment allongés et rameux (I, p. 33) (Mûrier, Figuier, Artocarpe, etc.). Un plus grand nombre encore développent dans leur épiderme ces incrustations calcaires locales de la membrane des cellules, connues sous le nom de cystolithes (I, p. 164, fig. 62) (Mûrier, Figuier, Ortie, Houblon, etc.).

Les fleurs sont d'ordinaire unisexuées monoïques (fig. 138 et 139), tantôt séparées dans des inflorescences distinctes (Mû-

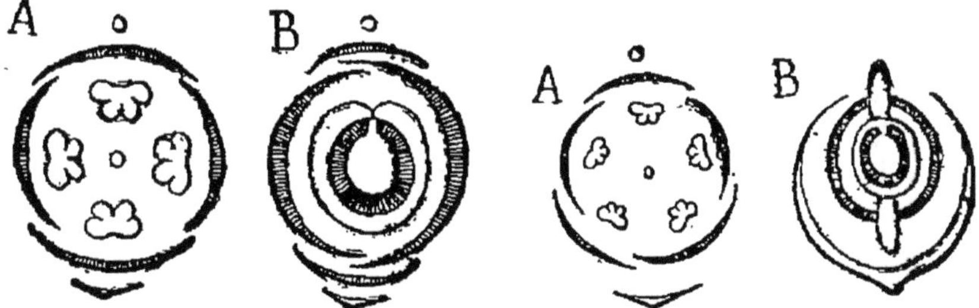

Fig. 138. Diagramme des fleurs de l'Ortie dioïque. *A*, fleur mâle; *B*, fleur femelle.

Fig. 139. Diagramme des fleurs du Chanvre cultivé. *A*, fleur mâle; *B*, fleur femelle : le calice y est gamosépale.

rier, Artocarpe, Cécropie, etc.), tantôt réunies dans la même inflorescence, les femelles au centre, les mâles à la périphérie (Figuier, Dorsténie, Brosime, etc.); il y a quelquefois diœcie (Houblon, Chanvre, Maclure, Broussonétie, etc.), parfois aussi hermaphrodisme (fig. 140) (Orme, Planère, Micocoulier, etc.). L'inflorescence se compose de cymes bipares groupées en grappe (fleur mâle de Chanvre, Houblon, etc.), en épi (Mûrier, Cécropie, etc.), ou en capitule (Orme, Artocarpe, etc.) : le réceptacle du capitule est renflé en cone ou en sphère (Conocéphale, Artocarpe, etc.), dilaté en plateau (Dorsténie), évidé en coupe (Olmédie) ou creusé en bouteille à col étroit (Figuier).

Le calice a le plus souvent quatre sépales (Ortie, fig. 138, Pariétaire, Mûrier, etc.), quelquefois cinq (Orme, fig. 140, fleur mâle du Chanvre, fig. 139, *A*, etc.); il peut avorter (Brosime, etc.). Les étamines sont ordinairement en même nombre que les sépales, auxquels elles sont superposées (fig. 138, *A*, fig. 139, *A*, fig. 140); elles peuvent être plus nombreuses (Thélygone, etc.), ou au contraire se réduire à une seule (Artocarpe, Brosime, etc.); les anthères sont introrses, rarement extrorses (Orme, fig. 140, *A*, etc.); les filets sont tantôt droits dans le

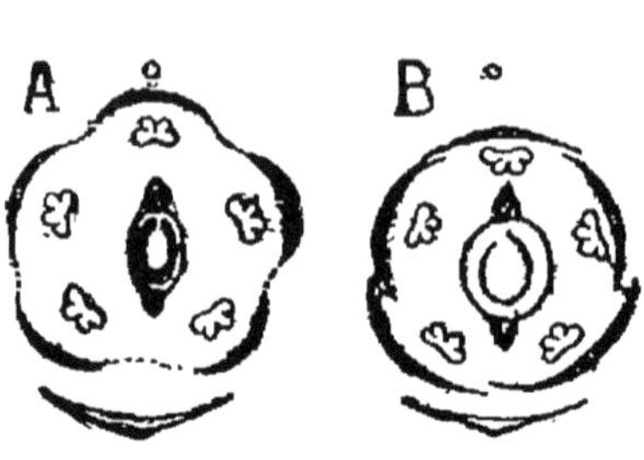

Fig. 140. Diagramme de la fleur hermaphrodite : *A*, de l'Orme champêtre; *B*, du Micocoulier austral.

Fig. 141. Pistil du Chanvre cultivé.

bouton (Orme, Figuier, Artocarpe, Chanvre, etc.), tantôt recourbés en dedans et se déployant brusquement en dehors au moment de l'épanouissement (Ortie, Mûrier, etc.). Le pistil comprend deux carpelles médians, fermés et concrescents; mais le carpelle postérieur tantôt se réduit à un stigmate (Orme, Mûrier, Figuier, Chanvre, fig. 141, Houblon, etc.), tantôt avorte complètement (Ortie, Artocarpe, Broussonétie, etc.); le carpelle antérieur développe seul son ovaire, qui renferme un ovule bitégumenté, dont l'insertion et la forme varient à la fois : il est tantôt attaché à la base de la suture, dressé et orthotrope (Ortie, Pariétaire, Conocéphale, etc.), tantôt fixé plus ou moins haut, pendant et campylotrope à micropyle tourné en haut et en avant (Mûrier, Chanvre, Micocoulier, etc.). Dans le Thélygone, le carpelle développe davantage sa face antérieure, ce qui rend le style gynobasique et recourbe en arrière l'ovule orthotrope. La formule florale est donc pour l'Ortie : $F_m = 4S+4E$ et $F_f = 4S+C$; pour le Chanvre : $F_m = 5S+5E$ et $F_f = 5S+C$, et pour l'Orme : $F = 5S+5E+C$.

Le fruit est tantôt un akène (Ortie, Chanvre, Artocarpe, etc.), devenant quelquefois une samare (Orme, etc.), tantôt une drupe (Micocoulier, Mûrier, Figuier, etc.). Dans le Mûrier, toutes les drupes du capitule, enveloppées par les calices persistants et charnus, se pressent et se soudent en un fruit composé, qui est la mûre; celles du Figuier sont enfermées dans la bouteille charnue qui constitue la figue. Dans l'Artocarpe intégrifolié, vulgairement Arbre à pain, et dans l'A. incisé, vulgairement Jaquier, les akènes sont enchâssés dans la substance du réceptacle sphérique, qui s'accroît en une masse comestible, à la fois charnue et amylacée. La graine contient un embryon droit (Ortie, Pariétaire, Orme, etc.) ou courbe (Mûrier, Chanvre, Micocoulier, etc.); l'albumen est charnu, quelquefois nul (Orme, Micocoulier, Artocarpe, Maclure, Cécropie, etc.).

La famille des Urticacées contient 108 genres avec environ 1500 espèces; le seul genre Figuier en a plus de 600. On en tire un grand nombre de produits utiles : des bois de construction (Orme, Micocoulier, etc.), des fibres textiles (Chanvre, Ortie, Ramie) ou servant à faire le papier (Broussonétie), des feuilles pour la nourriture de vers à soie (Mûrier blanc); un latex tantôt très vénéneux servant à empoisonner les flèches de chasse (Antiar vénéneux), tantôt jouissant des qualités nutritives du lait de vache (Brosime utile), tantôt fournissant le caoutchouc (Castillée élastique en Amérique, divers Figuiers en Asie); une huile essentielle servant à aromatiser la bière (bractées femelles du Houblon); une huile grasse comestible (graines de Chanvre) ou à brûler (graines de Micocoulier); des fruits alimentaires (Mûrier, Figuier, Artocarpe, etc.); des graines comestibles (Brosime utile, Artocarpe incisé, Chanvre cultivé, etc.).

On groupe les genres en huit tribus :

I. Ovule dressé, orthotrope.

    1. *Thélygonées*. — Étamines nombreuses. style gynobasique : Thélygone.

    2. *Urticées*. — Filets ployés : Ortie, Pilée, Procride, Ramie, Pariétaire, etc.

    3. *Conocéphalées*. — Filets droits : Cécropie, Coussape, Conocéphale, etc.

II. Ovule pendant, campylotrope ou anatrope.

    4. *Artocarpées*. — Latex; filets droits : Figuier, Brosime, Castillée, Artocarpe, etc.

    5. *Morées*. — Latex; filets ployés : Mûrier, Broussonétie, Maclure, Dorsténie, etc.

    6. *Cannabinées*. — Pas de latex, filets droits; fleurs dioïques : Houblon, Chanvre.

    7. *Celtidées*. — Pas de latex; filets droits; fleurs hermaphrodites; drupe : Micocoulier, Trème, etc.

    8. *Ulmées*. — Pas de latex; filets droits; fleurs hermaphrodites; akène ou samare : Orme, Planère, etc.

Familles rattachées aux Urticacées. — Aux Urticacées on peut rattacher quatre petites familles ayant, comme elles, le pistil formé d'un seul carpelle fermé, ordinairemet uniovulé : ce sont les *Platanées, Cératophyllées, Casuarinées* et *Chloranthées.*

PLATANÉES. — Les Platanes, qui forment à eux seuls cette famille, sont des arbres qui exfolient chaque année leur rhytidome écailleux et dont les feuilles isolées, munies de stipules concrescentes en gaine, enveloppent leur bourgeon axillaire dans la base excavée du pétiole. Les fleurs, unisexuées monoïques, sont séparées dans des épis pendants, interrompus et composés chacun de plusieurs capitules sphériques. Il n'y a pas de calice; le pistil se compose d'un carpelle contenant un ovule orthotrope pendant et devient un akène.

CÉRATOPHYLLÉES. — Les Cornifles ou Cératophylles, qui composent à eux seuls cette famille, sont des herbes aquatiques submergées, dépourvues de racines et dont les feuilles, verticillées par 6 à 12, sans stipules, se découpent en segments dichotomes, filiformes, raides et cassants. Les fleurs sont unisexuées, monoïques, solitaires et sessiles à l'aisselle des feuilles. Le calice est formé de 10 à 12 sépales, l'androcée de 10 à 20 étamines à anthères sessiles et extrorses, le pistil d'un seul carpelle contenant un ovule orthotrope pendant unitégumenté. Le fruit est un akène et la graine est dépourvue d'albumen.

CASUARINÉES. — Les Casuarines, qui constituent à eux seuls cette famille, sont des arbres ou des arbustes à feuilles très petites, verticillées par 4 à 20 et concrescentes en une gaine qui enveloppe la base de l'entre-nœud suivant, à rameaux verticillés, en un mot à port de Prêle, habitant la plupart l'Australie et la Nouvelle-Calédonie. Les fleurs sont unisexuées monoïques, groupées en épis. La fleur mâle a un calice de deux sépales et une seule étamine. La fleur femelle est nue et formée de deux carpelles, dont le postérieur avorte, tandis que l'antérieur renferme deux ovules anatropes pendants. Dans ces ovules, le tube pollinique pénètre par la chalaze et non, comme partout ailleurs, par le micropyle. Il a donc à traverser tout le sac embryonnaire pour rencontrer l'oosphère. Le fruit est un akène et la graine est dépourvue d'albumen.

CHLORANTHÉES. — Les Chloranthées comprenneut 4 genres croissant la plupart dans l'Amérique et l'Asie tropicales. Ce sont des herbes ou des arbustes à feuilles opposées, penninerves, munies de stipules libres (Chloranthe) ou concrescentes en gaine entre elles et avec le pétiole (Hédyosme). Les fleurs sont unisexuées (Ascarine, Hédyosme) ou hermaphrodites (Chloranthe, Circéastre). Il n'y a pas de calice; l'androcée se réduit à une seule étamine, le pistil à un seul carpelle renfermant un ovule orthotrope pendant. Le fruit est une drupe et la graine contient un albumen charnu.

En résumé, ces quatre familles peuvent être distinguées les unes des autres et toutes ensemble des Urticacées, comme il suit :

Un calice.	Étamines en même nombre que les sépales et épisépales	*Urticacées.*
	Étamines plus nombreuses et sans ordre........	*Cératophyllées.*
	Une seule étamine............................	*Casuarinées.*
Pas de calice. Une seule étamine.	Akène....................	*Platanées.*
	Drupe....................	*Chloranthées.*

Pipéracées. — Les Pipéracées sont des plantes herbacées, munies d'un rhizome (Saurure, Houttuynie, etc.) ou grimpant à l'aide de racines aériennes (Poivrier, etc.); les feuilles isolées, munies de stipules concrescentes, ont un limbe entier, penninerve, souvent charnu. Les faisceaux libéroligneux de la tige offrent dans leur course longitudinale une disposition particulière (I, p. 170). Le parenchyme, notamment celui des feuilles, renferme dans certaines cellules isolées une huile essentielle et une résine qui rendent ces plantes aromatiques.

Les fleurs sont hermaphrodites nues (fig. 142 et 143), rare-

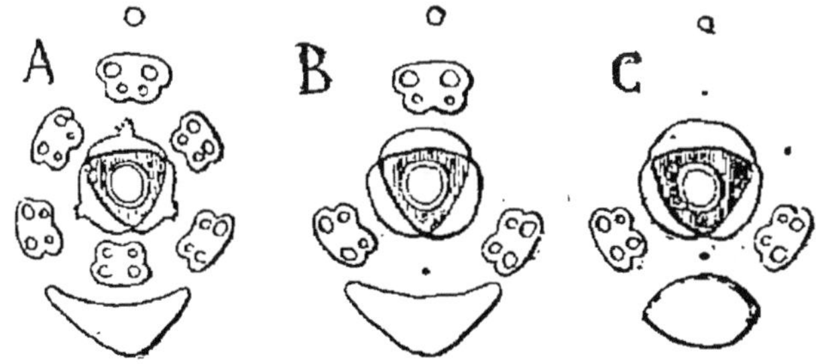

Fig. 142. Diagramme de la fleur : *A*, de l'Enckée amalage ; de l'Artanthe courbe; *C*, d'un Potomorphe.

ment périanthées (Lactore), disposées en épis parfois munis d'un involucre coloré (Houttuynie, etc.). L'androcée comprend normalement six étamines en deux verticilles alternes (Enckée, fig. 142, *A*, Saurure, fig. 143, *A*, Lactore, etc.); mais il peut se reduire à quatre (Ottonie, certains Poivriers), à trois (Artanthe, fig. 142, *B*, Houttuynie, fig. 143, *B*, Poivrier, etc.) et même à deux (Potomorphe, fig. 142, *C*, Pépéromie, etc.), par avortement; les anthères sont extrorses dans le Lactore, elles n'ont que deux sacs polliniques dans les Pépéromies. Le pistil se compose tantôt de trois (Lactore) ou quatre (Saurure, fig. 143, *A*)

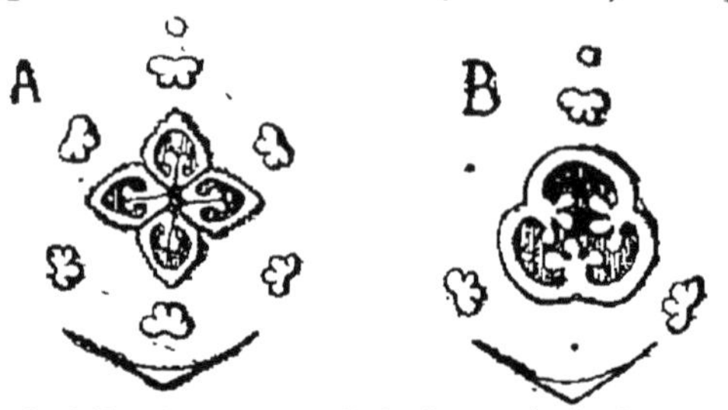

Fig.143. Diagram me de la fleur: *A*, du Saurure penché; *B*, de l'Houttuynie cordée.

carpelles fermés, libres, contenant chacun plusieurs ovules orthotropes, tantôt d'un seul carpelle ne contenant qu'un seul ovule orthotrope (Pépéromie). Ailleurs, il comprend trois (Houttuynie, fig. 143, *B*, Poivrier, fig. 142, etc.), parfois quatre (Gymnothèce) carpelles ouverts et concrescents bord à bord en un ovaire uniloculaire, renfermant soit un seul ovule orthotrope dressé sur un placente basilaire (Poivrier, fig. 142, etc.), soit plusieurs ovules orthotropes sur trois ou quatre placentes pariétaux (Houttuynie, fig. 143, *B*, Gymnothèce, etc.). La formule florale est donc : pour une Enckée, $F = 3E + 3E' + (3C^o)$, et pour un Saurure, $F = 3E + 3E' + 4C$.

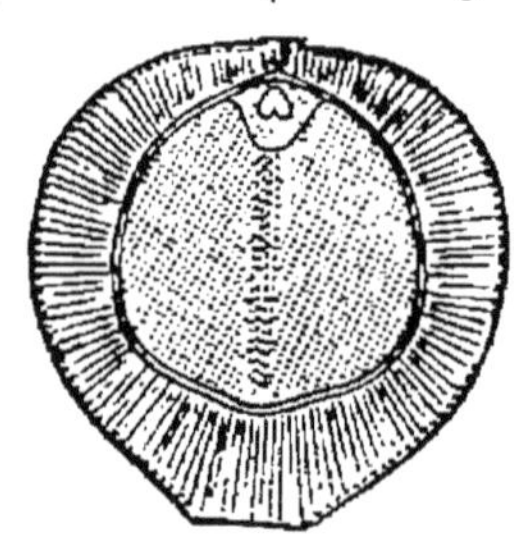

Fig.144. Fruit du Poivrier noir, coupé en long, montrant l'albumen et le périsperme.

Quand l'ovaire est uniovulé, le fruit est une baie fortement aromatique (Poivrier, fig. 144, Pépéromie, etc.); quand il est pluriovulé, le fruit se compose de follicules (Saurure, etc.) ou constitue une capsule à déhiscence suturale au sommet (Houttuynie, etc.). La graine a un embryon droit avec un albumen charnu peu abondant et un périsperme amylacé très développé (fig. 144).

La famille des Pipéracées renferme environ 1000 espèces réparties en 10 genres; le genre Poivrier en compte plus de 600. Plusieurs sont recherchées pour les propriétés aromatiques et stimulantes des feuilles, des fruits et des graines. Les feuilles du Poivrier bétel, mélangées à la noix d'Arec et à la chaux, composent le masticatoire si usité dans l'Asie équatoriale. Les baies non mûres et desséchées du Poivrier noir donnent le *poivre noir* du commerce, ses graines mûres et débarrassées du péricarpe le *poivre blanc*. Le Poivrier cubèbe et plusieurs autres espèces ont des propriétés tout aussi actives.

On dispose les genres en deux tribus :

1. *Pipérées*. — Ovaire uniovulé; fruit indéhiscent : Pépéromie, Poivrier, Enckée, Artanthe, Potomorphe, Ottonie, Verhuellie, etc.
2. *Saururées*. — Ovaire pluriovulé; fruit déhiscent : Houttuynie, Gymnothèce, Saurure, Lactore, etc.

Les Pipérées sont presque exclusivement tropicales; les Saururées appartiennent aux régions tempérées de l'Amérique et de l'Asie.

Par les Pépéromies, où le pistil se compose d'un seul carpelle antérieur avec un seul ovule orthotrope dressé, les Pipéracées se rattachent aux Urticées et aux Conocéphalées. L'hermaphrodisme des fleurs et l'absence de périanthe les relient plus étroitement encore aux Chloranthées par le Chloranthe et le Circéastre; elles s'en distinguent par l'ovule orthotrope dressé, non pendant. Elles diffèrent de toutes les familles précédentes par l'hermaphrodisme et la nudité des fleurs, par le périsperme amylacé de la graine et par la constitution habituelle du pistil, formé de plusieurs carpelles ouverts à placentation pariétale ou basilaire.

Familles rattachées aux Pipéracées. — Aux Pipéracées se rattachent quatre petites familles ayant, comme la plupart d'entre elles, le pistil formé de plusieurs carpelles ouverts avec un seul ovule basilaire ou plusieurs ovules pariétaux, mais qui en diffèrent ordinairement par l'unisexualité des fleurs. Ce sont les *Myricées*, *Lacistémées*, *Salicées* et *Balanopsées*.

Myricées. — Les Myrices, qui forment à eux seuls cette famille, sont des arbres ou des arbustes souvent aromatiques, à feuilles isolées penninerves et sans stipules, répandus dans toutes les contrées chaudes et tempérées. Les fleurs sont unisexuées, souvent dioïques, nues et disposées en épi. La fleur femelle a deux carpelles médians, ouverts et concrescents en un ovaire uniloculaire, contenant un seul ovule orthotrope dressé. Le fruit est une drupe, cireuse à la surface, et la graine est dépourvue d'albumen.

Lacistémées. — Les Lacistèmes, qui composent seuls cette famille, sont des arbustes de l'Amérique tropicale, à feuilles distiques, entières, penninerves, et sans stipules. Les fleurs sont hermaphrodites, groupées en épi. L'androcée est réduit à une seule étamine; le pistil comprend trois carpelles ouverts et concrescents en un ovaire uniloculaire à trois placentes pariétaux, portant chacun vers son sommet un ou deux ovules anatropes pendants. Le fruit est une capsule s'ouvrant par trois fentes dorsales et la graine contient un albumen charnu.

SALICÉES. — Les Salicées comprennent les deux genres Saule et Peuplier, avec environ 200 espèces très répandues dans les régions tempérées et froides de l'hémisphère boréal. Ce sont des arbres ou des arbustes à feuilles isolées, munies de stipules libres. Les fleurs, unisexuées et dioïques (fig. 145), sont nues et disposées en épis cylindriques. La fleur mâle comprend deux ou un plus grand nombre d'étamines à anthères extrorses (fig. 145 et fig. 146, A). La fleur femelle (fig. 145) se compose de deux carpelles ouverts et concrescents en un ovaire uniloculaire à deux placentes pariétaux, portant un grand

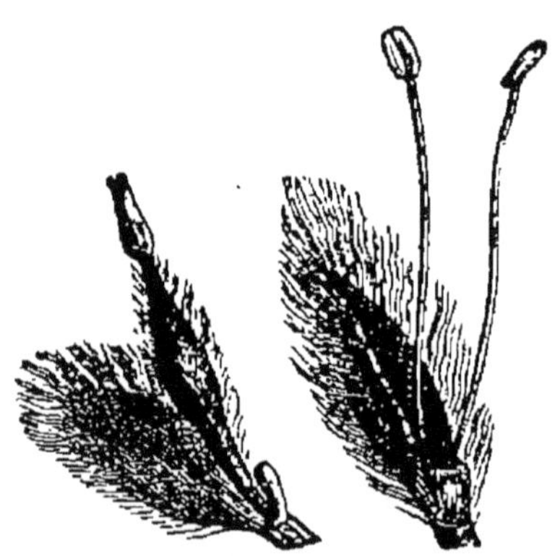

Fig. 145. Fleurs du Saule : à droite, fleur mâle; à gauche, fleur femelle.

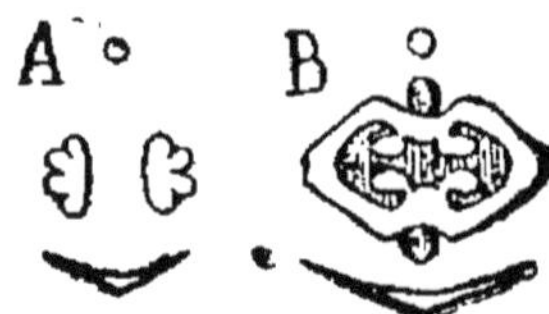

Fig. 146. Diagramme des fleurs du Saule marceau; A, fleur mâle; B, fleur femelle.

nombre d'ovules anatropes ascendants (fig. 146, B).

Le fruit est une capsule s'ouvrant de haut en bas, le long de la nervure dorsale des carpelles, en deux valves qui s'enroulent en dehors. Les graines, très petites, portent de longs poils soyeux et renferment un embryon droit, sans albumen.

BALANOPSÉES. — Les Balanopes, qui forment seuls cette famille, sont des arbres ou des arbustes néo-calédoniens à feuilles isolées, à limbe entier et coriace, sans stipules. Les fleurs sont unisexuées dioïques et nues. La fleur mâle a 3 ou 6 étamines; la fleur femelle a deux carpelles ouverts et concrescents en un ovaire uniloculaire à deux placentes pariétaux, portant chacun à la base deux ovules anatropes ascendants.

Le fruit est une baie et la graine contient un albumen charnu.

En résumé, ces quatre petites familles se distinguent aisément entre elles et des Pipéracées par les caractères suivants :

$$\text{Fleurs}\begin{cases}\text{hermaphrodites. Ovule}\begin{cases}\text{orthotrope} \dots & \textit{Pipéracées.}\\ \text{anatrope} \dots & \textit{Lacistémées.}\end{cases}\\ \text{unisexuées} \dots \text{Ovule}\begin{cases}\text{orthotrope} \dots & \textit{Myricées.}\\ \text{anatrope} \dots \begin{cases}\text{Capsule} \dots & \textit{Salicées.}\\ \text{Baie} \dots & \textit{Balanopsées.}\end{cases}\end{cases}\end{cases}$$

Polygonacées. — Les Polygonacées, qui doivent leur nom au genre Polygonum ou Renouée, sont des herbes annuelles ou vivaces, des arbustes, quelquefois de grands arbres (Coccolobe, Triplaride, etc); leur tige est parfois volubile à gauche (Renouée liseron, R. des buissons, etc.) ou grimpante à l'aide de vrilles raméales (Antigone, Brunnichie, etc.). Leurs feuilles, isolées, ont le pétiole plus ou moins embrassant et sont munies d'une ligule à bords concrescents du côté opposé au pétiole, de manière à former une gaine qui enveloppe la base de l'entre-nœud supérieur : de là une ressemblance avec les Artocarpées et les Platanées. Cette gaine ligulaire manque quelquefois (Érigone, Kœnigie, etc.).

Les fleurs sont hermaphrodites et disposées en cymes bipares et unipares héliçoïdes, elles-mêmes groupées en grappe, en épi ou en ombelle. Le calice a cinq sépales dont un postérieur (Renouée, fig. 146, *C*, Coccolobe, etc.) ou six dont deux médians (Rumice, fig. 147, *B*, Rhubarbe, fig. 147, *A*, etc.); il est sépaloïde (Rumice, etc.) ou plus ou moins pétaloïde (Renouée, Sarrasin, etc.), dialysépale (Rumice, etc.) ou gamosépale (Renouée, Coccolobe, etc.). L'androcée peut ne comprendre qu'un seul verticille d'étamines alternisépales (Rumice, fig. 147, *B*, diverses Renouées, etc.); mais il s'y ajoute souvent un second verticille ternaire, ce qui porte le nombre des étamines à neuf (Rhubarbe, fig. 147, *A*, etc.) ou à huit (Coccolobe, Muhlenbeckie, diverses Renouées, les étamines du second verticille diffèrent des autres par leurs anthères extrorses (fig. 147, *C*). Le pistil se compose ordinairement de trois carpelles dont un postérieur, ouverts et concrescents en un ovaire uniloculaire surmonté de trois styles; sur la suture antérieure et vers la base est attaché un unique ovule orthotrope dressé (fig. 147). La formule florale est donc :

pour la Rhubarbe, F = 6S+6E+3E′+(3C°); pour le Rumice, F=6S+6E+(3C°), et pour la Renouée, F = 5S+3E +3E′+(3C°).

Le fruit est un akène, diversement enveloppé par le calice persistant et accrescent. La graine renferme un abondant albumen amylacé, parfois ruminé (Coccolobe, Triplaride, etc.), avec un embryon axile et droit (Rhubarbe, Sarrasin, etc.) ou latéral et plus ou moins arqué (Renouée, Rumice, etc.).

La famille des Polygonacées contient 30 genres avec environ

Fig. 147. Diagramme de la fleur : *A*, d'une Rhubarbe; *B*, d'un Rumice; *C*, de la Renouée de Tartarie.

600 espèces répandues par toute la terre, les herbes de préférence dans les régions tempérées et montagneuses, les arbres dans l'Amérique tropicale. Elle fournit à l'homme des aliments comme les graines du Sarrasin comestible et les feuilles du Rumice oseille, des substances médicinales comme le rhizome de la Rhubarbe officinale, ou des matières tinctoriales analogues à l'indigo (Renouée tinctoriale, etc.).

Les genres se groupent en six tribus :

I. — Albumen entier.

    1. *Ériogonées.* — Pas de gaine ligulaire; deux verticilles d'étamines : Ériogone, Oxythèce, Chorizanthe, etc.
    2. *Kœnigiées.* — Pas de gaine ligulaire; un verticille d'étamines : Ptérostégie, Kœnigie, etc.
    3. *Polygonées.* — Une gaine ligulaire; cinq sépales : Calligone, Renouée, Sarrasin, etc.
    4. *Rumicées.* — Une gaine ligulaire; six sépales : Rhubarbe, Rumice, etc.

II. — Albumen ruminé.

    5. *Coccolobées.* — Cinq sépales : Coccolobe, Muhlenbeckie, Antigone, etc.
    6. *Triplaridées.* — Six sépales : Triplaride, Symmérie, etc.

Les Polygonacées forment une famille très nettement limitée, qui ne se rattache intimement à aucune autre. Elle diffère, en effet, des Urticacées non seulement par l'hermaphrodisme des fleurs, la structure du pistil et la nature amylacée de l'albumen, mais encore par l'alternance des étamines avec les sépales en cas d'isomérie; elle s'éloigne des Pipéracées notamment par l'existence du calice et l'absence du périsperme. Elle se relie pourtant d'une part aux Urticacées par l'inflorescence et par le calice, de l'autre aux Pipéracées par l'hermaphrodisme des fleurs et par la structure du pistil; en même temps, elle est le lien qui joint ces deux familles à celle des Chénopodiacées.

Chénopodiacées. — Les Chénopodiacées, qui doivent leur nom au genre Chénopode ou Ansérine, sont des herbes annuelles ou vivaces, des arbustes, rarement de petits arbres (Haloxyle, etc.); la tige des Salicornes est charnue et articulée, celle de la Boussingaultie et de la Baselle est volubile à droite. Les feuilles, isolées ou opposées, sont toujours dépourvues de stipules, à limbe entier, charnu dans les Baselles, rudimentaire dans les Salicornes. La tige produit, dans son péricycle et de dedans en dehors, des cercles de faisceaux libéroligneux secondaires, anomalie étudiée (I, p. 213); dans la Baselle et la Boussingaultie, elle n'offre pas cette anomalie, mais par contre elle possède des tubes criblés périmédullaires.

Les fleurs sont hermaphrodites, quelquefois unisexuées avec monœcie (Arroche, Amarante, etc.) ou diœcie (Épinard, etc.), ordinairement groupées en épis ou grappes de cymes bipares ou unipares. Le calice a cinq sépales dont un postérieur (fig. 148 et 149); il est sépaloïde et plus ou moins gamosépale (Ansérine, etc.), ou pétaloïde et dialysépale (Amarante, etc.). L'androcée

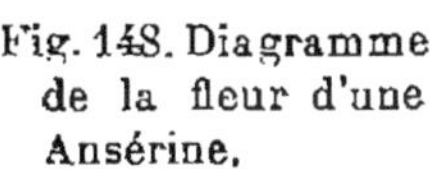

Fig. 148. Diagramme de la fleur d'une Ansérine.

Fig. 149. Diagramme de la fleur de la Célosie à crête.

comprend cinq étamines superposées aux sépales; leurs anthères ont quelquefois deux sacs polliniques (Gomphrène, etc.) et leurs filets assez souvent concrescents (Célosie, fig. 149, etc.) portent parfois des appendices stipulaires, libres (Gomphrène) ou concrescents deux par deux (Alternanthère, Achyranthe, etc.). Le pistil se compose de trois carpelles dont un postérieur (Acnide, Célosie, fig. 149, etc.), ou de deux carpelles médians (Ansérine, fig. 148, Épinard, Salicorne, Arroche, etc.), ouverts et concrescents en un ovaire uniloculaire surmonté de trois ou de deux styles ; sur l'une des sutures et près de la base est attaché un unique ovule campylotrope ; quelquefois les trois ou deux commissures des carpelles portent toutes à leur base plusieurs ovules campylotropes (Célosie, fig. 149, etc.). Dans la Bette, le pistil est concrescent à la base avec le calice et l'androcée, ce qui rend l'ovaire semi-infère. La formule florale est donc : pour l'Ansérine, $F = 5S + 5E + (2C^o)$, et pour la Célosie, $F = 5S + (5E) + (3C^o)$.

Le fruit, ordinairement enveloppé par le calice persistant, est le plus souvent un akène, quelquefois une baie (Blite, etc.) ou une pyxide (Amarante, Célosie, etc.). La graine contient un albumen amylacé, avec un embryon courbé en fer à cheval (Amarante, fig. 150, a, etc.), en anneau

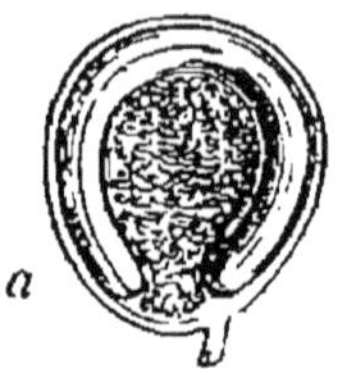 

Fig. 150. Embryon courbé : a, de l'Amarante ; b, de la Soude.

ou en spirale (Soude, fig. 150, b, etc.) autour de cet albumen ; les Salicornes, les Soudes (fig. 150, b), etc., n'ont pas d'albumen.

La famille des Chénopodiacées renferme 113 genres avec environ 1000 espèces répandues par toute la terre. Elle fournit à l'homme des aliments, comme le sucre extrait de la racine de la Bette commune, vulgairement Betterave, les feuilles de l'Épinard potager, de l'Arroche des jardins, de la Bette poirée, de l'Amarante blite, de la Baselle, etc., les jeunes pousses de Salicorne, le rhizome féculent de l'Ulluce tubéreux, les graines de diverses Ansérines, Amarantes, etc. Les Soudes, Salicornes, etc., croissent en abondance sur les rivages maritimes et dans les terrains salés ; on les incinère pour en extraire la soude.

On groupe les genres en cinq tribus :

1. *Basellées*. — Tige volubile, sans faisceaux péricycliques, avec tubes criblés périmédullaires : Baselle, Ulluce, Boussingaultie, etc.

2. *Chénopodiées*. — Sépales verts et concrescents : Soude, Salicorne, Camphrée, Arroche, Épinard, Bette, Ansérine, etc.

3. *Amarantées*. — Sépales scarieux et libres : Amarante, Acnide, Achyranthe, etc.

4. *Gomphrénées*. — Anthères à deux sacs polliniques : Alternanthère, Gomphrène, Irésine, etc.

5. *Célosiées*. — Plusieurs ovules : Célosie, etc.

Par leurs fleurs hermaphrodites pourvues d'un calice et leur ovaire ordinairement uniovulé, les Chénopodiacées se rattachent assurément aux Polygonacées, et par les Polygonacées elles se relient aux Urticacées et aux Pipéracées. Mais elles diffèrent cependant beaucoup des Polygonacées par l'absence de stipules, la superposition des étamines aux sépales, comme dans les Urticacées, et la campylotropie de l'ovule.

Familles rattachées aux Chénopodiacées. — Aux Chénopodiacées se rattachent assez intimement cinq familles de moindre importance, savoir : les *Phytolaccacées, Aizoacées, Nyctaginées, Illécébrées* et *Podostémées.*

Phytolaccacées. — Les Phytolaccacées, 17 genres avec environ 60 espèces la plupart tropicales, sont des arbres, des arbustes ou des herbes à base ligneuse dont la tige, pourvue de feuilles isolées, entières, à stipules petites ou nulles, offre l'anomalie de structure des Chénopodiacées.

Les fleurs, hermaphrodites ou unisexuées, ont un calice ordinairement pentamère (Phytolaque, fig. 151, *B*, etc.), quelquefois tétramère (Rivine, fig. 151, *A*, etc.), un androcée composé d'un nombre variable d'étamines, et un pistil formé tantôt d'un seul carpelle avec un ovule campylotrope (Rivine, fig. 151, *A*, etc.), tantôt de 2 à 10 carpelles semblables, indépendants (Ercille, etc.) ou concrescents (Phytolaque, fig. 151, *B*, etc.).

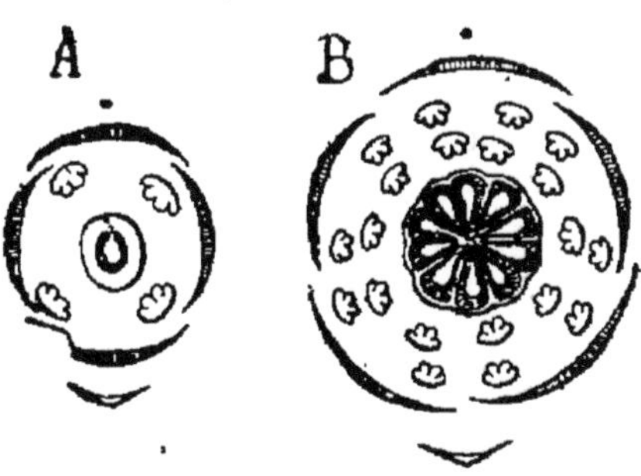

Fig. 151. Diagramme de la fleur : *A*, de la Rivine humble ; *B*, de la Phytolaque icosandre.

Le fruit est souvent une baie (Rivine, Phytolaque, etc.), utilisée pour son principe colorant rouge. La graine a un embryon arqué entourant l'albumen.

Les genres se groupent en trois tribus :

1. *Rivinées.* — Fleurs hermaphrodites ; un carpelle : Rivine, Microtéa, etc.

2. *Phytolaccées.* — Fleurs hermaphrodites ; plusieurs carpelles : Phytolaque, Ercille, etc.

3. *Gyrostémonées.* — Fleurs unisexuées ; plusieurs carpelles : Codonocarpe, Gyrostème, etc.

Aizoacées. — Les Aizoacées, 22 genres avec environ 450 espèces dont plus de 300 pour le seul genre Ficoïde, la plupart tropicales ou subtropicales, sont des herbes ou des sous-arbrisseaux à feuilles assez souvent charnues et dont la tige partage l'anomalie des Chénopodiacées.

Les fleurs sont hermaphrodites, pentamères (fig. 152), parfois tétramètres (Tétragonie, fig. 153, etc.). Les étamines sont quelquefois en même nombre que les sépales et alternes avec eux (Sésuve, fig. 152, etc.), mais le plus souvent elles se divisent et en forment chacune trois (Tétragonie cristalline, fig. 153) ou un grand nombre (Ficoïde, fig. 154, etc.); les plus externes sont stériles dans les Ficoïdes et se dilatent en autant de staminodes pétaloïdes qui donnent à la fleur un grand éclat (fig. 154). Le pistil est tantôt indépendant des deux ver-

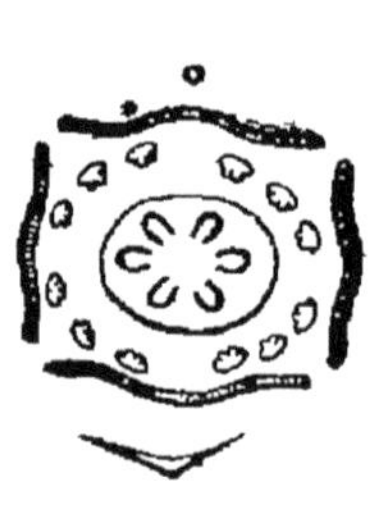

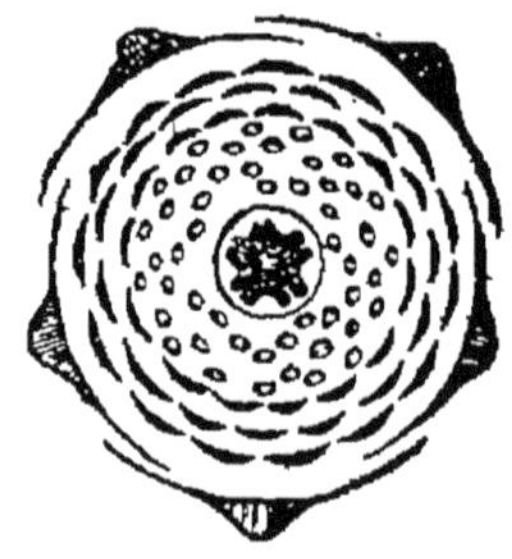

Fig. 152. Diagramme de la fleur du Sésuve pentandre.

Fig. 153. Diagramme de la fleur de la Tétragonie cristalline.

Fig. 154. Diagramme de la fleur de la Ficoïde violette.

ticilles externes et l'ovaire est supère (Aizoon, Mollugine, etc.), tantôt concrescent avec eux, ce qui rend l'ovaire infère (Tétragonie, Ficoïde); il se compose ordinairement de cinq carpelles épisépales, fermés et concrescents, contenant chacun un grand nombre d'ovules campylotropes, rarement un seul ovule anatrope (Tétragonie). Dans la plupart des Ficoïdes, le placente, d'abord interne, se trouve plus tard repoussé sur la face externe du carpelle (fig. 154). La formule s'écrit pour les Ficoïdes :

$$F = (5S + 5P + \infty\, E + 5C).$$

Le fruit est le plus souvent une capsule loculicide et la graine a son embryon courbé autour d'un albumen amylacé.

Les genres se groupent en quatre tribus :

1. *Molluginées.* — Calice, androcée et pistil libres : Mollugine, Télèphe, etc.

2. *Aizoées.* — Calice et androcée concrescents; pistil libre : Aizoon, Sésuve, etc.

3. *Tétragoniées.* — Ovaire infère; carpelles uniovulés; ovule anatrope : Tétragonie.

4. *Ficoïdées.* — Ovaire infère; carpelles multiovulés; ovule campylotrope : Ficoïde.

Nyctaginées. — Les Nyctaginées, 23 genres avec 215 espèces répandues dans les contrées chaudes et tropicales, sont des herbes, quelquefois des arbustes ou des arbres, à feuilles souvent opposées, simples et sans stipules, dont la tige offre l'anomalie de structure des Chénopodiacées.

Les fleurs sont hermaphrodites, disposées ordinairement en capitule avec un involucre parfois pétaloïde (Bougainvillée), souvent uniflore (fig. 155) (Nyctage, Oxybaphe, etc.). Le calice est gamosépale à cinq sépales souvent pétaloïdes (Nyctage, fig. 155, etc.). L'androcée comprend cinq étamines alternisépales, auxquelles s'ajoutent quelquefois des étamines épisépales (Pisonie, Bougainvillée, etc.). Le pistil est formé d'un seul carpelle antérieur dont l'ovaire, surmonté d'un long style, contient un seul ovule anatrope

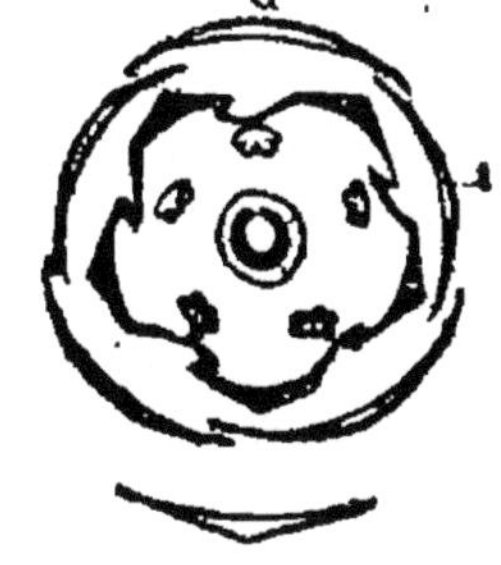

Fig. 155. Diagramme de la fleur du Nyctage jalap; *i*, involucre uniflore.

dressé (fig. 155). La formule florale est : F = (5S) + 5E + C.

Le fruit est un akène, enveloppé par la base persistante et accrescente du calice. La graine a un embryon à larges cotylédons, ordinairement courbé autour d'un albumen amylacé ou charnu, rarement droit (Pisonie, etc.).

Illécébrées. — Les Illécébrées, 17 genres avec 90 espèces répandues par toute la Terre, surtout dans les lieux secs et chauds, sont des herbes à feuilles opposées, munies de stipules, qui manquent quelquefois (Gnavelle, etc.), et dont la tige conserve la structure normale.

Les fleurs sont hermaphrodites, souvent disposées en cymes bipares contractées. Le calice a cinq sépales concrescents et l'androcée cinq étamines épisépales, ordinairement unies au tube du calice, quelquefois accompagnées d'autant de staminodes alternes (Illécèbre, Herniaire, Corrigiole, etc.). Le pistil comprend deux ou trois carpelles ouverts et concrescents en un ovaire uniloculaire, qui contient le plus souvent un seul ovule basilaire, campylotrope (Paronyque, Corrigiole, etc.) ou anatrope (Illécèbre, etc.). La formule florale est, pour l'Herniaire : F = (5S + 5E.) + (2C°).

Le fruit, enveloppé par le calice persistant, est une capsule monosperme s'ouvrant à la base. La graine renferme un albumen amylacé et un embryon courbé en anneau autour de l'albumen (Paronyque, Gnavelle, etc.) ou droit (Illécèbre, etc.).

Cette famille a aussi des affinités très marquées avec les Caryophyllées, dont elle est parfois considérée comme une forme apétale.

PODOSTÉMÉES. — Les Podostémées, 21 genres avec 120 espèces, sont des plantes submergées, à port de Mousse et d'Hépatique, qui vivent fixées aux rochers dans les ruisseaux et les rivières rapides des contrées tropicales.

Les fleurs sont hermaphrodites, rarement dioïques (Hydrostachide). Le calice a trois (Terniole, etc.) ou cinq (Weddéline, etc.) sépales concrescents; ou bien il est nul (Podostème, Ligée, etc.). L'androcée a trois ou cinq étamines alternisépales, quelquefois deux (Podostème, etc.) ou une seule (Tristiche, etc.) ou un plus grand nombre (Ligée). Le pistil a deux ou trois carpelles concrescents, fermés, rarement ouverts (Hydrostachide), portant un grand nombre d'ovules anatropes.

Le fruit est une capsule loculicide et la graine est dépourvue d'albumen.

En résumé, les cinq familles que nous venons de grouper autour des Chénopodiacées se distinguent facilement entre elles et du type par les caractères suivants :

Un albumen.	ouverts. Tige		anomale. Pas de stipules.....	*Chénopodiacées.*
			normale. Stipules.............	*Illécébrées.*
Carpelles	fermés	uniovulés.	Un involucre..........	*Nyctaginées.*
			Pas d'involucre........	*Phytolaccacées.*
		pluriovulés...................		*Aizoacées.*
Pas d'albumen...				*Podostémées.*

Protéacées. — Les Protéacées sont des arbres ou des arbustes à feuilles ordinairement isolées, simples, sans stipules, à limbe souvent coriace.

Les fleurs sont hermaphrodites et le plus souvent groupées en épi (Banksie, etc.), grappe (Grévillée, etc.), ombelle (Sténocarpe, etc.) ou capitule (Protée, Conosperme, etc.). Le calice est formé de quatre sépales pétaloïdes (fig. 156), d'abord collés bord à bord en un long tube, se séparant plus tard en s'enroulant vers le bas (fig. 157). L'androcée a quatre étamines superposées aux sépales et concrescentes avec eux dans toute la longueur des filets (fig. 156 et 157, *a*). Le pistil se compose d'un seul carpelle postérieur, renfermant un seul ovule (Protée, Conosperme, etc.), deux ovules collatéraux (Banksie, Grévillée, fig. 156, etc.), quatre ovules collatéraux (Darlingie, etc.) ou un grand nombre d'ovules en deux ran-

Fig. 156. Diagramme de la fleur d'une Grévillée.

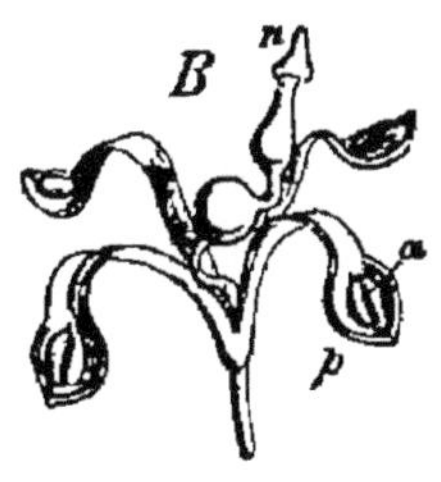

Fig. 157. Fleur de la Manglésie glabre : *a*, anthère insérée sur le sépale *p*; *n*, carpelle pétiolé à style renflé et stigmate conique.

gées (Sténocarpe, Lomatie, etc.); les ovules sont tantôt pendants et orthotropes (Conosperme, Roupale, etc.), tantôt ascendants et anatropes (Protée, Banksie, etc.). La formule florale est : $F = 4(S + E_6) + C$.

Le fruit est tantôt indéhiscent, akène (Protée, etc.) ou drupe (Persoonie, etc.), tantôt déhiscent le long de la suture ventrale en forme de follicule (Hakée, Grévillée, Banksie, etc.). La graine, souvent ailée dans les follicules (Banksie, etc.), est dépourvue d'albumen et contient un embryon droit.

La famille des Protéacées comprend 50 genres avec environ 1000 espèces, appartenant la plupart à l'Australie et à l'Afrique australe. Bon nombre sont de grands arbres et donnent des bois de construction et de chauffage (Protée, Cardwellie, Darlingie, etc.); d'autres produisent des graines alimentaires (Guévine, etc.).

Les genres se groupent en deux tribus :

1. *Protéées.* — Akène ou drupe : Leucadendre, Protée, Leucosperme, Isopoge, Conosperme, Persoonie, etc.

2. *Grévilléées.* — Follicule : Roupale, Grévillée, Hakée, Banksie, etc.

Les Protéacées forment un type bien nettement caractérisé. Par la tétramérie, la superposition des étamines aux sépales, la structure monomère du pistil, etc., elles ressemblent aux

Urticacées, dont elles diffèrent par l'hermaphrodisme, la concrescence des étamines avec les sépales, l'absence d'albumen, etc. Elles se rapprochent aussi des Chénopodiacées, surtout des Rivinées et des Nyctaginées.

Familles rattachées aux Protéacées. — Aux Protéacées se relient assez directement trois familles de moindre valeur : les *Éléagnées, Thyméléacées* et *Pénéacées*.

ÉLÉAGNÉES. — Les Éléagnées ne renferment que les trois genres Chalef ou Éléagne, Argoussier et Shépherdie, avec 16 espèces appartenant aux régions tempérées de l'hémisphère boréal. Ce sont des arbres ou des arbustes, à rameaux souvent épineux, à feuilles isolées (Chalef, Argoussier) ou opposées (Shépherdie), simples et sans stipules, à limbe entier, penninerve, couvert de poils en écusson.

Les fleurs sont régulières, hermaphrodites (Chalef) ou dioïques par avortement (Argoussier). Le calice est formé de deux

Fig. 158. Diagramme d'une fleur pentamère du Chalef angustifolié.

(Argoussier) ou de quatre (Chalef, fig. 158, Shépherdie) sépales, souvent pétaloïdes, concrescents en tube. L'androcée comprend tantôt un seul verticille alternisépale (Chalef, fig. 158), tantôt deux verticilles alternes, tétramères (Shépherdie) ou dimères (Argoussier), d'étamines à filets concrescents avec le tube du calice. Le pistil se compose d'un seul carpelle antérieur, libre, fermé en arrière, portant à la base de la suture un seul ovule anatrope dressé à raphé ventral (fig. 158). La formule florale est donc, pour les Chalefs : F = (5S + 5E) + C.

Le fruit est un akène, enveloppé par le calice tout entier (Argoussier) ou seulement par sa base tubuleuse persistante (Chalef). Cette enveloppe devenant ligneuse dans sa zone interne, charnue dans sa zone externe, donne au fruit l'aspect d'une drupe, quelquefois comestible (divers Chalefs) ou produisant une substance tinctoriale jaune (Argoussier rhamnoïde). La graine a un albumen très mince ou nul et un embryon droit.

THYMÉLÉACÉES. — Les Thyméléacées, 38 genres avec environ 360 espèces répandues dans les climats tempérés, sont des arbustes, rarement des herbes annuelles (Thymélée des champs, etc.), à feuilles isolées (Daphné, Thymélée, etc.) ou opposées (Passérine, Phalérie, etc.), simples et sans stipules, à limbe entier, coriace, uninerve ou penninerve. La tige a toujours des tubes criblés à la périphérie de sa moelle, et quelquefois aussi dans son bois secondaire (Aquilaire, Gyrinope, etc.)

Les fleurs sont régulières, hermaphrodites. Le calice a ordinairement quatre (fig. 159), quelquefois cinq sépales (Daïde, Aquilaire, etc.), souvent pétaloïdes, concrescents en tube. L'androcée a le plus souvent deux verticilles alternes de quatre ou cinq étamines, concrescentes avec le tube du calice (fig. 159); il n'y a quelquefois qu'un seul verticille d'étamines épisépales (Gyrinope, etc.) ou alternisépales (Struthiole, Drapète, etc.); chez les Pimélées, il n'y a que deux étamines, superposées aux deux plus externes des quatre sépales. Le pistil est formé ordinairement d'un seul carpelle antérieur, libre, fermé en arrière, portant vers le sommet de sa suture un seul ovule anatrope pendant à raphé ventral; le fruit est alors indéhiscent, akène (Pimélée, Thymélée, etc.), ou baie (Daphné, etc.). La formule florale est donc, pour les Daphnés :
$$F = (4S + 4E + 4E') + C.$$

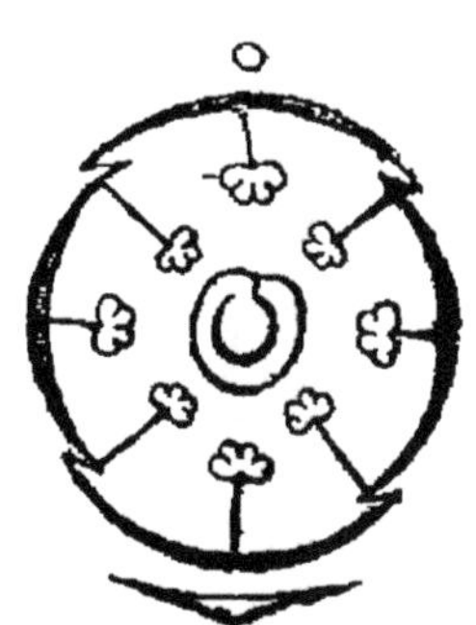

Fig. 159. Diagramme de la fleur du Daphné mézéréon.

Dans quelques genres, il y a plusieurs carpelles concrescents en un ovaire pluriloculaire; le fruit est alors une capsule loculicide (Aquilaire, Gyrinope, etc.), ou une drupe (Phalérie, etc.). La graine a un embryon droit, ordinairement dépourvu d'albumen.

Les genres se groupent en trois tribus :

1. *Thyméléées.* — Un carpelle, akène ou baie : Pimélée, Struthiole, Daphné, Thymélée, Passérine, Gnidie, etc.

2. *Phalériées.* — Plusieurs carpelles, drupe : Phalérie, Leucosmie, etc.

3. *Aquilariées.* — Plusieurs carpelles, capsule : Aquilaire, Gyrinope, etc.

Plusieurs de ces plantes sont utilisées, les unes pour leurs principes colorants, qui servent à teindre en jaune (divers Daphnés, Thymélée tinctoriale, etc.), d'autres pour leurs fibres textiles (divers Gnidies et Daphnés, Funifère utile, Dirce palustre, etc.), ou pour leur liber secondaire fibreux finement réticulé, qui est déjà lui-même un tissu (Lagette à linge, etc.), d'autres encore pour leur bois résineux et odorant (Aqui-laire, etc.).

PÉNÉACÉES. — Les Pénéacées ne renferment que les quatre genres Pénée, Sarcocolle, Endonème et Geissolome, avec environ 20 espèces propres à l'Afrique australe. Ce sont des arbustes très rameux, à feuilles petites, opposées, simples et sans stipules, à limbe entier et coriace. La tige a, comme celle des Thyméléacées, des tubes criblés périmédullaires. Par ce caractère, ces deux familles se distinguent de toutes les autres Apétales.

Les fleurs, hermaphrodites et régulières, se composent de quatre sépales concrescents en tube, de quatre étamines alter-nisépales concrescentes avec le tube du calice et de quatre car-pelles épisépales, ouverts et concrescents en un ovaire unilo-culaire à quatre placentes pariétaux, portant chacun à sa base deux ovules anatropes ascendants à raphé ventral. La formule florale est donc : $F = (4S + 4E) + (4C^o)$.

Le fruit est une capsule à déhiscence dorsale, rarement une drupe (Geissolome).

En résumé, les trois familles que nous venons de rattacher aux Protéacées peuvent se distinguer entre elles et du type par les caractères suivants :

Ovule anatrope {	ascendant, à raphé ventral. Etamines {	épisépales............... *Protéacées.*	
		alterni- { 1 carpelle .... *Éléagnées.*	
		sépales. { 4 carpelles ... *Pénéacées.*	
	pendant, à raphé ventral..................... *Thyméléacéess*		

ORDRE II

Apétales inférovariées.

L'ordre des Apétales inférovariées ne renferme que neuf familles. Il suffira d'étudier avec soin les trois plus importantes et d'y rattacher brièvement les autres. Ces trois familles types sont : les *Cupulifères*, les *Santalacées* et les *Aristolochiacées*, que l'on peut définir d'un mot comme il suit :

Pistil {	pluriloculaire à loges uniovulées ou biovulées...... *Cupulifères.*	
	uniloculaire à placentation centrale............... *Santalacées.*	
	pluriloculaire à loges multiovulées............... *Aristolochiacée.*	

Cupulifères. — Les Cupulifères sont de grands arbres comme les Aulnes, les Bouleaux, les Charmes, les Hêtres et les Châtaigniers, plus rarement des arbustes comme les Coudriers. Leurs feuilles sont isolées, simples, munies de stipules libres et caduques, à limbe penninerve ordinairement denté, plus rarement lobé (Chêne).

Les fleurs sont unisexuées et monoïques. Les fleurs mâles sont serrées en épis ordinairement longs et pendants (fig. 160), rarement globuleux (Hêtre) ou dressés (Châtaignier). A l'aisselle de chaque bractée de l'épi, on voit quelquefois une seule fleur (Coudrier, fig. 162, A, Chêne), le plus souvent une petite cyme bipare à trois (Aulne, fig. 161, A, Bouleau) ou sept fleurs (Châtaignier). Quelquefois nul (Coudrier, fig. 162, A, Charme, fig. 160), le calice est formé de quatre (Aulne, fig. 161, A, Bouleau) ou six (Châtaignier, Chêne, Hêtre) petits sépales verdâtres, souvent concrescents en coupe ou en cloche. Les étamines, dont la déhiscence est introrse et le connectif quelquefois bifurqué en Y (Bouleau, Charme, Coudrier, fig. 162, A), sont en

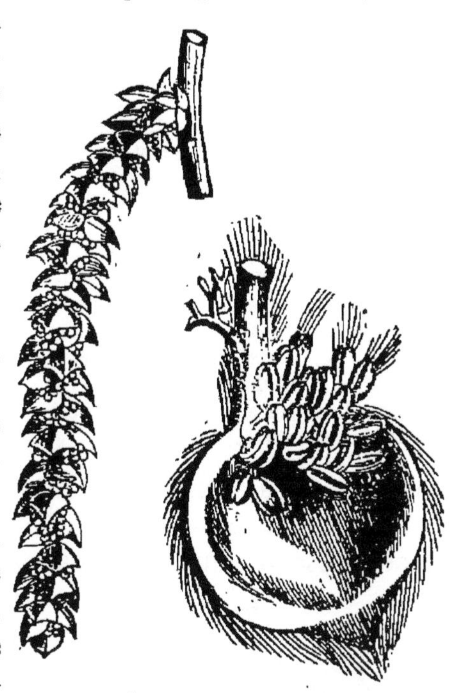

Fig. 160. Épi mâle du Charme; à droite, un groupe de fleurs mâles, grossi.

même nombre que les sépales auxquels elles sont superposées (Bouleau, Aulne, fig. 161, A, Chêne yeuse, Chêne rouge, etc.), ou en nombre plus grand et variable (Hêtre, Châtaignier, divers Chênes), ou au contraire en nombre plus petit, comme dans le Bouleau où elles se réduisent à deux; en l'absence de calice, l'androcée comprend quatre étamines (Coudrier, fig. 162, A, Charme).

Les fleurs femelles forment des épis multiflores et allongés (Aulne, Bouleau, etc.) ou pauciflores et globuleux (Coudrier, Chêne, Hêtre); elles occupent quelquefois la partie inférieure d'épis mixtes (Châtaignier, Chêne). Parfois solitaires à l'aisselle des bractées (Chêne), elles sont habituellement groupées par deux (Aulne, fig. 161, *B*, Coudrier, fig. 162, *B*, Hêtre) ou trois

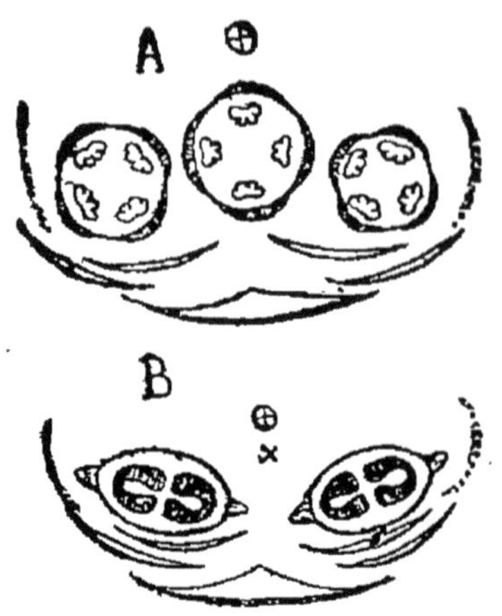

Fig. 161. Diagramme des fleurs de l'Aulne glutineux. *A*, trois fleurs mâles à l'aisselle d'une bractée de l'épi, avec quatre bractées secondaires. *B*, deux fleurs femelles à l'aisselle d'une bractée de l'épi, avec quatre bractées secondaires ; la fleur médiane a avorté.

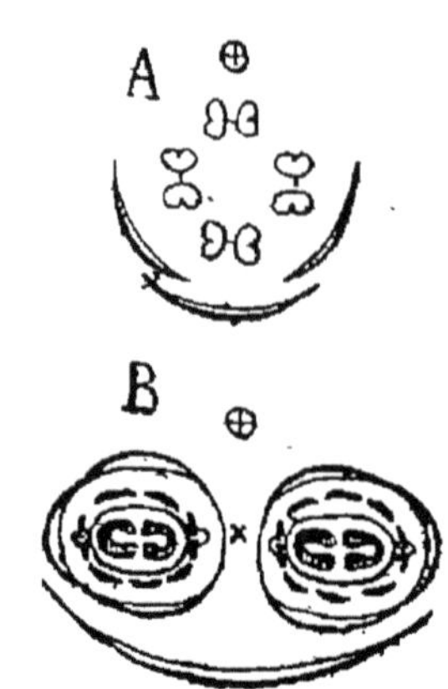

Fig. 162. Diagramme des fleurs du Coudrier aveline. *A*, une fleur mâle à l'aisselle d'une bractée de l'épi, avec deux bractées secondaires. *B*, deux fleurs femelles à l'aisselle d'une bractée de l'épi, avec six bractées secondaires unies par trois.

(Bouleau, Châtaignier, fig. 163) en petites cymes bipares. Le calice, qui manque quelquefois (Aulne, fig. 161, *B*, Bouleau), se compose de quatre (Coudrier, fig. 162, *B*, Charme) ou six

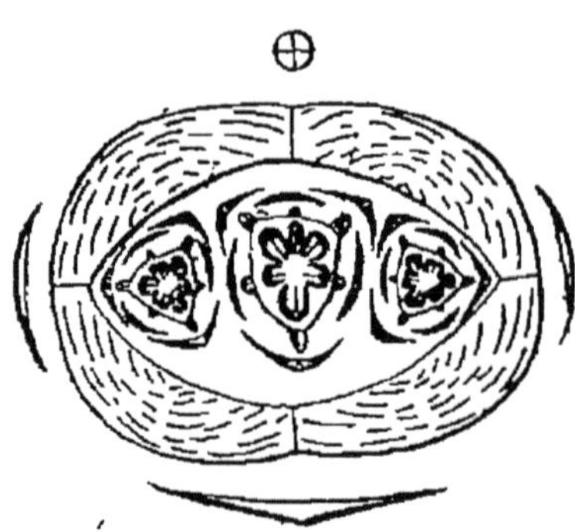

Fig. 163. Diagramme de la fleur femelle du Châtaignier vulgaire ; trois fleurs à l'aisselle de la bractée de l'épi, avec deux bractées secondaires et dans une cupule.

(Chêne, Hêtre, Châtaignier, fig. 163) sépales concrescents avec le pistil dans toute la longueur de l'ovaire. Le pistil comprend deux (Aulne, fig. 161, *B*, Bouleau, Coudrier, fig. 162, *B*, Charme), trois (Hêtre, Chêne) ou six (Châtaignier, fig. 163) carpelles fermés et concrescents en un ovaire à deux, trois ou six loges, surmonté d'autant de styles libres : chaque loge contient un (Aulne, fig. 161, *B*, Bouleau, Coudrier, fig. 162, *B*, Charme, Ostryer) ou deux (Chêne, Châtaignier, fig. 163, Hêtre) ovules anatropes pendants à raphé interne. La formule florale s'écrit : pour l'Aulne, $F_m = 4S + 4E_5$

et F$_f$ = (2C); pour le Coudrier, F$_m$ = 4E et F$_f$ = (4S + 2C); pour le Chêne, F$_m$ = 6S + 6E, et F$_f$ = (6S + 3C).

Pendant le développement de l'ovaire en fruit, toutes les loges avortent moins une, et si cette loge est biovulée, un seul des ovules devient une graine; aussi le fruit est-il dans tous les cas un akène, parfois ailé (Bouleau). En même temps, les bractées mères et les bractées propres des fleurs s'accroissent de diverses manières pour former autour du fruit ce qu'on appelle la *cupule*, à laquelle la famille doit son nom. Dans le Charme, c'est une écaille ouverte en arrière et trilobée; dans le Coudrier, une enveloppe à bord déchiqueté; dans le Chêne, une coupe plus ou moins profonde (fig. 164), couverte d'émergences écailleuses; dans l'Ostryer, un sac membraneux clos; ce sac clos enveloppe deux fruits dans le

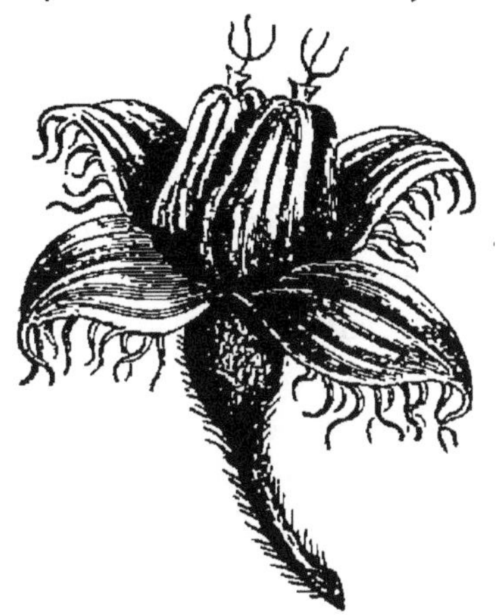

Fig. 164. Cupule du Chêne : fleur et fruit.

Fig. 165. Cupule du Hêtre, ouverte en quatre valves.

Hêtre (fig. 165), trois fruits dans le Châtaignier (fig. 163), et se fend en quatre valves à la maturité, pour disséminer les akènes (fig. 165). La graine est dépourvue d'albumen, et sa germination est tantôt épigée (Aulne, Bouleau, Charme, Hêtre), tantôt hypogée (Coudrier, Châtaignier, Chêne).

La famille des Cupulifères renferme 10 genres avec 400 espèces environ, dont 300 Chênes, répandues la plupart dans les régions tempérées de l'hémisphère boréal, où plusieurs constituent de vastes forêts; quelques-unes, notamment les Bouleaux, s'élèvent jusque dans les régions polaires et jusqu'à la limite des neiges éternelles. On sait de quelle grande utilité est leur bois; l'écorce des Chênes et des Bouleaux sert à tanner les peaux; celle du Chêne tinctorial est employée, sous le nom de *quercitron*, à la teinture en jaune; le Chêne-liège et le Chêne d'Occident sont exploités pour leur liège épais et indéfiniment renouvelable. Le Coudrier, le Châtaignier, le Hêtre et le Chêne ont des graines comestibles. La sève du Bouleau est sucrée au printemps, et l'on en fait dans le Nord une boisson alcoolique.

On groupe les genres en trois tribus :

1. *Bétulées*. — Pas de calice à la fleur femelle; carpelles uniovulés; pas de cupule : Aulne, Bouleau.
2. *Corylées*. — Un calice à la fleur femelle; carpelles uniovulés; cupule partielle : Coudrier, Charme, Ostryer, Ostryopse.
3. *Quercées*. — Un calice à la fleur femelle; carpelles biovulés; cupule générale : Châtaignier, Castanopse, Hêtre, Chêne.

Par l'unisexualité des fleurs, la superposition des étamines aux sépales, la fermeture des carpelles, etc., les Cupulifères se rattachent aux Urticacées, dont elles diffèrent par la structure au moins dimère du pistil et par l'ovaire infère.

Familles rattachées aux Cupulifères. — Aux Cupulifères ne se rattache assez intimement que la petite famille des *Juglandées*.

Juglandées. — Les Juglandées, 5 genres, dont le principal est le Noyer ou Juglans, avec environ 30 espèces, sont de grands arbres à feuilles composées pennées, sans stipules, à fleurs unisexuées monoïques, disposées en épis et solitaires à l'aisselle des bractées.

La fleur mâle du Noyer a quatre sépales avec six à vingt étamines. Sa fleur femelle a quatre sépales concrescents avec le pistil jusqu'à la base des styles, ce qui rend l'ovaire infère; le pistil est formé de deux carpelles ouverts et concrescents en un ovaire uniloculaire, contenant vers sa base un seul ovule orthotrope dressé et portant au sommet deux styles étalés en lames stigmatiques. La formule florale est donc : $F_m = 4S + 6\text{-}20E$ et $F_f = (4S + 2C^o)$. Le calice manque dans le Platycaryer.

Le fruit est une drupe dont la cavité se cloisonne incomplètement en deux ou quatre compartiments pendant sa croissance; la zone charnue du péricarpe se fend quelquefois en quatre valves à la maturité (Caryer) et la couche scléreuse s'ouvre parfois aussi à la germination en deux valves loculicides (Noyer, Caryer). La drupe peut être pourvue de deux ailes (Caryer, Ptérocaryer) ou d'un involucre trilobé (Engelhardtie). La graine, partagée en deux ou quatre lobes par les cloisons de l'ovaire, est dépourvue d'albumen et contient un embryon à cotylédons épais et oléagineux, dont la germination est hypogée.

Les Juglandées diffèrent des Cupulifères par leurs carpelles ouverts, leur ovule orthotrope, leur fruit drupacé et leurs feuilles composées sans stipules; tous ces caractères les relient aux Myricées, dont elles diffèrent surtout par l'ovaire infère.

Santalacées. — Les Santalacées sont des herbes (Thèse, etc.), des arbustes (Osyride) ou de grands arbres à bois aromatique (Santal); quoique pourvues de chlorophylle, elles vivent en parasites, les unes sur les branches des arbres (Myzodendre, etc.), les autres sur les racines des plantes les plus diverses (Thèse, Osyride, Santal, etc.). Les feuilles sont isolées (Thèse, Osyride, etc.), rarement opposées (Santal, etc.), simples, sans stipules, à limbe entier.

Les fleurs, petites et verdâtres, sont régulières, tantôt hermaphrodites (Thèse, Santal, etc.), tantôt unisexuées par avortement avec monœcie (Phacellaire, etc.) ou diœcie (Anthobole, Myzodendre, Osyride, etc.). Le calice comprend cinq (Thèse, fig. 166, *A*), quatre (Santal, fig. 166, *B*) ou trois (Osyride, fig. 166, *C*) sépales concrescents avec le pistil à la base seulement (Anthobole, etc.), jusqu'à mi-hauteur (Santal, etc.) ou jusqu'à la base du style (Thèse, fig. 167, Osyride, etc.), ce qui rend l'ovaire plus ou moins infère. Les étamines sont en même nombre que les sépales, auxquels elles sont superposées (fig. 166); dans le Chorètre, les anthères s'ouvrent par des pores terminaux; dans le Myzodendre, elles n'ont que deux sacs polliniques et s'ouvrent par une fente transversale; dans la Grubbie, il y a huit étamines en deux verticilles alternes. Le pistil se compose ordinairement de trois carpelles ouverts et concrescents en un ovaire uniloculaire, produisant chacun à sa base un prolongement qui porte un ovule orthotrope pendant sans tégument; ces trois prolongements sont concrescents en une colonne centrale grêle qui porte au sommet les trois ovules (fig. 167 et fig. 166, *A* et *B*); deux des ovules avortent quelquefois (Anthobole, Exocarpe, etc.). L'ovaire est surmonté d'un style unique, terminé par un stigmate globuleux et trilobé. Il n'y a quelquefois que deux carpelles (Grubbie, etc.) ou six, autant que de sépales (Chorètre, etc.). La formule florale est, pour le Thèse :

$$F = (5S + 5E_s + 3C^o).$$

Un seul des ovules se développe en graine; aussi le fruit est-il

un akène (Thèse, etc.) ou plus souvent un drupe (Santal, Osyride, etc.). La graine a un albumen charnu, avec un petit
embryon droit.

La famille des Santalacées comprend 28 genres avec environ

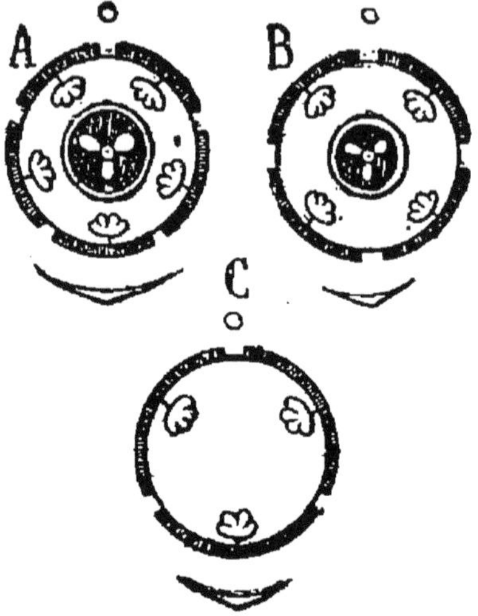

Fig. 166. Diagramme de la fleur. *A*, du Thèse
des prés; *B*, du Santal blanc; *C*, de l'Osyride
blanc (mâle).

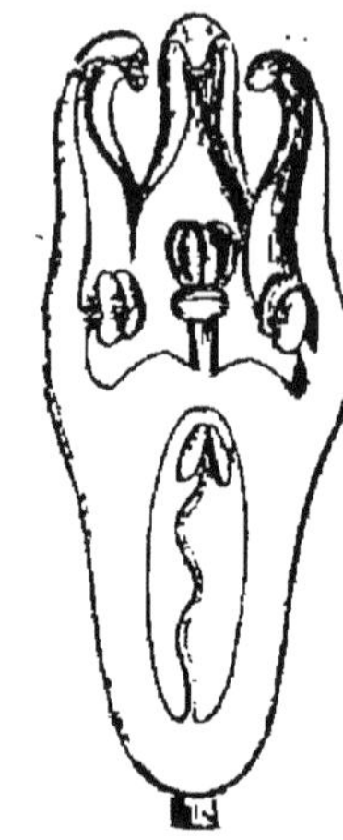

Fig. 167. Fleur de Thèse,
coupée en long.

225 espèces, dispersées dans toutes les régions chaudes et tempérées.

Les genres se groupent en trois tribus :

1. *Thésiées*. — Ovaire infère; sépales concrescents en tube au-dessus de l'ovaire;
akène : Thèse, Théside, Quinchamale, etc.
2. *Santalées*. — Ovaire infère; sépales libres au-dessus de l'ovaire; drupe :
Santal, Osyride, Myzodendre, Grubbie, etc.
3. *Anthobolées*. — Ovaire presque supère, uniovulé; drupe : Anthobole, Exocarpe.

Par le Myzodendre et l'Anthobole, qui ont les fleurs unisexuées, ce dernier avec un seul ovule, les Santalacées se rattachent de loin aux Juglandées dont elles ont l'ovaire uniloculaire, la placentation basilaire et l'ovule orthotrope; par les
Juglandées, elles se relient aux Cupulifères.

Familles rattachées aux Santalacées. — Aux Santalacées
se rattachent plus ou moins directement trois familles de plantes, parasites comme elles, les *Loranthacées, Balanophoracées* et
Rafflésiacées.

LORANTHACÉES. — Les Loranthacées, 13 genres avec 500 espèces environ, dont 350 pour le seul genre Loranthe, sont des arbustes verts répandus la plupart dans les régions tropicales, qui vivent en parasites sur les branches des arbres, tantôt fixés par un seul point (Gui, etc.), tantôt émettant des branches rampantes qui enlacent l'arbre et y enfoncent çà et là de nouveaux suçoirs (beaucoup de Loranthes, etc.). Les feuilles sont ordinairement opposées, simples, sans stipules, à limbe entier, épais, plus ou moins coriace.

Les fleurs sont régulières, parfois hermaphrodites (Nuytsie, Loranthe), plus souvent unisexuées avec monœcie (Ginalle, etc.), ou diœcie (Gui, etc.). Le calice a trois (Arceuthobe, etc.), quatre (Gui, etc.) ou six sépales (la plupart des Loranthes, fig. 168), parfois pétaloïdes (beaucoup de Loranthes). Les étamines sont en même nombre et épisépales (fig. 168) ; dans l'Arceuthobe, leur déhiscence est transversale ; dans le Gui, les étamines ne sont pas individualisées, ce sont les quatre sépales qui produisent, dans le parenchyme de leur face supérieure, un grand nombre de sacs polliniques arrondis s'ouvrant chacun par un pore : d'où une

Fig. 168. Diagramme de la fleur du Loranthe d'Europe.

analogie avec les étamines des Cycadacées. Le pistil se compose de deux (Gui, etc.) ou trois (Loranthe, fig. 168, etc.) carpelles ouverts, concrescents en dehors avec le calice jusqu'à la base du style, ce qui rend l'ovaire infère. Dans les Loranthes, chaque carpelle produit à sa base un talon ligulaire portant un ovule sans tégument, et ces talons sont concrescents en une colonne centrale : d'où une grande ressemblance avec les Santalacées ; mais ici la colonne est épaisse et se soude à la paroi ovarienne en haut et latéralement entre les ovules, de sorte que l'ovaire est plein (fig. 168). La formule florale est, pour les Loranthes :
$$F = (6S + 6E_s + 3C^o).$$

Dans les Guis, les deux carpelles sont de bonne heure concrescents dans toute l'étendue de leur face ventrale ; l'ovaire est plein presque dès le début et, par suite, il n'y a pas d'ovules. Ce sont certaines cellules appartenant directement à l'assise sous-épidermique de la face ventrale des carpelles soudés qui produisent, suivant la règle ordinaire, chacune un sac embryonnaire. Ainsi, de même que les sacs polliniques des Guis sont plongés dans le parenchyme des sépales, de même leurs sacs embryonnaires sont immergés dans le parenchyme ‹des car- pelles. Par là, ces plantes offrent l'exemple de la plus grande réduction possible de l'appareil sexué chez les Phanérogames.

Le fruit est une baie, remarquable, dans le Gui blanc, par la *viscine* qu'elle contient et qui fournit de la glu aux oiseleurs, La graine, dépourvue de tégument, se compose d'un embryon très développé, entouré d'ordinaire d'un albumen charnu.

Les genres se groupent en deux tribus :

1. *Loranthées*. — Fleurs hermaphrodites : Nuytsie, Loranthe.
2. *Viscées*. — Fleurs unisexuées : Gui, Arceuthobe, Ginalle, etc.

BALANOPHORACÉES. — Les Balanophoracées, 14 genres avec 35 espèces habitant la plupart les forêts humides des tropiques, sont des plantes sans chlorophylle, de couleur brune, jaune ou rouge, de consistance charnue, qui vivent en parasites sur les racines des arbres dicotylédonés. Leur appareil végétatif se réduit à une sorte de thalle membraneux ou filamenteux, qui se développe dans le bois de la racine nourricière, puis en perce l'écorce et se renfle au dehors, à la surface ou à l'intérieur du sol, en un tubercule entier ou lobé, rarement cylindrique et rameux, où s'accumulent les réserves nutritives. C'est de ce tubercule que proviennent ensuite, par voie de bourgeonnement adventif et endogène, les tiges florifères courtes ou allongées, nues ou couvertes de bractées, terminées par un épi ou un capitule de petites fleurs ordinairement monoïques.

La fleur mâle a ordinairement un calice à trois sépales avec autant d'étamines épisépales (fig. 169, A). La fleur femelle, nue dans le Bala- nophore, le Sarcophyte (fig. 169, B), etc., a un calice trimère (Mystropétale, etc.) ou dimère (Héloside, etc.), con- crescent avec le pistil dans toute la longueur de l'ovaire, qui est infère. Il y a tantôt trois carpelles ouverts et con- crescents, portant chacun un ovule ana- trope réduit au sac embryonnaire (Sar-

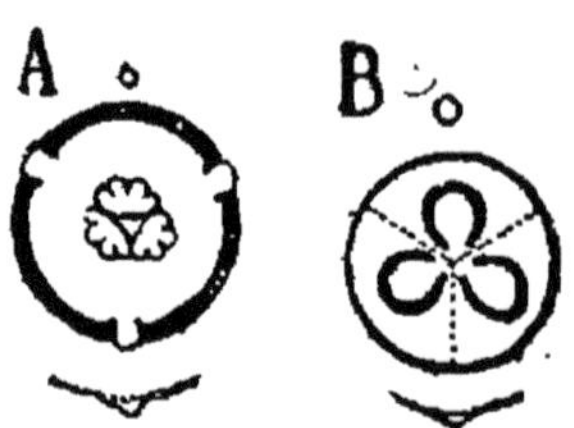

Fig.169.Diagramme des fleurs. *A*, fleur mâle de Langsdorfie hypogée ; *B*, fleur femelle de Sarcophyte sanguin.

cophyte, fig. 169, B, Mystropétale, etc.), tantôt deux carpelles ouverts, portant chacun un ovule anatrope réduit à son nucelle

(Lophophyte, etc.); ces trois ou deux ovules sont au sommet d'une colonne soudée entre eux à l'ovaire, comme chez les Loranthes (fig. 169, *B*). Ailleurs, il y a un seul carpelle fermé, portant un ovule réduit au nucelle (Balanophore, Langsdorfie, etc.) ou muni d'un tégument (Cynomore).

Le fruit est un akène (Cynomore, etc.) ou une drupe (Balanophore, etc.). La graine, dépourvue de tégument (excepté dans le Cynomore), se compose d'un albumen charnu et d'un très petit embryon homogène, c'est-à-dire sans aucune différenciation en tigelle, radicule et cotylédons.

Les genres se groupent en trois tribus :

1. *Mystropétalées.* — Trois carpelles : Mystropétale, Sarcophyte.
2. *Hélosidées.* — Deux carpelles : Héloside, Corynée, Lophophyte, etc.
3. *Balanophorées.* — Un carpelle : Balanophore, Cynomore, Langsdorfie, etc.

RAFFLÉSIACÉES. — Les Rafflésiacées, 8 genres avec environ 25 espèces la plupart tropicales, sont aussi des plantes parasites sans chlorophylle, dont l'appareil végétatif se réduit à une sorte de thalle envahissant les racines (Cytinet, Rafflésie, Hydnore, etc.) ou les tiges (Pilostyle, Apodanthe, etc.) de la plante hospitalière. Plus tard, ce thalle produit au dehors un tubercule duquel naissent ensuite, par bourgeonnement endogène, des tiges florifères très courtes et se terminant par une seule fleur qui peut atteindre un très grand diamètre (Rafflésie, Brugmansie, etc.), ou allongées et se terminant par un épi (Cytinet).

Les fleurs sont hermaphrodites (Hydnore, etc.) ou unisexuées dioïques (Rafflésie, Cytinet, fig. 170, etc.). Le calice a trois (Hydnore, etc.), quatre (Cytinet, fig. 170, Pilostyle, etc.), ou cinq (Rafflésie, etc.) sépales épais et charnus, concrescents en tube ou en cloche. L'androcée comprend quelquefois huit (Cytinet hypociste, fig. 170, *A*), ordinairement un grand nombre d'étamines concrescentes soit en

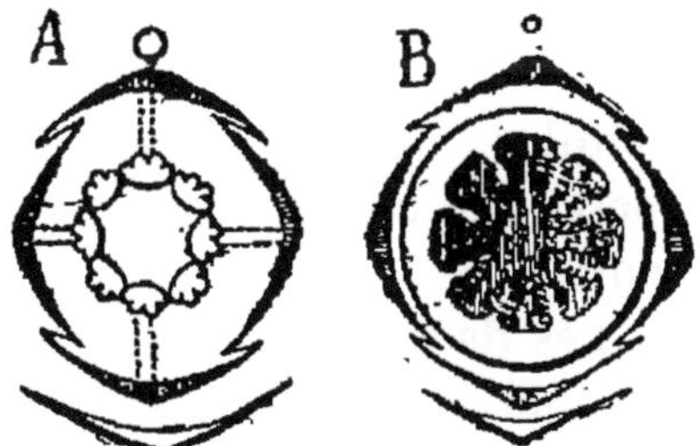

Fig. 170. Diagramme des fleurs du Cytinet hypociste. *A*, fleur mâle; *B*, fleur femelle.

une colonne centrale (Rafflésie, etc.), soit en trois groupes épisépales (Hydnore, etc.), à anthères extrorses avec un nombre variable de sacs polliniques s'ouvrant en long (Cytinet, etc.), en travers (Apodanthe, etc.) ou par un pore (Rafflésie, etc.). Le pistil se compose de trois ou quatre carpelles, rarement jusqu'à huit (fig. 170, *B*), ouverts et concrescents en un ovaire uniloculaire à placentes pariétaux, portant un grand nombre d'ovules tégumentés orthotropes (Cytinet, Hydnore, etc.) ou anatropes (Rafflésie, Brugmansie, etc.); l'ovaire est infère. La formule florale est, pour l'Hydnore : $F = (3S + 3 \times \infty\, E_s + 3C^o)$.

Le fruit est une baie, avec de nombreuses petites graines ayant tantôt un albumen abondant enveloppé d'un périsperme (Hydnore, etc.), tantôt seulement un très mince albumen (Rafflésie, etc.), mais toujours un embryon très petit et homogène.

Les genres se groupent en deux tribus :

1. *Hydnorées.* — Fleurs hermaphrodites : Hydnore, Prosopanche.
2. *Rafflésiées.* — Fleurs unisexuées : Cytinet, Apodanthe, Rafflésie, Pilostyle, Brugmansie, etc.

En résumé, les trois familles de plantes parasites que nous venons de rattacher aux Santalacées se distinguent facilement entre elles et du type par les caractères suivants :

<table>
<tr><td rowspan="6">Plantes</td><td rowspan="3">à chlorophylle. Ovules......</td><td>nus, mais distincts.</td><td>*Santalacées.*</td></tr>
<tr><td>rudimentaires ou</td><td></td></tr>
<tr><td>nuls............</td><td>*Loranthacées.*</td></tr>
<tr><td rowspan="2">sans chlorophylle. Carpelles</td><td>uniovulés........</td><td>*Balanophoracées.*</td></tr>
<tr><td>multiovulés.......</td><td>*Rafflésiacées.*</td></tr>
</table>

Aristolochiacées. — Les Aristolochiacées sont des herbes vivaces à rhizome rampant (Asaret, etc.) ou des plantes ligneuses souvent volubiles vers la droite (Aristoloche, etc.), à feuilles isolées, souvent distiques, simples et sans stipules, pétiolées engainantes, à limbe ordinairement palminerve et entier.

Les fleurs sont hermaphrodites, rarement terminales (Asaret), le plus souvent axillaires, parfois très grandes (diverses Aristoloches). Le calice est formé de trois sépales égaux et concrescents (Asaret, fig. 171, Aristoloche siphon, fig. 172, etc.), parfois d'un seul sépale reployé en tube (Aristoloche clématite, fig. 173, etc.); il est concrescent avec le pistil, l'ovaire est infère (fig. 174). L'androcée comprend ordinairement six (la plupart des Aristoloches) ou douze étamines (Asaret) à anthères extrorses, dont les connectifs épais, parfois prolongés en pointe (Asaret), sont tantôt libres (Asaret), tantôt unis latéralement en un tube

Fig. 171. Diagramme de la fleur de l'Asaret d'Europe.

Fig. 172. Diagramme de la fleur de l'Aristoloche siphon.

Fig. 173. Diagramme de la fleur de l'Aristoloche clématite.

qui surmonte l'ovaire et joue le rôle de canal stylaire (Aristoloche, fig. 174, etc.). Le pistil est constitué quelquefois par quatre (Bragantie, etc.), le plus souvent par six carpelles fermés, alternes avec les six étamines, concrescents en un ovaire à six loges contenant chacune deux rangs d'ovules anatropes (fig. 171, 172, 173); cet ovaire est tantôt surmonté d'autant de styles que de carpelles (Asaret, fig. 171, etc.), tantôt dépourvu de styles et de stigmates, la pollinisation et la germination du pollen s'opérant sur les épais connectifs des anthères (I, p. 375) (Aristoloche, fig. 174, etc.). La formule florale est, pour l'Asaret : F = (3S + 6E + 6E' + 6C).

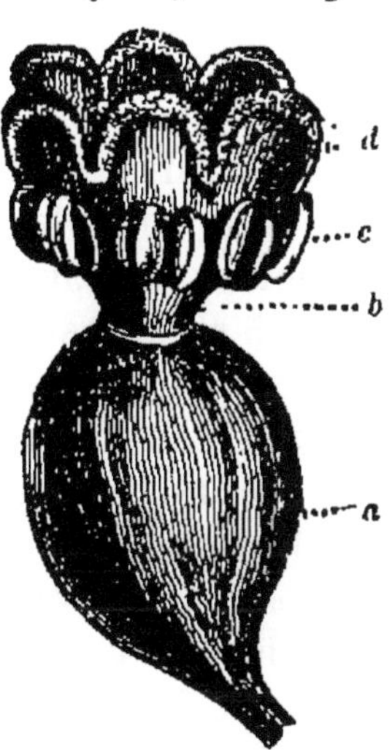

Fig. 174. Fleur d'Aristoloche ronde; le calice est enlevé; b, c, anthères soudées, dont les connectifs d jouent le rôle de stigmates; a, ovaire infère.

Le fruit est une capsule septicide. La graine renferme un abondant albumen charnu ou corné et un petit embryon.

Les Aristolochiacées ne comprennent que 5 genres avec 200 espèces environ, dont 180 Aristoloches, répandues dans les régions chaudes et tempérées, principalement dans l'hémisphère boréal.

Les genres se groupent en trois tribus :

1. *Asarées.* — Anthères libres : six carpelles : Asaret.
2. *Bragantiées.* — Anthères libres; quatre carpelles : Bragantie, Thottée.
3. *Aristolochiées.* — Anthères soudées; six carpelles : Aristoloche, Holostyle.

Familles rattachées aux Aristolochiacées. — Aux Aristolochiacées se rattachent, il est vrai d'assez loin, deux familles de moindre importance : les *Bégoniées* et les *Datiscées*.

BÉGONIÉES. — Les Bégoniées ne renferment que les deux genres Hillebrandie avec une seule espèce et Bégonie avec 330 espèces habitant principalement les tropiques. Ce sont des plantes herbacées, à tige parfois tuberculeuse ou ligneuse, à feuilles ordinairement distiques, simples, munies de deux stipules concrescentes en gaine, à limbe dissymétrique.

Les fleurs sont unisexuées monoïques, disposées en cymes bipares, les mâles terminales, les femelles latérales. La fleur mâle a un calice pétaloïde à sépales libres, au nombre de 2, 4 ou 8 chez les Bégonies, de 10 dans l'Hillebrandie, et un androcée à nombreuses étamines libres ou diversement concrescentes, à anthères extrorses. La fleur femelle a un calice pétaloïde dont les sépales libres sont au nombre de 2 à 8 chez les Bégonies, de 10 dans l'Hillebrandie; le pistil est composé de 3 (Bégonie) ou 5 (Hillebrandie) carpelles fermés, concrescents, avec le calice et entre eux en un ovaire à 3 ou 5 loges, renfermant, sur les bords carpellaires fortement réfléchis en dehors, un grand nombre d'ovules anatropes, et surmonté de 3 ou 5 styles ramifiés en dichotomie.

Le fruit est une capsule loculicide, dont les graines très petites contiennent un albumen très peu développé ou nul et un embryon cylindrique à cotylédons très courts.

DATISCÉES. — Les Datiscées ne comprennent que quatre espèces formant autant de genres : les Datisque et Tricéraste sont des herbes à feuilles lobées et à port de Chanvre, les Tétramèle et Octomèle de grands arbres à feuilles entières.

Les fleurs sont dioïques, en épi ou en grappe. Dans le Datisque (fig. 175) et le Tricéraste, la fleur mâle a six sépales avec six à douze étamines (fig. 175, *A*); la fleur femelle a trois sépales et trois carpelles épisépales ouverts et concrescents avec le calice et entre eux de manière à former un ovaire infère uniloculaire, à trois placentes pariétaux chargés de nombreux

Fig. 175. Diagramme des fleurs du Datisque chanvrin. *A*, fleur mâle; *B*, fleur femelle.

ovules anatropes, surmonté d'autant de styles bifurqués (fig. 175,

B). Le Tétramèle a quatre sépales, l'Octomèle huit, avec autant d'étamines ou de carpelles superposés.

Le fruit est une capsule à déhiscence apicale; la graine a un albumen peu abondant et un petit embryon cylindrique.

En résumé, les deux familles rattachées aux Aristolochiacées se distinguent entre elles et du type par les caractères suivants :

Fleurs { hermaphrodites............................... *Aristolochiacées.*
{ unisexuées. Placentation { pariétale............ *Datiscées.*
{ axile................ *Bégoniées.*

ORDRE III

Dialypétales supérovariées.

L'ordre des Dialypétales supérovariées est le plus vaste de la classe des Dicotylédones; il renferme, en effet, soixante-deux familles : il suffira pourtant d'en choisir quatre pour y rattacher toutes les autres. Ces quatre familles types sont les *Renonculacées*, les *Malvacées*, les *Géraniacées* et les *Célastracées*, que l'on peut distinguer comme il suit, par le nombre décroissant des éléments de l'androcée.

Étamines { en nombre indéfini, simples.   Type polystémone... *Renonculacées.*
{ en deux verticilles, ramifiées. Type méristémone... *Malvacées.*
{ en deux verticilles, simples. Type diplostémone.. *Géraniacées.*
{ en un verticille, simples.   Type isostémone.... *Célastracées.*

Renonculacées. — Les Renonculacées sont des herbes annuelles ou vivaces, rarement des plantes ligneuses (Xanthorhize, Pivoine moutan) ou des arbustes grimpant à l'aide des feuilles (Clématite), parfois prolongées en vrilles (Naravélie). Les feuilles sont isolées, rarement opposées (Clématite), à pétiole souvent dilaté en gaine, rarement stipulées, à limbe entier ou diversement découpé. Les fleurs sont hermaphrodites, ordinairement régulières, parfois zygomorphes (Aconit, Dauphinelle, etc.), souvent solitaires, ordinairement terminales (Renoncule, Pivoine, etc.), quelquefois groupées en grappes simples (Aconit, etc.) ou composées (Clématite, etc.); dans quelques genres, le pédicelle porte un involucre (Anémone, Éranthe, etc.). La formule générale de la fleur peut s'écrire : $F = 5S + 5P + \infty E + \infty C$, mais elle subit de nombreuses modifications.

Le calice comprend ordinairement cinq sépales (fig. 176, 178, 179), parfois trois (Ficaire), quatre (Clématite, fig. 177) ou six (Éranthe), libres, caducs, rarement persistants (Hellébore, etc.), assez souvent pétaloïdes; quelquefois le postérieur se développe plus que les autres, s'arrondit en casque (Aconit, fig. 179, *A*) ou

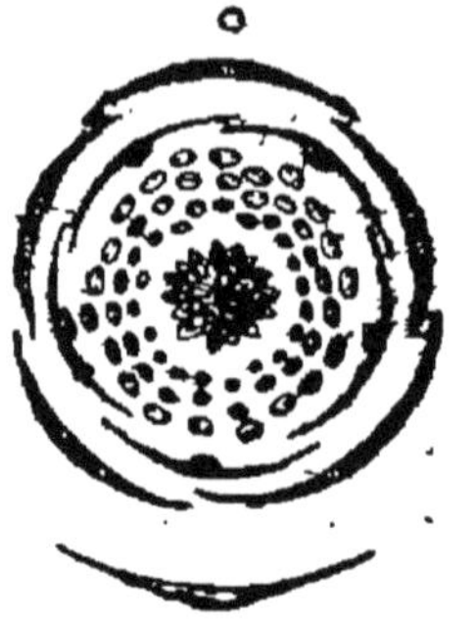

Fig. 176. Diagramme de la fleur de la Renoncule âcre.

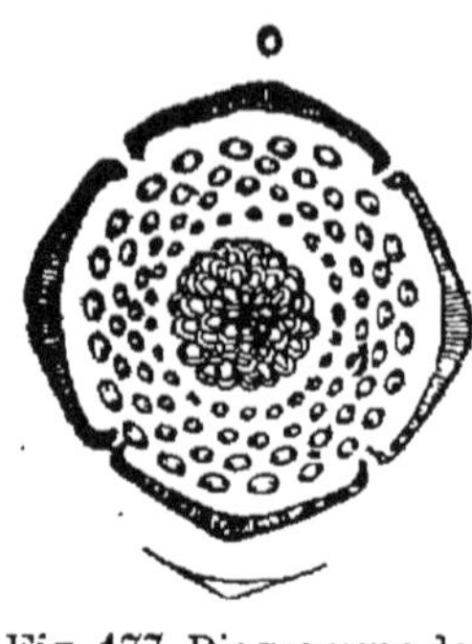

Fig. 177. Diagramme de la fleur de la Clématite intégrifoliée.

se prolonge en éperon (Dauphinelle, fig. 179, *B*), ce qui rend le calice zygomorphe. La corolle, formée de pétales libres, parfois éperonnés (Ancolie, fig. 178, *A*) ou creusés à la base d'une pochette nectarifère (Renoncule, fig. 176), est le plus souvent isomère et alterne avec le calice quelquefois, avec un calice pentamère, il y a huit (Aconit, fig. 179, *A*, Adonide, etc.) ou même 13 et 21 pétales

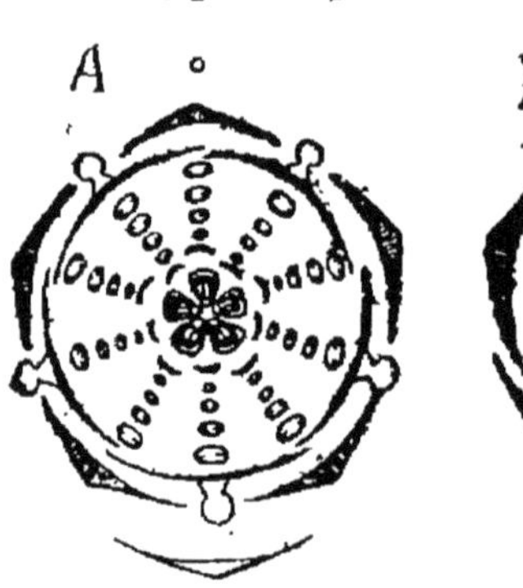

Fig. 178. Diagramme floral. *A*, de l'Ancolie vulgaire; *B*, de la Nigelle de Damas.

(Hellébore); à mesure que le calice devient pétaloïde, les pétales se réduisent à des appendices de plus en plus petits, creusés en casque au sommet (Aconit, fig. 180) ou enroulés en cornet (Hellébore, fig. 181), souvent nectarifères (Dauphinelle, Aconit, fig. 179, *A*, Éranthe, Nigelle, fig. 178, *B*, Hellébore, etc.), et enfin avortent complètement, en partie (Dauphinelle d'Ajax, fig. 179, *B*) ou en totalité (Anémone, Clématite, fig. 177, Pigamon, etc.). Quand le calice est zygomorphe, la corolle l'est aussi : des huit pétales de l'Aconit et de la Dauphinelle, par exemple (fig. 179), les deux postérieurs se développent plus que les autres (fig. 179, *A*) et peuvent même s'unir en un pétale unique, éperonné comme le sépale correspondant (Dauphinelle d'Ajax, fig. 179, *B*, etc.). L'androcée se compose d'un grand nombre d'étamines libres, à anthères latérales ou extrorses, disposées quelquefois en verticilles pentamères alternes (Ancolie, fig. 178, *A*, etc.), ordinairement en une spirale continue; dans les Ancolies, les étamines des deux derniers verticilles se réduisent à des staminodes (fig. 178, *A*). Le pistil est formé tantôt d'un grand nombre de petits carpelles libres,

renfermant un seul ovule anatrope, disposés en une spirale qui continue celle des étamines (Renoncule, fig. 176, Anémone, Clématite, fig. 177, etc.); tantôt d'un petit nombre de grands carpelles libres, à deux rangs d'ovules anatropes : cinq (Ancolie, fig. 178, *A*, Pivoine, Nigelle, fig. 178, *B*, etc.), trois (Hellébore, Éranthe,

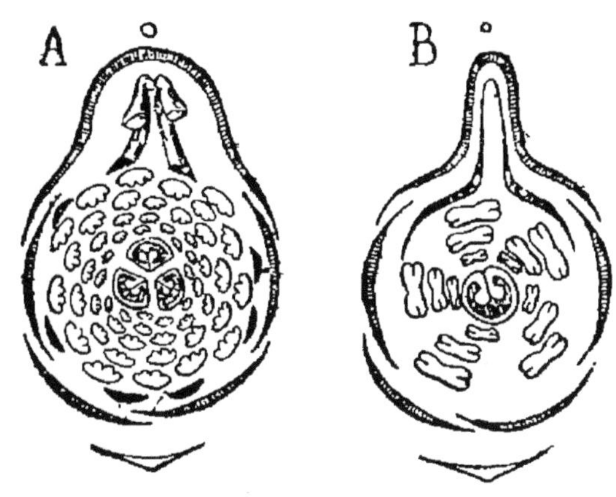

Fig. 179. Diagramme floral : *A*, de l'Aconit napel; *B*, de la Dauphinelle d'Ajax.

Aconit, fig. 179, *A*, etc.), deux (Nigelle garidelle, etc.) ou un seul (Actée, Dauphinelle d'Ajax, fig. 179, *B*); dans les Nigelles,

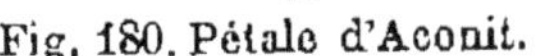

Fig. 180. Pétale d'Aconit.   Fig. 181. Pétale d'Hellébore.

ces grands carpelles s'unissent jusqu'à la base des styles en un ovaire à cinq loges (fig. 178, *B*).

Si les carpelles sont nombreux et uniovulés, le fruit se com-

pose d'autant d'akènes (fig. 176 et 177) ; s'ils sont peu nombreux
et multiovulés, ils deviennent autant de follicules (fig. 178 et
179) ; le fruit des Nigelles est une capsule à cinq loges, celui
des Actées une baie. La graine renferme un petit embryon avec
un abondant albumen charnu ou corné.

La famille des Renonculacées renferme 30 genres avec environ
1200 espèces, répandues la plupart dans les régions tempérées,
s'élevant jusqu'aux régions arctiques, mais ne vivant dans la
zone tropicale que sur les hautes montagnes. Recherchées dans
les jardins pour la beauté de leurs fleurs, elles renferment des
principes âcres et vénéneux qui acquièrent leur plus grande
activité dans les Aconits, les Hellébores et les Renoncules.

Les genres se groupent en trois tribus :

1. *Clématitées.* — Feuilles opposées : Clématite, Naravélie.
2. *Renonculées.* — Carpelles uniovulés, akènes : Renoncule, Ficaire, Myosure,
       Adonide, Anémone, Pigamon, etc.
3. *Helléborées.* — Carpelles multiovulés, follicules : Populage, Trolle, Hellébore,
       Éranthe, Isopyre, Nigelle, Ancolie, Dauphinelle, Aconit, Actée,
       Cimicifuge, Xanthorhize, Pivoine, etc.

Familles rattachées aux Renonculacées. — Aux Renonculacées se rattachent plus ou moins directement neuf familles de
moindre importance, ayant toutes comme elles de nombreuses
étamines indépendantes et un pistil formé de carpelles libres :
ce sont les *Anonacées, Magnoliacées, Monimiacées, Ménispermacées,
Myristicées, Berbéridacées, Lauracées, Nymphéacées* et *Nélombées.*

ANONACÉES. — Les Anonacées, 40 genres avec environ 400 espèces presque toutes tropicales, sont des arbres ou des arbustes
souvent grimpants, ordinairemeut aromatiques, à feuilles isolées, simples et sans stipules, à limbe entier.

Les fleurs régulières, hermaphrodites, sont conformées suivant la formule générale $F = 3S + 3P + 3P' + \infty E + \infty C$
(fig. 182). Le calice et la corolle sont quelquefois binaires (Disépale, Tétrapétale) ; les étamines ont les anthères extrorses et
sont quelquefois concrescentes avec le calice et la corolle en
une coupe autour du pistil (Eupomatie). Le pistil se compose
ordinairement d'un grand nombre de carpelles libres, renfermant un (Anone, fig. 182, *A*, etc.) ou deux (Oxymitre, etc.)
ovules anatropes, quelquefois de six carpelles seulement avec
deux rangs d'ovules (Asimine, fig. 182, *B*, etc.) ; dans les Mono-

dores, les carpelles sont ouverts et concrescents en un ovaire uniloculaire à nombreux placentes pariétaux.

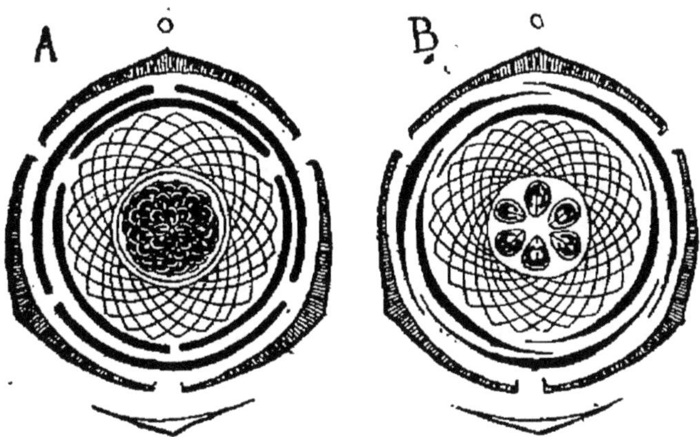

Fig. 182. Diagramme floral. *A*, de l'Anone coriace; *B*, de l'Asimine trilobée. Les très nombreuses étamines ne sont représentées que par leurs spires d'insertion.

Le fruit est formé de baies, rarement de follicules (Anaxagorée); dans les Anones, ces baies se soudent toutes ensemble en un fruit comestible de grande dimension, qui ressemble à un ananas. La graine, parfois enveloppée d'un arille (Xylopie, etc)., à un petit embryon droit et un albumen charnu ruminé (fig. 183); l'albumen aromatique du Monodore muscadier est un condiment analogue à celui du Muscadier.

Les Anonacées diffèrent surtout des Renonculacées par le type ternaire avec double corolle, le fruit charnu et l'albumen ruminé.

Fig. 183. Graine de Xylopie, coupée en long, montrant l'arille *h* et l'albumen ruminé.

MAGNOLIACÉES. — Les Magnoliacées, 9 genres avec 80 espèces habitant la plupart l'Asie tropicale et le nord de l'Amérique, sont des arbustes ou des arbres souvent aromatiques, à feuilles isolées, simples, stipulées (Magnolier, Liriodendre) ou sans stipules (Drimyde, Badiane, etc.).

Les fleurs sont régulières, ordinairement hermaphrodites, grandes et solitaires, conformées, comme celle des Anonacées, d'après la formule : $F = 3S + 3P + 3P' + \infty E + \infty C$ (fig. 184). Le calice et la corolle avortent quelquefois (Trochodendre, etc.). Les étamines ont les anthères introrses (Magno-

lier, Badiane, etc.) ou extrorses (Liriodendre, fig. 184, Drimyde, etc.). Le pistil se compose de nombreux carpelles
spiralés, libres, renfermant chacun un (Badiane, etc.), deux

Fig. 184. Diagramme de
la fleur du Lirioden-
dre tulipier.

(Magnolier, Liriodendre, etc.), ou deux rangées d'ovules anatropes (Drimyde, etc.).

Le fruit est formé de capsules s'ouvrant
par une fente dorsale (Magnolier) ou ventrale (Badiane), de samares (Liriodendre)
ou de baies (Drimyde, etc.). La graine contient un petit embryon avec un albumen
oléagineux, non ruminé.

Ces plantes sont ornementales; le Liriodendre tulipier donne aussi du bois de
construction; le fruit de la Badiane anisée,
ou *anis étoilé*, est employé pour l'huile
essentielle aromatique qu'il contient; il en est de même de
l'écorce parfumée de plusieurs Drimydes.

Les genres se groupent en quatre tribus :

1. *Illiciées.* — Pas de stipules : Drimyde, Badiane.
2. *Magnoliées.* — Stipules, fleurs hermaphrodites : Magnolier, Liriodendre.
3. *Schizandrées.* — Pas de stipules, fleurs unisexuées : Schizandre, Kadsure.
4. *Trochodendrées.* — Pas de stipules. Pas de périanthe : Trochodendre, Euptélée.

Les Magnoliacées diffèrent des Anonacées surtout par l'albumen non ruminé.

MONIMIACÉES. — Les Monimiacées, 22 genres avec environ
150 espèces appartenant la plupart aux contrées chaudes de
l'Amérique et de l'Asie, sont des arbustes ou des arbres aromatiques, à feuilles opposées, simples et sans stipules. La tige des
Calycanthes et des Chimonanthes est remarquable par ses
quatre faisceaux libéroligneux corticaux inverses, doués d'ac-
croissement secondaire (I, p. 166).

Les fleurs, hermaphrodites (Calycanthe, etc.) ou unisexuées
dioïques (Monimie, Tambourisse, etc.), ont une organisa-
tion exprimée par la formule $F = (\infty S + \infty P + \infty E) + \infty C$
(fig. 185). Le périanthe se compose, en effet, d'un plus ou moins
grand nombre de feuilles spiralées, concrescentes en coupe ou
en tube, les externes sépaloïdes, les internes pétaloïdes. L'androcée comprend un grand nombre d'étamines concrescentes
avec le périanthe, dont elles continuent la spirale; les anthères

s'ouvrent en long (Monimie, Calycanthe, etc.) ou par deux valves (Athérosperme, etc.). Le pistil est formé par un grand nombre de carpelles libres, insérés au fond de la coupe externe et renfermant un seul (Monimie, Tambourisse, etc.) ou deux ovules anatropes (Calycanthe, fig. 185, Athérosperme, etc.).

Le fruit se compose de drupes (Monimie, Tambourisse, etc.) ou d'akènes (Calycanthe, Athérosperme, etc.), ordinairement enveloppés par la coupe externe accrue et devenue charnue. La graine est tantôt munie d'un albumen charnu (Monimie, etc.), tantôt dépourvue d'albumen (Calycanthe, etc.).

Ces plantes fournissent de beaux bois de construction, des écorces aromatiques employées comme épices, des fruits comestibles, etc.

Fig. 185. Diagramme de la fleur du Calycanthe fleuri.

Les genres se groupent en trois tribus :

1. *Monimiées.* — Anthères à déhiscence longitudinale; un ovule pendant; albumen : Monimie, Tambourisse, Mollinédie, Kibare, etc.

2. *Athérospermées.* — Anthères à déhiscence transversale; un ovule dressé; albumen : Conule, Siparune, Athérosperme, etc.

3. *Calycanthées.* — Deux ovules dressés; pas d'albumen : Calycanthe, Chimonanthe.

Les Monimiacées diffèrent des deux familles précédentes par les feuilles opposées, le nombre indéterminé des pièces du périanthe et le défaut de différenciation nette en calice et corolle, mais surtout par la concrescence des trois formations externes.

MÉNISPERMACÉES. — Les Ménispermacées, 31 genres avec 100 espèces habitant la plupart l'Asie et l'Amérique tropicales, sont des plantes ordinairement ligneuses, à tige souvent volubile à droite et douée de l'anomalie de structure signalée (I, p. 212). Les feuilles sont isolées, simples et sans stipules, à limbe habituellement palminerve, entier ou lobé.

Les fleurs petites, dioïques par avortement, ont leur constitution exprimée par la formule : $F = 3S + 3S' + 3P + 3P' + 3E + 3E' + 3C$ (fig. 186); la fleur mâle du Cissampèle est dimère (fig. 187, *A*). Le calice est souvent pétaloïde (Coque,

Ménisperme, etc.); la corolle peut être gamopétale (Cissampèle,
fig. 187, *A*) ou avorter (Abute, etc.). L'androcée a ses filets
libres (Coque, Ménisperme, etc.) ou concrescents en colonne
(Anamirte, Sarcopétale, etc.) et les anthères s'ouvrent soit par
des fentes longitudinales (Coque, etc.) ou transversales (Ana-

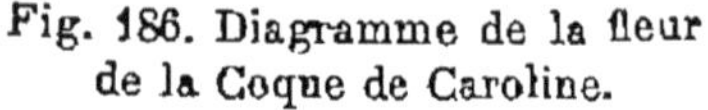

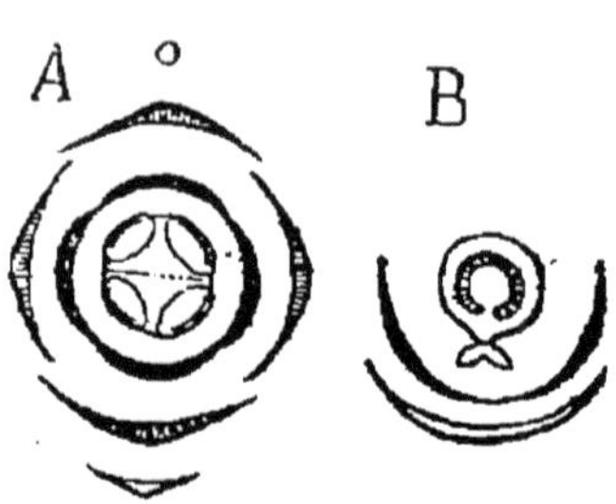

Fig. 186. Diagramme de la fleur   Fig. 187. Diagramme des fleurs d'un Cissam-
de la Coque de Caroline.   pèle : *A*, fleur mâle; *B*, fleur femelle.

mirte, etc.), soit par des pores (Chasmanthère). Le pistil a ses
carpelles libres, contenant vers le sommet de l'ovaire un seul
ovule anatrope pendant à raphé interne; il peut y avoir six carpelles (Sychnosépale) ou un seul (Cissampèle, fig. 187, *B*, etc.).

Le fruit se compose d'autant de drupes, droites (Triclisie, etc.)
ou courbées en fer à cheval (Coque, Ménisperme, etc.). La graine
a un embryon de même forme que la drupe, à cotylédons ordinairement appliqués, parfois divergents (Chasmanthère, etc.),
avec un albumen charnu plus ou moins abondant, quelquefois
nul (Chondodendre, etc.).

Les genres se groupent en quatre tribus :

1. *Ménispermées.* — Cotylédons appliqués; albumen abondant : Coque, Ménisperme, Abute, Sarcopétale, etc.

2. *Pachygonées.* — Cotylédons appliqués; pas d'albumen : Pachygone, Chondodendre, Sychnosépale, Triclisie, etc.

3. *Chasmanthérées.* — Cotylédons divergents : Chasmanthère, Anamirte, Tino-
spore, etc.

4. *Ciccampélées.* — Un seul carpelle : Cissampèle, Stéphanie, Cyclée.

Les Ménispermacées se rattachent aux Anonacées et aux
Magnoliacées par les feuilles isolées et le type ternaire de la
fleur; elles en diffèrent par leur double calice et par la détermination plus grande des parties de l'androcée et du pistil.

Myristicées. — Les Myristicées, formées par le seul genre
Myristice ou Muscadier avec 80 espèces la plupart tropicales,

sont des arbres aromatiques à feuilles isolées, simples et sans stipules, à limbe penninerve entier.

Les fleurs régulières, dioïques, sont conformées comme celles des Ménispermacées unicarpellées, mais elles sont apétales et l'ovule est ascendant à raphé ventral.

Le fruit est charnu et s'ouvre en deux valves à la façon d'un légume. La graine, pourvue d'un arille charnu, rouge ou orangé, irrégulièrement déchiré, a un volumineux albumen ruminé et un petit embryon à cotylédons divergents. L'albumen du Muscadier odorant est l'épice bien connue sous le nom de *noix muscade*.

BERBÉRIDACÉES. — Les Berbéridacées, 19 genres avec environ 100 espèces répandues dans les contrées tempérées, sont des herbes ou des arbustes, parfois volubiles à droite (Lardizabale, Akébie, etc.), à feuilles isolées, simples (Berbéride, etc.) ou plus souvent composées, ordinairement sans stipules, parfois munies de stipules larges (Lardizabale, etc.) ou épineuses (Berbéride).

Les fleurs régulières, hermaphrodites (Berbéride, Épimède, etc.) ou unisexuées avec monœcie (Akébie, etc.) ou diœcie (Lardizabale, etc.), sont trimères et leur constitution s'exprime, comme chez les Ménispermacées, par la formule $F = 3S + 3S' + 3P + 3P' + 3E + 3E' + 3C$ (fig. 188, *A*); il y a dimérie dans les

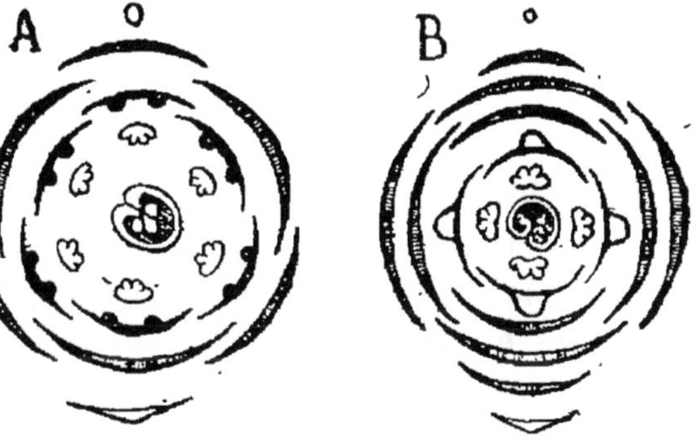

Fig. 188. Diagramme floral : *A*, du Berbéride vulgaire; *B*, de l'Épimède alpin.

Épimèdes (fig. 188, *B*). Le calice est pétaloïde et peut prendre trois (Mahonie, etc.), cinq (Épimède, fig. 188, *B*, etc.) et jusqu'à huit (Nandine) verticilles, ou se réduire à un seul (Akébie, etc.). La corolle a ses pétales petits, parfois réduits à des écailles nectarifères (Léontice, etc.) ou tout à fait avortés (Akébie, etc.). L'androcée a ses anthères introrses (Berbéride, fig. 188, *A*, etc.) ou extrorses (Épimède, fig. 188, *B*, Lardizabale, etc.), s'ouvrant soit de bas en haut par deux clapets (Berbéride, Mahonie, fig. 189, etc.), soit par deux fentes longitudinales (Podophylle,

Akébie, Nandine, etc.). Le pistil se compose tantôt d'un seul (Berbéride, etc.), tantôt de trois (Lardizabale, etc.) carpelles fermés, libres, terminés par un style court et un stigmate

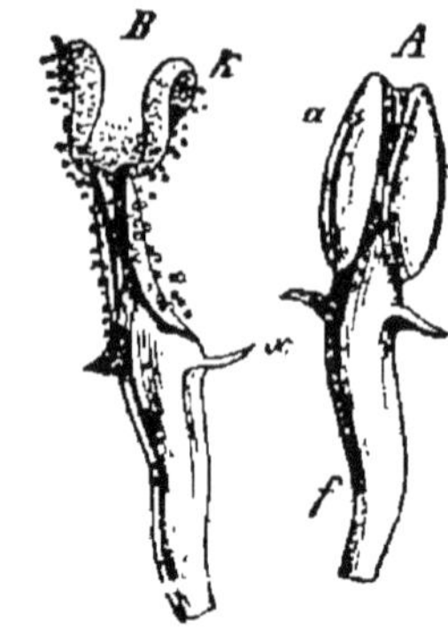

Fig. 189. *A*, étamine de Mahonie aquifoliée; *B*, la même avec son anthère ouverte en *k*; *x*, appendices du filet *f*.

discoïde, renfermant sur la suture renflée plusieurs rangées d'ovules anatropes; ceux-ci se développent quelquefois sur toute la surface interne de l'ovaire, dont les bords ne se renflent pas (Lardizabale, Akébie, etc.); ils peuvent se réduire à deux (Nandine).

Le fruit est une baie souvent comestible (Berbéride, Lardizabale, Podophylle, etc.), rarement une capsule (Épimède, etc.). La graine a un albumen charnu et un petit embryon à cotylédons courts.

Les genres se groupent en deux tribus :

1. *Lardizabalées*. — Trois carpelles : Lardizabale, Akébie, Decaisnée, etc.
2. *Berbéridées*. — Un carpelle : Berbéride, Mahonie, Léontice, Nandine, Épimède, Podophylle, etc.

Par les Lardizabalées, les Berbéridacées se rattachent aux Ménispermacées, dont elles diffèrent surtout par la pluralité des ovules et la nature du fruit.

Lauracées. — Les Lauracées, 24 genres avec environ 900 espèces tropicales, sont des arbustes souvent aromatiques, produisant des huiles essentielles dans des cellules ordinaires éparses dans le parenchyme, à feuilles isolées, rarement opposées (Cannellier) simples et sans stipules, ordinairement persistantes et coriaces, à limbe entier. Les Cassythes sont des herbes volubiles à droite, sans chlorophylle, qui vivent en parasites sur les tiges, à la façon des Cuscutes.

Les fleurs sont régulières, hermaphrodites, quelquefois unisexuées monoïques (Hernandie, etc.) ou dioïques (Sassafras, etc.), trimères (fig. 190, *A*), rarement dimères (Laurier, fig. 190, *B*. Litsée, etc.), et leur constitution s'exprime par la formule $F = (3\,S + 3\,P + 3\,E + 3\,E' + 3\,E'' + 3\,E''') + C$. Le calice et la corolle, sépaloïdes ou pétaloïdes, sont semblables entre eux et concrescents en tube. L'androcée comprend quatre verticilles, dont l'interne se réduit à des staminodes (s), concrescents avec le tube du périanthe; les anthères ont deux (Laurier, etc.) ou quatre loges superposées deux par deux (Cannellier, Persée, etc.),

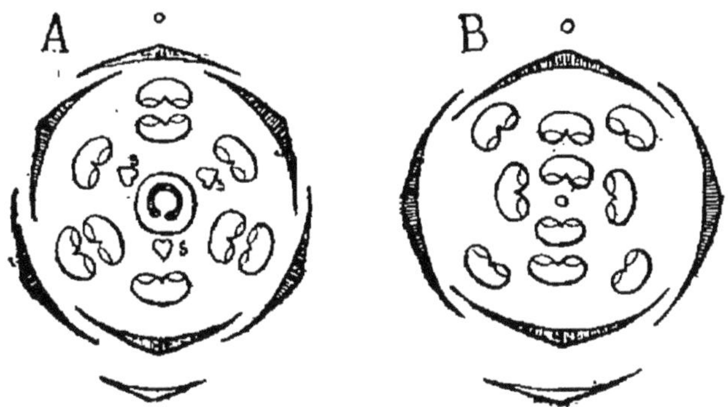

Fig. 190. Diagramme floral : *A*, du Persée savoureux; *s*, staminodes; *B*, du Laurier noble (fleur mâle).

qui s'ouvrent par autant de clapets (fig. 191); introrses dans les deux premiers verticilles, elles sont extrorses dans le troisième (fig. 190, *A*), quelquefois introrses partout (Laurier, fig. 190, *B*, Sassafras, etc.).

Le pistil est formé d'un seul carpelle clos à style court, contenant un ovule anatrope pendant à raphé externe; dans les Hernandies, qui n'ont que trois étamines, ce carpelle est concrescent avec le tube du périanthe et l'ovaire est infère.

Le fruit est une baie, parfois comestible (Persée savoureux, vulgairement Avocatier, etc.), rarement un akène entouré par le périanthe charnu qui lui donne l'aspect d'une drupe (Cassythe, Hernandie). La graine a un embryon droit, à cotylédons charnus, sans albumen.

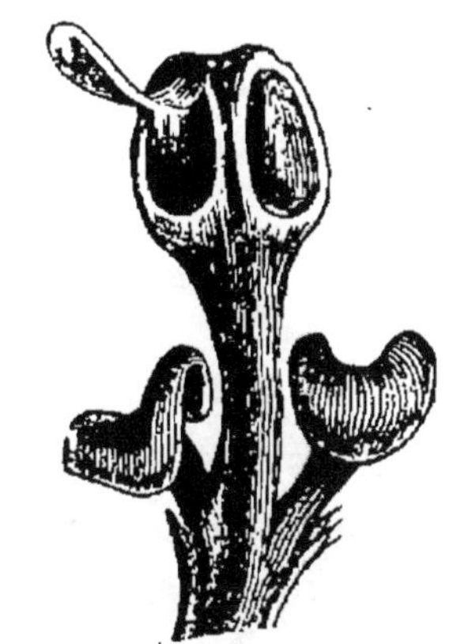

Fig. 191. Étamine de Laurier, avec ses deux appendices basilaires.

Ces plantes nous donnent des feuilles (Laurier noble, etc.) et des écorces aromatiques ou *cannelles* (Cannellier de Ceylan, etc.), le camphre dit *du Japon* (Cannellier camphrier), des bois de construction et d'ébénisterie, des fruits comestibles (Avocatier).

Les genres se groupent en trois tribus :

1. *Laurées.* — Ovaire supère; plantes vertes non parasites : Cryptocaryer, Cannellier, Persée, Litsée, Laurier, Ocotée, etc.
2. *Cassythées.* — Ovaire supère; plantes sans chlorophylle, parasites : Cassythe.
3. *Hernandiées.* — Ovaire infère : Hernandie.

Les Lauracées se rattachent aux Berbéridacées monocarpel-
lées, mais en diffèrent notamment par la concrescence en tube
des verticilles externes; ce caractère, joint à l'unité de l'ovule,
les rapproche des Protéacées et surtout des Éléagnées, avec
lesquelles elles ont, en effet, d'étroites affinités.

NYMPHÉACÉES. — Les Nymphéacées, 7 genres avec une tren-
taine d'espèces répandues dans les eaux douces sur toute la
surface du globe, sont des herbes aquatiques, à rhizome enra-
ciné dans la vase, portant de grandes feuilles simples, longuement pétiolées, à limbe entier, pelté et nageant, creusées de
canaux aérifères munis assez souvent de poils scléreux étoilés
(Nénuphar, Nymphée, etc.); les Cabombes ont, en outre, des
feuilles submergées, finement découpées. La structure de ces
plantes leur assure une place à part dans les Dicotylédones.
Leur racine, notamment, exfolie complètement son épiderme
avec sa coiffe, comme chez les Monocotylédones. Leur tige,
dépourvue de cylindre central, est astélique (I, p. 173) ou mieux
schizostélique (p. 167).

Les fleurs sont solitaires, régulières, hermaphrodites, avec
un calice de trois (Cabombe, Brasénie), quatre (Nymphée,
Victoire) ou cinq (Nénuphar, fig. 192, Barclaie) sépales
libres et une corolle de trois (Cabombe, Brasénie) ou de
nombreux pétales libres, dis-posés en spirale (Nymphée,
Nénuphar, fig. 192, etc.).
L'androcée a d'ordinaire un grand nombre d'étamines
libres, continuant la spirale de la corolle, à filets souvent
aplatis et pétaloïdes, pas-sant quelquefois graduelle-ment aux
pétales (Nénuphar, fig. 192, Nymphée), à anthè-res introrses;
les Cabombes

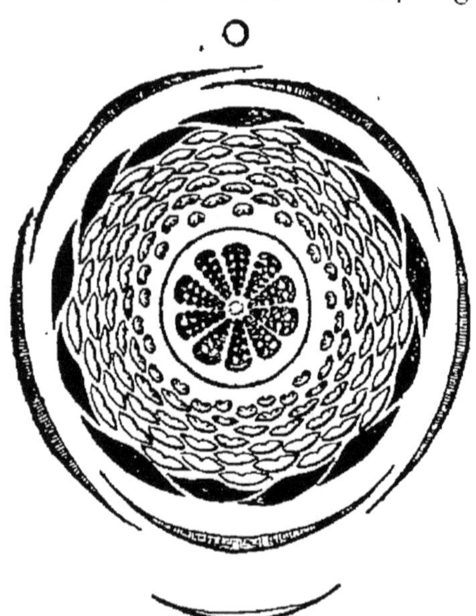

Fig. 192. Diagramme de la fleur du
Nénuphar jaune.

n'ont que trois à six étamines avec anthères extrorses. Le pistil
est composé d'un grand nombre de carpelles fermés, rarement
de trois seulement (Cabombe), libres (Cabombe, Brasénie) ou

concrescents en un ovaire pluriloculaire, surmonté d'un large plateau stigmatique (Nénuphar, fig. 192, Nymphée, etc.), contenant de nombreux ovules anatropes insérés sur toute leur surface interne; il est quelquefois concrescent avec les parties externes jusqu'à mi-hauteur (Nymphée, Barclaie), ou jusqu'au sommet, ce qui rend l'ovaire infère (Victoire, Euryale). La formule florale s'écrit, pour les Cabombes : $F = 3S + 3P + 3E + 3C$, et pour les Nénuphars, $F = 5S + \infty P + \infty E + (\infty C)$.

Le fruit est une baie; la graine renferme un embryon muni à la fois d'un petit albumen charnu et d'un abondant périsperme amylacé.

Les genres se groupent en trois tribus :

1. *Cabombées.* — Carpelles libres : Cabombe, Brasénie.

2. *Nupharées.* — Carpelles concrescents, cinq sépales : Nénuphar, Barclaie.

3. *Nymphéées.* — Carpelles concrescents, quatre sépales : Nymphée, Victoire, Euryale.

Nélombées. — Les Nélombées, formées du seul genre Nélombe avec deux espèces, l'une d'Asie, l'autre d'Amérique, sont aquatiques comme les Nymphéacées et ont le même mode de végétation. Mais elles diffèrent beaucoup des Nymphéacées par la structure; leur racine, notamment, croît au sommet comme celle des autres Dicotylédones et leur tige est monostélique avec faisceaux libéroligneux corticaux. Elles en diffèrent aussi par l'organisation de la fleur, du fruit et de la graine.

La fleur a quatre sépales, avec un grand nombre de pétales et d'étamines, comme dans les Nymphéées; mais les nombreux carpelles libres qui composent le pistil sont enfoncés séparément dans le parenchyme du réceptale et ne contiennent qu'un seul ovule pendant à raphé externe inséré au haut de la suture.

Le fruit se compose d'autant d'akènes et la graine renferme un gros embryon à cotylédons très épais, sans albumen, ni périsperme.

Résumé du groupe polystémone. — En résumé, les dix familles de Dialypétales supérovariées qui se rattachent au type polystémone ont en même temps le pistil formé de carpelles libres : il n'y a qu'un petit nombre d'exceptions (Nigelle, Monodore, Nymphéées et Nupharées). Tous les autres caractères varient. Si l'on néglige les exceptions, la distinction de ces familles, entre elles et par rapport aux Renonculacées qui nous ont servi de point de départ, peut être résumée comme il suit :

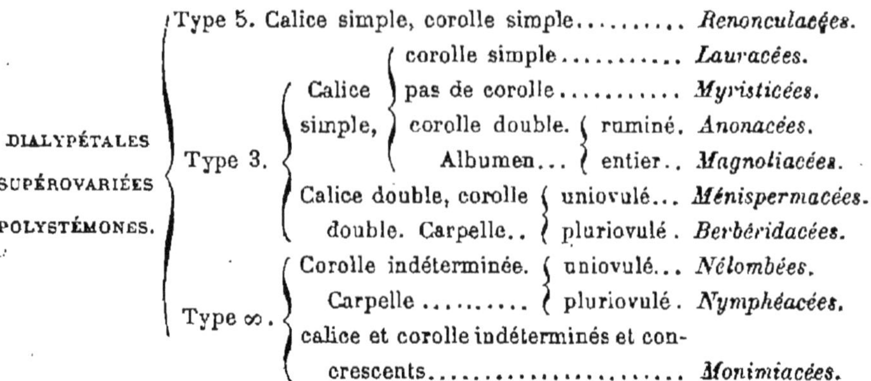

Malvacées. — Les Malvacées sont des herbes annuelles ou vivaces, des arbustes ou des arbres dont la tige possède un liber secondaire stratifié. Leurs feuilles sont isolées, munies de petites stipules caduques, à limbe fréquemment palminerve, entier ou diversement découpé, parfois composées palmées (Adansonie, Bombace, Pachire, etc.). Tiges et feuilles ont leur parenchyme muni de cellules à gomme ou à mucilage, parfois groupées autour de lacunes et formant des canaux sécréteurs (Sterculie, Héritière, Dombeyer, etc.).

Les fleurs sont régulières, hermaphrodites, le plus souvent en grappe, cyme ou grappe de cymes. Concrescent avec sa bractée mère sur une grande longueur dans le Tilleul, le pédicelle porte assez souvent un involucre sous la fleur (Mauve, Guimauve, Ketmie, Urène, etc.). La fleur est ordinairement pentamère et son organisation typique peut être représentée par la formule : $F = 5S + 5P + 5 \times \infty E + (5C)$; il y a rarement tétramérie (Sparmannie, fig. 194, Entélée, Antholome, etc.) ou trimérie (Prockie).

Les sépales, parfois libres (Tilleul, fig. 193, Sparmannie, fig. 194, Dombeyer, etc.), sont le plus souvent concrescents (Mauve, Bombace, Sterculie, etc.), quelquefois pétaloïdes (Sterculie, etc.). Les pétales, ordinairement libres, sont assez souvent concrescents, soit à la base seulement entre eux et avec l'androcée (Mauve, Ketmie, etc.), soit sur une plus grande étendue (Bombace, Antholome, etc.); ils sont parfois munis d'une couronne (Buttnérie); ils peuvent rester très petits (Lasiopétale) ou même avorter complètement (Sterculie, Héritière, etc.). Au-dessus de la corolle, le pédicelle s'allonge quelquefois en une colonne, qui porte à son extrémité l'androcée et le pistil (Sterculie, Hélictère, Éléocarpe, etc.). L'androcée comprend normalement dix étamines en deux verticilles alternes. Elles demeurent quelquefois simples (Solmsie, Buttnérie, etc.); mais le plus souvent elles se ramifient en autant de phalanges d'éta-

Fig. 193. Diagramme de la fleur
du Tilleul grandifolié.

Fig. 194. Diagramme de la fleur
de la Sparmannie d'Afrique.

mines partielles, à filets libres ou plus ou moins concrescents : les dix phalanges peuvent être fertiles (Mollie, etc.), mais ordinairement il n'y a que cinq phalanges épipétales (Mauve, fig. 195,

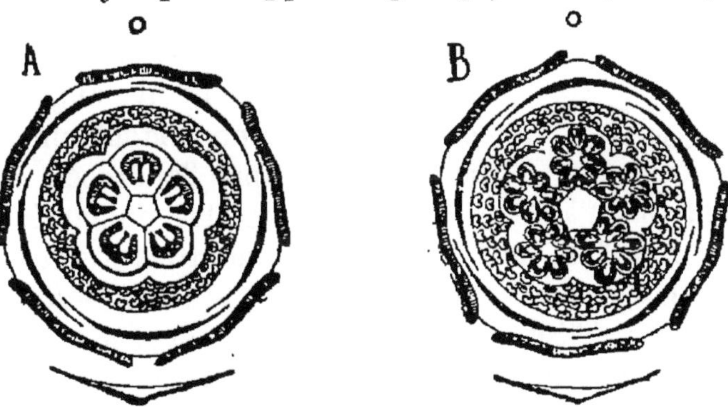

Fig. 195. Diagramme floral : *A*, de la Ketmie de Syrie ; *B*, du Malope trifide.

Tilleul, fig. 193, Théobrome, etc.) ou épisépales (Sparmannie, fig. 194, Ériodendre, etc.), les autres étamines avortant complètement; les cinq phalanges épipétales sont souvent concrescentes entre elles et forment un tube autour du pistil (Mauve, fig. 195, Guimauve, fig. 196, Adansonie, etc.). Les filets issus de la ramification tantôt demeurent simples et portent une anthère

extrorse à quatre sacs (Tilleul, fig. 193, Dombeyer, Buttnérie, etc.), tantôt se bifurquent et terminent chacune de leurs
branches par une anthère extrorse à deux sacs, s'ouvrant par
une seule fente longitudinale (Mauve, fig. 195, Guimauve, fig. 196,
Bombace, etc.); les branches staminales externes peuvent se
réduire à leurs filets (Sparmannie, fig. 194, etc.).

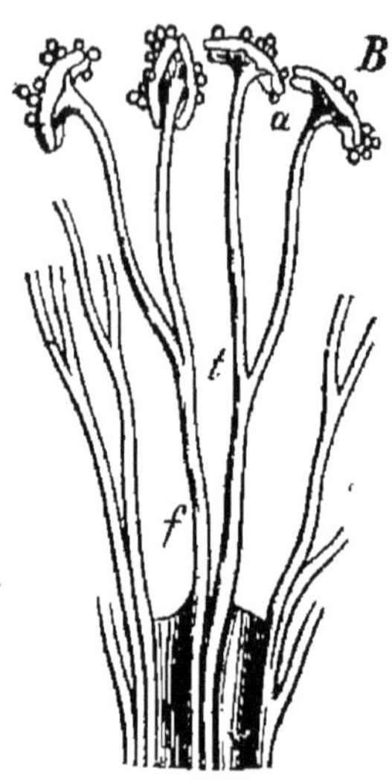

Fig. 196. Guimauve rose,
portion du tube staminal
montrant quelques-uns des
filets concrescents *f* bifurqués en *t*; *a*, anthères à
deux sacs, ouvertes.

Le pistil comprend typiquement cinq
carpelles épipétales (Buttnérie, Théobrome, Bombace, etc.) ou épisépales
(Ketmie, fig. 195, *A*, Tilleul, fig. 193,
Sparmannie, fig. 194, Théobrome, etc.),
fermés et concrescents en un ovaire à
cinq loges renfermant soit deux séries
d'ovules anatropes (Ketmie, Bombace,
Sparmannie, Théobrome, etc.), soit
deux ovules (Tilleul, Dombeyer, Buttnérie, etc.) ou un seul (Urène, etc.),
terminé par un style entier (Tilleul,
etc.) ou divisé en cinq branches (Ketmie, etc.). Les carpelles sont quelquefois libres (Sterculie, Hélictère, Héritière, etc.); leur nombre peut se réduire
à trois (Cotonnier, Lasiopétale, etc.),
deux (Mollie, etc.) ou un seul (Walthé-
rie, etc.); souvent il augmente, au
contraire, par un dédoublement pareil
à celui qui frappe l'androcée, et le pistil
comprend jusqu'à 20 et 30 petits carpelles uniovulés (Mauve,
Malope, fig. 195, *B*, etc.). On voit que, pour les Ketmies, la formule florale s'écrit : $F = (5S) + (5P + 5 \times \infty E_p) + (5C)$ et pour
les Mauves $F = (5S) + (5P + 5 \times \infty E_p) + (5 \times \infty C)$.

Quand les carpelles sont libres, le fruit se compose de cinq
follicules (Sterculie, Hélictère, etc.) ou de cinq akènes (Tar-
riétie); quand ils sont concrescents, c'est ordinairement une
capsule loculicide (Ketmie, Bombace, etc.), ou septicide (Sparmannie, etc.), quelquefois revêtue à l'intérieur de poils laineux
qui enveloppent les graines (Bombace, Ériodendre, etc.); ailleurs c'est un polyakène (Mauve, Malope, etc.), rarement une
baie (Malvavisque, Théobrome, etc.), une drupe (Éléocarpe,
Grouie, etc.), ou un simple akène par avortement (Tilleul). La

graine, dont le tégument est parfois revêtu de longs poils (Cotonnier), parfois pourvu d'une aile (Ptérosperme) ou d'un arille (Lasiopétale), renferme un embryon droit ou courbe à cotylédons ordinairement larges et reployés, avec un albumen charnu, quelquefois sans albumen (Théobrome, Héritière, Mauve, etc.).

Les Malvacées comprennent 140 genres avec environ 1350 espèces répandues par toute la terre, mais abondant surtout dans les régions chaudes et tropicales. Elles nous donnent par leurs graines le coton (Cotonnier) et le cacao (Théobrome cacaoyer) ; elles produisent aussi des fruits comestibles (Grouie, Éléocarpe), des fibres textiles (Corrète, Tilleul, etc.) et notamment le *jute* (Corrète capsulaire et C. potagère), des bois de construction (Tilleul, Éléocarpe, Luhée, etc.), etc.

Les genres se groupent en trois grandes tribus :

1. *Tiliées*. — Étamines libres, anthères à quatre sacs : Grouie, Triomfette, Sparmannie, Corrète, Luhée, Tilleul, Éléocarpe, etc.
2. *Sterculiées*. — Étamines concrescentes en tube, anthères à quatre sacs : Sterculie, Héritière, Hélictère, Dombeyer, Hermannie, Théobrome, Buttnérie, Lasiopétale, etc.
3. *Malvées*. — Étamines concrescentes en tube, anthères à deux sacs : Malope, Guimauve, Lavatère, Mauve, Side, Abutile, Pavonie, Malvavisque, Ketmie, Cotonnier, Adansonie, Bombace, Ériodendre, etc.

Les Malvacées ressemblent aux Renonculacées par le nombre indéfini des étamines et par le pistil dont les carpelles, parfois libres, sont souvent en nombre considérable et indéterminé ; mais cette ressemblance est bien plus apparente que réelle, car le même résultat est atteint des deux côtés par un mécanisme tout différent : chez les Renonculacées, par une multiplication des verticilles ou des tours de spire, chaque étamine et chaque carpelle étant une feuille entière; chez les Malvacées, par la ramification des éléments qui composent les deux verticilles de l'androcée et l'unique verticille du pistil, chaque étamine et chaque carpelle n'étant qu'une foliole d'une feuille composée. Si l'on ne considère que les étamines, on peut définir cette seconde manière d'être en disant que l'androcée est *méristémone* chez les Malvacées, tandis qu'il est *polystémone* chez les Renonculacées.

Familles rattachées aux Malvacées. — Aux Malvacées se rattachent vingt-quatre familles ayant comme elles les étamines disposées en deux verticilles et ramifiées, c'est-à-dire réalisant le type méristémone. Elles forment deux séries : les unes, au nombre de onze, ont comme les Malvacées les carpelles habituellement clos et la placentation axile ; les autres, au nombre de treize, ont les carpelles ouverts et la placentation pariétale.

1re SÉRIE. **Placentation axile**. — Les onze familles de la première série qui, par leur placentation axile, se rapprochent plus que les autres des Malvacées, sont les *Ternstrémiacées, Clusiacées, Hypéricacées, Dilléniacées, Ochnacées, Diptérocarpées, Sarcolénées, Humiriées, Euphorbiacées, Buxées* et *Empétrées*.

TERNSTRÉMIACÉES. — Les Ternstrémiacées, 32 genres avec environ 260 espèces presque toutes tropicales, sont des arbres ou des arbustes dressés, rarement épiphytes ou grimpants (Marcgravie, Ruyschie, etc.), à feuilles isolées, simples et sans stipules, à limbe penninerve entier ou denté, souvent coriace. L'écorce de la tige et le parenchyme des feuilles renferment un grand nombre de cellules rameuses à membrane épaissie et lignifiée. On connaît l'usage et les propriétés des feuilles du Théier.

Les fleurs régulières, hermaphrodites, sont pentamères (fig. 197). L'androcée se compose quelquefois de deux verticilles alternes d'étamines simples (Stachyure, etc.) ; mais le plus souvent les épipétales se ramifient en un grand nombre d'étamines libres, massées en cinq groupes (Gordonie, etc.), ou uniformément réparties autour du pistil (Camélier, fig. 197, Ternstrémie, etc.). Le pistil comprend quelquefois cinq carpelles (Stachyure, Gordonie, Ruyschie, etc.), souvent trois (Camélier, Visnée, etc.), ou deux (Ternstrémie, etc.), rarement cinq à dix (Laplacée, Marcgravie, etc.) ; ils sont fermés et concrescents en un ovaire pluriloculaire surmonté d'autant de styles libres (Camélier, Laplacée, etc.), ou unis (Gordonie), dont chaque loge contient ordinairement un plus ou moins grand nombre d'ovules anatropes.

Fig. 197. Diagramme de la fleur du Camélier du Japon ; par exception, cinq carpelles.

Le fruit est tantôt une capsule loculicide (Gordonie, Camélier, etc.) ou septicide (Bonnétie, Caraïpe, etc.), tantôt une drupe (Ternstrémie, Rhizobole, Caryocar, etc.). La graine renferme un embryon droit (Camélier, Bonnétie, etc.), ou courbe (Ternstrémie,

Caryocar, etc.), avec un albumen charnu (Ternstrémie, etc.) ou sans albumen (Camélier, Gordonie, Bonnétie, etc.).

Les Ternstrémiacées se rattachent intimement aux Malvacées, notamment aux Tiliées qui ont, comme elles, les étamines libres et les anthères à quatre sacs.

Clusiacées. — Les Clusiacées, 24 genres avec 230 espèces environ, toutes tropicales, sont des arbres ou des arbustes à feuilles opposées, simples et sans stipules, à limbe entier, dont les racines, les tiges et les feuilles sont pourvues de canaux sécréteurs résinifères, diversement disposés suivant les genres.

Les fleurs sont régulières, pentamères (Clusie, Platonie, fig. 198, etc.) ou tétramères (Garcinie, Havétie, etc.). L'androcée se compose quelquefois de deux verticilles alternes d'étamines simples (Œdématope, Havétie, etc.); mais le plus souvent, tandis que les épisépales avortent, les épipétales se ramifient au sommet (Xanthochyme, Platonie, etc.) ou dès la base (Clusie, Garcinie, Mammée, etc.) en un grand nombre d'étamines partielles (fig. 198); quelquefois libres (Xantho-chyme, etc.), les troncs communs sont d'ordinaire concrescents en un tube, comme dans les Malvacées. Le pistil se compose de carpelles en même nombre que les sépales, auxquels ils sont superposés, fermés et concrescents en un ovaire pluriloculaire dont chaque loge contient deux séries d'ovules anatropes (Clusie, etc.), une seule série (Platonie, fig. 198), deux ovules seulement (Havétie, Mammée, etc.), ou un seul ovule (Garcinie, Tovo-mite, Rhédie, etc.); les Calophylles ont un ovaire uniloculaire à placente basilaire et uniovulé.

Fig. 198. Diagramme de la fleur de la Platonie insigne.

Le fruit est une baie (Garcinie, Symphonie, etc.), une drupe (Mammée, Calophylle, etc.) ou une capsule septicide (Clusie, Havétie, etc.). La graine, souvent munie d'un arille (Clusie, Rengife, etc.), est dépourvue d'albumen et renferme un embryon tantôt à tigelle très développée et cotylédons très petits (Clusie, Garcinie, Pentadesme, etc.), tantôt au contraire à tigelle très courte et à cotylédons très développés (Mammée, Calophylle, etc.).

Plusieurs Clusiacées sont recherchées pour leurs produits de sécrétion, qui donnent la gomme-gutte (divers Garcinies, Xanthochymes, etc.), des baumes (Calophylle calabe, etc.), des résines (Calophylle thurifère, etc.). D'autres produisent des baies comestibles (Garcinie mangostan, Mammée d'Amérique, etc.); la baie du Pentadesme butyracé donne une sorte de beurre très estimé. D'autres encore fournissent des bois de bonne qualité (Calophylle, Mésue, Monorobée, etc.).

Ces plantes se relient étroitement aux Ternstrémiacées, dont elles diffèrent surtout par leurs feuilles opposées et leurs canaux sécréteurs.

HYPÉRICACÉES. — Les Hypéricacées, 8 genres avec environ 220 espèces dont 160 pour le seul genre Millepertuis ou Hypéricum, sont des herbes vivaces, des arbustes, rarement des arbres, à feuilles opposées, simples et sans stipules, à limbe penninerve entier. La tige et la racine contiennent des canaux sécréteurs oléifères et la feuille est, en outre, parsemée de poches sécrétrices.

Les fleurs sont régulières, hermaphrodites, pentamères au moins pour le calice et la corolle (fig. 199), qui sont rarement

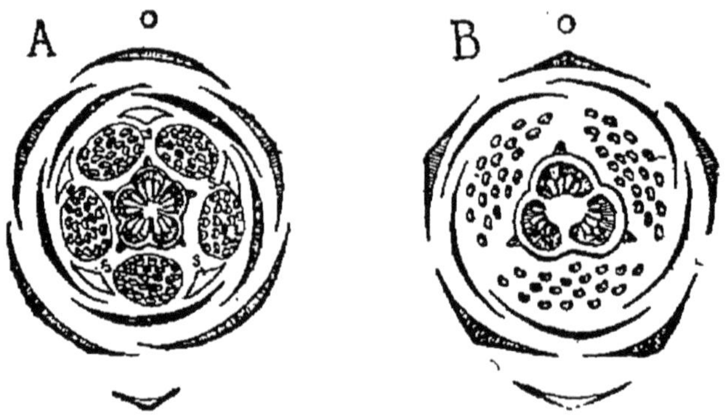

Fig. 199. Diagramme floral : *A*, de la Vismie de Cayenne; *s*, staminodes; *B*, du Millepertuis quadrangulaire.

tétramères (Ascyre). L'androcée, pentamère (Vismie, 199, *A*, Haronge, Millepertuis de la section Androsème, etc.) ou trimère (Ascyre, Cratoxyle, la plupart de Millepertuis, fig. 199, *B*, etc.), a deux verticilles d'étamines dont les épisépales sont réduites à des staminodes (Vismie, fig. 199, *A*, *s*, certains Millepertuis, etc.) ou avortent complètement (Ascyre, beaucoup de Millepertuis, fig. 199, *B*, etc.), tandis que les épipétales se ramifient en autant de phalanges d'étamines partielles. Le pistil a cinq carpelles épisépales quand l'androcée est pentamère (fig. 199, *A*), trois quand il est trimère (fig. 199, *B*), fermés et concrescents en un ovaire pluriloculaire surmonté d'autant de styles libres, dont chaque loge renferme ordinairement un grand nombre d'ovules anatropes; quelquefois les carpelles sont ouverts avec placentation pariétale (Ascyre).

Le fruit est une capsule septicide (Millepertuis, Ascyre) ou loculicide (Cratoxyle, etc.), une baie (Vismie, etc.) ou une drupe à cinq noyaux (Haronge). La graine est dépourvue d'albumen.

Les genres se groupent en deux tribus :

1. *Hypéricées.* — Capsule : Ascyre, Millepertuis, Éliée, Cratoxyle.
2. *Vismiées.* — Fruit charnu : Endodesmie, Vismie, Psorosperme, Haronge.

Les Hypéricacées se relient directement aux Clusiacées, à la fois par leurs feuilles opposées et par leurs canaux sécréteurs.

DILLÉNIACÉES. — Les Dilléniacées, 16 genres avec environ 180 espèces presque toutes tropicales, dont la moitié habitent l'Australie, sont des arbres ou des arbustes souvent grimpants, à feuilles isolées, simples et sans stipules, à limbe entier.

Les fleurs sont régulières, hermaphrodites, pentamères (fig. 200). L'androcée a quelquefois deux verticilles d'étamines simples (Adrastée, Pachynème, etc.), mais le plus souvent les épipétales avortent et les épisépales se ramifient en un grand nombre d'étamines d'ordinaire également espacées tout autour du pistil (Dillénie, Tétracère, fig. 200, Hibbertie, etc.). Le pistil se compose de carpelles fermés et libres, contenant chacun deux rangs d'o-vules anatropes (Tétracère, Dillénie, Actini-die, etc.) ou deux ovules (Candollée, Da-ville, Adrastée, etc.); il y a tantôt cinq carpelles épipétales (Tétracère, fig. 200, Dillénie, etc.), tantôt davantage et jusqu'à 10, 20 ou 30 (Actinidie, etc.).

Fig. 200. Diagramme de la fleur du Tétracère volubile.

Le fruit se compose d'autant de follicules (Hibbertie, Can-dollée, Tétracère, etc.), ou bien c'est une grosse baie (Dillénie, Actinidie, etc.). La graine, pourvue d'un arille, excepté dans les Dillénies et Actinidies, a un albumen charnu et un petit embryon droit.

Les Dilléniacées se distinguent des Clusiacées par les feuilles

isolées et l'absence de canaux sécréteurs, deux caractères qui
en même temps les rapprochent des Tersntrémiacées, dont elles
diffèrent par l'indépendance des carpelles et la graine arillée.

OCHNACÉES. — Les Ochnacées, 12 genres avec environ
140 espèces, toutes tropicales et la plupart américaines, sont
des arbres ou des arbustes à feuilles isolées, simples et stipulées, à limbe coriace et entier. Avant de se rendre aux feuilles,
les faisceaux libéroligneux de la tige font dans l'écorce un
séjour plus ou moins long, d'où une ressemblance avec les
Diptérocarpées.

Les fleurs sont régulières, hermaphrodites, pentamères. L'androcée se compose d'étamines ramifiées, à filets libres portant
des anthères poricides. Le pistil a cinq carpelles épisépales
concrescents jusqu'au sommet des styles, tantôt ouverts avec
placentes multiovulés pariétaux (Pécilandre, Wallacée, Luxembourgie, etc.) ou biovulés (Euthémide), parfois basilaires (Lophire),
tantôt fermés à loges multiovulées (Godoyer, etc.) ou uniovulées
(Ochne, Gomphie, etc.); le style est parfois gynobasique (Ochne,
Gomphie, etc.).

Le fruit est une capsule septicide (Luxembourgie, Godoyer,
Wallacée, etc.), une drupe à cinq noyaux (Euthémide), parfois
accompagnée d'un des sépales accru en forme d'aile (Lophire),
ou une série de drupes à un noyau (Ochne, Gomphie, etc.). La
graine a un embryon droit, tantôt muni d'un albumen charnu
(Godoyer, Luxembourgie, etc.), tantôt dépourvu d'albumen
(Ochne, Gomphie, etc.).

Les genres se groupent en deux tribus :

1. *Ochnées* — Carpelles uniovulés; pas d'albumen : Ochne, Gomphie, etc.
2. *Luxembourgiées*. — Carpelles biovulés ou plurioyulés; albumen charnu : Eu-
      thémide, Luxembourgie, Godoyer, Pécilandre, Wallacée, Lophire, etc.

DIPTÉROCARPÉES. — Les Diptérocarpées, 10 genres avec une
centaine d'espèces toutes tropicales, sont des arbres souvent
de grande taille, à feuilles isolées, simples et munies de petites
stipules caduques, à limbe penninerve entier. Ils produisent,
notamment au pourtour de la moelle et dans le bois secondaire
de la tige, des canaux sécréteurs oléorésineux. De plus, les
faisceaux libéroligneux y séjournent plus ou moins longtemps
dans l'écorce avant de se rendre aux feuilles, où chacun d'eux
entraîne un des canaux sécréteurs périmédullaires.

Les fleurs sont régulières, hermaphrodites, pentamères. L'androcée forme, par voie de ramification, un grand nombre d'étamines uniformément réparties autour de l'ovaire. Le pistil se compose de trois carpelles fermés et concrescents, contenant chacun deux ovules anatropes pendants à raphé interne. Le fruit est un akène, rarement une capsule septicide (Dryobalanope); il est enveloppé par le calice persistant qui s'accroît d'ordinaire en cinq (Dryobalanope, Vatice), trois (Shorée, Doone) ou deux grandes ailes (Diptérocarpe, Hopée). La graine renferme un embryon à cotylédons épais, sans albumen.

Ces arbres sont recherchés pour la dureté de leur bois, qui sert aux constructions, et pour les sucs résineux qu'il renferme; on en extrait notamment l'*huile de bois* (divers Diptérocarpes) et le camphre dit *de Bornéo* (Dryobalanope aromatique).

Les Diptérocarpées diffèrent des Ternstrémiacées notamment par leurs canaux sécréteurs; par là, elles ressemblent aux Clusiacées et aux Hypéricacées, mais elles s'en distinguent par la position de ces canaux sécréteurs, toujours localisés au pourtour de la moelle et dans le bois secondaire, régions où on ne les rencontre jamais chez les Clusiacées et les Hypéricacées.

Sarcolénées. — Les Sarcolénées, 4 genres avec 8 espèces, toutes de Madagascar, sont des arbrisseaux à feuilles isolées, simples et pourvues de stipules caduques, à limbe entier et coriace.

Les fleurs sont régulières, hermaphrodites, pentamères, avec un androcée formé de nombreuses étamines issues de ramification et un pistil à trois carpelles fermés et concrescents, contenant dans chaque loge deux (Sarcolène, Leptolène), quatre (Rhodolène) ou de nombreux ovules anatropes (Schizolène). Entre la corolle et l'androcée, le pédicelle produit une sorte de disque membraneux en forme de tube à bord uni ou denté, qui enveloppe les étamines dans la moitié de leur longueur. C'est par ce tube que les Sarcolénées se distinguent de toutes les familles voisines.

Le fruit est une capsule loculicide; la graine a un embryon droit, à cotylédons foliacés, dans l'axe d'un albumen charnu.

Humiriées. — Les Humiriées, 3 genres avec 20 espèces habitant le Brésil et la Guyane, sont des arbustes souvent aromatiques, à feuilles isolées, simples et sans stipules, à limbe coriace entier ou denté. Les fleurs sont régulières, hermaphrodites, pentamères, avec un androcée diplostémone (Saccoglotte) ou méristémone (Humirie, Vantanée) et un ovaire à cinq loges uniovulées. Le fruit est une drupe; la graine a un petit embryon et un albumen charnu.

Ces plantes se distinguent des Diptérocarpées par l'absence de stipules et de canaux sécréteurs, ainsi que par le pistil à cinq loges uniovulées.

EUPHORBIACÉES. — La vaste famille des Euphorbiacées compte 200 genres avec environ 3500 espèces en grande majorité tropicales. Le genre Euphorbe en renferme plus de 700, les genres Croton et Phyllanthe chacun plus de 500. Ce sont des herbes annuelles ou vivaces, rarement aquatiques (Callitriche), des arbustes ou des arbres de port très divers. Les feuilles sont isolées, simples et souvent stipulées, parfois rudimentaires sur une tige charnue et verte, ce qui donne à la plante l'aspect d'une Cactée (Euphorbe brillante, E. splendide, etc.), parfois aussi concrescentes entre elles et avec le rameau qui les porte, d'où résultent des lames aplaties ou cladodes (I, p. 243) (Phyllanthes de la section Xylophylle). Tige et feuilles sont souvent traversées par des tubes laticifères indéfiniment rameux, déjà étudiés (I, p. 33).

Les fleurs sont régulières, unisexuées avec monœcie (Ricin, Euphorbe, etc.) ou diœcie (Mercuriale, etc.); dans le premier cas, les fleurs mâles et femelles sont souvent rapprochées dans la même inflorescence. Chez les Euphorbes, par exemple (fig. 201), l'inflorescence se termine par une fleur femelle, autour de laquelle se développent cinq petites cymes contractées de fleurs mâles; le tout est enveloppé par les cinq bractées mères de ces cymes, concrescentes en un involucre tubuleux; le tube de l'involucre porte entre ses dents autant de pièces charnues, souvent très développées et comme pétaloïdes (E. résinifère, E. brillante, etc.), résultant de la concrescence d'appendices stipulaires des bractées; la pièce antérieure avorte souvent (E. des bois, E. péplide, fig. 201, etc.).

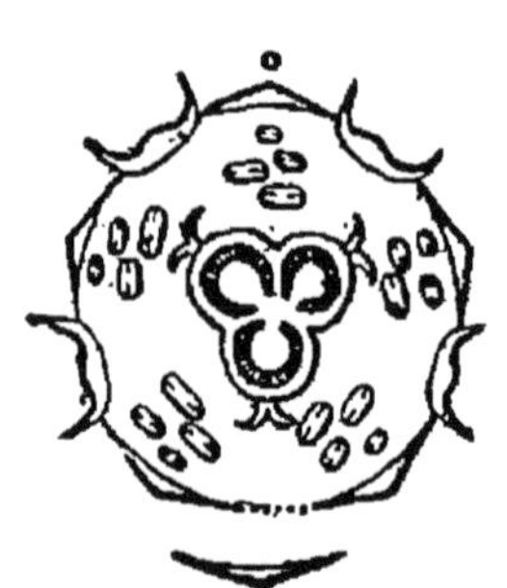

Fig. 201. Diagramme du capitule monoïque de l'Euphorbe péplide; la pièce stipulaire antérieure de l'involucre gamophylle a avorté.

Le calice compte ordinairement cinq (Ricin, Siphonie, Croton, etc.) ou trois (Mercuriale, Phyllanthe, etc.) sépales, libres (Mercuriale, Ricin, etc.) ou plus souvent concrescents (Manihot, etc.); il avorte parfois complètement (Euphorbe, fig. 201, Callitriche, etc.). La corolle est formée le plus souvent de cinq (Croton, Jatrophe, etc.) ou trois (Phyllanthe, etc.) pétales libres; fréquemment elle avorte et le périanthe se réduit au calice (Ricin, fig. 202, Mercuriale, Siphonie, etc.) ou manque complètement si le calice fait défaut (Euphorbe, fig. 201, Callitriche, etc.). L'androcée a quelquefois deux verticilles d'étamines simples, isomères avec le calice et avec la corolle quand elle existe, libres (Acalyphe, Manihot, etc.) ou concrescentes en colonne (Jatrophe, Chrozophore, etc.); ailleurs il se réduit à un seul verticille (Siphonie, Phyllanthe, etc.), qui lui-même peut se réduire par avortement à une seule étamine (Callitriche, Euphorbe, fig. 201, etc.). Dans les Euphorbes, les fleurs mâles sont donc monandres et nues, et comme elles sont disposées en cymes contractées autour d'une fleur femelle centrale, laquelle est de son côté dépourvue de périanthe, on comprend que le capitule monoïque ainsi constitué (fig. 201) ressemble beaucoup à une fleur hermaphrodite dont l'involucre serait le calice, les cymes mâles autant d'étamines épisépales ramifiées à la façon de celle des Malvacées et la fleur femelle le pistil. Le plus souvent, les étamines subissent une ramification qui substitue à chacune d'elles un plus ou moins grand nombre d'étamines partielles, tantôt libres jusqu'à la base (Mercuriale, Croton, etc.), tantôt unies par leurs filets de diverses façons, souvent en une colonne axile (Ricinocarpe, etc.), parfois en plusieurs gros filets eux-mêmes ramifiés en arbre (Ricin, fig. 202 et 203, etc.).

Le pistil se compose ordinairement de trois carpelles fermés et concrescents en un ovaire triloculaire (fig. 201 et 202), renfermant dans chaque loge le plus souvent un seul ovule anatrope pendant à raphé interne, quelquefois deux ovules pendants (Phyllanthe, Bridélie, etc.), parfois séparés par une fausse cloison (Callitriche), surmonté d'un style court à trois branches simples (Mercuriale, etc.) ou ramifiées (Ricin, Croton, Euphorbe, etc.); le nombre des carpelles s'abaisse quelquefois à deux (Mercuriale, Callitriche, etc.) ou s'élève à 6-9 (Hippomane) et 10-20 (Hure).

Le fruit est une capsule à la fois loculicide, septicide et septifrage, s'ouvrant avec élasticité, parfois même avec fracas (Hure crépitant), en laissant subsister une colonne centrale où s'atta-chent les graines; c'est rarement une drupe (Bridélie, Hippomane, etc.) ou un tétrakène (Callitriche). La graine renferme un embryon à cotylédons foliacés avec un abondant albumen oléagineux, rarement sans albumen (Hévée, Cleistanthe, etc.).

Parmi les nombreux produits utiles provenant des Euphor-

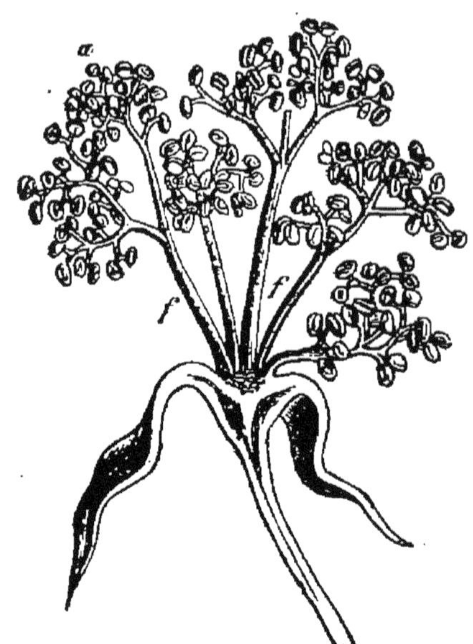

Fig. 203. Fleur mâle du Ricin commun, coupée en long : *f*, *f*, filets primaires des étamines, ramifiées en dichotomie; *a*, anthères.

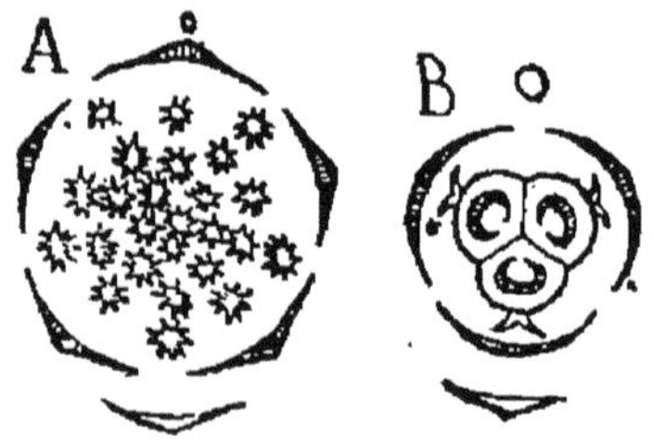

Fig. 202. Diagramme des fleurs du Ricin commun : *A*, fleur mâle; les corps étoilés figurent les troncs principaux des étamines ramifiées en arbre; *B*, fleur femelle.

biacées, il faut citer : le caoutchouc fourni par le latex de la Siphonie élastique et de plusieurs autres espèces de l'Amérique tropicale; la gomme-résine de l'Euphorbe résinifère et la laque de l'Aleurite laccifère; le latex vénéneux du Hure crépitant, de l'Hippomane mancenillier, etc., employé pour empoisonner les flèches de chasse; le tournesol en drapeaux préparé avec le suc du Chrozophore tinctorial; le tapioca extrait du rhizome féculent du Manihot utile et du M. aïpi; l'huile grasse et purgative des graines de l'Euphorbe épurge, du Ricin commun, du Jatrophe curcas, du Croton tiglion, etc.; le beurre du tégument des graines de la Stillingie sébifère; des bois de construction (Hippomane, Excécaire, etc.), etc.

Les genres se groupent en quatre tribus :

1. *Euphorbiées.* — Carpelles uniovulés. Fleurs mâles monostémones groupées en cymes autour d'une fleur femelle centrale : Anthostème, Pédilanthe, Euphorbe, etc.

2. *Crotonées.* — Carpelles uniovulés. Fleurs mâles et femelles séparées : Ricin. Jatrophe, Manihot, Chrozophore, Hévée, Croton, Mercuriale, Acalyphe, Dalechampie, Excécaire, etc.

3. *Phyllanthées* — Carpelles biovulés, sans fausse cloison : Bridélie, Cleistanthe, Phyllanthe, Antidesme, etc.

4. *Callitrichées.* — Carpelles biovulés, avec fausse cloison : Callitriche.

Par la constante unisexualité des fleurs, le fréquent avortement de la corolle, l'absence de calice et la réduction de l'androcée à une seule étamine dans plusieurs genres, la famille des Euphorbiacées se montre le représentant le plus dégradé du type méristémone à placentation axile.

BUXÉES. — Les Buxées, 5 genres avec environ 30 espèces, sont des arbustes (Buis, Sarcocoque, Simmondsie), des arbres (Stylocère) ou des herbes vivaces (Pachysandre), à feuilles isolées, rarement opposées (Buis), simples et sans stipules, à limbe entier, coriace et persistant.

Les fleurs sont unisexuées monoïques, rarement dioïques (Simmondsie), avec un calice de quatre sépales dans la fleur mâle, de cinq dans la fleur femelle, et sans corolle (fig. 204). L'androcée a un (Buis, Pachysandre) ou deux verticilles (Simmondsie) d'étamines simples, ou bien un grand nombre d'étamines provenant d'une ramification (Stylocère). Le pistil est formé de trois (Buis, etc.) ou deux (Simmondsie) carpelles clos et concrescents, contenant chacun deux ovules anatropes pendants à raphé externe, rarement un seul (Simmondsie).

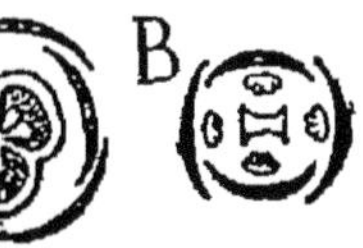

Fig. 204. Diagramme des fleurs du Buis toujours-vert : *A*, fleur femelle: *B*, fleur mâle.

Le fruit est une capsule loculicide (Buis, etc.), une baie (Sarcocoque), ou une drupe (Stylocère). La graine a un albumen charnu et un embryon à larges cotylédons.

Le Buis toujours-vert est recherché pour son bois homogène, précieux notamment pour le dessin et la gravure. Cette petite famille est très voisine des Euphorbiacées biovulées, dont elle diffère surtout par la disposition externe du raphé.

EMPÉTRÉES. — Les Empétrées, 3 genres dont le principal est la Camarine ou Empétrum, avec 4 espèces, sont de petits arbustes toujours verts, à port de Bruyère, à feuilles isolées et serrées, linéaires, simples et sans stipules.

Les fleurs sont unisexuées dioïques, dimères (Cératiole) ou trimères (Camarine, fig. 205, Corème), avec un seul verticille d'étamines épisépales. Le pistil a deux (Cératiole), trois (Corème) ou six à neuf (Camarine, fig. 205) carpelles clos, concrescents, contenant chacun un seul ovule anatrope ascendant à raphé interne. Le fruit est une drupe à autant de noyaux que de loges. La graine a un albumen charnu avec un embryon à cotylédons très petits.

Fig. 205. Diagramme de la fleur de la Camarine noire, supposée hermaphrodite.

Les affinités de ce petit groupe sont assez obscures ; par l'unisexualité des fleurs, il se rattache d'une part aux Euphorbiacées uniovulées, de l'autre et surtout aux Buxées, où le raphé a la même direction. - 2ᵉ SÉRIE. **Placentation pariétale.** — La seconde série des Dialypétales supérovariées du type méristémone se distingue de la première et des Malvacées elles-mêmes par la placentation habituellement pariétale ; elle comprend treize familles, qui sont les *Cistées, Bixacées, Samydées, Passiflorées, Tamaricacées, Violacées, Droséracées, Sarracéniées, Néphenthées, Résédacées, Crucifères, Capparidacées* et *Papavéracées*.

CISTÉES. — Les Cistées, 4 genres avec environ 60 espèces, habitant la plupart les lieux arides des contrées tempérées de l'hémisphère boréal, surtout de la région méditerranéenne, sont des herbes annuelles ou vivaces, ou des arbrisseaux, à feuilles opposées, simples et ordinairement stipulées, à limbe entier.

Les fleurs sont régulières, hermaphrodites, pentamères (fig. 206), avec un androcée à deux verticilles où les étamines épisépales se ramifient ordinairement en autant de groupes d'étamines partielles libres, pendant que les épipétales demeurent simples (Ciste, fig. 206, *A*) ou avortent (Hélianthème, fig. 206, *B*, Hudsonie). Le pistil se compose de cinq (Ciste, fig. 206, *A*) ou trois (Hélianthème, fig. 206, *B*, Hudsonie, Léchée) carpelles ouverts et concrescents en un ovaire uniloculaire à placentes pariétaux, couverts d'ovules orthotropes (Ciste, Hélianthème), ou seulement biovulés (Hudsonie, Léchée), terminé par un style à stigmate globuleux (Ciste, Hélianthème) ou à trois stigmates distincts (Léchée) ; les ovules sont semi-anatropes dans les Hélianthèmes de la section Fumane.

Le fruit est une capsule à déhiscence dorsale. La graine a un albumen amylacé et un embryon courbé ou spiralé.

Les Cistées se rattachent aux Malvacées, dont elles diffèrent notamment par la placentation pariétale; mais surtout elles se relient intimement à la famille suivante des Bixacées, dont elles ne se distinguent guère que par l'orthotropie des ovules.

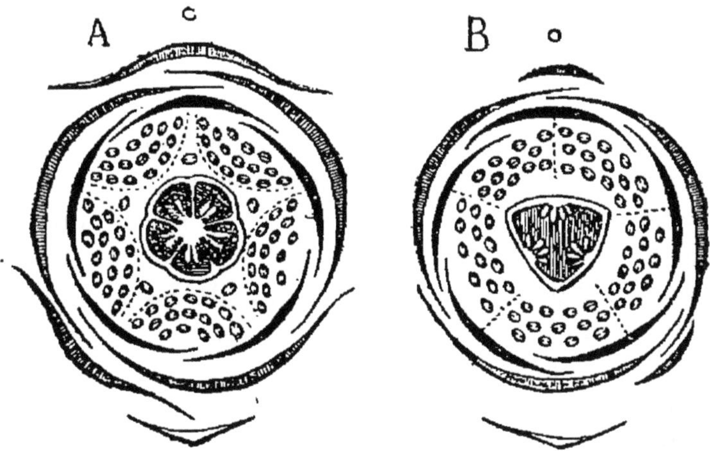

Fig. 206. Diagramme floral : *A*, du Ciste acutifolié; les placentes ne s'y joignent pas au centre, comme sur la figure; *B*, de l'Hélianthème vulgaire.

BIXACÉES. — Les Bixacées, 35 genres avec environ 240 espèces tropicales, parmi lesquels le genre Rocouyer ou Bixa, sont des arbres ou des arbustes, parfois aromatiques (Cannelle, Cinnamo-dendre, etc.), ou pourvus de laticifères en réseau (Papayer, etc.), à feuilles isolées, simples, à limbe entier ou denté.

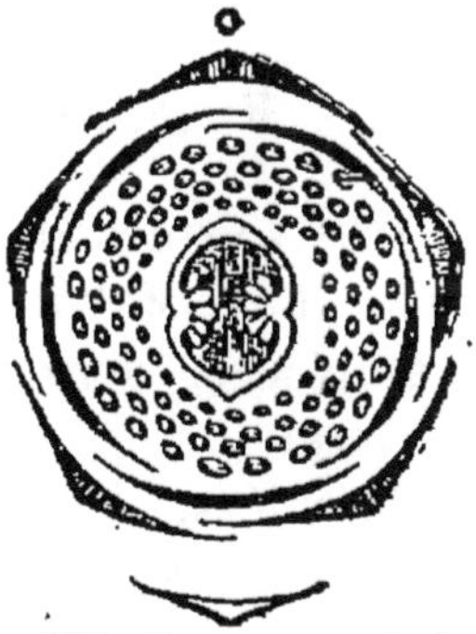

Les fleurs sont régulières, parfois her-maphrodites (Rocouyer, fig. 207, etc.), souvent polygames ou dioïques par avor-tement (Flacourtie, Pange, Papayer, etc.), pentamères (Rocouyer, fig. 207, Cochlo-sperme, Papayer, etc.) ou trimères (Oncobe, Cannelle, etc.). La corolle est parfois gamo-pétale (Cinnamosme, Papayer) ou munie d'une couronne (Pange, etc.); elle avorte quelquefois (Flacourtie, Cannelle, etc.). L'androcée a quelquefois deux verticilles d'étamines simples (Papayer, etc.), dont

Fig. 207. Diagramme de la fleur du Rocouyer orel-lane.

l'épipétale peut avorter (Érythrosperme, Turnère, etc.); le plus souvent il possède un grand nombre d'étamines ordinairement libres (Rocouyer, fig. 207, etc.), parfois concrescentes entre elles (Cannelle, etc.) ou avec la corolle (Papayer), provenant de rami-

fication; les anthères sont le plus souvent extrorses, à quatre
sacs s'ouvrant en long, rarement par des pores terminaux
(Rocouyer, Cochlosperme, etc.), ou à deux sacs s'ouvrant par
une seule fente (Cannelle, etc.) Le pistil se compose de deux
(Rocouyer, fig. 207, etc.), trois (Cochlosperme, Turnère, etc.) ou
cinq (Papayer) carpelles ouverts et concrescents en un ovaire
uniloculaire à placentes pariétaux couverts d'ovules anatropes,
parfois biovulés (Cannelle, etc.).

Le fruit est ordinairement une baie, rarement une capsule à
déhiscence dorsale (Rocouyer, Cochlosperme, Turnère, etc.). La
graine renferme un albumen charnu avec un embryon droit ou
courbe.

Les Bixacées donnent des bois utiles (Rocouyer, Pange, etc.),
des fruits alimentaires (Papayer, Flacourtie), des graines dont
l'amande est comestible (Pange) ou dont le tégument contient
un principe colorant, employé dans la teinture en jaune ou en
rouge (Rocouyer, Cochlosperme).

Les genres se groupent en cinq tribus :

1. *Bixées*. — Étamines libres à quatre sacs; corolle : Rocouyer, Cochlosperme,
     Oncobe, Pange, etc.
2. *Flacourtiées*. — Étamines libres à quatre sacs; corolle nulle ou rudimen-
     taire : Azare, Érythrosperme, Flacourtie, etc.
3. *Cannellées*. — Étamines concrescentes entre elles, à deux sacs : Cannelle, Cin-
     namodendre, etc.
4. *Papayées*. — Étamines concrescentes avec la corolle : Papayer, etc.
5. *Turnérées*. — Calice, corolle et étamines concrescents en tube : Turnère,
     Erblichie, etc.

Très voisines des Cistées, les Bixacées se rattachent directement aux Malvacées, notamment aux Tiliées, et aux Ternstrémiacées, dont elles diffèrent surtout par la placentation
pariétale.

SAMYDÉES. — Les Samydées, 17 genres avec 250 espèces toutes
tropicales, sont des arbustes ou des arbres, à feuilles isolées
distiques, simples, à stipules caduques ou sans stipules, à limbe
quelquefois parsemé de poches sécrétrices (Samyde, etc.).

Les fleurs sont régulières, hermaphrodites, pentamères (Caséaire, etc.) ou tétramères (Tétrathylace, etc.), rarement hexamères (Homale, fig. 208), avec calice, corolle et androcée concrescents à la base en un tube plus ou moins long. La corolle,
parfois sépaloïde (Homale, fig. 208, etc.), manque assez sou-

vent (Samyde, Caséaire, etc.) et le calice est alors pétaloïde. L'androcée se compose quelquefois de deux verticilles d'étamines simples (Caséaire, Samyde, etc.), mais ailleurs elles se ramifient en cinq groupes épipétales (Homale, fig. 208) ou en un grand nombre d'étamines partielles distribuées également tout autour de l'axe (Banare, etc.). Ce pistil a ses carpelles ouverts et concrescents en un ovaire uniloculaire à placentes pariétaux couverts d'ovules anatropes (fig. 208), surmonté parfois de styles distincts (Osmélie, Calantice); l'ovaire est quelquefois concrescent à la base avec le tube externe et demi-infère (Homale, etc.).

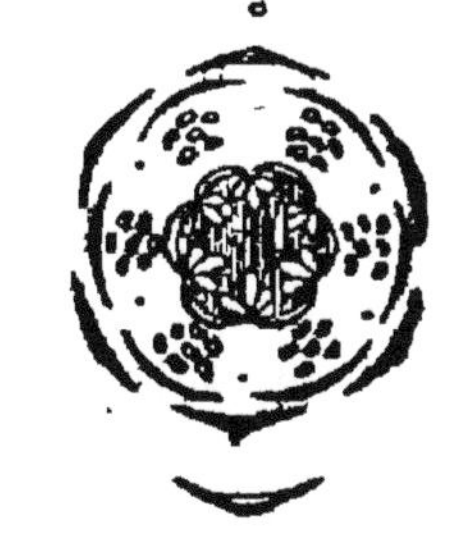

Fig. 208. Diagramme de la fleur hexamère d'un Homale.

Le fruit est une baie (Samyde, Banare, etc.) ou une capsule loculicide (Caséaire, Homale, etc.). La graine a un albumen charnu et un petit embryon droit.

Quelques Samydées sont utiles par leur bois (Homale) ou par leurs feuilles comestibles (Caséaire comestible). Ces plantes sont très voisines des Bixacées; c'est aux Turnérées qu'elles se rattachent le plus directement par la concrescence des trois verticilles externes de la fleur.

Passiflorées. — Les Passiflorées, 16 genres avec 230 espèces tropicales ou subtropicales, sont des arbustes ou des herbes de port divers, grimpant souvent à l'aide de vrilles raméales (Passiflore, Modèce, etc.), à feuilles isolées, simples, stipulées (Passiflore, etc.), ou sans stipules (Malesherbie, etc.).

Fig. 209. Diagramme de la fleur de la Passiflore villeuse.

Les fleurs sont régulières, hermaphrodites, pentamères (fig. 209). Le calice et la corolle y sont concrescents à la base en une coupe, au bord de laquelle les pétales portent des appendices ligulaires, eux-mêmes concrescents en forme de manchette frangée, souvent disposés en plusieurs cercles et constituant une multiple couronne. Au-dessus du périanthe, le pédicelle forme souvent un long entre-nœud qui porte, rapprochés au sommet, l'androcée et le pistil (Passiflore, etc.).

L'androcée a cinq étamines épisépales (Passiflore, fig. 209, Maleshcrbie, etc.); plusieurs se dédoublent quelquefois et il y en a huit (Déidamie), ou toutes se ramifient de manière à en produire 20 et davantage (Bartérie, etc.). Le pistil se compose de trois carpelles ouverts et concrescents en un ovaire uniloculaire à placentes pariétaux, portant chacun un grand nombre d'ovules anatropes.

Le fruit est une capsule à déhiscence dorsale (Malesherbie, Modèce, Déidamie, etc.), ou une baie (Passiflore, Tacsonie, etc.). La graine a un albumen charnu et un embryon droit à cotylédons foliacés.

Les Passiflorées se relient très intimement aux Bixacées par les Samydées.

Tamaricacées. — Les Tamaricacées, 6 genres avec environ 45 espèces croissant la plupart sur les rivages maritimes, sont des arbustes, rarement des arbres ou des herbes vivaces, à feuilles isolées, simples et sans stipules, petites, charnues et d'un vert bleuàtre.

Les fleurs sont régulières, hermaphrodites, pentamères au moins pour le calice et la corolle (fig. 210 et 211), dont les

Fig. 210. Diagramme de la fleur de la Myricaire germanique.

Fig. 211. Diagramme de la fleur de la Frankénie pulvérulente.

pétales sont parfois concrescents en tube (Fouquière). L'androcée, parfois trimère (Frankénie, fig. 211), comprend soit un (Tamaris) ou deux (Frankénie, fig. 211, Myricaire, fig. 210) verticilles d'étamines simples, soit un verticille d'étamines ramifiées en cinq phalanges épipétales (Réaumurie), à anthères extrorses (Tamaris, Frankénie, fig. 211) ou introrses (Myricaire, fig. 210, etc.). Le pistil se compose de trois carpelles ouverts, concrescents en un ovaire uniloculaire à trois placentes pariétaux, parfois confluents en un placente basilaire

(Tamaris), chargés d'ovules anatropes; l'ovaire se termine par
autant de styles libres (Frankénie, Tamaris, etc.), ou de stigmates sessiles (Myricaire).

Le fruit est une capsule à déhiscence dorsale; la graine, souvent poilue, renferme un embryon droit, tantôt avec un albumen
charnu (Fouquière) ou amylacé (Frankénie, Réaumurie, etc.),
tantôt sans albumen (Tamaris, Myricaire).

Les genres se groupent en quatre tribus :

1. *Tamaricées*. — Pas d'albumen : Tamaris, Myricaire.
2. *Réaumuriées*. — Albumen amylacé; androcée pentamère : Réaumurie, Holo-
    lachne.
3. *Frankéniées*. — Albumen amylacé; androcée trimère : Frankénie.
4. *Fouquiérées*. — Albumen charnu; pétales concrescents : Fouquière.

VIOLACÉES. — Les Violacées comprennent 21 genres avec environ 240 espèces, les unes herbacées répandues surtout dans les
contrées tempérées, les autres ligneuses surtout dans la zone
tropicale; les feuilles sont isolées, simples, avec des stipules
foliacées et persistantes dans les herbes, écailleuses et caduques
dans les arbustes.

Les fleurs sont hermaphrodites, pentamères, régulières (Alsodée, fig. 212, *B*, Sau-
vagésie, etc.) ou zygo-
morphes par suite du
développement prédo-
minant du côté infé-
rieur, notamment du
pétale médian qui se
prolonge en éperon
(Violette, fig. 212, *A*).
Les pétales portent
quelquefois à leur
base des appendices

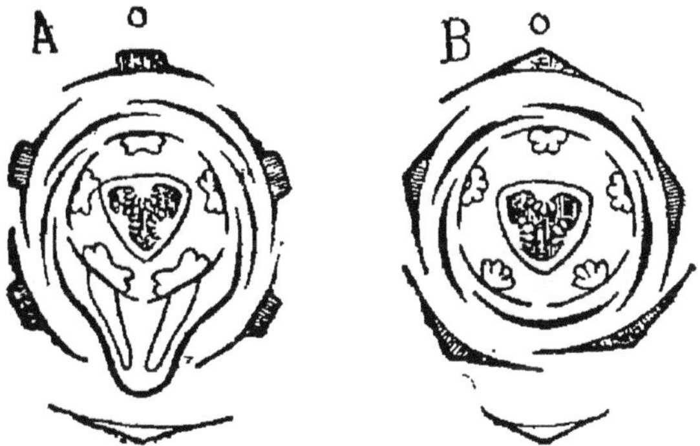

Fig. 212. Diagramme floral : *A*, de la Violette
canine; *B*, d'une Alsodée.

ligulaires formant une couronne (Sauvagésie, Lavradie, etc.).
L'androcée a cinq étamines épisépales à filets courts, les deux
antérieures prolongées quelquefois en appendices nectarifères
enfoncés dans l'éperon du pétale antérieur (Violette, fig. 212,
A, etc.). Le pistil a trois carpelles ouverts et concrescents en
un ovaire uniloculaire à placentes pariétaux chargés d'ovules
anatropes, surmonté par un style unique avec stigmate en tête
(Violette, I, p. 367, fig. 174, etc.).

Le fruit est une capsule à déhiscence dorsale (Violette, etc.), ou suturale (Sauvagésie, etc.). La graine a un albumen charnu et un petit embryon droit.

Les genres se groupent en trois tribus :

1. *Violées.* — Corolle zygomorphe : Violette, Corynostyle, Ionide.

2. *Alsodéiées.* — Corolle régulière, sans couronne ; capsule à déhiscence dorsale : Alsodée, Paypayrole, Mélicyte, etc.

3. *Sauvagésiées.* — Corolle régulière, avec couronne ; capsule à déhiscence suturale : Sauvagésie, Lavradie, etc.

Par les Alsodéiées, les Violacées se rattachent aux Bixacées isostémones. Par les Sauvagésiées, elles se relient aux Ochnacées et notamment aux Luxembourgiées.

DROSÉRACÉES. — Les Droséracées, 6 genres avec environ 110 espèces dont 100 pour le seul genre Rossolis ou Droséra, sont des herbes vivaces croissant la plupart dans les marécages, notamment dans les tourbières, à feuilles en rosette souvent hérissées soit de lobes filiformes excitables (Rossolis), soit de poils irritables (Aldrovandie, Dionée), sécrétant un suc riche en pepsine et capable de digérer la viande (I, p. 302, fig. 212).

Les fleurs sont hermaphrodites, régulières, pentamères (fig. 213). L'androcée a d'ordinaire cinq étamines à anthères extrorses (fig. 213), quelquefois dix à vingt par ramification (Dionée, Drosophylle). Le pistil est formé de cinq (Aldrovandie, Dionée, Drosophylle, etc.), ou trois carpelles (la plupart des Rossolis, fig. 213), ordinairement ouverts et concrescents en un ovaire uniloculaire à placentes pariétaux chargés d'ovules anatropes, rarement fermés (Biblyde, Roridule).

Fig. 213. Diagramme de la fleur du Rossolis rotondifolié.

Le fruit est une capsule à déhiscence dorsale. La graine renferme un albumen charnu et un petit embryon droit.

SARRACÉNIÉES. — Les Sarracéniées, 3 genres avec 10 espèces toutes américaines, sont des herbes marécageuses à feuilles disposées en rosette, dont le pétiole, creusé en tube ou en amphore, avec un petit limbe dressé ou rabattu en forme de couvercle sur l'ouverture du pétiole, constitue úne ascidie (I, p. 259).

' Les fleurs sont hermaphrodites, régulières, pentamères (fig. 214), avec des étamines ramifiées au moins en trois (Darlingtonie), ordinairement en un grand nombre d'étamines partielles (Sarracénie, fig. 214, Héliamphore). Le pistil a ses carpelles fermés et concrescents en un ovaire à cinq loges, contenant chacune de nombreux ovules anatropes. Dans l'Héliamphore, il y a quatre sépales, trois carpelles et la corolle avorte.

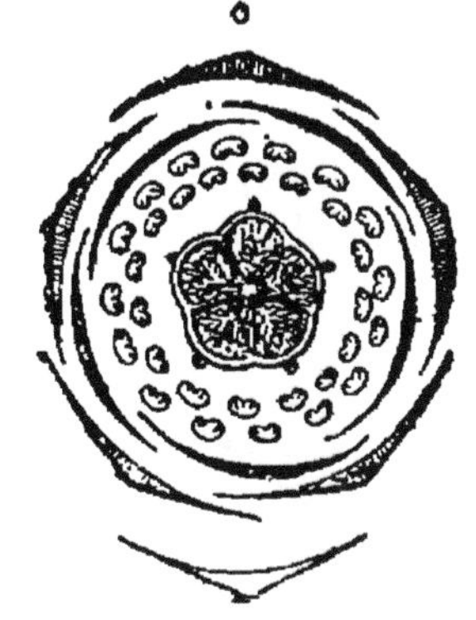

Fig. 214. Diagramme de la fleur de la Sarracénie pourpre.

Le fruit est une capsule loculicide; la graine a un albumen charnu.

Les affinités des Sarracéniées sont assez obscures; malgré leur placentation axile, on les place ici à côté des Droséracées, dont elles ont le mode de végétation.

Népenthées. — Les Népenthées, formées par le seul genre Népenthe avec 30 espèces tropicales, sont des arbrisseaux grimpants, à feuilles isolées, sans stipules; leur pétiole, dilaté en aile à la base, puis aminci et enroulé en vrille, est creusé dans sa région terminale en forme de cruche dressée; leur limbe se réduit à un petit couvercle, qui peut se rabattre sur l'orifice de l'urne (I, p. 259, fig. 99).

Les fleurs sont dioïques, régulières, tétramères et sans corolle, comme celles de l'Héliamphore (fig. 215). Il y a quatre à seize étamines concrescentes en colonne, à anthères extrorses (fig. 215, A). Le pistil est formé de quatre carpelles fermés et concrescents en un ovaire quadriloculaire (fig. 215, B), dont chaque loge renferme un grand nombre d'ovules anatropes, surmonté d'un stigmate sessile discoïde.

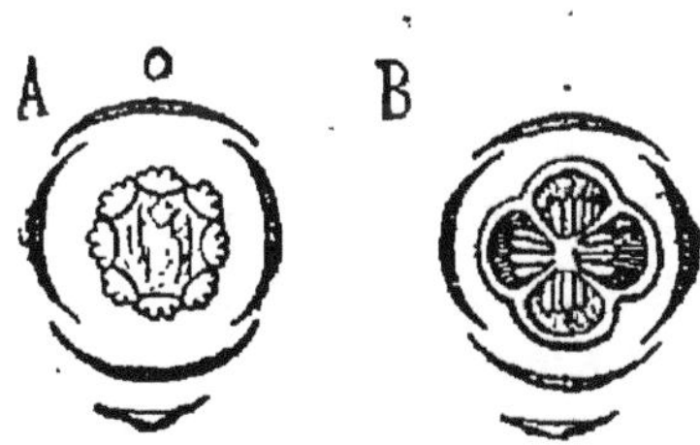

Fig. 215. Diagramme des fleurs du Népenthe distillateur : A, fleur mâle; B, fleur femelle.

Le fruit est une capsule loculicide et la graine contient un albumen charnu. Les affinités des Népenthes sont difficiles à préciser; par l'Héliamphore, ils se relient aux Sarracéniées et par celles-ci aux Droséracées.

Résédacées. — Les Résédacées, 6 genres avec environ 30 espèces, sont des herbes annuelles ou vivaces, rarement des arbrisseaux (Randonie, etc.), à feuilles isolées, entières ou diversement découpées, munies de petites stipules glanduleuses.

Les fleurs sont hermaphrodites, zygomorphes par suite du développement prédominant du côté supérieur (fig. 216). Le calice est formé de cinq (Oligoméride, Résède blanc, Astrocarpe, fig. 216, *A*), six (Résède jaune, R. odorant, fig. 216, *B*) ou huit (Randonie) sépales libres. La corolle, isomère avec le calice, a ses pétales divisés en franges (fig. 216), au-dessus desquelles

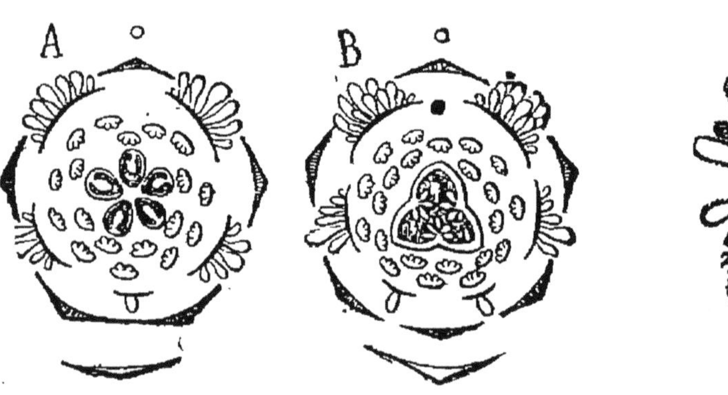

Fig. 216. Diagramme floral : *A*, de l'Astrocarpe sésamoïde ; *B*, du Résède odorant.

Fig. 217. Pétale du Résède odorant.

leur base élargie se prolonge en une sorte de ligule (fig. 217) ; les postérieurs sont plus développés que les autres, ce qui rend la fleur zygomorphe ; les trois antérieurs (Oligoméride) et même la corolle tout entière (Ochradène) peuvent avorter. L'androcée comprend dix à vingt étamines libres et égales. Le pistil est formé de deux (Randonie), trois (Résède, fig. 216, *B*, Ochradène), quatre (Oligoméride), cinq ou six (Astrocarpe, fig. 216, *A*, Caylusée) carpelles, ordinairement ouverts et concrescents en un ovaire uniloculaire à placentes pariétaux chargés d'ovules campylotropes (fig. 216, *B*) ; la concrescence cesse au sommet, où l'ovaire est béant. Dans la Caylusée et l'Astrocarpe (fig. 216, *A*), les carpelles sont indépendants, ouverts complètement et biovulés dans le premier genre, ouverts seulement à mi-hauteur et uniovulés dans le second, où l'ovule est inséré en face de la fente sur la nervure dorsale de carpelle (fig. 216, *A*).

Le fruit est une capsule, qui n'a pas besoin de s'ouvrir

puisque l'ovaire était déjà béant. La graine contient un embryon courbe, sans albumen.

Par la zygomorphie de la fleur et la structure habituelle du pistil, les Résédacées se relient aux Violées, dont elles diffèrent surtout par l'androcée. Mais c'est aux Capparidacées qu'elles se rattachent le plus directement et c'est par leur intermédiaire qu'elles se relient ensuite aux Crucifères.

CRUCIFÈRES. — Les Crucifères, vaste famille qui comprend 172 genres avec environ 1200 espèces répandues par toute la Terre, jusque dans les régions arctiques et alpines, sont des plantes herbacées, rarement ligneuses (Ibéride, Matthiole, etc.), à feuilles isolées, simples et sans stipules, entières ou diversement découpées. La racine, la tige et la feuille renferment dans leur parenchyme des cellules sécrétrices contenant du myronate de potasse.

Les fleurs sont hermaphrodites, régulières, disposées en grappes simples à l'aisselle de bractées ordinairement avortées; leur constitution est exprimée par la formule $F= 4S+4P+2E+2\times2E' + (2C^o)$.

Fig. 218. Diagramme de la fleur des Crucifères.

Le calice est formé de quatre sépales libres, en deux paires croisées, les deux premiers médians, les deux suivants latéraux (fig. 218). La corolle a quatre pétales libres, diagonalement placés; les deux antérieurs sont plus grands que les autres dans les Ibérides, dont la fleur est rendue par là zygomorphe. L'androcée est formé de deux étamines latérales plus petites et de deux paires antéro-postérieures d'étamines plus grandes, provenant du dédoublement des deux étamines médianes; il est, comme on dit, *tétradyname* (fig. 219); ce dédoublement peut ne pas avoir lieu (divers Passerages et Sénebières) ou au contraire être poussé plus loin, de manière à produire jusqu'à 16 étamines (Mégacarpée polyandre, etc.).

Le pistil se compose de deux carpelles latéraux, ouverts et concrescents en un ovaire uniloculaire à deux placentes pariétaux, portant chacun deux rangées d'ovules campylotropes pendants; de bonne heure, la région du placente comprise entre les deux rangs d'ovules se développe vers l'axe et s'y rejoint en

324 DICOTYLÉDONES.

uné fausse cloison. Le style est unique, court et terminé par
deux stigmates superposés aux placentes. L'ovaire ne renferme
quelquefois que deux ovules (Lunetière) ou même un séul
(Clypéole, Pastel) ; dans ce dernier cas, il ne prend pas de fausse
cloison.

Le fruit est une capsule s'ouvrant par quatre fentes, de
chaque côté des placentes ; en un mot, c'est une *silique*

Fig. 219. Androcée tétradyname
des Crucifères.

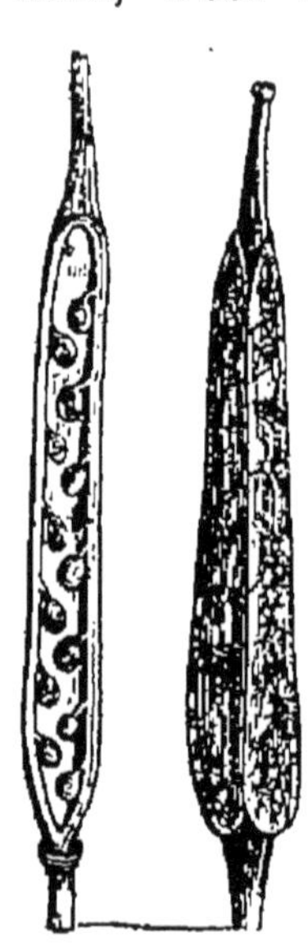

Fig. 220. Silique d'un Chou.

(I, p. 444), s'il est beaucoup plus long que large (fig. 220), une
silicule, si sa longueur égale sensiblement sa largeur (fig. 221).
La silicule est souvent aplatie soit parallèlement à la cloison,
qui est large, soit perpendiculairement à la cloison, qui est
étroite (fig. 221). La silique est quelquefois indéhiscente et
partagée, par de fausses cloisons transversales, en logettes à
une graine (Radis, etc.). Quand l'ovaire est uniovulé, le fruit est
un akène (Pastel, Clypéole, etc.). La graine, dépourvue d'albumen, contient un embryon oléagineux courbe, à cotylédons
accombants ou incombants (I, p. 437); ils sont toujours plans
dans le premier cas (Giroflée, fig. 222, *e*, etc.); ils sont tantôt
plans (Sisymbre, fig. 222, *g*, etc.), tantôt ployés en long (Chou,
fig. 222, *h*, etc.) ou roulés en spirale (Buniade, fig. 222, *i*, etc.),
dans le second.

Les Crucifères sont remarquables par leurs propriétés antiscorbutiques, très développées déjà dans le Cresson officinal et le Passerage cultivé, mais qui atteignent leur plus haut degré dans les Cochléaires. Plusieurs sont alimentaires par leurs tubercules, formés à la fois par la racine et la région hypocotylée de la tige (Radis cultivé, Chou navet, Chou rave, etc.), par

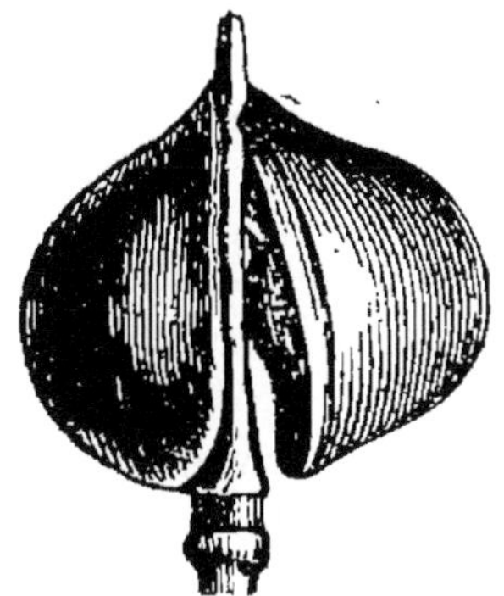

Fig. 221.
Silicule d'un Passerage.

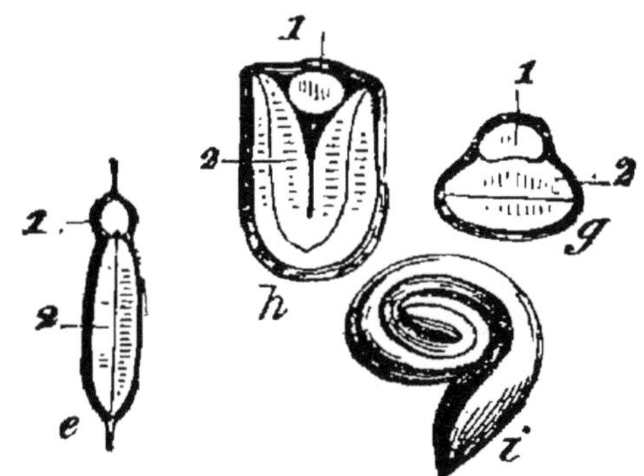

Fig. 222. Coupe transversale de la graine : *e*, de la Giroflée ; *g*, du Sisymbre ; *h*, du Chou ; *i*, embryon du Buniade. 1, tigelle ; 2, cotylédons.

leurs feuilles (Chou potager et ses nombreuses variétés, Cresson officinal, Passerage cultivé, Crambé marin), par leurs inflorescences hypertrophiées (Chou potager cauliflore dit *Chou-fleur*, etc). D'autres fournissent de l'huile grasse, que l'on extrait de leur embryon (Chou potager oléifère ou Colza, Chou navet oléifère ou Navette, Caméline cultivée). Le Pastel tinctorial sert à teindre en bleu ; l'embryon de la Moutarde noire, sous l'action de l'eau, dégage une essence sulfurée qui est le principe actif des sinapismes.

Dans une famille aussi homogène, le groupement des genres en tribus est toujours artificiel ; on peut adopter la division suivante :

1. — Silique ou silicule à cloison large, déhiscente.

    1. *Arabidées*. — Cotylédons accombants, silique : Matthiole. Giroflée, Cresson, Barbarée, Arabette, Cardamine, Dentaire, etc.

    2. *Alyssées*. — Cotylédons accombants, silicule : Lunaire, Alysse. Aubriétie, Drave, Érophile, Cochléaire, etc.

    3. *Sisymbriées*. — Cotylédons incombants plans, silique : Julienne, Malcolmie, Sisymbre, Vélar, etc.

    4. *Camélinées*. — Cotylédons incombants plans, silicule : Caméline, Subulaire, etc.

    5. *Brassicées*. — Cotylédons incombants ployés en long, silique : Chou, Diplotaxe, Moutarde, Roquette, etc.

II. — Silicule à cloison étroite, déhiscente.

    6. *Lépidiées.* — Cotylédons accombants : Capselle, Passerage, Séne-
bière, etc.

    7. *Thlaspidées.* — Cotylédons incombants : Lunetière, Tabouret, Ibé-
ride, etc.

III. — Fruit indéhiscent, au moins en partie.

    8. *Cakilées.* — Silique biarticulée, l'article supérieur indéhiscent :
Crambé, Rapistre, Érucaire, Caquilier, etc.

    9. *Raphanées.* — Silique indéhiscente : Radis, etc.

    10. *Isatidées.* — Silicule indéhiscente : Clypéole, Pastel, Calépine.
Buniade, etc.

Les Crucifères sont une famille nettement circonscrite; c'est
à la famille suivante des Capparidacées qu'elle se rattache le
plus directement.

CAPPARIDACÉES. — Les Capparidacées, 23 genres avec environ
300 espèces, dont 120 pour le genre Câ-
prier, habitant les contrées chaudes et
tropicales, sont des herbes annuelles ou
des arbustes, quelquefois des arbres, à
feuilles isolées, simples ou composées,
parfois munies de stipules épineuses (Câprier).

Les fleurs sont hermaphrodites, régulières ou zygomorphes, et leur organisation (fig. 223), semblable à celle des Crucifères, s'exprime par la formule $F = 4S
+ 4P + 2E + 2 \times 2E' + (2C^o)$.

Fig. 223. Diagramme de la fleur du Cléome épineux.

Les quatre sépales sont parfois concrescents (Mérue, certains
Câpriers, etc.). Les quatre pétales sont toujours libres ; les antérieurs peuvent être plus grands (Stériphome), plus petits (Cris-
tatelle, etc.) ou nuls (certains Cadabes), ce qui rend la fleur
zygomorphe; ils avortent quelquefois tous (Thylaque, etc.).
Les six étamines, parfois séparées du périanthe par un long
entre-nœud (Gynandropse, Mérue), sont sensiblement égales et
libres; elles peuvent se réduire à quatre (Cléome tétrandre, etc.)
ou devenir plus nombreuses par ramification (Câprier, Polanisie). Le pistil, ordinairement séparé de l'androcée par un
entre-nœud plus ou moins long, ou gynophore (fig. 224), se
compose de deux carpelles ouverts et concrescents en un ovaire
uniloculaire à deux placentes pariétaux chargés d'ovules anatropes, avec stigmates sessiles, sans fausse cloison (fig. 223);

il y a quelquefois plus de deux, jusqu'à dix et douze carpelles, avec autant de placentes pariétaux (Stériphome, Càprier).

Avec deux carpelles, le fruit est une silique (Cléome, etc.) ou une silicule (Cléomelle); quand les car- pelles sont plus nombreux, c'est une baie (Càprier, etc.), rarement une drupe (Roydsie). La graine, dépourvue d'albu- men, a un embryon courbe à cotylédons incombants, plans (Cléome, etc.) ou plis- sés (Càprier, etc.).

Ces plantes ont des propriétés anti- scorbutiques analogues à celles des Cru- cifères. Les jeunes boutons du Càprier épineux, ou càpres, sont employés comme condiment; les feuilles de certains Cléo- mes sont comestibles, comme celles du Cresson, et leurs graines servent aux mêmes usages que celles de la Mou- tarde.

Les genres se groupent en deux tribus :

Fig. 224. Pistil du Càprier, séparé de l'androcée par un long entre-nœud, ou gynophore.

1. *Cléomées.* — Herbes à silique : Cléome, Dactylène, Isoméride, Polanisie, Gynandropse, etc.
2. *Capparidées.* — Arbustes ou arbres à baie ou à drupe : Càprier. Thylaque, Mérue, Cadabe, etc.

Les Capparidacées se rattachent directement aux Crucifères, dont les Cléomées ne diffèrent que par l'androcée non tétra- dyname, l'absence de fausse cloison dans l'ovaire et la fréquente zygomorphie de la fleur.

Papavéracées. — Les Papavéracées, 24 genres avec 160 es- pèces vivant la plupart dans les contrées tempérées et subtro- picales de l'hémisphère boréal, sont des herbes annuelles ou vivaces, souvent d'un vert glauque, grimpant quelquefois à l'aide des feuilles (Fumeterre, Corydalle), rarement munies d'un rhizome tuberculeux (Corydalle) ou d'une tige ligneuse (Dendromécon, Bocconie, etc.), à feuilles isolées, sans stipules, simples ou composées. Elles sont fréquemment pourvues de cellules laticifères isolées (Sanguinaire, Glaucière), en files fusionnées (Chélidoine, etc.), ou anastomosées en réseau (Pa- vot, etc.), à latex blanc (Pavot), jaune (Chélidoine, etc.) ou

rouge (Sanguinaire); d'autres genres sont dépourvus de ces
cellules laticifères (Fumeterre, Corydalle, etc.).

Les fleurs sont hermaphrodites, régulières (Chélidoine,
Pavot, etc.) ou zygomorphes (Fumeterre, etc.), construites
d'après la formule $F = 2S + 2P + 2P' + \infty E + (2C^o)$. Le calice

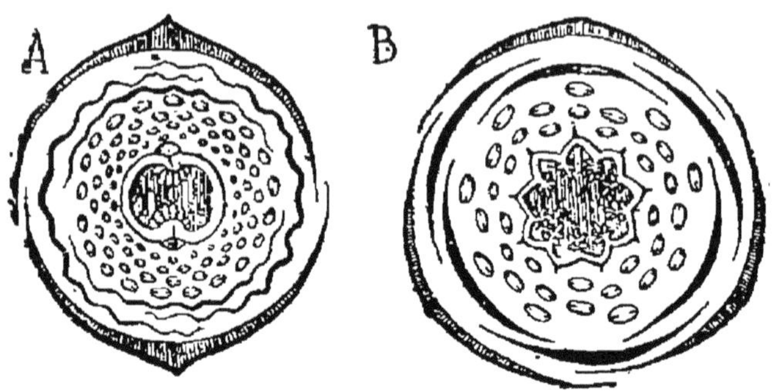

Fig. 225. Diagramme floral : *A*, de la Glaucière jaune; *B*, du Plastystème
de Californie.

est formé de deux sépales médians (fig. 225, *A*, et 226), libres,
très caducs, rarement de trois (Argémone, Platystème,
(fig. 225, *B*, etc.). La corolle a quatre pétales libres, en deux
paires croisées qui sont tantôt semblables (Chélidoine,
Pavot, etc.), tantôt dissemblables parce que l'externe a ses

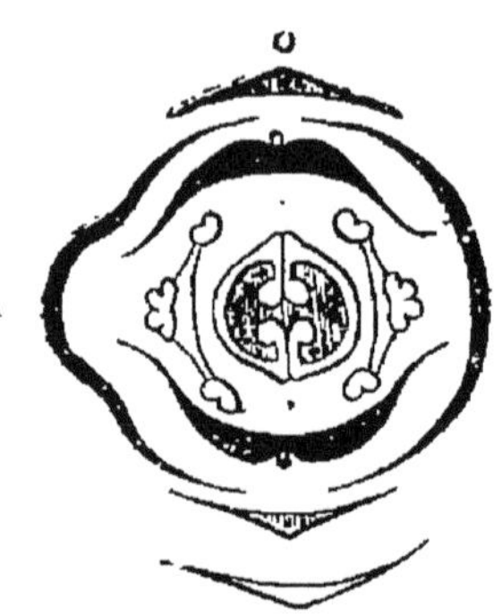

Fig. 226. Diagramme de la
fleur du Corydalle creux.

deux pétales latéraux dilatés en sac à la
base (Dicentre, etc.) ou seulement un de
ses pétales prolongé en éperon (Fumeterre,
Corydalle, fig. 226), ce qui rend la fleur
transversalement zygomorphe; il y a six
pétales quand le calice est trimère (Platystème, fig. 225, *B*, etc.). L'androcée
comprend tantôt un grand nombre d'étamines simples et libres (Chélidoine, Glaucière, fig. 225, Pavot, etc.), tantôt deux étamines seulement, latérales, divisées chacune en trois branches (fig. 226), dont la
médiane porte une anthère à quatre sacs, les deux autres une
anthère à deux sacs (Fumeterre, Corydalle, Dicentre, etc.). Le
pistil a deux carpelles latéraux, ouverts et concrescents en un
ovaire uniloculaire à deux placentes pariétaux chargés d'ovules
anatropes, surmonté de deux stigmates sessiles (fig. 225, *A*, et
226); l'ovaire est parfois uniovulé (Fumeterre, etc.); ailleurs, il

y a plus de deux, jusqu'à douze et quinze carpelles, avec autant de placentes pariétaux très proéminents (Pavot, Platystème, fig. 225, *B*, etc.).

Le fruit est ordinairement une silique (Chélidoine, Glaucière, etc.), quelquefois une capsule à déhiscence suturale (Eschholtzie, Romneyer, etc.) ou poricide (Pavot, etc.), rarement une drupe (Fumeterre). La graine a un petit embryon avec un albumen oléagineux ; c'est de l'albumen du Pavot somnifère (variété à graines noires) que l'on extrait l'huile dite d'*œillette*, tandis que le latex concrété de cette même plante (variété à graines blanches) est l'opium.

Les genres se groupent en deux tribus bien distinctes :

1. *Papavérées.* — Latex, pétales semblables, nombreuses étamines : Platystème, Pavot, Argémone, Sanguinaire, Bocconie, Glaucière, Chélidoine, Eschholtzie, etc.

2. *Fumariées.* — Pas de latex, pétales dissemblables, deux étamines trifurquées : Hypécon, Dicentre, Corydalle, Fumeterre, etc.

Les Papavéracées se relient à la fois aux Capparidacées et aux Crucifères par la structure du pistil et de l'androcée, aux Berbéridacées par la double corolle dimère ou trimère.

Résumé du groupe méristémone. — En résumé et à part les exceptions, les vingt-cinq familles qui se rattachent au type méristémone peuvent être distinguées, entre elles et des Malvacées qui ont servi de point de départ, comme l'indique le tableau suivant :

DIALYPÉTALES SUPÉROVARIÉES MÉRISTÉMONES.

Carpelles

- **fermés. Fleurs...**
  - hermaphrodites. Feuilles
    - isolées,
      - stipulées.
        - Déhiscence des anthères
          - longitudinale. *Malvacées.*
          - poricide....... *Ochnacées.*
        - Disque tubuleux autour de l'androcée... *Sarcolénées.*
        - Canaux sécréteurs. .... *Diptérocarpées.*
      - sans stipules. Carpelles
        - concrescents
          - pluriovulés. *Ternstrémiacées.*
          - uniovulés... *Humiriées.*
        - libres.................... *Dilléniacées.*
    - opposées, avec
      - canaux sécréteurs................... *Clusiacées.*
      - poches sécrétrices................... *Hypéricacées.*
  - unisexuées. Ovules
    - à raphé interne................... *Euphorbiacées.*
    - à raphé externe
      - solitaires. Corolle.... .... *Empétrées.*
      - par deux. Pas de corolle................... *Buxées.*
- **ouvers. Typo floral**
  - orthotropes................... *Cistées.*
  - pentamère. Ovules
    - anatropes. Corolle
      - régulière,
        - libre. Graines
          - poilues................... *Tamaricacées.*
          - lisses................... *Bixacées.*
        - concrescente avec le calice et l'androcée. *Samydées.*
        - munie d'une couronne................... *Passiflorées.*
      - Plantes.....
        - à feuilles irritables....... *Droséracées.*
        - à ascidies,
          - avec corolle.. *Sarracéniées.*
          - sans corolle.. *Népenthées.*
      - zygomorphe. Cinq étamines seulement.............. *Violacées.*
  - campylotropes. Fleur zygomorphe .... *Résédacées.*
  - tétramère. Étamines tétradynames.................... *Crucifères.*
  - dimère ou trimère,
    - Pas d'albumen................... *Capparidacées.*
    - Un albumen oléagineux................... *Papavéracées.*

Géraniacées. — Les Géraniacées sont des herbes annuelles ou vivaces, grimpant parfois à l'aide des feuilles (Capucine), à rhizome quelquefois tuberculeux (Oxalide, Capucine), rarement des arbrisseaux (Pélargone, etc.) ou des arbres (Carambolier, etc.). Les feuilles sont isolées ou opposées, simples (Géraine, etc.) ou composées (Oxalide, Carambolier, etc.), souvent stipulées, à limbe fréquemment palminerve et diversement découpé.

Les fleurs sont hermaphrodites, ordinairement régulières, parfois zygomorphes (Pélargone, Capucine, Impatiente, etc.), pentamères avec deux verticilles alternes d'étamines simples (fig. 227); leur organisation s'exprime par la formule $F = 5S + 5P + 5E + 5E' + (5C)$.

Les cinq sépales, parfois pétaloïdes (Capucine, Impatiente), sont égaux (Géraine, fig. 227, *A*, Oxalide, etc.), ou bien le postérieur plus développé se prolonge en éperon (Pélargone, fig. 227, *B*, Capucine, fig. 228, Impatiente, etc.), tandis que les deux antérieurs sont plus petits ou même avortent complètement (Balsamine, etc.).

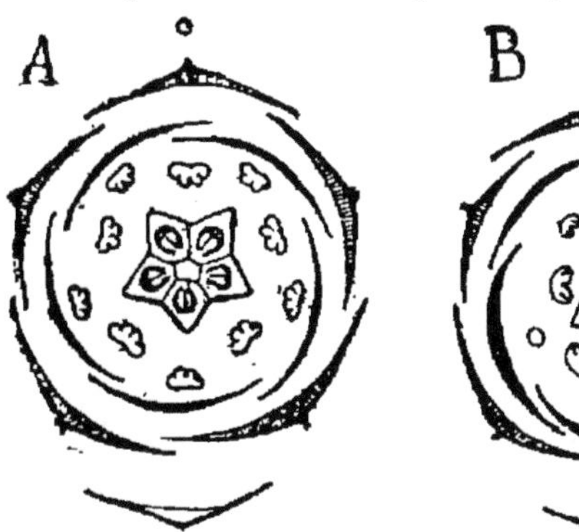
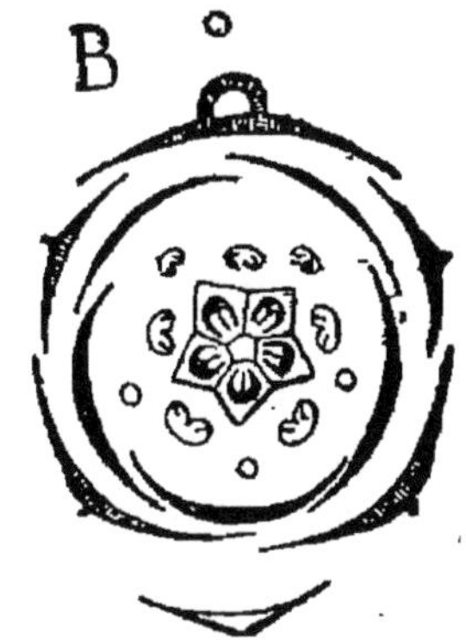

Fig. 227. Diagramme floral : *A*, du Géraine sanguin; *B*, du Pélargone zonal.

Les cinq pétales sont égaux (Géraine, fig. 227, *A*, Oxalide, etc.), ou inégaux avec prédominance des deux postérieurs (Pélargone, Capucine, etc.) ou de l'antérieur (Impatiente, etc.); ils avortent dans les Rhynchothèces. Les dix étamines sont souvent toutes fertiles (Géraine, fig. 227, *A*, Oxalide, etc.); parfois les épipétales se réduisent à leurs filets (Érode, etc.), ou bien les trois inférieures avortent complètement (Pélargone, fig. 227, *B*), ou bien elles avortent toutes complètement (Impatiente); ailleurs l'épipétale inférieure et l'épisépale supérieure avortent, et il y a huit étamines (Capucine, fig. 228); ailleurs, au contraire, les épipétales se dédoublent, ce qui porte à quinze le nombre des étamines, qui en même temps s'unissent en cinq faisceaux épisépales (Monsonie, etc.); les filets sont quelquefois tous concrescents en ube (Oxalide, I, p. 343, fig. 153). Les cinq carpelles sont fermés et concrescents en un ovaire à cinq loges contenant chacune soit un grand nombre d'ovules anatropes (Oxalide, Impatiente, etc.), soit deux ovules dont un seul se développe en graine (Géraine, Pélargone, fig. 227, etc.), soit un seul ovule (Capucine, fig. 228, Limnanthe, Coriaire, fig. 229, etc.).

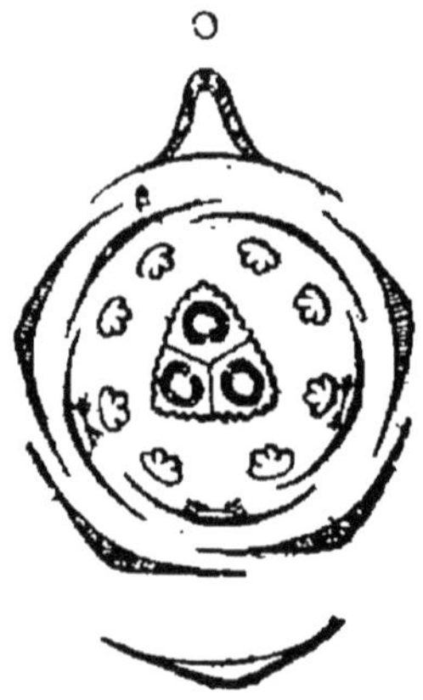

Fig. 228. Diagramme de la fleur
de la Capucine grande.

Fig. 229. Diagramme de la fleur
de la Coriaire myrtifoliée.

L'ovaire est terminé par autant de styles libres (Oxalide, etc.) ou par un style unique (Géraine, Capucine, etc.), parfois gyno-basique (Limnanthe). Il n'y a quelquefois que trois carpelles (Capucine, fig. 228, etc.); ailleurs les cinq carpelles sont libres (Coriaire, fig. 229).

Le fruit est une capsule loculicide (Oxalide, etc.), s'ouvrant parfois avec élasticité (Impatiente, etc.), ou une capsule septi-frage à cinq valves soulevées par autant de lanières provenant du style accru et divisé, lanières qui se recourbent vers le haut (Géraine) ou même s'enroulent en spirale (Érode, Pélargone); ailleurs, il se sépare en cinq (Limnanthe, Coriaire, etc.), ou trois akènes (Capucine, etc.), ou bien c'est une baie (Carambolier, etc.) ou une drupe (Hydrocère). La graine a un embryon droit à coty-lédons plans (Oxalide, Impatiente, Capucine, etc.), ou courbe à cotylédons plissés (Géraine, Érode, etc.), tantôt avec un albumen charnu (Oxalide, etc.), parfois peu abondant (Géraine, Co-riaire, etc.), tantôt sans albumen (Pélargone, Impatiente, Capu-cine, Limnanthe, etc.).

La famille des Géraniacées comprend 21 genres avec 750 espèces répandues dans toutes les contrées tempérées et subtropicales;

on compte 220 Oxalides, 170 Pélargones, 135 Impatientes, plus
de 100 Géraines. Beaucoup sont cultivées dans les jardins pour
la beauté de leurs fleurs Plusieurs produisent des huiles essentielles dans des poils sécréteurs (Géraine, Pélargone, etc.), ou
forment dans leur parenchyme des principes sulfurés antiscorbutiques et ressemblent sous ce rapport aux Crucifères (Capucine, Oxalide, Limnanthe, etc.); en outre, les Oxalides et les
Caramboliers sont riches en acide oxalique à l'état de qua-
droxalate de potasse. D'autres sont alimentaires par leurs
tubercules (beaucoup d'Oxalides, etc.), par leurs feuilles cuites
ou en salade (divers Oxalides), par leurs fleurs (Capucine) ou
leurs jeunes fruits (Capucine, Carambolier). Les feuilles de la
Coriaire myrtifoliée ou Redoul servent à tanner les peaux et à
teindre en noir.

Les genres se groupent en cinq tribus :

1. *Géraniées.* — Capsule septifrage. Deux ovules inégaux : Géraine, Érode, Pélargone, Monsonie, Sarcocaule, Rhynchothèce.

2. *Tropéolées.* — Polyakène. Un ovule pendant : Capucine, Biebersteinie.

3. *Limnanthées.* — Polyakène. Un ovule ascendant : Limnanthe, Flœrkée, Coriaire.

4. *Oxalidées.* — Capsule loculicide ou baie. Dix étamines : Oxalide, Balbisie,
Vivianie, Carambolier, Connaropse, etc.

5. *Balsaminées.* — Capsule loculicide ou drupe. Cinq étamines : Impatiente,
Balsamine, Hydrocère.

Les Géraniacées ressemblent aux Malvacées, dont elles ont
l'androcée diplostémone; elles en diffèrent surtout parce que
leurs étamines ne se ramifient pas; sous ce rapport, une transition s'établit par les Monsonies, etc.

Familles rattachées aux Géraniacées. — Aux Géraniacées
se rattachent une série de vingt familles douées de la même
organisation florale, c'est-à-dire ayant comme elles l'androcée
diplostémone, mais en différant par des caractères secondaires; ce sont les *Linacées, Crassulacées, Élatinées, Caryophyllées, Portulacées, Zygophyllées, Rutacées, Méliacées, Simarubacées,
Anacardiacées, Sapindacées, Sabiées, Malpighiacées, Polygalées,
Trémandrées, Vochysiacées, Légumineuses, Connarées, Rosacées* et
Moringées.

LINACÉES. — Les Linacées, 14 genres avec 135 espèces, sont
des herbes habitant surtout les régions tempérées (Lin, etc.),
ou des plantes ligneuses la plupart tropicales (Érythroxyle, etc.),

à feuilles isolées, simples, entières, sans stipules (Lin, Radiole, etc.) ou stipulées (Érythroxyle, etc.).

Les fleurs sont régulières, hermaphrodites, pentamères (fig. 230), rarement tétramères (Radiole). L'androcée a ses dix étamines fertiles (Érythroxyle, Hugonie, etc.), ou bien les épipétales se réduisent à des staminodes (Lin, fig. 230, etc.) et même avortent complètement (Radiole). Le pistil a cinq (Lin, fig. 230, etc.), quatre (Radiole) ou trois (Érythroxyle, etc.) carpelles fermés, concrescents et biovulés, à styles libres, souvent partagés entre les deux ovules par une fausse cloison (Lin, fig. 230, Radiole, etc.).

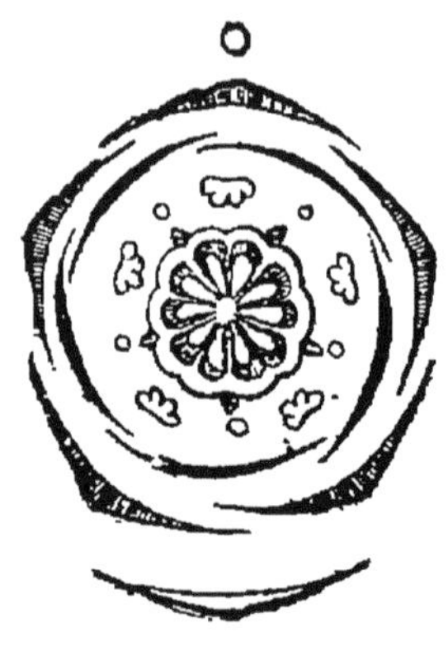

Fig. 230. Diagramme de la fleur du Lin commun.

Le fruit est une capsule septicide (Lin, etc.), une drupe à un (Érythroxyle, etc.) ou plusieurs noyaux (Hugonie), parfois un akène (Anisadénie). La graine a un albumen charnu avec un embryon droit à cotylédons plans.

La tige du Lin commun fournit des fibres textiles, tandis que sa graine donne à la fois un mucilage par son tégument et une huile siccative par son albumen et son embryon. Les feuilles de l'Érythroxyle coca sont employées dans l'Amérique méridionale aux mêmes usages que le thé et le café.

Les genres se groupent en deux tribus :

1. *Linées.* — Cinq étamines fertiles : Radiole, Lin, Anisadénie, etc.

2. *Érythroxylées.* — Dix étamines fertiles : Hugonie, Érythroxyle, etc.

Les Linacées se rattachent très directement aux Géraniacées, dont on pourrait les considérer comme n'étant qu'une tribu, caractérisée par la déhiscence septicide du fruit quand il est capsulaire, et par les feuilles à limbe entier.

CRASSULACÉES. — Les Crassulacées, 14 genres avec environ 400 espèces dont 120 pour le genre Crassule et autant pour le genre Orpin, répandues dans les climats tempérés et subtropicaux, sont des herbes ou des sous-arbrisseaux à feuilles charnues, isolées ou opposées, sans stipules, simples et entières.

Les fleurs sont régulières, hermaphrodites, et leur organisation s'exprime par la formule : $F = nS + nP + nE + nE' + nC,$

dans laquelle n prend, suivant les genres, des valeurs différentes : 3 (certaines Tillées), 4 (Bryophylle, etc.), 5 (Cotylet, Echévérie, Ombilic, Crassule, Rochée, etc.), 4-7 (Orpin, fig. 231, *A*), 6-30 (Joubarbe, fig. 231, *B*).

Les sépales sont quelquefois concrescents en tube (Bryophylle), les pétales aussi (Bryophylle, Ombilic, Cotylet). Les étamines, concrescentes avec la corolle dans ce dernier cas, sont ordinairement libres ; les épipétales avortent quelquefois (Crassule, Rochée, Tillée, etc.). Les carpelles, munis à leur base d'autant de petits appendices écailleux (fig. 231), sont fermés, libres, avec deux ou plusieurs rangs d'ovules anatropes.

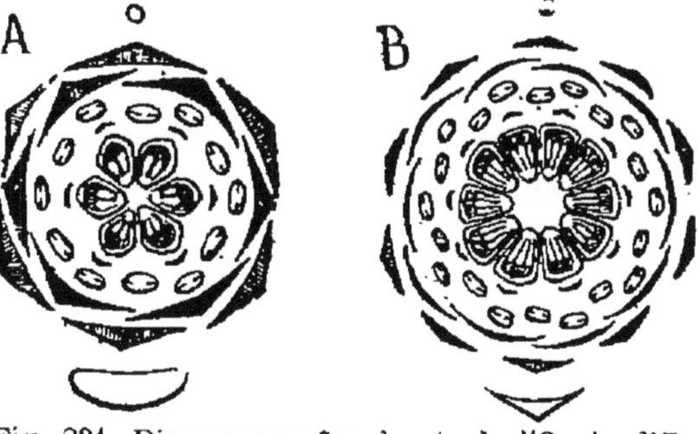

Fig. 231. Diagramme floral : *A*, de l'Orpin d'Espagne ; *B*, de la Joubarbe de montagne.

Le fruit est composé d'autant de follicules que la fleur avait de carpelles. La graine a un petit embryon droit, avec un albumen charnu peu abondant.

Les Crassulacées se distinguent des Géraniacées et des Linacées notamment par l'appareil végétatif et l'indépendance des carpelles.

ÉLATINÉES. — Les Élatinées, 2 genres (Élatine et Bergie) avec 20 espèces répandues par toute la Terre, sont des herbes ou des arbrisseaux rampants, aquatiques, à feuilles opposées ou verticillées, simples et stipulées, à limbe entier ou denté.

Les fleurs sont régulières, hermaphrodites (fig. 232), avec un pistil composé de carpelles épisépales fermés et concrescents en un ovaire pluriloculaire, renfermant de nombreux ovules anatropes à l'angle interne de chaque loge, terminé par autant de styles libres.

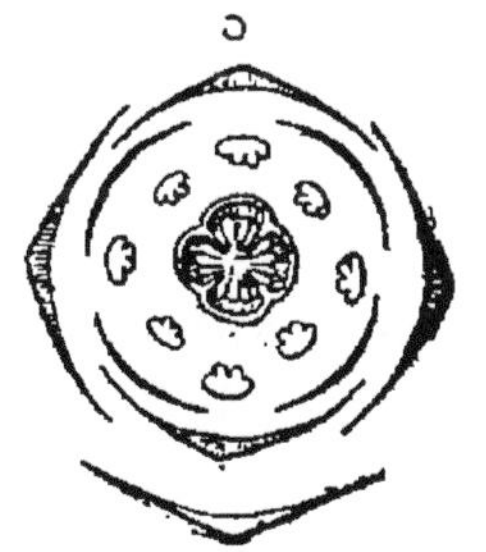

Fig. 232. Diagramme de la fleur tétramère de l'Élatine alsinastre.

Le fruit est une capsule septicide et la graine renferme un embryon courbe, sans albumen.

Cette petite famille se rattache à la fois aux Crassulacées, dont elle diffère par ses feuilles non charnues et stipulées, et à la famille suivante des Caryophyllées.

CARYOPHYLLÉES. — Les Caryophyllées, 35 genres avec environ 1000 espèces répandues dans toutes les régions extratropicales de l'hémisphère boréal, sont des herbes à rameaux souvent renflés aux nœuds, caractère d'où la famille a tiré son nom, à feuilles opposées, simples, entières, ordinairement uninerves et sans stipules.

Les fleurs sont régulières, hermaphrodites, disposées en cymes bipares, pentamères (fig. 233), rarement tétramères (Buffonie, etc.).

Le calice est gamosépale (Silène, fig. 233, *B*, etc.) ou dialy-

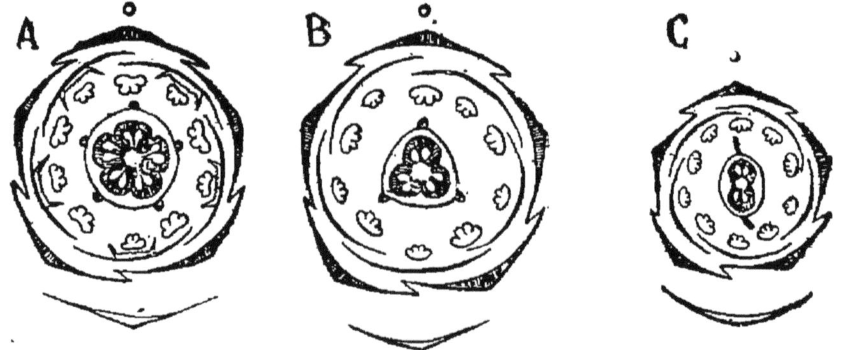

Fig. 233. Diagramme floral : *A*, du Lychnide viscaire; *B*, du Silène enflé; *C*, de l'OEillet barbu.

sépale (Alsine, etc.). La corolle, parfois séparée du calice par un long entre-nœud (Lychnide, OEillet, etc.), a ses pétales libres, souvent onguiculés, parfois échancrés (Stellaire, Céraiste, etc.) ou munis d'appendices ligulaires formant une couronne (Lychnide, fig. 233, *A*, etc.). L'androcée a deux verticilles alternes d'étamines libres; les épipétales avortent quelquefois (Buffonie, etc.). Le pistil est composé de cinq (Lychnide, fig. 233, *A*, Agrostemme, Céraiste, Spergule, etc.), trois (Silène, fig. 233, *B*, Stellaire, Alsine, etc.) ou deux (Saponaire, fig. 233, *C*, OEillet, Gypsophile, etc.) carpelles fermés et concrescents en un ovaire pluriloculaire, surmonté d'autant de styles libres et renfermant dans l'angle interne de chaque loge deux rangs d'ovules campylotropes, rarement deux ovules seulement (Buffonie). De très bonne heure, la partie médiane des cloisons disparaît, comme on l'a vu (I, p. 369, fig. 175, *f*), laissant libre au centre la colonne placentaire formée par la concrescence des bords carpellaires (fig. 233). Les styles s'unissent quelquefois en un style unique (Polycarpée, etc.).

Le fruit est une capsule s'ouvrant à la partie supérieure par des fentes longitudinales, qui correspondent aux dos des carpelles (Alsine, Spergule, etc.), aux cloisons (Lychnide, Agrostemme, etc.) ou à la fois aux dos et aux cloisons (Silène, Céraiste, etc.). La graine a un albumen amylacé et un embryon courbé en anneau autour de l'albumen (fig. 234), rarement droit (Œillet, etc.).

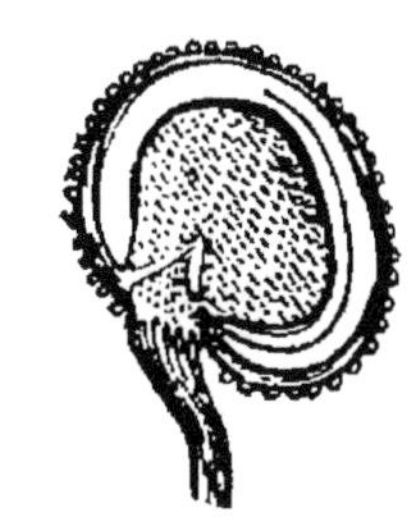

Fig. 234. Graine de Cucubale coupée en long.

Les genres sont groupés en trois tribus :

1. *Silénées.* — Calice gamosépale. Styles libres : Œillet, Gypsophile, Saponaire, Silène, Cucubale, Lychnide, Agrostemme, etc.
2. *Alsinées.* — Calice dialysépale. Styles libres : Céraiste, Stellaire, Sabline, Buffonie, Sagine, Spergule, etc.
3. *Polycarpées.* — Calice dialysépale. Styles concrescents : Drymaire, Polycarpe, Polycarpée, etc.

Les Caryophyllées se distinguent nettement des familles précédentes par les feuilles opposées sans stipules, la prompte disparition des cloisons ovariennes, la forme de l'ovule et la structure de la graine. Par l'ovule campylotrope et l'embryon courbé en anneau autour de l'albumen amylacé, elles ressemblent aux Chénopodiacées et aux familles voisines, surtout aux Illécébrées (p. 269), auxquelles elles se relient par plusieurs intermédiaires.

PORTULACÉES. — Les Portulacées, 15 genres avec environ 125 espèces, la plupart américaines, sont des herbes à feuilles isolées ou opposées, simples, entières, souvent charnues, munies de petites stipules frangées ou sans stipules.

Les fleurs sont régulières, hermaphrodites, avec un calice formé de deux sépales médians (fig. 235) et une corolle de cinq pétales libres (Pourpier, Calandrinie, fig. 235, *A*, etc.) ou concrescents en tube (Claytonie, Montie, fig. 235, *B*, etc.). L'androcée a dix étamines, qui peuvent se dédoubler (Pourpier potager, etc.) ou au contraire avorter en partie et se réduire à cinq (fig. 235, *A*) ou à trois (Montie, fig. 235, *B*). Le pistil a trois carpelles fermés et concrescents en un ovaire surmonté d'un style unique, à cloisons fugaces comme dans les Caryophyllées, avec une colonne placentaire portant un grand nombre d'ovules campylotropes (Pourpier, fig. 235, *A*, etc.), trois (Montie,

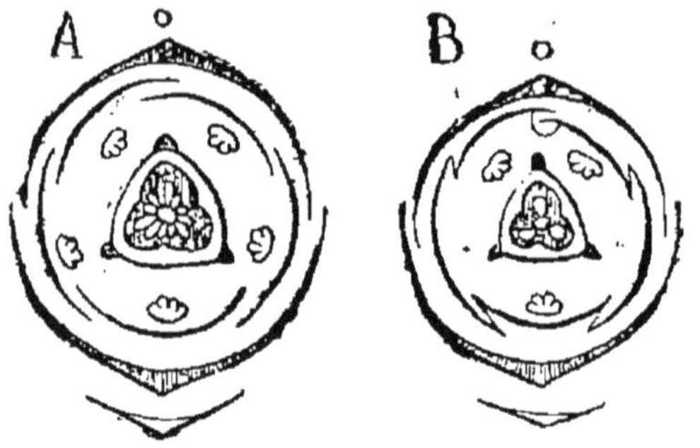

Fig. 235. Diagramme floral : *A*, de la Calandrinie couchée ; *B*, de la Montie des fontaines.

fig. 235, *B*) ou même un seul ovule (Portulacaire); l'ovaire est parfois semi-infère (Pourpier).

Le fruit est une capsule s'ouvrant en pyxide (Pourpier, etc.) ou par des fentes loculicides (Montie, Talin, etc.), rarement une samare (Portulacaire). La graine contient un albumen amylacé et un embryon courbé autour de l'albumen. Plusieurs de ces plantes sont potagères (Pourpier potager, diverses Calandrinies).

Les Portulacées se rattachent directement aux Caryophyllées, dont elles diffèrent surtout par le calice dimère.

ZYGOPHYLLÉES. — Les Zygophyllées, 18 genres avec environ 100 espèces habitant la plupart les contrées chaudes de l'hémisphère boréal, sont des herbes ou des arbustes, rarement

Fig. 236. Diagramme de la fleur du Tribule terrestre.

des arbres (Guaiac), à feuilles opposées, composées pennées, munies de stipules parfois épineuses.

Les fleurs sont régulières, hermaphrodites, pentamères (fig. 236), avec un androcée qui peut dédoubler ses étamines épipétales (Pégan) ou les faire avorter en divisant en trois sés épisépales (Nitraire). Le pistil comprend ordinairement cinq (fig. 236), quelquefois trois (Pégan, Nitraire) ou deux (Guaiac) carpelles fermés et concrescents en un ovaire pluriloculaire, surmonté par un style simple et contenant dans chaque loge soit deux rangs d'ovules anatropes (Zygophyllé, Guaiac, etc.), soit deux (Fagonie, etc.) ou un seul ovule (Nitraire, etc.).

Le fruit est une capsule septicide, quelquefois loculicide (Pégan); une fois séparés, les carpelles s'ouvrent en dedans

(Guaiac, etc.) ou sont indéhiscents parce qu'il s'est fait des cloisons transversales entre les graines (Tribule); dans les Nitraires, c'est une drupe. La graine a un embryon droit avec un albumen charnu, quelquefois sans albumen (Tribule, Nitraire, etc.).

Le bois de Guaiac renferme une résine remarquable par la facilité avec laquelle elle se colore en vert ou en bleu sous l'influence des agents oxydants.

RUTACÉES. — Les Rutacées, 83 genres avec environ 700 espèces répandues dans toutes les contrées tempérées et chaudes, sont des arbustes ou des arbres, à feuilles souvent opposées, simples ou plus fréquemment composées, sans stipules, à limbe entier. L'écorce de la tige et le parenchyme des feuilles sont parsemés de poches sécrétrices, pleines d'huile essentielle.

Les fleurs sont hermaphrodites, régulières, rarement zygomorphes (Dictame, Galipée, etc.), pentamères (fig. 237), quel-

Fig. 237. Diagramme d'une fleur terminale de la Rue puante.

Fig. 238. Diagramme d'une fleur du Citronnier oranger.

quefois tétramères (Amyride, Tétradicle, etc.) ou trimères (Triphasie, etc.). Les sépales et les pétales sont parfois concrescents (Galipée, etc.). Des deux verticilles d'étamines, les épipétales avortent assez souvent (Pilocarpe, Clavalier, Barosme, Citronnier), et il peut se faire alors que les épisépales se dédoublent de manière à produire 20, 30 et jusqu'à 60 étamines libres (Eglé) ou concrescentes en tube (Citronnier, fig. 238). Le pistil se compose de carpelles clos contenant quelquefois deux rangs d'ovules anatropes (Rue, fig. 237, Citronnier, fig. 238, etc.), le plus souvent deux ovules, rarement un seul (Skimmie, etc.); ces carpelles sont ordinairement libres avec styles gynobasiques

soudés (Rue, fig. 237, Diosme, etc.), parfois au contraire concrescents jusqu'au sommet des styles (Ptélée, Toddalie, Citronnier, fig. 238, etc.); ils sont souvent en même nombre que les
sépales (fig. 237), mais ils peuvent se réduire à trois (Clavalier, Ptélée, etc.), à deux (Thamnosme, etc.), à un seul (Amyride, etc.), ou bien au contraire s'élever à 10-20 (Eglé, Citronnier, fig. 238).

Le fruit est le plus souvent formé d'autant de capsules uniloculaires à déhiscence dorsale qu'il y avait de carpelles, s'ouvrant parfois avec élasticité (Dictame, Diosme, Galipée, etc.);
c'est quelquefois une capsule pluriloculaire loculicide (Flin-
dersie), une drupe (Toddalie, etc.), une samare (Ptélée) ou une
baie dont la pulpe comestible est composée de poils charnus
issus de la face dorsale des carpelles (Citronnier, etc.). La
graine renferme un embryon droit (Dictame, etc.) ou courbe
(Rue, etc.), avec un albumen charnu (Rue, Ptélée, etc.), ou
sans albumen (Diosme, Amyride, Citronnier, etc.); celle des
Citronniers renferme plusieurs embryons.

Ces plantes sont recherchées pour leurs huiles essentielles
(Citronnier limonier, Citronnier de Médie, Citronnier oranger, etc.); elles donnent aussi des bois aromatiques (Citronnier,
Amyride, etc.), des écorces fébrifuges (Galipée fébrifuge, etc.)
ou tinctoriales (Clavalier frêné) et des fruits comestibles,
notamment les oranges et les citrons.

Les genres se groupent en neuf tribus :

I. — Carpelles libres.

    1. *Rutées.* — Plus de deux ovules. Albumen charnu. Embryon courbe :
        Rue, Dictame, Tétradicle, Thamnosme, etc.

    2. *Diosmées.* — Deux ovules. Pas d'albumen. Embryon droit : Diosme,
        Barosme, Agathosme, Emplèvre, etc.

    3. *Galipéées.* — Deux ovules. Pas d'albumen. Cotylédons enroulés : Ga-
        lipée, Érythrochite, Ticorée, etc.

    4. *Boroniées.* — Deux ovules. Albumen charnu : Boronie, Corrée, etc.

    5. *Zanthoxylées.* — Deux ovules. Cotylédons plans : Clavalier, Mélicope,
        Pilocarpe, etc.

II. — Carpelles concrescents.

    6. *Flindersiées.* — Capsule pluriloculaire. Pas d'albumen : Flindersie, etc.

    7. *Toddaliées.* — Fruit indéhiscent. Albumen : Toddalie, Ptélée, Skim-
        mie, etc.

    8. *Amyridées.* — Un seul carpelle. Drupe. Pas d'albumen : Amyride, etc.

    9. *Citrées.* — Baie. Pas d'albumen : Limonie, Clausène, Citronnier,
        Eglé, etc.

Par leurs poches sécrétrices, les Rutacées se distinguent nettement de toutes les familles qui précèdent et qui suivent.

MÉLIACÉES. — Les Méliacées, 36 genres avec 270 espèces répandues dans les régions chaudes de l'Amérique et de l'Asie, sont des arbustes ou des arbres à feuilles isolées, souvent composées pennées, sans stipules.

Les fleurs sont hermaphrodites, régulières, pentamères (fig. 239). Rarement libres (Cédrèle), les dix étamines sont ordinairement concrescentes en un tube plus ou moins long (fig. 240), dont le bord porte les anthères et se prolonge dans les intervalles en autant de dents (fig. 239). Le pistil a parfois cinq (Mélie, fig. 239, Quivisie, etc.), le plus souvent trois

Fig. 239. Diagramme de la fleur
de la Mélie azédérach.

Fig. 240. Androcée gamostémone
de la Quivisie décandre.

carpelles fermés et concrescents en un ovaire pluriloculaire, dont chaque loge contient quelquefois deux rangs d'ovules anatropes (Cédrèle, Swieténie, etc.), le plus souvent deux ovules.

Le fruit est une capsule loculicide (Trichilie, Carape, etc.), septicide (Cédrèle, Swieténie, etc.) ou une drupe (Mélie, etc.). La graine, parfois ailée (Cédrèle, etc.), est munie d'un albumen charnu (Mélie, etc.) ou dépourvue d'albumen (Trichilie, etc.).

Les genres se groupent en quatre tribus :

1. *Méliées*. — Étamines concrescentes. Deux ovules. Albumen charnu : Quivisie, Mélie, etc.

2. *Trichiliées*. — Étamines concrescentes. Deux ovules. Pas d'albumen : Trichilie, Guarée, Carape, etc.

3. *Swieténiées*. — Étamines concrescentes. Nombreux ovules : Swieténie, etc.

4. *Cédrélées*. — Étamines libres. Nombreux ovules : Cédrèle, Chloroxyle.

Plusieurs Swieténiées et Cédrélées donnent des bois recherchés pour l'ébénisterie (Cédrèle odorant, Khaye du Sénégal,

Chloroxyle, Swieténie, etc.); le plus utile de tous est l'acajou (Swieténie mahogoni). D'autres ont des fruits comestibles (Sandoric, etc.) ou des graines dont on extrait l'huile (Mélie, etc.).

Les Méliacées diffèrent des Rutacés surtout par l'absence de poches sécrétrices et par la gamostémonie.

Simarubacées. — Les Simarubacées, 30 genres avec 112 espèces croissant la plupart dans les régions chaudes et tropicales, sont des arbustes ou des arbres à feuilles isolées, ordinairement composées pennées et sans stipules. La tige et les feuilles renferment souvent des canaux sécréteurs résinifères, situés dans la région périphérique de la moelle pour la tige, dans la région supérieure du péridesme de chaque méristèle pour la feuille.

Les fleurs sont régulières, parfois hermaphrodites (Quassie, etc.), le plus souvent unisexuées par avortement, pentamères et construites comme dans les familles précédentes, avec un androcée à étamines libres, dont cinq peuvent avorter (Picrène, Brucée, etc.) et un pistil à carpelles clos ordinairement uniovulés, libres (Simarube, Quassie, etc.) ou concrescents (Picramnie, etc.).

Le fruit est le plus souvent une drupe, quelquefois une samare (Ailante), une baie (Picramnie) ou une capsule à déhiscence suturale (Dictyolome, etc.). La graine est ordinairement dépourvue d'albumen.

Ces plantes sont remarquables par l'amertume et la propriété fébrifuge de leur bois et de leur écorce, caractère qui atteint son plus haut degré dans la Quassie amère, le Picrène élevé et la Soulamée amère. L'Ailante glanduleux est un arbre des plus utiles, dont la culture s'est généralisée en Europe.

Les genres se groupent en deux tribus :

1. *Simarubées.* — Carpelles libres : Quassie, Simabe, Simarube, Ailante, Suriane, Cnéore, etc.

2. *Picramniées.* — Carpelles concrescents : Picramnie, Spathélie, Irvingie, etc.

Les Simarubacées sont nettement caractérisées, notamment par leurs canaux sécréteurs périmédullaires.

Anacardiacées. — Les Anacardiacées, 60 genres avec environ 600 espèces presque toutes tropicales, sont des arbres ou des arbustes à feuilles isolées, souvent composées pennées, sans stipules. La tige et les feuilles renferment des canaux sécréteurs oléorésineux, situés dans le liber de leurs faisceaux libéroligneux, caractère qui distingue immédiatement cette famille de toutes les précédentes et notamment des Simarubacées.

Les fleurs sont régulières (fig. 241, *A* et *B*), quelquefois zygomorphes avec plan de symétrie oblique (Anacarde, fig. 241, *C*), hermaphrodites ou unisexuées par avortement, pentamères,

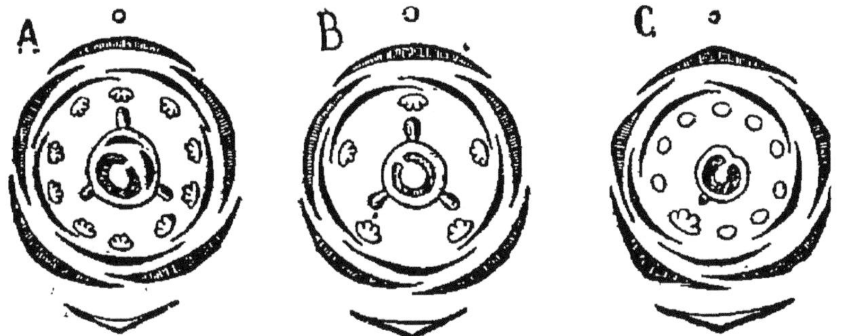

Fig. 241. Diagramme floral : *A*, du Schin mollé; *B*, du Sumac des corroyeurs; *C*, de l'Anacarde occidental; une seule étamine est fertile.

avec un androcée dont cinq étamines peuvent avorter (Sumac, fig. 241, *B*, Pistachier, Manguier, etc.) et où il peut n'y avoir qu'une seule étamine fertile (Anacarde, fig. 241, *C*, Manguier). Le pistil est formé quelquefois de cinq carpelles fermés et concrescents (Monbin, etc.), le plus souvent de 'trois dont un seul, latéral antérieur, se développe complètement (Sumac, Schin, fig. 241, *A* et *B*, Pistachier, etc.), ou même d'un seul, latéral antérieur (Manguier, Anacarde, fig. 241, *C*); chaque carpelle contient, soit deux ovules anatropes (Bursère, Boswellie, etc.), soit un ovule (Sumac, Pistachier, etc.).

Le fruit est une drupe, au-dessous de laquelle le pédicelle se renfle quelquefois en poire (Anacarde, fig. 242, Sémécarpe). La graine a un embryon à cotylédons plans (Sumac, Pistachier, etc.) ou plissés (Bursère, etc.), sans albumen.

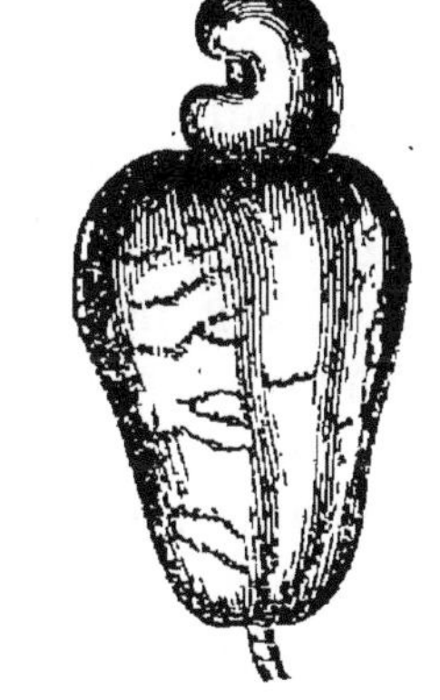

Fig. 242. Fruit à pédicelle charnu de l'Anacarde occidental.

Ces plantes produisent des résines, baumes, gommes, essences ou vernis employés à divers usages; tels sont la myrrhe (Balsamée myrrhe), l'encens (Boswellie thurifère, etc.), le vernis du Japon et la laque de Chine (Sumac vernis, etc.), la térében-

thine de Chio (Pistachier térébinthe), le mastic d'Orient (Pistachier lentisque), etc. Elles sont riches en tannin et servent à
tanner les peaux, notamment les Sumacs. Plusieurs sont
comestibles par leurs fruits (Manguier, Monbin, etc.), par leur
pédicelle renflé sous le fruit (Anacarde, fig. 242, Sémécarpe)
ou par leurs graines (Pistachier vrai). Enfin beaucoup de ces
arbres donnent des bois d'ébénisterie (Sumac, Pistachier,
Comoclade, etc.).

Les genres sont groupés en deux tribus :

1. *Anacardiées.* — Carpelle uniovulé : Sumac, Pistachier, Manguier, Anacarde,
Schin, Sémécarpe, Monbin, etc.
2. *Bursérées.* — Carpelle biovulé : Boswellie, Balsamée, Bursère, Canare, Hedwigie.

Les Anacardiacées ressemblent aux Rutacées et aux Simarubacées par la propriété qu'elles ont de sécréter des essences
et des résines. Cette sécrétion s'opère, chez les Rutacées dans
des poches situées dans l'écorce de la tige et des feuilles, chez
les Simarubacées dans des canaux sécréteurs périmédullaires
ou péridesmiques, chez les Anacardiacées dans des canaux
sécréteurs libériens. Il en résulte une séparation très nette de
ces trois familles.

Sapindacées. — Les Sapindacées, 73 genres avec 760 espèces
la plupart tropicales, sont des arbres ou des arbustes, grimpant
assez souvent à l'aide de vrilles raméales (Serjanie, Paullinie, etc.); la tige offre alors l'anomalie de structure signalée
(I, p. 212, fig. 84). Les feuilles sont isolées, rarement opposées
(Marronnier, Érable, Staphylier), sans stipules, parfois munies
de stipules caduques libres (Paullinie, etc.) ou axillaires
(Mélianthe, etc.), fréquemment composées pennées, quelquefois
composées palmées (Marronnier, etc.) ou simples (Érable, etc.).

Les fleurs sont hermaphrodites, quelquefois régulières (Érable, etc.), ordinairement zygomorphes (fig. 243), pentamères,
rarement tétramères (Cardiosperme, etc.). Les pétales sont
égaux (Érable, Savonnier ou Sapindus, etc.) ou inégaux, celui
qui est situé dans le plan de symétrie avortant assez souvent
(Mélianthe, Marronnier, etc.); ils peuvent avorter tous (Négonde).
L'androcée a quelquefois ses dix étamines fertiles (Savonnier,
Érable, etc.), mais le plus souvent il en avorte plusieurs et le
nombre se réduit à huit ou sept (Marronnier, fig. 243, Serjanie,
Paullinie, etc.), à cinq (Pavier, Staphylier, etc.) ou à quatre

(Mélianthe, etc.). Le pistil a ordinairement trois (fig. 243), rarement deux (Érable, etc.) ou quatre (Mélianthe, etc.) carpelles clos, concrescents en un ovaire pluriloculaire contenant dans chaque loge un (Savonnier, Serjanie, etc.) ou deux (Marronnier, fig. 243, Erable), rarement de plus nombreux (Xanthocère, Staphylier, etc.) ovules anatropes ou campylotropes.

Le fruit est tantôt une capsule loculicide (Marronnier, Kœlreutérie, Cardiosperme, etc.), septicide (Paullinie, etc.) ou apicide (Mélianthe, Staphylier, etc.), tantôt un polyakène (Savonnier, etc.), souvent ailé et devenant une trisamare (Serjanie, etc.) ou une disamare (Érable, etc.). La graine renferme un embryon quelquefois droit (Staphylier, etc.), le plus souvent courbé ou enroulé, sans albumen, rarement avec un albumen charnu ou corné (Mélianthe, Staphylier, etc.).

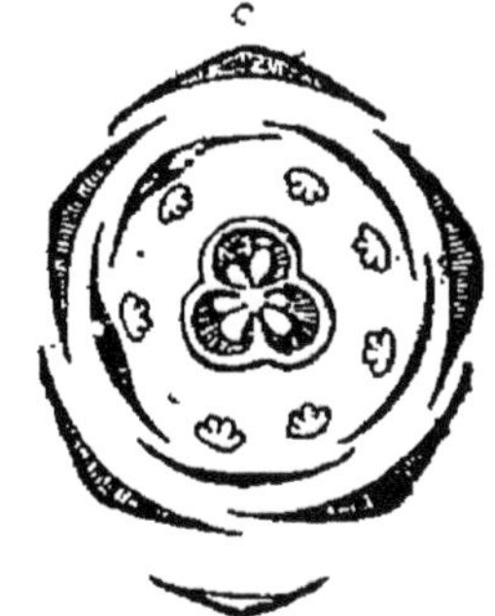

Fig. 243. Diagramme de la fleur du Marronnier hippocastane.

Plusieurs de ces plantes donnent des fruits comestibles (Savonnier, Érioglosse, etc.) ou des graines comestibles (Marronnier, etc.). L'écorce des Savonniers sert à la lessive. La tige des Érables (Érable à sucre, etc.) contient au printemps une sève sucrée qu'on exploite au Canada. Plusieurs donnent des bois recherchés (Érable, Marronnier, Stadmannie, etc.).

Les genres sont groupés en quatre tribus :

1. *Sapindées*. — Trois carpelles. Pas d'albumen : Urvillée, Serjanie, Cadiosperme. Paullinie, Kœlreutérie, Marronnier, Cupanie, Savonnier, etc.

2. *Acérées*. — Deux carpelles. Pas d'albumen : Érable, Négonde, etc.

3. *Mélianthées*. — Disque extrastaminal. Albumen charnu : Mélianthe, etc.

4. *Staphyléées*. — Disque intrastaminal. Albumen charnu : Staphylier, etc.

Les Sapindacées diffèrent des Anacardiacées surtout par l'absence de canaux sécréteurs.

Sabiées. — Les Sabiées, 4 genres avec 32 espèces tropicales ou subtropicales, sont des arbres ou des arbustes à feuilles isolées, sans stipules, simples ou composées pennées.

Leurs fleurs, pentamères avec pistil dimère, ont la corolle superposée au calice et l'androcée superposé à la corolle. Le pistil a ses carpelles libres (Sabie) ou concrescents (Méliosme), contenant chacun deux ovules anatropes.

Le fruit est une drupe simple(Méliosme, Phoxanthe) ou double (Sabie). La graine a un embryon courbe, sans albumen.

Ces plantes se distinguent des Sapindacées surtout par la superposition des pétales aux sépales.

Malpighiacées. — Les Malpighiacées, 49 genres avec 580 espèces la plupart tropicales, croissant principalement au Brésil ou à la Guyane, sont des arbres ou des arbustes, souvent volubiles ou grimpants et dont la tige offre alors une structure anomale (I, p. 211), à feuilles ordinairement opposées, simples et stipulées, portant des poils en navette.

Les fleurs sont hermaphrodites, régulières (Malpighier, fig. 244, etc.) ou zygomorphes avec plan de symétrie oblique (Stigmaphylle, etc.), pentamères avec pistil trimère. Les sépales sont fréquemment munis de deux glandes sur leur face externe (fig. 244); les pétales sont parfois inégaux (Banistérie, Hyptage, etc.); les étamines épipétales avortent quelquefois (Aspicarpe, Gaudichaudie, etc.). Les trois carpelles, fermés et concrescents en un ovaire triloculaire surmonté de styles libres, contiennent chacun un seul ovule semi-anatrope, presque orthotrope ou campylotrope.

Fig. 244. Diagramme de la fleur du Malpighier macrophylle.

Le fruit est un triakène, souvent muni de côtes ou d'ailes dorsales (Banistérie, etc.), ou latérales (Hirée, etc.), qui en font une trisamare, rarement une drupe (Malpighier, Byrsonime) ou un simple akène par avortement (Dicelle, etc.). La graine a un embryon droit ou courbe, sans albumen. Les drupes de divers Malpighiers et Byrsonimes sont comestibles; le bois des Byrsonimes est employé dans la teinture en rouge, celui des Bembices sert aux constructions.

Les Malpighiacées sont une famille très homogène, qui diffère des Sapindacées surtout par les feuilles opposées et simples, par les glandes du calice et la forme presque orthotrope des ovules.

Polygalées. — Les Polygalées, 14 genres avec environ 400 espèces dont 200 pour le seul genre Polygale, sont des herbes ou des arbustes grimpants (Sécuridace, etc.), à feuilles isolées, rarement opposées (Polygales du Cap), simples et sans stipules, à limbe entier.

Les fleurs sont hermaphrodites, zygomorphes, pentamères avec un pistil dimère (fig. 245). Les deux sépales latéraux sont d'ordinaire plus grands et pétaloïdes; par contre, les deux pétales latéraux avortent le plus souvent, tandis que l'antérieur se développe beaucoup plus que les autres et se ploie en carène. Les deux étamines médianes avortent et les huit autres demeurent libres (Xanthophylle) ou s'unissent en un tube fendu en arrière, lui-même concrescent avec la carène (Polygale, fig. 245, etc.); les anthères s'ouvrent par des pores terminaux, rarement en long (Xanthophylle). Le pistil est formé de deux carpelles médians, rarement de trois (Trigoniastre), concrescents, tantôt fermés avec un ovule anatrope pendant à raphé interne dans chaque loge (Polygale, fig. 245, etc.),

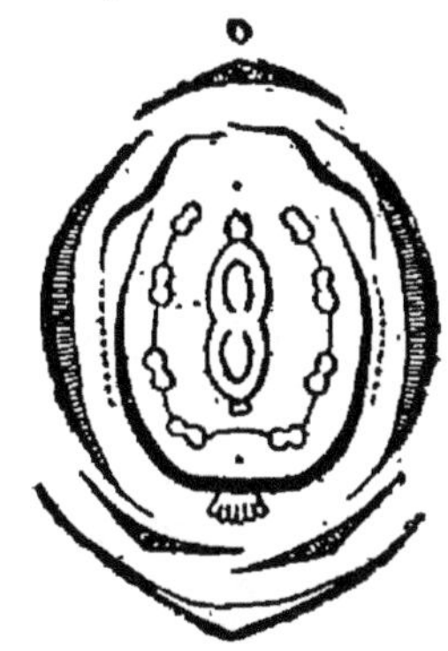

Fig. 245. Diagramme de la fleur du Polygale vulgaire.

tantôt ouverts et portant deux ovules sur chaque placente pariétal (Xanthophylle).

Le fruit est le plus souvent une capsule loculicide (Polygale, Muraltie, Comésperme, etc.), parfois un akène muni d'une aile transversale (Monnine) ou unilatérale (Sécuridace), une trisamare (Trigoniastre), une drupe comestible (Carpolobie, etc.) ou une baie (Xanthophylle, etc.). La graine, parfois aigrettée (Comésperme) ou arillée (Polygale, etc.), contient un petit embryon avec un albumen abondant (Polygale, etc.), ou un gros embryon sans albumen (Xanthophylle, Sécuridace, etc.).

TRÉMANDRÉES. — Les Trémandrées, 3 genres avec 24 espèces australiennes, sont de petits arbustes à feuilles isolées, opposées ou verticillées, simples, entières et sans stipules.

Les fleurs sont régulières, hermaphrodites, pentamères (Trémandre, Platythèce) ou tétramères (Tétrathèce), avec un pistil dimère. Les étamines ont quatre (Tétrathèce, etc.), ou seulement deux (Trémandre) sacs polliniques, qui s'ouvrent par un pore terminal. L'ovaire contient dans chaque loge un (Platythèce) ou deux (Trémandre, etc.) ovules anatropes pendants.

Le fruit est une capsule loculicide. La graine renferme un albumen charnu et un petit embryon droit.

Ces plantes se rattachent directement aux Polygalées, dont elles sont, pour ainsi dire, la forme régulière.

Vochysiacées. — Les Vochysiacées, 7 genres avec 127 espèces propres à l'Amérique tropicale, sont des arbres ou arbustes résineux, parfois grimpants (Trigonie), à feuilles souvent opposées, simples, entières, avec stipules caduques. La tige renferme parfois des tubes criblés dans sa moelle, situés soit dans la zone périphérique (Callisthène, etc.), soit dans la région centrale (Vochysie, Salvertie, Erisme, etc.), soit en même temps dans les deux parties (Qualée, etc.).

Les fleurs sont hermaphrodites, zygomorphes avec plan de symétrie oblique (fig. 246), pentamère, avec pistil trimère. Les sépales et les pétales sont inégaux; les deux pétales postérieurs

Fig. 246. Diagramme de la fleur de la Salvertie convallariodore.

peuvent avorter, seuls (Vochysie, etc.), ou avec les moyens (Érisme, etc.). Il n'y a que six étamines fertiles (Trigonie), ou quatre (Lightie), ou même une seule (Salvertie, fig. 246, Vochysie, Érisme, etc.), les autres se réduisant à des staminodes ou même avortant. Calice, corolle et androcée sont concrescents en coupe à la base, rarement libres (Trigonie). Chaque loge de l'ovaire triloculaire contient soit deux ovules anatropes (Salvertie, fig. 246, Vochysie, Érisme, etc.), soit deux rangs d'ovules (Trigonie, Qualée, etc.); le pistil est quelquefois concrescent avec la coupe externe, ce qui rend l'ovaire infère (Érisme).

Le fruit est une capsule loculicide (Vochysie. etc.) ou septicide (Trigonie, etc.), rarement un akène (Érisme). La graine, ailée (Vochysie. etc.) ou velue (Trigonie, etc.), contient un embryon à cotylédons plans avec un albumen charnu (Trigonie, etc.) ou à cotylédons repliés sans albumen (Vochysie, etc).

Les genres se groupent en deux tribus bien distinctes :

1. *Vochysiées.* — Faisceaux criblés médullaires. Capsule loculicide; pas d'albumen : Vochysie, Salvertie, Callisthène, Qualée, Erisme.

2. *Trigoniées.* — Pas de faisceaux criblés médullaires. Capsule septicide; un albumen : Trigonie, Lightie.

Légumineuses. — La vaste famille des Légumineuses comprend 400 genres avec environ 6500 espèces répandues par toute la Terre. Ce sont des herbes, des arbustes ou des arbres, parfois grimpant à l'aide de vrilles foliaires (Gesse, Vesce, Bauhinier, etc.) ou volubiles à droite (Haricot, Glycine, etc.), à feuilles isolées, ordinairement composées palmées ou pennées, quelquefois réduites au pétiole dilaté en phyllode (divers Acaciers, Mimoses, Casses, etc.), munies de stipules parfois très petites et rudimentaires.

Les fleurs sont hermaphrodites, parfois régulières (Mimose, etc.), le plus souvent zygomorphes (Haricot, etc.), pentamères avec un pistil monomère (fig. 247 et 248). Leur organisation s'exprime par la formule $F = 5S + 5P + 5E + 5E' + C$.

Le calice a quelquefois son sépale médian postérieur (Mimose, Acacier, etc.), le plus souvent il est antérieur; les sépales sont libres (fig. 247), ou diversement concrescents

Fig. 247. Diagramme de la fleur
de la Fève vulgaire.

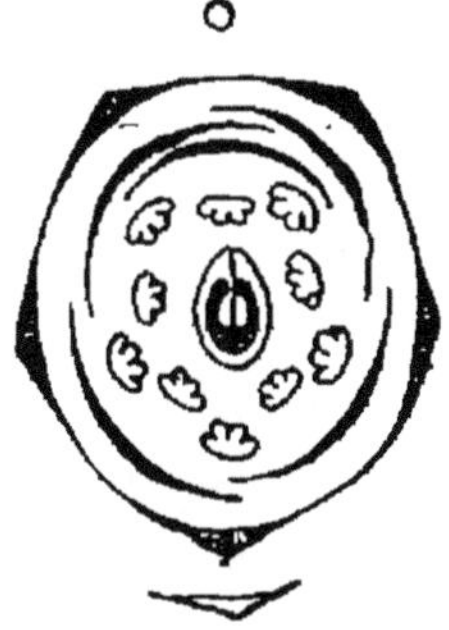

Fig. 248. Diagramme de la fleur
du Gainier siliquastre.

(fig. 248), égaux ou inégaux, parfois rudimentaires (Mimose, Caroubier, etc.). La corolle a ses pétales parfois égaux (Mimose, Cadier, etc.), le plus souvent inégaux; dans ce dernier cas, ou bien le pétale médian, qui est postérieur et qu'on nomme l'*étendard*, recouvre dans le bouton les deux latéraux nommés les *ailes*, qui à leur tour recouvrent les deux antérieurs appliqués bord à bord et formant ensemble ce qu'on appelle la *carène* (fig. 247) : la préfloraison est dite *vexillaire* et la corolle *papilionacée* (fig. 249); ou bien, ce sont les deux pétales antérieurs qui recouvrent les deux latéraux, lesquels à leur tour recouvrent le postérieur : la préfloraison est dite *carénale* (fig. 248). Les pétales s'unissent quelquefois en une corolle gamopétale (Mimose, Acacier, Trèfle, etc.); ailleurs deux (Tamarin, etc.) ou quatre (Amorphe, Swartzie, etc.) d'entre eux avortent, ou même ils avortent tous (Caroubier, Copaïer, etc.). L'androcée a ses étamines libres (Sophore, Gainier, fig. 248,

20

Cadier, etc.), ou toutes concrescentes en tube (Genêt, Cytise, Bugrane, etc.), ou la supérieure libre, les neuf autres unies en un tube fendu en haut en face de l'étamine libre (Haricot, Vesce, Fève, fig. 247, Trèfle, etc.) (I, p. 343, fig. 154); plusieurs avortent quelquefois et l'androcée se trouve réduit à cinq (Caroubier, etc.), quatre (Kramérie), trois (Tamarin, etc.) ou deux étamines (Diale); ailleurs, au contraire, les étamines se multiplient par ramification, partiellement (Swartzie) ou toutes à la fois (Acacier, Albizzie, Inge, etc.). Les anthères ont quelquefois plus de quatre sacs polliniques, produisant chacun une petite masse de pollen composé (Acacier, Mimose, etc.). Le pistil se compose d'un seul carpelle clos, médian, toujours antérieur, portant sur chaque bord une rangée d'ovules anatropes ou campylotropes, rarement un seul ovule (Kramérie, Hématoxyle, etc.), surmonté d'un style souvent arqué ou enroulé.

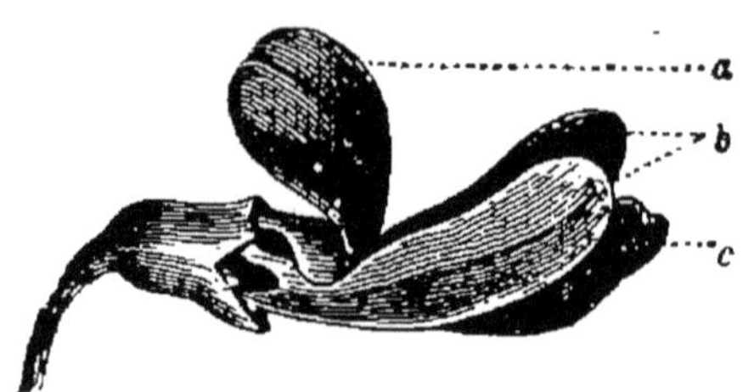

Fig. 249. Corolle papilionacée : a, étendard ; b, ailes ; c, carène.

Le fruit est un légume, caractère auquel la famille doit son nom ; il est parfois spiralé (Luzerne, etc.) ou subdivisé, soit par une fausse cloison longitudinale (Astragale), soit par des cloisons transversales entre les graines; dans ce dernier cas, il demeure indéhiscent et se conserve entier (Casse, etc.) ou se rompt en articles qui sont autant d'akènes (Sainfoin, Mimose, Tamarin, etc.); ailleurs il se réduit à un akène (Esparcette, Arachide, Hématoxyle, etc.), parfois ailé (Ptérocarpe); ailleurs encore, c'est une drupe (Coumaroune, Diale, etc.). La graine a un embryon droit (Mimose, Brésillet ou Césalpinia, etc.) ou courbe (Haricot, Pois, etc.), avec un albumen charnu ou corné (Mimose, Caroubier, Casse, etc.) ou sans albumen (Haricot, Pois, etc.).

Les genres se groupent en trois grandes tribus :

1. *Mimosées.* — Corolle régulière; embryon droit : Parkie, Entade, Prosope, Mimose, Acacier, Inge, etc.

2. *Césalpiniées.* — Corolle zygomorphe à préfloraison carénale; embryon droit : Brésillet, Casse, Bauhinier, Copaïer, Swartzie, Gainier, Févier, Caroubier, etc.

3. *Papilionacées*. — Corolle zygomorphe à préfloraison vexillaire ; embryon courbe :
Lupin, Genêt, Ajonc, Cytise, Bugrane, Trigonelle, Luzerne, Trèfle,
Lotier, Indigotier, Galège, Astragale, Coronille, Sainfoin, Esparcette,
Vesce, Gesse, Haricot, Dolic, Dalbergie, Sophore, etc.

La famille des Légumineuses est une des plus utiles à l'homme. Les Papilionacées donnent des graines alimentaires (Pois, Haricot, Dolic, Fève, Vesce, Lentille, Chiche, Lupin, etc.) ou oléagineuses (Arachide, etc.), des tubercules comestibles (Ape tubéreux, etc.), des fourrages (Trèfle, Sainfoin, Luzerne, Lupin, Gesse, Vesce, Lotier, Ornithope, etc.), des principes colorants, notamment l'indigo (Indigotier), des matières sucrées (racines de Réglisse, d'Astragale, etc.), de la gomme adragant (divers Astragales), du cachou (Ptérocarpe, etc.), du baume de Tolu (Toluifère), de beaux bois de construction et d'ébénisterie (Robinier, Cytise, Ptérocarpe, Dalbergie, Coumaroune, etc.). Les Césalpiniées produisent des fruits comestibles ou purgatifs (Tamarin, Caroubier, Casse, etc.), des baumes et résines (Copaïer, Hyménée, etc.), des bois de teinture (Hématoxyle, dit *bois de Campêche*, etc.), des bois de construction et d'ébénisterie. Les Mimosées donnent aussi des fruits comestibles (Inge, etc.), des gommes et du tannin (gomme arabique et cachou de divers Acaciers, etc.), des bois de construction et de menuiserie.

Les Légumineuses forment une famille nettement circonscrite, qui se rattache aux Anacardiacées par ses types réguliers, aux Polygalées par ses types zygomorphes, et aux Rosacées, comme il sera dit plus loin.

CONNARÉES. — Les Connarées, 12 genres avec 140 espèces, toutes tropicales, sont des arbres ou des arbustes à feuilles isolées, composées pennées, sans stipules. Les fleurs sont régulières, hermaphrodites, pentamères, avec un pistil composé de cinq carpelles fermés et libres, contenant chacun deux ovules orthotropes, réduit quelquefois à un seul carpelle à deux ovules anatropes (Tricholobe).

Le fruit se compose de cinq follicules, parfois réduits à un seul par avortement (Connare) ; c'est quelquefois un légume (Tricholobe). La graine, parfois arillée (Connare, Bourée, etc.), a un gros embryon sans albumen (Connare, Tricholobe, etc.) ou un petit embryon avec un albumen charnu (Cneste, etc).

Ces plantes se rattachent, d'une part aux Oxalidées, et

notamment aux Caramboliers et Connaropses, de l'autre aux Légumineuses régulières, dont elles diffèrent surtout par les ovules orthotropes.

Rosacées. — La grande famille des Rosacées comprend 71 genres avec plus de 1000 espèces répandues partout. Ce sont des herbes, des arbustes ou des arbres, à feuilles isolées, simples ou diversement composées, stipulées.

Les fleurs sont régulières, hermaphrodites, rarement unisexuées (Pimprenelle, Quillaie, etc.), pentamères (fig. 250-253), rarement tétramères (Pimprenelle, Sanguisorbe, Alchimille, etc.) ou trimères (Cliffortie).

Le calice est quelquefois pourvu d'un calicule (Potentille, Fraisier, etc.). La corolle a ses pétales libres au-dessus du calice; elle avorte quelquefois (Pimprenelle, Sanguisorbe, Alchimille, etc.). L'androcée se compose le plus souvent de vingt étamines libres, en trois verticilles : cinq épisépales, cinq épipépales, et dix superposées par paires aux pétales (fig. 250);

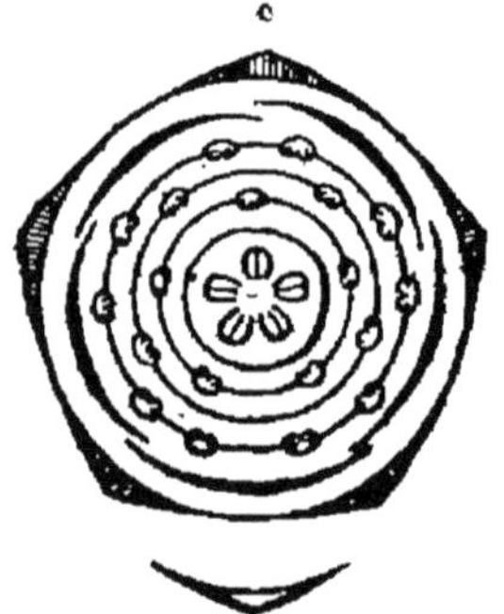

Fig. 250. Diagramme de la fleur
du Poirier commun.

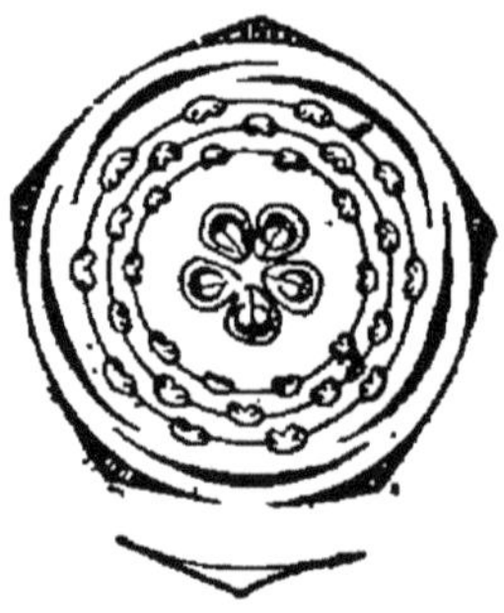

Fig. 251. Diagramme de la fleur
de la Spirée ulmaire.

quelquefois il y a réduction à quinze (Raphiolépide, etc.), à dix (Quillaie, etc.), à cinq ou quatre (Sanguisorbe, Sibbaldie, Alchimille, etc.), ou au contraire multiplication à 30 (fig. 251 et 252), 40, 50 et davantage (fig. 253) (Ronce, Dryade, Rosier, etc.). Calice, corolle et androcée sont concrescents à la base, sur une plus ou moins grande longueur, et forment un plateau (Fraisier, etc.), une coupe (Prunier, fig. 254, Spirée, etc.) ou un tube (Rosier, fig. 256). Le pistil, disposé au centre du plateau sur un prolongement conique du réceptacle (Fraisier, Ronce, Potentille, etc.) ou au fond de la coupe ou du tube (Prunier, fig. 254, Rosier, fig. 256, etc.), se compose de carpelles clos, libres, contenant chacun deux rangs d'ovules anatropes (Coignassier, Spirée, Quillaie, etc.), deux ovules (Prunier, Poirier,

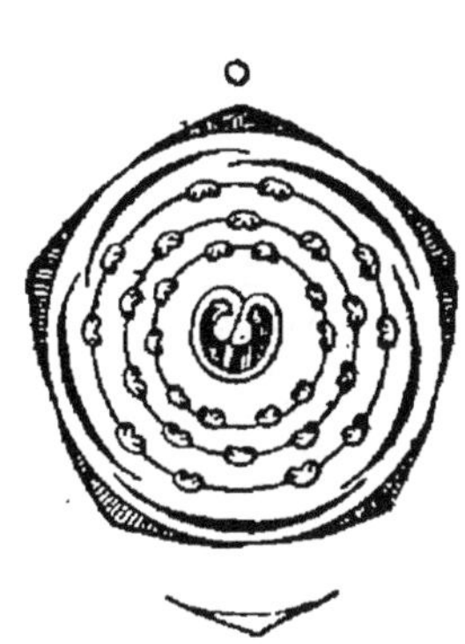

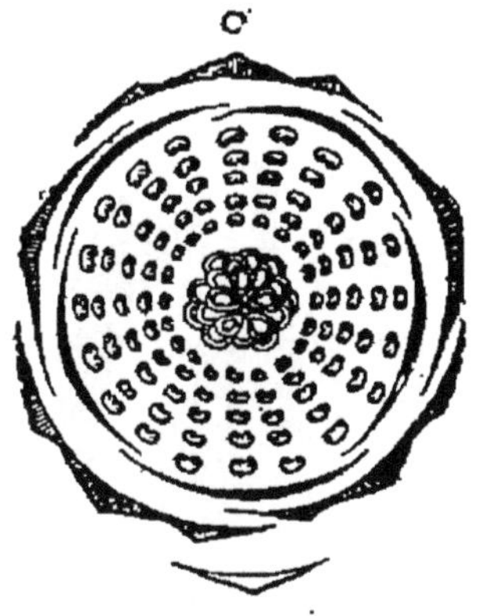

Fig. 252. Diagramme de la fleur du Prunier épineux.

Fig. 253. Diagramme de la fleur du Rosier cotonneux.

Sorbier, etc.) ou un seul ovule (Fraisier, Rosier, Aigremoine, etc.), à style quelquefois gynobasique (Fraisier, Alchi-

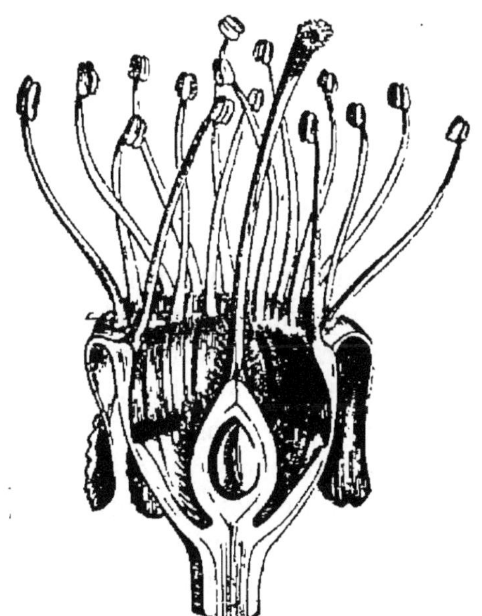

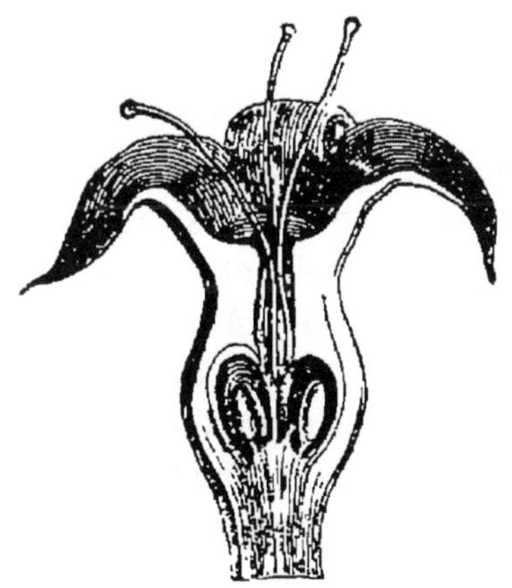

Fig. 254. Fleur du Prunier domestique, coupée en long.

Fig. 255. Fleur du Pommier commun, coupée en long.

mille, etc.). Il y a tantôt cinq carpelles (Poirier, fig. 250, Coignassier, Spirée, fig. 251, etc.), tantôt moins, deux, par exemple (Sanguisorbe, Aigremoine, etc.), ou un seul (Prunier, fig. 252, Alchimille, etc.), tantôt au contraire un grand nombre disposés en spirale (Fraisier, Potentille, Ronce, Rosier, fig. 253 et 256, etc.). Les carpelles sont quelquefois concrescents par leur face dorsale avec le tube formé par l'union des verticilles externes, ce qui donne l'apparence d'un ovaire infère (Poirier, Pommier, fig. 255, Néflier, Aubépine, Sorbier, etc.). Dans les Rosiers, le pédicelle floral se creuse au sommet en une coupe surmontée par le tube externe et les nombreux carpelles tapissent toute la surface de cette coupe (fig. 256). La formule florale est donc : pour les Spirées, F =

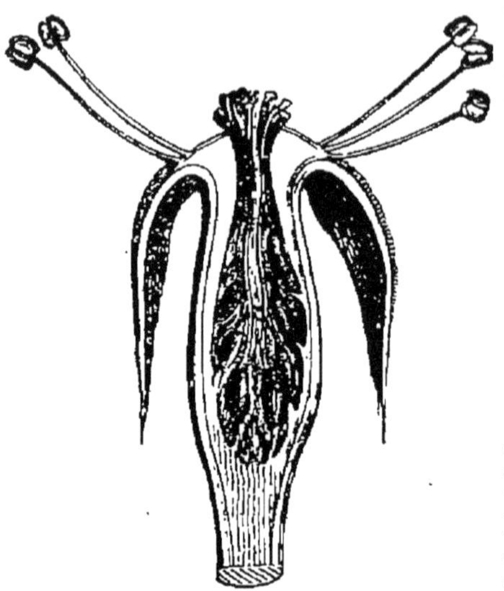

Fig. 256. Fleur de Rosier, coupée en long.

$$(5S + 5P + 5E + 5E' + 5 \times 2E''_p) + 5C$$; pour les Pruniers, $F = (5S + 5P + 5E + 5E' + 5 \times 2E''_p) + C$; pour les Fraisiers, $F = (5S + 5P + 5E + 5E' + 5 \times 2E''_p) + \infty C$; pour les Poiriers, $F = (5S + 5P + 5E + 5E' + 5 \times 2E''_p + 5C)$.

Le fruit est formé d'autant de follicules (Spirée, etc.), de légumes (Quillaie), d'akènes (Rosier, Fraisier, Potentille, etc.) ou de drupes (Ronce, Prunier, etc.) que le pistil avait de carpelles. Le réceptacle se développe quelquefois en une masse charnue et comestible (Fraisier) ; ailleurs, c'est le tube externe qui s'accroît et forme autour du fruit une enveloppe, sèche (Pimprenelle, Aigremoine, etc.) ou charnue (Rosier) ; dans ce dernier cas, si les carpelles sont concrescents avec ce tube charnu, et si eux-mêmes deviennent des drupes, on obtient un fruit dont la portion charnue a une origine mixte (Poirier, Pommier, Coignassier, Aubépine, Néflier, etc.). La graine a un embryon droit, sans albumen.

Les Rosacées nous donnent beaucoup de fruits comestibles : poires, pommes, coings, nèfles, sorbes, cormes, prunes, cerises, abricots, pêches, brugnons, fraises et framboises. Elles produisent aussi des graines comestibles et oléagineuses, comme les amandes douces, des écorces servant au tannage et à la teinture, de la gomme provenant d'une altération locale de la tige (Prunier, etc.), des principes vermifuges comme le Kousso (fleurs de Brayère anthelmintique), des bois de construction et d'ébénisterie (Poirier, Aubépine, Sorbier, Néflier, etc.).

Les genres sont groupés en dix tribus :

I. — Fruit nu.

1. *Chrysobalanées.* — Un carpelle, deux ovules ascendants; drupe : Chrysobalan, Licanie, Hirtelle, etc.

2. *Prunées.* — Un carpelle, deux ovules pendants; drupe : Prunier, Amandier, Nuttallie, etc.

3. *Spiréées.* — Plusieurs carpelles, ovules pendants; follicules ou drupes : Spirée, Gillénie, Kerrie, etc.

4. *Quillajées.* — Plusieurs carpelles, ovules ascendants; follicules ou capsule : Quillaie, Kagéneckie, etc.

5. *Fragariées.* — Nombreux carpelles uniovulés; akènes : Potentille, Dryade, Benoîte, Fraisier, etc.

6. *Rubées.* — Nombreux carpelles uniovulés; drupes : Ronce.

II. — Fruit enveloppé.

7. *Potériées.* — Plusieurs carpelles uniovulés; akènes libres dans un tube sec : Alchimille, Aigremoine, Pimprenelle, Sanguisorbe, etc.

8. *Neuradées.* — Plusieurs carpelles uniovulés; follicules concrescents avec un tube sec : Neurade, Grièle.

9. *Rosées.* — Nombreux carpelles uniovulés; akènes libres dans un tube charnu : Rosier.

10. *Pirées.* — Plusieurs carpelles ; drupes concrescentes avec un tube charnu : Poirier, Pommier, Coignassier, Sorbier, Néflier, Aubépine, Cotonéastre, Photinier, Amélanchier, etc.

Par les Prunées et les Chrysobalanées, qui n'ont qu'un carpelle, les Rosacées se rattachent aux Légumineuses; par les Pirées et les Neuradées, elles font transition vers l'ordre des Dialypétales inférovariées.

Moringées. — Les Moringées, constituées par le seul genre Moringe, avec 3 espèces de l'Asie tropicale et de l'Arabie, sont des arbres à feuilles isolées, composées pennées, à stipules caduques.

Les fleurs sont hermaphrodites, zygomorphes, pentamères, avec dix étamines concrescentes en un tube fendu en arrière et trois carpelles ouverts, concrescents en un ovaire uniloculaire à placentes pariétaux, portant chacun deux rangs d'ovules anatropes pendants.

Le fruit est une capsule à déhiscence dorsale. La graine, munie de trois ailes, renferme un gros embryon droit, sans albumen.

DIALYPÉTALES SUPÉROVARIÉES DIPLOSTÉMONES

Carpelles

- clos, à côtés
  - persistants. Feuilles
    - membraneuses
      - ordinairement stipulées,
        - isolées. Carpelles — concrescents. Limbe ordinairement
          - découpé..... *Géraniacées.*
          - entier........ *Linacées.*
        - libres. Calice, corolle et androcée.
          - libres........ *Légumineuses.*
          - concrescents.. *Rosacées.*
        - opposées. Fleur
          - simples.
            - régulière.................... *Élatinées.*
            - zygomorphe. Ovule
              - anatrope................. *Vochysiacées.*
              - orthotrope ou campylotrope. *Malpighiacées.*
          - composées.................... *Zygophyllées.*
      - sans stipules. Déhiscence des anthères
        - longitudinale. Ovule
          - anatrope. Corolle
            - alterne avec le calice.
              - Poches sécrétrices.......... *Rutacées.*
              - Canaux sécréteurs
                - libériens.. *Anacardiacées.*
                - médullaires. *Simarubacées.*
              - Ni poches, ni canaux. Étamines
                - soudées. *Méliacées.*
                - libres... *Sapindacées.*
            - superposée au calice.................... *Sabiées.*
          - orthotrope.................... *Connarées.*
        - poricide. Fleur
          - régulière.................... *Trémandrées.*
          - zygomorphe.................... *Polygalées.*
  - fugaces. Calice
    - charnues.................... *Crassulacées.*
    - dimère.................... *Portulacées.*
    - pentamère.................... *Caryophyllées.*
- ouverts.................... *Moringées.*

Par sa placentation pariétale, cette petite famille occupe une place à part dans la série des Dialypétales supérovariées diplostémones; ce caractère la rapproche des Capparidacées et aussi des Xylophylles parmi les Polygalées; enfin elles ressemblent aux Légumineuses par leur port.

Résumé du groupe diplostémone. — En résumé et à part les exceptions, les vingt et une familles de l'ordre des Dialypétales supérovariées qui se rattachent au type diplostémone se distinguent les unes des autres et toutes ensemble des Géraniacées, qui ont servi de point de départ, par les caractères réunis dans le tableau ci-contre (p. 356).

Célastracées. — Les Célastracées sont des arbres ou des arbustes, parfois épineux (Glossopétale, etc.), ou grimpants (Célastre, Hippocratée, etc.), à feuilles isolées (Célastre, etc.) ou opposées (Fusain, etc.), simples, à stipules caduques, à limbe entier.

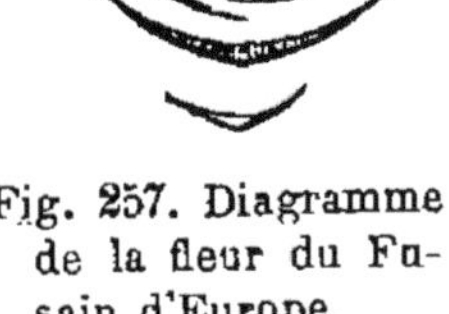

Fig. 257. Diagramme de la fleur du Fusain d'Europe.

Les fleurs sont régulières, hermaphrodites, pentamères, avec un seul verticille d'étamines, rarement tétramères (Schefférie, Fusain d'Europe, fig. 257, etc.); leur organisation s'exprime par la formule $F = 5S + 5P + 5E + (5C)$.

Les sépales sont petits et persistants; les pétales sont quelquefois soudés en tube vers le milieu (Stackhousie), quelquefois ligulés (Glossopétale). Entre la corolle et l'androcée, le pédicelle se renfle en un disque nectarifère épais. Les étamines sont parfois extrorses (Hippocratée, etc.); deux d'entre elles demeurent quelquefois plus petites que les autres (Stackhousie) ou même avortent complètement (Hippocratée). Calice, corolle et androcée peuvent être concrescents en coupe (Stackhousie). Le pistil est formé de carpelles clos et concrescents, au nombre de cinq (Fusain, Célastre, etc.), trois (Hippocratée, Stackhousie, etc.), deux (Maytène) ou un seul (Glossopétale), contenant chacun ordinairement deux ovules anatropes, ascendants à raphé interne, parfois un seul ovule (Stackhousie); l'ovaire est surmonté d'un style unique, quelquefois de styles libres (Stackhousie).

Le fruit est une capsule loculicide (Fusain, Célastre, etc.), un triakène (Stackhousie) ou une trisamare (Hippocratée, etc.), une drupe (Cassine, etc.), ou une baie (Perrotétie, Salacie, etc.). La graine, souvent arillée (Fusain, etc.), parfois ailée (Hippocratée, etc.), contient, soit un embryon à cotylédons courts (Stackhousie) ou foliacés (Fusain, etc.), avec un albumen charnu, soit un embryon à cotylédons épais, sans albumen (Hippocratée, etc.).

Les Célastracées comprennent 40 genres et 420 espèces environ, abondant surtout dans la région tropicale. Plusieurs produisent des fruits comestibles (Salacie piriforme, etc.), des graines alimentaires (Hippocratée chevelue, etc.), ou dont l'arille sert à teindre en jaune (Fusain, etc.), des feuilles dont l'infusion a les propriétés du thé (Cathe comestible), enfin des bois jaunes employés en ébénisterie (Fusain d'Europe, etc.), en teinture (Fusain tinctorial, Éléodendre jaune) ou pour préparer le charbon qui sert à dessiner et à fabriquer la poudre (Fusain, Célastre).

Les genres sont groupés en trois tribus :

1. *Célastrées.* — Pétales libres ; cinq étamines égales ; albumen charnu : Fusain, Célastre, Maytène, Éléodendre, Gymnosporie, etc.

2. *Stackhousiées.* — Pétales soudés ; cinq étamines inégales ; albumen charnu : Stackhousie.

3. *Hippocratéées.* — Pétales libres ; trois étamines ; pas d'albumen : Hippocratée, Salacie, etc.

Familles rattachées aux Célastracées. — Aux Célastracées se rattachent cinq familles ayant la même organisation florale, c'est-à-dire un seul verticille à l'androcée; ce sont les *Chaillétiées*, les *Ilicacées*, les *Olacacées*, les *Vitées* et les *Rhamnées*.

Chaillétiées. — Les Chaillétiées, 3 genres avec 31 espèces tropicales, sont des arbustes à feuilles isolées, simples et stipulées, à limbe entier et coriace.

Les fleurs sont hermaphrodites, régulières (Chaillétie, Stéphanopode) ou zygomorphes (Tapure), pentamères, avec un calice gamosépale, une corolle parfois gamopétale (Tapure, Stéphanopode), cinq étamines épisépales, un disque nectarifère à cinq lobes et un pistil à deux ou trois carpelles fermés et concrescents, contenant chacun deux ovules anatropes pendants à raphé interne.

Le fruit est une drupe à noyau biloculaire; la graine est dépourvue d'albumen.

Ces plantes diffèrent des Célastracées surtout par la plus grande dimension du calice et par la direction différente des ovules.

Ilicacées. — Les Ilicacées, 3 genres avec 150 espèces, la plupart tropicales, sont des arbres ou des arbustes à feuilles isolées, simples et sans stipules, à limbe entier, coriace et persistant, comme dans le Houx (Ilex).

Les fleurs sont hermaphrodites, régulières, fréquemment tétramères, avec un petit calice, des pétales souvent concrescents à la base (Houx), des étamines épisépales et un pistil isomère avec les verticilles externes, formé de carpelles clos et concrescents contenant chacun un ou deux ovules anatropes pendants à raphé externe.

Le fruit est une drupe et la graine contient un petit embryon avec un albumen charnu.

Le bois du Houx aquifolié est recherché en ébénisterie pour sa densité et sa dureté; son écorce fournit une glu aux oiseleurs. Ces plantes diffèrent des deux familles précédentes par l'absence de stipules et de disque, ainsi que par la direction des ovules et la petitesse de l'embryon.

Olacacées. — Les Olacacées, 36 genres avec 170 espèces, toutes tropicales ou subtropicales, sont des arbres ou des arbustes, parfois volubiles (Phytocrène, etc.), ou grimpant avec des vrilles raméales (Erythropale, etc.), et offrant alors dans la tige des anomalies de structure (I, p. 211), rarement des herbes volubiles à suc laiteux (Cardioptéride); les feuilles sont isolées, simples et sans stipules, à limbe entier. La tige et la feuille renferment quelquefois dans leur parenchyme des cystolithes opposés deux par deux ou groupés plusieurs ensemble en rosette (Opilie, Cansière, Champérée, etc.).

Les fleurs sont régulières, hermaphrodites, rarement unisexuées dioïques (Phytocrène, etc.), pentamères, avec un très petit calice, des pétales parfois concrescents en tube ou en cloche (Cardioptéride, etc.), et des étamines tantôt épisépales (Icacine, Phytocrène, etc.), tantôt épipétales (Olace, Opilie, Schœpfie, etc.). Le pistil a trois carpelles ouverts, concrescents en un ovaire uniloculaire à placente basilaire allongé en colonne, portant trois ovules anatropes pendants à raphé externe (Olace, etc.), deux ovules (Icacine, etc.), ou un seul ovule (Opilie, etc.).

Le fruit est une drupe, parfois soudée avec le calice per-

sistant (Liriosme, etc.), ou munie de deux ailes (Cardioptéride).
La graine renferme ordinairement un petit embryon avec un
albumen charnu.

Les genres sont groupés en trois tribus :

1. *Olacées*. — Pas de cystolithes. Étamines épipétales; trois ovules : Olace,
   Heistérie, Liriosme, Schœpfie, etc.
2. *Opiliées*. — Des cystolithes. Étamines épipétales; un seul ovule : Opilie, Cansière, Champérée, Lépionure, Mélienthe, etc.
3. *Icacinées*. — Pas de cystolithes. Étamines épisépales; deux ovules : Gom-
   phandre, Icacine, Phytocrène, Sarcostigme, Cardioptéride, etc.

Les Olacacées diffèrent surtout des Ilicacées par les carpelles
ouverts et le mode de placentation; ce dernier caractère les
rapproche des Santalacées, auxquelles elles se relient par les
Opiliées.

Vitées. — Les Vitées, 5 genres avec 250 espèces répandues
dans les contrées tempérées et chaudes, sont des arbustes grimpant à l'aide de vrilles raméales oppositifoliées, à feuilles isolées, distiques, souvent simples, parfois composées, palmées ou
pennées, fréquemment stipulées.

Les fleurs sont petites, régulières, hermaphrodites, souvent
pentamères (Vigne, Ampélopse, fig. 258, *B*, etc.), parfois tétramères (Cisse, fig. 258, *A*, etc.), avec un calice très petit, une
corolle à pétales libres (Cisse, Ampélopse, etc.), ou soudés au sommet et se détachant tous ensemble à la base au moment de l'épanouissement (Vigne), des étamines épipétales, un disque nectarifère tubuleux et un pistil formé de deux carpelles fermés et concrescents en un ovaire biloculaire,

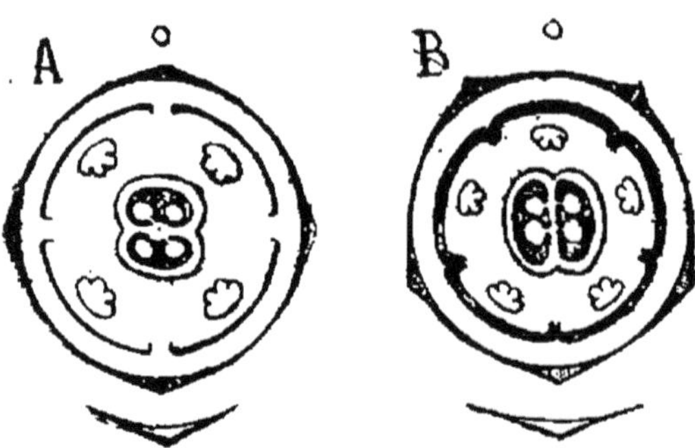

Fig. 258. Diagramme floral : *A*, du Cisse disco-
lore, *B*, de l'Ampélopse hédéracé, vulgairement Vigne-vierge.

contenant dans chaque loge deux ovules anatropes ascendants
à raphé interne, rarement un seul (Lie).

Le fruit est une baie, comestible dans la Vigne vinifère et
les autres espèces du même genre qui servent à faire le vin.
La graine a un tégument dur et un petit embryon avec un
albumen corné.

Les Vitées se relient aux Célastracées, dont elles diffèrent surtout par leurs vrilles et par la superposition des étamines aux pétales.

RHAMNÉES. — Les Rhamnées, 37 genres avec environ 490 espèces répandues dans les régions tempérées et chaudes, sont des arbres ou des arbustes souvent épineux (Paliure, Jujubier, etc.), grimpant parfois à l'aide de vrilles raméales (Gouanie, etc.), à feuilles isolées ou opposées, simples, ordinairement pourvues de stipules quelquefois épineuses.

Les fleurs sont petites, régulières, hermaphrodites, habituellement pentamères, avec le calice, la corolle et les étamines épipétales concrescents en tube (fig. 259 et 260). Le pistil a

Fig. 259. Diagramme de la fleur du Nerprun bourdaine.

Fig. 260. Fleur du Nerprun bourdaine, coupée en long.

d'ordinaire trois carpelles fermés et concrescents en un ovaire triloculaire, dont chaque loge contient un ovule anatrope ascendant à raphé externe, terminé par trois styles libres (Jujubier, etc.), ou par un style unique (Nerprun, etc.); il est tantôt indépendant du tube externe (Nerprun, fig. 260, Collétie, etc.), tantôt plus ou moins concrescent avec ce tube, ce qui rend l'ovaire semi-infère (Jujubier, etc.), ou tout à fait infère (Gouanie, etc.).

Le fruit est une drupe à noyau triloculaire (Jujubier, etc.), ou à trois noyaux (Nerprun, etc.), quelquefois un akène diversement ailé (Paliure, Gouanie, etc.). Dans l'Hovénie, le pédicelle se renfle au-dessous du fruit et devient charnu. La graine a un embryon droit avec un albumen charnu. Les drupes du Jujubier commun sont comestibles, ainsi que les pédicelles charnus qui portent celles de l'Hovénie douce. Les Nerpruns ou Rhamnus sont riches en tannin et en matières colorantes; leurs drupes donnent notamment le vert de Chine; leur bois fournit un charbon léger, qui sert, comme celui des Fusains, à fabriquer la poudre.

Cette famille se relie intimement aux Célastracées, dont elle diffère par l'épipétalie des étamines, la concrescence des trois verticilles externes et la position du raphé des ovules; par ces deux derniers caractères, elle se distingue aussi des Vitées. Enfin, par ses genres à ovaire infère (Gouanie, etc.), elle fait transition vers l'ordre des Dialypétales inférovariées.

Résumé du groupe isostémone. — En résumé, les six familles de l'ordre des Dialypétales supérovariées qui ont l'androcée isostémone peuvent se distinguer les unes des autres par les caractères suivants :

<pre>
                                 (ascendants............. Célastracées.
                    épisépales. (pendants (externe..... Ilicacées.
                    Ovules   (à raphé (interne..... Chaillétiées.
        clos. Étamines {
                    épipétales. (ascendants (interne... Vitées.
                    Ovules   (à raphé   (externe... Rhamnées.
Carpelles {
        ouverts.. Olacacées.
</pre>

ORDRE IV

Dialypétales inférovariées.

L'ordre des Dialypétales inférovariées ne comprend que quinze familles; il suffira d'en choisir trois pour y rattacher toutes les autres. Ces trois familles types sont les *Cactées*, les *Saxifragacées* et les *Ombellifères*, que l'on peut caractériser par l'androcée, de la manière suivante :

<pre>
          (en nombre indéterminé, simples. Type polystémone. Cactées.
          (en deux verticilles, simples ou ramifiées. Types di-
Étamines {   plostémone et méristémone.................... Saxifragacées.
          (en un seul verticille, simples. Type isostémone..... Ombellifères.
</pre>

Cactées. — Les Cactées sont des plantes vivaces, souvent arborescentes, auxquelles le grand développement de l'écorce de la tige, charnue et verte, joint à l'avortement corrélatif des feuilles, qui se réduisent à de petites écailles ou à des épines, donne un port tout particulier qu'on ne retrouve ailleurs que chez certaines Euphorbes. La tige est simple ou ramifiée, cylindrique (Rhipsalide, etc.) ou marquée soit de mamelons séparés correspondant à chaque insertion foliaire (Mamillaire, etc.), soit de côtes saillantes répondant aux génératrices d'insertion des feuilles (Cierge, etc.); dans ce dernier cas, si les feuilles sont distiques, la tige est rubanée (Épiphylle, etc.). Ailleurs, elle est dilatée en sphère (Mélocacte, etc.), ou renflée dans une direction et aplatie dans l'autre avec des étranglements à chaque ramification, en forme de raquette (Oponce). Dans les Péreskies, les rameaux axillaires des feuilles avortées produisent une ou plusieurs larges feuilles vertes et avortent au-dessus d'elles.

Les fleurs sont grandes, régulières, hermaphrodites, ordinairement solitaires à l'aisselle des feuilles avortées. Sépales, pétales, étamines et carpelles s'y succèdent en spirale continue et en nombre indéterminé; en outre, toutes ces feuilles sont concrescentes, au moins dans toute la longueur de l'ovaire, qui est infère (fig. 261). Au-dessus de la séparation du style, les pièces externes tantôt deviennent toutes libres (Oponce, fig. 261, Rhipsalide, Péreskie, etc.), tantôt demeurent unies en un tube plus ou moins long (Mélocacte, Mamillaire, Cierge, etc.); dans les deux cas, les sépales deviennent pétaloïdes vers

Fig. 261. Fleur de l'Oponce vulgaire, coupée en long.

l'intérieur et passent aux pétales par d'insensibles transitions. Le pistil a ses carpelles ouverts et concrescents en un ovaire uniloculaire, à placentes pariétaux couverts d'ovules anatropes, surmonté d'un style unique divisé au sommet en autant de branches stigmatiques. La formule florale, pour les Oponces (fig. 261), par exemple, est : $F = (\infty\, S + \infty\, P + \infty\, E + 8\, C^o)$.

Le fruit est une baie, comestible dans l'Oponce Figue-d'Inde. La graine a un embryon droit (Rhipsalide, etc.) ou courbe (Oponce, etc.); elle est dépourvue d'albumen (Rhipsalide, Mélocacte, etc.) ou munie d'un albumen charnu (Oponce, Echinocacte, etc.).

La famille des· Cactées comprend 13 genres avec plus de 1000 espèces, dont 300 Mamillaires, 200 Cierges et autant de Mélocactes, toutes américaines, à l'exception des Rhipsalides qui sont de l'Afrique australe, la plupart tropicales ou subtropicales.

Les genres se groupent en deux tribus :

1. *Opontiées.* — Calice, corolle et androcée libres au-dessus de l'ovaire : Rhipsalide, Oponce, Péreskie, etc.

2. *Échinocactées.* — Calice, corolle et androcée concrescents en tube au-dessus de l'ovaire : Mélocacte, Mamillaire, Échinocacte, Phyllocacte, Épiphylle, Cierge, etc.

Les Cactées forment une famille très homogène et très isolée; elle représente seule le type polystémone dans l'ordre des Dialypétales à ovaire infère.

Saxifragacées. — Les Saxifragacées sont des herbes (Saxifrage, etc.), des arbustes (Groseillier, Seringat, etc.) ou des arbres (Cunonie, Escallonie, Liquidambar, etc.), à feuilles tantôt isolées, en rosette (Saxifrage, Parnassie, etc.) ou éparses (Groseillier, etc.), tantôt opposées (Seringat, Cunonie, Hydrangée, etc.), simples, rarement stipulées (Cunonie, Hamamèle, etc.); dans les Céphalotes, elles sont dimorphes, les unes 'planes, les autres différenciées en ascidies operculées. Les Liquidambars produisent des canaux sécréteurs oléifères dans le liber primaire de la racine, à la périphérie de la moelle dans la tige et au-dessus du bois des nervures dans la feuille.

Les fleurs sont régulières, rarement zygomorphes (Tétille, quelques Saxifrages et Heuchères), hermaphrodites, pentamères (fig. 262), parfois tétramères (Dorine, Francée, Seringat, Hamamèle, etc.), ou hexamères (Céphalote); leur organisation générale s'exprime par la formule : $F = (5S + 5E + 5E' + 5C)$.

Le calice est quelquefois pétaloïde (Groseillier, Céphalote); la corolle a parfois ses pétales inégaux (Saxifrage sarmenteuse, etc.), ou tous très petits (Mitelle, Heuchère, etc.), ou même complètement avortés (Dorine, Forthergille, Céphalote, Liqui-

dambar, etc.). L'androcée comprend deux verticilles alternes
d'étamines (fig. 262, *A*), dont les épipétales peuvent se réduire
à des staminodes (Bréxie, Hamamèle, etc.), parfois écailleux et
frangés en éventail (Parnassie, fig. 263), ou bien avorter (Heuchère, fig. 262, *B*, Groseillier, Escallonie, etc.), pendant que les
épisépales se ramifient en un nombre plus ou moins grand

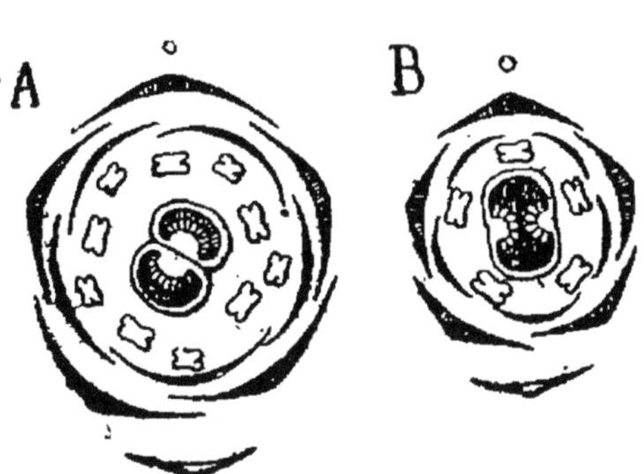

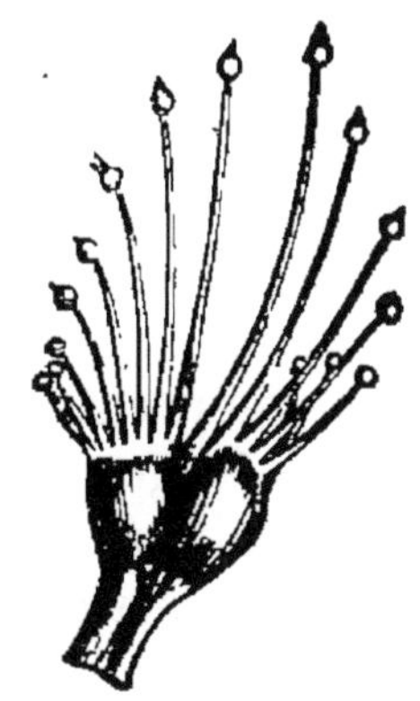

Fig. 262. Diagrame floral : *A*, de la Saxifrage
grenue; *B*, de l'Heuchère d'Amérique.

Fig. 263. Staminode frangé
de la Parnassie palustre.

d'étamines partielles (Seringat, fig. 264, Deutzie, Fothergille, etc.). Calice, corolle et androcée sont concrescents à leur
base en un tube plus ou moins long.

Le pistil se compose de carpelles ouverts (Heuchère, fig. 262,
B, Dorine, Parnassie, Groseillier, fig. 265, Cunonie, etc.) ou

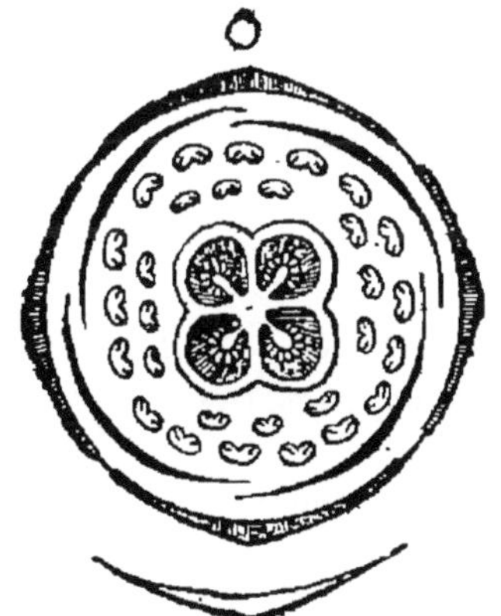

Fig. 264. Diagramme de la fleur
du Seringat coronaire.

Fig. 265. Diagramme de la fleur
du Groseillier sanguin.

fermés (Saxifrage, fig. 262, *A*, Francée, Seringat, fig. 264,
Deutzie, etc.), ordinairement concrescents, parfois libres (Hotéier,
Hamamèle, Céphalote, etc.), avec beaucoup d'intermédiaires

entre l'ouverture et la fermeture, entre la concrescence et l'indépendance. Il y a quelquefois autant de carpelles que de sépales (Seringat, fig. 264, Francée, Céphalote, etc.), le plus souvent deux seulement (Saxifrage, fig. 262, Escallonie, Groseillier, fig. 265, Brunie, Liquidambar, etc.), ou trois (Deutzie). Chaque carpelle porte ordinairement un grand nombre d'ovules anatropes, quelquefois seulement deux (Brunie, etc.) ou un seul (Hamamèle, Céphalote, etc.). Le pistil est tantôt indépendant du tube externe, ce qui laisse l'ovaire supère (Parnassie, Francée, Cunonie, Céphalote, diverses Saxifrages, etc.), tantôt concrescent avec le tube, ce qui rend l'ovaire infère (Hydrangée, Escallonie, Seringat, Groseillier, etc.), avec de nombreuses transitions entre ces deux états (Hamamèle, Brunie, beaucoup de Saxifrages, etc.).

Le fruit est une capsule à déhiscence soit loculicide ou dorsale (Parnassie, Francée, Seringat, etc.), soit septicide ou suturale (Heuchère, Dorine, Deutzie, Liquidambar, etc.), quelquefois une baie (Groseillier) ou un polyakène (Céphalote). La graine renferme un petit embryon droit avec un albumen charnu, rarement un grand embryon sans albumen (Bréxie, etc.).

La famille des Saxifragacées comprend 98 genres avec 610 espèces, croissant la plupart dans les climats tempérés et froids. Un grand nombre sont cultivées pour la beauté de leurs fleurs; les Groseilliers donnent des fruits comestibles. Les Liquidambars sécrètent un baume odorant très recherché en Orient, notamment le *styrax liquide*.

Les genres sont groupés en onze tribus :

1. *Saxifragées*. — Herbes. Fleurs pentamères : Saxifrage, Heuchère, Dorine, Parnassie, etc.

2. *Francoées*. — Herbes. Fleurs tétramères : Francée, Tétille.

3. *Cunoniées*. — Arbres et arbustes à feuilles opposées. Ovaire supère : Cunonie, Panchérie, Codie, etc.

4. *Hydrangées*. — Arbres et arbustes à feuilles opposées. Ovaire infère : Hydrangée, Deutzie, Seringat, etc.

5. *Bréxiées*. — Arbres et arbustes à feuilles isolées. Ovaire supère : Bréxie, Ixerbe, etc.

6. *Escalloniées*. — Arbres et arbustes à feuilles isolées. Ovaire infère : Escallonie, Itée, Polyosme, etc.

7. *Ribésiées*. — Arbustes à feuilles isolées. Ovaire infère. Baie : Groseillier.

8. *Hamamélidées*. — Arbres et arbustes à feuilles isolées, stipulées : Hamamèle, Fothergille, Bucklandie, etc.

9. *Bruniées.* — Arbustes à feuilles isolées, sans stipules, à port de Bruyère : Brunie, Berzélie, etc.

10. *Céphalotées.* — Fleurs hexamères : Céphalote, etc.

11. *Liquidambarées.* — Arbres à canaux sécréteurs : Liquidambar, Altingie.

Les Saxifragacées réalisent à la fois les deux types diplostémone et méristémone, que nous avons distingués pour la facilité de l'étude dans l'ordre des Dialypétales supérovariées, ordre vers lequel elles tendent par leurs genres à ovaire supère. Aussi est-ce aux Rosacées, qui joignent à la displostémonie une ramification des étamines et dont plusieurs ont l'ovaire infère, qu'elles se rattachent le plus directement; elles s'en distinguent surtout par la présence d'un albumen.

Familles rattachées aux Saxifragacées. — Aux Saxifragacées se rattachent neuf familles ayant comme elles un androcée composé normalement de deux verticilles alternes, parfois compliqué par une ramification qui multiplie le nombre des étamines : ce sont les *Lythracées, Œnothéracées, Haloragées, Combrétacées, Rhizophoracées, Mélastomacées, Myrtacées, Lécythidacées* et *Loasées.*

Lythracées. — Les Lythracées, 26 genres avec 250 espèces dont 150 pour le seul genre Cuphée, la plupart tropicales, sont des herbes, des arbustes ou des arbres, à feuilles opposées, simples et sans stipules. La tige a des tubes criblés à la périphérie de sa moelle.

Les fleurs sont régulières, parfois zygomorphes (Cuphée, etc.), hermaphrodites, le plus souvent tétramères ou hexamères (fig. 266). Calice, corolle et androcée sont concrescents en tube : le calice est souvent muni d'un calicule (Lythre, fig. 266,

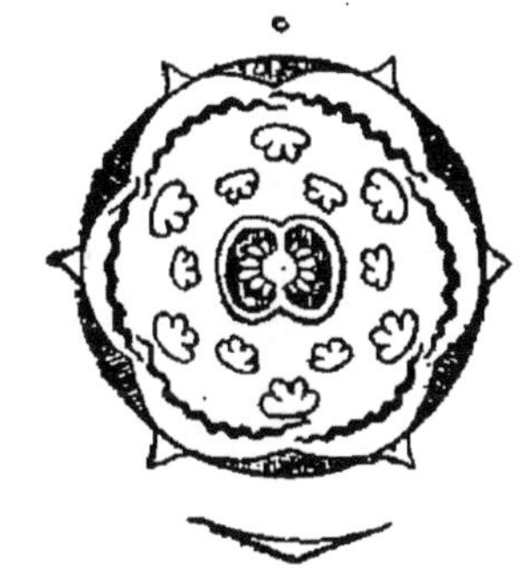

Fig. 266. Diagramme de la fleur du Lythre salicaire.

Péplide, etc.), et le sépale postérieur est parfois éperonné (Cuphée); la corolle a quelquefois ses pétales inégaux (Cuphée) ou très petits (Péplide, etc.); l'androcée, normalement composé de deux verticilles d'étamines, peut en perdre quelques-unes par avortement (Cuphée, Cryptéronie, etc.) ou en accroître le nombre par ramification (Lagerstrémie, etc.). Le pistil, libre d'adhérence avec le tube externe, a ses carpelles fermés et concrescents en un ovaire pluriloculaire, dont chaque loge contient un grand nombre d'ovules anatropes; ils sont quelquefois en même nombre que les sépales (Lagerstrémie, Nésée, etc.), ordinairement au nombre de deux (Lythre, fig. 2f'6,. Cuphée, etc.). Dans le Punice grenadier, le pistil est infère et a deux verticilles de carpelles clos et concrescents, l'externe de cinq, l'interne de trois. La formule florale, pour les Lythres, est donc : $F = (6S + 6P + 6E + 6E') + (2C)$.

Le fruit est une capsule loculicide (Nésée, Lagerstrémie, etc.) ou septicide (Lythre, etc.), une pyxide (Pemphide), une capsule à déhiscence irrégulière (Ammanie) ou même indéhiscente (Punice, Péplide). La graine, dont le tégument est parfois charnu (Punice), a un embryon droit à larges cotylédons, sans albumen.

Plusieurs de ces plantes sont ornementales (Cuphée, Lagerstrémie, Punice, etc.), riches en tannin et en matières colorantes, comme le Punice grenadier et la Lawsonie inerme qui fournit le henné, ou comestibles par le tégument charnu de leur graine (Punice grenadier). A part le Punice grenadier, les Lythracées ont toutes, comme on voit, l'ovaire supère, au même titre que les Rosacées, par exemple, ou que les Rhamnées; aussi est-ce seulement à cause de leur étroite affinité avec les OEnothéracées qu'on les place ici au début de la série des Dialypétales inférovariées.

OEnothéracées. — Les OEnothéracées, 22 genres avec 300 espèces répandues par toute la Terre, sont des herbes, parfois aquatiques (Mâcre, Jussiée, etc.), rarement des arbustes (Fuchsie, etc.), à feuilles isolées ou opposées, simples et sans stipules. La tige est pourvue de faisceaux criblés périmédullaires.

Les fleurs sont régulières, rarement zygomorphes (Lopézie), hermaphrodites, tétramères (fig. 267), rarement dimères (Circée). Le calice est quelquefois pétaloïde (Fuchsie); la corolle a ses pétales parfois bilobés (Épilobe, Circée) ou trilobés (Clarkie, Eucharide, etc.), quelquefois avortés (Isnardie, etc.). L'androcée a deux rangs d'étamines (fig. 267); les épipétales peuvent avorter (Circée, Mâcre, Isnardie, etc.); les épisépales latérales

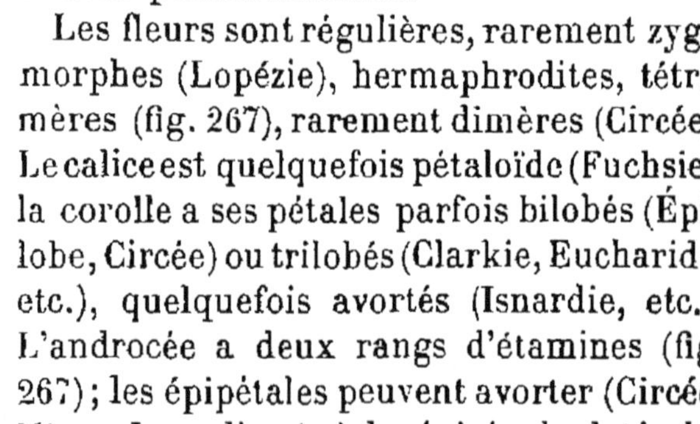

Fig. 267. Diagramme de la fleur de la Fuchsie éclatante.

avortent aussi quelquefois, pendant que l'épisépale antérieure se transforme en un staminode pétaloïde en forme de cuiller,

de sorte que l'androcée se réduit à une seule étamine postérieure, d'où résulte la zygomorphie de la fleur (Lopézie, etc.).
Le pistil, concrescent avec les verticilles externes dans toute la
longueur de l'ovaire, qui est infère, se compose d'autant de
carpelles que de sépales (fig. 267), fermés et concrescents en un
ovaire pluriloculaire surmonté d'un style unique et contenant dans chaque loge un grand nombre d'ovules anatropes,
rarement un seul ovule (Gaure, Circée, Mâcre, etc.); la fleur
tétramère de la Mâcre n'a que deux carpelles uniovulés. La
formule florale est donc : pour les Onagres : $F = (4S + 4P
+ 4E + 4E' + 4C)$, et pour les Circées : $F = (2S + 2P + 2E
+ 2C)$.

Le fruit est une capsule loculicide (Onagre, Épilobe, etc.),
septicide (Isnardie, etc.) ou à la fois septicide et loculicide
(Jussiée), parfois un akène (Circée, Gaure, Mâcre) ou une baie
(Fuchsie). La graine, parfois aigrettée (Épilobe) ou ailée
(Haüyer), renferme un embryon droit à cotylédons épais, quel-
quefois très inégaux (Mâcre), sans albumen.

Beaucoup d'Œnothéracées sont cultivées pour la beauté de
leurs fleurs (Onagre, Fuchsie, etc.); les baies des Fuchsies et
l'embryon de la Mâcre nageante sont comestibles. Ces plantes
se rattachent intimement aux Lythracées; ce sont, pour ainsi
dire, des Lythracées à ovaire infère.

Haloragées. — Les Haloragées, 8 genres avec environ
80 espèces, la plupart aquatiques, répandues par toute la Terre,
sont des herbes ou des sous-arbrisseaux à feuilles isolées, opposées ou verticillées, sans stipules, les submergées ordinairement
pennifides.

Les fleurs sont petites, régulières, hermaphrodites, parfois
unisexuées monoïques (Myriophylle, Serpicule, etc.), tétramères (fig. 268), parfois dimères (Gunnère). L'androcée peut se
réduire par avortement à un seul verticille (Gunnère, Serpicule, etc.), ou même à une seule étamine antérieure (Hippuride,
fig. 269). Le pistil, concrescent avec les verticilles externes
dans toute la longueur de l'ovaire, se compose d'autant de carpelles que de sépales, fermés et concrescents en un ovaire pluriloculaire, terminé par autant de styles libres et contenant
dans chaque loge un seul ovule anatrope pendant à raphé
externe (fig. 268); les carpelles sont parfois ouverts (Gunnère,
Loudonie), et la loge unique peut ne contenir qu'un seul ovule

(Gunnère); dans l'Hippuride, il n'y a qu'un seul carpelle fermé et uniovulé (fig. 269).

Le fruit est une drupe (Halorage, Gunnère), un tétrakène (Myriophylle) ou un simple akène (Hippuride, Serpicule, etc.). La graine a un petit embryon avec un albumen charnu.

Fig. 268. Diagramme de la fleur de l'Halorage dressé.

Fig. 269. Fleur d'Hippuride vulgaire : *b*, entière ; *c*, coupée en long.

Les Haloragées diffèrent surtout des Œnothéracées par la présence d'un albumen.

Combrétacées. — Les Combrétacées, 15 genres avec environ 240 espèces, presque toutes tropicales, sont des arbres ou des arbustes parfois volubiles à droite (Combrète, etc.) ou grimpants (Illigère, etc.), à feuilles isolées (Terminalie, etc.) ou opposées (Combrète, etc.), simples, rarement trifoliolées (Illigère), sans stipules, à limbe souvent coriace, entier, rarement lobé (Gyrocarpe). La tige est tantôt pourvue (Combrète, Terminalie, etc.), tantôt dépourvue de tubes criblés périmédullaires (Gyrocarpe, Illigère, etc.).

Les fleurs sont régulières, hermaphrodites, parfois dioïques (Terminalie), pentamères (fig. 270), quelquefois tétramères (la plupart des Combrètes). Les pétales ont une tendance à avorter et sont quelquefois nuls (Terminalie, Conocarpe, etc.); l'androcée a deux verticilles d'étamines dont les anthères s'ouvrent quelquefois par deux clapets (Gyrocarpe, Illigère, etc.). Le pistil, concrescent dans toute la longueur de l'ovaire avec les verticilles externes, qui se prolongent en tube au-dessus de lui,

et isomère avec ces verticilles, se compose de carpelles ouverts
et concrescents en un ovaire uniloculaire, surmonté d'un style
unique et contenant, attachés au sommet par de longs funicules,
autant d'ovules anatropes (fig. 270), quel-
quefois un seul ovule (Gyrocarpe, Illigère).

Le fruit, toujours monosperme, est parfois une drupe (Terminalie, etc.), le plus
souvent un akène (Gyrocarpe, etc.), fréquemment ailé (Combrète, Conocarpe, etc.).
La graine a un embryon droit, à cotylédons
enroulés ou plissés, quelquefois plans convexes (Quisquale, etc.), sans albumen.

Les genres se groupent en deux tribus :

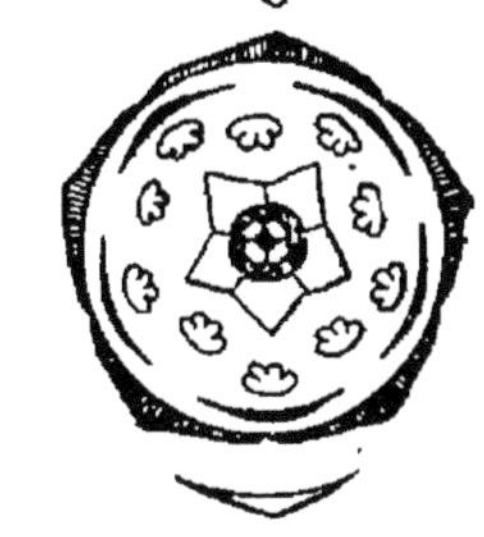

Fig. 270. Diagramme
de la fleur du Com-
brète poivré.

1. *Combrétées*. — Des tubes criblés périmédullaires. Anthères s'ouvrant en long.
Plusieurs ovules : Terminalie, Combrète, Quisquale, etc.

2. *Gyrocarpées*. — Pas de tubes criblés périmédullaires. Anthères s'ouvrant par
deux clapets. Un seul ovule : Illigère, Gyrocarpe, etc.

Les Combrétacées sont riches en tannin et en matières colorantes; leur écorce et leurs fruits servent à tanner les peaux et
à teindre les étoffes. Ces plantes se distinguent des Œnothéracées et des Haloragées surtout par leur placentation pariétale.

Rhizophoracées. — Les Rhizophoracées, 17 genres avec
environ 50 espèces toutes tropicales, croissant la plupart sur
les rivages limoneux des estuaires, sont des arbres ou des
arbustes à feuilles opposées, simples, munies de stipules caduques, rarement isolées et sans stipules (Anisophyllée, etc.).

Les fleurs sont régulières, hermaphrodites,
à type numérique variable : 4 (Rhizophore,
fig. 271, etc.), 5-8 (Carallie), 8-15 (Bruguière, etc.). L'androcée a deux verticilles
d'étamines, quelquefois munies de nombreux sacs polliniques s'ouvrant tous ensemble par une seule valve (Rhizophore,
fig. 271). Le pistil, ordinairement infère,
quelquefois demi-infère (Crossostyle, etc.)
ou même supère (Cassipourée, etc.), se compose de carpelles
fermés et concrescents, contenant chacun le plus souvent deux

Fig. 271. Diagramme
de la fleur du Rhizo-
phore manglier.

ovules anatropes pendants à raphé interne, tantôt en même nombre que les sépales (Bruguière), tantôt en nombre moindre : trois (Cériope) ou deux (Rhizophore, fig. 271), ou en nombre plus grand (Crossostyle, etc.).

Le fruit est ordinairement un akène (Rhizophore, Cériope, etc.) ou une baie (Gynotroche, etc.), rarement une capsule (Crossostyle, etc.). La graine, qui germe souvent pendant que le fruit est encore attaché à la branche (Rhizophore, etc.), renferme un embryon parfois muni d'un albumen charnu (Carallie, Crossostyle, etc.), le plus souvent sans albumen (Rhizophore, Cériope, etc.).

Les genres sont groupés en trois tribus :

1. *Rhizophorées.* — Feuilles opposées. Pas d'albumen : Rhizophore, Cériope, Bruguière, etc.

2. *Caralliées.* — Feuilles opposées. Albumen : Carallie, Gynotroche, Cassipourée, etc.

3. *Anisophylléées.* — Feuilles isolées. Pas d'albumen : Anisophyllée, Combrétocarpe.

Comme les Combrétacées, les Rhizophoracées sont riches en tannin et en principes colorants ; aussi leur écorce sert-elle aux mêmes usages, notamment celle du Rhizophore manglier.

MÉLASTOMACÉES. — Les Mélastomacées, 138 genres avec environ 2800 espèces presque toutes tropicales et la plupart américaines, sont des herbes, des arbustes ou des arbres, à feuilles opposées ou verticillées, simples et sans stipules, à limbe entier, muni de 3 à 9 nervures courbes partant de la base. La tige toujours pourvue d'une zone criblée périmédullaire a quelquefois la structure normale (Sonérile, Loreyer, etc.) ; mais le plus souvent elle a des faisceaux libéroligneux surnuméraires dans l'écorce (Microlicie, Trembleyer, Axinandre, etc.), dans la moelle (Bertolonie, Mérianie, Oxyspore, Astronie, Dissochète, Miconie, Blakée, etc.) ou à la fois dans l'écorce et dans la moelle (Tibouchine, Osbeckie, Rhéxie, Mélastome, etc.). Le bois secondaire y renferme quelquefois des îlots de liber inclus (Mémécyle, Mouririe, Pternandre, Kibessie, etc.).

Les fleurs sont régulières, hermaphrodites, souvent pentamères (fig. 272), rarement trimères (Sonérile, etc.), tétramères (Oxyspore, Mémécyle, etc.) ou sur un type variable entre 6 et 10 (divers Mélastomes, Miconies, etc.). Le calice, parfois muni

d'un calicule (Mélastome, etc.), a ses sépales quelquefois concrescents en une coiffe, fendue plus tard circulairement à la
base (Calyptrelle, Kibessie, etc.). L'androcée comprend deux
verticilles d'étamines dont les filets sont reployés vers l'intérieur dans le bouton, de manière à enfoncer les anthères dans
autant de logettes, creusées dans l'épaisseur du parenchyme
qui résulte de la concrescence du pistil avec les
verticilles externes; les anthères, pourvues à la
base d'appendices tantôt antérieurs (Tibouchine,
Osbeckie, Microlicie, etc.), tantôt postérieurs (Oxyspore, Bertolonie, Miconie, etc.) (fig. 273), s'ouvrent
au sommet par un pore unique (fig. 274), plus
rarement par deux pores distincts. Les étamines

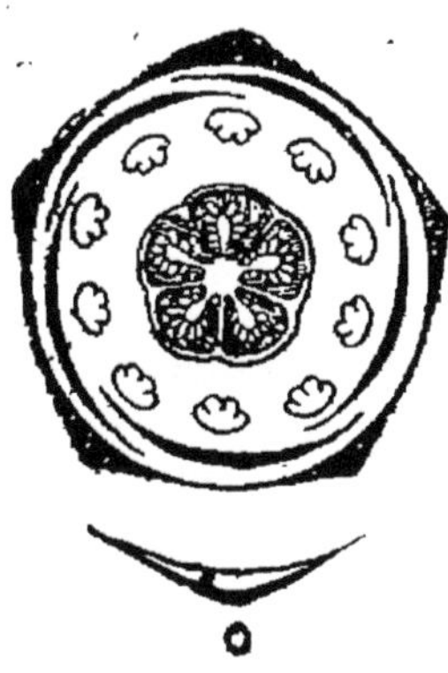

Fig. 272. Diagramme de
la fleur d'une Tibouchine.

Fig. 273. A, étamine de Centradénie rose; a, anthère en train
de se redresser au sortir du
bouton; x, son appendice basilaire postérieur; f, filet.

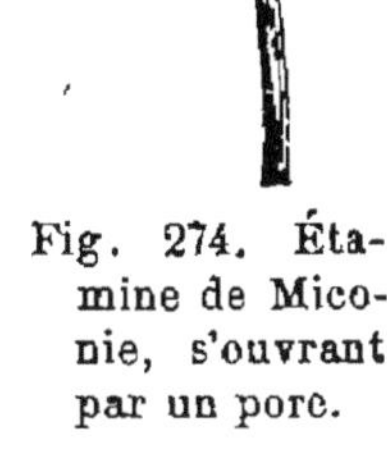

Fig. 274. Éta-
mine de Mico-
nie, s'ouvrant
par un pore.

épipétales peuvent avorter (Sonérile, etc.) ou au contraire se
ramifier en nombreuses étamines partielles (Calyptrelle, etc.).
Le pistil est tantôt concrescent avec le tube résultant de l'union
des verticilles externes, ce qui rend l'ovaire infère (Médinille,
Léandre, etc.), tantôt indépendant de ce tube (Mélastome,
Osbeckie, etc.), avec divers intermédiaires entre ces deux états
(Centradénie, etc.). Il est composé de carpelles, ordinairement
en même nombre que les sépales, fermés et concrescents en un
ovaire pluriloculaire surmonté d'un style unique, contenant
dans chaque loge un grand nombre d'ovules anatropes, qui
peuvent se réduire à deux (Mouririe). Quelquefois les cloisons
disparaissent et l'ovaire devient uniloculaire (Mémécyle), ou
bien le placente s'étend sur le dos de chaque loge (Kibessie,
Pternandre, etc.).

Le fruit est une baie (Mélastome, etc.) ou une capsule loculicide (Centradénie, etc.). La graine contient un petit embryon droit (Oxyspore, Microlicie, Miconie, etc.) ou courbe (Tibouchine, Osbeckie, etc.), sans albumen.

D'après la structure de la tige et le mode de placentation, les genres se groupent en deux tribus :

1. *Mélastomées.* — Bois secondaire normal. Placentation axile : Tibouchine, Centradénie, Osbeckie, Mélastome, Rhéxie, Microlicie, Axinandre, Bertolonie, Mérianie, Oxyspore, Astronie, Dissochète, Miconie, Blakée, Sonérile, Loreyer, etc.

2. *Mémécylées.* — Bois secondaire à liber inclus. Placentation dorsale ou basilaire : Pternandre, Kibessie, Mémécyle, Mouririe, etc.

Ces plantes sont recherchées surtout pour leur feuillage ornemental ; plusieurs donnent des bois de construction (Astronie, Kibessie, etc.) ou des fruits charnus comestibles, employés aussi pour teindre en jaune ou en rouge (Mélastome, Miconie, Osbeckie, etc.).

Les Mélastomacées sont une famille très homogène, qui se relie à la fois aux Lythracées par ses genres à pistil libre et aux Œnothéracées par ceux qui ont l'ovaire adhérent. Elles diffèrent de toutes les familles voisines par la nervation particulière des feuilles et la structure singulière des étamines.

Myrtacées. — Les Myrtacées, 77 genres avec environ 1800 espèces, presque toutes tropicales, dont plus de 500 pour le seul genre Eugénier, sont des arbustes ou des arbres souvent de grande taille, à feuilles opposées, simples et sans stipules. L'écorce de la tige et le parenchyme des feuilles sont parsemés de poches sécrétrices oléifères, analogues à celles des Rutacées. En outre, la tige a des tubes criblés à la périphérie de sa moelle.

Les fleurs sont régulières, hermaphrodites, pentamères (Myrte, fig. 275, *A*, Callistème, etc.) ou tétramères (Eugénier, fig. 275, *B*, etc.). Le calice a parfois ses sépales concrescents en une coiffe qui, à l'épanouissement, se détache circulairement (Calyptranthe, etc.) et la corolle se comporte quelquefois de la même manière (Eucalypte, etc.). L'androcée peut comprendre deux verticilles alternes d'étamines simples (Verticordie, Chamélauce, etc.); mais le plus souvent elles se ramifient en formant autant d'étamines composées ou de groupes d'étamines partielles, tantôt les épipétales seules, les autres demeurant simples ou avortant (Calothamme, I, p. 315, fig. 97, Mélaleuce, fig. 276, etc.), tantôt toutes à la fois (Myrte, fig. 275, *A*, Eugénier, fig. 275, *B*, Eucalypte, etc.). Le pistil est infère, formé de carpelles en même nombre que les sépales (Piléanthe, etc.) ou en nombre moindre : trois (Myrte, fig. 275, *A*, Callistème, etc.) ou deux (Eugénier, fig. 275, *B*, etc.), fermés et concrescents en un ovaire pluriloculaire contenant dans

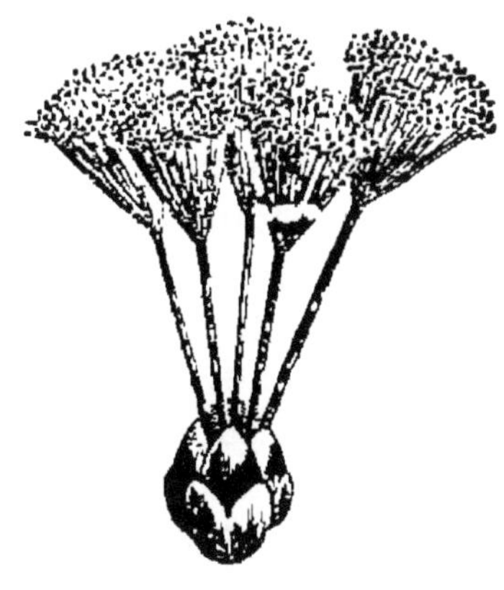

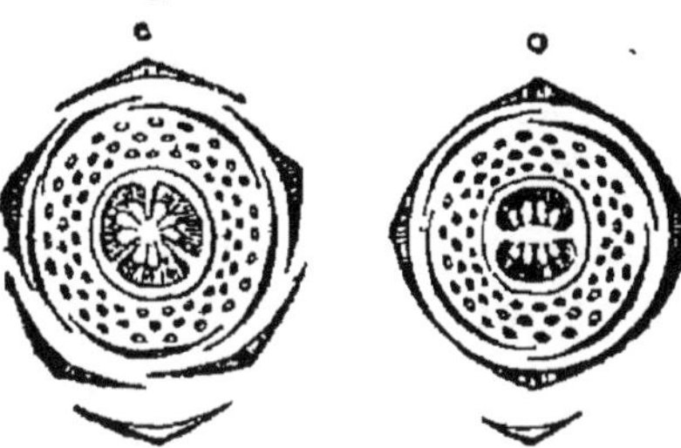
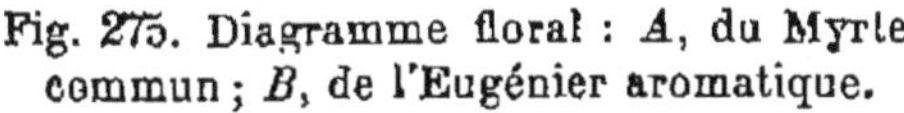

Fig. 275. Diagramme floral : *A*, du Myrte commun ; *B*, de l'Eugénier aromatique.

Fig. 276. Étamines ramifiées en ombelle d'un Mélaleuce.

chaque loge un grand nombre d'ovules anatropes, rarement deux seulement (Piment, Myrcie, etc.) ; la placentation est quelquefois pariétale ou basilaire (Chamélauce, etc.). Pour les Myrtes, la formule florale est $F = (5S + 5P + \infty E + \infty E' + 3C)$.

Le fruit est une baie (Myrte, Eugénier, etc.), une drupe (Aulacocarpe, etc.), une capsule loculicide (Mélaleuce, Calothamne, etc.), ou un akène (Chamélauce, etc.). La graine renferme un embryon droit (Eugénier, etc.), courbe ou spiralé (Myrte, etc.), sans albumen.

Les Myrtacées produisent des bois recherchés et des huiles essentielles qui les font employer à une foule d'usages médicinaux et domestiques, notamment comme condiments (écorce et fruit du Piment commun, boutons de l'Eugénier aromatique nommés *clous de girofle*, etc.). Elles donnent aussi des fruits comestibles (plusieurs Goyaviers, Eugéniers, Myrcies, Myrtes, etc.).

Les genres se groupent en trois tribus :

1. *Myrtées*. — Ovaire pluriloculaire. Baie ou drupe : Goyavier, Myrte, Myrcie, Eugénier, Campomanésie, Marliérie, etc.

2. *Leptospermées.* — Ovaire pluriloculaire. Capsule loculicide : Leptosperme, Callistème, Mélaleuce, Calothamne, Eucalypte, Métrosidère, etc.

3. *Chamélauciées.* — Ovaire uniloculaire. Akène : Verticordie, Chamélauce, Calythriche, etc.

Les Myrtacées se distinguent de toutes les familles précédentes par leurs poches sécrétrices, caractère qui les rapproche des Rutacées et qui, joint à leur méristémonie très marquée, les rattache aussi aux Hypéricacées.

Lécythidacées. — Les Lécythidacées, 10 genres avec 110 espèces, toutes tropicales, sont des arbustes ou des arbres à feuilles isolées, simples et sans stipules, à limbe entier ou denté. La tige est dépourvue de tubes criblés périmédullaires et de poches sécrétrices corticales. Par contre, elle renferme dans son écorce des faisceaux libéroligneux en nombre divers, orientés tantôt normalement (Lécythide, Berthollétie, Napoléone, etc.), tantôt en sens inverse (Gustavie, Barringtonie, etc.).

Les fleurs sont régulières, hermaphrodites, solitaires (Napoléone, etc.) ou diversement groupées, pentamères (Napoléone, etc.) ou tétramères (Barringtonie, etc.). La corolle est parfois gamopétale (Napoléone). L'androcée ne comprend quelquefois que cinq étamines ramifiées épisépales (Napoléone), le plus souvent deux verticilles d'étamines abondamment ramifiées, parfois concrescentes en tube à la base (Cariniane, etc.). Le pistil est infère, formé de carpelles en même nombre que les sépales (Barringtonie, Gustavie, Napoléone, etc.), ou en nombre moindre (Cariniane, etc.), fermés et concrescents en un ovaire pluriloculaire contenant dans chaque loge un grand nombre d'ovules anatropes.

Le fruit est tantôt plus ou moins charnu et indéhiscent (Gustavie, Barringtonie, Napoléone, etc.), tantôt sec, ligneux et déhiscent en pyxide (Lécythide, Berthollétie, Cariniane, etc.). Les graines, dépourvues d'albumen, ont un embryon tantôt réduit à sa tigelle (Berthollétie, Lécythide, Barringtonie, etc.), tantôt muni de deux larges cotylédons foliacés (Couratare, Cariniane, etc.) ou charnus (Napoléone, etc.). Dans la Berthollétie, notamment, dont les graines sont connues sous le nom de *noix de Para*, le gros embryon, riche en matières grasses, est comestible.

D'après la structure de la tige, on peut grouper les genres en trois tribus :

1. *Barringtoniées.* — Faisceaux corticaux inverses : Barringtonie, Fétidie, Stravade, etc.

2. *Lécythidées.* — Faisceaux corticaux directs, en nombre supérieur à 8 : Gustavie, Lécythide, Berthollétie, Couroupite, etc.

3. *Napoléonées.* — Faisceaux corticaux directs, au nombre de 4 ou 2 : Napoléone, Astéranthe.

L'absence de tubes criblés périmédullaires et de poches sécrétrices, jointe à la présence de faisceaux libéroligneux corticaux, sépare nettement les Lécythidacées des Myrtacées, auxquelles on les réunissait, comme tribu distincte, jusqu'à ces derniers temps.

Loasées. — Les Loasées, 10 genres avec environ 100 espèces américaines et tropicales, sont des herbes dressées ou volubiles, souvent dichotomes, parfois hérissées de poils urticants (Loase, Cajophore, etc.), à feuilles isolées ou opposées, sans stipules, simples ou composées pennées.

Les fleurs, souvent grandes, sont régulières, hermaphrodites, pentamères (fig. 277). L'androcée ramifie ordinairement l'un ou l'autre de ses verticilles (Loase, Cajophore, etc.) ou tous les deux à la fois (Mentzélie, fig. 277, Bartonie) en nombreuses étamines partielles; les épisépales produisent quelquefois des staminodes (Loase, Blumenbachie, Cajophore, Bartonie, Klaprothie, etc,). Le pistil a d'ordinaire trois carpelles ouverts et concrescents en un ovaire infère uniloculaire (fig. 277), dont chaque placente pariétal porte un grand nombre d'ovules anatropes, rarement un seul ovule (Klaprothie, etc.); quelquefois la loge tout entière ne contient qu'un seul ovule pendant (Gronovie, Cévallie, etc.). Pour les Mentzélies, la formule florale est F = (5S + 5P + ∞E + ∞E' + 3C°).

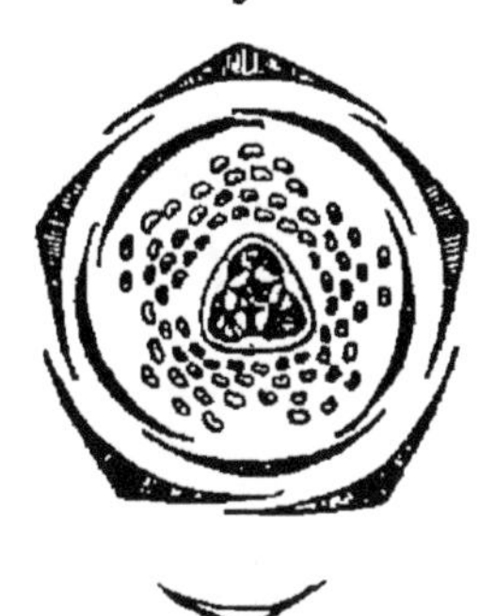

Fig. 277. Diagramme de la fleur de la Mentzélie hispide.

Le fruit est une capsule à déhiscence suturale (Mentzélie, etc.) ou s'ouvrant, comme dans les Crucifères, par deux fentes de chaque côté des placentes (Loase, Blumenbachie, Cajophore, etc.), rarement un akène (Gronovie, Cévallie). La graine a un embryon droit, à cotylédons épais sans albumen (Gronovie, etc.,) ou à cotylédons foliacés avec un albumen charnu ou corné (Loase, Blumenbachie, etc.).

Les Loasées forment une petite famille assez isolée; elles différent des Œnothéracées par la ramification des étamines et l'ouverture des carpelles ; ces deux caractères les rapprochent des Passiflorées et des Bixacées.

Résumé du groupe diplostémone. — En résumé et à part les exceptions, les dix familles de l'ordre des Dialypétales inférovariées qui réalisent le type diplostémone, avec ou sans ramification des étamines, peuvent être distinguées entre elles et des Saxifragacées qui ont servi de point de départ, de la manière suivante :

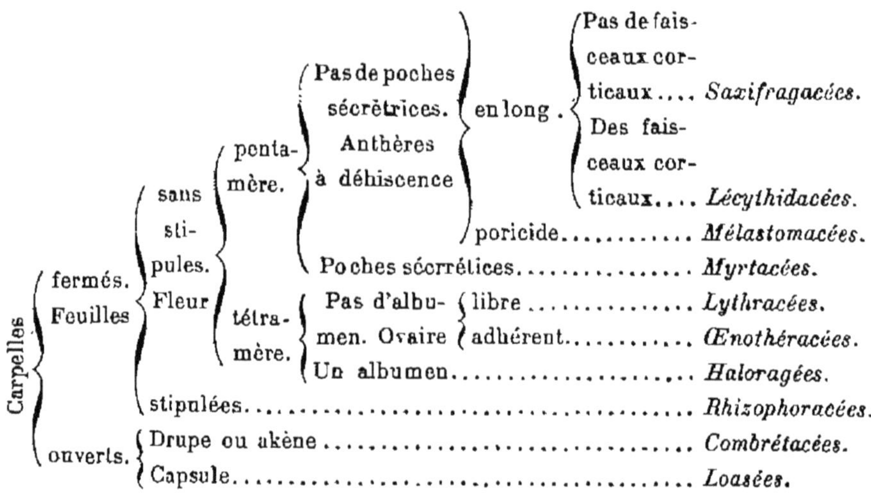

Ombellifères. — Les Ombellifères sont des herbes annuelles ou vivaces, rarement des arbustes (certains Peucédans et Buplèvres), à tige souvent cannelée et creuse par la prompte disparition de la moelle. Les feuilles sont isolées, munies d'une gaine très développée, parfois simples à limbe entier (Buplèvre, Hydrocotyle) ou palmilobé (Sanicle), le plus souvent composées pennées à un ou plusieurs degrés, ordinairement sans stipules, quelquefois munies de petites stipules écailleuses (Hydrocotyle, etc.). Racines, tiges et feuilles sont traversées par des canaux sécréteurs oléifères. Dans la racine, ils sont disposés dans le péricycle en face des faisceaux ligneux, de manière à doubler le nombre normal des rangées de radicelles quand il y a plus de deux faisceaux; dans la tige et les feuilles, à ces canaux péricycliques s'en ajoutent d'autres dans le parenchyme; enfin le liber secondaire de la tige et de la racine en produit aussi.

Les fleurs sont petites, hermaphrodites, régulières, rarement zygomorphes (Coriandre, Berce, etc.), disposées en ombelles ordinairement composées, rarement simples (Astrance, Sanicle, Hydrocotyle), disposition d'où la famille a tiré son nom; pourtant les Panicauts ont leurs fleurs en capitule. La fleur est pentamère avec un seul verticille à l'androcée (fig. 278) et son organisation s'exprime par la formule : $F=(5S+5P+5E+2C)$.

Fig. 278. Diagramme de la fleur
du Panicaut champêtre.

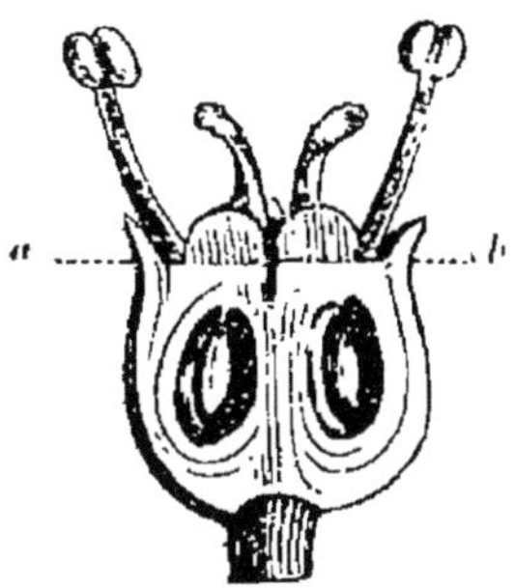

Fig. 279. Fleur d'Hydrocotyle
coupée en long.

Le calice est rarement bien développé au-dessus du niveau où il se sépare de la corolle (Panicaut, Sanicle, Astrance), le plus souvent réduit à de petites dents (fig. 279, *a*, *b*). Les pétales, ordinairement enroulés en dedans, sont d'ordinaire égaux, parfois l'antérieur plus grand, les deux postérieurs plus petits, ce qui rend la fleur zygomorphe (Coriandre, Berce, etc.). Les étamines ont leurs filets libres, courbés en dedans, avec des anthères intorses s'ouvrant en long. Le pistil, concrescent avec les verticilles externes dans toute la longueur de l'ovaire, qui est infère (fig. 279), est composé de deux carpelles médians, fermés et concrescents en un ovaire biloculaire, qui renferme dans chaque loge, attaché au sommet de la cloison, un seul ovule anatrope pendant à raphé interne; l'ovaire se termine par deux styles libres, recourbés en dehors, et se renfle en deux coussinets nectarifères autour de leur base (fig. 279, *a*, *b*).

Le fruit est un diakène, dont les moitiés se séparent quelquefois complètement (Panicaut, Hydrocotyle, etc.), mais le plus souvent laissent subsister, dans le prolongement du pédicelle, un filament dont elles se détachent de bas en haut, tandis que lui-même se fend de haut en bas en deux branches portant les deux akènes à leur sommet (fig. 280). Ceux-ci sont marqués de côtes ou d'ailes correspondant aux faisceaux libéroligneux, dites *primaires*, et quelquefois de côtes *secondaires*, simples saillies du parenchyme (fig. 281). Entre les côtes primaires se trouvent des canaux oléorésineux, qui y dessinent autant de

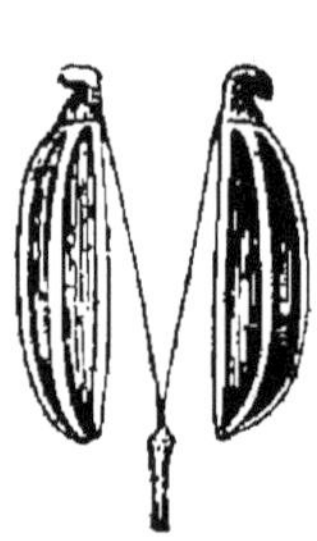

Fig. 280. Diakène de Fenouil,
se séparant.

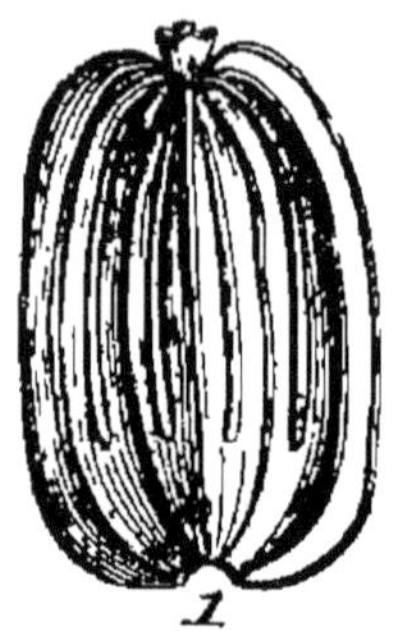
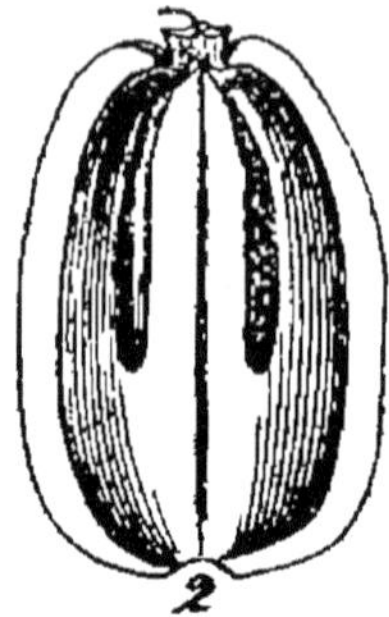

Fig. 281. Diakène d'Ombellifère :
1, face dorsale; 2, face commissurale.

bandelettes et qui manquent quelquefois (Hydrocotyle, etc.). Ces côtes, primaires et secondaires, et ces bandelettes sont utilisées pour la caractérisation des genres et leur groupement en tribus. La graine contient un petit embryon droit et un abondant albumen corné.

La famille des Ombellifères comprend 152 genres avec environ 1300 espèces, répandues dans toutes les régions tempérées. C'est à l'huile essentielle produite par leurs canaux sécréteurs que ces plantes doivent leurs principales propriétés. Plusieurs sont employées comme condiments : tels sont le Persil cultivé, le Boucage anis, le Care carvi, l'Anthrisque cerfeuil, le Fenouil officinal, le Coriandre cultivé, le Cumin cymin, l'Angélique archangélique, etc. D'autres sont très vénéneuses, comme la Cicutaire vireuse et la Ciguë maculée, etc. Plusieurs sont alimentaires par leur racine renflée, comme la Dauce carotte, le Panais cultivé, l'Ache odorante, vulgairement Céleri, etc.

Les genres, qu'il est difficile de délimiter et de grouper dans une famille aussi homogène, sont disposés en sept tribus :

I. — Ombelles simples. Pas de canaux sécréteurs dans les sillons du fruit.

    1. *Hydrocotylées.* — Fruit comprimé latéralement : Hydrocotyle, Mulin, etc.

    2. *Saniculées.* — Fruit cylindrique : Panicaut, Astrance, Sanicle, etc.

II. — Ombelles composées. Pas de côtes secondaires.

    3. *Amminées*. — Fruit comprimé latéralement : Ciguë, Maceron, Bu-
        plèvre, Ache, Cicutaire, Amme, Care, Berle, Boucage, Cerfeuil,
        Scandice, Anthrisque, etc.

    4, *Sésélinées*. — Fruit cylindrique : Sésèle, Fenouil, Œnanthe, Éthuse,
        Livèche, Sélin, Angélique, Échinophore, etc.

    5. *Peucédanées*. — Fruit comprimé par le dos : Férule, Peucédan, Berce,
        Tordyle, etc.

III, — Ombelles composées. Des côtes secondaires.

    6. *Caucalidées*. — Côtes secondaires obtuses : Dauce, Caucalide, Bi-
        fore, etc.

    7. *Thapsiées*. — Côtes secondaires ailées : Laser, Thapsie, etc.

Familles rattachées aux Ombellifères. — Aux Ombellifères se rattachent trois familles, ayant comme elles l'androcée
composé d'un seul verticille d'étamines : ce sont les *Araliées*,
les *Pittosporées* et les *Cornées*.

Araliées. — Les Araliées, 88 genres avec environ 340
espèces, la plupart tropicales, sont des arbres ou des arbustes,
grimpant quelquefois à l'aide de racines adventives (Lierre, etc.),
à feuilles isolées, stipulées, tantôt simples à découpures palmées
ou pennées, tantôt composées palmées ou pennées. Tige, racine
et feuilles sont parcourues par des canaux sécréteurs oléifères, disposés de la même manière que chez les Ombellifères.

Les fleurs sont régulières, hermaphrodites, ordinairement
pentamères (fig. 282) ; les étamines s'y multiplient quelquefois
par ramification (Tupidanthe,
Plérandre, etc.). Le pistil a
ses carpelles fermés et concrescents en un ovaire infère
pluriloculaire, contenant dans
chaque loge un ovule anatrope
pendant à raphé interne ; il y
a quelquefois cinq carpelles
(Lierre, fig. 282, *A*, Aralie,
Pentapanace, etc.), parfois

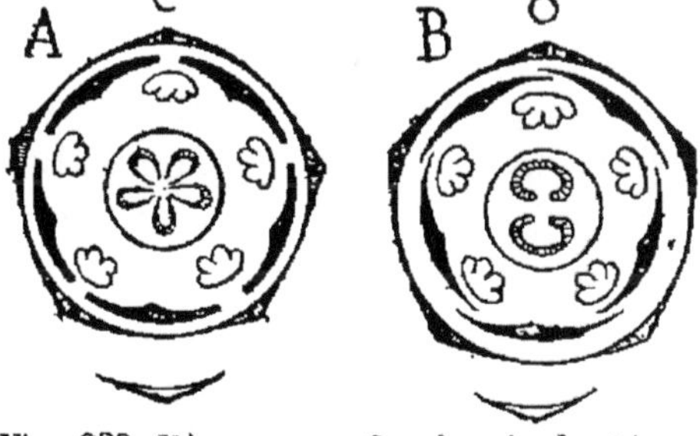

Fig. 282. Diagramme floral : *A*, du Lierre
grimpant ; *B*, du Panace quinquéfolié.

deux (Panace, fig. 282, *B*, etc.) ou un seul (Cuphocarpe,
Arthrophylle, etc.), parfois davantage : 5-20 (Plérandre) et
jusqu'à 100 (Tupidanthe).

Le fruit est ordinairement une drupe à autant de noyaux
qu'il y a de carpelles, rarement un diakène comme dans les
Ombellifères (Delarbrée, etc.). La graine a un petit embryon
droit avec un albumen charnu ou corné.

Les Araliées se rattachent directement aux Ombellifères, dont elles diffèrent surtout par leur fruit drupacé. Elles sont aromatiques comme les Ombellifères et jouissent de propriétés analogues : les feuilles de certains Panaces, par exemple, servent de condiment comme celles du Persil; on mange les jeunes pousses de l'Aralie comestible; la moelle de la Fatsie papyrifère sert à fabriquer le papier de Chine.

PITTOSPORÉES. — Les Pittosporées, 9 genres avec 90 espèces, sont des arbustes dressés (Pittospore, etc.) et parfois épineux (Bursaire, etc.), ou flexueux et volubiles à droite (Sollie, etc.), à feuilles isolées, simples et stipules, à limbe entier. Tige, feuilles et racines produisent des canaux sécréteurs oléorésineux, disposés exactement comme dans les Ombellifères et les Araliées.

Les fleurs sont régulières, hermaphrodites, pentamères, avec un pistil dimère, indépendant des verticilles externes et par conséquent supère (fig. 283). Les deux carpelles sont concrescents, tantôt fermés dans toute leur longueur (Sollie, Marianthe, etc.), tantôt fermés en bas, ouverts en haut (Pittospore, fig. 283, Bursaire, etc.), tantôt ouverts dans toute leur étendue (Citriobate, etc.), portant dans tous les cas sur leurs bords deux rangs d'ovules anatropes.

Fig. 283. Diagramme de la fleur du Pittospore tobire.

Le fruit est une capsule loculicide (Pittospore, Bursaire, Marianthe, etc.) ou une baie (Sollie, Citriobate, etc.). La graine a un album encorné, avec un petit embryon droit.

Ces plantes, fortement aromatiques, ressemblent aux Ombellifères et aux Araliées par la nature et la disposition de leurs canaux sécréteurs; elles en diffèrent par l'ovaire supère, les nombreux ovules, la placentation en partie pariétale et la nature du fruit.

CORNÉES. — Les Cornées, 12 genres avec environ 80 espèces, sont des arbustes ou des arbres à feuilles opposées, simples et sans stipules, à limbe entier ou denté, entièrement dépourvus de canaux sécréteurs.

Les fleurs sont petites, régulières, hermaphrodites (Cornouillier, etc.) ou unisexées (Aucube, etc.), tétramères avec un pistil dimère (fig. 284); l'ovaire est infère, biloculaire et contient dans chaque loge un ovule anatrope pendant à raphé externe. Le carpelle postérieur avorte quelquefois (Aucube), ou bien il y a quatre carpelles (Curtisie), ou bien les deux carpelles sont ouverts et uniovulés (Garrie). Pour les Cornouilliers, la formule florale est $F = (4S + 4P + 4E + 2C)$.

Le fruit est une baie (Aucube, Garrie) ou une drupe à un seul noyau biloculaire (Cornouillier, Benthamie), ou à deux noyaux (Helwingie). Ces plantes produisent des fruits comestibles (Cornouillier, Benthamie, etc.); les Cornouilliers donnent en outre un bois très dur et une écorce fébrifuge.

Les Cornées diffèrent des trois familles précédentes surtout par l'absence des canaux sécréteurs et par la disposition inverse du raphé des ovules.

Fig. 284. Diagramme de la fleur du Cornouillier sanguin.

Résumé du groupe isostémone. — En résumé et à part les exceptions, les quatre familles de l'ordre des Dialypétales inférovariées qui se rattachent au type isostémone peuvent être distinguées comme il suit :

DIALYPÉTALES INFÉROVARIÉES ISOSTÉMONES

Canaux sécréteurs. Carpelles { uniovulés. { Diakène........	*Ombellifères.*	
{ Drupe	*Araliées.*	
{ multiovulés...............	*Pittosporées.*	
Pas de canaux sécréteurs...............................	*Cornées.*	

ORDRE V

Gamopétales supérovariées.

L'ordre des Gamopétales supérovariées comprend trente familles; on en choisira trois pour y rattacher toutes les autres. Ces trois familles types sont les *Éricacées*, les *Solanacées* et les *Scrofulariacées*, que l'on peut caractériser d'un mot comme il suit :

Étamines { en un verticille. Fleur { régulière............	*Solanacées.*	
{ zygomorphe	*Scrofulariacées.*	
{ en deux verticilles...............	*Éricacées.*	

La première réalise le type diplostémone et correspond, parmi les Dialypétales supérovariées, aux Géraniacées; les deux autres affectent le type isostémone et correspondent ensemble aux Célastracées. Cet ordre ne comprend aucune famille correspondant au type polystémone, c'est-à-dire aux Renonculacées, ni au type méristémone, c'est-à-dire aux Malvacées.

Éricacées. — Les Éricacées sont des arbustes ou des arbres, rarement des herbes (Pyrole), parfois dépourvues de chlorophylle et humicoles (Monotrope, etc.), à feuilles isolées, rarement opposées (quelques Bruyères, etc.), simples et sans stipules, fréquemment persistantes, parfois réduites à des écailles

Fig. 285. Diagramme de la fleur
de la Bruyère cendrée.

Fig. 286. Diagramme de la fleur
du Rosage hirsute.

incolores (Monotrope, etc.). Les fleurs sont régulières, rarement zygomorphes (Rosage, etc.), hermaphrodites, le plus souvent pentamères (fig. 286), assez fréquemment aussi tétramères (Bruyère, fig. 285, Callune, Hypopite, fig. 287, Airelle, etc.), avec deux verticilles d'étamines; la formule peut s'écrire F = 5S + (5P) + 5E + 5E' + (5C).

Le calice a ses sépales libres (Bruyère, Callune, etc.) ou plus ou moins concrescents (Rosage, etc.), parfois pétaloïdes (Callune, etc.) ou avortés (Monotrope). La corolle, caduque (Rhodore, etc.) ou persistante (Bruyère, etc.), a ses pétales ordinairement concrescents sur une longueur plus ou moins grande, quelquefois entièrement libres (Lédon, Hypopite, fig. 287, Pyrole, Airelle, etc.). Les étamines, dont les épipétales avortent quelquefois (Azalée, etc.), ont leurs filets indépendants du tube de la corolle; leurs anthères introrses, rarement extrorses (Pyrole), parfois munies d'appendices en forme de cornes (Arbousier, fig. 288, Airelle, I, p. 340, fig. 144, etc.), s'ouvrent par des pores terminaux (fig. 288), quelquefois par des pores situés à la base (Pyrole) ou sur le dos (Notopore), rarement par des fentes longitudinales (Hypopite), pour mettre en liberté un pollen composé de tétrades, rarement simple (Clèthre, etc.). Le pistil est formé de carpelles fermés et concrescents en un ovaire plurilo-

Fig. 287. Diagramme de la fleur
de l'Hypopite multiflore.

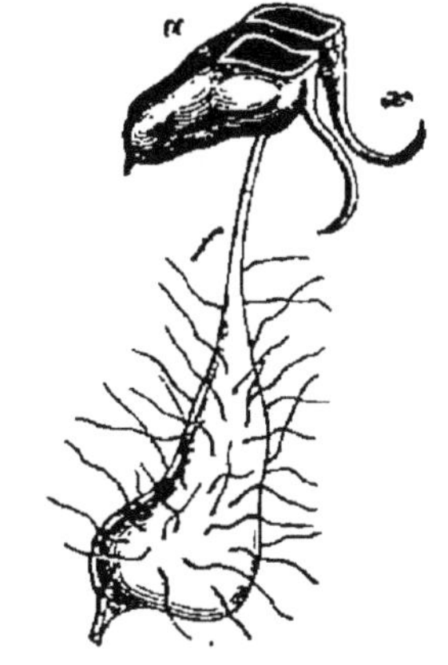

Fig. 288. Étamine d'Arbousier, avec
les cornes *x* de l'anthère *a*.

culaire, surmonté d'un style unique et contenant, à l'angle interne de chaque loge, un grand nombre d'ovules anatropes, rarement deux (Callune, etc.) ou un seul (Arctostaphyle, etc.); le pistil est quelquefois concrescent avec les verticilles externes, ce qui rend l'ovaire infère (Airelle, Canneberge, etc.).

Le fruit est une capsule loculicide (Bruyère, Pyrole, etc.) ou septicide (Rosage, Azalée, etc.), rarement une baie (Arbousier, Airelle, etc.) ou une drupe (Arctostaphyle, etc.); la capsule est quelquefois entourée par le calice persistant et devenu charnu, ce qui donne au fruit l'aspect d'une baie (Gaulthérie, etc.). La graine contient un albumen charnu avec un petit embryon droit, parfois homogène et réduit à un petit amas de neuf cellules (Hypopite).

La famille des Éricacées comprend 87 genres avec environ 1330 espèces, dont 400 pour le seul genre Bruyère ou Érica, croissant en grande majorité dans les climats tempérés et chauds. Plusieurs donnent des fruits comestibles (Arbousier, Airelle, Gaulthérie, etc.), ou sont riches en tannin et servent à tanner les peaux (Arbousier, etc.). On en cultive un grand nombre pour la beauté de leurs fleurs (Bruyère, Rosage, Azalée, etc.).

Les genres sont groupés en cinq tribus :

1. *Éricées.* — Plantes ligneuses. Ovaire supère. Capsule loculicide : Arbousier, Arctostaphyle, Gaulthérie, Andromède, Bruyère, Callune, Piéride, Clèthre, etc.

2. *Rhododendrées.* — Plantes ligneuses. Ovaire supère. Capsule septicide : Kalmie, Lédon, Rhodore, Rosage, Azalée, Menziesie, etc.

3. *Vacciniées.* — Plantes ligneuses. Ovaire infère : Airelle, Canneberge, etc.

4. *Pyrolées.* — Herbes vivaces : Pyrole, etc.

5. *Monotropées.* — Plantes sans chlorophylle : Monotrope, Hypopite. etc.

Familles rattachées aux Éricacées. — Aux Éricacées se rattachent plus ou moins directement dix familles ayant, comme elles, l'androcée composé typiquement de deux verticilles alternes : ce sont les *Épacridacées, Diapensiées, Lennoées, Cyrillées, Primulacées, Plombaginées, Myrsinées, Sapotées, Ebénacées* et *Styracées.*

ÉPACRIDACÉES. — Les Épacridacées, 26 genres avec environ 320 espèces habitant la plupart l'Australie extratropicale, sont des arbustes à feuilles persistantes, isolées, simples et sans stipules, à fleurs régulières, hermaphrodites, pentamères (fig. 289).

L'androcée, dont les étamines épipétales peuvent avorter, a ses étamines tantôt indépendantes de la corolle comme dans les Éricacées (Dracophylle, etc.), tantôt concrescentes avec elle (Épacride, Lysinème, etc.); les anthères introrses n'ont que deux sacs polliniques (fig. 289) et s'ouvrent par une seule fente longitudinale. Le pistil a ses carpelles fermés et concrescents en un ovaire à cinq loges, contenant chacune soit un seul ovule anatrope pendant (Styphélie, Leucopoge, etc.), soit un grand nombre de pareils ovules (Épacride, fig. 289, Lysinème, etc.).

Fig. 289. Diagramme de la fleur de l'Épacride longiflore.

Le fruit est une capsule loculicide (Épacride, etc.) ou une drupe (Styphélie, etc.). La graine a un petit embryon droit et un albumen charnu.

Les genres se groupent en deux tribus :

1. *Epacridées.* — Loges pluriovulées. Capsule loculicide : Épacride, Lysinème, Andersonie, Dracophylle, Richée, etc.

2. *Styphéliées.* — Loges uniovulées. Drupe : Styphélie, Leucopoge, Trochocarpe, etc.

La principale différence entre les Épacridacées et les Éricacées consiste, comme on voit, dans les anthères à deux sacs s'ouvrant par une fente longitudinale.

Diapensiées. — Les Diapensiées, 6 genres avec 8 espèces, sont des arbustes à nombreuses petites feuilles (Diapensie, etc.) ou des herbes avec un petit nombre de grandes feuilles (Galace, etc.), à fleurs régulières, hermaphrodites, pentamères.

Les étamines, dont les épipétales sont réduites à des staminodes (Galace, etc.) ou avortées (Diapensie, etc.), ont leurs filets concrescents avec la corolle et leurs anthères, à deux (Galace) ou quatre sacs (Berneuxie), s'ouvrent par une fente transversale (I, p. 340, fig. 145) (Pyxidanthère, Galace) ou par deux fentes longitudinales (Berneuxie). Le pistil a trois carpelles clos et concrescents, multiovulés.

Le fruit est une capsule loculicide et la graine a un petit embryon droit dans l'axe d'un albumen charnu.

Lennoées. — Les Lennoées, 3 genres avec 4 ou 5 espèces du Mexique et de la Californie, sont des herbes parasites, sans chlorophylle, à port de Monotrope.

Les fleurs sont régulières, hermaphrodites, avec un seul verticille d'étamines soudées à la corolle et un pistil à carpelles biovulés, se divisant entre les deux ovules par une fausse cloison.

Le fruit est une drupe à autant de noyaux que de logettes. La graine a un petit embryon homogène et un albumen amylacé.

Ces plantes (Lennée, Pholisme, Ammobrome) se rattachent directement aux Monotropées, dont elles diffèrent surtout par l'union des étamines avec la corolle et les carpelles biovulés.

Cyrillées. — Les Cyrillées, 3 genres avec 8 espèces de l'Amérique subtropicale, sont des arbustes à feuilles isolées, persistantes, simples et sans stipules, à fleurs régulières, hermaphrodites, pentamères.

Les pétales sont libres (Cyrille, etc.) ou à peine concrescents (Costée). L'androcée, formé de deux (Costée, Cliftonie) ou d'un seul verticille (Cyrille), est indépendant de la corolle. Le pistil se compose de cinq (Costée), trois (Cliftonie) ou deux (Cyrille) carpelles clos, concrescents et uniovulés.

Le fruit est une capsule loculicide (Cyrille), une trisamare (Cliftonie) ou un akène (Costée); la graine a un albumen charnu et un petit embryon droit.

Ces plantes sont, comme on voit, à peine gamopétales; c'est aux Olacacées et aux Ilicacées, parmi les Dialypétales supéro-variées, qu'elles semblent se rattacher le mieux.

PRIMULACÉES. — Les Primulacées, 21 genres avec environ 250 espèces croissant la plupart dans les régions tempérées boréales, notamment dans les régions alpines, sont des herbes, ordinairement vivaces à l'aide d'un rhizome, qui peut se renfler en tubercule (Cyclame), parfois aquatiques (Hotto-nie), à feuilles isolées, parfois opposées (Mouron, Lysimaque, etc.), simples et sans stipules, à limbe entier, rarement pennifide (Hottonie).

Les fleurs sont régulières, rarement zygomorphes (Coride), hermaphrodites, ordinairement pentamères (fig. 290). Les pétales sont quelquefois libres (Asté-rolin, etc.) ou avortés avec un calice pétaloïde (Glauce). L'androcée a cinq étamines épipétales concrescentes avec la corolle, ou avec le calice quand la corolle avorte (Glauce); les épisé-pales sont réduites à de petites dents (Samole, Soldanelle, etc.) ou com-plètement avortées. Le pistil est com-posé de cinq carpelles épisépales, ouverts et concrescents, à bords sté-riles, mais portant à leur base autant d'appendices ligulaires, concrescents en une colonne renflée au sommet,

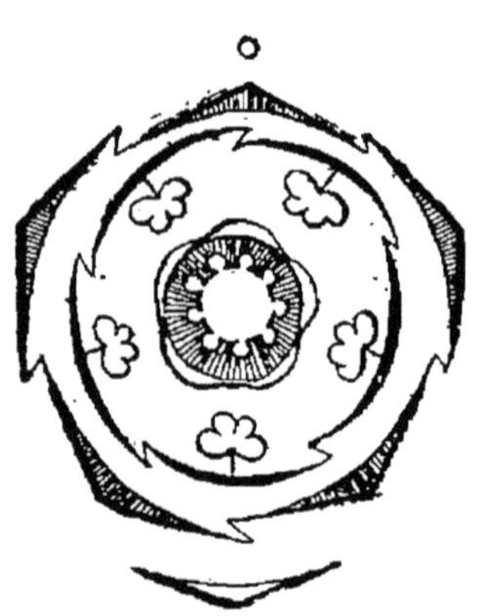

Fig. 290. Diagramme de la fleur de la Primevère officinale.

où elle porte un grand nombre d'ovules semi-anatropes, rare-ment anatropes (Hottonie) (I. p. 368 et 369, fig. 175, C). L'ovaire uniloculaire ainsi conformé (fig. 290) est surmonté d'un style simple avec un stigmate entier; dans les Samoles, il est con-crescent avec les verticilles externes et demi-infère. La formule florale des Primevères est : $F = (5S) + (5P + 5E_p) + (5C^o)$.

Le fruit est une capsule à déhiscence suturale (Primevère, Auricule, Androsace, Lysimaque, etc.), ou une pyxide (Mouron,

Centenille, etc.). La graine a un albumen charnu et un embryon droit, parallèle au hile, qui est latéral.

Par la conformation du pistil et la position épipétale des étamines, les Primulacées se distinguent de toutes les familles précédentes et se relient intimement aux deux suivantes.

Plombaginées. — Les Plombaginées, 8 genres avec environ 200 espèces, croissant la plupart sur les côtes maritimes et les terrains salés de la région méditerranéenne, sont des herbes vivaces, à feuilles isolées, disposées en rosette, simples et sans stipules, plus ou moins engainantes.

Les fleurs sont régulières, hermaphrodites, pentamères, avec cinq étamines épipétales, tantôt concrescentes avec la corolle (Statice, fig. 291, etc.), tantôt libres ou seulement unies entre elles (Dentelaire ou Plombago, etc.). Le pistil a la même conformation que celui des Primulacées, mais la colonne placentaire ne porte au sommet qu'un seul ovule anatrope et l'ovaire est surmonté de cinq styles.

Le fruit est un akène (Statice, Armérie, etc.) ou une capsule s'ouvrant irrégulièrement à la base (Dentelaire, etc.). La graine a un embryon droit avec un albumen amylacé (Statice, Armérie, etc.), parfois sans albumen (Egialite, etc.)

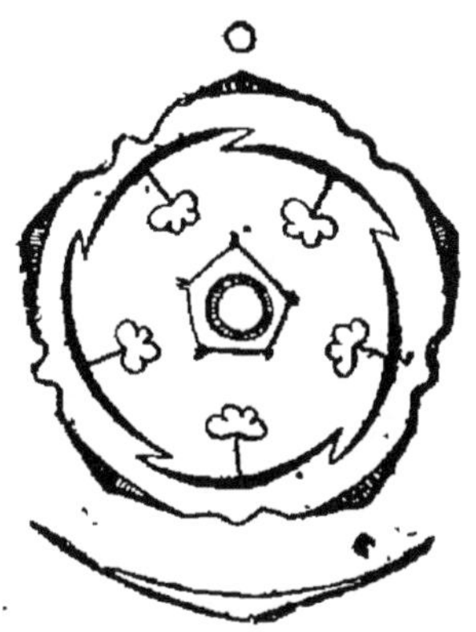

Fig. 291. Diagramme de la fleur du Statice latifolié.

Ces plantes se distinguent des Primulacées surtout par la pluralité des styles et des stigmates, l'unité de l'ovule et l'albumen amylacé.

Myrsinées. — Les Myrsinées, 23 genres avec environ 500 espèces presque toutes tropicales, sont des arbustes ou des arbres, à feuilles ordinairement isolées, simples et sans stipules, à limbe entier, souvent parsemé de poches sécrétrices oléifères.

Les fleurs sont régulières, hermaphrodites, pentamères (Jacquinie, Théophraste, etc.), ou tétramères (Cybianthe, etc.). L'androcée a cinq étamines épipétales concrescentes avec la corolle, à anthères introrses (Ardisie, Myrsine, etc.) ou extrorses (Théophraste, Jacquinie, etc.); les épisépales sont remplacées par des pièces pétaloïdes (Théophraste, Jacquinie, Clavije, etc.), ou complètement avortées (Myrsine, Ardisie, etc.). Le pistil est conformé comme celui des Primulacées, quelquefois réduit à trois carpelles (Myrsine) ou concrescent avec les verticilles externes (Mèse).

Le fruit est une baie, comestible dans les Ardisies; la graine a un embryon souvent courbe, avec un albumen charnu ou corné, rarement sans albumen (Egicère).

Ces plantes se rapprochent des Primulacées encore plus que les Plombaginées, car elles ont les ovules multiples et semi-anatropes avec l'albumen charnu; elles s'en distinguent surtout par leur tige ligneuse et leur fruit charnu.

Sapotées. — Les Sapotées, 24 genres avec environ 350 espèces, toutes tropicales, sont des arbres ou des arbustes, souvent munis de cellules laticifères disposées en files, à feuilles iso-lées, simples, ordinairement sans stipules, à limbe penninerve entier.

Les fleurs sont régulières, hermaphrodites, pentamères (fig. 292), parfois tétramères (Isonandre, Lucume, etc.), hexa-mères (Sapotilier, Palaque) ou octomères (Imbricarie, etc.); les pétales sont quelque-fois en nombre triple des sépales, parce que chacun d'eux développe deux stipules pétaloïdes (Mimusope, Diphole, etc.). L'an-drocée a deux verticilles d'étamines à an-thères extrorses, rarement introrses (Lu-cume, etc.); les épisépales peuvent se ré-duire à des staminodes petits (Lucume, etc.), ou pétaloïdes (Sapotilier, etc.), et même avorter complètement (Chrysophylle, fig. 292, etc.). Le pistil se compose de carpelles en même nombre que les sépales, clos et

Fig. 292. Diagramme de la fleur d'un Chryso-phylle.

concrescents en un ovaire pluriloculaire surmonté d'un style unique et contenant dans chaque loge un seul ovule semi-anatrope ou campylotrope. Pour les Chrysophylles, la formule florale est $F = 5S + (5P + 5E_p) + (5C)$.

Le fruit est une baie, qui atteint parfois la grosseur d'une pomme (Sapotilier). La graine a un embryon droit à cotylédons minces avec un albumen charnu (Isonandre, Chrysophylle, etc.), ou à cotylédons épais sans albumen (Bassie, Dichopse, etc.).

Plusieurs de ces plantes donnent des fruits comestibles (Sapo-tilier, Lucume, Chrysophylle, etc.); les cotylédons épais du Butyrosperme fournissent par expression un beurre estimé. Le latex concrété de certains de ces arbres, surtout du Palaque gutte et du Palaque oblongifolié, donne la *gutta-percha*; celui du Mimusope balate donne la *balata*, substance rouge analogue à la précédente. D'autres produisent des bois très recherchés pour les constructions (Sidéroxyle, Arganie, etc.).

Les Sapotées se rapprochent des Myrsinées par la position épipétale des étamines, quand elles se réduisent à cinq; elles en diffèrent notamment par les carpelles clos et uniovulés.

ÉBÉNACÉES. — Les Ebénacées, 6 genres avec environ 250 espèces, la plupart tropicales, dont plus de 150 pour le seul genre Plaqueminier, sont des arbres ou des arbustes dépourvus de latex, à bois dur, lourd et souvent noir, à feuilles isolées, simples et sans stipules, à limbe coriace, entier.

Les fleurs sont régulières, unisexuées, dioïques, pentamères (Royène, Brachynème, etc.), tétramères (Tétracycle) ou trimères (Mabe). L'androcée comprend tantôt deux verticilles d'étamines, remplacées quelquefois par autant de faisceaux d'étamines partielles (Plaqueminier lotier, etc.), tantôt un seul verticille épipétale, l'autre avortant (Brachynème). Le pistil a autant de carpelles que de sépales, clos et concrescents en un ovaire pluriloculaire, dont chaque loge renferme un ovule anatrope pendant à raphé externe et se trouve subdivisée par une fausse cloison en deux logettes uniovulées.

Le fruit est une baie; la graine a un embryon droit ou courbe avec un abondant albumen corné.

Les Plaqueminiers sont recherchés pour leurs fruits comestibles (Pl. lotier, Pl. kaki, etc.), et pour leur bois très dur, en particulier le bois d'ébène (Plaqueminier ébénier, Pl. mélanoxyle, etc.).

Les Ébénacées sont un petit groupe assez isolé, qui diffère des Sapotées par la diœcie, les carpelles biovulés et l'absence de latex.

STYRACÉES. — Les Styracées, 7 genres avec environ 220 espèces des régions chaudes, sont des arbres ou des arbustes à feuilles isolées, simples et sans stipules, à limbe penninerve entier ou denté.

Les fleurs sont régulières, hermaphrodites, pentamères, avec deux verticilles d'étamines, dont un avorte quelquefois (Pamphilie), ou qui se ramifient (Symploce), et dont les anthères peuvent s'ouvrir par une fente transversale (Diclidanthère). Le pistil a cinq (Lissocarpe, etc.), ou trois (Aliboufier ou Styrax, etc.), carpelles clos et concrescents en un ovaire pluriloculaire, surmonté d'un style simple et contenant dans chaque loge un (Lissocarpe, etc.), deux (Symploce, etc.) ou beaucoup d'ovules anatropes (Aliboufier, etc.); les cloisons sont parfois incomplètes (Aliboufier, etc.), ou bien l'ovaire est en partie infère (Symploce).

Le fruit est une baie ou une drupe; la graine a un embryon droit et un albumen charnu.

Les Aliboufiers produisent des baumes riches en acide benzoïque, notamment le *benjoin* (Aliboufier benjoin) et le *storax* (Aliboufier officinal); d'autres sont employés en teinture (Symploce, etc.).

Les Styracées se rattachent à la fois aux Sapotées et aux Ébénacées, différant des premières par l'absence de latex et la pluralité des ovules, des secondes par l'hermaphrodisme et l'albumen charnu.

Résumé du groupe diplostémone. — Les onze familles de l'ordre des Gamopétales supérovariées qui réalisent le type diplostémone peuvent être distinguées entre elles, et des Éricacées qui ont servi de point de départ, par les caractères résumés dans le tableau suivant :

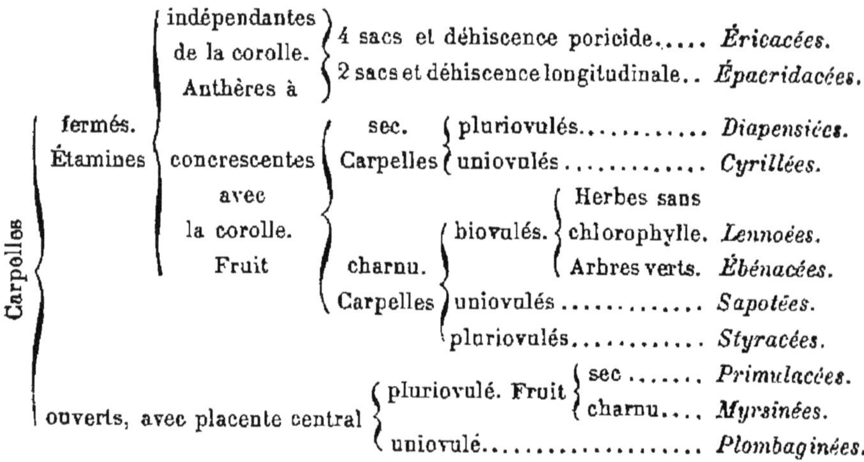

Solanacées. — Les Solanacées sont des herbes ou des arbustes à feuilles isolées, souvent rapprochées deux par deux dans la région supérieure, simples, à limbe entier ou diversement découpé. La moelle de la tige et la région supérieure du péridesme des méristèles de la feuille renferment à leur périphérie des faisceaux de tubes criblés.

Les fleurs sont hermaphrodites, régulières, rarement zygomorphes dans la corolle (Jusquiame) ou à la fois dans la corolle et l'androcée (Salpiglosse, fig. 293, B, etc.), solitaires à l'extré-

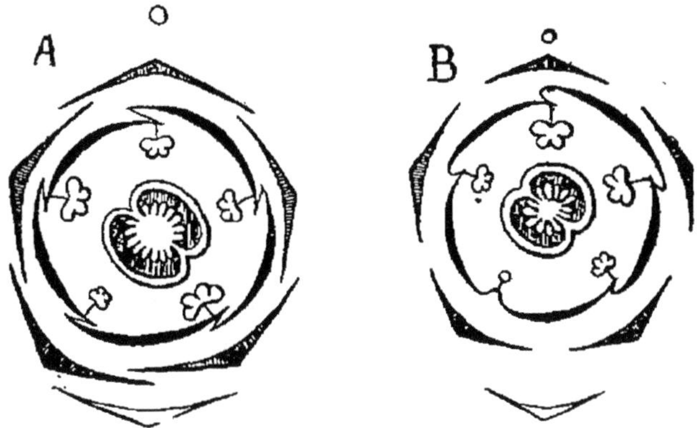

Fig. 293. Diagramme floral : A, de la Pétunie nyctaginiflore;
B, du Salpiglosse sinueux.

mité de la tige et des branches, pentamères avec pistil dimère; leur formule peut s'écrire $F = (5S) + (5P + 5E) + (2C)$.

Le calice est gamosépale, persistant; la corolle est gamopétale, parfois faiblement (Pétunie, Jusquiame) ou fortement zygomorphe (Schizanthe). L'androcée a cinq étamines épisépales, concrescentes avec la corolle, quelquefois inégales (Pétunie, fig. 293, A, Jusquiame, etc.), une d'elles pouvant rester stérile (Salpiglosse, fig. 293, B, etc.) ou même avorter (Browallie, etc.); dans les Morelles, les anthères s'ouvrent par des pores terminaux. Le pistil se compose de deux carpelles, obliquement situés (fig. 293), clos et concrescents en un ovaire biloculaire surmonté d'un style unique et renfermant dans chaque loge, sur un gros placente saillant, un grand nombre d'ovules anatropes ou faiblement campylotropes; les loges sont parfois subdivisées par une fausse cloison (Dature, etc.); il y a quelquefois cinq carpelles (Nicandre, etc.), ou un plus grand nombre, jusqu'à dix et davantage (Tomate comestible).

Le fruit est une baie (Morelle, etc.), parfois enveloppée par un sac renflé provenant du calice accrescent (Coqueret), une capsule septicide (Nicotiane, etc.), rarement une pyxide (Jusquiame, etc.). La graine a un albumen charnu, avec un embryon

enroulé à cotylédons étroits (Morelle, etc.) ou droit à cotylédons larges (Nicotiane, etc.).

La famille des Solanacées comprend 66 genres, avec plus de
1250 espèces répandues dans toutes les régions chaudes du
globe, surtout en Amérique; le genre Morelle ou Solanum en a-
plus de 700. Ces plantes produisent divers alcalis organiques
qui les rendent vénéneuses, notamment l'atropine de l'Atrope
belladone, la nicotine du Nicotiane tabac; on sait l'usage qui
est fait des feuilles de cette dernière espèce. Plusieurs donnent
pourtant des fruits comestibles, comme la Tomate comestible
et la Morelle aubergine, ou employés à titre de condiment,
comme le Capsic annuel, vulgairement Poivre rouge ou Piment
de Cayenne. On sait quel rôle jouent dans l'alimentation de
l'homme les renflements tuberculeux du rhizome de la Morelle
tubéreuse, vulgairement Pomme de terre.

Les genres se groupent en quatre tribus :

1. *Solanées.* — Étamines égales. Embryon enroulé. Baie : Tomate, Morelle, Coqueret, Capsic, Nicandre, Lyciet, Atrope, etc.
2. *Hyoscyamées.* — Étamines égales. Embryon enroulé. Capsule : Dature, Sco-
poline, Jusquiame, etc.
3. *Nicotianées.* — Étamines égales. Embryon droit : Cestreau, Fabienne, Nicotiane, etc.
4. *Salpiglossées.* — Étamines inégales ou en partie stériles. Embryon droit :
Pétunie, Nierenbergie, Salpiglosse, Schizanthe, etc.

Familles rattachées aux Solanacées. — Aux Solanacées
se rattachent plus ou moins directement neuf familles, ayant
comme elles l'androcée formé d'un seul verticille d'étamines et
la fleur essentiellement régulière. Ce sont les *Borragacées,
Hydrophyllées, Polémoniées, Convolvulacées, Gentianées, Loganiées,
Apocynacées, Asclépiadacées* et *Oléacées.*

Borragacées. — Les Borragacées, 68 genres avec environ
1200 espèces répandues par toute la terre, sont des herbes,
des arbustes ou des arbres (Cordie, etc.), ordinairement hérissés
de poils rudes, à feuilles isolées, simples et sans stipules, à
limbe entier, rarement lobé. Les fleurs sont hermaphrodites,
régulières, rarement zygomorphes (Lycopside, Vipérine), disposées en cymes bipares qui se réduisent, après la première
dichotomie, à des cymes unipares scorpioïdes fortement
enroulées; elles sont pentamères avec pistil dimère (fig. 294) et
leur formule est pareille à celle des Solanacées.

Le calice est gamosépale; la corolle est gamopétale et chaque pétale se prolonge souvent, au milieu de sa longueur et vers l'intérieur, en un éperon (Consoude, Bourrache, fig. 295, Buglosse, fig. 294, Lycopside, etc.); l'un des pétales latéraux est quelquefois plus petit (Vipérine) ou plus grand (Lycopside)

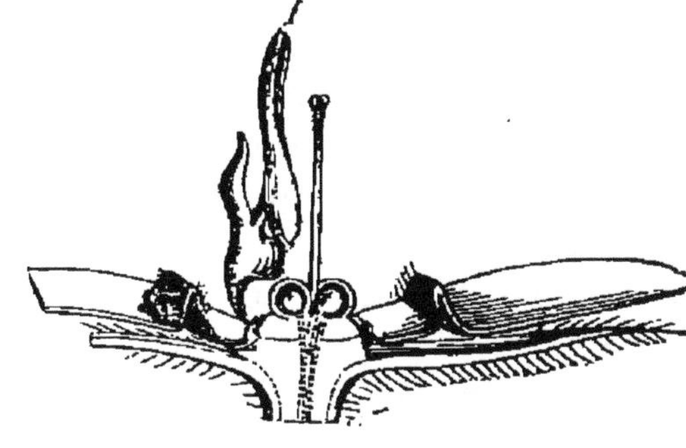

Fig. 294. Diagramme de la fleur de la Buglosse officinale.

Fig. 295. Fleur de la Bourrache officinale, coupée en long.

que les autres, ce qui rend la corolle zygomorphe. L'androcée a cinq étamines concrescentes à la corolle, rarement inégales, l'une d'elles étant plus petite (Vipérine) ou plus grande que les autres (Lycopside), à anthères introrses, parfois munies à la base d'un appendice dorsal (Bourrache, fig. 295). Le pistil se compose de deux carpelles médians, clos et concrescents en un ovaire biloculaire terminé par un style unique, contenant dans chaque loge deux ovules anatropes ou semi-anatropes ascendants à raphé dorsal. De bonne heure, il se fait entre les deux ovules une cloison (fig. 294) et les quatre logettes, s'accroissant plus fortement que les cloisons qui les séparent, proéminent de plus en plus en formant quatre petits tubercules entre lesquels est enfoncée la base du style, devenu ainsi gynobasique (fig. 295). Quelquefois la croissance de l'ovaire est uniforme et le style terminal; les ovules sont alors pendants à raphé ventral (Ehrétie, Héliotrope, etc.).

Fig. 296. Tétrakène de la Bourrache.

Le fruit est un tétrakène quand le style est gynobasique (fig. 296), une drupe à un noyau quadriloculaire (Cordie, etc.) ou à quatre noyaux (Tournefortie) quand il est terminal. La graine a un embryon à cotylédons épais sans albumen, rarement à cotylédons foliacés avec un albumen charnu (Hélio-, trope, Tournefortie, etc.).

Les genres sont groupés en deux tribus :

1. *Borragées*. — Style gynobasique : Cynoglosse, Échinosperme, Consoude, Bour-rache, Buglosse, Lycopside, Nonnée, Pulmonaire, Alkanne, Myo-sotide, Grémil, Vipérine, Cérinthe, etc.

2. *Ehrétiées*. — Style terminal : Ehrétie, Tournefortie, Héliotrope, Cordie, etc.

Les Borragacées se distinguent des Solanacées par leur inflo-rescence, leurs carpelles biovulés et cloisonnés, leur style fré-quemment gynobasique et leurs graines ordinairement dépour-vues d'albumen.

HYDROPHYLLÉES. — Les Hydrophyllées, 16 genres avec environ 150 espèces, la plupart de l'Amérique du Nord, sont des herbes souvent hérissées de poils rudes, à feuilles isolées, simples et sans stipules, à limbe entier ou diversement découpé.

Les fleurs sont régulières, hermaphrodites, disposées comme chez les Borragacées, pentamères avec pistil dimère (fig. 297). Le calice est gamosépale; la corolle gamopétale est munie assez souvent de cinq émer-gences pétaloïdes (Hydrophylle, fig. 297, Némophile, Phacélie, etc.); l'androcée est concrescent avec la corolle. Le pis-til a ses deux carpelles concrescents et multiovulés, mais tantôt ouverts avec placentation pariétale (Némophile, Hy-drophylle, fig. 297, etc.), tantôt fermés avec placentation axile (Hydrolée, Wi-gandie, etc.). Pour les Hydrophylles, la formule florale est donc F = (5S) + (5P + 5E) + (2Cᵒ).

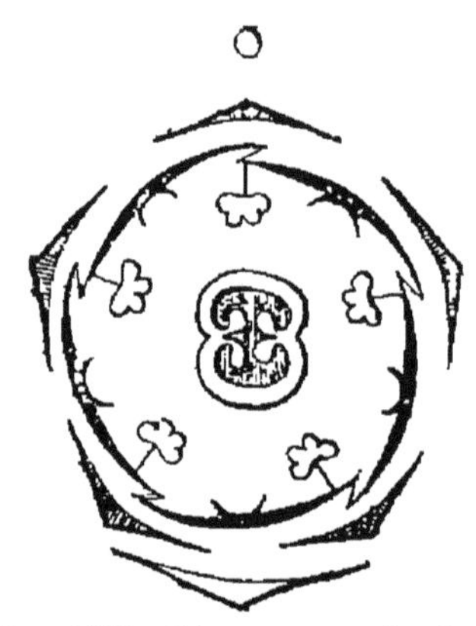

Fig. 297. Diagramme de la fleur de l'Hydrophylle de Virginie.

Le fruit est une capsule à déhiscence dorsale, rarement suturale (Wigandie) ou s'ouvrant de chaque côté de la cloison (Hydrolée). La graine a un petit embryon droit avec un albumen charnu.

Ces plantes se rattachent aux Borragacées par le port et l'inflorescence; elles en diffèrent surtout par leurs carpelles souvent ouverts et multiovulés, leur fruit capsulaire et la pré-sence d'un albumen.

POLÉMONIÉES. — Les Polémoniées, 8 genres avec environ

150 espèces, la plupart américaines, sont des herbes grimpant parfois à l'aide de vrilles foliaires (Cobée), à feuilles isolées, rarement opposées (Phloce, etc.), simples (Phloce, etc.) ou composées pennées (Cobée), sans stipules.

Les fleurs sont régulières, rarement zygomorphes (Bonplandie, etc.), solitaires (Cobée) ou groupées en capitules (Gilie, etc.) et en grappes composées (Phloce, Polémoine), pentamères avec pistil trimère (fig. 298). Le pistil a ses trois carpelles clos et concrescents en un ovaire triloculaire surmonté d'un style unique, contenant ordinairement dans chaque loge un grand nombre d'ovules anatropes ascendants à raphé interne (Gilie, Cobée, etc.), parfois deux (Phloce, etc.) ou un seul ovule (Bonplandie, etc.). La formule florale est : F = 5S + (5P + 5E) + (3C).

Le fruit est une capsule loculicide, rarement septicide (Cobée). La graine, parfois ailée (Cobée, etc.), à épiderme quelquefois muni de bandes spiralées

Fig. 298. Diagramme de la fleur de la Polémoine bleue.

et se gélifiant dans l'eau (Collomie, Polémoine, etc.), renferme un embryon droit avec un albumen charnu ou corné.

Ces plantes sont voisines des Hydrophyllées, dont elles se distinguent, ainsi que des Borragacées et des Solanacées, par le pistil trimère et la position du raphé des ovules.

CONVOLVULACÉES. — Les Convolvulacées, 32 genres avec environ 800 espèces répandues dans toutes les contrées du globe, dont plus de 300 pour le seul genre Ipomée, sont des herbes ou des arbustes, souvent pourvus de cellules laticifères superposées en files simples sans destruction de cloisons, fréquemment volubiles vers la droite, quelquefois dépourvus de chlorophylle et parasites sur les tiges où elles se fixent à l'aide de suçoirs (Cuscute); les feuilles sont isolées, simples et sans stipules; les racines se renflent parfois en tubercules comestibles (Ipomée batate, etc.). La tige a des faisceaux de tubes criblés à la périphérie de sa moelle.

Les fleurs sont régulières, hermaphrodites, pentamères (fig. 299), rarement tétramères (Cuscute). Les sépales sont libres, rarement concrescents (Nolane, etc.); la corolle est

gamopétale et la concrescence y est parfois si profonde que les
cinq lobes s'y distinguent à peine (Liseron, Calystégie, etc.).
Les étamines sont concrescentes avec la corolle, à anthères
introrses. Le pistil a deux, rarement cinq (Nolane), carpelles
clos et concrescents en un ovaire bilo-
culaire surmonté d'un style unique, parfois de deux styles gynobasiques (Dichondre, etc.), renfermant dans chaque loge
deux ovules anatropes ascendants à raphé interne (fig. 299), rarement quatre
(Nolane, etc.). Pour les Liserons, la formule florale est $F = 5S + (5P + 5E) + (2C)$.

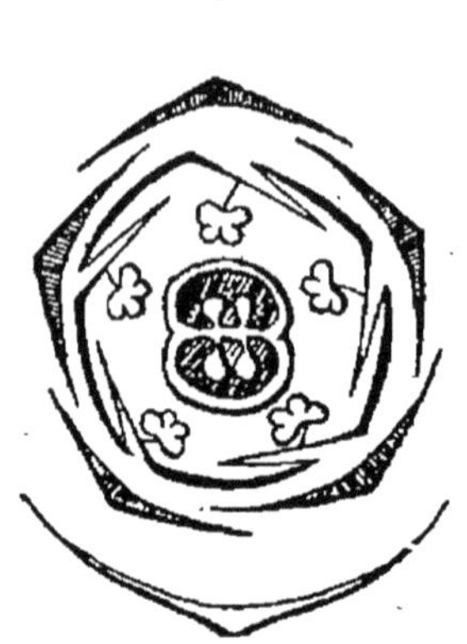

Fig. 299. Diagramme de la
fleur de la Calystégie des
haies.

Le fruit est une capsule le plus souvent septifrage et loculicide, s'ouvrant
par conséquent en quatre valves (Liseron, Ipomée, etc.); c'est quelquefois une
baie (Érycibe), un diakène (Dichondre)
ou un pentakène (Nolane, etc.). La graine
a un albumen charnu et un embryon courbe à larges cotylédons
plissés, parfois nul (Cuscute).

Les genres se groupent en quatre tribus :

1. *Convolvulées.* — Deux carpelles. Style terminal : Ipomée, Liseron, Calystégie, etc.

2. *Dichondrées.* — Deux carpelles. Style gynobasique : Dichondre, Falkie.

3. *Nolanées.* — Cinq carpelles : Nolane, Dolie, etc.

4. *Cuscutées.* — Parasites sans chlorophylle : Cuscute.

Les Convolvulacées se distinguent des Solanacées et des Hydrophyllées par les carpelles biovulés, des Borragacées par la
direction du raphé des ovules et des Polémoniées par la dimérie
du pistil.

GENTIANÉES. — Les Gentianées, 49 genres avec environ
520 espèces répandues partout, sont des herbes riches en principes amers et fébrifuges, à feuilles opposées, rarement isolées
(Ményanthe), simples, sans stipules, à limbe entier souvent palminerve. La tige a des tubes criblés périmédullaires.

Les fleurs sont hermaphrodites, régulières, pentamères
(Érythrée, Limnanthème, Gentiane, fig. 300, etc.), parfois
tétramères (Cicendie, quelques Gentianes, etc.), octomères et

jusqu'à dodécamères (Chlore, etc.). Le pistil se compose de deux carpelles médians, ouverts et concrescents en un ovaire uniloculaire à deux placentes pariétaux couverts d'ovules anatropes (fig. 300); les carpelles rejoignent quelquefois leurs bords (Léianthe, etc.), ou même se ferment complètement (Exace, Cotylanthère, etc.).

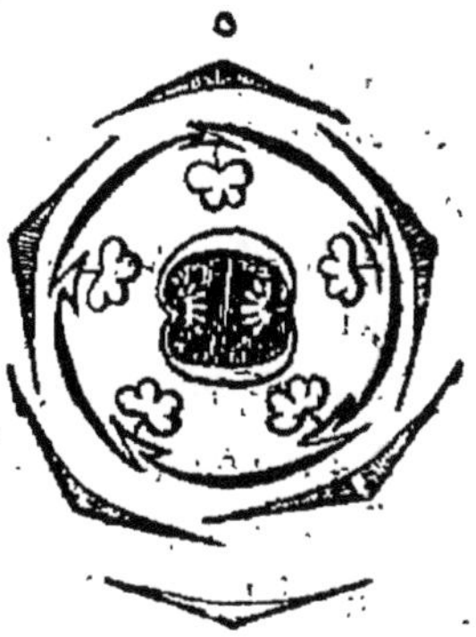

Le fruit est une capsule à déhiscence suturale et la graine a un petit embryon droit avec un albumen charnu.

Les Gentianées diffèrent des Convolvulacées par leurs feuilles opposées et leurs carpelles ouverts multiovulés. Elles se distinguent des Hydrophyllées à placentation pariétale par l'opposition des feuilles et la déhiscence suturale de la capsule.

Fig. 300. Diagramme de la fleur de la Gentiane vernale.

Loganiées. — Les Loganiées, 30 genres avec 350 espèces, la plupart tropicales, sont le plus souvent des arbustes ou des arbres, à feuilles opposées, simples, pourvues de stipules axillaires, à limbe entier. La tige a des tubes criblés périmédullaires et, en outre, renferme quelquefois des îlots de liber dans son bois secondaire (Strychne, etc.)

Les fleurs sont régulières, hermaphrodites (Strychne, Spigélie, etc.), rarement dioïques (Loganie), pentamères (fig. 301), parfois tétramères (Buddlée, etc.). Le calice est gamosépale, avec le sépale externe quelquefois plus grand et pétaloïde (Ustérie);

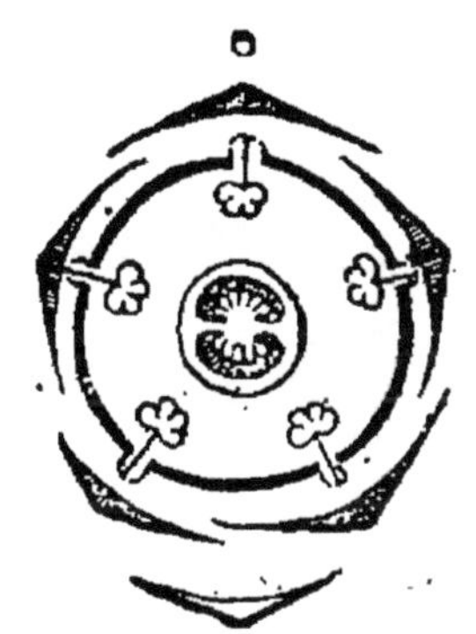

Fig. 301. Diagramme de la fleur du Strychne noix-vomique.

la corolle gamopétale a ses lobes parfois un peu inégaux (Loganie, Fagrée, Gelsémine); l'androcée peut se réduire à une seule étamine superposée au grand sépale pétaloïde, ce qui rend la fleur zygomorphe (Ustérie). Le pistil a deux carpelles clos et concrescents, contenant chacun un grand nombre d'ovules anatropes ascendants à raphé interne (fig. 301).

Le fruit est une capsule septicide, quelquefois une baie

(Strychne, Fagrée, etc.) ou une drupe (Gærtnère, etc.). La graine a un albumen charnu ou corné.

Plusieurs de ces plantes sont très vénéneuses (Strychne, Spigélie, etc.), propriété qu'elles doivent à deux alcalis organiques, la strychnine et la brucine, dont l'action sur le système nerveux sensitif est des plus énergiques, et qui abondent surtout dans la graine et l'écorce de la racine; elles servent à empoisonner les flèches.

Par leurs stipules, les Loganiées se distinguent de toutes les familles précédentes et notamment des Gentianées qui ont, comme elles, les feuilles opposées; elles diffèrent, en outre, de cette famille par la fermeture des carpelles.

Apocynacées. — Les Apocynacées, 103 genres avec environ 900 espèces, la plupart tropicales ou subtropicales, sont des arbres, des arbustes dressés, volubiles (Échite, Mandeville, etc.) ou grimpants à l'aide de vrilles raméales (Landolphie, etc.), rarement des herbes vivaces (Pervenche, etc.). Les feuilles sont opposées ou verticillées, simples et sans stipules, à limbe penninerve entier. Tige, racines et feuilles produisent un latex contenu dans des tubes indéfiniment rameux (I, p. 33). En outre, la tige est pourvue de tubes criblés périmédullaires.

Fig. 302. Diagramme de la fleur de la Pervenche grande.

Les fleurs sont régulières, hermaphrodites, pentamères (fig. 302). Les sépales, ordinairement concrescents, portent fréquemment sur leur face interne un ou plusieurs petits appendices écailleux dont l'ensemble constitue une sorte de calicule interne. La corolle porte à la gorge du tube des appendices ligulaires, superposés aux pétales (Nérion, Strophanthe, etc.) ou alternes avec eux (Prestonie); il y en a tantôt cinq entiers (Apocyn) ou frangés (Nérion), tantôt dix rapprochés par paires (Strophanthe) ou concrescents en une manchette continue (Roupellie) : l'ensemble forme une couronne. Les cinq étamines, concrescentes à la corolle, prolongent quelquefois leur connectif en filament (Nérion, etc.). Le pistil se compose de deux carpelles médians, fermés et libres, contenant chacun un grand nombre d'ovules campylotropes ou presque anatropes, parfois deux (Cerbère, etc.) ou un seul (Lépinie, etc.); les deux styles se soudent et portent, sous les lobes stigmatiques, un renflement discoïde contre lequel les anthères sont parfois collées par un liquide visqueux (Apocyn, Nérion, etc.); les carpelles sont rarement concrescents (Carisse, etc.) ou en nombre supérieur à deux (Pléiocarpe, etc.). La formule florale des Pervenches est $F = (5S) + (5P + 5E) + 2C$.

Le fruit est souvent un double follicule, parfois une capsule à déhiscence dorsale (Allamande, etc.), une baie (Hancornie, etc.) ou une drupe (Cerbère, etc.). La graine, ailée (Aspidosperme, etc.) ou aigrettée (Apocyn, Nérion, Echite, etc.), contient un embryon droit avec un albumen charnu ou corné, rarement sans albumen (Cerbère, Leuconote, etc.).

Ces plantes sont ornementales (Nérion oléandre, vulgairement Laurier-rose, Pervenche, etc.) et utilisées surtout pour leur latex, souvent sucré et alimentaire (Carisse comestible, Carpodin doux, Tabernémontane utile, etc.) et d'où l'on extrait aussi du caoutchouc (Landolphie, Hancornie, Coume, etc.); ce latex est parfois fébrifuge (Allamande, Plumérie) ou vénéneux (Cerbère, etc.).

Les genres se groupent en trois tribus :

1. *Carissées.* — Carpelles concrescents : Allamande, Leuconote, Willoughbée, Carisse, etc.

2. *Plumériées.* — Carpelles libres. Graines sans aigrette : Pervenche, Aspido-sperme, Tabernémontane, Plumérie, etc.

3. *Apocynées.* — Carpelles libres. Graines aigrettées : Prestonie, Nérion, Strophanthe, Apocyn, Échite, Mandeville, etc.

Les Apocynacées diffèrent des Loganiées par l'absence de stipules, l'appareil sécréteur laticifère, la fréquente indépendance des carpelles et la conformation du style; ces trois derniers caractères les distinguent aussi des Gentianées.

Asclépiadacées. — Les Asclépiadacées, 146 genres avec environ 1300 espèces répandues dans toutes les régions chaudes, sont des herbes vivaces ou des arbustes dressés (Asclépiade, etc.), souvent volubiles à droite (Hoyer, Céropégie, Périploce, etc.), épaississant quelquefois beaucoup leur tige en réduisant leurs feuilles et prenant un port de Cactée (Stapélie, etc.); les feuilles sont opposées, simples et sans stipules. Elles produisent un latex contenu dans des tubes indéfiniment rameux, comme chez les Apocynacées. En outre, la tige est pourvue de tubes criblés périmédullaires.

Les fleurs sont régulières, hermaphrodites, pentamères avec pistil dimère (fig. 303). La corolle porte souvent à la gorge du tube des appendices de forme variée, alternes avec les pétales et constituant une couronne (Périploce, etc.). Les étamines produisent fréquemment sous les anthères un appendice dorsal de forme très diverse, parfois pétaloïde (fig. 303) ; les anthères, souvent agglutinées entre elles et avec le stigmate, sont introrses et ont habituellement deux sacs polliniques avec grains de pollen unis, dans chaque sac, en une masse cireuse ou pollinie (I, p. 343, fig. 150) ; il y a rarement quatre sacs avec grains de pollen libres (Périploce, etc.). Le pistil est formé de deux carpelles médians, clos et libres, contenant chacun un grand nombre d'ovules anatropes, et dont les styles se soudent de bonne heure dans leur région supérieure stigmatifère, renflée en un corps pentagonal contre lequel s'appliquent les anthères.

Fig. 303. Diagramme de la fleur de l'Asclépiade de Syrie.

Le fruit se compose de deux follicules, et la graine, presque toujours munie d'une aigrette de poils soyeux, rarement lisse (Sarcolobe, etc.), renferme un embryon droit avec un albumen charnu.

Les genres sont groupés en deux tribus :

1. *Périplocées.* — Pollen simple : Cryptostégie, Streptocaule, Périploce, etc.

2. *Asclépiadées.* — Pollen composé : Sécamone, Asclépiade, Dompte-venin, Cynanche, Oxypétale, Gomphocarpe, Marsdénie, Hoyer, Céropégie, Stapélie, etc.

Les Asclépiadacées se rattachent intimement aux Apocynacées, dont elles ne diffèrent que par la structure des étamines ; la transition s'opère par les Périplocées, qui ont les anthères à quatre sacs et le pollen simple. Elles ont aussi les mêmes propriétés; chez les unes, le latex est sucré et alimentaire (Gymnème lactifère, Oxystelme comestible, etc.); chez d'autres, il est vomitif (Sécamone émétique, Dompte-venin officinal, etc.) ou purgatif (Cynanche de Montpellier, etc.); chez d'autres encore, il est vénéneux et sert à empoisonner les flèches (Périploce, Gonolobe, etc.). Les aigrettes des graines des Asclépiades servent à faire des tissus soyeux.

OLÉACÉES. — Les Oléacées, 18 genres avec 180 espèces répandues dans toutes les contrées chaudes et tempérées, sont des arbustes dressés, quelquefois volubiles ou grimpants (Jasmin), ou des arbres, à feuilles opposées, simples (Olivier, Lilas, etc.), ou composées pennées (Frêne), sans stipules, rarement pourvues de stipules filiformes (Salvadore, etc.).

Les fleurs sont régulières, hermaphrodites, tétramères, avec androcée et pistil dimères (fig. 304). Le calice est quelquefois pentamère (Jasmin); la corolle a parfois ses pétales libres (Frêne, etc.), ou bien elle avorte en même temps que le calice (certains Frênes, etc.). Les deux étamines sont latérales, rarement médianes (Jasmin); il y en a quelquefois quatre (Tessarandre, Salvadore, etc.); quand les pétales sont libres, les étamines en sont indépendantes. Le pistil se compose de deux carpelles alternes avec les étamines, clos et concrescents en un ovaire biloculaire surmonté d'un style unique, et contenant dans chaque loge deux ovules anatropes

Fig. 304. Diagramme de la fleur de l'Olivier d'Europe.

pendants, quelquefois ascendants (Jasmin, Salvadore, etc.), rarement 3 à 10 ovules (Forsythie, etc.)

Le fruit est une capsule loculicide (Lilas, Forsythie, etc.), ou septicide (Nyctanthe), une pyxide (Ménodore), une samare (Frêne, Fontanésie), une baie (Troène, Jasmin) ou une drupe (Olivier, Phyllirée, Salvadore, etc.). La graine a un embryon à cotylédons minces avec un albumen charnu (Lilas, etc.), ou épais sans albumen (Jasmin, etc.).

La drupe de l'Olivier d'Europe est comestible avant sa maturité, et l'on extrait de son péricarpe une huile qui tient le premier rang parmi les huiles alimentaires. Plusieurs Frênes laissent exsuder de leur écorce un suc, qui se concrète et forme une *manne* presque exclusivement composée d'un principe sucré, la mannite. Les Lilas, les Troènes, les Forsythies et les Jasmins sont cultivés comme plantes d'ornement.

Les genres peuvent se grouper en trois tribus :

1. *Jasminées.* — Calice pentamère. Deux étamines médianes : Jasmin, Ménodore, Nyctanthe.

2. *Oléées.* — Calice tétramère. Deux étamines latérales : Olivier, Lilas, Troène, Forsythie, Frêne, etc.

3. *Salvadorées.* — Calice tétramère. Quatre étamines : Salvadore, Dobère, etc.

Les Oléacées sont une famille bien isolée, qui ne se rattache que d'assez loin aux Apocynacées, dont elles diffèrent notamment par l'absence de laticifères et par la dualité des étamines et des ovules. La dualité des étamines les distingue d'ailleurs de toutes les autres Gamopétales à ovaire supère.

Résumé du groupe isostémone régulier. — En résumé et si l'on met à part les exceptions, les dix familles de l'ordre des Gamopétales supérovariées qui réalisent le type isostémone régulier peuvent être distinguées, entre elles et des Solanacées qui ont servi de point de départ, par les caractères suivants :

GAMOPÉTALES SUPÉROVARIÉES ISOSTÉMONES RÉGULIÈRES.

```
                                        ( multiovulés.......... Solanacées.
                                ( deux  {            ( Tétrakène.. Borragacées.
                      ( isolées.{       ( biovulés. {
                      (        Carpelles{            ( Capsule.... Convolvulacées.
              ( sans  {                 ' trois...................... Polémoniées.
              ( stipules,{
  ( fermés.   {          ( opposées. ( deux ...................... Oléacées.
  ( Feuilles  {          ( Étamines  (          ( simple........ Apocynacées.
C {           {                      ( cinq. Pollen{
a {           ( stipulées .......................( composé...... Asclépiadacées.
r {                                                ...... Loganiées.
p ( ouverts. ( isolées ...................................... Hydrophyllées.
  ( Feuilles ( opposées ..................... .............. Gentianées.
```

Scrofulariacées. — Les Scrofulariacées sont ordinairement des herbes ou des arbrisseaux à feuilles opposées, rarement isolées (Molène, etc.), simples et sans stipules, à limbe entier ou diversement découpé. Bon nombre d'entre elles, bien que pourvues de chlorophylle et de feuilles normales, sont parasites sur les racines d'autres plantes, notamment des Graminées (Rhinanthe, Mélampyre, etc.); d'autres sont également parasites sur les racines des arbres, mais en outre sont dépourvues de chlorophylle et ont les feuilles réduites à des écailles (Lathrée).

Les fleurs sont hermaphrodites, zygomorphes avec plan de symétrie médian, pentamères avec pistil dimère (fig. 305); et leur formule peut s'écrire : $F = (5S) + (5P + 4E) + (2C)$.

Le calice est gamosépale, régulier ou zygomorphe; dans ce dernier cas, le sépale postérieur peut se réduire à une petite dent (diverses Véroniques, fig. 305, *D*, etc.), ou avorter complè-

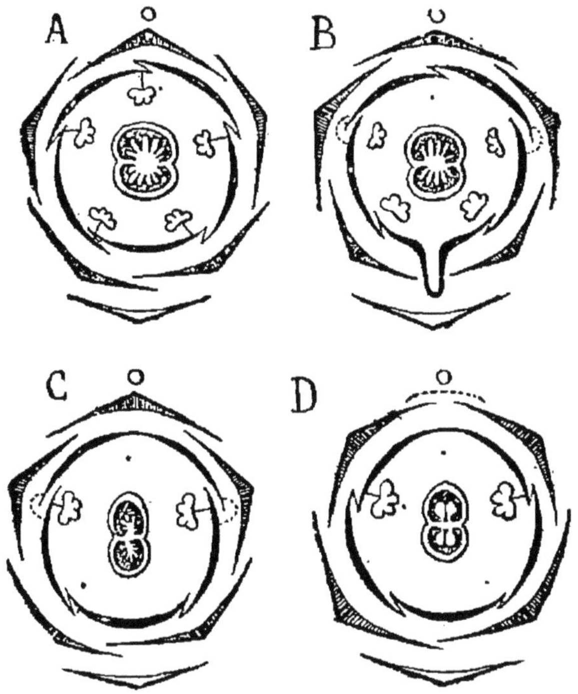

Fig. 305. Diagramme floral : *A*, de la Molène noire; *B*, de la Linaire vulgaire; *C*, de la Gratiole officinale; *D*, de la Véronique petit-chêne.

tement (Euphraise, Rhinanthe, Lathrée, etc.). La corolle est rarement régulière (Molène, fig. 305, *A*, etc.), presque toujours zygomorphe et souvent bilabiée; les deux pétales qui forment la lèvre supérieure sont parfois concrescents dans toute leur longueur, au point de simuler un pétale unique plus grand que les trois autres, ce qui fait paraître la fleur tétramère (Véronique, fig. 305, *D*, etc.); l'ouverture du tube est quelquefois fermée par un repli de la lèvre inférieure (Linaire, Mûflier, etc.), de la lèvre supérieure (Collinsie) ou des deux lèvres à la fois (Calcéolaire), et sa base peut se prolonger en sac (Mûflier) ou en éperon (Linaire, fig. 305, *B*). Les cinq étamines, alternes et concrescentes avec les pétales, sont rarement toutes fertiles, égales (Bacope, Molène noire, fig. 305, *A*) ou avec la postérieure plus petite et les deux antérieures plus grandes (Molène thapse, vulgairement Bouillon-blanc, etc.); le plus souvent l'étamine postérieure est stérile, rudimentaire ou tout à fait avortée (fig. 305, *B*); les quatre autres sont seules fertiles, les deux antérieures ordinairement plus grandes que les latérales (Digitale, Mûflier, Linaire, fig. 305, *B*, etc.) : en un mot l'androcée est *didyname* (fig. 307). Quelquefois l'avortement frappe en outre les deux étamines antérieures, qui demeurent stériles (Gratiole, fig. 305, *C*, etc.), ou disparaissent sans laisser de traces (Véronique, fig. 305, *D*, Calcéolaire, etc.). Le pistil a deux carpelles médians, fermés et concrescents en un ovaire biloculaire, terminé par un style unique et contenant dans chaque loge un grand nombre d'ovules anatropes, rarement deux (Mélampyre, etc.); la fermeture des carpelles est parfois incomplète et la placentation pariétale (Lathrée).

Le fruit est une capsule loculicide (Véronique, Mélampyre, etc.), septicide (Digitale, etc.), à la fois septicide et loculicide (Molène, Gratiole, etc.) ou poricide (Mûflier, Linaire, etc.). La graine a un embryon droit avec un albumen charnu.

La famille des Scrofulariacées comprend 157 genres avec environ 900 espèces, répandues par toute la terre, mais surtout dans les régions tempérées et montagneuses. Plusieurs renferment des principes vénéneux utilisés en médecine; citons seulement la Digitale pourpre, qui produit la digitaline.

Les genres sont groupés en trois tribus :

1. *Verbascées.* — Feuilles isolées. Étamine postérieure fertile : Molène, Leucophylle, etc.
2. *Scrofulariées.* — Feuilles opposées. Étamine postérieure avortée. Pétales postérieurs externes dans le bouton : Calcéolaire, Linaire, Mûflier, Maurandie, Scrofulaire, Pentstémon, Collinsie, Mimule, Gratiole, etc.
3. *Rhinanthées.* — Feuilles opposées. Étamine postérieure avortée. Pétales antérieurs externes dans le bouton : Digitale, Véronique, Euphraise, Pédiculaire, Rhinanthe, Mélampyre, Lathrée, etc.

Les Scrofulariacées se relient directement aux Solanacées, dont elles diffèrent surtout par la zygomorphie de la fleur, zygomorphie qui s'accuse dans l'androcée par l'avortement de l'étamine postérieure et la didynamie des quatre autres : ce sont, pour ainsi dire, des Solanacées à fleur zygomorphe et étamines didynames. Les Solanacées passent d'ailleurs aux

Scrofulariacées par les Salpiglossées, tandis que les Scrofulariacées tendent vers les Solanacées par les Verbascées, en sorte que la limite entre ces deux familles est, sous ce rapport, un peu indécise. On lui donne plus de précision si l'on remarque que toutes les Solanacées ont des tubes criblés périmédullaires, tandis que toutes les Scrofulariacées en sont dépourvues.

Familles rattachées aux Scrofulariacées. — Aux Scrofulariacées se rattachent huit familles ayant comme elles la fleur complètement zygomorphe : ce sont les *Labiées, Utriculariées, Gesnéracées, Bignoniacées, Acanthacées, Sélaginacées, Verbénacées* et *Plantaginées*. Comme les Scrofulariacées se rattachent aux Solanacées, de même chacune de ces familles annexes des Scrofulariacées se relie à quelqu'une des familles que nous avons rattachées aux Solanacées.

Labiées. — Les Labiées, 136 genres avec environ 2600 espèces, dispersées par toute la Terre, mais abondant surtout dans la région méditerranéenne, sont des herbes, rarement des arbustes

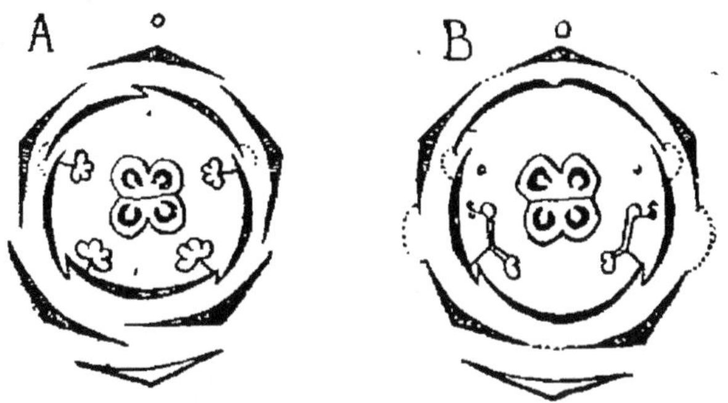

Fig. 306. Diagramme floral :
A, du Lamier blanc ; *B*, de la Sauge des prés.

(Thym, Romarin, etc.), à tige ordinairement quadrangulaire, à feuilles opposées, simples, abondamment pourvues de poils sécréteurs produisant de l'huile essentielle. Les fleurs sont hermaphrodites, zygomorphes, pentamères avec pistil dimère, disposées en petites cymes bipares (fig. 306); elles ont même formule florale que les Scrofulariacées.

Le calice est gamosépale, persistant, régulier (Menthe, Lavande, etc.) ou bilabié (Mélisse, Sauge, etc.), parfois renflé en écusson en arrière (Scutellaire) ou muni de dents alternes (Marrube, etc.). La corolle est bilabiée, caractère d'où la famille a tiré son nom (I, p. 334, fig. 136); les deux pétales postérieurs sont quelquefois si complètement concrescents qu'ils paraissent n'en former qu'un et que la corolle semble tétramère (Menthe, Lycope, etc.); ailleurs, ils sont au contraire séparés profondément l'un de l'autre et rejetés vers le bas avec les trois autres, de manière à former les deux dents supérieures d'une corolle unilabiée (Bugle, Germandrée, etc.). L'étamine postérieure est complètement avortée; les quatre autres, rarement égales (Menthe, etc.), sont plus souvent didynames (fig. 307), les plus grandes ordinairement en avant (Lamier, fig. 306, *A*, etc.), parfois en arrière (Népète); les deux étamines latérales peu-

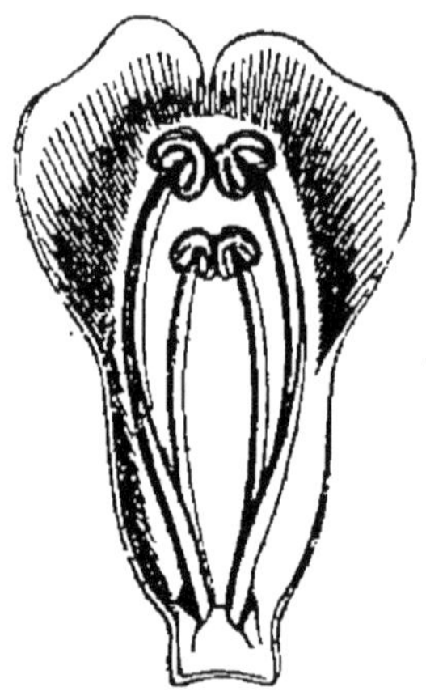

Fig. 307. Androcée
didyname de Labiée.

Fig. 308.
Tétrakène de Mélitte.

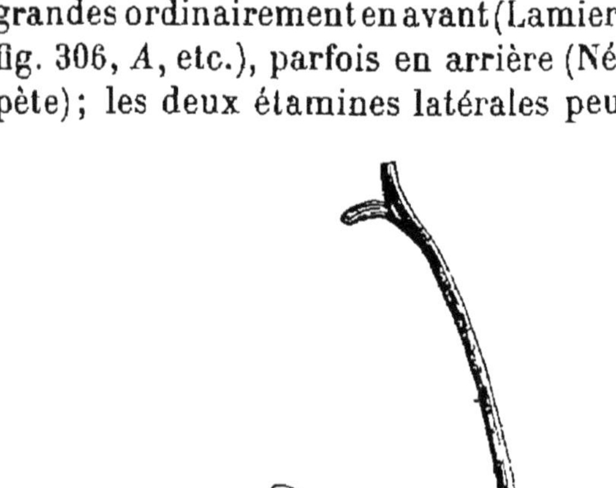

Fig. 309.
Pistil de Labiée, à style gynobasique.

vent avorter aussi (Lycope, Romarin, Sauge, fig. 306, *B*, etc.); il peut même arriver alors que la moitié d'avant de chaque anthère antérieure soit seule fertile, l'autre étant simplement avortée (Romarin) ou transformée en une écaille (*s*) séparée de la partie fertile par un connectif en forme de fléau de balance (Sauge, fig. 306, *B*). Le pistil a deux carpelles médians, fermés et concrescents en un ovaire biloculaire, contenant dans chaque loge deux ovules anatropes ascendants à raphé interne; de bonne heure, il se fait entre les deux ovules une fausse cloison qui partage l'ovaire en quatre logettes uniovulées (fig. 306), et ces logettes, s'accroissant beaucoup plus que les cloisons, forment bientôt quatre noyaux saillants du centre desquels part le style, devenu ainsi gynobasique (fig. 309). En un mot, le pistil est exactement celui d'une Borragée, à cette seule différence près que les ovules ont le raphé interne.

Le fruit est un tétrakène (fig. 308), enveloppé par le calice persistant. La graine contient un embryon droit sans albumen.

Cette grande famille est, comme on voit, très homogène ; ses principaux genres sont :

> Lavande, Ocyme, Colée, Pogostème, Menthe, Lycope, Origan, Thym, Sarriette, Calament, Mélisse, Hysope, Sauge, Romarin, Népète, Scutellaire, Brunelle, Marrube, Bétoine, Épiaire, Galéopse, Lamier, Ballote, Phlomide, Germandrée, Bugle, etc.

Ces plantes doivent à l'huile essentielle qu'elles sécrètent d'être employées comme condiments ou comme parfums (Menthe, Mélisse, Sauge, Romarin, Thym, Lavande, Sarriette, Calament, Ocyme basilic, Pogostème suave, vulgairement Patchouly, etc.).

Les Labiées se rattachent intimement aux Scrofulariacées, dont elles diffèrent surtout par le pistil, qui a ses carpelles biovulés, et par le fruit, qui est un tétrakène, exactement comme les Borragacées différaient des Solanacées dans le groupe étudié précédemment. D'autre part, elles se relient non moins intimement aux Borragacées, dont elles ne sont pour ainsi dire qu'une forme zygomorphe à graine sans albumen, c'est-à-dire exactement de la même manière que les Scrofulariacées se rattachaient aux Solanacées ; le passage s'établit ici par la Vipérine du côté des Borragacées, comme il se marquait là par la Molène du côté des Scrofulariacées. On peut exprimer cette double affinité en disant que les Labiées sont aux Scrofulariacées ce que les Borragacées sont aux Solanacées, ou que les Labiées sont aux Borragacées ce que les Scrofulariacées sont aux Solanacées.

UTRICULARIÉES. — Les Utriculariées, 4 genres avec 190 espèces dont 150 pour le seul genre Utriculaire, disséminées dans toutes les contrées tempérées et chaudes, sont des herbes vivaces, tantôt aquatiques submergées, dépourvues de racines, à feuilles isolées, découpées en segments filiformes dont quelques-uns se différencient en ascidies operculées (Utriculaire), tantôt maré-

 -DICOTYLÉDONES-

cageuses à feuilles entières disposées en rosette et pourvues de poils sécrétant un suc digestif (Grassette).

Les fleurs sont hermaphrodites, zygomorphes, pentamères avec pistil dimère (fig. 310). Le calice est régulier (Grassette, Genlisée) ou bilabié (Utriculaire, Polypompholice); la corolle est bilabiée avec lèvre inférieure reployée vers le haut (Utriculaire, fig. 310) ou prolongée en éperon (Grassette). Les trois étamines postérieures avortent, ne laissant subsister que les deux antérieures (fig. 310). Le pistil se compose de deux carpelles ouverts et concrescents en un ovaire uniloculaire, à placente basilaire ovoïde portant de nombreux ovules anatropes (fig. 310), en un mot conformé comme celui des Primulacées, terminé par un style court. La formule florale est F = (5S)+ (5P+2E)+(2C°).

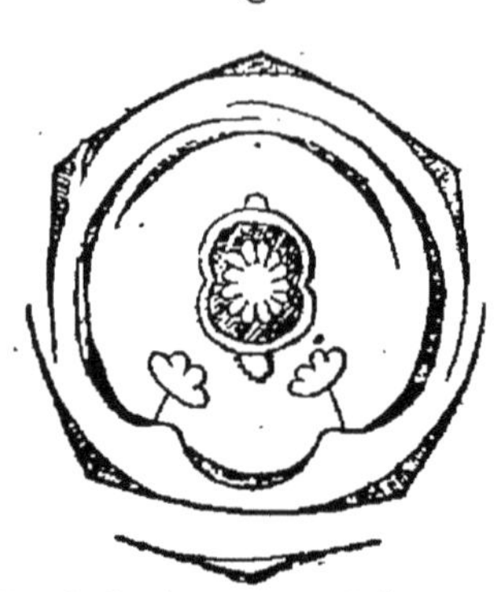

Fig.310. Diagramme de la fleur de l'Utriculaire vulgaire.

Le fruit est une capsule à déhiscence dorsale. La graine, dépourvue d'albumen, a un embryon parfois muni d'un seul cotylédon (Grassette vulgaire, etc.) ou même réduit à sa tigelle (Utriculaire vulgaire, etc.).

Les Utriculariées se rattachent directement aux Scrofulariacées, dont elles ne diffèrent que par la placentation basilaire et l'absence d'albumen.

Gesnéracées. — Les Gesnéracées, 98 genres avec plus de 980 espèces, la plupart tropicales ou subtropicales, sont des herbes, parfois munies d'un rhizome tuberculeux (Gesnère, etc.) ou parasites sur les racines et dépourvues de chlorophylle (Orobanche, etc.), des arbustes (Colomnée, etc.), rarement des arbres (Cyrtandre, Crescentie), à feuilles opposées, rarement isolées (Orobanche, etc.), simples et sans stipules, produisant facilement des bourgeons adventifs (Gloxinie, etc.).

Les fleurs sont hermaphrodites, zygomorphes, rarement presque régulières (Ramondie, etc.), pentamères avec pistil dimère (fig. 311). L'étamine postérieure, rarement fertile (Ramondie, etc.), se réduit d'ordinaire à un staminode ou avorte complètement, tandis que les quatre autres sont didynames (fig. 311); deux de celles-ci avortent aussi quelquefois (Cyrtandre, Columellie, etc.). Le pistil a deux carpelles ouverts et concréscents en un ovaire uniloculaire à deux placentes pariétaux couverts d'ovules anatropes (fig. 311); les carpelles sont quelquefois fermés et biovulés (Pédale, etc.); ailleurs l'ovaire est à demi (Gesnère, etc.) ou tout à fait infère (Gloxinie, Colomnée, etc.).

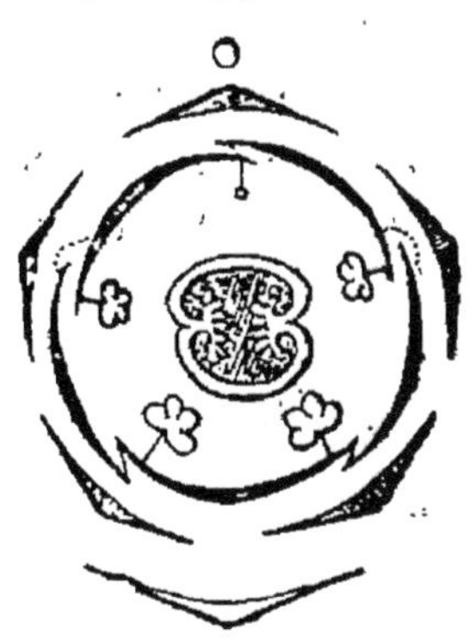

Fig. 311. Diagramme de la fleur du Gesnère pendant.

Le fruit est une capsule à déhiscence dorsale (Cornaret, Sésame, etc.), rarement suturale (Ramondie, etc.) ou septicide (Columellie, etc.), parfois une baie (Colomnée, Crescentie, etc.) ou un térakène (Pédale, etc.). La graine a un embryon droit, parfois non différencié (Orobanche, etc.), avec un albumen charnu (Gesnère, Orobanche, etc.) ou sans albumen (Sésame, Cyrtandre, Pédale, etc.). De l'embryon des Sésames on extrait une huile grasse employée pour l'alimentation et pour la fabrication des savons.

Les genres sont groupés en quatre tribus :

1. *Gesnérées.* — Albumen charnu : Gloxinie, Achimène, Isolome, Gesnère, Colomnée, Cyrtandre, Columellie, Ramondie, etc.

2. *Crescentiées.* — Pas d'albumen. Arbres : Crescentie, Kigélie, etc.

3. *Pédaliées.* — Pas d'albumen. Herbes : Cornaret, Pédale, Sésame, etc.

4. *Orobanchées.* — Albumen charnu. Parasites sans chlorophylle : Orobanche. Phélipée, etc.

Les Gesnéracées se rattachent directement aux Scrofulariacées, dont elles diffèrent surtout par la placentation pariétale.

BIGNONIACÉES. — Les Bignoniacées, 40 genres avec environ 400 espèces, la plupart tropicales, sont des arbres ou des arbustes dressés, parfois volubiles à droite (Técome) ou grimpants à l'aide de vrilles foliacées (Bignone, etc.), à feuilles opposées, le plus souvent composées pennées ou palmées, rarement simples (Catalpe), sans stipules; la tige des lianes offre diverses anomalies de structure signalées (I, p. 211, fig. 83).

Les fleurs sont hermaphrodites, zygomorphes, pentamères avec pistil dimère (fig. 312). La corolle est bilabiée et l'androcée didyname

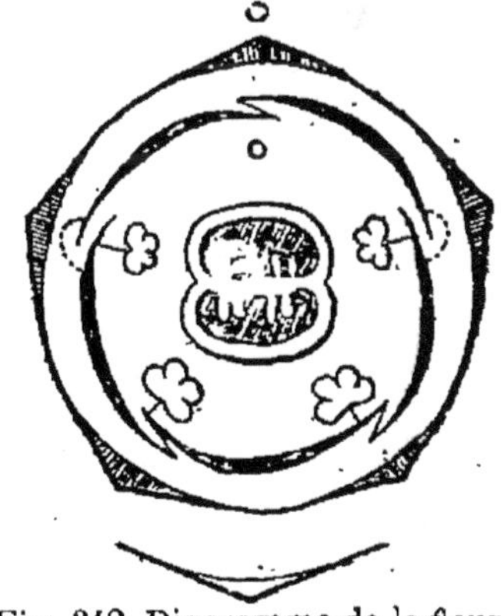

Fig. 312. Diagramme de la fleur du Bignone grimpant

(fig. 312), parfois avec deux étamines fertiles (Catalpe). Le pistil a ses deux carpelles clos et concrescents en un ovaire biloculaire, surmonté d'un style unique et contenant dans chaque loge un grand nombre d'ovules anatropes, souvent séparés par une bande stérile au milieu de la cloison (fig. 312).

Le fruit est une capsule loculicide (Catalpe, Técome, etc.) ou septifrage à la façon d'une silique (Bignone, etc.). La graine est ailée et contient un embryon à larges cotylédons souvent bilobés, sans albumen.

Les genres sont groupés en deux tribus :

1. *Bignoniées*. — Capsule septifrage : Bignone, Lundie, Adénocalymne, Macfadyène, etc.

2. *Técomées*. — Capsule loculicide : Catalpe, Técome, Jacarande, Stéréosperme, Parmentière, etc.

Les Bignoniacées se rattachent directement aux Scrofulariacées, dont elles se distinguent surtout par les graines ailées et l'absence d'albumen.

ACANTHACÉES. — Les Acanthacées, 120 genres avec environ 1350 espèces répandues dans toutes les régions chaudes, sont des herbes, rarement des arbustes, quelquefois volubiles (Thunbergie, Adhatode), à feuilles opposées, simples et sans stipules, contenant souvent des cystolithes.

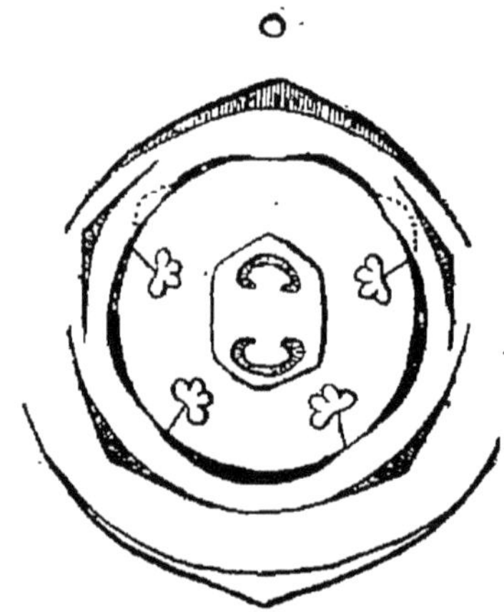
Fig. 313. Diagramme de la fleur de l'Acanthe mou.

Les fleurs sont hermaphrodites, zygomorphes, pentamères avec pistil dimère (fig. 313). La corolle, parfois presque régulière (Thunbergie, Ruellie, etc.), est ordinairement bilabiée, ou même unilabiée (Acanthe, etc.); l'androcée est didyname (fig. 313), parfois réduit à deux étamines fertiles (Eranthème, Dianthère, Dicliptère, etc.). Le pistil a ses deux carpelles clos et concrescents en un ovaire biloculaire, surmonté d'un style unique et contenant dans chaque loge soit un grand nombre d'ovules anatropes, soit seulement deux ovules (Acanthe, fig. 313, Thunbergie, etc.).

Le fruit est une capsule loculicide, s'ouvrant souvent avec

élasticité. La graine a un embryon courbe à larges cotylédons, sans albumen.

Les Acanthacées se rattachent intimement aux Scrofulariacées, dont elles diffèrent surtout par la déhiscence loculicide de la capsule et par l'absence d'albumen.

SÉLAGINACÉES. — Les Sélaginacées, 16 genres avec environ 220 espèces, sont des arbustes, rarement des herbes (Globulaire), à feuilles isolées, simples et sans stipules, produisant parfois des poches sécrétrices oléifères (Myopore, etc.).

Les fleurs sont hermaphrodites, zygomorphes, pentamères, avec pistil dimère (fig. 314). La corolle, parfois presque régulière (Gosèle, certaines Sélagines, etc.), est ordinairement bilabiée ou même unilabiée en avant (diverses Globulaires, etc.

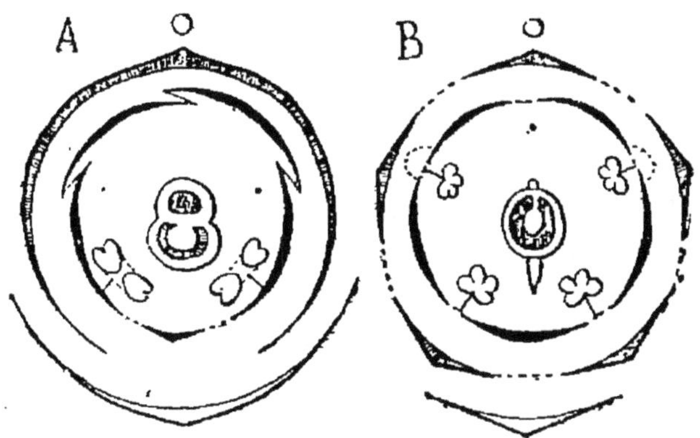

Fig. 314. Diagramme de la fleur : *A*, de l'Hébenstreitie dentée, le carpelle postérieur est stérile; *B*, de la Globulaire nudicaule.

ou en arrière (Hébenstreitie). L'androcée est didyname (Globulaire, fig. 314, *B*, Myopore, etc.), parfois avec deux étamines fertiles seulement, qui sont dédoublées, chaque filet portant deux sacs polliniques (Sélagine, Hébenstreitie, fig. 314, *A*). Le pistil a deux carpelles fermés et concrescents en un ovaire biloculaire, surmonté d'un style unique et contenant dans chaque loge un (Sélagine, Hébenstreitie, fig. 314, *A*), deux (Pholidie, Myopore, etc.) ou quatre (Érémophile, etc.) ovules anatropes pendants à raphé dorsal; les carpelles sont rarement ouverts, avec un seul ovule pendant dans la loge unique (Globulaire, fig. 314, *B*, etc.).

Le fruit est un akène (Globulaire), un diakène (Sélagine, Hébenstreitie, etc.) ou une drupe (Érémophile, Myopore, etc.). La graine a un embryon droit avec un albumen charnu.

Les genres se groupent en trois tribus :

1. *Myoporées.* — Étamines à quatre sacs. Carpelles fermés : Myopore, Pholidie, Érémophile, etc.
2. *Sélaginées.* — Étamines à deux sacs. Carpelles fermés : Sélagine, Hébenstreitie, Dischisme, Gymnandre, etc.
3. *Globulariées.* — Étamines à quatre sacs. Carpelles ouverts : Globulaire.

Les Sélaginacées se rattachent aux Scrofulariacées, dont elles diffèrent surtout par les carpelles uniovulés ou biovulés.

VERBÉNACÉES. — Les Verbénacées, 50 genres avec environ 700 espèces répandues dans toutes les contrées chaudes, sont des herbes (Verveine, etc.), des arbustes (Gattilier, Lantane, etc.) ou de grands arbres (Teck, etc.) à feuilles ordinairement opposées, simples et sans stipules.

Fig. 315. Diagramme de la fleur de la Verveine officinale.

Les fleurs sont hermaphrodites, zygomorphes, rarement régulières (Teck, etc.), pentamères avec pistil dimère (fig. 315). Le calice est gamosépale, souvent bilabié; la corolle gamopétale, à tube souvent courbé, est d'ordinaire bilabiée. L'androcée a quelquefois cinq étamines fertiles (Teck, Géunsie, etc.), le plus souvent quatre didynames (fig. 315). Le pistil a deux carpelles fermés et concrescents en un ovaire biloculaire, surmonté d'un style unique et contenant dans chaque loge deux ovules ascendants, souvent campylotropes, fréquemment séparés par une fausse cloison (fig. 315).

Le fruit est une drupe (Lantane, Teck, Gattilier, etc.), un diakène (Lippie, etc.) ou un tétrakène (Verveine), rarement une capsule (Avicennie, etc.). La graine a un embryon droit sans albumen, quelquefois avec un albumen charnu (Stilbe, etc.). Plusieurs de ces plantes sont recherchées pour leurs feuilles aromatiques (Lippie citriodore), pour leurs fruits comestibles (Lantane, etc) ou pour leur bois qui sert aux constructions (Teck, etc.).

Les genres sont groupés en deux tribus :

1. *Stilbées.* — Albumen charnu : Stilbe, Chloanthe, etc.

2. *Verbénées.* — Pas d'albumen : Lantane, Lippie, Verveine, Callicarpe, Teck, Gattilier, Clérodendre, Avicennie, etc.

Les Verbénacées se relient étroitement aux Labiées, dont elles ont les carpelles biovulés à ovules ascendants séparés par une fausse cloison; elles s'en distinguent surtout par le style terminal et le fruit drupacé.

PLANTAGINÉES. — Les Plantaginées, 3 genres avec environ 100 espèces répandues partout, sont des herbes à feuilles isolées ou opposées, parfois en rosette, simples et sans stipules.

Les fleurs sont hermaphrodites (Plantain) ou unisexuées monoïques (Littorelle), zygomorphes et pentamères avec pistil dimère, mais simulant des fleurs tétramères régulières (fig. 316). En effet, le sépale postérieur avorte; les deux pétales postérieurs s'unissent complètement, comme dans les Véroniques; l'étamine postérieure avorte et les quatre autres sont presque égales. Le pistil des Plantains a deux carpelles fermés et concrescents en un ovaire biloculaire, contenant dans chaque loge un ou plusieurs ovules semi-anatropes (fig. 316); celui des

Fig. 316. Diagramme de la fleur du Plantain moyen.

Littorelles et des Bouguères fait avorter le carpelle postérieur, pendant que l'autre est uniovulé. La formule florale des Plantains est F = 4S + (4P + 4E) + (2C).

Le fruit est une pyxide (Plantain) ou un akène (Littorelle, Bouguère); la graine a un embryon droit avec un albumen charnu.

Ces plantes se rapprochent des Verbénacées et des Labiées par la structure du pistil; elles en diffèrent notamment par la présence d'un albumen.

Résumé du groupe isostémone zygomorphe. — En mettant à part les exceptions, les neuf familles de l'ordre des Gamopétales supérovariées qui réalisent le type isostémone zygomorphe peuvent être distinguées entre elles, et des Scrofulariacées qui ont servi de point de départ, par les caractères résumés dans le tableau suivant :

Carpelles
- Fleur fermés.
  - penta-mère.
    - Un albumen charnu. Carpelles
      - multiovulés............... *Scrofulariacées.*
      - uniovulés ou biovulés..... *Sélaginacées.*
    - Pas d'albumen. Carpelles
      - multiovulés. Graines
        - ailées .... *Bignoniacées.*
        - sans ailes.... *Acanthacées.*
      - biovulés. Style
        - terminal ..... *Verbénacées.*
        - gynobasique. *Labiées.*
  - devenant tétramère par altération.............. *Plantaginées.*
- ouverts. Placentation
  - basilaire............................... *Utriculariées.*
  - pariétale............................... *Gesnéracées.*

ORDRE VI

Gamopétales inférovariées.

L'ordre des Gamopétales inférovariées ne comprend que onze familles, se rattachant toutes au type isostémone, tel qu'il est réalisé par les Ombellifères chez les Dialypétales inférovariées. A la rigueur, il suffirait donc d'en considérer une seule pour y rattacher aisément toutes les autres. Nous en prendrons trois, les *Campanulacées*, les *Rubiacées* et les *Composées*, ainsi défi-nies :

Étamines
- indépendantes de la corolle...................... *Campanulacées.*
- concrescentes avec la corolle. Carpelles
  - fermés . *Rubiacées.*
  - ouverts.. *Composées.*

Campanulacées. — Les Campanulacées sont des herbes annuelles ou vivaces, parfois volubiles (Leptocode, etc.), rare-ment des arbustes (Rollandie, etc.), abondamment pourvus de latex renfermé dans des files de cellules fusionnées en réseau ; les feuilles sont isolées, rarement opposées (Canarine, etc.), simples et sans stipules. La tige a des tubes criblés à la péri-phérie de sa moelle.

Les fleurs sont hermaphrodites, tantôt régulières (Campa-nule, etc.), tantôt zygomorphes (Lobélie, etc.), ordinairement pentamères (fig. 317 et 318); leur organisation générale peut s'exprimer, au-dessous du départ du calice, par la formule $F = (5S + 5P + 5E + 5C)$, qui devient, au-dessus du départ du calice, $F = (5S) + (5P) + 5E + (5C)$.

Le calice persistant est gamosépale, régulier ou bilabié, parfois muni d'appendices bistipulaires (Michauxie, Campanule carillon, fig. 317, *A*, etc.). La corolle gamopétale est tantôt régulière (Campanule, fig. 318, etc.), tantôt bilabiée (Lobélie, fig. 318, etc.), avec la lèvre inférieure parfois éperonnée (Hété-

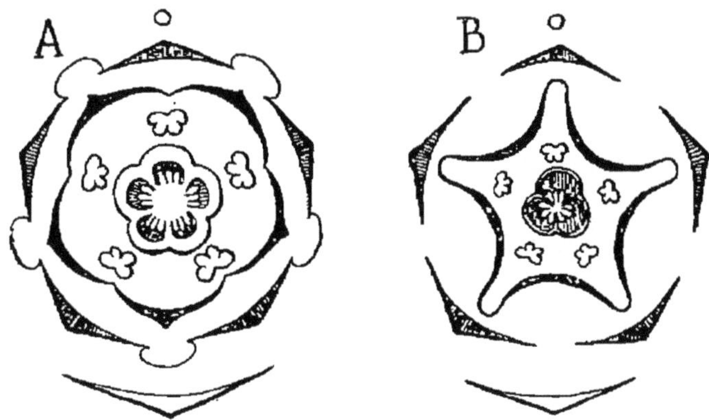

Fig. 317. Diagramme floral : *A*, de la Campanule carillon ;
B, de la Spéculaire miroir.

rotome). Les cinq étamines, alternes avec les pétales, sont indépendantes de la corolle au-dessus du niveau où elle se sépare du calice (fig. 317 et 318), rarement concrescentes avec

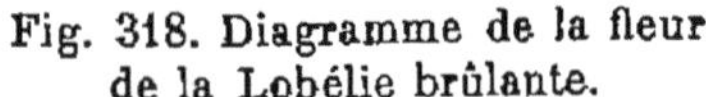

Fig. 318. Diagramme de la fleur
de la Lobélie brûlante.

Fig. 319. Androcée de Lobélie.
à étamines soudées en haut.

elle (Rollandie, Isotome, Siphocode) ; dans leur partie supérieure, les filets et aussi les anthères sont parfois soudés en une gaine qui entoure le style (Lobélie, fig. 318 et 319, etc.). Le pistil, concrescent avec les trois verticilles externes dans toute la longueur de l'ovaire, qui est infère, se compose de carpelles fermés et concrescents en un ovaire pluriloculaire, surmonté d'un style simple et contenant dans chaque loge un grand nombre d'ovules anatropes; il y a quelquefois autant de carpelles que de sépales (Michauxie, Canarine, Platycode, diverses Campanules, fig. 317, *A*, et Wahlenbergies, etc.), souvent un nombre moindre : trois (Spéculaire, fig. 317, *B*, la plupart des Campanules) ou deux (Jasione, Raiponce, Lobélie, fig. 318, etc.).

Le fruit est une capsule s'ouvrant tantôt au sommet en valves loculicides (Jasione, Wahlenbergie, Platycode, Lobélie, etc.) ou en pyxide (Lysipome, etc.), tantôt sur les flancs, entre les cloisons, par autant de trous (Campanule, Spéculaire, Raiponce, Adénophore, etc.); c'est rarement une baie (Canarine, Rollandie, etc.). La graine a un embryon droit dans l'axe d'un albumen charnu.

La famille des Campanulacées renferme 53 genres avec plus de 1000 espèces, dont 230 Campanules et 200 Lobélies, répandues dans les régions tempérées et tropicales. Plusieurs sont cultivées comme plantes d'ornement (Campanule, Lobélie, etc.).

Les genres se groupent en deux grandes tribus :

1. *Campanulées.* — Corolle régulière : Jasione, Lightfootie, Codonopse, Roelle, Raiponce, Campanule, Wahlenbergie, Spéculaire, Prismatocarpe, Adénophore, etc.

2. *Lobéliées.* — Corolle zygomorphe : Lobélie, Isotome, Centropoge, Siphocampyle, Delissée, Laurentie, etc.

Familles rattachées aux Campanulacées. — Aux Campanulacées se rattachent trois familles ayant comme elles les étamines indépendantes de la corolle et les carpelles clos avec placentation axile. Ce sont les *Stylidiées*, *Goudéniées* et *Cucurbitacées*.

Stylidiées. — Les Stylidiées, 4 genres avec environ 100 espèces dont 80 pour le seul genre Stylide, presque toutes australiennes, sont des herbes à feuilles isolées, souvent en rosette, simples et sans stipules, à limbe entier souvent petit. La tige produit des faisceaux libéroligneux secondaires dans son péricycle.

Les fleurs sont hermaphrodites, régulières (Forstérie, etc.) ou zygomorphes (Stylide, fig. 320, etc.), pentamères avec pistil dimère. Le calice est régulier ou bilabié; la corolle est régulière (Forstérie, etc.) ou presque unilabiée parce que le pétale antérieur est très petit (Stylide, fig. 320). Des cinq étamines, la postérieure et les deux antérieures avortent; les deux latérales, indépendantes de la corolle, sont concrescentes avec le style et forment avec lui un gynostème, comme chez les Orchidacées (fig. 320). Le pistil a deux carpelles concrescents portant chacun un grand nombre d'ovules anatropes, tantôt fermés en un ovaire biloculaire dont la loge postérieure est stérile (Stylide, fig. 320), tantôt plus ou moins ouverts (Forstérie, Phyllachne).

Fig. 320. Diagramme de la fleur du Stylide adné.

Le fruit est une capsule loculicide (Stylide) ou suturale (Forstérie, etc.); la graine a un petit embryon droit et un albumen charnu.

Ces plantes diffèrent des Campanulacées par l'absence de latex, l'avortement de trois étamines et la concrescence des deux autres avec le style.

Goudéniées. — Les Goudéniées, 12 genres avec plus de 200 espèces, presque toutes australiennes, sont des herbes à feuilles isolées, souvent en rosette, simples et sans stipules, à limbe entier.

Les fleurs sont hermaphrodites, zygomorphes, rarement régulières (Brunonie, etc.), pentamères avec pistil dimère (fig. 321). La corolle est souvent bilabiée (Goudénie, fig. 321, etc.) ou unilabiée (Scévole, etc.). Les cinq étamines, indépendantes à la fois de la corolle et du style, sont toutes fertiles. Le pistil a deux carpelles concrescents, fermés et contenant chacun un grand nombre d'ovules anatropes (Goudénie, fig. 321, etc.), parfois ouverts et ne renfermant qu'un seul ovule dans la loge unique (Brunonie, etc.); le style est entier et développe, à la base de son stigmate bilobé, une expansion cupuliforme bordée d'un anneau de poils (fig. 322) et parfois bilabiée (Leschenaultie).

Le fruit est une drupe (Scévole), un akène (Brunonie, etc.), une capsule septifrage (Goudénie, etc.) ou à la fois septifrage et loculicide (Leschenaultie, Vellée, etc.). La graine a un petit embryon droit avec un albumen charnu, parfois sans albumen (Brunonie).

Ce petit groupe est très voisin de Campanulacées, dont il ne diffère que par l'absence de latex et la cupule sous-stigmatique.

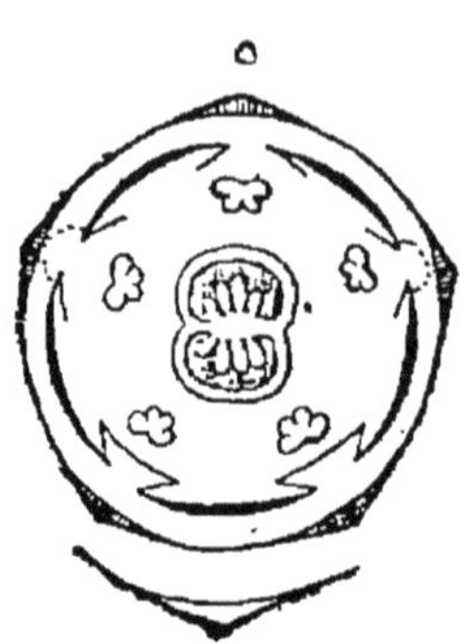

Fig. 321. Diagramme de la fleur
de la Goudénie ovale.

Fig. 322. Style de Goudénie
avec cupule sous-stigmatique.

CUCURBITACÉES. — Les Cucurbitacées, 68 genres avec plus de 500 espèces croissant dans les régions chaudes et tropicales, sont des herbes à feuilles isolées, simples et sans stipules, qui rampent et grimpent à l'aide de vrilles foliaires, rameuses (Courge, etc.) ou simples (Bryone, etc.); ces vrilles manquent dans l'Ecballe. Les faisceaux libéroligneux ont en dedans d'eux, dans la zone périmédullaire, autant d'arcs criblés très développés (I, p. 171).

Les fleurs sont régulières, unisexuées avec monœcie, pentamères à pistil trimère (fig. 323). Le calice et la corolle demeu-

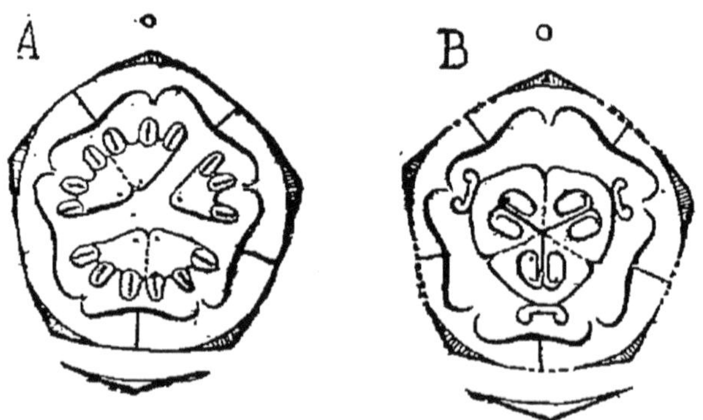

Fig. 323. Diagramme des fleurs de l'Ecballe agreste : *A*, fleur mâle;
B, fleur femelle.

rent d'abord concrescents après s'être séparés du pistil; au-dessus du niveau où ils quittent le calice, les pétales sont

tantôt concrescents en une corolle gamopétale (Concombre, Courge, Citrouille, etc.), tantôt libres (Bryone, Ecballe, fig. 323, Sicie, etc.). La fleur mâle (fig. 323, *A*) a cinq étamines, indépendantes de la corolle au-dessus du niveau où celle-ci s'est séparée du calice, à anthères extrorses, munies de deux sacs polliniques ordinairement courbés en S (fig. 324); elles sont parfois libres et épisépales (Sicie, etc.); le plus souvent concrescentes par paires, de manière à former deux étamines épipétales à quatre sacs et un cinquième épisépale à deux sacs (fig. 323, *A*), quelquefois toutes concrescentes en colonne (Cyclanthère). La fleur femelle (fig. 323, *B*) a son pistil concrescent avec les verticilles externes dans toute la longueur de l'ovaire, qui est infère; il se compose de trois carpelles clos et concrescents en un ovaire triloculaire, surmonté d'un style unique avec trois stigmates épais et bilobés, contenant dans chaque loge un grand nombre d'ovules anatropes, rarement deux ou un seul (Sicie, Échinocyste); les bords placentaires se réfléchissent d'abord en dehors jusque contre la paroi externe, puis se replient de nouveau en dedans jusqu'à rapprocher les ovules des cloisons (fig. 323, *B*). La formule florale est donc :
$$F'_m = (5S + 5P) + 5E \text{ et } F_f = (5S + 5P + 3C).$$

Fig. 324. Étamine double de Bryone.

Le fruit est une baie dans laquelle la couche externe du péricarpe est dure et parfois ligneuse, tandis que les cloisons et les bords placentaires se résolvent en un pulpe liquide; il s'ouvre quelquefois soit au sommet en pyxide (Luffe) ou par un ou deux pores (Echinocyste), soit à la base en se détachant du pédicelle et projetant les graines pour l'ouverture (Ecballe). La graine a un embryon à larges cotylédons plans, sans albumen. Beaucoup de ces plantes sont cultivées pour leurs fruits comestibles (diverses Courges, notamment la Courge maxime, vulgairement Potiron, Concombre melon et Concombre cultivé, Gourde vulgaire, Citrouille commune, etc.); d'autres sont alimentaires par leurs racines tuberculeuses (Bryone d'Abyssinie, etc.).

Les Cucurbitacées sont une famille isolée, dont les affinités sont encore obscures; elle diffère des Campanulacées par l'unisexualité des fleurs, la conformation de l'androcée, la nature du fruit, l'absence d'albumen, etc.; néanmoins, elle se rattache mieux à ce groupe qu'à aucun autre.

Résumé du groupe à étamines indépendantes. — En résumé, les quatre familles de l'ordre des Gamopétales inférovariées qui ont les étamines indépendantes de la corolle et les carpelles clos se distinguent entre elles de la manière suivante :

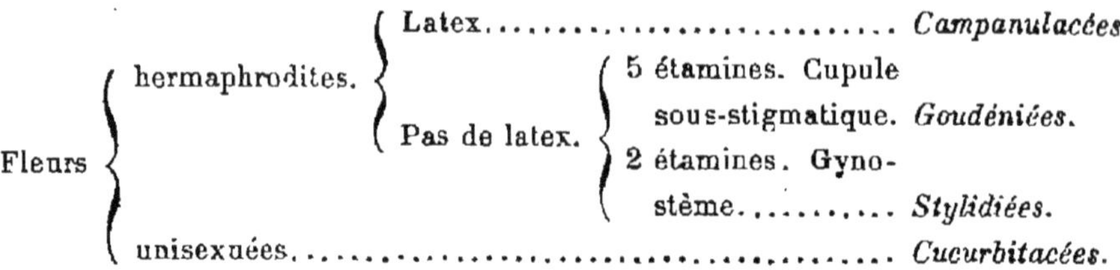

Rubiacées. — Les Rubiacées sont des arbres, des arbustes ou des herbes de port très divers, parfois volubiles (Manettie, etc.), renfermant quelquefois dans l'écorce de la tige de longues cellules isolées qui sécrètent un suc laiteux et résineux (Quinquina, Ladenbergie, etc.). Les feuilles sont opposées ou verticillées, simples, à limbe entier, pourvues de stipules; ces stipules sont latérales ou axillaires, libres ou concrescentes entre elles et avec le pétiole, persistantes ou caduques, quelquefois de même forme et grandeur que les feuilles opposées, de manière à simuler des verticilles (Gaillet, Garance, etc.).

Les fleurs sont régulières, hermaphrodites, pentamères ou tétramères avec pistil dimère (fig. 325); leur organisation générale s'exprime, au-dessous du départ du calice, par la formule $F = (5S + 5P + 5E + 2C)$, qui devient, au-dessus du départ du calice, $F = 5S + (5P + 5E) + (2C)$.

Le plus souvent les sépales se prolongent peu au-dessus de leur séparation d'avec les verticilles internes et se réduisent à de petites dents (Gaillet, etc.), fréquemment invisibles; quand ils se prolongent, le calice est quelquefois gamosépale (Quinquina, etc.), parfois même pétaloïde (Polyprème, Calycophylle, etc.). La corolle est gamopétale, régulière. Les étamines sont en même nombre que les pétales, alternes avec eux et concrescents avec le tube de la corolle. Le pistil est concrescent avec les verticilles externes dans toute la longueur de l'ovaire, qui est infère; il se compose de deux carpelles clos et concrescents en un ovaire biloculaire, surmonté parfois de deux styles (Gaillet, etc.), le plus souvent d'un style unique, et contenant dans chaque loge un (Gaillet, fig. 325, Caféier, etc.), deux

(Guettarde, Rétiniphylle, etc.) ou de nombreux ovules anatropes ou campylotropes (Quinquina, Gardénie, etc.).

Le fruit est une capsule septicide (Quinquina, Cascarille, etc.) ou loculicide (Ladenbergie, etc.), une baie (Garance, etc.), une drupe (Caféier, Céphélide, etc.) ou un diakène (Gaillet, Aspérule, etc.). La graine a un embryon droit ou courbe, muni d'un albumen charnu ou corné, parfois creusé d'un sillon (Caféier).

La famille des Rubiacées est très vaste et comprend 337 genres avec environ 4100 espèces, la plupart tropicales ou subtropicales, en grande majorité américaines; les Rubiées habitent les climats tempérés de l'hémisphère boréal. Un

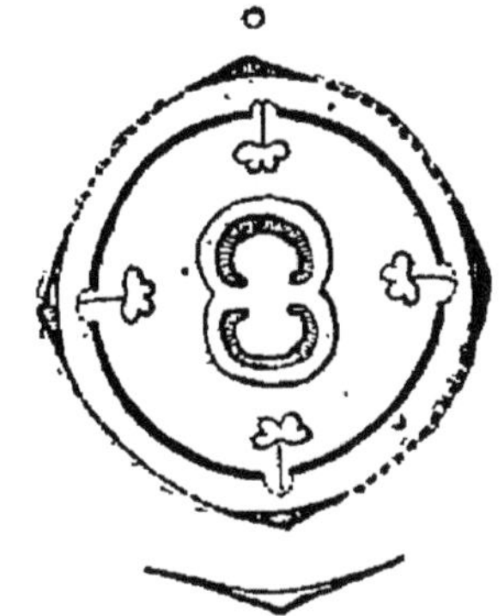

Fig. 325. Diagramme de la fleur de l'Aspérule odorante.

grand nombre de ces plantes donnent des produits utiles : les unes ont une écorce au plus haut degré fébrifuge, comme les Quinquinas ou Cinchonas, d'où l'on extrait plusieurs alcalis organiques, notamment la quinine et la cinchonine; d'autres forment dans leurs racines des substances vomitives, comme le Céphélide ipécacuanha, ou tinctoriales, comme la Garance ou Rubia; plusieurs sont comestibles par leur fruit (Génipe, Sarcocéphale, etc.) ou par l'albumen torréfié de leurs graines, comme le Caféier; quelques-unes enfin donnent un bois très dense analogue à celui du Buis (Nauclée, Uncaire, etc.).

On peut grouper les principaux genres en trois grandes tribus :

1. *Cinchonées.* — Carpelles multiovulés. Stipules membraneuses : Quinquina, Nauclée, Cascarille, Bouvardie, Manettie, Exostemme, Bikkie, Randie, Gardénie, etc.

2. *Coffées.* — Carpelles uniovulés. Stipules membraneuses : Guettarde, Plectronie, Ixore, Pavette, Caféier, Morinde, Céphélide, Lasianthe, Anthosperme, Spermacoce, etc.

3. *Rubiées.* — Carpelles uniovulés. Stipules foliacées : Garance, Gaillet, Aspérule, Crucianelle, Shérardie, etc.

Les Rubiacées forment une famille nettement limitée; elle se relie aux Dialypétales à ovaire infère, notamment aux Ombellifères et surtout aux Cornées, dont les Coffées et les Rubiées diffèrent par leurs feuilles opposées, stipulées et leur corolle gamopétale; elle se rattache aussi aux Gamopétales à ovaire supère, notamment aux Loganiées, dont les Cinchonées ne se distinguent que par l'ovaire infère.

Familles rattachées aux Rubiacées. — Aux Rubiacées se rattachent quatre familles ayant comme elles les carpelles clos et les étamines concrescentes avec la corolle : ce sont les *Caprifoliacées, Valérianées, Dipsacées et Calycérées.*

CAPRIFOLIACÉES. — Les Caprifoliacées, 13 genres avec environ 200 espèces croissant la plupart dans les régions tempérées boréales, sont des arbustes parfois volubiles à gauche (Chèvre-feuille), rarement des herbes vivaces (Adoxe, etc.) ou de petits arbres (certains Sureaux), à feuilles opposées, simples (Chèvre-feuille, Viorne, etc.) ou composées pennées (Sureau, Adoxe, etc.), ordinairement sans stipules.

Les fleurs sont hermaphrodites, régulières (Sureau, Viorne, etc.) ou zygomorphes (Chèvrefeuille, Dierville, Abélie, etc.), penta-mères (fig. 326). Les sépales sont le plus souvent égaux. La corolle est tantôt régulière (Adoxe, Sureau, Viorne, Sympho-rine, etc.), tantôt bilabiée faiblement (Linnée, Dierville, etc.) ou fortement, la lèvre inférieure étant réduite à un pétale, tandis que la supérieure en comprend quatre (Chèvrefeuille, etc.). Les cinq étamines alternes avec les pétales, parfois extrorses (Sureau), sont concrescentes avec la corolle (fig. 326); la postérieure avorte quelquefois (Linnée, Abélie, etc.), ou bien elles se dédou-blent toutes et forment dix étamines à deux sacs (Adoxe). Le pistil est concrescent avec les verticilles externes dans toute la longueur de l'ovaire, qui est infère, rarement à demi supère (Adoxe); il a quelquefois cinq carpelles (Adoxe, Leycestérie, etc.), le plus souvent trois (fig. 326, *B*), rarement quatre (Symphorine, fig. 326, *A*) ou deux (Dierville); ces carpelles sont fermés et concrescents en un ovaire pluriloculaire surmonté d'un style unique, rarement de styles libres (Adoxe), et contenant dans chaque loge tantôt un grand nombre d'ovules anatropes (Chèvrefeuille, Leycestérie, Dierville), tantôt un seul ovule pen-dant (Sureau, fig. 326, *B*, Viorne, Triostée). Des quatre car-pelles des Symphorines (fig. 326, *A*), les deux médians sont multiovulés et avortent plus tard, les deux latéraux uniovulés se développant seuls pour former le fruit; des trois carpelles des Abélies et de la Linnée, deux aussi sont multiovulés et avortent, le troisième uniovulé se développant seul; dans les

Viornes, deux des trois carpelles uniovulés avortent également, mais plus tôt, et le troisième se développe seul.

Le fruit est une baie (Chèvrefeuille, Symphorine, etc.), une

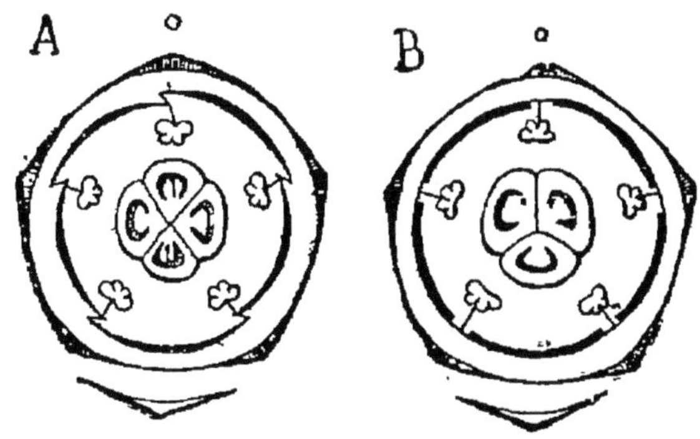

Fig. 326. Diagramme floral : *A*, de la Symphorine à grappe ; *B*, du Sureau yèble.

drupe (Viorne, Sureau), une capsule (Dierville) ou un akène (Linnée, Abélie). La graine a un petit embryon avec un albumen charnu.

Plusieurs de ces plantes sont cultivées dans les jardins (Viornes, Sureaux, Chèvrefeuilles, Symphorines, Diervilles, etc.); certaines sont utilisées pour leur bois, qui sert à fabriquer la poudre (Viorne obier), pour leurs tiges flexibles (Viorne mancienne) ou pour leur large moelle (Sureau).

Les Caprifoliacées se relient directement aux Rubiacées, dont elles diffèrent surtout par l'absence de stipules et le pistil souvent trimère.

VALÉRIANÉES. — Les Valérianées, 9 genres avec environ 300 espèces, croissant la plupart dans les régions tempérées boréales, sont des herbes annuelles ou vivaces, à feuilles opposées, simples ou composées, sans stipules.

Les fleurs sont hermaphrodites, zygomorphes, pentamères (fig. 327). Le calice se prolonge très peu au-dessus de sa séparation d'avec la corolle, en un petit rebord uni ou denté (fig. 327). La corolle est gamopétale, dilatée à la base (Valériane, fig. 327) ou même éperonnée en avant (Centranthe, etc.), souvent bilabiée (Valériane, fig. 327, Centranthe, etc.). L'éta-

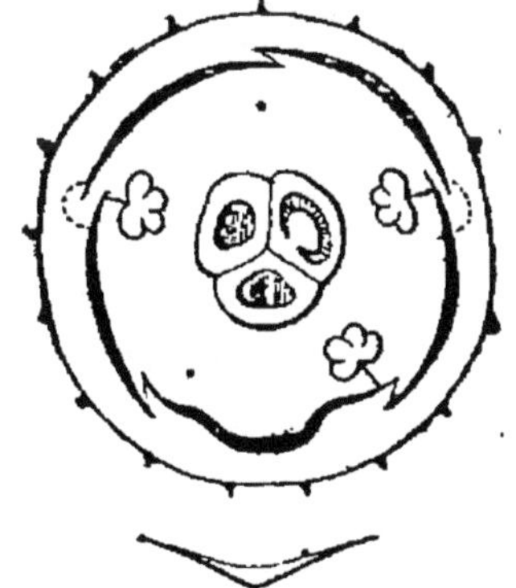

Fig. 327. Diagramme de la fleur de la Valériane officinale.

mine postérieure avorte toujours et les autres peuvent avorter aussi à divers degrés; aussi en trouve-t-on quatre (Patrinie), trois (Valériane, fig. 327, Valérianelle), deux (Fédie) ou une seule (Centranthe). Le pistil, concrescent avec les vérticilles externes, ce qui rend l'ovaire infère, comprend trois carpelles clos et concrescents, mais l'un des deux latéraux développe seul son ovaire, qui contient un ovule anatrope pendant à raphé interne, les deux autres ovaires demeurent stériles (fig. 327).

Le fruit est un akène couronné par le calice non modifié (Valérianelle, Patrinie) ou devenu plumeux (Valériane, Centranthe). La graine a un petit embryon droit, sans albumen. Les Valérianes sécrètent dans leurs·racines une huile odorante employée en médecine; les Valérianelles se mangent en salade, notamment la Valérianelle potagère, vulgairement Mâche.

Les Valérianées se relient aux Caprifoliacées par les Viornes, qui font comme elles avorter deux de leurs trois carpelles uniovulés.

DIPSACÉES. — Les Dipsacées, 8 genres avec 120 espèces abondant surtout dans la région méditerranéenne, sont des herbes annuelles ou vivaces, à feuilles opposées, simples et sans stipules.

Les fleurs sont hermaphrodites, zygomorphes, pentamères (fig. 328), disposées en un capitule involucré où chacune d'elles est entourée d'un involucelle, formé de deux bractées latérales concrescentes (*i*). Le calice se prolonge, au-dessus du niveau où il devient libre, en cinq (Scabieuse, fig. 328, etc.) ou quatre dents (Cardère ou Dipsacus, Knautie, etc.). La corolle est gamopétale, bilabiée, avec les deux pétales postérieurs tantôt distincts (Scabieuse, fig. 328, Ptérocéphale, etc.), tantôt fusionnés en une seule pièce (Cardère, Succise, Céphalaire, etc.), ce qui, joint aux quatre dents du calice, donne l'apparence d'une fleur tétramère.

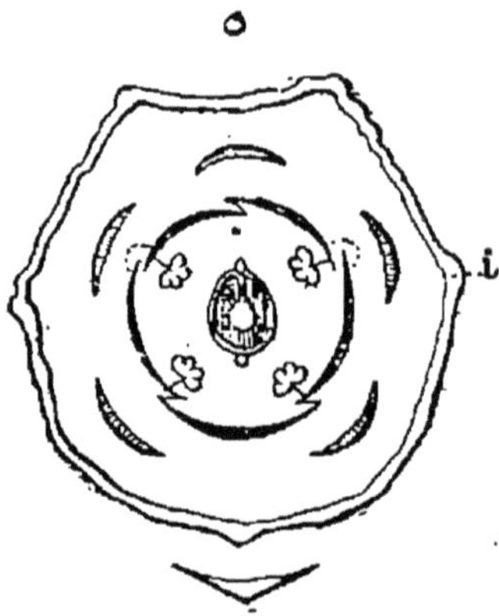

Fig. 328. Diagramme de la fleur de la Scabieuse colombaire; *i*, involucelle.

L'étamine postérieure avorte et les quatre autres sont tantôt libres (Cardère, Scabieuse, fig. 328, etc.), tantôt unies latéralement deux par deux (Morine). Le pistil, concrescent avec les verticilles externes, ce qui rend l'ovaire infère, a deux carpelles médians, clos et concrescents, mais dont l'antérieur développe seul son ovaire, qui contient un seul ovule anatrope pendant à raphé dorsal (fig. 328).

Le fruit est un akène enveloppé dans l'involucelle, souvent aussi couronné par le calice persistant. La graine a un embryon droit dans l'axe d'un albumen charnu.

Ces plantes se rattachent aux Valérianées, dont elles se distinguent surtout par l'involucelle et la présence d'un albumen.

CALYCÉRÉES. — Les Calycérées, 3 genres (Boope, Calycère, Acicarphe) avec 20 espèces habitant les contrées chaudes de l'Amérique australe, sont de petites herbes à feuilles isolées sans stipules, à fleurs hermaphrodites, régulières, pentamères avec pistil dimère, disposées en un capitule involucré.

Le calice forme cinq lobes foliacés; la corolle est gamopétale, régulière et longuement tubuleuse. Les étamines, alternes aux pétales et concrescentes avec le tube de la corolle, sont toutes fertiles; les filets sont unis entre eux en tube autour du style et les anthères sont agglutinées bord à bord. Le pistil, concrescent avec les verticilles externes, ce qui rend l'ovaire infère, a deux carpelles fermés et concrescents dont le postérieur avorte dans sa région ovarienne et dont l'antérieur contient un ovule anatrope pendant à raphé dorsal.

Le fruit est un akène, couronné par le calice persistant et épineux. La graine a un petit embryon droit et un albumen charnu.

Ces plantes se rattachent aux Dipsacées par la conformation du pistil; elles en diffèrent par les feuilles isolées, l'absence d'involucelle et la régularité de la fleur.

Résumé du groupe à étamines unies à la corolle. — En résumé, les cinq familles de l'ordre des Gamopétales inférovariées qui ont les carpelles clos et les étamines concrescentes avec la corolle peuvent être distinguées de la manière suivante :

<pre>
          / stipulées .... Rubiacées.
         | / Pas d'albumen............... Valérianées.
         | | / Plusieurs carpelles
Feuilles <   opposées. < | fertiles......... Caprifoliacées.
         | | Albumen   <
         | sans | charnu. | Un seul carpelle
         \ stipules.   \   \ fertile......... Dipsacées.
          \ isolées .... Calycérées.
</pre>

Composées. — Les Composées sont des herbes, des arbustes (Astre, etc.), rarement des arbres (Dendrosère, etc.), de port très divers, parfois volubiles (Mikanie) ou grimpant à l'aide de vrilles foliaires (Mutisie, etc.), à feuilles isolées ou opposées, sans stipules, simples ou composées, à limbe entier ou diversement découpé. Tige, feuilles et racines sont munies tantôt de longues cellules isolées sécrétant un suc opaque et résineux (Chardon, Vernonie, etc.), tantôt de cellules fusionnées en réseau produisant du latex (Laitue, Salsifis, etc.), tantôt de canaux sécréteurs oléifères (Hélianthe, Armoise, etc.) : ces diverses formes de l'appareil sécréteur se remplaçant pour ainsi dire et se substituant l'une à l'autre. En outre, la tige a quelquefois des faisceaux de tubes criblés à la périphérie de sa moelle (Salsifis, Laitue, etc.).

Les fleurs sont toujours disposées en capitules, ou *fleurs composées*, caractère d'où la famille a tiré son nom. Ces capi-

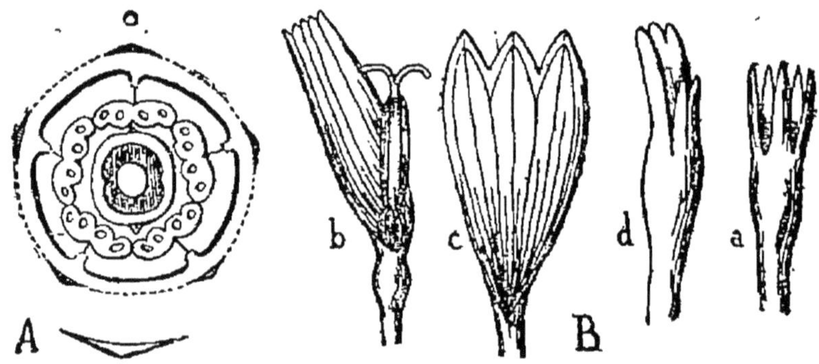

Fig. 329. *A*, diagramme de la fleur d'une Composée; *B*, les quatre formes de corolle; *a*, tubuleuse; *b*, ligulée à cinq dents; *c*, ligulée à trois dents; *d*, bilabiée.

tules, qui peuvent se réduire à une seule fleur (Échinope, etc.), sont solitaires (Chardon, Hélianthe, Astre, etc.) ou diversement groupés : en grappe (Armoise, etc.), corymbe (Tanaisie, Achillée, etc.), épi (Chicorée, etc.), capitule (Échinope, etc.), cyme bipare (Eupatoire, etc.) ou unipare (Vernonie, etc.); ils sont munis de bractées stériles, en un ou plusieurs rangs, formant un involucre. Les fleurs sont hermaphrodites, unisexuées ou neutres par avortement, la répartition des trois sortes de fleurs étant variable suivant les genres et pouvant servir à les caractériser. Elles sont pentamères avec pistil dimère (fig. 329), et leur organisation s'exprime, au-dessous de la séparation du calice, par la formule $F = (5S + 5P + 5E + 2C^o)$, qui devient, au-dessus de la séparation du calice, $F = 5S + (5P + 5E) + (2C^o)$.

Le calice ne se prolonge, au-dessus du niveau où il devient libre, que sous forme d'un bourrelet annulaire, entier (Chrysanthème, Pâquerette, Tanaisie, Achillée, etc.) ou portant soit une couronne de soies lisses ou plumeuses (fig. 330) (Chardon, Astre, Laitue, Vernonie, etc.), soit quelques petites écailles membraneuses (fig. 331) (Hélianthe, Matricaire, Bident, etc.).

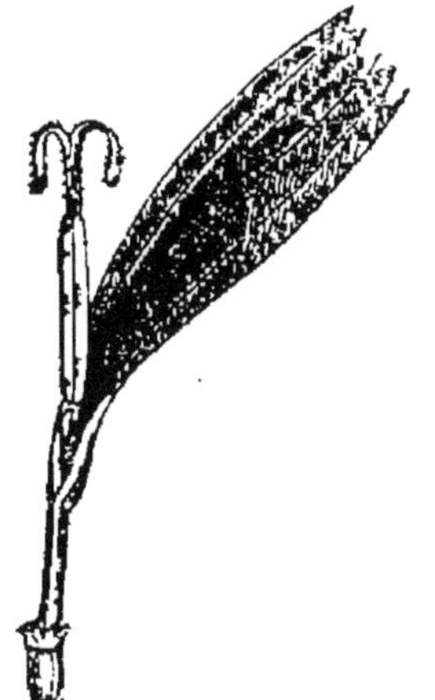

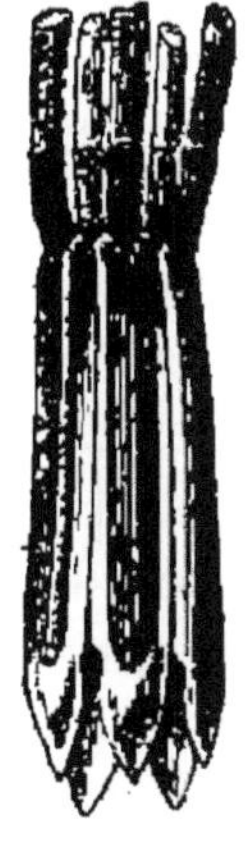

Fig. 330.
Fleur de Chardon.

Fig. 331.
Fleur de Chicorée.

Fig.332.Androcée de Composée, à anthères agglutinées en tube.

La corolle est formée de cinq pétales concrescents, souvent sans nervures médianes, quelquefois avec nervures médianes (Dahlie, Arnice, etc.). Elle est tantôt régulière et tubuleuse (fig. 329, *a*) (Chardon, Vernonie, etc.), tantôt zygomorphe, et cela de trois manières différentes : 1° parce que les pétales, bien que tous égaux, sont profondément séparés en arrière dans la région supérieure et tous ensemble étalés en avant en une languette à cinq dents, formant ainsi une corolle *ligulée* (*b*) (Chicorée, etc.); 2° parce que les pétales sont inégaux, plus profondément séparés sur les côtés qu'en arrière et en avant, et forment une corolle *bilabiée* à lèvre inférieure plus grande que la supérieure (*d*) (Nassauvie, etc.); 3° enfin parce que, dans la corolle bilabiée, la lèvre supérieure avorte de bonne heure et ne laisse subsister que la lèvre inférieure en forme de languette à trois dents, produisant encore une corolle ligulée (*c*), qu'il faut bien se garder de confondre avec la corolle ligulée à cinq dents signalée plus haut (fleurs périphériques du capitule des Anthémide, Astre, Hélianthe, etc.). De là quatre formes de corolle : tubuleuse, ligulée à cinq dents, bilabiée, ligulée à trois dents (fig. 329, *B*). Tantôt le capitule ne renferme que des fleurs d'une seule sorte : tubuleuses (Chardon, Vernonie, etc.), ligulées à cinq dents (Chicorée, etc.), bilabiées (Nassauvie, etc.). Tantôt il contient deux sortes de fleurs : au centre, des fleurs tubuleuses; à la périphérie, des fleurs bilabiées (Barnadésie, etc.) ou des fleurs ligulées à trois dents (Hélianthe, Astre, Souci, etc.); ou bien, au centre, des fleurs bilabiées, à la périphérie, des fleurs ligulées à trois dents (Mutisie, etc.). Les fleurs périphériques ont en outre assez souvent leur corolle colorée autrement que celles du centre, blanches, par exemple, quand celles du centre sont jaunes (Anthémide, etc.).

Les cinq étamines sont alternes avec les pétales, concrescentes avec le tube de la corolle, toutes égales et fertiles, quelle que soit la forme de la corolle; les filets sont libres, mais les anthères sont ordinairement agglutinées bord à bord en un tube qui entoure le style (fig. 329, *A*, et fig. 329, *B*, *b*), circonstance qui a fait donner quelquefois à la famille le nom de *Synanthérées* (fig. 332).

Le pistil, concrescent avec les verticilles externes dans toute la longueur de l'ovaire, qui est infère, se compose de deux carpelles médians, ouverts et concrescents en un ovaire uniloculaire, surmonté d'un style unique terminé par deux stigmates recourbés en dehors et contenant un seul ovule anatrope dressé, inséré à la base du carpelle antérieur et tournant son raphé en avant (fig. 329, *A*).

Le fruit est un akène à sommet nu (fig. 331) (Chrysanthème, Chicorée, Hélianthe, etc.) ou couronné par une aigrette provenant du développement du calice (fig. 330) (Chardon, Laitue, Astre, etc.), aigrette qui joue un grand rôle dans la dissémination; elle est quelquefois portée par un long bec rigide (Laitue, Pissenlit, etc.). La graine renferme un embryon droit à cotylédons plans, sans albumen.

La famille des Composées, répandue par toute la Terre, mais surtout dans les climats tempérés et subtropicaux, est la plus vaste de l'embranchement des Phanérogames : elle comprend en effet 766 genres avec plus de 10 000 espèces. Les genres y sont groupés en quatre grandes tribus :

1. *Liguliflores*. — Fleurs d'une seule sorte, ligulées à cinq dents : Scolyme, Chicorée, Hyosère, Lampsane, Picride, Crépide, Épervière, Porcelle, Liondent, Chondrille, Pissenlit, Laitue, Laiteron, Salsifis, Scorsonère, etc.

2 *Tubuliflores*. — Fleurs d'une seule sorte, tubuleuses : Vernonie, Agérate, Eupatoire, Échinope, Bardane, Carline, Chardon, Artichaut, Sarrète, Centaurée, Carthame, etc.

3. *Radiées*. — Fleurs de deux sortes, tubuleuses au centre, ligulées à trois dents à la périphérie, où elles rayonnent : Solidage, Pâquerette, Astre, Vergerette, Conyze, Filage, Gnaphale, Inule, Pulicaire, Silphe, Zinnie, Hélianthe, Coréopside, Dahlie, Bident, Tagète, Achillée, Anthémide, Chrysanthème, Matricaire, Cotule, Tanaisie, Armoise, Arnice, Cinéraire, Séneçon, Doronic, Souci, etc.

4. *Labiatiflores*. — Fleurs bilabiées, seules (Nassauvie, etc.), avec des fleurs tubuleuses au centre (Barnadésie, etc.) ou avec des fleurs ligulées à trois dents à la périphérie (Mutisie, etc.) : Onosère, Chaptalie, Nassauvie, etc.

De ces quatre tribus, celle des Liguliflores est seule nettement limitée ; les trois autres sont reliées par de nombreuses transitions. Cette différence s'accuse encore davantage si l'on remarque que les Liguliflores possèdent des réseaux laticifères à cellules fusionnées et sont dépourvues de canaux sécréteurs ; tandis que les plantes des trois autres tribus sont, au contraire, ordinairement munies de canaux sécréteurs oléifères, mais privées de réseaux laticifères. Les Liguliflores doivent à leur latex d'être narcotiques et vénéneuses (Laitue vireuse, etc.) ou amères (Chicorée sauvage, Pissenlit dent-de-lion, etc.); les Radiées doivent à leurs canaux oléifères d'être aromatiques et stimulantes (Armoise commune, A. estragon, A. absinthe, Anthémide noble, vulgairement Camomille, A. pyrèthre, etc.). Plusieurs Composées sont alimentaires par leurs racines cuites (Scorsonère, Salsifis, etc.) ou torréfiées (Chicorée sauvage), par les tubercules de leurs rhizomes, riches en inuline (Hélianthe tubéreux, vulgairement Topinambour), par les feuilles, auxquelles la culture et l'étiolement ont fait perdre leur âcreté (Laitue cultivée, L. scarole, Chicorée sauvage, Ch. endive, Artichaut cardon, etc.), par les bractées de l'involucre et le réceptacle commun du capitule (Artichaut scolyme). D'autres renferment dans leurs corolles des principes colorants et servent à teindre en rouge (Carthame tinctorial), en jaune (Sarrète tinctoriale) ou en bleu (Agérate tinctorial). Plusieurs ont des graines très oléagineuses, qui donnent une huile alimentaire (Hélianthe annuel, vulgairement Grand-Soleil, Madie cultivée,

Guizotie d'Abyssinie, etc.). Enfin une multitude de ces plantes sont cultivées, comme on sait, dans les jardins pour la beauté de leurs fleurs.

Par les carpelles couverts et la placentation basilaire, les Composées occupent une place à part dans l'ordre des Gamopétales inférovariées. C'est des Dipsacées et des Calycérées qu'elles s'éloignent le moins; mais elles diffèrent cependant des Dipsacées par l'absence d'involucelle, les carpelles ouverts et la graine sans albumen; ces deux derniers caractères les distinguent aussi des Calycérées.

Résumé de l'étude des Dicotylédones. — Nous avons distingué dans la classe des Dicotylédones six ordres, définis p. 253. Dans chacun de ces six ordres, nous avons choisi un certain nombre de familles types, dont la définition relative a été inscrite dans autant de petits tableaux, p. 254, p. 274, p. 287, p. 362, p. 383, p. 416. Autour de chacune de ces familles types, au nombre de vingt et une, ou plus exactement autour de dix-huit d'entre elles, puisque les Polygonacées, les Cactées et les Composées sont demeurées isolées, nous avons groupé toutes les autres familles et résumé chaque fois le groupement dans un tableau final. Il suffirait maintenant de disposer à la suite ces six séries de familles types, avec les dix-huit tableaux partiels qui leur correspondent, pour obtenir un tableau d'ensemble résumant la division de la classe des Dicotylédones en six ordres et cent quarante-sept familles, telle qu'elle a été adoptée dans la seconde partie de ces *Éléments*. Ce tableau général ferait pendant à celui qui a été donné pour les Monocotylédones à la p. 251; mais, en raison de son grand développement et des difficultés d'exécution typographique qui en résultent, on laisse au lecteur le soin de le tracer en en réunissant, comme il vient d'être dit, les éléments épars.

Relevé général des embranchements, classes, ordres et familles du règne végétal. — Somme toute, l'embranchement des Thallophytes a offert 8 ordres et 39 familles, celui des Muscinées 4 ordres et 8 familles, celui des Cryptogames vasculaires 7 ordres et 16 familles, celui des Phanérogames 11 ordres et 178 familles, ce qui porte à 30 le nombre des ordres et à 240 le nombre des familles que l'on a distinguées dans le règne végétal et étudiées sommairement dans la partie spéciale de ces *Éléments*.

Le tableau suivant résume cette division du règne végétal en 4 embranchements, 10 classes, 30 ordres et 240 familles, dans la succession même où les caractères de ces divers groupes ont été exposés au cours de cet Ouvrage :

TABLEAU RÉSUMANT LA DIVISION DU RÈGNE VÉGÉTAL
EN EMBRANCHEMENTS, CLASSES, ORDRES ET FAMILLES.

EMBRAN-CHEMENTS.	CLASSES.	ORDRES.	SOUS-ORDRES.	FAMILLES.
THALLOPHYTES.	Champignons..	MYXOMYCÈTES....		*Endomyxées.*
				Cératiées.
				Acrasiées.
		OOMYCÈTES......		*Vampyrellées.*
				Chytridiacées.
				Mucoracées.
				Entomophthoracées.
				Péronosporacées.
				Saprolégniacées.
				Monoblépharidées.
		BASIDIOMYCÈTES..		*Agaricacées.*
				Lycoperdacées.
				Trémellacées.
				Pucciniacées.
				Ustilagacées.
		ASCOMYCÈTES.....		*Pézizacées.*
				Sphériacées.
				Périsporiacées.
				Lichens.
	Algues.........	CYANOPHYCÉES...		*Nostocacées.*
				Bactériacées.
		CHLOROPHYCÉES..		*Conjuguées.*
				Siphonées.
				Cénobiées.
				Protococcacées.
				Palmellacées.
				Confervacées.
				Characées.
		PHÉOPHYCÉES....		*Péridiniacées.*
				Cryptomonadacées.
				Diatomacées.
				Phéozoosporées.
				Dictyotacées.
				Fucacées.
		FLORIDÉES.......		*Bangiacées.*
				Némaliacées.
				Cryptonémiacées.
				Rhodyméniacées.
				Gigartinacées.

EMBRANCHEMENTS.	CLASSES.	ORDRES.	SOUS-ORDRES.	FAMILLES.
MUSCINÉES	Hépatiques	JONGERMANNINÉES.		Jongermanniacées.
				Anthocérées.
		MARCHANTINÉES.		Ricciées.
				Marchantiacées.
	Mousses	SPHAGNINÉES.		Sphagnacées.
				Andréacées.
		BRYINÉES.		Phascacées.
				Bryacées.
CRYPTOGAMES vasculaires.	Filicinées	FOUGÈRES.		Hyménophyllées.
				Gleichéniées.
				Cyathéacées.
				Polypodiacées.
				Osmondacées.
				Schizéacées.
		MARATTINÉES.		Marattiacées.
				Ophioglossées.
		HYDROPTÉRIDES.		Salviniacées.
				Marsiliacées.
	Équisétinées	ÉQUISÉTINÉES ISOPORÉES.		Équisétacées.
		ÉQUISÉTINÉES HÉTÉROSPORÉES.		Annulariées.
	Lycopodinées	LYCOPODINÉES ISOSPORÉES.		Lycopodiacées.
		LYCOPODINÉES HÉTÉROSPORÉES.		Isoétées.
				Sélaginellées.
				Lépidodendracées.
PHANÉROGAMES.	Gymnospermes.			Cycadacées.
				Conifères.
				Gnétacées.
	Monocotylédones.	GRAMININÉES.		Graminées.
				Cypéracées.
				Centrolépidées.
				Lemnacées.
				Naïadacées.
				Aracées.
				Typhacées.
				Pandanées.
				Cyclanthées.

EMBRAN-CHEMENTS.	CLASSES.	ORDRES.	SOUS-ORDRES.	FAMILLES.
PHANÉROGAMES *(Suite.)*	**Mono-cotylédones.....** *(Suite.)*	JONCINÉES........		*Restiacées.*
				Ériocaulées.
				Triglochinées.
				Palmiers.
				Joncacées.
		LILIINÉES........		*Alismacées.*
				Commélinacées.
				Xyridacées.
				Pontédériacées.
				Liliacées.
		IRIDINÉES.........		*Amaryllidacées.*
				Dioscoréacées.
				Iridacées.
				Hémodoracées.
				Broméliacées.
				Scitaminées.
				Orchidacées.
				Hydrocharidacées.
	Dicotylédones.		APÉTALES SUPÉROVARIÉES	*Urticacées.*
				Platanées.
				Cératophyllées.
				Casuarinées.
				Chloranthées.
				Pipéracées.
				Myricées.
				Lacistémées.
				Salicées.
				Balanopsées.
				Polygonacées.
				Chénopodiacées.
				Phytolaccacées.
				Aizoacées.
				Nyctaginées.
				Illécébrées.
				Podostémées.
				Protéacées.
				Éléagnées.
				Thyméléacées.
				Pénéacées.
			APÉTALES INFÉROVARIÉES	*Cupulifères.*
				Juglandées.
				Santalacées.
				Loranthacées.
				Balanophoracées.
				Rafflésiacées.
				Aristolochiacées.
				Bégoniées.
				Datiscées.

EMBRAN-CHEMENTS.	CLASSES.	ORDRES.	SOUS-ORDRES.	FAMILLES.
			Polystémones.	Renonculacées. Anonacées. Magnoliacées. Monimiacées. Ménispermacées. Myristicées. Berbéridacées. Lauracées. Nymphéacées. Nélombées.
			Méristémones à carpelles clos.	Malvacées. Ternstrémiacées. Clusiacées. Hypéricacées. Dilléniacées. Ochnacées. Diptérocarpées. Sarcolénées. Humiriées. Euphorbiacées. Buxées. Empétrées.
PHANÉROGAMES. (Suite.)	Dicotylédones. (Suite.)	DIALYPÉTALES SUPÉROVARIÉES.	Méristémones à carpelles ouverts.	Cistées. Bixacées. Samydées. Passiflorées. Tamaricacées. Violacées. Droséracées. Sarracéniées. Népenthées. Résédacées. Crucifères. Capparidacées. Papavéracées.
			Diplostémones.	Géraniacées. Linacées. Crassulacées. Élatinées. Caryophyllées. Portulacées. Zygophyllées. Rutacées. Méliacées. Simarubacées. Anacardiacées. Sapindacées. Sabiées. Malpighiacées.

EMBRAN-CHEMENTS.	CLASSES.	ORDRES.	SOUS-ORDRES.	FAMILLES.
			Diplostémones. (*Suite.*)	*Polygalées.* *Trémandrées.* *Vochysiacées.* *Légumineuses.* *Connarées.* *Rosacées.* *Moringées.*
		DIALYPÉTALES SUPÉROVARIÉES. (*Suite.*)	Isostémones.	*Célastracées.* *Chaillétiées.* *Ilicacées.* *Olacacées.* *Vitées.* *Rhamnées.*
PHANÉROGAMES. (*Suite.*)	Dicotylédones. (*Suite.*)	DIALYPÉTALES INFÉROVARIÉES..		*Cactées.* *Saxifragacées.* *Lythracées.* *Œnothéracées.* *Haloragées.* *Combrétacées.* *Rhizophoracées.* *Mélastomacées.* *Myrtacées.* *Lécythidacées.* *Loasées.* *Ombellifères.* *Araliées.* *Pittosporées.* *Cornées.*
		GAMOPÉTALES SUPÉROVARIÉES..		*Éricacées.* *Épacridacées.* *Diapensiées.* *Lennoées.* *Cyrillées.* *Primulacées.* *Plombaginées.* *Myrsinées.* *Sapotées.* *Ébénacées.* *Styracées.* *Solanacées.* *Borragacées.* *Hydrophyllées.* *Polémoniées.* *Convolvulacées.* *Gentianées.* *Loganiées.* *Apocynacées.* *Asclépiadacées.* *Oléacées.*

EMBRAN-CHEMENTS.	CLASSES.	ORDRES.	SOUS-ORDRES.	FAMILLES.
—	—	—	—	—
		GAMOPÉTALES SUPÉROVARIÉES. (*Suite.*)	....	*Scrofulariacées.*
			....	*Labiées.*
			....	*Utriculariées.*
			....	*Gesnéracées.*
			....	*Bignoniacées.*
			....	*Acanthacées.*
			....	*Sélaginacées.*
			....	*Verbénacées.*
			....	*Plantaginées.*
PHANÉROGAMES. (*Suite.*)	Dicotylédones. (*Suite.*)			
		GAMOPÉTALES INFÉROVARIÉES.	....	*Campanulacées.*
			....	*Stylidiées.*
			....	*Goudéniées.*
			....	*Cucurbitacées.*
			....	*Rubiacées.*
			....	*Caprifoliacées.*
			....	*Valérianées.*
			....	*Dipsacées.*
			....	*Calycérées.*
			....	*Composées.*

DISTRIBUTION DES PLANTES
A LA SURFACE DE LA TERRE

Il reste maintenant à étudier la manière dont toutes ces plantes sont réparties à la surface du globe; c'est ce qui fera l'objet du dernier chapitre de cet Ouvrage.

Sous l'influence combinée des conditions de milieu, de la lutte pour l'existence avec les autres êtres vivants, et de leur répartition antérieure, les plantes se trouvent aujourd'hui distribuées d'une certaine manière à la surface du globe. Elles ne l'ont pas toujours été de cette façon; aux diverses époques géologiques, leur répartition a subi des changements profonds. Il y a donc à considérer d'abord la distribution actuelle des végétaux, ce qu'on appelle la *géographie botanique*, puis leur distribution ancienne, qui constitue la *paléobotanique* ou *botanique fossile*.

§ 1

Distribution actuelle des plantes.

Influence des conditions de milieu. — On sait que l'oxygène de l'air, l'eau, la radiation et l'aliment sont les conditions d'existence nécessaires des végétaux ; on sait aussi que chaque espèce a, pour chacune de ces conditions, un maximum, un minimum et un optimum propres. Or l'aération, l'humidité, la température, la lumière et l'aliment sont distribués d'une façon très inégale à la surface du globe. A supposer donc que les œufs, spores ou graines de toutes les espèces fussent une fois disséminées uniformément sur toute l'étendue de la Terre, toutes ne pourraient s'y développer également ; certaines se trouveraient bientôt cantonnées dans des régions déterminées, tandis que d'autres deviendraient spéciales à d'autres contrées.

Les variations dans l'aération, l'humidité et la qualité de l'aliment ont leur importance. En ce qui concerne l'humidité, par exemple, pour qu'une espèce donnée prospère dans une localité, il faut que la quantité d'eau qu'elle y reçoit soit toujours comprise entre le minimum et le maximum qui lui sont propres, et qu'en outre la moyenne ne soit pas trop éloignée de l'optimum. C'est ainsi que la limite méridionale d'extension de l'Alchimille vulgaire est déterminée par la quantité de pluie annuelle minimum, environ 40 centimètres, qui est nécessaire à cette espèce ; au contraire, l'humidité trop grande du sol exclut le Sapin pectiné du Nord-Ouest de l'Allemagne.

Mais c'est surtout l'inégale distribution de la radiation qui est la cause dominante de l'inégale répartition des espèces végétales. Chaque plante a besoin, en effet, pour effectuer son développement complet, d'une certaine quantité de chaleur ; la manière dont cette quantité de chaleur lui est fournie est d'ailleurs à peu près indifférente, pourvu que la température de son corps soit toujours maintenue entre les limites qui lui sont propres. C'est ainsi qu'un même végétal peut se développer tout aussi bien dans une contrée où la saison est courte et la température moyenne que dans une région où la température est toujours plus basse, mais où elle se maintient pendant un temps plus long. Pourvu que la même somme de chaleur soit reçue dans les deux cas, le même développement morphologique a lieu.

Il y a donc, pour chaque espèce, une somme de chaleur déterminée qui en limite l'extension à la surface de la Terre. Cette quantité de chaleur n'a pas été mesurée directement, mais on s'en rend compte approximativement en sommant les températures utiles, c'est-à-dire les températures successives comprises, pour une saison, entre le maximum et le minimum relatifs à l'espèce considérée. On comprend ainsi que les espèces pour lesquelles la somme de chaleur utile est la moins élevée soient confinées vers les régions polaires ou dans les plus hautes altitudes, et que les grandes lignes de distribution des espèces se suivent des pôles à l'équateur ou du sommet des montagnes jusqu'aux plaines. Mais il ne faut pas oublier qu'à côté de cette cause principale les autres peuvent intervenir et troubler la régularité de répartition des plantes dans les différentes zones. Ainsi la sécheresse du Sahara y détermine une flore spéciale très pauvre en espèces, à des latitudes où les sommes de chaleur permettraient le plus riche développement de toutes les formes végétales.

Influence de la lutte pour l'existence. — La lutte pour l'existence intervient aussi dans la distribution des plantes. Sans parler des parasites, dont l'extension est limitée par celle des végétaux qu'ils attaquent, la lutte s'établit souvent pour l'alimentation, et elle offre parfois un rapport intéressant avec la nature du sol. Ainsi, par exemple, dans les Alpes orientales, où le Rosage ferrugineux existe en concurrence avec le Rosage hirsute, qui préfère les sols calcaires, il est à peu près exclusivement limité aux sols siliceux, tandis que dans les Alpes occidentales, où il existe seul, on le rencontre indifféremment sur les terrains calcaires et sur les sols siliceux. Une espèce peut aussi en supplanter d'autres par la manière facile dont elle se fractionne et dont elle multiplie ses individus. C'est de cette manière que l'Élodée canadienne, depuis son introduction en Europe, chasse peu à peu de tous les fossés, étangs et ruisseaux presque toutes les espèces aquatiques qui vivent dans des conditions analogues aux siennes.

L'extension de certains insectes nuisibles, l'influence directe des animaux herbivores, et surtout les modifications apportées par la culture dans la végétation, sont aussi des causes qui agissent puissamment sur la distribution des espèces.

Influence de la répartition antérieure et du mode de dissémination. — L'influence des conditions de milieu et celle de la lutte pour l'existence ne suffisent pas pour expliquer la distribution actuelle des plantes. Des deux côtés d'une mer, deux continents peuvent offrir des climats identiques et pourtant être peuplés d'espèces différentes. C'est qu'il y a un état antérieur, dont il faut toujours tenir compte. La forme des continents n'a pas été la même aux diverses périodes géologiques; même aux époques les plus récentes de l'histoire du globe, la distribution des terres et des mers a subi de notables changements. Il en résulte que les climats ont eu autrefois une répartition très différente de celle qu'ils ont actuellement. Mais sur cet état antérieur on n'a, comme on le verra plus loin, que des renseignements fort incomplets.

Il faut considérer aussi le mode de dissémination des plantes. Une mer, une haute chaîne de montagnes, peuvent être un obstacle à la propagation d'un végétal. On s'en assure en transportant des graines d'un continent à l'autre. Si les espèces ainsi introduites prospèrent et luttent avantageusement contre les espèces indigènes, c'est bien évidemment qu'aucune graine de ces plantes n'avait pu jusqu'alors traverser la mer considérée. On peut citer comme exemple la naturalisation facile en Europe de plusieurs espèces de l'Amérique tempérée (Élodée canadienne, Vergerette canadienne, etc.), et réciproquement.

Limites de végétation. — Pour observer dans toute sa netteté l'influence des conditions de milieu, et notamment de la quantité de chaleur, sur la distribution des plantes, il faut choisir une localité assez restreinte pour que les graines et les spores puissent y être disséminées dans tous les points, et qui présente cependant des différences considérables de climat; une région montagneuse de la zone tempérée remplira bien cette double condition. Nous prendrons pour exemple la chaîne de Belledonne, dans les Alpes françaises.

Si l'on s'y élève, depuis le fond d'une vallée basse jusqu'au-dessus de la limite des neiges éternelles, on rencontre successivement plusieurs végétations d'aspect différent.

La région basse, presque partout envahie par les cultures, présente la végétation ordinaire des coteaux peu élevés, à cette latitude; les bois de Chêne ou parfois de Hêtre sont dominants. Au-dessus de cette zone inférieure, on ne tarde pas à entrer dans une région qui renferme une tout autre végétation : c'est la *zone subalpine*. Les Sapins sont les arbres les plus abondants. Le Chêne a disparu lorsqu'on atteint cette zone; le Hêtre cesse aussi bientôt de croître. D'autres arbres dicotylédonés deviennent, au contraire, relativement plus nombreux (Frêne, Bouleau, Sorbier des oiseleurs, Aulne vert); mais ce sont les Conifères qui forment surtout les forêts (Sapin pectiné, Pesse élevée). Dans les forêts de Sapins et de Pesses, et là même où les forêts manquent, une végétation herbacée, spéciale à cette zone et comprise entre des limites d'altitude déterminées, peut être considérée comme très caractéristique. Ce sont le Mélampyre des bois, le Prénanthe pourpre, la Pyrole seconde, le Mulgède alpin, etc., et, parmi les plantes ligneuses, l'Airelle vigne-d'Ida, un certain nombre d'espèces de Chèvrefeuilles, de Groseilliers, etc.

Quand on a dépassé la région où les Sapins et les Pesses peuvent croître, la végétation change assez brusquement. L'ensemble des plantes qu'on trouve alors répandues sur les rochers ou dans les prairies prend bientôt un caractère particulier. On appelle cette zone la *zone alpine inférieure*. Des arbustes comme les Rosages, les Genévriers nains, certains Saules, etc., y sont très abondants et les plantes herbacées présentent à cette hauteur une diversité de formes très remarquable. On peut citer, parmi celles qui sont les plus répandues et les plus caractéristiques, les Dryade octopétale, Anémone alpine, Renouée vivipare, Phéole alpine, Silène acaule, etc.

Si l'on s'élève encore plus haut, on atteint les éboulis et les maigres prairies qui avoisinent les névés. Les Mousses et les Lichens fournissent alors les espèces dominantes; il ne subsiste plus qu'un nombre restreint de plantes vasculaires : la Saxifrage bryoïde, la Renoncule glaciale, le Saule herbacé; ce dernier est la plante phanérogame qui s'élève le plus haut, avec le Pavot alpin et le Paturin lâche. Cette zone, qui peut être caractérisée par un certain nombre de plantes vasculaires, toutes vivaces, à rhizomes très développés, est appelée *zone alpine supérieure*; elle est, en général, assez nettement limitée par rapport à la zone alpine inférieure.

On voit ainsi s'étager, depuis le fond de la vallée jusqu'aux neiges perpétuelles, les limites successives de végétation et, dans une telle contrée, où les influences autres que celle de la radiation sont assez uniformes, on peut observer d'une manière frappante comment les espèces se cantonnent en des zones bien circonscrites, caractérisées surtout par la somme annuelle de chaleur reçue.

Aire des espèces. — Sous l'influence des diverses causes qui viennent d'être examinées, chaque espèce a pris, on le comprend, une extension plus ou moins grande à la surface du globe. La surface occupée par une espèce donnée est ce qu'on nomme l'*aire* de cette espèce.

Le plus habituellement, l'aire d'une espèce est plus étendue parallèlement à l'équateur que du nord au sud. Mais il faut dire que l'aire d'un grand nombre d'espèces est de forme très irrégulière; cela se comprend facilement, puisqu'on a vu que, par la naturalisation, l'aire des espèces peut être incessamment agrandie, surtout parallèlement à l'équateur.

L'aire d'une espèce peut être considérée par rapport à l'organisation de l'espèce elle-même, ou par rapport aux conditions extérieures. Une espèce dont les graines ou les spores seront organisées pour une facile dissémination aura, à conditions égales, une aire plus étendue qu'une autre dont les graines seront moins bien organisées à cet égard. Une espèce dont les conditions d'existence auront des limites plus étendues que celles d'une autre, et dont l'aliment sera plus répandu à la surface du globe, aura aussi une aire relativement plus considérable.

D'autre part, comme on l'a vu plus haut, on ne saurait déduire l'aire d'une espèce de la seule étude des causes actuelles de dissémination ou des conditions actuelles d'existence, lorsqu'on a affaire à des contrées assez grandes. L'extension actuelle d'une espèce dépend en partie de son aire antérieure à une époque précédente de l'histoire du globe. Il est donc impossible d'étudier l'aire des espèces en les classant par les conditions au milieu desquelles elles croissent, ou encore par leur organisation. Ce qu'on peut remarquer de plus général, à ce dernier point de vue, c'est que l'aire d'une espèce est souvent plus vaste quand cette espèce est peu différenciée.

Nous devons donc nous borner à passer en revue les espèces à aires très étendues, à aires moyennes et à aires très restreintes.

Espèces à aire très étendue. — Aucune espèce végétale ne s'étend sur toute la surface du globe. Un certain nombre de

Cryptogames (Algues, Champignons, et parmi eux surtout les Lichens) paraissent pouvoir se développer partout où les conditions d'existence générale des végétaux se trouvent réalisées entre leurs limites extrêmes et, quoique l'étude de la distribution des végétaux inférieurs n'ait pas été faite encore d'une manière générale, on peut affirmer que le nombre des espèces de Thallophytes qui supportent toutes les latitudes et toutes les altitudes où la vie peut se manifester est assez élevé. Une seule espèce phanérogame semble être constituée de manière à se trouver, pour ainsi dire, sous tous les climats : c'est le Laiteron potager.

Les plantes qui ont ensuite l'aire la plus vaste et qui se sont spontanément naturalisées partout, sauf aux extrêmes régions des montagnes ou des pôles, sont cependant limitées en deçà de l'extension des Thallophytes les plus répandues. Ce sont presque uniquement les Pourpier potager, Lamier amplexicaule, Ansérine blanche, Ortie brûlante, Ortie dioïque, Chiendent dactyle, Paturin annuel.

Voici maintenant les espèces phanérogames qui occupent plus de la moitié de la surface du globe :

Capselle bourse-à-pasteur.	Samole de Valerand.	Ortie dioïque.
Cardamine hirsute.	Morelle noire.	Potamot nageant.
Stellaire moyenne.	Lamier amplexicaule.	Jonc des crapauds.
Pourpier potager.	Brunelle vulgaire.	Chiendent dactyle.
Vergerette canadienne.	Ansérine des mars.	Paturin annuel.
Éclipte dressée.	Ansérine blanche.	
Laiteron potager.	Ortie brûlante.	

Le nombre des espèces phanérogames dont l'aire est au moins égale au tiers de la surface terrestre n'atteint pas 120.

Parmi ces plantes à aire très étendue, il est à remarquer qu'il y a plus de 40 pour 100 d'espèces plus ou moins aquatiques, ce qui semblerait indiquer que le transport par les eaux des graines ou des boutures naturelles est favorable à une grande dissémination. 30 pour 100 des espèces à aire très large sont des plantes qui vivent dans les cultures ou croissent dans les décombres et sur le bord des chemins; elles doivent évidemment à l'homme leur grande extension. Il est à remarquer aussi qu'aucune espèce à aire très étendue n'est ligneuse. Les arbres ou les arbustes ont toujours une aire assez restreinte.

Les Cryptogames à aire étendue sont en beaucoup plus grand nombre que les Phanérogames.

Espèces à aire moyenne. — Les espèces phanérogames dont l'aire occupe une surface inférieure au tiers de celle des continents, mais pourtant encore assez étendue, sont de beaucoup les plus nombreuses. Certaines d'entre elles, dont les individus sont très abondants dans une région, peuvent servir à en caractériser la flore, et c'est parmi ces espèces que sont surtout pris les types des diverses flores naturelles.

Les Sapins, les Bouleaux, les Hêtres et la plupart des plantes ligneuses sont des espèces dont l'extension est moyenne : c'est sans doute parce que les arbres ou les arbrisseaux ont, en général, pour l'eau et la chaleur, des limites inférieure et supérieure assez restreintes. Les plantes qui croissent au bord de la mer n'ont pas été comptées parmi celles dont l'aire est très étendue, parce que la surface absolue qu'elles occupent est peu considérable, mais beaucoup d'entre elles sont, comme un grand nombre d'Algues, répandues aux latitudes les plus diverses. Les courants marins sont, en effet, très favorables à la dissémination de ces plantes.

L'aire des espèces suivant que les fruit sont charnus ou non, suivant que la faculté germinative des graines se conserve plus ou moins longtemps, suivant que les fruits ou les graines sont plus ou moins bien organisés pour la dissémination, n'est pas régulièrement plus ou moins grande. La comparaison des faits ne donne sur ce point aucune loi générale. Ainsi les akènes aigrettés des Composées sont considérés comme très bien disposés pour la dissémination; or l'aire des Composées munies d'aigrette n'est pas plus étendue que celle des Composées sans aigrette. On pourrait supposer aussi que les espèces à graines conservant le plus longtemps leur faculté germinative sont celles qui ont la plus grande extension; or, c'est précisément le contraire qui a lieu.

On ne peut donc raisonner par de simples observations sur les causes qui limitent ou étendent l'aire de la plupart des espèces; tout ce qu'on peut remarquer à ce sujet, c'est que l'aire des espèces est en général plus grande pour celles qui ont la taille la plus petite et dont la vie n'est pas de longue durée.

Parmi les groupes qui ont un assez grand nombre d'espèces,

et pour ne considérer que les plantes à aire moyennement étendue, on peut citer les suivantes, en plaçant en tête celles qui ont l'extension la plus large :

Lichens.	Salsolées.	Conifères.	Asclépiadacées.
Algues.	Graminées.	Pandanées.	Mélastomacées.
Champignons.	Scrofulariacées.	Palmiers.	Cyrtandrées.
Mousses.	Labiées.	Composées.	Buttnériées.
Naïadées.	Crucifères.	Malvacées.	Gesnéracées.
Joncées.	Ombellifères.	Légumineuses.	Cucurbitacées.
Phytolaccées.	Dipsacées.	Caryophyllées.	Myrtacées.
Papavéracées.	Borragacées.	Orchidacées.	Épacridacées.
Amarantées.	Saxifragacées.	Rubiacées.	
Convolvulacées.	Hépatiques.	Valérianées.	

On voit, d'après ces quelques exemples, que, malgré la remarque générale faite plus haut, il n'est pas absolument exact de dire que, plus la différenciation d'une espèce est grande, plus son aire est restreinte.

Espèces à aire très restreinte. — Les espèces dont l'aire est très peu étendue se trouvent le plus souvent dans les îles, et surtout dans celles qui sont très éloignées des continents. Les îles Sainte-Hélène, Kerguelen, Tristan d'Acunha, Juan Fernandez, etc., ont dans leur flore un très grand nombre d'espèces propres. On s'explique ces faits par la difficulté qu'ont les graines à arriver dans ces contrées isolées au milieu des mers. Mais d'autres espèces, même placées à l'intérieur des continents, ont une aire très restreinte, sans qu'on puisse l'expliquer par l'étude des causes actuelles. A l'inverse de ce qu'on remarque pour les espèces à aire très étendue, il arrive souvent que les plantes à aire très restreinte sont ligneuses et presque toujours vivaces. Ainsi, pour citer un exemple, les plantes appartenant à des genres propres à l'île Saint-Hélène sont au nombre de onze appartenant aux genres Commidendre, Pétrobe, Lachanode, Mélanodendre (Composées) et Nésiote (Rhamnées). Sur les onze espèces appartenant à ces genres, neuf sont des arbres, une est un arbrisseau et la dernière est une plante vivace ligneuse.

Quant au nombre des espèces à aire très restreinte, inférieure par exemple à $\frac{1}{100000}$ de la surface terrestre, il est beaucoup plus grand que celui des espèces dont l'aire très étendue dépasse la moitié de la surface des continents.

Relations entre les espèces qui ont la même aire. Flores naturelles. — Il est peu fréquent, on le comprend, que plusieurs espèces occupent assez exactement la même surface, sauf pour celles qui sont parasites l'une de l'autre. Aussi, lorsque plusieurs espèces ont à peu près la même aire, si en même temps elles sont nombreuses en individus, elles donnent à toute la contrée une physionomie particulière : ce sont des *espèces caractéristiques*. Lorsqu'une contrée possède un assez grand nombre d'espèces qui y sont très répandues et qui se trouvent à peu près limitées à cette région, on peut nommer *flore naturelle* l'ensemble des plantes qui s'y trouvent, et cette flore naturelle sera surtout définie par un certain nombre des plantes caractéristiques dont nous venons de parler.

On peut citer les exemples suivants d'espèces ayant des aires voisines : Citronnier oranger et Punice grenadier, Dryade octopétale et Silène acaule, Oponce figue-d'Inde et Agave américain, Bananier de paradis et Ricin commun, etc. D'autres, sans être parasites, sont liées à des espèces différentes, qui les supportent, comme les lianes et les Orchidacées épidendres.

On peut aussi remarquer assez fréquemment des associations de deux ou plusieurs plantes de port déterminé; mais alors ce ne sont pas forcément les mêmes plantes qui sont associées, et une espèce peut fort bien se substituer à une autre de port analogue. C'est ainsi, par exemple, que plusieurs végétaux habitent ordinairement les forêts de Pins ou de Pesses, certaines espèces du genre Pyrole par exemple; mais, suivant les localités, les Pyrole chloranthe, seconde ou uniflore pourront se remplacer, tandis que d'autre part le Pin silvestre ou le Mélèze d'Europe pourront prendre la place de la Pesse élevée. C'est aussi par une semblable association que les diverses plantes à forme de lianes, disposées pour rechercher la lumière en grimpant sur les arbres élevés, se trouvent, dans les forêts vierges où l'ombre est intense, associées à des espèces arborescentes de même port, mais qui peuvent aussi être remplacées l'une par l'autre.

Malgré la diversité de toutes ces associations, on peut cependant diviser la surface du globe en un certain nombre de flores naturelles, qui donnent une idée générale du mode de distribution des espèces les plus répandues. Nous allons passer en revue les principales de ces flores naturelles.

Flore arctique. — On peut désigner sous le nom de *flore arctique* la flore des contrées situées au nord de la limite septentrionale des forêts. Elle comprend le nord de la Sibérie, la Nouvelle-Sibérie, la terre de François-Joseph, la Nouvelle-Zemble, le Spitzberg, l'Islande, le Groënland et la partie septentrionale de l'Amérique du Nord limitée au sud par le cap Mugford, au nord-est du Labrador, les îles Dormous dans la baie d'Hudson, le lac du Grand Ours dans le bassin du Mackenzie et la terre Kioumi au détroit de Behring.

Les Cryptogames, et surtout les Lichens, sont les végétaux les plus abondants; mais il est difficile de dire s'il y a parmi eux des espèces propres à la flore arctique. Quant aux plantes vasculaires, on en distingue environ 750 espèces; or, sur ces 750 espèces, il n'y en a qu'une vingtaine qu'on n'ait pas retrouvées dans d'autres contrées. Ce sont :

Drave à corymbe.	Armoise androsacée.
Parrye arénicole.	Armoise de Steven.
Cochléaire fenestré.	Arnice alpin.
Brayer glabre.	Pédiculaire du Groënland.
Brayer pileux.	Monolépide d'Asie.
Astragale polaire.	Saule glacial.
Potentille jolie.	Dupontie de Fischer.
Potentille tridentée.	Deschampsie brévifoliée.
Saxifrage séniflore.	Pleuropoge de Sabine.
Saxifrage de Richardson.	Atropide étroite.
Nardosmie glaciale.	Fétuque de Richardson.
Chrysanthème intégrifolié.	

Parmi ces quelques espèces propres, il n'y a que deux genres absolument spéciaux; ce sont deux Graminées, le Pleuropoge, de l'île Melville, et la Dupontie, qui se trouve assez répandue dans la flore arctique, sauf en Asie. Ainsi donc, la flore arctique est assez mal caractérisée par des espèces à aires communes et qu'on ne rencontre nulle part ailleurs. C'est que, dans les régions élevées des montagnes qui se trouvent plus au sud, on retrouve jusqu'à un certain point les mêmes conditions climatériques et là, dans cette zone alpine supérieure, on observe la presque totalité des plantes de la flore arctique. On serait donc tenté de joindre aux contrées dont on vient de parler l'ensemble de tous les points situés ailleurs à une altitude assez élevée pour présenter une flore analogue; mais outre que ces régions possèdent un très grand nombre d'espèces qui ne sont pas dans les contrées polaires, il n'est pas absolument exact

que les conditions physiques soient les mêmes aux latitudes
extrêmes et sur les hauts sommets des montagnes.

Le caractère le plus saillant de tous les végétaux de la flore
arctique, c'est l'exiguïté de leur taille. Les arbrisseaux aux
branches rabougries sont aplatis contre la surface du sol, à
peine distincts de la masse de Lichens qui les entoure. Çà
et là seulement, certaines Graminées, en quelques endroits
abrités, s'élèvent un peu plus haut que ces arbrisseaux étalés
contre la terre. Les Cryptogames, qui dominent de beaucoup
par le nombre des individus, sont toutes aussi de petite taille.
On peut dire qu'en général aucun végétal ne dépasse 40 centimètres de hauteur, et la taille moyenne des plantes est voisine
de 6 centimètres. Dans les parties de la flore arctique où la température du sol est la plus froide à la surface et où la terre reste
gelée au-dessous de 4 à 8 centimètres de profondeur, on rencontre presque exclusivement des Mousses (Polytric, Sphaigne)
et des Lichens (Cladonie des rennes, Cladonie onciale, Évernie
ocreuse, Cétraire piquante, Cétraire triste, Cétraire d'Islande,
Cétraire des neiges). La teinte des Lichens donne souvent au
sol un coloris spécial visible à distance, brun, noir ou d'un
blanc jaunâtre, presque fleur de soufre.

Les prairies sont composées d'un très grand nombre de Graminées et de quelques Joncées, qui sont pour la plupart des
plantes de la flore forestière, sauf les quelques espèces spéciales
mentionnées plus haut. Les Cypéracées sont de formes extrêmement nombreuses, sans être plus fréquentes que les Graminées
par le nombre des individus ; ce sont surtout diverses Laiches
et des Ériophores aux aigrettes rousses qui donnent aux prairies de Cypéracées leur physionomie ; on compte environ 9 pour
100 de végétaux de cette famille parmi les plantes vasculaires
de la flore arctique. Les prairies que l'on rencontre au bord
des continents, jusqu'aux latitudes les plus élevées que l'on
connaisse, sont émaillées de fleurs appartenant à des espèces
variées. Presque toutes ces plantes sont vivaces ; leurs rhizomes
sont extrêmement développés et leur partie aérienne très
courte, à entre-nœuds presque nuls, à feuilles en rosette
(Silène acaule, Dryade, Saxifrage oppositifoliée, Diapensie de
Laponie, Drave alpine, Myosotide villeux) ; quelques autres
espèces moins nombreuses ont des tiges à développement plus
rapide dans les derniers entre-nœuds et peuvent élever leurs

fleurs un peu plus haut (Renoncule glaciale, Pavot nudicaule, Auricule farineuse, Polémoine bleue, Oxyrie digyne).

Quant aux arbustes, qui sont ordinairement très petits, ce sont surtout des Saules ou des Airelles. Certains d'entre eux n'ont pas plus de deux à trois centimètres de hauteur. On peut citer les petits arbustes suivants : Saule polaire, Airelle vigne-d'Ida, Airelle des marais, Andromède tétragone, Rosage de Laponie. Dans la partie la moins septentrionale, dans le sud de l'Islande ou le détroit de Behring par exemple, on trouve des arbustes plus élevés, qui peuvent atteindre parfois jusqu'à plus d'un mètre de hauteur et constituent une transition avec la flore des forêts boréales (Saule laineux, Bouleau blanc, Bouleau nain, Aulne blanc, Aulne en broussaille, etc.).

Les variations que présente la distribution des plantes dans ces régions, à mesure qu'on s'élève sur les montagnes, sont, on le comprend, peu marquées. Cependant, lorsqu'on atteint des altitudes de plus en plus élevées, on voit disparaître peu à peu certaines espèces. La plante vasculaire qui s'élève le plus haut paraît être le petit Saule glauque; au-dessus, on rencontre un nombre limité de Mousses et de Lichens.

Flores des forêts boréales. — Lorsqu'on se dirige vers le sud en partant des contrées arctiques, on rencontre une ligne de forêts. Ces forêts semblent être étendues sur presque toute la partie septentrionale de la région boréale tempérée. Sur l'ancien continent et déjà sur le nouveau, elles ont été en grande partie défrichées et remplacées par des cultures, mais si l'on fait abstraction de ces changements relativement récents, on peut caractériser toute cette flore naturelle par la présence d'un grand nombre d'arbres (Hêtre, Pin silvestre, Frêne, Bouleau, Chêne, etc.), dont les individus de même espèce se trouvent en grande abondance dans les mêmes contrées : c'est là le caractère principal des forêts boréales.

Cette flore naturelle est limitée au nord par la flore arctique et au sud de la façon suivante. Dans l'ancien continent, la limite, partant du milieu de l'île Sagalian, passe au sud de l'Amour vers la chaîne de l'Altaï et au nord de la Caspienne, atteint la mer Noire à l'embouchure du Dnieper, puis suit à peu près la limite du Danube, passe au midi des Alpes, traverse le Rhône non loin du confluent de l'Isère, passe au sud des Pyrénées et se termine en Galice vers le cap Corsubedo. Sur le nouveau continent, la limite de la flore forestière va d'abord presque du sud au nord depuis l'embouchure du Mississipi jusqu'au bassin de l'Albanie, puis presque de l'ouest à l'est jusqu'à l'embouchure de l'Orégon.

Le nombre des espèces est considérable dans cette flore, par rapport au nombre des espèces arctiques et la variété des formes est d'autant plus grande qu'on se rapproche du sud. Dans le nord de la flore forestière, il y a tout autant de végétaux, mais on y observe un bien plus grand nombre d'individus de la même espèce, et l'on peut parcourir des distances énormes sans constater aucun changement dans la nature du tapis végétal. Le nombre des espèces propres et même des genres spéciaux à cette flore est aussi très grand; il y a plus, dans un très grand nombre de sous-régions d'étendue souvent peu considérable, on rencontre des espèces spéciales. C'est ainsi que la Saxifrage des Carpathes, la Campanule des Carpathes, le Chrysanthème rotondifolié, la Fétuque des Carpathes, etc., sont limités aux Carpathes. La Pédiculaire d'Œder et l'Armoise de Norvège sont les seules espèces propres à la presqu'île Scandinave. Dans la partie méridionale de la flore, les espèces spéciales sont beaucoup plus nombreuses pour une région donnée; ainsi on compte treize plantes spéciales aux plaines de Hongrie et un nombre bien plus considérable d'espèces qui ne se rencontrent que dans les Alpes du Dauphiné, plus nombreuses encore dans les Pyrénées.

On a vu que presque toutes les plantes de la flore arctique se retrouvent dans la flore forestière; mais cette dernière est relativement mieux limitée vers le sud. Ainsi il n'y a que 11 pour 100 des espèces méditerranéennes qui s'avancent dans la flore des forêts boréales, et il n'y a que 20 pour 100 des plantes de l'Asie centrale ou méridionale qui pénètrent très loin dans la zone forestière de la Sibérie.

Comme ce sont surtout les arbres qui donnent à cette flore naturelle un caractère dominant, citons d'abord les principales espèces qui constituent les forêts. Les arbres gymnospermes principaux sont le Pin silvestre, dont l'aire est la plus étendue, la Pesse élevée, le Mélèze d'Europe, le Sapin pectiné, le Sapin de Sibérie, le Sapin de Menzies d'Asie et des Montagnes Rocheuses, le Pin maritime qui s'étend au sud de la flore en Europe. En Amérique, on trouve des espèces voisines, la Pesse blanche, correspondant à la Pesse élevée, le Mélèze américain correspondant au Mélèze d'Europe, le Pin résineux correspondant au Pin silvestre, le Sapin baumier correspondant au Sapin pectiné, etc., auxquels il faut ajouter quelques autres Gymnospermes (Thuier, Chamécyparide, Taxode).

Parmi les arbres angiospermes, il faut citer surtout le Hêtre, le Chêne, le Frêne, le Châtaignier, le Charme, l'Orme, le Peuplier, le Saule, le Bouleau, le Coudrier, l'Aulne, l'Érable, le Tilleul, le Sorbier. On trouve aussi en Amérique les espèces correspondantes, le Hêtre ferrugineux, le Chêne verdissant et le Chêne de Garry, le Castanopse, le Noyer noir, les Érables et les Négondes, les Peupliers, les Saules, les Bouleaux. Il faut y ajouter d'autres formes arborescentes qu'on ne trouve pas en Europe, telles que le Liriodendre tulipier, le Sassafras, le Yuque, le Magnolier et quelques Palmiers nains vers la partie sud.

Les arbustes sont la Camarine noire et les Bouleaux nains (au nord), les Genévriers, le Houx aquifolié, les Berbérides, les Nerpruns, etc., des Rosacées (Aubépine, Prunier épineux, Ronce, Rosier), les Argoussiers, les Myricaires, et des Araliées dans la Sibérie orientale (Aralie, Eleuthérocoque), ainsi qu'en Amérique au voisinage de l'Orégon (Fatsie). Ces formes se retrouvent sur le nouveau continent, ainsi que les Airelles. En Amérique, il faudrait citer aussi quelques formes spéciales : les Calycanthe, Asimine, Comptonie, le Houx cassine, correspondant au Houx aquifolié, les Mahonies remplaçant les Berbérides, etc. Quant à la forme végétale des Bruyères, assez localisée dans l'ancien continent, elle est à peine représentée dans le nouveau (Camarine, Menziesie et la Callune, venue sans doute d'Europe).

Aux forêts il faut joindre les plantes dont l'habitat est lié à celui des arbres, comme un grand nombre de plantes volubiles et grimpantes. C'est ainsi que l'aire du Houblon est déterminée par celle des arbres angiospermes, celle du Lierre par celle du Hêtre. C'est de la même manière que sont limitées d'autres plantes volubiles, le Schizandre dans le bassin de l'Amour, le Ménisperme en Amérique, etc. Les prairies sont essentiellement constituées par des Graminées et des Cypéracées, auxquelles il faut joindre un grand nombre d'espèces variées appartenant à d'autres familles. Dans la flore forestière, les prairies à Graminées sont surtout déterminées par l'eau courante; les espèces les plus répandues appartiennent aux genres Paturin, Ivraie, Flouve, Agrostide, Avoine, Calamagrostide. Les prairies à Cypéracées et à Joncées doivent au contraire leur formation à l'eau stagnante (Laiche, Scirpe, Souchet, Ériophores à aigrettes blanches, Clade, etc.); on peut mettre à part quelques formes élevées de Graminées ou de Cypéracées aquatiques, telles que les Phragmites et certains Scirpes. En Amérique, les prairies de la flore forestière sont très semblables à celles d'Europe; dans l'Ouest (Orégon) les genres Blé et Fétuque sont dominants parmi les Graminées.

A l'ombre des forêts, comme dans les prairies, les herbes vivaces surtout sont en très grand nombre et présentent les formes les plus variées, surtout dans la partie méridionale de la flore forestière et dans les régions montagneuses; on ne saurait citer de genres ou d'espèces caractéristiques, à cause de leur abondance.

Les Cryptogames présentent dans la flore naturelle des forêts boréales une importance beaucoup moindre que dans la flore arctique, quant au nombre des individus. C'est surtout dans la partie septentrionale que ces plantes sont très développées. Leurs formes sont, d'ailleurs, beaucoup plus variées. Les Cryptogames vasculaires sont représentées par un certain nombre d'espèces croissant dans les forêts (Aspide, Polypode, Ptéride aquiline, Lycopode, etc.).

On sait combien varie la flore avec l'altitude dans les régions tempérées. Au sujet de cette distribution on peut se reporter à ce qui a été dit page 441.

Flores des steppes boréales. — On peut comprendre sous ce nom deux flores complètement différentes par leurs espèces, mais très semblables par la physionomie de leurs formes végétales, ainsi que par leur climat : d'une part, les steppes de l'Asie centrale et la Perse, d'autre part, toute la partie à la fois centrale et méridionale de l'Amérique du Nord, où s'étendent les grandes prairies américaines. L'ensemble de ces deux flores, où les forêts manquent, est limité au nord par la flore forestière boréale et elle lui fait suite partout, sauf sur les points où une mer intérieure importante (région méditerranéenne) ou un climat spécial (Japon, Californie) déterminent des flores d'un tout autre aspect et à formes bien plus richement variées.

La flore des steppes d'Asie est limitée à l'est par les montagnes du Khou-Khounoor et de Khang-Kaï, au sud par l'Himalaya et l'Indus; la limite passe ensuite au sud de l'Euphrate et s'arrête au littoral de l'Asie Mineure. Elle comprend donc les déserts d'Asie et la partie centrale des bassins de la Caspienne, de la mer d'Aral ainsi que le bassin de l'Euphrate. La flore des steppes de l'Amérique septentrionale est limitée au sud vers le tropique boréal, à l'est par la Californie, au nord et à l'est par la flore forestière boréale, sauf certains plateaux du Nouveau-Mexique où l'on voit reparaître les caractères de la flore des forêts boréales et où l'on trouve un grand nombre d'espèces européennes.

Aussi bien dans l'ancien continent que dans le nouveau, les formes végétales dominantes semblent aptes, dans ces régions, à supporter la sécheresse, soit par des réserves d'eau (plantes grasses), soit par un revêtement pileux protecteur.

Les plantes arborescentes les plus caractéristiques des steppes asiatiques et américaines appartiennent aux Chénopodiacées ou aux groupes voisins. Ce sont, dans l'ancien continent, les buissons d'Anabase ou de Brachylépide, et surtout l'Haloxyle, qui s'étend en Perse, dans le Turkestan et dans la région de l'Aral. Ce sont, dans le nouveau continent, l'Arroche blanchissante et le Sarcobate vermiculaire. On trouve aussi, dans les deux régions, des Armoises à port de Chénopodiées. Dans toutes ces contrées, le sol salifère est fréquent et supporte en grand nombre ces espèces et d'autres analogues. Les Graminées des steppes sont mêlées à des herbes vivaces, beaucoup plus variées dans leur organisation que celles des prairies de la région forestière. En Amérique, les plantes grasses sont les Agaves et surtout les Cactées, qui présentent leur maximum de développement dans les savanes du Mexique : à l'ouest croît le Cierge géant, qui peut atteindre jusqu'à 20 mètres de hauteur, remplacé vers l'est par l'Oponce aborescent.

La richesse des flores des steppes est beaucoup plus grande encore que dans la partie méridionale de la flore forestière boréale, et l'on voit s'accentuer la différenciation des formes végétales à mesure qu'on s'avance vers le sud. On compte plus de trois mille espèces spéciales aux steppes américaines boréales et plus du double d'espèces propres aux steppes de l'ancien continent. Quant aux limites de ces flores, elles sont peu tranchées au centre de l'Amérique du Nord, à l'ouest de l'Asie et

vers l'Asie Mineure. Les quelques forêts enclavées au nord
dans les contrées des steppes dépendent de la flore forestière.

Les Cryptogames sont relativement moins nombreuses et
moins développées que dans la zone des forêts boréales.

Les montagnes, telles que le Caucase dans l'ancien continent
et les Montagnes Rocheuses en Amérique, présentent naturellement dans leurs altitudes élevées une flore très différente de
celle des steppes. On trouve dans le Caucase une région forestière à Bouleau, Pin silvestre, etc., vers 2000 ou 2500 mètres
d'altitude, ainsi que dans les Montagnes Rocheuses (Pin
flexible, etc.) où elle peut s'élever au sud de la région jusqu'à
3700 mètres. En d'autres points, la zone forestière présente
encore dans les montagnes des formes qui se rapprochent de
celles plus septentrionales (Charme oriental et Chêne de Perse,
par exemple, en Perse, etc.).

Au-dessus, se trouve une région alpine. Dans le Caucase, à
côté d'espèces spéciales (Rosage du Caucase, Genévrier très
fétide) ou d'autres plantes qui rappellent celles des steppes, on
observe des plantes de la flore forestière ou des Alpes (Myosotide
des bois, Drave blanche, Thym serpolet), même à 4500 mètres
d'altitude. La région alpine des Montagnes Rocheuses est beaucoup moins étendue et moins bien caractérisée.

Flore méditerranéenne et flore californienne. — Le littoral de la Méditerranée possède une flore très spéciale, qui diffère tout à fait à la fois de celle des steppes et de celle de la
flore forestière. La douceur de ce climat marin, les pluies limitées à la saison d'hiver, suffisent pour expliquer de semblables
différences; ce semble être surtout l'absence de froid en hiver
qui détermine le changement qu'on remarque dans la flore
lorsque, venant du nord de l'Europe, on atteint le littoral de la
Méditerranée.

La partie septentrionale de la Californie possède une flore
dont les espèces sont, il est vrai, absolument différentes des
espèces méditerranéennes, mais un climat marin très semblable;
la douceur de l'hiver, les pluies de février, le courant d'eau
froide qui empêche les chaleurs de l'été d'être excessives, donnent en effet au littoral un climat très analogue à celui de la
Méditerranée. Aussi les formes des plantes y sont-elles les
mêmes et la beauté de la végétation méditerranéenne se

retrouve-t-elle dans cette région de la Californie, qu'on a quelquefois appelée l'Italie du Pacifique.

Sur environ 7000 plantes vasculaires, on en compte 60 pour 100 qui sont propres à la flore méditerranéenne. Il y a donc 4200 espèces spéciales, ce qui est un nombre très élevé relativement à l'étendue de la région, si on la compare à celle des steppes. En Californie, où la zone comparable à la région méditerranéenne n'a pas le quart de son étendue, il y a plus de 1000 espèces spéciales de plantes vasculaires.

Les buissons toujours verts sont peut-être les plantes les plus caractéristiques de ces flores. Sur les bords de la Méditerranée, ce sont le Myrte commun, les Arbousiers, le Laurier noble, le Chêne yeuse, la Bruyère arborescente, les Cistes, le Pistachier lentisque, l'Osyride blanc, les Daphnés, etc. En Californie, les buissons toujours-verts sont les Arbousiers et les Arctostaphyles, les Chênes agrifolié et densiflore, correspondant au Chêne yeuse, puis d'autres plantes appartenant à des familles très différentes, mais qui ont le port du Myrte, du Laurier ou de la Bruyère (Simmondsie, Photinier, Adénostome, etc.).

Parmi les arbres angiospermes de la région méditerranéenne, il faut citer surtout l'Olivier d'Europe, puis le Punice grenadier, le Figuier de Carie, le Citronnier oranger, le Chêne liège, le Mûrier noir, le Caroubier à silique. A ces formes correspondent, en Californie, le Tétranthère californien, le Castanopse chrysophylle à feuilles persistantes, etc. Les arbres gymnospermes caractéristiques de la région méditerranéenne sont surtout le Cyprès toujours-vert, le Pin pignon, le Pin maritime. En Californie, les Chamécyparides et les Torreyers peuvent être considérés comme analogues; mais au-dessus de 1500 mètres d'altitude, on rencontre en outre le genre spécial Séquoier, notamment le Séquoier ou Wellingtonier géant qui peut dépasser 150 mètres de hauteur.

Au printemps, les Monocotylédones bulbeuses ou tuberculeuses fleurissent partout en masse (Safrans, Narcisses, Tulipes, Scilles, Jacinthes, Asphodèles, Orchidacées, etc.). Les Graminées vivaces forment gazon et sont beaucoup moins nombreuses que dans la flore forestière; au contraire, les Graminées annuelles sont d'espèces variées et très répandues. C'est le même caractère qu'on retrouve dans la flore californienne et, dans les deux flores, le genre Avoine est l'un des plus répandus. On peut s'expliquer ce fait général par l'absence habituelle d'eau courante à la surface du sol. Les autres herbes vivaces sont aussi abondantes et de formes très diverses; dans l'ancien continent comme dans le nouveau, les Composées, les Légumineuses, les Ombellifères et les Labiées sont les familles dominantes.

Quant aux Cryptogames, elles ne sont guère plus nombreuses en individus que dans la flore des steppes. Dans la région méditerranéenne, la Ptéride aquiline, commune avec la flore forestière, est peut-être la seule Cryptogame vasculaire importante.

Flore chino-japonaise. — La flore du Japon et de la partie orientale de la Chine se rapproche à certains égards des flores méditerranéenne et californienne, mais l'hiver plus froid et la régularité plus grande des précipitations atmosphériques donnent à cette région un climat différent et les plantes de la flore chino-japonaise ont des formes qui les rapprochent tantôt de la flore forestière, tantôt de la flore méditerranéenne ou même, vers le sud, de la flore tropicale.

L'étendue de cette flore est limitée au nord par le bassin de l'Amour, à l'ouest par les steppes, au sud par le bassin du Kouang-Si, un peu au nord des limites de la Chine. Elle occupe ainsi un espace compris entre le tropique boréal et le 50e degré de latitude. Le caractère dominant de cette flore, c'est l'abondance des végétaux ligneux. Ainsi, tandis qu'un cinquième des espèces seulement est formé de plantes ligneuses dans les flores méditerranéenne et californienne, il y en a la moitié dans la région chino-japonaise.

Les arbres gymnospermes sont de beaucoup les plus répandus. On peut citer surtout les espèces suivantes : le Pin chinois, le Pin de Bunge, le Sciadopite verticillé, le Cyprès funèbre aux branches retombantes, enfin, parmi les espèces à larges feuilles, le Podocarpe de Chine et le Ginkgo bilobé.

Comme arbres angiospermes, on peut indiquer, rappelant les espèces de la flore forestière, le Hêtre de Siebold, le Châtaignier japonais, le Planère kiaki, les Érables, les Frênes, les Tilleuls, les Ailantes, ainsi qu'un grand nombre de Légumineuses et de Rosacées arborescentes.

Mais, à côté de ces caractères qui sembleraient faire croire que la flore chino-japonaise est une flore principalement forestière, il faut signaler les traits principaux qui la rapprochent de la flore méditerranéenne ; c'est surtout la présence des végétaux à forme de Laurier, et d'autres arbustes : le Cannellier camphrier, le Houx latifolié, l'Aucube japonais, le Théier, la Ketmie rose-de-Chine, le Néphèle li-tschi, l'Aleurite lacci-fère, l'Aralie papyrifère, la Broussonétie papyrifère, etc. D'autre part, dans la partie méridionale, des formes telles que les Palmiers et les Bambous rattachent la flore chino-japonaise à celle des tropiques.

Enfin, avec la flore de la Californie, il n'y a pas seulement analogie dans les formes et l'on a pu citer plus de vingt espèces communes aux deux flores. Ainsi, il y a une certaine relation entre ces régions d'Asie et d'Amérique, situées en regard des deux côtés du Pacifique, quoique bien moins marquée ici que pour la flore forestière.

Flore du Sahara. — La flore du Sahara s'étend, en Arabie et en Afrique, dans toute la région où règnent les vents alizés sans rencontrer d'obstacles très importants sur leur passage. Elle est limitée au nord par la région méditerranéenne et le bassin de l'Euphrate, où elle confine à la flore des steppes, à l'est par le golfe Persique et le littoral de l'Arabie, à l'ouest par la côte d'Afrique entre le 20e et le 32e degré de latitude, au sud par une ligne qui passe au nord du Sénégal et du Soudan et vient couper le Nil vers Dongolah. On peut y rattacher aussi le littoral indien voisin des bouches de l'Indus. Elle est traversée, un peu au delà du tiers de son étendue à partir du sud, par le tropique boréal. C'est surtout l'absence de pluies, l'extrême sécheresse, aussi bien au Sahara proprement dit qu'au centre de l'Arabie et au voisinage de l'Indus, qui détermine cette flore des déserts.

L'ensemble de la flore du Sahara est très pauvre, on le conçoit, par suite de cette sécheresse excessive. On n'y compte pas mille espèces de plantes vasculaires différentes, parmi lesquelles, en comprenant les plantes de l'Arabie et des bouches de l'Indus, il n'y a guère qu'environ 25 pour 100 d'espèces spéciales. Jusqu'à un certain point, on pourrait comparer la flore du Sahara à la flore arctique pour la pauvreté ; seulement ici ce ne sont pas les limites extrêmes de température qui se trouvent très rapprochées entre elles, ce sont les limites d'humidité.

Le Phénice dattier est l'arbre caractéristique de la flore du Sahara. Sur les parties non salées du sol, on observe çà et là des buissons presque sans feuilles (Éphèdre, Calligone) et, dans les parties salées, des plantes grasses dont le port rappelle certaines espèces des steppes boréales (Salsolées et Zygophyllées). Les Graminées ont aussi le port de celles des steppes, mais leur développement est moins grand et leurs formes moins nombreuses. Elles résistent à la sécheresse d'une manière très remarquable et leurs tissus peuvent passer à l'état de vie latente et reprendre par l'humidité après avoir été desséchés et même arrachés du sol. La plupart des arbustes feuillés sont pourvus d'épines et la plupart des herbes vivaces sont protégées par des poils.

Les Cryptogames sont peu variées. Les plus remarquables sont la Roccelle tinctoriale ou orseille, et surtout la Lécanore comestible ou manne, qui peut se détacher, retomber plus loin en pluie et reprendre vie encore plus facilement que les Graminées dont on vient de parler.

Flores tropicales. — A mesure qu'on se rapproche de l'Équateur, les limites transversales qui bornent les grandes flores naturelles ont une direction de plus en plus voisine de celle des degrés de latitude. Aussi, malgré des divisions d'une importance capitale au point de vue des espèces, et en exceptant la région sud du Sahara et le nord de l'Australie, toutes les parties des continents et presque toutes les îles situées entre les deux tropiques ont une végétation dont les caractères généraux sont les mêmes et qui diffère de celles qui recouvrent les autres parties du globe. C'est, d'une manière générale, la flore tropicale.

La flore tropicale d'Asie et d'Océanie s'étend dans la région des moussons, au sud et au sud-est de la flore chino-japonaise. Elle comprend l'Indoustan, l'Indo-Chine, la Malaisie, la Nouvelle-Guinée, les Philippines et s'étend jusqu'aux îles Marquises. En Afrique, la flore tropicale s'étend depuis le Sahara jusqu'au 20e degré de latitude sud et au delà sur la rive sud-est de l'Afrique jusqu'à la limite méridionale de la Cafrerie. La flore tropicale d'Amérique est limitée à peu près exactement au nord par le tropique boréal; au sud, elle s'étend un peu au delà du tropique austral jusqu'au Chili d'une part et jusqu'aux sources de l'Uruguay à l'est.

Sauf dans la région désolée du Sahara, on a reconnu que les formes végétales deviennent de plus en plus variées à mesure qu'on se rapproche de l'Équateur. Dans la zone tropicale, la diversité des espèces atteint son maximum. Presque toutes les familles connues y sont représentées, et dans chaque région restreinte on peut compter une quantité considérable d'espèces distinctes. Aussi ne voit-on pas les nombreux individus d'une même espèce dominante donner au paysage sa physionomie. Il est très rare de trouver des forêts où, sur une grande surface, les mêmes arbres soient abondants, comme cela est ordinaire dans les zones tempérées. Cependant beaucoup d'espèces ligneuses, appartenant aux familles les plus diverses, ont, par leur feuillage et par la manière dont elles se ramifient, un port assez semblable, qui donne au premier abord aux forêts tropicales une certaine homogénéité. Les plantes volubiles et les végétaux épidendres habitent en grand nombre dans ces forêts et, quoique d'allure semblable aussi, ils sont à classer dans les groupes les plus différents. Le développement des forêts semble très inégal dans les diverses régions ; mais cela s'explique le plus souvent par les modifications que les cultures déjà très anciennes ont pu produire dans certaines contrées. On ne saurait rencontrer, par exemple, dans les Indes, avec la même intensité, l'exubérante végétation des forêts vierges d'Amérique ou de Java. En dehors des régions boisées, il faut signaler surtout les immenses étendues occupées par les savanes, dans presque toutes les régions sauvages de la zone torride. Là encore, quoique à un degré un peu moindre que dans les forêts, on observe une très grande diversité d'espèces.

La presque totalité des plantes phanérogames de la zone torride et la grande majorité des plantes cryptogames sont des espèces propres à ces régions, ou qu'on ne retrouve que çà et là, isolées, au delà des limites des flores tropicales.

Parmi les arbres, les Palmiers dominent à la fois par le nombre des individus et par le nombre des formes. Les genres à feuilles en éventail (Thrinace, Borasse, Arec cachou, etc.), et ceux à feuilles pennées (Phénice, Euterpe, Eléide, etc.), se retrouvent aussi dans les trois flores tropicales d'Asie, d'Afrique et d'Amérique. En Asie, ce sont le Cocotier à noix, le Métroxyle de Rumpf, vulgairement Sagoutier, le Coryphe ombreux ; en Afrique, le Borasse d'Éthiopie, l'Éléide de Guinée, la Raphie vinifère ; en Amérique, le Sabal mexicain, le Céroxyle andicole, la Mauritie vinifère, l'Éléide de Guinée, l'Oréodoxe potager, le

Phytéléphant, etc. Les Pandanées, aux formes voisines des Palmiers, sont aussi représentées dans toutes les flores tropicales : en Asie, c'est le Vaquois de Java et la Freycinétie; en Afrique, le Vaquois candélabre; en Amérique, le Carludovice palmé.

Après les Palmiers, la forme arborescente la plus caractéristique est peut-être celle des Mimosées et de certaines autres Légumineuses. En Asie et dans les îles de la Sonde, les Mimosées se rencontrent souvent (Albizzie, Acacier cachou, etc.); en Afrique, le genre Acacier est nombreux en espèces remarquables (Acacier à longues épines, Acacier du Nil). On peut citer aussi d'autres Légumineuses (Indigotier, Casse, etc.). En Amérique, le genre Acacier est également représenté (Acacier des buissons, etc.), près duquel il faut ranger les Mimoses du Mexique et les Mimosées des Antilles au tronc élevé (Entérolobe, Calliandre). On peut citer aussi l'Hématoxyle de Campêche et le Dimorphandre élevé ou Mora de la Guyane. Les Figuiers de très grande taille sont représentés dans les parties les plus différentes de la flore tropicale. En Asie, c'est le Figuier religieux; en Afrique, c'est le Figuier sycomore et le Figuier populifolié; en Amérique, ce sont des espèces correspondantes du même genre.

Un groupe tout entier d'arbres gymnospermes, limité à la flore tropicale, quoique représenté par un plus petit nombre d'individus et de formes que les deux groupes précédents, est très caractéristique de la zone torride; ce sont les Cycadacées, les Cycades d'Asie, les Zamies d'Afrique, les Dions et les Cératozamies du Mexique, la Zamie des Antilles.

Les Liliacées arborescentes à forme de Dragonnier sont encore parmi les arbres spéciaux à ces contrées. Il faut citer surtout le genre Vellosie, commun à l'Afrique et à l'Amérique méridionale, les Dragonniers d'Afrique, les Dasylires et Fourcroyers du Mexique, les Barbacénies et Fourcroyers du Brésil.

Enfin, dans les régions un peu plus élevées au-dessus du niveau de la mer, se développent les Fougères arborescentes, les Cryptogames les plus remarquables de la zone torride. En Asie, ce sont par exemple les Alsophiles, qu'on rencontre dans la région supérieure de Java et parmi lesquels il faut signaler l'Alsophile laineux, qui peut dépasser 16 mètres de hauteur; en Amérique, les Fougères arborescentes des Antilles ne se trouvent guère au-dessous de 100 mètres d'altitude et s'élèvent

jusqu'à 1800 mètres (Gymnoptéride, Polypode doré, etc.); en
Afrique, où les Fougères arborescentes sont moins fréquentes,
on en observe cependant dans les plateaux de la Guinée et de
l'Angola, ainsi que dans le Cameron. En Angola, on trouve des
Cyathées qui atteignent 10 mètres de hauteur.

Les lianes des forêts tropicales appartiennent surtout aux
familles suivantes, dans l'ancien et dans le nouveau continent :
Vitées, Convolvulacées, Cucurbitacées, Légumineuses, Pipéracées, Sapindacées, Mélastomacées; certains Palmiers grimpants (Calame rotang, etc.) et quelques Fougères sont aussi à
compter parmi les lianes. En Amérique, il faut ajouter, parmi
les groupes dominants fournissant des lianes, les Apocynacées,
Passiflorées, Malpighiacées, Smilacées (entre autres le Smilace
officinal), et certaines Orchidacées comme la Vanille. Tandis
qu'en Afrique les lianes des forêts sont relativement moins
nombreuses en espèces, le maximum de diversité de leurs
formes se rencontre en Amérique; ainsi l'on compte plus de 8
pour 100 de lianes parmi les plantes vasculaires des Antilles.

Les plantes épidendres donnent aussi un caractère commun
à toutes les grandes forêts tropicales. Dans l'ensemble de toute
la zone torride, ce sont surtout les Loranthacées qui dominent
parmi ces végétaux, supportés par les arbres ou les lianes;
puis viennent les Orchidacées et les Aracées. En Asie, beaucoup
d'épidendres appartiennent aux Urticacées, aux Mélastomacées
et aux Scitaminées; il faut aussi signaler le curieux Rosage de
Java, qui est épidendre. En Amérique, de nombreuses Broméliacées du Mexique et des Antilles, des Cactées, des Cassythes,
des Fougères et des Pipéracées doivent aussi être comptés
parmi les plantes épidendres.

La forme des plantes grasses se retrouve en Asie, en Afrique
et en Amérique, entre les tropiques, soit parmi les Cactées,
soit parmi les Euphorbiacées. On peut remarquer les espèces
suivantes : l'Euphorbe candélabre et l'Euphorbe d'Abyssinie de
la région du Soudan, l'Euphorbe tétragone de Cafrerie, la
Siphonie élastique de l'Amérique méridionale, les Cactées de la
Guyane (Cierge, Oponce), auxquelles correspondent le Rhipsalide d'Angola et les autres Cactées d'Afrique, identiques à celles
d'Amérique et qui ont peut-être été introduites dans l'ancien
continent.

Les Graminées des savanes sont très nombreuses en grandes

espèces. Les Cannes se rencontrent dans toute la zone tropicale, spontanées ou cultivées. En Asie (Java) comme en Afrique, on trouve la Canne spontanée, qui est remplacée, dans l'Indoustan et l'Indo-Chine, par l'Impérate cylindrique. C'est au Mexique que les Graminées des savanes ont les formes les plus diverses ; au Brésil, les Panicées et les Stipées dominent ; en Afrique, quelques régions présentent en abondance des Barbons dont certaines espèces dépassent 7 mètres : ce sont les plus grandes Graminées herbacées. Parfois, ce sont des Cypéracées qui comptent parmi les plantes dominantes des savanes : telles sont les Killingies du Venezuela. Les Bambous et les formes voisines sont aussi à peu près caractéristiques de la zone torride. Le genre Bambou est très répandu dans les flores tropicales de l'ancien et du nouveau continent. Dans les Antilles, le Bambou arondinacé, naturalisé de l'Inde, croît mêlé au genre voisin indigène Arthrostylide. Dans les Andes tropicales, on rencontre le genre Chusquée, qui présente le même port.

Les Bananiers et les Scitaminées qui s'y rattachent sont aussi assez spéciaux à toutes ces contrées. Le Bananier ensète d'Afrique, le Bananier des sages d'Asie, l'Héliconie d'Amérique, le Bananier de paradis, sont les principales espèces.

Les arbustes qui donnent, par leur présence au milieu des Graminées et des plantes herbacées vivaces, un aspect spécial à la plupart des savanes d'Amérique, ou qui se rencontrent en grandes masses dans l'ancien continent, appartiennent surtout aux groupes suivants : Rubiacées, Éricacées, Urticacées, Myrtacées, Mélastomacées. Les herbes vivaces sont comprises dans un grand nombre de familles : Composées, Rubiacées, Labiées, Scrofulariacées, Euphorbiacées, Lycopodiacées, etc. ; on y observe aussi de nombreuses plantes bulbeuses, surtout en Afrique.

En dehors de ces formes générales des flores tropicales, certains types de végétaux ont des limites d'extension plus restreintes, comme les Quinquinas de l'Amérique méridionale, l'Adansonie digitée ou Baobab d'Afrique, certaines Araliées d'Asie, le Rhizophore manglier, etc. ; on ne saurait les citer tous dans un tableau d'ensemble des végétaux de la zone torride.

Tout ce qui vient d'être dit sur la flore des tropiques ne s'applique qu'aux plaines ou aux plateaux peu élevés ; mais les hautes montagnes, comme l'Himalaya et les Andes, offrent naturellement à des altitudes plus grandes une flore très différente.

Dans l'Himalaya, sur le versant méridional, 'on voit les Palmiers les plus élevés, les Bananiers et les Fougères arborescentes disparaître successivement entre 1900 et 2100 mètres d'altitude, puis ce sont les Lauracées (vers 2600 mètres) et les Magnoliacées (vers 3000 mètres), qui sont peu à peu remplacées par des formes arborescentes de la région forestière tempérée; ce sont des Chênes (Ch. à épis, Ch. d'Anderson), des Conifères (Pin élevé, Sapin pindrow, etc.), des Bouleaux, etc. Mais certaines formes tropicales sont encore mélangées aux formes tempérées jusqu'à d'assez grandes altitudes; ainsi les Bambous peuvent se rencontrer encore jusqu'à près de 2700 mètres d'altitude. Plus haut (3700 mètres à 4900 mètres) s'étend la région alpine, où l'on observe de nombreux types végétaux analogues à ceux des Alpes et souvent même des genres identiques (Anémone, Renoncule, Violette, Gentiane, Laiche, etc.); dans la région supérieure, les Cryptogames, surtout les Mousses et les Lichens, deviennent relativement beaucoup plus abondants.

Dans les Andes tropicales, il en est à peu près de même quant à la succession des formes végétales, mais ici les genres spéciaux sont encore plus nombreux que dans l'Himalaya, parmi ceux qui comprennent les espèces dominantes. Au-dessus de la région des Palmiers et de celle des Fougères arborescentes, se trouve celle des hautes forêts (Chênes, Quinquinas, etc.). De 2700 mètres à 3300 mètres se développe la zone des buissons subalpins (Composées, Vacciniées, etc.), et enfin au delà de 3300 mètres à 4800 mètres, c'est la région alpine proprement dite (Graminées nombreuses, Gentiane, Millepertuis, Séneçon, Drave, Éphèdre, Valériane, Baccharide, Acène, etc.); ici certaines Phanérogames atteignent, comme les Lichens, les extrêmes limites de la végétation.

Flores des steppes australes. — Les Pampas qui s'étendent au sud du tropique austral, entre les Andes, le Brésil et l'extrême Patagonie méridionale, sont des steppes comparables dans leur ensemble aux prairies de l'Amérique du Nord. En Afrique, les régions désolées de Damara, de Namaqua et du Kalahari, jusqu'à un certain point comparables au Sahara, reçoivent pourtant des pluies pendant une période assez régulière et rappellent un peu la flore des steppes, surtout dans leur partie méridionale. On peut donc réunir ces deux régions sous le nom de steppes australes.

La flore des steppes australes d'Afrique est mal connue. Les Graminées, en certaines contrées, sont très abondantes et croissent en touffes épaisses, comme dans les steppes d'Asie. Les buissons (Vanguérie, Lébeckie, Euclée) ont aussi le port de ceux des steppes, ainsi que ceux à feuilles velues (Tarchonanthe, etc.). Parmi les buissons épineux spéciaux, il faut citer surtout les Acaciers de la région littorale (Acacier des girafes, Acacier rude, etc.), et c'est dans cette contrée qu'on rencontre la Welwitschie admirable.

Comme en Afrique, la région des steppes australes des Pampas est ordinairement dépourvue de forêts. Les Graminées (Gynère, Poées, Avénées, Barbon, etc.) y sont plus nombreuses que partout ailleurs et les herbes vivaces sont moins variées que dans les steppes boréales; d'autres surfaces sont occupées çà et là par des genres voisins du Chardon, spontanés ou introduits (Artichaut, Silybe, Bardane) ou par des Ombellifères (Fenouil). Parmi les Dicotylédones des Pampas, beaucoup appartiennent aux genres Trèfle, Lupin, Statice, Sénebière, etc. Comme rapprochement caractéristique avec les steppes boréales, il faut encore signaler les formes des Chénopodiées (Soude, Salicorne, Arroche), développées dans les steppes salées de la Plata.

Flores du Cap et du Chili. — C'est dans la partie méridionale de la contrée du Cap, en Afrique, et surtout dans le littoral du Chili, qu'on peut retrouver des régions où la flore est analogue à celle des régions méditerranéenne et californienne.

La flore du Cap, par une série de transitions au nord et à l'est, passe à celle des steppes australes africaines et à la flore tropicale. On y compte plus de 8000 espèces vasculaires, dont la presque totalité sont des espèces propres. C'est par la prédominance des Bruyères frutescentes et des autres plantes arborescentes à forme de Myrtacées ou de Lauriers, que la flore du Cap peut être comparée à celle du littoral méditerranéen. Certains genres même sont communs aux deux flores (Othonne, Aptéranthe, Pélargone, Hélichryse, etc.). Quant aux genres endémiques les plus étendus, ils appartiennent surtout aux familles suivantes : Crucifères, Polygalées, Rutacées, Rhamnées, Légumineuses, Rosacées, Asclépiadacées et Protéacées, dont plusieurs sont aussi très nombreuses en genres spéciaux dans la région méditerranéenne. Mais, d'autre part, la flore du Cap a de plus grandes analogies dans son allure générale avec celle de l'Australie méridionale.

Dans ses traits principaux, le climat du Chili est analogue à celui de l'Espagne méridionale ou de la Sicile et du littoral de la Californie. Les arbres de la région méditerranéenne (Olivier d'Europe, Figuier de Carie, Punice grenadier, Citronnier oranger, etc.) y prospèrent dans presque toutes les parties et les arbustes spontanés ont souvent la forme du Myrte ou du Laurier. Au nord, un seul Palmier (Jubée insigne) se maintient dans la flore chilienne, comme au sud de l'Europe le seul Chamérope nain peut se rencontrer en certains points du littoral méditerranéen.

Un grand nombre de plantes spéciales (Composées arborescentes, Broméliacées, etc.) et quelques Cactées donnent d'ailleurs à la flore du Chili un caractère particulier. Enfin il est à remarquer qu'un grand nombre de familles qui renferment les espèces dominantes sur le littoral californien sont les mêmes sur le littoral chilien. Il y a même des espèces identiques : Acène pinnatifide (Rosacée), Lépuropétale spathulé (Saxifragée), Collomie grêle (Polémoniée), Pectocaryer du Chili (Borragacée).

Flore des forêts australes. — La région qui s'étend depuis le Chili méridional jusqu'à la Terre de Feu, à l'ouest de la chaîne des Andes, est presque partout recouverte par des forêts de Hêtres. Par ce caractère important, par son climat, par ses principales formes végétales, cette flore correspond à celle des forêts boréales. Pour une même surface, le nombre des espèces propres y est beaucoup moins considérable que dans les flores du Chili et du Cap; aussi les forêts, ou les grandes étendues végétales formées par de nombreux individus de la même espèce, donnent-elles au paysage l'aspect de ceux des régions tempérées septentrionales.

Les buissons de Berbéride ou de Camarine, les ruisseaux à Populage et à Dorine, les prairies humides à Cardamine, Mélandre, Épilobe, Benoîte et d'autres genres boréaux (Renoncule, Drave, Gaillet, Vergerette, Gentiane, Primevère, Saxifrage, Véronique), indiquent nettement l'analogie végétale des deux régions. A côté de ces caractères, il en est d'autres très importants qui relient les formes végétales de la flore des forêts australes à celles de la Nouvelle-Zélande.

Outre le Hêtre antarctique, qui domine, il faut signaler le Hêtre oblique et le Hêtre bétuloïde. Parmi les arbres dicotylédones, on peut encore signaler l'Aristotèle ou Tilleul antarctique, une Rosacée en arbre, l'Eucryphie, et la plus grande Composée arborescente, la Flotowie, qui atteint 35 mètres de hauteur.

Les arbres gymnospermes sont aussi un des éléments importants des forêts antarctiques; ce sont des Conifères, comme dans l'hémisphère boréal, le Libocèdre tétragone, le Dacryde et la Saxegothée. Ce qui donne un caractère différent à certaines de ces forêts vers le Nord, c'est la présence de lianes, de quelques Bambous et de végétaux épidendres qui subsistent encore, quoique très peu développés.

Les Fougères sont ici herbacées, comme dans la flore des forêts boréales (Lomarie, Hyménophylle, etc.).

Les groupes prédominants dans les contrées magellaniques sont les suivants : Composées, Graminées, Cypéracées, Rosacées, Renonculacées, Ombellifères, Saxifragées, Légumineuses, Caryophyllées, Scrofulariacées, Crucifères, Joncées.

Flores d'Australie, de Madagascar, et des autres îles océaniques. — Ainsi qu'on l'a vu plus haut, la flore d'Australie, celle de Madagascar et celle des îles de l'Océan qui ne sont pas dans la région des moussons tropicales, sont chacune des flores très spéciales, comprenant un grand nombre d'espèces propres.

L'Australie, comprise entre les 10ᵉ et 38ᵉ degrés de latitude sud, possède au nord un climat tropical, au sud un climat presque méditerranéen; les alizés déterminent dans sa région centrale un désert comparable au Sahara. La végétation d'Australie est surtout caractérisée par les nombreuses espèces du genre Eucalypte et les formes variées des Protéacées, dont les feuilles presque toujours entières sont toutes à teintes d'un vert blanchâtre, grises ou bleuâtres. Parmi les types arborescents d'Australie, il faut encore mentionner les Casuarines aux branches déliées et d'autres plantes aphylles (Exocarpe, Leptomérie, Sphérolobe, etc.), puis les Gymnospermes australiens (Araucarie, Dacryde, Callitre) et, parmi les Ménocotylédones, des arbres graminiformes (Xanthorrhée, Kingie). La Graminée herbacée la plus répandue est l'Anthistirie. Quoique dans la région tropicale du nord la flore soit très différente, il y a une concordance remarquable entre les formes végétales de tous les points de l'Australie. Presque toutes les plantes australiennes sont des espèces spéciales et le nombre même des genres propres à cette flore est considérable.

L'île de Madagascar a, dans les formes végétales des tropiques, une flore toute particulière aussi, quoique cette île ne soit pas très éloignée du continent africain. On peut citer, parmi les plantes les plus caractéristiques, le Ravenale, dont les gaines foliaires retiennent de l'eau que boit le voyageur, les Raphie, Arec, Dypside et Philippie. Les espèces spéciales appartiennent surtout aux Composées, Apocynacées, Euphorbiacées et Asclépiadacées.

La flore, spéciale aussi, de la Nouvelle-Zélande est relativement assez pauvre. On y observe de nombreuses Cryptogames vasculaires, parmi lesquelles il faut citer de grandes Fougères arborescentes (Dicksonie, etc.) et une Fougère comestible (Ptéride comestible). Les Graminées et les Légumineuses, si développées ailleurs, sont peu abondantes. Cette flore se rapproche de celle des forêts antarctiques par des formes rappelant les Hêtres et les Cyprès du Sud de l'Amérique méridionale (Hêtre brun, H. de Menzies, H. cliffortioïde, Libocèdre de Bidwill). La plupart des familles dominantes sont les mêmes que dans la région antarctique et un grand nombre d'espèces sont équivalentes.

Quelques traits principaux peuvent être indiqués pour les autres îles océaniques. Aux Açores, la végétation a les formes végétales de la flore méditerranéenne. A Madère, le climat est plus chaud et moins humide, ainsi qu'aux Canaries, où la majorité des formes se compose de plantes importées d'Europe. Dans les îles du Cap-Vert, rapprochées du continent africain, la proportion des plantes spéciales n'est que de 16 pour 100. Aux îles Seychelles, on doit mentionner un genre voisin du Cocotier, la Lodoïcée des Seychelles.

Dans la Nouvelle-Calédonie, la flore est plus riche que dans les archipels de l'Océanie méridionale. Un de ses caractères est la prédominance des Rubiacées et le développement relativement inférieur des Composées. L'archipel de Kerguelen, situé vers 50° de latitude sud, possède une flore toute spéciale, très pauvre, même en Lichens et en Mousses; on y peut signaler, par exemple, comme formes rappelant celles des régions septentrionales, la Canche antarctique et l'Aspide antarctique.

§ 2

Distribution des plantes pendant les diverses périodes géologiques.

Ce n'est qu'après avoir examiné comment les plantes sont distribuées actuellement à la surface de la terre et après avoir étudié comment les formes végétales sont liées aux divers climats, qu'on peut chercher, au moyen des documents paléobotaniques, à se faire une idée de la manière dont les végétaux étaient répartis pendant les diverses périodes géologiques. Cette recherche ne peut guère donner de résultats certains que pour les époques les plus récentes de l'histoire du globe, et encore ces résultats sont-ils toujours forcément très incomplets. A mesure que les formations sont plus anciennes, la portion conservée des terrains qui y correspondent est de moins en moins grande, et d'autre part, la comparaison des formes fossiles avec celles qui sont actuellement vivantes est de plus en plus difficile.

Période du Cambrien, du Silurien et du Dévonien. — A l'exception de quelques couches du Silurien supérieur d'Amérique, on ne connaît aucune empreinte ou aucun fossile qui se rapporte d'une manière certaine au monde végétal pendant les périodes cristalline, cambrienne et silurienne inférieure.

Ce n'est guère que dans l'Amérique du Nord que l'on rencontre, pour le Silurien supérieur, quelques empreintes d'une origine végétale incontestable. Ce sont des Cryptogames vasculaires (Psilophyte, Annulaire), qui indiquent un développement déjà marqué des Lycopodinées et des Équisétinées, ainsi que des débris appartenant à des végétaux d'une organisation plus élevée, comme celle des Sigillaires (Protostigme); enfin quelques empreintes ont été rapportées aux Gymnospermes. Dans le Silurien supérieur de l'Hérault, on observe aussi des Gymnospermes (Cordaïte).

Les fossiles végétaux de l'époque dévonienne ne sont pas non plus très nombreux. On en connaît surtout en Europe (Scandinavie, Eifel, Angleterre) et au Canada, qui en fournit d'importants dépôts. Ce sont encore des Cryptogames et surtout des Cryptogames vasculaires. A côté des formes déjà connues dans le Silurien supérieur (Psilophyte, Annulaire), on rencontre d'autres formes surtout dans le Dévonien supérieur. Ce sont les Bornies, les Calamodendres et les Astérophyllites au port d'Équisétées, les Lycopodites et les Lépidodendres arborescents; c'est aussi toute une série de Fougères aux formes les plus variées (Neuroptéride, Mégaloptéride, Cauloptéride, Sphénoptéride, Cycloptéride, Archéoptéride); ce sont enfin de vraies Sigillariées, auxquelles il faut joindre quelques rares Conifères (Prototaxite).

On voit qu'avec de semblables documents, et en considérant qu'on ne connaît presque pas les dépôts siluriens et dévoniens, puisque la majorité des terrains de cette époque ont été détruits pour contribuer à la formation des terrains suivants, on ne saurait avoir aucune indication précise sur la distribution des végétaux pendant cette période ancienne.

Période du Carbonifère et du Permien. — A l'époque carbonifère, la conservation des empreintes végétales se montre beaucoup plus complète dans les schistes houilliers, et l'on peut mieux se rendre compte de la variété des formes. Tous les végétaux fossiles connus que l'on rapporte à l'époque carbonifère sont des Thallophytes, et surtout des Cryptogames vasculaires, ou des Gymnospermes. On n'a décrit aucun fossile de cette époque, faisant partie de l'embranchement des Muscinées, ni du sous-embranchement des Angiospermes.

Parmi les Gymnospermes (dont on a vu que la présence est déjà constatée dans les premiers débris connus qui soient nettement d'origine végétale), il faut citer, à l'époque carbonifère : des Cycadacées (Cardiocarpe, Nœggérathie, Ptérophylle), des Cordaïtes et des Conifères, soit Taxées (Ginkgophylle), soit d'une organisation plus élevée (Walchie, Araucarite, etc.).

Parmi les Cryptogames vasculaires, on peut signaler les nombreuses empreintes qui se rapportent les unes aux Lépidodendracées, c'est-à-dire aux Sigillariées (Sigillaire, etc.); aux Lépidodendrées (Lépidodendre, etc.) et aux Sphénophyllées (Sphénophylle); d'autres aux Lycopodiacées (Lycopode, etc.); d'autres enfin aux Équisétinées, c'est-à-dire aux Équisétacées (Calamite, etc.) et aux Annulariées (Astérophyllite, Annulaire).

Les formes arborescentes des Lépidodendres et des Sigillaires, à dichotomies successives, se rapprochaient un peu dans leur allure de celle des Dragonniers, mais les tiges étaient plus élancées; dans ces forêts se trouvaient aussi les formes non rameuses des Cycadacées et des arbres à feuilles aciculaires, ayant le port du Sapin ou de l'If. A l'ombre de ces arbres et des Fougères arborescentes (Protoptéride, Psarone), se développaient les formes les plus diverses de Fougères herbacées, les unes à rhizomes allongés (la plupart des genres cités plus haut dans le Dévonien, Pécoptéride, Hyménophyllite, Odontoptéride, Scolécoptéride, Marattiothèce, etc.), les autres à souches renflées bulbiformes (Aulacoptéride, Myéloptéride, etc.).

On connaît un certain nombre d'Algues de l'époque carbonifère; les plus remarquables sont des Diatomacées, très analogues aux types actuels, et des Bactériacées semblables aux espèces vivantes, notamment le Bacille amylobacter.

A l'époque permienne, les fossiles végétaux sont très peu nombreux; les Conifères ont les mêmes formes que dans le Carbonifère (genres cités plus haut, Ulmannie, etc.); il en est de même des Cycadacées et des Cryptogames vasculaires.

Les dépôts rapportés par les stratigraphes aux époques carbonifère et permienne se rencontrent sous les latitudes les plus diverses (Spitzberg, Amérique du Nord, Angleterre, Alpes, Indoustan, Amérique du Sud), et partout on observe les mêmes formes végétales, avec une grande diversité dans les espèces. Le fait le plus saillant, c'est l'extension de l'aire des Cycadacées, aujourd'hui limitées aux flores tropicales. Il faut en conclure qu'à cette époque de l'histoire du globe, la distribution des végétaux devait offrir certainement une localisation beaucoup moins grande que dans la flore actuelle. Quant à attribuer ce fait à l'uniformité générale qu'auraient présentée les climats à cette époque, ce ne saurait être démontré d'une manière absolue; non seulement le nombre des documents certains est encore insuffisant, mais on a vu plus haut (p. 445) que des espèces autrement différenciées que celles du Carbonifère tolèrent tous les climats du globe compris dans les latitudes des gîtes carbonifères connus.

Période du Trias, du Jurassique et du Crétacé, depuis le Wealdien jusqu'au Cénomanien. — Dans ses traits généraux, la flore tout entière de cette époque est sensiblement la même depuis le Trias jusqu'au Néocomien supérieur. Sauf quel-

ques empreintes attribuées avec plus ou moins de sûreté aux
Angiospermes monocotylédones, les plantes dont on observe les
fossiles les plus nombreux sont des Gymnospermes et des Cryptogames vasculaires. Au point de vue de la distribution des
espèces, quoique les renseignements soient bien incomplets, car
on ne possède pas un très grand nombre de fossiles végétaux
pour des époques stratigraphiquement synchroniques, on peut
dire que les formes végétales étaient très peu dissemblables
sur des étendues de terrain s'étendant de l'Inde aux régions
arctiques. Mais à cette époque on peut cependant signaler une
différence d'allure sensible entre les plantes qui ont été déposées dans le sable et les végétaux déposés dans la vase argileuse
ou argilo-calcaire, on peut considérer ce fait assez général
comme montrant que la lutte pour l'existence déterminait des
aires spéciales à certaines espèces, plus nettement peut-être
qu'à l'époque carbonifère.

Les Gymnospermes (Conifères et Cycadacées) et les Fougères
sont les groupes qui sont représentés par le plus grand nombre
d'empreintes. Les Équisétacées, les Lépidodendrées, les Sigillariées, les Lycopodiées, les Algues sont également des groupes
dont on rencontre de nombreux fossiles. On a aussi observé
quelques Champignons parasites des Gymnospermes. Aucune
empreinte n'a pu être rapportée ni aux Angiospermes dicotylédones, ni à l'embranchement entier des Muscinées.

Parmi les Conifères, on remarque les Voltzies du Trias, les
Taxées du Jurassique (Baière), les Pachyphylles et les Czéka-
nowskies du même terrain, ainsi que les fossiles du Gault et du
Néocomien (Araucarie, Pin, etc.), dont les formes se rapprochent davantage de celles qui vivent actuellement. Parmi les
Cycadacées, ce sont surtout les Ptérophylles, puis les Podoza-
mite, Zamite, Otozamite, Zamiostrobe.

Un fait des plus remarquables, au point de vue de la distribution des Gymnospermes à cette époque, c'est la présence dans
les dépôts arctiques néocomiens de vestiges qui rappellent les
formes de la flore californienne actuelle (Séquoier, Torreyer),
associés à des Ptérophylles analogues à ceux du Trias; c'est
aussi la présence dans le Crétacé inférieur (Wealdien) du genre
Ginkgo associé à des Cycadacées.

Les Fougères les plus nombreuses sont les Dicksonie et Thyr-
soptéride parmi les Cyathéaces, les Laccoptéride et Dictyophylle

dans les groupes voisins des Polypodiacées nues actuelles, les
Asplénite, Doradille et Adiantite dans les Polypodiacées indu-
siées, enfin les Danée et Marattie parmi les Marattiacées, ainsi
que le groupe spécial des Gleichéniées; il faut y joindre un
grand nombre des genres de Fougères herbacées, dont les
empreintes ont été reconnues aussi dans le Carbonifère ou le
Permien (Sphénoptéride, Clathroptéride, etc.). Quelques genres
enfin ont été rapportés aux Marsiliacées (Sagénoptéride).

Les Algues fossiles connues, correspondant à ces époques,
sont des formes beaucoup plus variées que celles dont les
empreintes bien réellement végétales ont été trouvées dans les
terrains primaires. Les Characées (Charagne) sont représentées
dès le Trias; on en connaît aussi dans l'Oolithe, l'Oxfordien et
le Wealdien. Les Chondrite, Codite, Laminarite, Itière, sont
des empreintes rapprochées des Algues les plus diverses. De
nombreux fossiles pris longtemps pour des animaux, mais se
rapportant à des Algues imprégnées de calcaire de la famille
des Siphonées, voisines des Acétabulaires, etc., ont été observés
dans ces dépôts secondaires.

**Période du Crétacé, depuis le Cénomanien jusqu'au Ter-
tiaire.** — C'est à l'époque cénomanienne que l'on rapporte les
empreintes végétales de l'Arkansas, parmi lesquelles s'obser-
vent des Dicotylédones. Le Groënland, l'Amérique du Nord, le
Harz, la Bohême, la Provence, la Suède méridionale fournissent
des dépôts du Crétacé supérieur où la majorité des espèces
observées sont des Angiospermes.

Mais les diverses localités connues, correspondant à des époques jusqu'à un certain point synchroniques, sont loin d'avoir
les mêmes flores. Tandis qu'en Provence, les Angiospermes
(Magnolier, etc.) sont peu abondantes et les Gymnospermes
(Araucarie, Cyparisside, etc.), ainsi que les Fougères (Loma-
toptéride, etc.), semblent dominer, on observe au contraire, en
Bohême, un grand développement des Dicotylédones : ce sont
des Légumineuses, des Araliées (Aralie, Lierre), des Myricées
(Comptonie) et des types végétaux spéciaux (Crednérie) qu'on
retrouve aussi au Groënland. Dans cette dernière région, on
rencontre à la fois, au même endroit, des formes végétales très
différentes, comme actuellement en certaines zones de l'Himalaya. Ce sont des Bananiers et des Bambous, mêlés à des Peupliers, des Ginkgos et des Séquoiers. Dans l'Amérique du Nord,

les Dicotylédones sont aussi dominantes et les genres rappellent ceux de la Bohême (Lierre, Aralie), mais ce sont d'autres
espèces. On y observe un grand développement des Lauracées,
des Platanées et des Cupulifères (Chêne primordial, Hêtre poly-
clade, etc.), ainsi que certains genres particuliers (Aspidio-
phylle).

Il faut encore signaler, pendant cette période, la présence de
vrais Palmiers (Flabellaire, etc.).

Les Cryptogames vasculaires de cette époque sont peu connues et les empreintes d'Algues ne sont pas très nombreuses.

Période de l'Éocène inférieur. — On ne connaît qu'un
nombre assez restreint de localités correspondant à la base des
terrains tertiaires et où se rencontrent d'abondantes empreintes
végétales. Ce sont surtout, en Europe, les environs de Liége, de
Reims et de Soissons, en Amérique, la partie inférieure des
formations éocènes du Dakota.

On a observé dans ces diverses régions de nombreux fossiles,
dont beaucoup de genres Angiospermes sont les mêmes que
plusieurs de ceux observés dans le Crétacé supérieur. En
Europe, si l'on cherche à juger du climat de cette époque géologique par l'étude des vestiges végétaux observés et par leur
comparaison avec les plantes actuelles, on trouve que la flore
de ces localités se rapproche de celle de la région méditerranéenne ou de la végétation que présentent certaines parties de
l'Asie centrale. Ainsi, en même temps que certains Chàtai-
gniers à feuilles persistantes voisins des Castanopes (Dryo-
phylle), en même temps que des Noyers, des Chênes, des
Viornes, on rencontre de nombreuses Lauracées (Persée, Laurier, Sassafras) et, d'autre part, des Araliées (Lierre, Aralie),
des Artocarpées et des Tiliées.

Comme pour le Crétacé supérieur, on peut signaler la présence de Palmiers et de Bambous en certains points de cette
flore. Des Fougères herbacées (Osmonde, Alsophile) ont été
aussi trouvées parmi les autres fossiles, et l'on peut signaler
pour la première fois avec certitude des Mousses fossiles.

En somme, si l'on généralisait les observations paléobotaniques faites dans ces diverses localités très restreintes de la base
des terrains tertiaires, on pourrait conclure que la distribution
des plantes à cette époque ne devait pas différer sensiblement
de la distribution actuelle.

Période de l'Éocène moyen et supérieur. — Au contraire, vers le milieu de l'époque éocène, le climat des régions actuellement tempérées de l'ancien continent serait redevenu plus chaud, si l'on en juge d'après les fossiles observés. La flore de l'Europe d'alors rappelle, par ses principales formes, celle de l'Afrique ou des Indes.

Parmi les Dicotylédones, on peut citer les Sapindacées, Buttnériées, Cofféées, Apocynées, Loranthacées, Protéacées, abondantes alors en espèces sous les latitudes actuellement occupées par la flore forestière du Nord; à ces plantes sont mêlées des Légumineuses, Araliées, Rhamnées, Myricées, Lauracées, etc.

Parmi les Monocotylédones, les Palmiers et les Pandanées fournissent de nombreux fossiles. On trouve les Flabellaires (déjà cités dans le Crétacé) aux environs de Paris et en Provence, les Sabals au centre de la France, les Phénices dans le Velay, des fruits de Nipe (analogues à ceux du Cocotier) aux environs de Londres, ainsi que beaucoup d'empreintes rapportées à des genres différents (Arec, Chamérope, Eléide, etc.) et d'autres Monocotylédones (Scitaminées, Agave, Dragonnier, Ottélie, etc.). Les Gymnospermes ont aussi des formes variées; on peut signaler les genres Séquoier, Taxode, qui ont encore des espèces vivantes.

Parmi les Algues, il faut citer les Charagne, Chondre, Dactylospore, Ovulite, etc.

On rapporte à cette époque, avec plus ou moins de doute, les gisements du Groënland, du Canada septentrional et du Spitzberg, où se trouvent de nombreux végétaux fossiles. Dans cette flore septentrionale, on ne rencontre aucun Palmier, ni aucune des formes très méridionales observées en Europe. On peut même jusqu'à un certain point reconnaître, dans la flore arctique de cette époque, une distribution inégale des espèces avec la latitude. Sur les points les plus septentrionaux, on trouve les vestiges des Peupliers, Bouleaux, Taxode distique (Cyprès-chauve), Sapin argenté, Nénuphar arctique, etc., tandis que, plus au sud, les Cupulifères et les Gymnospermes sont mêlées à quelques rares Lauracées et à des formes plus méridionales.

Période du Miocène. — On a sur la flore miocène, surtout en Europe, des renseignements plus nombreux encore que sur les flores de l'époque éocène.

Les plantes aquatiques y sont observées plus fréquemment et, d'une manière générale, l'examen des fossiles végétaux semble indiquer en Europe un climat plus humide qu'à l'époque de l'Éocène moyen et supérieur. La plupart des genres et même souvent des espèces, qui formaient sans doute une région forestière dans les terres arctiques, se trouvent dans le Miocène beaucoup plus au sud et, en certaines contrées, se mêlent à quelques formes très méridionales (Palmiers, Fougères arborescentes, Sapindacées), devenues cependant beaucoup moins fréquentes en Europe.

Vers la fin de l'époque miocène, il semble que toute l'Europe, sauf l'extrême Nord, ait eu un climat assez égal. Avec les formes que nous avons déjà citées, on rencontre un très grand nombre d'espèces appartenant à des genres qui vivent actuellement sous les mêmes latitudes (Chêne, Érable, Micocoulier, Orme, Châtaignier, Clématite, Massette, Iride, etc.).

Période du Pliocène. — Il semble résulter de l'étude des fossiles végétaux connus que, pendant l'époque pliocène, la flore de l'Europe ne s'est pas très sensiblement modifiée. On ne retrouve plus les formes les plus méridionales. C'est ainsi que, parmi les Palmiers, on n'observe que le Chamérope nain près de Marseille, quoique certaines formes tropicales soient encore conservées, comme les Bambous (Bambou lyonnais, etc.); mais on a vu plus haut que cette forme peut coexister avec le climat tempéré dans les Andes et dans la flore forestière australe. La plupart des arbres qui semblent dominants à cette époque appartiennent à des genres actuels (Chêne, Hêtre, Mélèze, Peuplier, Érable, etc.), et les espèces fossiles sont souvent les mêmes que celles qui vivent actuellement en Algérie, dans la flore chino-japonaise ou dans l'Amérique du Nord. Quelques-unes sont des plantes croissant encore aujourd'hui à la même place (Érable opulifolié, etc.).

Les recherches faites dans les dépôts pliocènes du Japon ont donné des résultats analogues à ceux déjà connus en Europe. Il s'y trouve une flore dont les genres rappellent ceux de la flore actuelle du même pays et dont les espèces sont quelquefois les mêmes (Erable mono, Zelcove de Kéaki) ou existent encore dans l'Amérique du Nord (Hêtre ferrugineux).

Période du Quaternaire. — Les tufs calcaires de l'époque quaternaire permettent d'étudier les fossiles végétaux qui ont été déposés à peu près synchroniquement en des contrées très diverses (Moret aux environs de Paris, Montpellier, Cannstadt près Stuttgart, Toscane, Tlemcen, Sahara, etc.). D'autre part, les argiles glaciaires déposées dans les contrées basses à l'époque de l'extension des glaciers, fournissent aussi un certain nombre d'empreintes végétales reconnaissables.

Les végétaux des tufs calcaires montrent qu'à Moret, comme à Tlemcen et à Stuttgart, vivaient le Saule cendré, le Figuier de Carie, le Laurier noble, etc. Toute la région septentrionale de l'Afrique semble avoir eu alors, comme une grande partie de la France, un climat analogue à celui qu'offre aujourd'hui la côte méridionale de Bretagne.

A une époque peu différente, et peut-être même en partie à la même époque, on observe, dans des contrées toutes voisines, des plantes aujourd'hui confinées dans la flore arctique ou sur le sommet des montagnes élevées. C'est ainsi que, dans les dépôts glaciaires des plaines, soit près des Alpes, soit au sud de la presqu'île scandinave, on trouve à l'état fossile les plantes de la région alpine supérieure (Saule réticulé, Dryade octopétale, etc.), ou, en d'autres points, des plantes aujourd'hui reléguées au nord de la flore forestière (Bouleau odorant, Bouleau nain, etc.). L'étude des anciennes tourbières, soit dans les Alpes, soit en Norvège, a révélé des changements encore très remarquables dans la distribution des espèces à la fin même de l'époque quaternaire.

L'étude de ces fossiles, qui appartiennent tous à des plantes actuellement vivantes, montre donc que, même à une époque aussi récente, les plus grandes variations se sont produites dans la distribution générale des végétaux à la surface du globe. On peut comprendre, par cet exemple, combien les documents paléobotaniques fournis par les fossiles des époques antérieures sont insuffisants pour permettre d'établir avec quelque certitude soit le mode de distribution des flores à une époque donnée, soit l'enchaînement des flores qui ont successivement formé le tapis végétal de la Terre.

FIN

TABLE ALPHABÉTIQUE

DES

GENRES, TRIBUS, FAMILLES, CLASSES ET EMBRANCHEMENTS

Les noms français des genres sont en romain, les noms latins en *italique*. Les noms des tribus sont en romain, ceux des familles en **normande**, ceux des ordres en égyptienne, ceux des classes en PETITES CAPITALES, ceux des embranchements en ANTIQUES. En regard des familles, ordres, classes et embranchements, le chiffre **gras** indique la page où commence l'étude spéciale du groupe.

A

Abélie, *Abelia*, 424, 425.
Abies, Sapin, 193, 197, 198, 199, 200, 201, 202, 203.
Abiétinées, 203.
Abolbode, *Abolboda*, 231, 232.
Absidie, *Absidia*, 29, 30, 31, 32, 33.
Abute, *Abuta*, 294.
Abutile, *Abutilon*, 303.
Acacier, *Acacia*, 349, 350, 351.
Acalyphe, *Acalypha*, 311, 312.
Acanthacées, 407, **412**, 416.
Acanthe, *Acanthus*, 412.
Acer, Érable, 344, 345.
Acérate, *Aceras*, 249.
Acérées, 345.
Acétabulaire, *Acetabularia*, 101, 104, 105, 106.
Ache, *Apium*, 380, 381.
Achillée, *Achillea*, 428, 429, 430, 431.
Achimène, *Achimenes*, 411.

Achlye, *Achlya*, 36, 37, 38.
Achlyogète, *Achlyogeton*, 25, 27.
Achnanthe, *Achnanthes*, 123.
Achyranthe, *Achyranthes*, 265, 266.
Acicarphe, *Acicarpha*, 427.
Acnide, *Acnida*, 265, 266.
Aconit, *Aconitum*, 287, 288, 289, 290.
Acore, *Acorus*, 218, 219, 220.
Acorées, 220.
Acrase, *Acrasis*, 21.
Acrasiées, 15, **21**.
Acrocarpes (Mousses), 149, 156.
Acrostic, *Acrostichum*, 165.
Acrostichées, 165.
Actée, *Actæa*, 289, 290.
Actinidie, *Actinidia*, 307.
Actinocycle, *Actinocyclus*, 121.
Actinomyce, *Actinomyces*, 89, 100.
Adansonie, *Adansonia*, 300, 301, 302, 303.
Adénocalymne, *Adenocalymna*, 412.
Adénophore, *Adenophora*, 418.
Adhatode, *Adhatoda*, 412.

C

Coulommiers. — Imp. PAUL BRODARD.

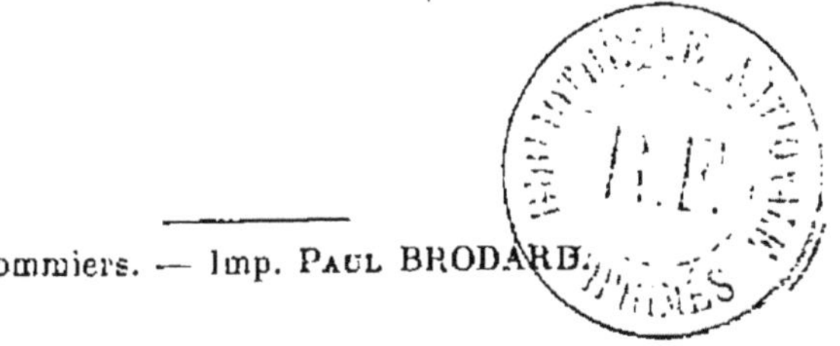

LIBRAIRIE F. SAVY

BOULEVARD SAINT-GERMAIN, N° 77, A PARIS

1er OCTOBRE 1893.

ALTHAUS. Maladies de la moelle épinière, traduit de l'anglais, précédé d'une préface par M. le professeur Charcot. 1885. 1 vol. grand in-8 avec gravures. Au lieu de 10 fr. . . . . 7 fr. 50

ARCHIAC (d'). Introduction à l'étude de la paléontologie stratigraphique. 1852-64. 2 vol. in-8 de 1100 pages. Au lieu de 16 fr. . . . . . **6 fr.**

ARCHIAC (d') et HAIME. Description des animaux fossiles du groupe nummulitique de l'Inde. 1853. 2 vol. in-4 avec 36 pl. Au lieu de 60 fr. **15 fr.**
T. I : Nummulites, Polypiers et Échinodermes.
T. II : Bryozoaires, Acéphales, Gastéropodes, Céphalopodes, Annélides, Crustacés.

BALLING. Manuel pratique de l'art de l'Essayeur. Guide pour l'essai des minerais, des produits métallurgiques et des combustibles, traduit de l'allemand par L. Gautier. 1881. 1 vol. grand in-8 de 600 pages avec 172 gravures dans le texte . . . . 14 fr.

BAYLE (A.). Cours de minéralogie. 1869. In-4. Cours autographié, de 248 pages, avec 400 gravures dans le texte. Au lieu de 12 fr. 50. **5 fr.**

BOLLEY et KOPP. Traité des matières colorantes artificielles dérivées du goudron de houille, traduit de l'allemand par le Dr L. Gautier. 1874. 1 vol. gr. in-8 avec 26 gravures dans le texte. . . . . 10 fr.

BONNET (Dr Ed.). Petite Flore parisienne, disposée d'après la méthode de de Candolle, contenant la description des familles, genres, espèces et variétés de toutes les plantes spontanées ou cultivées en grand dans la région parisienne; avec des clefs dichotomiques conduisant rapidement aux noms des plantes, augmentée d'un vocabulaire des termes de botanique et d'un mémento des herborisations parisiennes. 1 vol. in-18 de 540 pages, cartonné en toile . . . . 5 fr.
L'auteur s'est appliqué à rédiger, sous une forme très condensée, la description des familles, des genres et des espèces. sans cependant omettre aucun des caractères; il a en outre ajouté des clefs dichotomiques, qui permettent à l'élève le moins exercé d'arriver rapidement au nom des plantes qu'il ne connaît pas. On a, pour chaque espèce, indiqué sa durée, l'époque de floraison et de fructification, son abondance ou sa rareté, ses stations, ses localités.

BOUCHARD (Ch.), membre de l'Institut. Leçons sur les maladies par ralentissement de la nutrition, professées à la Faculté de médecine de Paris. Troisième édition. 1890. 1 vol. grand in-8. . . . . . 10 fr.

— **Leçons sur les auto-intoxications dans les maladies,** professées à la Faculté de médecine de Paris. 1887, 1 vol. grand in-8. . 8 fr.

— **Leçons sur la thérapeutique des maladies infectieuses. Antisepsie,** professées à la Faculté de médecine de Paris. 1889, 1 vol. gr. in-8. 9 fr.

CLASSEN (A.). Précis d'analyse chimique quantitative, traduit de l'allemand sur la 3e édition, par L. Gautier. 1888. 1 vol. in-18 avec 73 gravures dans le texte. . . . . 6 fr.

— **Précis d'analyse chimique qualitative,** suivi de tableaux d'analyse, traduit de l'allemand sur la 3e édition, par L. Gautier. 1888. 1 vol. in-18 avec gravures dans le texte. . . . . 3 fr. 50
L'auteur indique les procédés les plus simples pour déterminer la composition ou connaître la valeur de tous les principaux produits industriels ou commerciaux.

CLAUDON (E.). Fabrication du vinaigre fondée sur les études de Pasteur, contenant les procédés de fabrication. 1875. Gr. in-8 av. pl. 3 fr.

AGASSIZ. Recherches sur les poissons fossiles, comprenant la description de 500 espèces qui n'existent plus, l'exposition des lois de la succession et des développements organiques des poissons durant toutes les métamorphoses du globe terrestre; une nouvelle classification de ces animaux, exprimant leurs rapports avec la série des formations; enfin des considérations géologiques générales tirées de l'étude de ces fossiles, suivies de la Monographie des poissons fossiles du vieux grès rouge ou système dévonien des Iles Britanniques et de la Russie. Neuchâtel, 1833-1843, 5 v. in-4 et atlas de 441 pl. (750). **350 fr.** — Rare avec les poissons fossiles. — Ouvrage le plus important qui ait été publié sur les poissons du grès rouge.

CLAUS. Éléments de Zoologie, traduits sur la 4ᵉ édition allemande par G. Moquin-Tandon. 1889. 1 vol. in-18 de 1300 pages avec 867 gravures dans le texte . . . . 12 fr.

1ʳᵉ PARTIE. Zoologie générale, IIᵉ PARTIE. Zoologie spéciale. Emb. I. Protozoaires. Emb. II. Cœlentérés. Emb. III. Echinodermes. Emb. IV. Vers. Emb. V. Arthropodes. Emb. VI. Mollusques. Emb. VII. Molluscoïdes. Emb. VIII. Tuniciers. Emb. IX. Vertébrés.

COURTOIS-GÉRARD. De la culture des fleurs dans les petits jardins, sur les fenêtres et dans les appartements. Nouvelle édition. 1 vol. in-32 de 192 pages, avec 15 gravures dans le texte . . . . . . 1 fr.

DELESSE. Recherches sur l'origine des roches. 1865. In-8 (2 50). **1 fr. 25**

— Etude sur le métamorphisme des roches. 1869. In-8 (2 50). **1 fr. 25.**

DELORE et LUTAUD, médecin adjoint de Saint-Lazare. **Traité pratique** de l'art des accouchements. 1883. 1 vol. in-8 avec 135 gr. . . **9 fr.**

D'ORBIGNY (Ch.). Tableau chronologique des divers terrains, ou Système de couches connues de l'écorce terrestre, présentant d'une manière synoptique les principaux êtres organisés qui ont vécu aux diverses époques géologiques, et indiquant l'âge relatif des différents systèmes de montagnes établis par ELIE DE BEAUMONT. 1 feuille jésus, gravée sur acier, coloriée, représentant 123 figures. . . . . . 2 fr.

— LE MÊME, collé sur toile, vernissé et monté sur gorge et rouleau. 5 fr.

D'ORBIGNY (Ch.). Coupe figurative de la structure de l'écorce terrestre, et classification des terrains suivant l'ordre des superpositions, avec indication et figures des principaux fossiles caractéristiques des divers étages géologiques. Une feuille de 1 mètre 25 de long sur 75 c. de haut, coloriée, avec 192 figures de fossiles. . . . . . 6 fr.

— LA MÊME, collée sur toile et montée sur gorge et rouleau. . . 12 fr.

DRAGENDORFF, professeur à l'université de Dorpat. **Manuel de** **Toxicologie.** Deuxième édition française, revue par l'auteur, traduite de l'allemand d'après la 3ᵉ édition par le Dʳ L. GAUTIER. 1886. 1 vol. in-18 de xx-743 pages avec gravures dans le texte. . . . . 7 fr. 50

Extrait de la table des matières : I. Règles générales pour la recherche chimico-légale des poisons. II. Essais préliminaires. Recherche de chaque poison en particulier. — Ch. I. Poisons qui peuvent être séparés par distillation de l'objet soumis à l'essai. A. Corps qui doivent être distillés d'un liquide alcalin (ammoniaques et amines). B. Corps volatils qui doivent être distillés d'un mélange acidifié. C. Poisons du groupe des métalloïdes halogènes. D. Empoisonnement par le phosphore. — Ch. II. Alcaloïdes et poisons organiques qui peuvent être isolés par agitation avec un dissolvant. Propriétés caractéristiques des principaux alcaloïdes. Propriétés caractéristiques des principaux poisons non alcaloïdiques. — Ch. III. Poisons de la classe des métaux proprement dits. Réactions caractéristiques de chaque poison en particulier. — Ch. IV. Poisons appartenant à la classe des métaux alcalins et alcalino-terreux. — Ch. V. Acides.

DUBRUEIL (A.), professeur à la Faculté de médecine de Montpellier. **Éléments de médecine opératoire.** 1875. 1 vol. in-8 de 900 pages, avec 535 gravures dans le texte. . . . . 11 fr.

— **Manuel opératoire des résections.** In-8. Au lieu de 2 fr. 50. **75 c.**

DUMORTIER (E.). Études paléontologiques sur les dépôts jurassiques du bassin du Rhône. . . . . » »

    Lias inférieur. 1867. Gr. in-8 av. 50 pl. Au lieu de 30 fr. . **20 fr.**
    Lias moyen. 1869. Gr. in-8 av. 45 pl. Au lieu de 30 fr. . . **20 fr.**
    Lias supérieur. 1874. Gr. in-8 av. 62 pl. Au lieu de 36 fr. . **20 fr.**

— **Sur quelques gisements de l'oxfordien inférieur de l'Ardèche.** 1871, gr. in-8 de 84 pages avec 6 pl. Au lieu de 4 fr. 50. . . . . **75 c.**

EBSTEIN (W.). L'Obésité et son traitement. 1883. Gr. in-8 de 60 p. **1 fr.**

FISCHER (Dr Paul), aide-naturaliste au Muséum d'histoire naturelle. **Manuel de Conchyliologie et de Paléontologie conchyliologique ou Histoire naturelle des mollusques vivants et fossiles.** 1887. 1 vol. gr. in-8 de 1400 pages, cartonné en toile anglaise, avec 1138 gravures dans le texte et 23 planches contenant 600 figures dessinées par Woodward et une carte coloriée des régions malacologiques. 35 fr.

Cet important ouvrage est le seul qui actuellement soit au courant de la science des classifications aujourd'hui généralement acceptées.

La science malacologique a fait depuis trente ans d'immenses progrès non seulement dans la connaissance de l'organisation intime des espèces, mais encore dans celle de leur distribution géographique et bathymétrique dans le temps et dans l'espace; l'auteur s'est livré à un travail considérable. Il a examiné un très grand nombre de genres et opéré le contrôle de plusieurs milliers de noms génériques ou sous-génériques; aussi le livre du Dr Fischer est infiniment plus complet que tous ceux qui l'ont précédé. On trouvera dans ce manuel une étude aussi approfondie des mollusques fossiles que des mollusques vivants.

Dans un appendice M. OEhlert a rédigé une description des *Brachiopodes*.

Les gravures sont nombreuses, et aux planches dessinées par Woodward qui renfermaient 600 figures, sont venues s'ajouter plus de 1100 gravures originales intercalées dans le texte.

FLEISCHER. **Traité pratique d'analyse chimique par la méthode volumétrique**, traduit de l'allemand sur la 2e édition par L. GAUTIER. 1880. 1 vol. in-8 avec gravures dans le texte. . . . . 8 fr.

FORTHOMME. **Notions élémentaires de physique et de chimie.** 1881. 1 vol. in-18 avec 170 gravures dans le texte. . . . . 3 fr.

FRESENIUS (R.). **Traité d'analyse chimique qualitative**, des opérations chimiques, des réactifs et de leur action sur les corps les plus répandus, essais au chalumeau, analyse des eaux potables, des eaux minérales, du sol, des engrais, etc. Recherches chimico-légales, analyse spectrale. 8e édition française, traduite de l'allemand sur la 15e édition par le Dr L. GAUTIER. 1891. 1 vol. in-8 de 596 pages avec gravures dans le texte, et un tableau chromolithographié. . . 7 fr.

Traité d'analyse chimique quantitative. Traité du dosage et de la séparation des corps simples et composés les plus usités en pharmacie, dans les arts et en agriculture, analyse par les liqueurs titrées, analyse des eaux minérales, des cendres végétales, des sols, des engrais, des minerais métalliques, de fontes, dosage de sucres, alcalimétrie, chlorométrie, etc. Sixième édition française, traduite sur la sixième édition allemande. 1891. 1 vol. in-8 de 1343 pages avec 251 gravures dans le texte. . . . . 16 fr.

FREY (H.). **Précis d'histologie.** Deuxième édition française traduite sur la 3e édition allemande par le Dr L. GAUTIER. 1886. 1 vol. in-18 de 400 pages avec 227 gravures dans le texte. Au lieu de 6 fr. **3 fr. 50**

GARIEL, professeur à la Faculté de médecine de Paris. **Cours de physique médicale.** Troisième édition, entièrement refondue. 1892. 1 vol. in-8 de 964 pages avec 505 gravures dans le texte. . . . . 12 fr.

GAUDRY (Albert), membre de l'Institut, professeur au Muséum. **Les Enchaînements du monde animal dans les temps géologiques.**

Fossiles primaires. 1883. 1 vol. grand in-8 de 320 pages avec 285 gravures dans le texte, dessinées par Formant. . . . . . 10 fr.

Fossiles secondaires. 1890. 1 vol. gr. in-8 de 320 pages avec 403 gravures dans le texte, dessinées par Formant. . . . . . . 15 fr.

GAUTIER (L.). **Guide pratique pour l'analyse chimique et microscopique de l'urine, des sédiments et des calculs urinaires.** 1887. 1 vol. in-18 avec 90 gravures dans le texte. . . . . 3 fr. 50

Manuel pratique de la fabrication et du raffinage du sucre de betterave. 1880. Gr. in-8 avec 66 gravures. . . . . 6 fr.

BULLIARD. Flora parisiensis, ou Descriptions et figures des plantes qui croissent aux environs de Paris. 1776. 6 vol. in-8, rel. anc., avec 640 planches gravées en taille-douce et coloriées avec soin (rare). . . . . . . **80 fr.**

Le plus bel ouvrage qui ait jamais paru sur la Flore des environs de Paris.

Les atlas publiés depuis lors, ne contiennent qu'un nombre restreint de planches exécutées en chromolithographie; tandis que les 640 planches de Bulliard ont été gravées en taille-douce et sont coloriées au pinceau avec une grande perfection.

GAUTIER (A.), membre de l'Institut, professeur à la Faculté de médecine: **Cours de Chimie** : T. I, chimie minérale: T. II, chimie organique; T. III, chimie biologique. 1887-1892. 3 volumes gr. in-8 de 2150 pages avec 510 gravures dans le texte. . . . . 50 fr.
   Séparément : T. III, Chimie biologique. 1892. 1 volume grand in-8 de xvi-828 pages avec 122 gravures dans le texte. . . . . . 18 fr.

— **Chimie appliquée à la physiologie, à la pathologie, à l'hygiène, avec les analyses et les méthodes de recherches les plus nouvelles.** 1874. 2 vol. in-8 de 1200 pages avec gravures dans le texte. . . . 18 fr.
   La Première Partie : Chimie appliquée a l'hygiène, comprend l'étude : 1° *de l'air atmosphérique*, de ses variations, de ses viciations et de leurs effets sur l'homme; 2° *des aliments et de l'alimentation*; 3° *des eaux*, de leur nature, de leur rôle dans la nutrition, de leur influence sur la santé publique; 4° *des milieux habités* et de tout ce qui se rattache aux questions de cubage d'air, d'altération et d'assainissement des milieux où vivent l'homme et les animaux.
   La Deuxième Partie : Chimie appliquée a la physiologie, est divisée en six livres. Livre I. *Des tissus proprement dits.* — Livre II. *Digestion.* — Livre III. *Assimilation.* — Livre IV. *Sécrétions.* — Livre V. *Respiration.* — Livre VI. *Innervation et reproduction.*
   La Troisième Partie : Chimie appliquée a la pathologie, est divisée parallèlement à la Deuxième, en livres correspondants qui comprennent successivement : les *altérations pathologiques des tissus*; les *troubles de la digestion* et les *produits anormaux du tube digestif*; les *altérations morbides du sang, du chyle et de la lymphe*; les *modifications pathologiques des diverses sécrétions*, les *altérations du poumon et de la respiration*, etc.

GODFRIN (J.). Atlas manuel de l'histologie des drogues simples. 1887. 1 vol. in-4 de 45 planches avec texte explicatif . . . . . 8 fr.

HOERNES. Manuel de Paléontologie, ou Histoire naturelle des animaux fossiles, traduit de l'allemand par Dollo, 1886. 1 volume grand in-8 de 750 pages avec 672 figures de fossiles. . . . 20 fr.
   Extrait de la table des matières. — Introduction. Emb. I. Protozoaires. Emb. II. Cœlentérés. Emb. III. Vers. Emb. IV. Echinodermes. Emb. V. Bryozoaires. Emb. VI. Brachiopodes. Emb. VII. Mollusques. Emb. VIII. Arthropodes. Emb. IX. Tuniciers. Emb. X. Vertébrés.

HOPPE SEYLER. Traité d'analyse chimique appliquée à la physiologie et à la pathologie. Guide pratique pour les recherches cliniques, traduit de l'allemand. 1 vol. gr. in-8, avec gravures dans le texte. 10 fr.
   Méthodes de recherches; — réactifs; composés inorganiques et organiques ; — acides ; — alcools ; — corps gras : — matières sucrées et amylacées; matières colorantes de la bile; substances albuminoïdes, protéides; — éléments muqueux; — ferments; — analyse de l'urine, du sang, des sérosités, analyse des sécrétions, analyse du lait, analyse des organes et des tissus ; — recherches médico-légales, etc.

LAMARCK. Philosophie zoologique, ou Exposition de considérations relatives à l'histoire naturelle des animaux, à la diversité de leur organisation et des facultés qu'ils en obtiennent, aux causes physiques qui maintiennent en eux la vie et donnent lieu aux mouvements qu'ils exécutent; enfin, à celles qui produisent les unes le sentiment, les autres l'intelligence de ceux qui en sont doués. Nouvelle édition, revue et précédée d'une introduction biographique par Charles Martins. 1873. 2 vol. in-8 de 900 pages. . . . . 12 fr.

LAMBERT (E.). Nouveau Guide du géologue. Géologie générale de la France, suivie d'un appendice sur la géologie des principales contrées de l'Europe. 1 vol. in-18 de 500 p., avec 76 grav. dans le texte. 5 fr.

LANGLEBERT. Traité théorique et pratique des maladies vénériennes. Leçons cliniques sur les affections blennorrhagiques, le chancre et la syphilis. 1864. 1 vol. in-8 de 700 pages. . . . . 8 fr.

LAPPARENT (A. de). Traité de Géologie. Troisième édition, entièrement refondue. Paris, 1893. 2 vol. gr. in-8 de 1650 pages avec 700 gravures dans le texte. . . . . 24 fr.

> Ouvrage couronné par l'Institut de France.

— **Abrégé de Géologie.** Deuxième édition revue et augmentée, 1892. 1 vol. in-18 de VIII-280 pages avec 134 gravures dans le texte et une carte géologique de la France, imprimée en couleur. . . 3 fr. 25

— **Cours de Minéralogie.** Deuxième édition. 1890. 1 vol. gr. in-8 de 650 pages avec 598 gravures dans le texte et 1 pl. chromo. . 15 fr.

> Ouvrage couronné par l'Institut de France.

— **Précis de Minéralogie.** Deuxième édition, 1894. 1 vol. in-18 de 396 pages avec 335 gravures dans le texte et 1 planche chromo. . . . . 5 fr.

— **La Géologie en chemin de fer.** — **Description géologique du bassin parisien.** — (Océan au Rhin — Belgique aux Monts d'Auvergne.) 1 vol. in-18 de 600 pages, cartonné, avec carte géologique et carte hypsométrique coloriées et coupes. . . . . 7 fr. 50

Ce livre, qui pourrait s'appeler *Excursions géologiques à travers la France*, n'est pas seulement destiné aux géologues. Il s'adresse peut-être d'une façon encore plus spéciale, à tous ceux qui cultivent à un titre quelconque les sciences géographiques; il est d'une utilité particulière pour les personnes qui s'intéressent à la géographie physique. Enfin, il convient encore à nos officiers, auxquels il fournira de précieux renseignements sur la forme et la constitution du sol français, sur l'allure et le régime des cours d'eau, sur la disposition des lignes de relief si importantes au point de vue stratégique.

— **Le Siècle du Fer.** 1890. 1 vol. in-18. Au lieu de 3 fr. 50. **2 fr. 50**

Chap. I. Les débuts de l'emploi du fer dans les constructions. — Chap. II. Les premiers ponts en tôle. — Chap. III. Le fer dans les édifices. — Chap. IV. Viaducs métalliques. — Chap. V. Les débuts de l'industrie des chemins de fer. — Chap. VI. La voie ferrée. — Chap. VII. Les voitures des voyageurs. — Chap. VIII. La locomotive. — Chap. IX. Les signaux et les freins. — Chap. X. Les chemins de fer économiques.,

— **Revue de géologie.** 1865 à 1878. 8 vol. in-8. . . . . **20** fr.

LEROUX. Cours de géométrie élémentaire (géométrie plane et géométrie dans l'espace). 1 vol. in-18 de 500 pages avec 500 gravures dans le texte. Au lieu de 6 fr. . . . . **1 fr. 50**

LISLE (E.). Du traitement de la congestion cérébrale et de la folie avec congestion et hallucinations. 1871. 1 vol. in-8. Au lieu de 7 fr. **2 fr. 50**

LUCAS. Histoire naturelle des Lépidoptères d'Europe. 2º édition. 1 vol. gr. in-8, cartonné en toile anglaise, non rogné, avec 80 planches gravées, représentant 400 papillons, coloriés d'après nature . . . 25 fr.

— **Histoire naturelle des Lépidoptères exotiques.** 1 vol. grand in-8, cartonné en toile anglaise, non rogné, avec 80 planches gravées sur acier, représentant 400 papillons, coloriés d'après nature. . . 25 fr.

LUNGE (G.). Traité de la distillation du goudron de houille et du traitement de l'eau ammoniacale, traduit de l'allemand par le Dr L. GAUTIER. 1885. 1 vol. gr. in-8 avec 89 gravures dans le texte. . . . . 12 fr.

I. Origine du goudron. — II. Propriétés du goudron de houille et de ses éléments. — III. Emploi du goudron sans distillation. — IV. Première distillation du goudron. — V. Le Brai. — VI. L'huile à anthracène. — VII. L'huile lourde. — VIII. Acide carbolique et naphtaline. — IX. L'huile légère et l'essence de naphte. — X. Rectification à la vapeur, Benzol et naphte. — XI. L'eau ammoniacale.

MALOSSE (Th.). Manipulations de physique à l'usage des étudiants en médecine. 1886. In-8 de 172 pages avec 107 gravures. . . . . 4 fr. 50

CUVIER (G.). **Recherches sur les ossements fossiles,** où l'on rétablit les caractères de plusieurs animaux dont les révolutions du globe ont détruit les espèces. Paris, 1821-1824. 5 tomes en 7 volumes avec 280 pl. Bel exemplaire relié de la dernière édition parue du vivant de l'auteur et la seule estimée . . . **50** fr.

MASSE (J.-N.). Petit Atlas complet d'anatomie descriptive du corps humain. Nouvelle édition, augmentée des tableaux synoptiques d'anatomie descriptive. 1888. 1 vol. in-18, demi-reliure chagrin, non rogné, tranches dorées en tête, composé de 113 planches, comprenant 500 à 600 figures dessinées d'après nature et gravées sur acier, avec texte explicatif. . . . . 20 fr.

— LE MÊME OUVRAGE, demi-reliure chagrin, non rogné, tranches dorées en tête, avec les planches coloriées . . . . 36 fr.

MOHR et CLASSEN. Traité d'analyse chimique par la méthode des liqueurs titrées. Troisième édition française, traduite par L. GAUTIER, sur la sixième édition allemande entièrement refondue par A. CLASSEN, directeur du laboratoire de chimie d'Aix-la-Chapelle. 1888. 1 vol. gr. in-8 de XVI-808 pages avec 201 gravures dans le texte. . . 22 fr. 50.

NAQUET et HANRIOT, professeurs agrégés à la Faculté de médecine de Paris. **Principes de chimie** fondée sur les théories modernes. Cinquième édition, revue et considérablement augmentée. 1890. 2 vol. in-18 de 1200 pages avec gravures dans le texte. . . 11 fr.

NIEMEYER (P.). Précis de percussion et d'auscultation, traduit de l'allemand. 1874. In-18. Au lieu de 2 fr. 50. . . . . 1 fr.

OLIVIER (Louis). Les procédés opératoires en histologie végétale. Guide pour les études de microchimie. 1885. In-8 de 45 p. 1 fr. 75

PERRIER (Edmond), membre de l'Institut, professeur au Muséum. **Traité de Zoologie.** 1893-1894. 2 vol. grand in-8 de 1800 pages avec 1500 gravures dans le texte.   40 fr.

En vente la Première Partie comprenant : Zoologie générale ; Protozoaires et Phytozoaires. 1 vol. grand in-8 de 864 pages avec 701 gravures dans le texte. . . . . 22 fr.

On vend séparément :

Fascicule II. Protozoaires et Phytozoaires. Avec 243 gravures dans le texte. . . . . . 10 fr.

Fascicule III. Arthropodes et Vers. Avec 278 gravures . . . . 8 fr.

Fascicule IV. Mollusques, Tuniciers. (Sous presse.) . . . . . . 10 fr.

Fascicule V. Vertébrés (Gratis pour tout acheteur du Fascicule IV).

Le Fascicule I (Zoologie générale) ne se vend plus séparément.

PHILIPPEAUX. Traité de thérapeutique de la coxalgie. 1867. 1 vol. in-8 avec gravures. Au lieu de 8 fr. . . . . 2 fr.

POST. Traité complet d'analyse chimique appliquée aux essais industriels, publié avec la collaboration de 22 chimistes. Traduit de l'allemand par L. GAUTIER. 1884. 1 vol. gr. in-8 de VIII-1143 pages, avec 274 gravures dans le texte. . . . . 28 fr.

Chap. I. Essai de l'eau. — Chap. II et III. Détermination de la composition chimique et calorifique des combustibles. — Chap. IV. Pyrométrie. — Chap. V. Gaz d'éclairage. — Chap. VI. Hydrocarbures solides et liquides du règne minéral. — Chap. VII. Métaux. — Chap. VIII. Acides inorganiques, sels alcalins, chlorures de chaux. — Chap. IX. Engrais commerciaux. — Chap. X. Matières explosibles et allumettes. — Chap. XI. Chaux et ciments. — Chap. XII. Matières grasses (graisses et huiles, stéarine, glycérine, savons, matières grasses lubrifiantes). — Chap. XIII. Amidon et fécule. Dextrine. Sucre. — Chap. XIV. Bière. — Chap. XV. Vin. — Chap. XVI. Alcool et levure pressée. — Chap. XVII. Vinaigre. Acide acétique, acétates et esprit de bois. — Chap. XVIII. Cuir et colle. — Chap. XIX. Sels métalliques. — Chap. XX. Matières colorantes. — Chap. XXI. Poteries. — Chap. XXII. Verre.

PRÉVOST (Florent) et LEMAIRE. Histoire naturelle des Oiseaux d'Europe (Passereaux). 2e édition, revue et corrigée. 1 beau vol. gr. in-8, cartonné en toile anglaise, non rogné, avec 80 planches gravées en taille-douce et coloriées avec soin, représentant 200 sujets. . 25 fr.

— LE MÊME OUVRAGE, demi-reliure chagrin, non rogné . . . . 30 fr.

RANVIER (L.), membre de l'Institut. Traité technique d'histologie. 2° édition entièrement refondue et corrigée. 1889. 1 vol. grand in-8 de 880 pages, avec 414 gravures dans le texte et 1 pl. chromo.   12 fr.

— **Leçons sur l'histologie du système nerveux,** professées au Collège de France. 1878. 2 vol. gr. in-8 de 700 pages, avec gravures dans le texte et 12 pl. chromo. Au lieu de 25 fr. . . . . **10** fr.

REULEAUX, professeur à l'École polytechnique de Berlin. Le Constructeur. Principes, Formules, Tracés, Tables et Renseignements pour l'établissement des projets de machines, à l'usage des ingénieurs, constructeurs, architectes, mécaniciens, etc. Troisième édition française traduite de l'allemand sur la quatrième édition refondue et considérablement augmentée, par A. Debize, ingénieur en chef des manufactures de l'Etat. 1890. 1 vol. gr. in-8 de 1200 pages, avec 1184 gravures dans le texte, tableaux, etc. . . . . 30 fr.

— **Traité de Cinématique. Principes fondamentaux d'une théorie générale des machines,** traduit de l'allemand par A. Debize. 1877. 1 vol. gr. in-8 de 700 pages avec 452 gravures dans le texte et 1 atlas de 8 planches représentant 96 figures. . . . . 20 fr.

REY (A.). Traité de jurisprudence vétérinaire, contenant la législation sur les vices rédhibitoires et la garantie dans les ventes d'animaux domestiques, suivi d'un **Traité de médecine légale** sur les blessures et les accidents qui peuvent survenir en chemin de fer. 2ᵉ édition. 1875. 1 vol. in-8. Au lieu de 10 fr. . . . . **2 fr. 50**

RICHARD, MARTINS et DE SEYNES. Nouveaux Éléments de botanique, contenant l'organographie, l'anatomie et la physiologie végétales, les caractères de toutes les familles naturelles. Onzième édition, par Achille Richard, Martins et J. de Seynes, professeur agrégé à la Faculté de médecine de Paris. 1876. 1 vol. in-8 de 700 pages avec 380 gravures dans le texte. . . . . 7 fr.

RICHARD DE NANCY. Commentaire physiologique sur la personne d'Horace. 1863. Au lieu de 3 fr. 50. . . . . **50** c.

SÉRAINE (Dr). De la santé des gens mariés, ou Physiologie de la génération de l'homme et hygiène philosophique du mariage. 37ᵉ édition. 1892. 1 volume in-18 de 400 pages. . . . . 3 fr.

— **De la santé des petits enfants, ou Conseils aux mères** sur la conservation des enfants pendant la grossesse, sur leur éducation physique depuis la naissance jusqu'à l'âge de sept ans. et sur leurs principales maladies. Nouvelle édition. 1 vol. in-32 de 192 pages . . . . . 1 fr.

— **Les préceptes du mariage,** traduits du grec de Plutarque, suivis d'un Essai sur l'idéal de l'amour, du mariage et de la famille. Nouvelle édition. 1 vol. in-18 de 192 pages. . . . . 1 fr.

SOULIER (H.), professeur à la Faculté de médecine de Lyon. Traité de Thérapeutique et de pharmacologie. 1891. 2 vol. gr. in-8 de 1900 p. 25 fr.
Ouvrage couronné par l'Académie des sciences et l'Académie de médecine.

VILLMANN (P.). De la tuberculisation du tube digestif. 1878. 1 vol. gr. in-8 avec 2 pl. chromolith. Au lieu de 5 fr. . . . . . **1 fr. 25**

RENFORT. Des conditions des baux ruraux. Entretiens entre un propriétaire et son fermier sur la pratique de l'agriculture. Lectures à l'usage des écoles primaires rurales. 1 vol. in-18 avec 24 gr. 1 fr. 25

DESHAYES (G.-P.). Description des Coquilles fossiles des environs de Paris. 1824-1837. 3 vol. in-4 avec 116 pl. — **Description des animaux sans vertèbres** découverts dans le bassin de Paris, pour servir de supplément à l'ouvrage précédent, comprenant une revue de toutes les espèces actuellement connues. Paris, 1757-1864. 3 tomes en 5 volumes in-4 (les deux ouvrages réunis). . . . . **375** fr.

STRASBURGER (Ed.). Manuel technique d'anatomie végétale. Guide pour l'étude de la botanique microscopique, traduit de l'allemand par GODFRIN, professeur à l'École de pharmacie de Nancy. 1886. 1 vol. in-8 de 400 pages avec 118 gravures dans le texte. . . . . . . 10 fr.

— **Études sur la formation et la division des cellules.** 1876. 1 vol. gr. in-8 de 307 pages avec 198 figures. Au lieu de 20 fr. . . . **15 fr.**

TERREIL (A.). Traité pratique des essais au chalumeau, dans les analyses chimiques et les déterminations minéralogiques; mode d'emploi et description des propriétés physiques des minéraux et des caractères chimiques qui peuvent les faire reconnaître dans les essais au chalumeau. 1876. 1 vol. in-8 avec tableaux. . . . . . 10 fr.

TOMES. Traité de chirurgie dentaire, ou Traité pratique de l'art du dentiste, traduit de l'anglais sur la 2e édition. 1873. 1 vol. in-8 de 650 pages avec 250 gravures dans le texte. . . . . 10 fr.

TYNDALL (John). Les Microbes, traduit de l'anglais par DOLLO. 1882. 1 vol. in-8 avec gravures dans le texte. . . . . 8 fr.

VAN TIEGHEM (Ph.), membre de l'Institut, professeur au Muséum. **Traité de Botanique.** Deuxième édition entièrement refondue et corrigée. 1891. 2 volumes gr. in-8 de XXXII-1856 pages avec 1213 gravures dans le texte. . . . . 30 fr.

VAN TIEGHEM (Ph.), membre de l'Institut, professeur au Muséum. **Éléments de botanique.** Deuxième édition revue et augmentée, 1891. 2 vol. in-18 de 1000 pages avec 543 gravures dans le texte. . . 10 fr.

VÉLAIN (Charles). Cours élémentaire de Géologie stratigraphique. Quatrième édition, revue et corrigée. 1892. 1 vol. in-18 de 576 pages avec 435 gravures dans le texte et une carte géologique de la France, imprimée en couleur. . . . . 4 fr. 50.

WAGNER et GAUTIER. Nouveau Traité de Chimie industrielle à l'usage des ingénieurs, chimistes, industriels, contremaîtres, ouvriers agriculteurs, etc. Troisième édition française considérablement augmentée publiée d'après la 13e édition allemande. 1892. 2 vol. gr. in-8 de 1766 pages avec 736 gravures dans le texte. . . . . 30 fr.

Tome Premier. Métallurgie chimique. Produits métallurgiques. Matières et Produits inorganiques. Matières et Produits organiques.
Tome Second. Fabrication du verre. Substances alimentaires. Technologie chimique des fibres textiles. Industries diverses. Combustibles et appareils de chauffage. Matières éclairantes et Éclairage.

WALKHOFF (L.). Traité complet de fabrication et raffinage du sucre de betterave. Deuxième édition française, 1874. 2 vol. gr. in-8 de 1150 pages, avec 189 gravures dans le texte. Au lieu de 40 fr. **20 fr.**

WEST. Leçons sur les maladies des femmes, traduites de l'anglais sur la 3e édition par MAURIAC. 1870. 1 vol. in-8. . . . . 13 fr.

WINCKLER. Manuel d'analyse industrielle des gaz, traduit de l'allemand par BLAS, professeur à l'université de Louvain. 1886. 1 vol. gr. in-8, avec 50 grav. dans le texte. Au lieu de 10 fr. . . . . **4 fr. 50**

WUNDT. Nouveaux Éléments de physiologie humaine, traduits de l'allemand sur la 2e édition et augmentés de notes par A. BOUCHARD. 1871. 1 vol. grand in-8 avec 150 grav. dans le texte. . . . . . 14 fr.

ENVOI FRANCO DANS L'*UNION POSTALE* CONTRE UN MANDAT DE POSTE.